"十二五"普通高等教育本科国家级规划教材
国家林业和草原局普通高等教育"十三五"规划教材

森林培育学

(第4版)

翟明普　马履一　主编

中国林业出版社

图书在版编目(CIP)数据

森林培育学 / 翟明普，马履一主编 . —4 版 . —北京：中国林业出版社，2021.1（2024.8重印）

"十二五"普通高等教育本科国家级规划教材　国家林业和草原局普通高等教育"十三五"规划教材

ISBN 978-7-5219-1066-7

Ⅰ. ①森… Ⅱ. ①翟… ②马… Ⅲ. ①森林抚育-高等学校-教材 Ⅳ. ①S753

中国版本图书馆 CIP 数据核字（2021）第 041275 号

审图号：GS（2021）2262 号

中国林业出版社教育分社

策划编辑：肖基浒　　　　　　　　　**责任编辑：**肖基浒　洪　蓉
电　话：（010）83143555　　　　　**传　真：**（010）83143516

出版发行	中国林业出版社（100009　北京市西城区刘海胡同 7 号） E-mail: jiaocaipublic@163.com　电话：（010）83143120 https://www.cfph.net
经　　销	新华书店
印　　刷	河北京平诚乾印刷有限公司
版　　次	2001 年 10 月第 1 版（共印 13 次） 2011 年 6 月第 2 版（共印 6 次） 2016 年 6 月第 3 版（共印 5 次） 2021 年 1 月第 4 版
印　　次	2024 年 8 月第 5 次印刷
开　　本	850mm×1168mm　1/16
印　　张	29
字　　数	688 千字
定　　价	76.00 元

未经许可，不得以任何方式复制或抄袭本书之部分或全部内容。

版权所有　侵权必究

《森林培育学》(第4版) 编写人员

主　　编：翟明普　马履一
副 主 编：赵　忠　贾黎明　方升佐　沈海龙
编写人员：(以姓氏拼音为序)
　　　　　　董建文　方升佐　郭素娟　侯智霞
　　　　　　贾黎明　李国雷　李世东　刘　勇
　　　　　　马履一　彭祚登　沈国舫　唐罗忠
　　　　　　余　旋　翟明普　赵　忠
特邀编委：沈国舫

前 言
（第 4 版）

　　森林培育学科是林学的主干学科，森林培育学教材建设历来是林学界的一件大事。新中国成立以来，我国森林培育事业的发展促进了森林培育学科的发展和森林培育教材的编撰，20世纪50年代末和60年代初开始编写造林学，于80年代初和90年代初先后修订2次。21世纪初，由于学科范畴和内涵的变化，造林学科更名为森林培育学科，随之，经过教材体系的调整和教材内容的完善，造林学教材以《森林培育学》的名称作为面向21世纪教材于2001年问世。其后，于2011年和2016年分别作为普通高等教育"十一五"国家规划教材、"十二五"普通高等教育本科国家级规划教材，完成第2版和第3版修订工作。因"十三五"期间，没有国家规划教材，此次修订是作为国家林业和草原局普通高等教育"十三五"规划教材进行的第4版修订。

　　《森林培育学》第3版使用历时5年，我国林业形势和国内外森林培育科技又发生了一些变化，特别是与森林培育紧密相关的基础学科发展更快些，《森林培育学》教材必须适应这种新的变化。第4版的主要特点是：第一，充分运用相关学科特别是生态学科以及自然区划等领域最新成果，紧密联系国家林业建设实际，使森林培育的学科体系更加完善；第二，尽可能把握和处理好理论和实践的关系，注重基础学科理论的运用而不只是简单的引述，重视联系实践但避免操作细则的罗列。

　　本教材体系编排遵循理论联系实际及在工程实践中综合应用的原则。鉴于当前科学技术的迅猛发展，课程设置适应专业面宽的需要，每门课程教学都要少而精的情况，我们希望森林培育学的教学工作能按照这样的体系贯通下去。但在客观需要分段教学的时候，各章节的使用顺序可自行做必要的调整。

　　参加本次教材修订的教师人数比前一版有所减少，但仍坚持了团队的老中青结合和地域代表性原则，这对于提高森林培育学教材编写质量和队伍建设大有裨益。本次修订编委分工如下：翟明普（第3章）、马履一（第2、12、13章）任主编；赵忠（第16章，第17章第3节，与余旋合作）、贾黎明（第1、4、7、8章，第17章第2、6节，第18章第5节）、方升佐（第10章、第17章第4节）、沈海龙（第14章、第17章第1节）任副主编；其余编委分工如下：董建文（第11章、第17章第5节），郭素娟（第5章），李世东（第18章第1~4节），刘勇、李国雷、侯智霞（第6章），彭祚登（第15章），唐罗忠（第9章）。特邀编委沈国舫院士（第0章）。

　　这次修订从酝酿到完稿仅1年多时间，由于编写时间仓促和作者水平有限，教材的体系构建和内容编写方面尚存在需完善之处，祈盼读者批评指正。

编　者

2020 年 6 月

FOREWORD
(Fourth Edition)

Silviculture, as an academic subject, is the main branch of forest science. The publication of new edition of the silvicultural textbook is always an announced event in the system of forestry education. Since 1949, the development of silvicultural practices has promoted the growth of silviculture discipline and the writing of textbook. The first afforestation textbook was compiled in 1961 and it was revised twice at the beginning of 1980s and 1990s, respectively. Because the concepts and scopes of the discipline have been modified, the Chinese name of silviculture discipline has been changed from Afforestation to Silviculture in the early 21th century. Then the first textbook with the title of Silviculture was published in 2001 after adjusting the structure and enriching the contents. Subsequently, the second edition and the third edition were completed in 2011 and 2016, respectively, as the general higher education "11th Five-Year" and "12th Five-Year" National Planning textbooks. As there is no "13th Five-Year" National Planning textbooks, the fourth edition is "13th Five-Year" ordinary higher education planning textbooks of the National Forestry and Grassland Administration.

Forestry in China and silviculture technology at home and abroad have gone through some changes since the publication of third edition five years ago, especially the basic sciences closely related to silviculture. The textbook must to adapt to these changes. The main features of this revision are: (1) to make full use of the latest achievements of related discipline especially those of ecological sciences and other fields such as natural regionalization, and to link with the national forestry activities to make the system of silviculture disciplines more perfect; (2) to grasp and deal with the relationship between theory and practice, using theories of basic disciplines but not simple reference and paying attention to practice but avoiding detailed descriptions in practical operations.

The structure of current edition follows the principles of combing the theory with practice and comprehensive application in forestry engineering projects. The science and technology are developing rapidly for recent decades and the curricula in high education is expanding also quite rapidly to meet the demand of wider specialties. We wish the teaching process of silviculture may advance in accordance with such sequences as it is in this textbook. But for those accustomed to other types of arrangement, the sequence of chapters may easily be readjusted by each own preference.

The number of teachers to participate in this revision has been reduced compared with the previous edition. The team is still consisted of experienced instructors as well as promising young scholars with a wide geographic representation. The division of this revision is as follows: chief ed-

FOREWORD (Fourth Edition)

itors Zhai Mingpu (chapter 3) and Ma Lvyi (chapter 2, 12, 13); deputy editors Zhao Zhong (chapter 16, section 3 in chapter 17, working with Yu Xuan), Jia Liming (chapter 1, 4, 7, 8, sections 2 and 6 in chapter 17, section 5 in chapter 18), Fang Shengzuo (chapter 10, section 4 in chapter 17), Shen Hailong (chapter 14, section 1 in chapter 17). The division of other editorial board is: Dong Jianwen (chapter 11, section 5 in chapter 17), Guo Sujuan (chapter 5), Li Shidong (sections 1–4 in chapter 18), Liu Yong, Li Guolei and Hou Zhixia (chapter 6), Peng Zuodeng (chapter 15), Tang Luozhong (chapter 9); guest editor academician Shen Guofang (chapter 0).

It took more than a year to compile this textbook. Because of the limited time, different writing styles and levels, the structure and contents of the textbook is still far from perfect. Any constructive comments and suggestion from readers are highly welcomed.

Author
2020-06

前 言
(第 3 版)

森林培育学科是林学的主干学科,森林培育学教材建设历来是林学界的一件大事。新中国成立以来,我国森林培育事业的发展促进了森林培育学科的发展和森林培育教材的编撰,从 20 世纪 50 年代末和 60 年代初开始编写造林学,于 80 年代初和 90 年代初先后修订 2 次。21 世纪初,由于学科范畴和内涵的变化造林学科更名为森林培育学科,随之,经过教材体系的调整和教材内容的完善,造林学教材以《森林培育学》的名称作为面向 21 世纪教材于 2001 年问世,其后,作为普通高等教育"十一五"国家规划教材于 2011 年完成第 2 版修订工作,此次修订是作为"十二五"普通高等教育本科国家级规划教材进行的第 3 版修订。

《森林培育学》第 2 版使用历时 5 年,我国林业形势和国内外森林培育科技又发生了一些变化,特别是与森林培育紧密相关的基础学科发展变化更大些,《森林培育学》教材必须适应这种新的变化。第 3 版的主要特点是:第一,充分运用基础学科特别是生态学科的最新成果,紧密联系国家林业建设实际,使森林培育的学科体系更加完善;第二,尽可能把握和处理好理论和实践的关系,运用基础学科的理论而不仅仅简单引用,重视实践而避免陈述操作细则;第三,考虑到规划设计在森林培育中的重要地位,把苗圃规划设计和造林规划设计从相应的章节中提取出来,单独设立第 5 篇。

本教材体系编排遵循了理论联系实际及在工程实践中综合应用的原则。鉴于当前科学技术的迅猛发展,课程设置适应了专业面宽的需要,每门课程教学都要少而精的情况,我们希望森林培育学的教学工作能按照这样的体系贯通下去。但在客观需要进行分段教学的时候,各章节的使用顺序任课教师可自行做必要的调整。

本次教材修订参加的教师人数比前一版有所减少,但仍坚持了团队的老中青结合和地域代表性原则,这对于提高森林培育学教材编写质量和队伍建设大有裨益。本次修订编委分工如下:翟明普(第 3 章)、沈国舫(概论和第 1 章)任主编,马履一(第 2、9、11、12 章)、曹福亮(第 10 章)、赵忠(第 15 章,第 16 章第 3 节)任副主编,其余编写分工为:董建文(第 16 章第 5 节,第 17 章第 7、8 节)、方升佐(第 13 章,第 16 章第 4、6 节)、郭素娟(第 5 章)、贾黎明(第 4、7、8 章,第 16 章第 1、2 节,第 17 章第 5、6 节)、李世东(第 17 章第 1~4 节)、刘勇(第 6 章)、彭祚登(第 14 章)。

这次修订从酝酿到完稿仅 1 年多时间,受编写时间仓促和作者水平所限,教材的体系构建和内容编写方面尚存在需完善之处,祈盼读者批评指正。

编 者
2016.5

目 录

前　言(第4版)
前　言(第3版)

第0章　森林培育学概论(代绪论) ……………………………………………… (1)
　0.1　森林培育学的概念和范畴 ………………………………………………… (1)
　0.2　森林培育学的发展历史 …………………………………………………… (2)
　0.3　森林培育的目的与对象 …………………………………………………… (5)
　0.4　森林培育学的基本内容——理论基础和技术体系 ……………………… (7)
　0.5　当前中国森林培育的问题和展望 ………………………………………… (9)

第一篇　森林培育基本理论

第1章　森林的生长发育及其调控 ……………………………………………… (17)
　1.1　林木个体的生长发育 ……………………………………………………… (17)
　1.2　林木群体的生长发育 ……………………………………………………… (20)
　1.3　森林的生产功能及其调控 ………………………………………………… (23)
　1.4　森林的生态功能及其调控 ………………………………………………… (32)
　复习思考题 ……………………………………………………………………… (34)
　推荐阅读书目 …………………………………………………………………… (34)

第2章　森林立地 ………………………………………………………………… (36)
　2.1　森林立地的基本概念和构成 ……………………………………………… (36)
　2.2　森林立地分类和评价的理论基础 ………………………………………… (39)
　2.3　森林立地分类和评价方法 ………………………………………………… (42)
　复习思考题 ……………………………………………………………………… (46)
　推荐阅读书目 …………………………………………………………………… (47)

第3章　林种规划与造林树种选择 ……………………………………………… (48)
　3.1　林种规划 …………………………………………………………………… (48)
　3.2　树种选择 …………………………………………………………………… (51)
　复习思考题 ……………………………………………………………………… (65)
　推荐阅读书目 …………………………………………………………………… (65)

第4章　林分结构 ………………………………………………………………… (66)
　4.1　林分密度 …………………………………………………………………… (66)
　4.2　种植点的配置 ……………………………………………………………… (75)
　4.3　森林树种组成 ……………………………………………………………… (77)

复习思考题 (94)
推荐阅读书目 (95)

第二篇 林木种苗培育

第5章 林木种子 (99)
5.1 良种繁育 (99)
5.2 种实和穗条采集与调制 (108)
5.3 种子和穗条贮藏 (118)
5.4 种子休眠 (126)
5.5 种子催芽 (129)
5.6 人工种子生产 (131)
5.7 林木种子品质检验 (132)
5.8 林木种子生产管理 (135)
复习思考题 (135)
推荐阅读书目 (135)

第6章 苗木培育 (137)
6.1 苗圃建立 (138)
6.2 苗木类型与苗木生长规律 (141)
6.3 裸根苗培育 (145)
6.4 容器苗培育 (169)
6.5 无性繁殖苗培育 (189)
6.6 苗木质量检验与出圃 (203)
复习思考题 (211)
推荐阅读书目 (211)

第三篇 森林营造

第7章 整地与造林 (215)
7.1 造林地种类 (215)
7.2 造林整地 (218)
7.3 造林方法 (231)
7.4 造林季节 (241)
复习思考题 (243)
推荐阅读书目 (243)

第8章 林地和林木抚育 (244)
8.1 林地抚育 (244)
8.2 林木抚育 (252)
复习思考题 (259)
推荐阅读书目 (259)

第9章 封山(沙)育林 (260)
- 9.1 封山(沙)育林概况 (260)
- 9.2 封山(沙)育林的原则和对象 (263)
- 9.3 封山(沙)育林技术 (263)
- 9.4 封山(沙)育林组织实施与档案建立 (265)
- 复习思考题 (267)
- 推荐阅读书目 (267)

第10章 林农复合经营 (268)
- 10.1 林农复合经营的发展历史与现状 (268)
- 10.2 林农复合经营的意义与特征 (269)
- 10.3 林农复合经营的理论基础 (270)
- 10.4 林农复合经营系统的分类与结构 (276)
- 10.5 中国林农复合经营的主要模式 (281)
- 复习思考题 (284)
- 推荐阅读书目 (284)

第11章 城市森林营建 (286)
- 11.1 城市森林建设的内涵 (286)
- 11.2 城市森林建设布局 (288)
- 11.3 城市森林建设的植物选择与配置 (290)
- 11.4 城市森林的经营管理 (291)
- 复习思考题 (292)
- 推荐阅读书目 (292)

第四篇 森林抚育与主伐更新

第12章 森林抚育间伐 (295)
- 12.1 抚育间伐的概念和目的 (295)
- 12.2 森林抚育的历史回顾 (298)
- 12.3 抚育间伐的理论基础 (300)
- 12.4 中、幼龄林抚育间伐技术 (302)
- 12.5 近自然林经营 (315)
- 复习思考题 (316)
- 推荐阅读书目 (316)

第13章 林分改造 (318)
- 13.1 林分改造的基本概念和目的 (318)
- 13.2 低效人工林的形成与改造 (320)
- 13.3 低效次生林的形成与改造 (321)
- 13.4 低效林改造的原则、模式和作业方法 (324)
- 复习思考题 (327)

推荐阅读书目 …… (327)
第 14 章　森林收获与更新 …… (328)
　　14.1　森林收获与更新概论 …… (328)
　　14.2　森林主伐方法 …… (331)
　　14.3　森林更新技术 …… (338)
　　14.4　不同林分结构森林的采伐更新 …… (342)
　　14.5　矮林与中林的收获与更新 …… (345)
　　复习思考题 …… (350)
　　推荐阅读书目 …… (350)

第五篇　森林培育规划设计

第 15 章　苗圃规划设计 …… (353)
　　15.1　苗圃规划设计概述 …… (353)
　　15.2　苗圃规划设计的准备 …… (356)
　　15.3　苗圃规划设计的内容 …… (357)
　　15.4　苗圃规划设计成果 …… (363)
　　复习思考题 …… (364)
　　推荐阅读书目 …… (364)
第 16 章　育林规划设计 …… (365)
　　16.1　育林规划设计概述 …… (365)
　　16.2　立地分类 …… (366)
　　16.3　造林规划设计 …… (368)
　　16.4　森林抚育作业设计 …… (378)
　　16.5　计算机辅助造林(抚育)作业设计 …… (381)
　　复习思考题 …… (383)
　　推荐阅读书目 …… (383)

第六篇　区域森林培育与林业重点工程

第 17 章　区域森林培育 …… (387)
　　17.1　东北地区森林培育特点 …… (387)
　　17.2　华北地区森林培育特点 …… (392)
　　17.3　西北地区森林培育特点 …… (400)
　　17.4　华南亚热带地区森林培育特点 …… (405)
　　17.5　华南热带地区森林培育特点 …… (408)
　　17.6　西南地区森林培育特点 …… (414)
　　复习思考题 …… (423)
　　推荐阅读书目 …… (423)

第18章 林业重点生态工程与森林培育 ……………………………………………（424）
  18.1 林业重点生态工程概述 …………………………………………………（424）
  18.2 天然林资源保护工程 ……………………………………………………（430）
  18.3 退耕还林还草工程 ………………………………………………………（434）
  18.4 重点地区防护林体系建设工程 …………………………………………（437）
  18.5 用材林基地建设工程 ……………………………………………………（443）
  复习思考题 ……………………………………………………………………（446）
  推荐阅读书目 …………………………………………………………………（446）

参考文献 ………………………………………………………………………………（447）

第 0 章　森林培育学概论（代绪论）

0.1　森林培育学的概念和范畴

　　森林培育是从林木种子、苗木、造林更新到林木成林、成熟的整个培育过程中按既定培育目标和客观自然规律所进行的综合培育活动，它是森林经营活动的主要组成部分，是它不可或缺的基础环节。森林培育是研究森林培育的理论和实践的学科，是林学的主要二级学科。

　　新中国成立后，国家十分重视植树造林工作。毛泽东主席提出要"实行大地园林化"，邓小平同志提出"植树造林，绿化祖国"的倡议。党的"十八大"将生态文明建设纳入"五位一体"总体布局，习近平总书记强调"绿水青山就是金山银山"的发展理念，提出"建设美丽中国"的目标，启动大规模国土绿化行动，实施森林质量精准提升工程，提出林业服务国家"双碳"目标的具体目标等。森林培育在服务国家重大战略中发挥着越来越重要的作用。

　　森林培育学原来称为造林学。造林学这个词是从日文借用过来的，而日文的造林学又是从德文"waldbau"直译过来的（德文 wald 为森林，bau 为建造的意思）。"造林"这个词虽然在中国已沿用很久，但许多学者认为其词义不很贴切。因为"造"字在中文中是从无到有的"制作"或"建造"的意思，这样就很容易把造林理解为纯粹的人为过程，从而疏漏了依靠自然力来培育森林方面的内容。这个问题在中华人民共和国成立后的前三十年显得尤为突出。由于受到苏联林学体系中把人工造林与天然林培育分立为两个不同课程的影响，把造林学偏解为人工造林学的倾向就更明显了，而这是与"waldbau"的本意不符的，也是与国际上现在通用的英文对应名词"silviculture"的概念不符的。

　　英文词"silviculture"源自拉丁文（silva 意为森林，culture 则有栽培或培育的意思），按词义及内涵译成森林培育较为恰当。与此同类的词还有"horticulture"（园艺），"floriculture"（花卉栽培）等。其实，俄文里的"Лесоводство"（Лес 为森林，Водить 有经营、照料的意思，ство 为抽象名词的词尾）才是英文"silviculture"的对应词，与此同类的还有"Плодоводство"（果树栽培学），"Пчеловодство"（养蜂学）等。在中华人民共和国成立初期我国学者把内容涉及森林抚育和主伐更新的"Лесоводство"译为森林经营学，现在看来是不妥的。森林经营的含义很广，森林的培育、保护和利用都包括在内，应与英文的"forest management"相对应，这与森林培育（silviculture）有很大区别。由于受苏联林学体系的特点及中华人民共和国成立初期误译的影响，使我国在林业名词应用上造成了一定的混乱，至今仍有不少人把造林和森林经营分别理解为人工造林和天然林培育，把森林培育的完整体系割裂开来，这显然是不妥的。

改革开放以后，首次在昆明召开的全国林业教学会议上(1977)，多数造林学者认为把人工林和天然林培育分割开来是不合适的，把人工造林的内容局限在人工林郁闭前的培育活动也是不合适的。因此，当时建议改革原来沿用的苏联造林学体系，把原来森林学的上篇林理学(Лесоведение)改造为森林生态学，而把下篇森林经营学返回造林学中来，以恢复造林学的本来面貌，与世界上大多数国家的概念一致起来。这次会议后编写出版的造林学教材就是按这个改变后的体系编写的。在教材体系改变之后就愈发感到"造林学"这个词不贴切的后果。由于历史原因使我国林学界和社会上一般群众对"造林"二字有三个不同层次的理解。对"造林"最广泛的理解就是森林培育，即各类森林从种苗、造林更新到成林成熟的全部培育过程；中等范畴的理解为苏联体系的造林范畴，即人工林从种苗、造林到幼林郁闭成林的培育过程，人工林郁闭后的培育不归造林管；狭义理解的造林就是森林营造本身，不包括前期的种苗和后期的抚育，甚至还有把造林仅理解为播种或植苗这个工序。"造林"这个名词的不贴切与内涵的不稳定搅和在一起。20世纪80年代末，在全国科学技术名词审定委员会的指导下，中国林学会主持了《林学名词》修订工作。在修订中经慎重考虑，为了名词的统一和确切表达，并与国际通用名词接轨，决定把与英文"silviculture"相对应的名词定为森林培育学，简称育林学，而把"造林"一词用于较为狭义的范畴。差不多与此同时，在日本及台湾地区的林学界，也有把"造林学"改为"育林学"的尝试。在90年代制订学科分类方案中，已把"森林培育"正式替代"造林学"作为林学的二级学科。本教科书就是正式以森林培育学来命名的第一本全国统编教材。由于前一时期用词混乱造成的影响还会延续一段时间，故在此再次把有关名词及其内涵的变化渊源作一简单介绍，通过介绍也可对森林培育学的概念和范畴有进一步的了解。

森林培育学既然是涉及森林培育全过程的理论和实践的科学，它的内容就必然应该包括涉及培育全过程的理论问题，如森林立地和树种选择或培育目标树种的确定、森林结构及其培育、森林生长发育及其调控等基本理论问题，也包括全培育过程各个工序的技术问题，如林木种子生产和经营、苗木培育、森林营造、森林抚育及改造、森林主伐更新等。森林培育可按林种区别不同的培育目标，技术体系应与培育目标相适应。一些特定林种的培育科技问题，由于事业发展需要和培育特点明显，已陆续独立为单独的课程，如经济林学、防护林学等，它们统属于森林培育学科范畴。

0.2 森林培育学的发展历史

森林培育学是一门应用科学，它的发展必然是与森林培育生产事业的发展紧密相关的。在古代人类农耕社会发展阶段之前，各地有足够的森林为人类提供庇护和物产，并没有培育森林的需求。在人类农耕社会发展之后，特别是进入了较为发达的封建王朝社会之后，由于农垦及放牧的侵占、大兴土木的消耗、战争屯垦的破坏以及薪柴燃料的樵采，森林破坏加速，森林面积迅速缩小，森林质量也在不断下降，部分地区已经显示缺少森林的后果：自然灾害频发，水土流失严重，生活燃料缺乏，珍贵用材稀缺，对重新培育森林提出了客观要求。我国由于长期处于农耕文明时代，森林被破坏的历史更长，破坏程度也更严重。全国范围的森林覆盖率大致上从农耕前的60%左右下降到中华人民共和国成立前的12%左右，中原人口众多的地区出现了大范围无林少林的现象。无林带来的灾难性后果促使人们提出保护、恢复和重新培育森林的需求，因此，在中国古代很早就有了植树造林的记载。秦始皇"为驰道于天下，……道广五十步，三丈而树，……树以青松"（《汉书·贾山传》），秦将蒙恬"以河为竟，累石为城，树榆为塞"（《汉书·韩安国传》），都已有2000千多年的历史了。到西汉《汜胜之书》、北魏《齐民要术》和明代的《群芳谱》等书中都对植树造林的技术有了较为详尽的记述。我国古代对种桑养蚕、经济林木栽培、植树造园等方面都有许多独到的技艺，就是对一些用材树种的造林，如杉木栽培、毛竹栽培等，也都可追溯上千年的历史，积累了丰富的经验。但是毕竟这些知识和经验的积累还处于零散无系统的状态，没能形成一门学科。

森林培育学成为一门科学是和工业文明的到来和总的科学技术发展相关联的。欧洲的文艺复兴促进了科学技术的发展，导致了18世纪的第一次产业革命。由产业革命导致的工业化、城市化的发展，在初期造成了对森林的更大破坏，使木材成为稀缺商品，生态环境也逐渐恶化，产生了恢复和培育森林的强烈需求。科学技术的发展也使人们对森林的种类、分布、生长发育和环境影响有了越来越深入的了解，为森林培育学的形成提供了科学支撑，而恢复和培育森林的需求则直接促进了森林培育学的诞生。世界上第一部森林培育学教材（*Unterricht von dem Waldbau*）由德国的R. Hager于18世纪末年编写出来，而德国的H. Cotta于19世纪中编著的《森林培育学导论》（*Anweisung zum Waldbau*）则是一本更全面丰富的森林培育学著作。19世纪，德国的林学理论和实践的成就成为世界林学界的先声，森林培育学也包括在内，对欧美各国及亚洲地区都有深刻的影响。

大致到19世纪中叶，欧洲各国的工业化进程已经使森林破坏走到了极点。得益于对森林作用的认识提高和森林培育实践的成功，从这以后欧洲大陆各国的森林（以德国、瑞士、法国为代表）进入了逐渐恢复发展的阶段。美国由于新大陆殖民发展的特殊条件，这个转折点推迟到20世纪初。在这个森林逐渐恢复发展的进程中，森林培育的实践得到很大的丰富和提高，森林培育的理论也有了长足的进步。因此，在20世纪上半叶，世界上出现了好几本森林培育学的名著，如美国Hawley R. C. 的《实用育林学》（*The Practice of Silviculture*）（1921年第1版），日本本多静六的《造林学要论》（1928），美国J. W. Toumey & C. F. Korstian 的《森林培育中的育苗造林》（*Seeding and Planting in the Practice of Silviculture*）（1931），英国A. Dengeler 的《基于生态学的森林培育》（*Silviculture on an Ecological Basis*）（1935）以及苏联В. Огиевский 的《造林学》（*Лесные культуры*）（1949）等。这些森林培育学的教科书，不但内容丰富，理论联系实际，而且已经形成了一定的体系，反映了各自的地区特点和森林特点，对我国森林培育学的形成有很大影响。

中国由于近代科学技术的落后和社会生产事业发展的滞后，包括森林培育学在内的整个林学的形成发展都比较晚，直到20世纪20年代以后才陆续由一批从欧、美、日归国的留学生对林学各个学科作了系统介绍。在森林培育学方面，虽有《造林概论》（程鸿书先生编著，山西高等农林学堂讲义，1910）和《造林学各论》（北平农学院讲义，1912），但以陈嵘先生于1933年完成发表的《造林学概要》和《造林学各论》最为突出，他们完成了我国森林培育学的奠基性工作。它不但系统论述了造林学科知识，而且和中国实际（区域特点、树种特点)相结合,成为一代林人学习的代表作。此书到中华人民共和国成立初期还曾再版。另一本重要的代表作是郝景盛先生于1944年完成发表的《造林学》,也在西方(尤其是德国)森林培育学理论与中国实际相结合的方面有所前进。

1949年中华人民共和国成立后,由于林业生产及科教事业的蓬勃发展,中国的林学研究进入了一个全面发展的阶段,森林培育是其中发展最快的学科之一。大面积绿化造林工作的开展是森林培育学迅速发展的基础,而不断学习和消化西方(含苏联和日本)林业发达国家的森林培育理论和知识成为森林培育学发展的重要助力。在20世纪五六十年代,一方面是老一代留美学者(如时任林业部总工程师的吴中伦先生及南京林学院院长的马大浦先生)回国后积极活动,在造林学科建设及科技进展方面发挥了重要作用;另一方面则是苏联林业科学的全面介绍和一批留苏青年学者(沈国舫、王九龄、石家琛、吕士行等)的努力工作,对我国造林学科发展也有重大影响。从引进先进林业科学技术到自己进行科学研究,并与广阔的中国造林实践相结合,这中间有一个过程,也走过一些弯路(如一些教条主义的束缚),但经过一大批人在不同领域的奋斗(还应指出黄枢、涂光涵、徐燕千、俞新妥、周政贤、蒋建平等人的工作),终于有所成就。在这方面标志性的进展当推于1959年由华东华中协作组(以马大浦为主)编写的《造林学》教材及1961年由北京林学院造林教研组(沈国舫任编写组组长)编写的全国统编教材《造林学》的出版,还有1976—1977年间由中国树木志编委会(郑万钧主编,沈国舫、许慕农为主要助手的庞大作者群)组织编写的《中国主要树种造林技术》(1978),以及时隔40年由沈国舫主编的该书修订版的即将问世,可作为森林培育学发展的里程碑。

20世纪六七十年代中国科技界与国外的隔绝,对各个学科发展都产生了极为不利的影响,而1979年后开始的改革开放年代为各学科的繁荣发展创造了良好的条件,森林培育学科也不例外。如果说1981年出版的新版《造林学》(北京林学院孙时轩任主编,沈国舫任副主编并负责造林篇)还主要反映了"文化大革命"期间积累的科技成就,刚开始吸收了一点外来新知识,那么在这之后无论在系统引进介绍国外森林培育学科技成就方面,还是在自主进行森林培育各领域的科学研究方面,都在林业生产大发展的基础上呈现了前所未有的繁荣局面。改革开放以后,国外科技知识通过书刊及学者交流互访大量引进涌入,在森林培育著作方面有代表性的有:日本佐藤敬二等编著的《造林学》(1984年译成出版),苏联 Г. И. Редько 编著的《造林学》《Лесные культуры》,美国 D. Smith(前述 R. C. Hawley 的学术继承人)编著的第8版《实用育林学》(The Practice of Silviculture),1990年译成出版,此书于1997年又出了第9版,2018年出版了第10版)以及由奥地利的 H. Mayer 编著的《造林学,以群落学与生态学为基础》(Waldbau, auf soziologisch-ökologisch grundlage,1989年翻译出版)等。此外,还有一系列有关森林生态学方面的专著及教材引进介绍(如 Danial, Helms & Baker, 1979; S. Spurr & B. Barnes, 1980; R. T. Forman & M. Godron, 1990; J. P. Kimmins, 1987, 1997, 2004等)都对森林培育学理论和技术的发展起了很好的促进作用。近来由 R. D. Nyland 编著的《森林培育学,观念和应用》(Silviculture, Concepts and Applications, 1996,此书于2007年出了第2版)及由 C. Molles Jr. Manuel 编著的《生态学:观念和应用》第4版(Ecology: Concepts and Applications, 2008)又为在新的生态学观念和多功能森林可持续经营要求下的森林培育的理论和技术应用提供了重要的借鉴。

改革开放以来的林业生产，特别是在大面积绿化造林、速生丰产林、防护林体系建设及多种经济林栽培方面有了快速的进展。由国家科委(现科技部)和林业部(现国家林业和草原局)组织的连续多年科研攻关和重点研究项目，以及各级各地组织进行的科研项目，在森林培育学的各个领域进行了大规模的实验和研究，大大提高了我国森林培育学的学术水平。在某些领域，如立地评价和树种选择、混交林营造、干旱地区造林、防护林体系的作用、配置和培育技术、无性系育苗造林、杉木栽培、竹藤培育等，都已进入了国际先进行列。在大量科研资料及生产经验积累的基础上，森林培育学在总体理论框架和实用技术配套方面理应要上一个新台阶。由黄枢和沈国舫主编的《中国造林技术》(1993)及由俞新妥主编的《杉木栽培学》(1997)在这方面可以说迈出了重要的一步。盛炜彤在 2014 年撰写了《中国人工林及其育林体系》一书，全面总结了中国林业科学研究院在这个领域多年的研究成果，做出了重要贡献。我国台湾的学者郭宝章编著的《育林学各论》(1989)是继王子定的《育林学原理》(1962)及《应用造林学》(1966)之后的台湾森林培育方面的重要著作，对中国森林培育学的发展也做出了积极的贡献。本书《森林培育学》的第一版于 2001 年正式出版，集中反映了 20 世纪中国在森林培育方面积累的经验和知识，在理论认识上也有所提高。2011 年和 2016 年《森林培育学》又先后出版了第二版和第三版，持续有所改进。这样的良好发展趋势必将在今后延续下去。

0.3 森林培育的目的与对象

0.3.1 森林培育的目的与林种

森林作为一种生态系统是具有多种功能的。现代对生态系统功能的认识一般归结为四类功能。第一类是供给功能(provisional)，即生态系统通过物质生产过程可为人类提供各种产品，如食物、材料、能源、药物等；第二类是支持功能(supportive)，即生态系统通过其生存状态和生命活动支持着地球上人类生存必需的自然系统，如大气中各种组分的浓度(尤其是 CO_2 浓度)、水分循环、生物多样性等；第三类是调节功能(regulatory)，即生态系统通过其生物群落与环境的交互作用，对一系列环境因子起到的调节作用，如水源涵养、水土保持、防风固沙等；第四类是文化功能(cultural)，即生态系统通过其结构和影响在社会文化方面所具有的功能，如观赏功能、保健功能、游憩功能、教育功能和就业功能等。森林生态系统具有所有这些功能，而且和其他生态系统相比(农作物、草地、湿地、荒漠、冰川、海洋等)，森林的功能是比较全面且巨大的。

人类培育森林的目的就在于要合理地、明智地发挥森林生态系统的功能，为人类生存和良好的生活服务。这种利用应该是有限的、有序的，以不损害森林生态系统本身为前提的，因而也是可持续的。森林生态系统这些功能的发挥必然产生巨大的效益，可归纳为经济效益、生态效益和社会文化效益，这些效益的获取也必须是均衡的、互补的、可持续的。由于森林本身是多功能的，因此森林培育也应以获取多功能的效益为主要目的。

但是，森林由于其所处的环境及其本身的组成结构的多样性而具有不同的功能侧重。人们在利用每一片森林时在功能诉求上也有不同的侧重。由于对不同森林主导功能的培育目的不同，可以把森林分为若干林种。2019 年实施的新修订《中华人民共和国森林法》把森林分为五大林种，即以生产木材为主产品的用材林，以发挥森林调节功能为主的防护林，以生产木材之外的其他林产品为主的经济林（原称特用经济林），以生产燃料和其他生物质能源为主的能源林，以及以提供森林的保健、观赏、游憩及自然保护为主的特种用途林。每个林种又可细分为若干二级林种，如用材林可细分为一般用材林、专用用材林（工业用材林）、速生丰产用材林、珍贵用材林等；防护林可细分为水源涵养林、水土保持林、防风固沙林、海防林等；特种用途林也要有更细的划分。目前我国的森林分类系统和世界其他国家的分类系统是大同小异的，我国的特色是比较全面，分得较细。随着科技发展和社会进步，这个分类系统还有可能要改进。新修订的《中华人民共和国森林法》规定，国家根据生态保护的需要，将森林生态区位重要或者生态状况脆弱、以发挥生态效益为主要目的的林地和林地上的森林划定为公益林，未划定为公益林的林地和林地上的森林属于商品林。这主要是为了划分投资渠道及管理上的方便，与上述的林种划分有包含性，但不是同一性质的，在划分的实践中还存在不少问题，应予继续探索。

　　森林培育对林种划分有实际的需求，很显然不同林种的森林在树种选择、组成结构、经营方式等方面有很大的不同。但同时我们不要忘记所有森林都是多功能兼有的，大部分森林的多功能性质是很明显的，因此有必要把它们培育成多功能林，有些森林可能有两个以上突出的功能定位，也可以用双名法来表示其主要培育目的，如防护用材林、固沙能源林等。树种的定向培育和森林的多功能培育是可以相辅相成的，应该同时成为森林培育的主要原则。

0.3.2　森林培育的对象和森林起源

　　森林的起源可分为天然林和人工林，其间也可以有各种过渡状态。天然林可以细分为原始天然林、天然次生林及其过渡类型的原始次生林。人工林也可因其培育方式不同而细分为飞播林、粗放经营的人工林、集约经营的人工林、近自然经营的人工林以及人工林培育中充分利用了天然更新的人工林，有人称之为人天混森林。人类原来经营利用的森林都是天然林，随着天然林的紧缺及科技的发展，人工培育森林逐渐成为需要与可能。天然林和人工林都是森林培育的对象。

　　从19世纪以来，人工林在森林中的比重是逐渐提高的。人工林的表现，在满足人类需求（特别是对用材的需求）方面具有优势，从而得到一些国家（尤其是中欧一些国家）的青睐。20世纪中叶以后，人工林培育的发展趋势加强，人工林的速生高产效应使一些国家以少量的人工林面积满足了大部分用材需求，甚至可供出口（如新西兰），一些国家曾经计划要把森林面积一半左右改变为人工林（如日本），一些国家以经营人工林为主体发展社区林业（如印度），20世纪六七十年代有几次世界林业大会都是以发展人工林作为主要内容的。但是，随着时间的推移及人工林面积的扩大，培育人工林的一些弊病也逐渐表现出来：生物多样性降低，生态功能减弱，林地肥力退化（二代效应），个别引进树种演变为外来入侵种（invasive species）起负面作用等，尤其是发展桉树速生人工林的水文效应优劣引起了争议。因此，到底是应该培育天然林还是人工林，又成了世界林学界一个热点讨论问题。

　　天然林和人工林各有优缺点，归纳起来大概有几个方面，详见表0-1。

表 0-1 天然林与人工林的比较

比较项目	天然林	人工林
生物多样性	较丰富	较贫乏
结构	较复杂	较简单
生态功能(保水、保土、防灾)	较强	较弱,但针对性强,有时也很强
碳汇功能	一般中性	提高潜力大
生产力水平	与经营水平相关,从一般到较高	两极分化,可能很高,但也有的很低
地力维持	较强	偏弱
对区域及立地的适应性	较强,但限于原自然地带	可适应各种不同地区和立地,但适应程度不如天然林

从表中内容可见,所提及的比较都采用了相对的语言,这反映了事物的复杂性。天然林可以有各种各样的,有高产的,也有低产的,有功能齐全的,也有功能退化的;人工林也一样,由于认识、技术及经营水平的不同,可以有各种各样的人工林。但总体来说,还是可以看出相对程度的优缺点,在个别具体情况下还要做具体分析。

既然天然林和人工林各有优缺点,我们应该充分利用它们各自的优势,因地制宜地、适当平衡地同等关注天然林和人工林的培育。要用人与自然和谐的理念来看待这个问题,同时又要利用人的智慧和科技能力把森林培育工作提高到更高的水平。从林种的角度看,培育用材林和经济林,也包括能源林,可能培育人工林的份额更大一些,而培育防护林和特种用途林可能更多地侧重于培育天然林。但这里必须有辩证的思维,毕竟还有相当大量的木材是产自多功能的天然林的,也有许多需要防护的土地上是没有天然林的,只能求助于人工培育。天然林和人工林培育要互为补充,各展优势。根据第九次全国森林资源清查结果,我国天然林面积 $14\ 041.52×10^4 hm^2$,天然林蓄积量 $141.08×10^8\ m^3$;人工林面积 $8003.10×10^4 hm^2$,人工林蓄积量 $34.52×10^8\ m^3$。可见,天然林的面积和蓄积量均远大于人工林。通过森林培育技术措施提高天然林质量,更好地发挥天然林功能,是我国森林经营的历史重任。

0.4 森林培育学的基本内容——理论基础和技术体系

森林培育是把以树木为主体的生物群落作为生产经营对象,它的活动必须在生物群落与其生态环境相协调统一的基础上来进行,因此对生物体(以树木为主)及其群落的本质和系统的认识,以及对生态环境(包括非生物环境和生物环境)的本质和系统的认识就是森林培育必须具备的知识基础。生命科学,尤其是其中的植物学、生理学、遗传学、群落学等,以及环境科学,尤其是其中的气象学、地质学、水文学、土壤学等,是为森林培育提供基础理论和知识的主要源泉。

将生物体及其群落与生态环境相结合起来研究的生态学科,是近几十年来迅猛发展的一门学科。这是人类关切自己赖以生存的生物资源和生态环境的需要,而微观世界与宏观世界科学研究的进展以及系统科学的渗透使生态学科向广度和深度发展成为可能。生态学科按生物界别、系统领域、组织层次(个体、群体、生态系统、地理景观等)及功能重点

（干扰、污染、恢复、保护等）又发展形成了一系列次级学科，这是从基础学科向应用过渡的一个学科群，是一切以生物群落为生产经营对象的应用学科必须依靠的基础。因此，森林培育学将把森林生态学及其相关学科作为自己的学科基础。从20世纪30年代起，许多森林培育学的著作都明确表明以生态学为基础，一直发展到现在这种情况并没有改变，而2018年出版的《实用育林学》(*The Practice of Silviculture: Applied Forest Ecology*)则直接把森林培育学称为应用森林生态学。

在生命科学、环境科学及其交叉形成的生态科学的基础上发展起来的森林培育学，在本质上是一门栽培学科，与作物栽培学、果树栽培学、花卉栽培学等处于同等地位。森林培育学与其他栽培学的不同特点主要是由于森林的特点引起的，因它所涉及的种类多（物种的层次及生态系统的层次）、体量大、面积广、培育时间长、培育目标多样、内部结构复杂、与自然环境的依存度大等。因此，森林培育措施要更多地依据自然规律、依靠自然力，要更多地考虑目标定向及体系框架，在集约度上有很大的分异，从很粗放到很集约，只要符合培育目标，都是适用的。

森林培育的对象既可以是天然林，又可以是人工林，还可以是天然、人工起源结合形成的森林，实际工作中还包括不呈森林状态存在的带状林木及散生树木。由于森林培育是一个很长的过程，从几年到一二百年，而且所培育的世代之间又有很强的影响，因此，对森林培育必须要有一个完整的技术体系的概念。森林培育过程大致可以分为前期阶段(pre-establishment planning)、更新营造阶段(establishment)、抚育管理阶段(tending)和收获利用阶段(harvesting and utilization)。各阶段所采用的培育措施不同，但必须前后连贯，形成体系，指向既定的培育目标。

森林培育的前期规划阶段是非常重要的阶段，因为这是一个决策设计的阶段，在很大程度上影响整个培育工作的成败。这个阶段的主要技术工作包括培育目标的论证和审定、更新造林地的调查、更新造林树种及其组成的确定（包括天然更新的预期调查）、培育森林的结构设计及整体培育技术体系的审定等。在森林培育前期工作中很重要的一项工作是种子苗木的准备。林木种子的生产和苗木的培育各有一套自己的技术体系，它也要服从总的培育目标。

森林培育的更新营造阶段是把规划设计付诸实施的关键施工阶段，它的主要技术工作包括旨在促进更新的自然封育及改善幼树生长环境的林地清理和整地、为实现森林结构设计而进行的种植点配置、为保证幼树健康成活而实施的植苗（或播种）系列技术以及在幼林形成郁闭前为保持幼树顺利成活生长的物理环境和生物环境的系列幼林抚育保护技术。

森林培育的抚育管理阶段是时间延续最长的阶段，在这个阶段内为了保证幼龄林和中龄林按预期要求（速生、优质、高产、稳定以及多功能效益的高效）成长，需要不断调整林木与林木之间以及林木与环境之间的关系，使之始终处于理想的林分结构状态（密度、组成、树龄分布）及有利于生长发育的环境状态，为此需要采取有一定间隔期的多次重复的培育措施，包括透光、疏伐、修枝、卫生伐、林木施肥、垦复、林下植被处理及复合经营等。林木结构的调控及林木生长的调控都要服从于培育的定向目标。

森林的收获利用阶段（或称主伐利用阶段）也作为森林培育的一个阶段来提出，这是森林培育的特点所致。无论森林的木材主伐利用还是森林的生态防护功能利用，都要密切考虑下一世代森林更新的需要。明智的森林利用要考虑合理利用的规模、时间、形式及利用时的林分状态，要把森林利用的需要和森林恢复更新的需要，或更宏观地说是森林可持续发展的需要密切结合起来，这些都是决定森林收获利用的方式(择伐、渐伐、皆伐、更新伐、拯救伐、任其自然的保护等)和技术措施的基本准则。

纵观森林培育的全过程，各项培育技术措施无非是通过对林木的遗传调控(林木个体遗传素质的调控及林木群体遗传结构的调控)、林分的结构调控(组成结构、水平结构、垂直结构及年龄结构)、林地的环境调控(理化环境、生物环境)这三方面，在森林生长的各个阶段培育健壮优良的林木个体(指培育目标的个体)、结构优化的林分群体以及适生优越的林地环境，达到预期的培育目标。根据培育目标，各项培育措施必须配套协调，形成体系，有时把它称为森林培育制度(silvicultural regime)。为了便于理解，把上述主要内容归结为一个框架图，如图 0-1 所示。

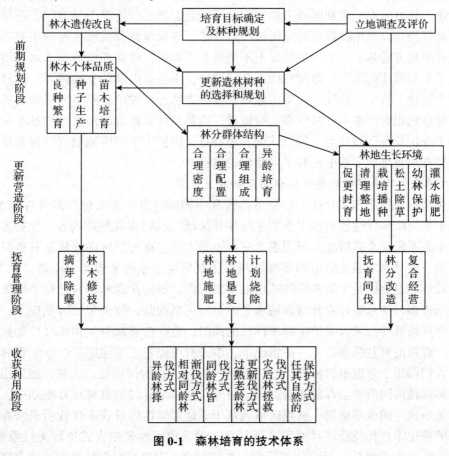

图 0-1　森林培育的技术体系

0.5　当前中国森林培育的问题和展望

0.5.1　问题

当前，中国的林业可以说是处于历史上的最佳时期，森林的多功能作用被广泛认可，林业在社会经济中的地位有了提升，林业经济投入不断增加。但是，从林业工作本身来检查，虽然近年来的进步可圈可点，还确实存在着一些不足和问题，集中表现在我们的林业发展总体上还处在较低的水平；森林资源总量不足，质量及生产力水平低下；森林的功能，包括其生态调节功能及木材和其他林产品的供应功能，都远远不足，与国家和人民的需求相比还有很大的差距。本书无意对林业问题整体上做进一步分析，而要在森林培育领域探求一些需要认真对待的问题，归纳起来，有以下几个方面：

(1) 对地理(立地)多样性认识不足和处置失当

地理(立地)多样性指的是森林所处的或需要培育森林的地方的非生物自然环境的多样性，包括气候的多样性、地质水文的多样性、土壤的多样性等。由于中国的疆域广大，地貌气候内部差异很大，这个地理多样性就特别突出。地理多样性要求森林培育对策的多样性，一切措施都必须因地制宜。但在过去几十年我们在森林培育工作中往往有以主观意志来引导的统一处方倾向。大到区域造林规划，不管是湿润地区还是干旱地区，一律要求造乔木林，而且经常以选用高耗水的速生树种为首选，忽视草原及荒漠植被的生态功能，在本来不宜林的地方造林，于是不少情况下不是树长不起来，就是环境特别是水环境遭受退化，造成了事与愿违的结果。即使在同一个区域内，不注意内部的立地差异，造林时往往采用同一个树种，整个一面坡、一架山地用同样的方法连片种植，不讲究精细的适地适树适法，这样自然也会产生不良的效果。应该说，森林培育工作者的最重要的基本功之一就是要能善于分析地理区域特点，深刻认识立地特点，以便于采用因地制宜的育林措施，而这一点往往在培育生产实践中没有予以足够的重视。

(2) 对维护生物多样性的要求认识不足和处置失当

生物多样性包括遗传多样性、物种多样性和生物群落及生态系统的多样性三个层次，实际上生态系统的多样性还包含了景观多样性和区域(流域)多样性的内容。生物多样性是支持全球生态系统正常运转的关键因素之一，也是人类生存生活所必须依靠有待发掘的重要自然资源。森林生态系统的生物多样性相对于其他生态系统来说尤为丰富，尤为重要，而森林的破坏和退化则是生物多样性减少的主要起因。如何在森林培育过程中能维护生物多样性和增进多样性是做好森林培育的重要原则。可惜的是，过去很长时期以来，森林培育在促进森林植被的恢复以维护生物多样性的同时，也存在着减少生物多样性的倾向。出于单项的、近视的利益驱动，在一些情况下，本来有可能恢复重建地带性原生森林类型的情况下，人们都乐于营造单树种的(经常是外来树种)、结构简单的人工林，或采用不利于促进生物多样性的同龄单层森林经营方式。另外，在一个区域的森林培育规划中，乐于采用同树种集中成片的分布格局。忽视区域内基于立地多样性的景观多样性祈求。在营造集约度较高的速生丰产林及经济林时，特别是在大量采用无性繁殖方式进行无性系造林时，乐于采取少数几个无性系(或种源)进行集中式的培育，而忽视对保持种群遗传多样性的要求。这些违反保护生物多样性的不良倾向还相当广泛地存在。

(3) 关于处理好森林保护和森林培育的关系

森林的保护和培育都是可持续森林经营的重要内涵，两者是相辅相成，不可偏废的。只讲森林培育而不重视保护，培育的成果会难以为继甚至全军覆没；而只讲森林保护而不采取森林培育措施，就只能使森林恢复过程过于缓慢，或使森林长期处在低产低效的状态，不能满足人类对森林经营的需求。在近年来的林业实践中，后一种倾向是带有普遍性的。实施天然林资源保护工程是一项扭转森林长期遭受破坏，保护森林资源，改变林区资源与经济"两危"的重大决策，是一项带有全局性系统性的重大工程，实施20年来已经产生了显著的效果。但是在某些地方，某些人的心目中，仅仅把天然林保护视作禁伐限伐单纯保护的政策措施，甚至产生了只要生态效益，弱化经济效益追求，只看当前局部，不看长远全局的倾向。他们没有把天然林保护视为培育未来森林资源的重大机遇，没有树立起显著提高森林质量的目标以迎接未来对森林多种功能重大需求的挑战，在政策实施中也没有给予森林培育以足够的项目和资金支持。由于一些关心林业的人士的一再呼求，最近在国家林业政策中已经出现了可喜的变化，多功能森林的可持续经营，以强化森林培育经营为其重点，已经提上议事日程。但上述不良倾向的扭转，还需要有一个再学习、再认识的过程。国家储备林建设项目的上马是一大进步，但目前规模还不够大，分布也不够均衡，尚需继续努力。

(4) 关于处理好森林数量和质量的关系

森林的数量通常以森林面积、森林覆盖率及森林蓄积量和生物量(兼有质量内涵)等数量指标来表达，而森林的质量则通常以森林生产力(单位面积林木蓄积量或生物量，森林的年生长量，森林的生长率)，林木及森林的年龄及空间结构，森林的生态、经济和社会文化的功能效益，森林的生物多样性等质量范畴来描述。两者都是森林培育追求的目标。由于中国的森林在历史上遭到长时间的过度利用和破坏，在许多原来生长森林的地方出现了荒山秃岭的景观，因此在恢复森林的初期阶段，以增加森林面积，提高森林覆盖率为主要奋斗目标是可以理解的，而且这方面已经取得了长足的进步，森林面积和蓄积量从八十年代起已开始了双增长，森林覆盖率从12%左右恢复到2018年的22.96%，取得了举世瞩目的成绩。但是，在看到成绩的同时，我们必须关注，中国森林的质量还相当低下，从生产力、结构、功能和生物多样性任何角度看都是如此。当前，我们应该认识到，从中国宜林地的数量和布局来看，进一步的数量扩张潜力有限，而森林质量的提高由于起点较低而潜力巨大。现在已经到了重视森林质量的程度要超过对森林面积扩展的转折时期，而在提高森林质量的各个方面，森林培育肩负着无可推卸的重大责任。如何通过各种森林培育措施来提高森林质量应该是今后森林培育研究的重点课题。

(5) 关于培育天然林和人工林的关系问题

无论是天然林，还是人工林，都是森林培育的对象，详见前述。在过去相当一段时期内，森林培育学(特别是造林学的发展阶段)把重点放在人工林培育上，而忽视了天然林培育问题，这是需要继续扭转的一种倾向。从中国的森林资源统计资料上来看，虽然人工林的数量很大，在世界上可列首位，但天然林的数量仍占大多数，达64%(表0-2)，而且大多数天然林都分布在立地条件较好适于生长森林的地方，这是一笔巨大的森林资产。一些低价低效的天然次生林有很大的提高产量质量的潜力，完全可以通过各种抚育、改造、更新等培育措施来挖掘出来。需要指出的是，在过去40年历程中，人工林面积增长迅速，主要是依靠在无林地上造林。虽然也存在毁坏天然林，用人工林代替的现象，但这种现象只是局部的，因为总体上天然林的面积仍在不断地增长。人工林的生产力水平仍很低，这是我国森林培育工作的突出问题。不过，在过去四十年，人工林的单位面积蓄积量仍是增长很快的,这里面有林木平均年龄增长的因素,也有培育效益的因素。出现了一些相当高产的人工林,给人以进一步增长的希望,强化有针对性的培育措施仍是重要一环。从方向上看,今后应兼顾发挥天然林和人工林的优势,汲取恢复生态学的理论和实践经验来充实森林培育的内容。要充分重视发展近自然育林的理念和实践,可以发展各种兼有天然林和人工林成分的育林措施,以取得更好的多功能综合效益。

表 0-2 近四十年几个阶段我国森林资源连续清查成果

项 目	1976 年	2003 年	2008 年	2013 年	2018 年
有林地面积($\times 10^4 hm^2$)	12 186	16 902	18 138	19 117	22 045
其中:天然林($\times 10^4 hm^2$)	9817	11 576	11 969	12 184	14 042
人工林($\times 10^4 hm^2$)	2369	5326	6169	6933	8003
其中:人工林乔木林面积($\times 10^4 hm^2$)	1781	3229	3702	4707	5713
人工林比重(%)	19.4	31.5	34.0	36.3	36.3
森林蓄积量($\times 10^6 m^3$)	8655.8	12 097.6	13 721.0	15 137	17 560
其中:人工林林分蓄积量($\times 10^6 m^2$)	164.4	1504.5	1961.0	2483.0	3387.6
人工林单位面积蓄积量(m^3/hm^2)	9.2	46.5	52.9	52.76	59.30
森林覆盖率(%)	12.7	18.21	20.36	21.63	22.96

0.5.2 回顾与展望

1992 年在巴西里约热内卢召开的世界环境与发展大会,对全世界的社会和经济的可持续发展起到了划时代的推进作用。在这次会上通过的《里约热内卢宣言》《21 世纪议程》《关于森林问题的原则声明》,以及在会后各国政府联署的《生物多样性公约》《防止荒漠化公约》及《全球气候变化框架公约》等都对林业的可持续发展提出了迫切的要求。一项国际性林业发展公约也在酝酿讨论中,将对林业发展的方向、目标和措施作出更为具体的规定。中国政府在里约世界环境与发展大会之后采取了积极的行动,较早地推出了《中国 21 世纪议程》及其《林业行动计划》(1995)和《生物多样性保护计划》(1994)。这些行动计划都对未来林业的发展作了纲领性的规划。中国学界在 1993 年以后参加了林业可持续发展蒙特利尔进程的讨论以及国际热带木材组织(ITTO,中国为成员国)内部的讨论,并借此推动了国内有关林业可持续发展战略的讨论。所有这些都说明,一个林业必须走可持续发展道路的时代已经到来,一个与国家工业化和知识经济发展并进的时代相适应的现代林业,必须以生态优先、高效持续为其主要特征(沈国舫,1998)。

进入 21 世纪以后,国际上对于可持续发展的呼声更加强烈。联合国在约翰内斯堡峰会上制定了"千年发展目标",强调了保护地球环境和减少贫困的大方向。为了改变地球因温室效应而变暖的趋势而进行的应对气候变化谈判多次形成高潮,这其中林业问题始终成为重要议题之一。在这期间,中国林业也进入了一个崭新的发展时期,林业在社会经济中的地位更加明确和提高,温家宝总理(2009 年)曾将此表达为:"林业在贯彻可持续发展战略中具有重要地位,在生态建设中具有首要地位,在西部大开发中具有基础地位,在应对气候变化中具有特殊地位。",这是很好的概括。在这样的认识基础上国家加大了对林业的投入，一些重大的林业生态工程，包括天然林资源保护工程、退耕还林(草)工程、京津风沙源治理工程和三北防护林工程(五期)等相继推出，大大推进了整个林业的发展进程。2003年中共中央、国务院《关于加快林业发展的决定》的发布标志着林业发展进入了新的发展阶段，单纯地以木材经济为主导的时代已经一去不复返，代之以满足生态需求为主导的追求林业生态、经济、社会、文化效益协同并进的新阶段。所有这些都对森林培育工作提出了新的方向、新的目标和新的要求。

2007年中共中央在第十七次全国代表大会的报告中明确提出了生态文明建设的发展要求，而2012年中共中央在第十八次全国代表大会的报告中更进一步把生态文明建设与经济建设、政治建设、文化建设、社会建设并列一起成为"五位一体"的总体布局，并要求"把生态文明建设放在突出地位，融入经济建设、政治建设、文化建设、社会建设各方面和全过程。努力建设美丽中国，实现中华民族永续发展"。这个新时期的发展理念对于林业建设，其中也包含森林培育事业，提出了更高的发展目标和要求，也明确了一系列方针和任务。2015年4月，中共中央、国务院发布的《关于加快推进生态文明建设的意见》中又有了进一步的发挥，指出"坚持把节约优先、保护优先、自然恢复为主作为基本方针"，"在生态建设和修复中，以自然恢复为主，与人工修复相结合"。在原来实行的若干生态工程建设任务的基础上又进一步扩展了全面保护和修复自然生态系统的任务要求。2017年召开的中国共产党第十九次全国代表大会的报告中又提出"开展国土绿化行动，推进荒漠化、石漠化、水土流失综合治理，强化湿地保护和恢复，加强地质灾害防治。完善天然林保护制度，扩大退耕还林还草"的战略决策。这些文件的主要精神和工作部署应成为今后相当一段时期内指导森林培育事业的发展方向和方针原则。

习近平总书记的生态文明思想，特别是他的"山水林田湖草是生命共同体"的形象性概括，以及他的关于"绿水青山就是金山银山"的系列论述，要求我们森林培育工作者更加注重以宏观生态系统理论的视野去看待森林培育的实践问题，也更加辩证地看待生态保护和森林生态系统可持续培育经营之间的关系，指导我们把提高森林培育的努力汇入到生态文明的洪流中去。在习近平生态文明思想指导下，再回顾上一节中分析的森林培育工作中存在的问题，更加感受到当前我国森林培育工作的实践现状和新形势下的理想要求之间差距巨大，十分明显。为了弥补这个差距，使森林培育事业真正跟上生态文明建设的步伐，要在认真细致地做好森林培育工作上狠下功夫；要全面认清森林培育在生态文明建设中的科学定位，不折不扣地为建设美丽中国做好基础工作；要全面认识森林生态系统的功能效益，以多目标多功能的定向培育来保证功能效益的充分发挥；要把提高森林质量和生产力水平放在更重要的位置上，以保证我国森林生态系统的功能效益得到不断地提升；要在以"自然恢复为主，与人工修复相结合"的方针指导下，充分尊重自然规律，充分利用大自然的自然恢复能力，积极采用科学的人为措施相配合，以期取得更快更好的成效；要以自然化的培育(近自然培育)为主，与部分地区、部分林种的集约化培育相结合，认真落实因地制宜的原则，在中国大地上实施适当多样化的森林培育。

我们处在一个伟大的变革时代，一个中华民族复兴的时代，森林培育工作在这样的时代应该是大有作为的。

(沈国舫)

第一篇

森林培育基本理论

- 第1章 森林的生长发育及其调控
- 第2章 森林立地
- 第3章 林种规划与造林树种选择
- 第4章 林分结构

第一章

森林植会基本理论

第 1 章　森林的生长发育及其调控

【本章提要】 本章介绍了林木个体与森林群体生长发育的概念和规律，在阐明森林生产力及其生态功能形成的生理生态学机理基础上，提出提高和维持森林生产力水平及生态功能的途径。

森林具有多功能性，森林的生长发育是森林提供一切服务功能的生物学基础。而森林培育的实质正是采取各种手段和措施，包括林木遗传改良、林分结构调控、立地选择及调控等措施来促进和调控森林的生长发育，以达到培育目标。为此，必须了解林木个体及由它组成的森林群体的生长发育规律，系统掌握各种自然或人为干扰对其生长发育的影响，研究探讨在自然状态及人为措施作用下森林功能的实现，从而为森林培育提供充分的理论依据。

1.1　林木个体的生长发育

林木个体的生活史，起源于受精卵的第一次分裂，终于植株死亡，其间经过营养生长和生殖生长（简称发育）两个过程。林木首先以营养器官的生长过程为其主要特征，经过一定发育时期，便产生生殖器官，然后进行繁殖。林木个体经过生长、发育、繁殖和衰老而完成其生命周期，并延续种的存在和繁荣。

1.1.1　林木个体生长发育的概念

林木个体生长（growth）是指树木个体体积和重量的增长变化。林木由种子萌发，经过幼苗时期，长成枝叶茂盛、根系发达的林木，这就是林木的生长。林木生长可细分为树高、直径、根系、树冠和材积等的生长，总体都按照慢—快—慢的节律进行。

林木个体发育（development）是林木个体构造和机能从简单到复杂的变化过程，即林木器官、组织或细胞的质变。在高等植物中，发育一般是指性机能成熟，即指林木从种子萌发到新种子形成（或合子形成）到植株死亡过程中所经历的一系列质变现象。

林木个体的生长与发育，既有密切联系，又有质的区别。生长是发育的前提，没有一定量的生长，就没有质的发育。发育是在生长基础上进行的，而发育过程中又包含着生长。良好的生长才会导致正常的发育，正常的发育则为继续生长准备了条件。对林木生长有利的条件，不一定对发育有利；反之亦然。生长与发育所需环境条件有显著不同，只有分别满足生长和发育的具体需要时，林木生活才得以正常进行。林木培育的主体目的可能不同，有的以培育木材为主，有的则以果实（种子）为主，也有的兼顾木材和种实的生产，不同培育目的对如何控制林木生长和发育有不同的要求。

1.1.2 林木个体生长的周期性

在自然条件下,林木或器官的生长速率随着昼夜或季节发生规律性的变化,称为林木生长的周期性,有昼夜周期性和季节周期性之分。其产生的原因主要是昼夜或四季的温度、光照和水分等因素的分配差异,以及林木对这些因素的适应性差异,其中以季节周期性变化更为明显,特别是高生长的变化。根据一年中林木高生长期长短,可把树种分为前期生长型和全期生长型两类。

前期生长型又称春季生长型。这类树种的高生长期及侧枝延长生长期很短,多数为1~3个月,而且每年只有1个生长期,一般到5~6月即结束。属前期生长型的树种有松属、云杉属、冷杉属、银杏、栎属、板栗、核桃等。其特点是高生长经春季极短的生长初期,即进入同样短暂的速生期,之后便很快停止。以后主要是叶面积增大,新生幼嫩枝条逐渐木质化,出现冬芽,根系和直径继续生长,充实冬芽并积累营养物质。前期生长型树种,有时会出现二次生长,即当年形成的芽,在早秋又开始生长,称为秋生长或二次生长。在有的地区,二次生长部分当年不能充分木质化,所以不耐低温和干旱,经过寒冬和春旱后死亡率很高,如油松、红松、樟子松、核桃等容易出现这种现象。有些本属前期生长的树种,在合适的条件下(生长季长,条件优越)可能产生正常的二次、三次甚至多次生长,这种现象在南方松类(湿地松、加勒比松等)中相当普遍,栎类树种也有此现象。

全期生长型的树种,其高生长期持续在整个生长季节(北方3~6个月,南方6~8个月,有的达9个月以上)。属全期生长型的树种有侧柏、落叶松、杉木、柳杉、杨树、刺槐、桉树、泡桐、悬铃木、山杏、紫穗槐等。其生长特点是高生长在全生长季中都在生长,而叶子生长、新生枝条的木质化等则是边生长边进行,至秋季达到充分木质化,以备越冬。全期生长型林木的高生长速度在一年中并不是直线上升的,而是会出现1~2次生长暂缓期,即高生长速度明显减缓,有时甚至出现生长停滞状态。在暂缓期过后,高生长还会出现第二次速生高峰期。

根据这些生长特点,可采取相应的技术措施来调控林木的生长。

1.1.3 林木个体生长的相关性

林木是由各种器官组成的统一整体,林木各器官生长存在相互依赖又相互制约的关系,称为生长的相关性。

1.1.3.1 地下部分和地上部分的相关性

地下部分是指地下器官(如根、竹鞭等),地上部分是指林木的地上器官(包括茎、叶等)。地下与地上部分的生长是相互依赖、相互促进的,"根深叶茂"就是对它们协调关系的很好总结。根和地上部分生长的协调,主要是营养物质和生长调节物质的相互交换供应。地上部分所需的水分、矿物质、氨基酸和细胞分裂素等是由根部供给,而根所需要的糖、维生素等是由地上部分的叶子制造的。

地下部分与地上部分的生长也存在相互抑制和制约的一面。在年生长周期中,地上部分高生长的速生高峰期,与地下部分根系的速生高峰期是交错进行的。在生长初期,根系生长比高生长快，春季出现生长高峰。随后，高生长速率逐渐超过根系生长速率，进入速生期。这时林木已达枝叶繁茂，地上部分的营养器官发达，是需水、需肥最多的时期，而这时根系生长却比较缓慢。高生长速生高峰期过后，由于地上部分的营养器官能制造大量碳水化合物输送到根部，促使根系加速生长，因而根系生长又加快。

1.1.3.2 主茎和侧枝的相关性

在林木生长过程中，普遍存在林木主茎顶芽生长快，抑制侧芽或侧枝生长的现象，称为顶端优势。松树、圆柏和杉木等都具有明显的顶端优势，它们的侧枝，越近顶端所受的抑制越强，离顶端越远所受的抑制越弱，因而形成塔形树冠。但有些树种顶端优势很弱或者没有顶端优势。

根系也有顶端优势，主根生长旺盛，使侧根生长受到抑制。在主根受损时，侧根才较快生长。所以在苗木移栽或造林时，修剪过长主根，可促进侧根及须根生长，有利于造林成活及林木生长。

某些果树（苹果、梨、荔枝等）虽无明显的顶端优势，却有明显的先端优势。所谓先端优势是指主茎顶芽不抑制侧枝生长，而是所有枝条的顶芽抑制本枝条下部芽生长的现象。

在生产上，根据需要来保持或去除林木的顶端优势。杉、松等用材树种，需要保持顶端优势，使其长得高大、通直。此外，园艺上，果树的修枝整形和盆景的培育，移苗时断根促进侧根生长，也是顶端优势原理的应用。

1.1.3.3 营养生长与生殖生长的相关性

林木生长发育过程中，前期是根、茎、叶的生长，即营养生长；到了一定时候，花芽分化，接着开花、结实进入生殖生长。林木从种子萌发到开始花芽分化之前是营养生长期，以后便进入营养生长和生殖生长的并进阶段，且持续多年。

营养生长和生殖生长存在着相互依赖和相互对立的关系。营养生长为生殖生长奠定了物质基础，生殖器官生长所需养分，大部分是由营养器官供给的，因此营养生长直接关系到生殖生长发育的好坏。另外，生殖器官会产生一些激素类物质，反过来影响营养器官的生长。营养生长与生殖生长的对立关系，主要表现在营养器官生长对生殖器官生长的抑制，以及生殖器官生长对营养器官生长的抑制两个方面。由于营养生长与生殖生长的不协调，经常导致林木结实发生丰歉年交替出现的现象。在林木种子生产上，为了缩短林木结实的间隔期，必须实行集约栽培，采取科学、合理的调控措施，如控制适宜的密度，提供充足的光照条件，进行科学的水肥管理，实施必要的整形修剪、疏花疏果等，调控营养生长和生殖生长的矛盾，使林木种子连年丰收。而在培育用材林时，需要在一定的年龄阶段内控制生殖生长，以便把养分集中用于营养生长，促进林木速生丰产。

1.1.3.4 极性和再生

林木个体或其离体部分（器官、组织或细胞）的形态学两端具有不同生理特性的现象，称为极性（polarity）。极性是林木分化的基础。林木的极性在受精卵中形成，一直保留下来，当胚长成新植株时，仍明显地表现出来。再生（regeneration）是指林木个体的离体部分具有恢复林木其他部分的能力，这是以细胞中遗传物质的全信息性为基础的。插枝、压条和组织培养中的外植体都能培育成完整的植株。将柳树枝条切段挂在潮湿的环境中，不管是正挂还是倒挂，其形态学上端总是长芽，形态学下端总是长根。林木各种器官的极性强弱不同。一般来说，茎的极性较强，根和叶的极性都很弱或不明显。

1.1.4 林木个体发育与结实

从种子萌发到林木死亡的整个生长大周期中，结合林木结实特性，将林木个体生长发育划分为4个时期。林木个体发育阶段的划分，对林木采种，如采种时期的确定具有重要的理论意义。

1.1.4.1 幼年期

是从林木种子萌发开始，到第一次开花结实时为止。在幼年期，林木可塑性大，对环境条件适应性强，枝条的再生能力强，比较容易生根，适于营养繁殖。在这一时期，林木从种子萌发，幼根生长，随后幼茎出土、展叶、抽条等，都是以营养生长为主，是林木积累营养物质的时期。此时，尚未形成生殖器官，不能开花结实。到幼年期后期，随着营养物质积累的不断增多，林木开始从营养生长向生殖生长转化，为开花结实准备条件。通常，林木从种子萌发后要经过几年、十几年，甚至几十年，才能开花结实。

1.1.4.2 青年期

是从林木第一次开花结实开始，到结实3~5次为止。在青年期，林木积累了充足的营养物质，开始由营养生长转入生殖生长，分化出花芽，开始开花结实。但是，这一时期，林木仍以营养生长为主，生长较快，分枝速度、冠幅扩大及根系生长等也都比较快；逐渐转入与生殖生长相平衡的过渡时期，结实量不大，果实和种粒大，但空粒较多。青年期种子可塑性较大，是引种好材料。

1.1.4.3 壮年期

是从林木开始大量结实起，到结实开始衰退为止，又称结实盛期。这个时期，林木大量结实，种子种粒饱满，产量高，质量好，是采种最佳时期。同时，结果枝的生长及根系生长都达到最高峰，冠幅充分扩大，林木对养分、水分和光照条件的要求高，对不良环境条件的抗性强。另外，林木可塑性大大减弱，生物学特性稳定。

1.1.4.4 老年期

是从结实量大幅度下降开始，林木发育进入老年期阶段。进入老年期以后，林木失去可塑性，生理功能明显衰退，新生枝条的数量显著减少，林木主干末端和小侧枝开始枯死（枯梢），抗逆能力大大下降，容易遭受病虫害，结实量大大减少，种粒小，在生产上已无应用价值。

1.2 林木群体的生长发育

林木群体的生长发育与林木个体生长发育有密切的关系，但是由于林木群体是复杂的生态系统组分，其生长发育不仅与林木个体的遗传及生理生态特性有关，而且还与林木群体结构及其生物和非生物环境有很大关系。

林木群体随着年龄的增长，其内部结构和对外界的要求均有所不同，并表现出一定的阶段性。一般来说，从幼苗到成熟，典型的林分都要经过幼苗(树)、幼龄林、中龄林、近熟林、成熟林、过熟林等6个生长发育阶段，但不同树种所经历的每个阶段的时间长短(年限)是有很大差别的。森林群体生长发育阶段的划分，为森林抚育技术的精准实施提供了理论基础。下面对一般林分的生长发育阶段(侧重于单层纯林)作扼要的描述说明。

1.2.1 幼苗(树)阶段

种子出土形成幼苗或植苗造林后当年到林分郁闭前的这一段时间，也称郁闭前阶段、未成林造林地阶段。这个阶段幼苗或幼树以独立的个体状态存在，周围的其他植被既是其保护者，更是其竞争者。前期成活阶段，苗体矮小，根系分布浅但生长较快，地上部分生长比较缓慢，抵抗力弱，任何不良外界环境因素都会对其生存构成威胁。这个时期，应采取一切技术措施(特别是水分供应和促进生根)来保证幼苗成活，提高成活率和保存率。后期幼树阶段，地上部分逐渐长大，根系扩展，冠幅增大，对立地条件已经比较适应，稳定性有所增强。这个时期，调控幼树生长的中心任务，就是要及时采取相应的抚育管理措施(包括林地抚育如松土、除草、施肥、灌溉、间作等和幼树抚育如间苗、平茬、除蘖、抹芽、修枝等)，改善幼树的生活环境和树体状况，消除不良环境因素(包括生物竞争)的影响，促进幼树生长，加速幼林郁闭，以形成稳定的森林群落。在天然更新时，由于幼树分布的不均匀性导致郁闭进程的群团性特征，如何保证培育目的树种的幼树不受损害，稳定生长并顺利进入郁闭是这个阶段培育的主要任务。在立地条件好、造林技术精细的地方，幼苗(树)阶段相对较短，造林后3~5年即可郁闭成林并进入速生阶段。相反，如果立地条件差或整地粗放、抚育不及时，则幼苗(树)阶段相对延长，林分迟迟不能郁闭，常形成"小老树"。新西兰辐射松人工林正是通过这一阶段严格的植被控制措施(抑制金雀花等植被生长)为幼苗(树)健康生长奠定了坚实基础。

1.2.2 幼龄林阶段

林分郁闭后的5~10年或更长时间属于幼林阶段，为森林的形成时期。这个阶段是从幼树个体生长发育阶段向幼林群体生长发育阶段转化的过渡时期，幼树树冠刚刚郁闭，林木群体结构才开始形成，对外界不良环境因素(如杂草、干旱、高温等)的抵抗能力增强，稳定性大大提高。同时，这个阶段的前期林木个体之间矛盾还很小，营养空间比较充足，有利于幼林生长发育，开始进入树高和直径的速生期。天然更新良好的幼林此时则进入全林郁闭，呈不通透的密集状态，有时称为密林(thicket)阶段。这个时期调控林木生长发育的中心任务，就是要为幼林创造较为优越的环境条件，满足幼林对水分、养分、光照和温度的需求，使之生长迅速、旺盛，为形成良好的干形打下基础，并使其免遭恶劣自然环境条件的危害和人为因素的破坏，削弱非目的树种对目的树种的过度竞争，透光使幼林健康、稳定地生长发育。发育较早的树种在这个时期已开始结实，属结实幼年期。

对于充分密集的幼林来说，在幼林阶段的后半段往往出现一些新的变化。由于林木高径快速生长，使林分出现拥挤过密的状态，林木开始显著分化，枝下高迅速抬高，林下阴暗面往往形成较厚的死地被物，开始出现自然稀疏现象，这个阶段称为杆材林阶段(pole stage)。此阶段，林木因过密而生长纤细，易遭风雪及病虫害，种间竞争也比较激烈，亟需人为干预，保护目的培育树种并降低密度，以促进保留树树冠发育和直径生长，增强抗逆能力。因此，这是森林抚育极为重要的时期。密度预先调控适当的人工林，有时可以躲开进入这个杆材林阶段，而使幼林直接进入中龄林阶段。新西兰辐射松人工林轮伐期27~30年，但在前10年就完成了2次疏伐和3次修枝的抚育过程，为林木快速和高质量生长、高的林地生产力形成奠定了基础。

1.2.3 中龄林阶段

林分经过幼龄林阶段而进入中龄林阶段，森林的外貌和结构大体定型。中龄林阶段的延续时间因地区和树种而异，一般约为两个龄级，在10~40年之间。在这个阶段，林木先后由树高和直径的速生时期转入到树干材积的速生时期，在林木群体生物量中，干材生物量的比例迅速提高而叶生物量的比例相对减少。例如，19年生的杉木人工林，主干生物量的比例由原来的10%左右（3年生）提高到76.0%，而叶生物量的比例由原来的30%左右（3年生）下降到3.3%。在这个阶段，由于自然稀疏或人工抚育的调节，林分密度已显著地降了下来，再加上林冠层的提高，林下重又开始透光，枯枝落叶层分解加速而下木层及活地被物层有所恢复或趋于繁茂，有利于地力恢复及森林生态功能的发挥。因此，这个阶段是森林生长发育比较稳定，而且材积生长加速，生态功能增强的重要阶段。这个阶段，由林木体量增大而造成拥挤过密的过程还在延续，仍需通过抚育间伐进行调节。此时林木已长成适于某些经济利用的大小，间伐可以成为森林利用的一部分，但利用要适度，还是要以保证林分结构的优化、促进林分旺盛生长为主。至于对林分发育和结实的调控，需视林分培育的目的而定。在一般防护林及用材林中，此阶段不需要有大量的结实，要以控制发育促进生长为导向；而在对林木结实有需求的情况下（林果兼用林、母树林等），要使林木生长和发育协调发展。

1.2.4 近熟林阶段

是接近成熟的森林，一般用材林在主伐年龄以下的一个龄级即为近熟林。林木经过中龄林生长发育阶段，在形态、生长、发育等方面出现一些质的变化。从形态上看，林木个体增大到一定程度，高生长开始减缓甚至停滞，树冠有较大幅度的扩展，冠形逐步变为钝圆形或伞状，林下透光增大，有利于次林层及林下幼树的生长发育，下木层及活地被物层发育良好，林内生物多样性处于高峰。从生长发育上看，在林木高生长逐渐停滞的过程中，直径生长在相当时期内还维持着较大的生长量，因而材积年生长量及生物量增长均趋于高峰，并在维持一段时期后才逐渐下降。此时期的林木大量开花结实，林冠中出现的空隙显著增多，林内更新幼树的数量也在增加。近熟林的主要经营措施为生长伐和卫生伐。生长伐目的在于促进林木直径生长，培养大径材。如实施天然更新，则应选择干形优良、结实丰裕的林木作为母树。伐去母树附近的次要树种，为母树的正常生长发育和天然下种创造良好的条件。

1.2.5 成熟林阶段

是真正进入成熟的森林，一般在近熟林的后一个龄级。成熟林的林木已达到完全成熟，生长甚为缓慢，高生长和直径生长均极不显著，林木大量开花结实，林下天然更新幼树进一步增加，应及时进行主伐更新。在这个阶段，林分与周围环境逐步处于充分协调的高峰期，其生态功能无论是水源涵养、水土保持、改善周边小气候环境也都处于高效期。该阶段对用材林来说是十分重要的阶段，此时林分平均材积生长量（生物量增长量）达到高峰，且达到了大部分材种要求的尺寸大小，可以开始采伐利用；防护林和风景游憩林等在这一时期是发挥防护和美化作用的高峰期，要充分利用这个阶段的优势并设法适当延长其发挥高效的时间。但无论是用材林还是公益林，这个阶段均要充分考虑森林的更新问题，否则林分（特别是速生人工林）会严重退化，造成很难弥补的损失。

1.2.6 过熟林阶段

林分经过了生长高峰的成熟阶段，进入逐步衰老的过熟林阶段，这是一切生物发展的必然规律。过熟林阶段的林分主要特征是林木生长停滞且健康程度降低，病虫、气象（风、雪、雾凇、冰冻等）灾害的增强。林冠因立木腐朽（从心腐开始）、风倒等原因而进一步稀疏，次林层及幼树层上升，林木仍大量结实但种子质量下降。林分的过熟阶段，可能维持不长时间，因采伐利用、自然灾害或林层演替而终结；也可能维持很长时间，对有些树种可达200～300年以上。在这个阶段中，木材生产率和利用率在降低，但木材质量可能很好（均为大径级材），而森林的环境功能也可能维持在较好的状态，特别是林内生物多样性仍是很丰富的，有些生物的存在是与虫蛀木、朽木和倒木的存在相联系的。因此，对于过熟林的态度，可能因培育目的而有所不同。对于自然保护区及防护林中的过熟林，要尽量采取措施保持林木健康而延长过熟林的存在；对于用材林则要加速开发利用进度以减少衰亡造成的损失。在任何一种情况下都要关心林分的合理和充分的更新。

以上所述的林木群体生长发育阶段只是多数森林类型的普遍规律。实际上，各地区、各树种、各种起源的森林都有其本身的特殊规律。如暗针叶林（如云杉、冷杉、铁杉等）以异龄林为主，同一林分中同时存在处于不同生长发育阶段的林木，呈分散状或群团状分布，这样的林分当然自有其本身的规律。又如，一些速生树种的人工林，其生长迅速，且密度预先得到调控，其生长发育的阶段性（幼树阶段很短，可能没有杆材林阶段）和林分形态（林冠的透光及林下植被的发育）又有不同的特点。但无论如何，以上所述和林分生长发育规律从总趋势上看还是有普遍意义的。

林分各生长发育阶段的延续期因地区、立地及树种而异，有很大差别，而且从生物学角度的划分与单纯从经营利用角度的划分也有所不同。表1-1是从生物学和经营利用相结合角度的林分生长发育阶段。

1.3 森林的生产功能及其调控

森林作为一个以木本植物为主体的生态系统，具有巨大的生态、经济和社会功能，其中生产功能是最基本的功能。生产功能不仅是获取森林物产的源泉，而且也是其生态功能和社会功能高效发挥的基础。从总体上来说，森林的生产功能与其生态功能和社会功能的发挥是并行不悖的。一片生长良好的森林，也能起到良好的防护作用并能较好地满足休闲

表 1-1　林分生长发育阶段及其相应的年龄和龄级

林分生长发育阶段		相应的年龄(a)				相应的龄级
		天然林		人工林		
		一般树种	速生树种	一般树种	速生树种	
幼苗(成活)阶段		5~10	2~3	1~3	1	Ⅰ
幼树(郁闭前)阶段				3~7	2~3	
幼龄林阶段	幼林形成	<20	<10	<10	<5	Ⅰ
	杆材林	21~40	11~20	11~20	6~10	Ⅱ
中龄林阶段		41~80	21~40	21~40	11~20	Ⅲ~Ⅳ
成熟林阶段	近熟林	81~100	41~50	41~50	21~25	Ⅴ
	成熟林	101~120	51~60	51~60	25~30	Ⅵ
过熟林(衰老)阶段		>120	>61	>61	>31	>Ⅵ

游憩和提供就业机会等多方面的需求。反之，森林生长不良，生产力低下，森林的其他功能也难以很好地发挥。因此，促进森林生长是森林培育的永恒主题。

森林的生产功能长期以来一直是林学研究中的重要科学问题。在 20 世纪中叶以前，木材生产是林业经营的主要目的，因此森林的生产功能研究集中在树干材积上。60 年代以后，随着人类生存和生活的生态环境问题日益突出，国际生物学计划(IBP)、人与生物圈(MAB)和国际地圈生物圈计划(IGBP)相继推进，对森林的生产功能的研究，从生态系统的生物产量、能量流动和 CO_2 固定量(碳汇)等方面有了突破性的进展，形成了产量生态学(production ecology)和生态能量学(ecological energetic)等分支学科，是森林生产功能与生态功能的衔接。

1.3.1　森林生产力形成的生理生态学基础

单位林地面积上单位时间内所生产的生物量称为森林生产力。森林物质生产以森林群体的光合作用为基础，森林生物产量形成取决于群体结构及光能利用效率、光合速率、光合产物的分配和积累、叶面积、生长期和老化过程等因素。

1.3.1.1　群体结构与光能利用率

(1) 群体结构与辐射垂直分布

太阳辐射直接影响森林的群体和个体的生长发育。树木在长期进化过程中形成了适应太阳辐射不同的类型(喜光树种和耐阴树种)，并且由此形成了森林的复层结构。森林的群体结构特征，如树种组成、密度和郁闭度、垂直层次分布、叶片倾角和叶面积指数等，对冠层内太阳辐射的分布以及冠层对太阳辐射的吸收利用率影响很大。太阳辐射在森林群体各层的分布，也影响森林优势树种的种类、森林自然整枝进程和活树冠比例。森林培育工作者要在研究和掌握造林树种对太阳辐射适应特性及其变化的基础上，通过造林树种选择、森林结构的配置和调控等途径，改善森林群体结构，提高森林对光能的吸收和利用效率，提高森林生产力。

（2）叶面积与叶面积指数

要获得大量光合产物及生物量，树木自身除了具有较高光合效率以外，还要有合理的群体叶面积指数（LAI）及其在冠层空间内的叶面积的合理分布。在一定的范围内，森林群体的光合产量随叶面积指数的增加而提高，但叶面积指数过大导致冠层透光性下降，有效光合面积减小，群体光合产物积累减少。树种的耐阴性（主要是补偿点）不同，其森林群体最适合叶面积指数差异很大。混交林营造中通过合理选择和配置耐阴性不同的造林树种，适当增大 LAI，提高群体光合产量。

同一树种，森林群体的叶面积指数随密度、林龄和立地指数而变化。如杉木人工林密度在每公顷 1000~3000 株范围内，叶面积指数呈直线增加；密度每公顷 3000 株以上时，叶面积指数增加趋势逐渐平缓。在每公顷 2000~2500 株范围内，叶面积指数与林分年龄的关系为 $LAI=-1.699+1.040a-0.027a^2$，其变化趋势在 20 年生以前呈上升趋势，20~30 年呈下降趋势。叶面积指数随立地指数提高而增加（田大伦等，2003）。

1.3.1.2 光合速率及能量分配

提高光合速率是提高人工林产量的基本途径。树木的光合速率取决于自身遗传特性和外部环境条件。不同树种之间光合速率差异很大：一般树种约为 5~10 $mgCO_2/(100\ cm^2 \cdot h)$，而杨树、桉树等速生树种可高达 20 $mgCO_2/(100\ cm^2 \cdot h)$ 以上。因此，通过树种选择及良种选育是可以大大提高树木的光合速率的。从环境因子看，光合速率受光强、温度、湿度、CO_2 浓度、水养供应状况等因素的影响。因此，我们既可以通过施肥、灌溉等直接措施，也可以通过群体结构对环境因子所起的再分配和调节作用，来创造最有利光合作用条件。

树木同化器官之间存在一定的补偿机制，适当修枝，尽管减少了光合同化面积，但树木的总体生长量不会减小，甚至有可能增加（陈森锟和尹伟伦，2008）。同化物的运转分配具有优先分配、全株分配和重点分配三重特性，即同化器官优先利用自身制造的同化产物，并同时分配到全株各个部位，但以向下部主干和根系分配、向上部梢头分配为重点。

1.3.1.3 生长期与生产力

树木生长期长短是长期进化形成的遗传特征，其长短对季节生长量和林地生产力都有影响。我国南方桉树几乎没有生长停止期；北方落叶松春天发芽展叶早且生长期较长，表现出很高的生产力。但并不能说常绿树种或生长期长的树种森林生产力一定高于其他树种。环境条件、林分结构对于树木生长期的长短也有显著的影响，如林分密度过大，树木生长期显著缩短；过度干旱、水涝、冻害、病虫害危害等会延迟树木发芽，诱导提前落叶。生产中选择生长期较长的造林树种，采取必要措施防止极端环境的发生，有利于通过延长树木的生长期提高森林生产力。

叶片的同化能力随叶绿素含量及酶的活性而变化。叶片的高光效持续期受自身的成熟和衰老进程影响，单个叶片的衰老过程对生长影响不大，但整个冠层的衰老对同化物的积累和产量形成有很大影响。树木生长期内顶端优势及形成层活动高峰的维持时间对生长量和生产力也有很大影响。有些树种，如刺槐，速生期到的早，但衰退的也早，且强喜光不宜密植，单位面积生产量不高。有些树种，如云杉，速生期到得晚，但维持的时期长，且耐阴适于密植，单位面积产量可累计很高。林地肥水条件、光照充足、管理集约化程度高的，其速生阶段出现早，峰值高，速生期维持时间长。

森林中由光合作用形成的生物量并不都能累积起来，更不可能全部被收获利用。由光合作用所生产的有机物质形成的是第一性（初级）生产量，其要被植物呼吸作用消费一部分，占 1/4~1/3（热带林更高），剩下的为净第一性（初级）生产量（NPP）。其在森林生长发育过程中，一部分被食草动物消费，转移为第二性（次级）生产量，还有一部分以枯落物的形式脱离，而后被微生物分解消费或累积在枯落层中，这两部分占净初级生产量的 40%~70%（老龄林有时可为 90% 以上）。净初级生产量扣除动物及枯落物消耗量（L）之后剩下的为净生产量（NEP）。它逐步累积，形成各时期的生物量（现存量）。生物量以单位面积上所有生物有机体的干重来表示则为生产力（productivity），即单位面积单位时间（通常为 1 年）所产生的生物量。

下面举例说明一些主要树种天然林和人工林的生物产量和生产力（表 1-2）。

表 1-2 几种天然林和人工林的生物生产力

地区、纬度及海拔	优势树种	年龄(a)	叶面积指数 LSI(t/hm²)	蓄积生物产量 BM(t/hm²)	生产力指标[t/(hm²·a)]		
					NPP	L	NEP
芬兰	欧洲赤松	47	—	58.73	6.54	2.70	3.84
俄罗斯，莫斯科，54°	挪威云杉	85	—	261.9	10.75	8.48	2.27
瑞典，55°59′，125m	挪威云杉人工林	60	11.5	367.0	16.30	5.70*	8.00*
美国，华盛顿，47°	花旗松	450	12.5	564.78	2.12	7.01	-4.89
美国，47°23′，210m	花旗松人工林	30	—	196.76	17.96	9.97	8.00
美国，36°，144m	火炬松人工林	15	3.9~6.6	114.474	12.28	5.45*	5.18*
日本，35°，440m	扁柏人工林	40	6.9	338	17.82*	5.62*	12.20*
中国，山西太岳，36°38′，1740m	油松人工林	24	12.1	79.6*	9.81*	3.37*	6.44*
中国，湖南会同，26°50′，350m	杉木人工林	11	—	91.6	8.97	0.64	8.33
比利时，Ferage	欧洲栎	117	5.7	240.0	15.20	9.93*	3.97*
德国，51°59′，430m	水青冈	59	6.5	154.93**	12.24**	3.58**	8.66**
日本，580m	水青冈人工林	50	7.8	246.5**	19.3**	7.8**	11.5**
印度，25°20′，350m	热带干旱 Shorea 林	60	6	250.4*	16.15*	7.96	8.19*
泰国，Khao	热带雨林	—	12.3	324*	28.17*	25.30	3.30*

注：* 仅包括地上部分；** 仅包括立木。

1.3.2 森林的经济产量和收获量

森林生物产量对于它的生态功能（如吸收 CO_2 量）有重要意义，但在经营上不可能全部被收获利用。森林生物产量中有多大部分可被收获利用取决于经营目的。有些经济林只利用生物量中的果实部分（如油茶、板栗等），有些只利用部分叶子（如茶、桑），有些则叶、果都用(如银杏)，而用材林则主要利用树干木材，有的还可以进一步利用枝桠材(如纸浆林、能源林)，材果兼用林则可以兼用干材和果实(如红松、核桃)。曾经有过全林利用的设想，甚至把根都利用了，但理论和实践证明，森林生态系统需要有相当部分有机物参加物质循环，以保持其可持续状态，过量利用是不利的。因此，经济产量或收获量只是生物量的一部分，具体取决于林分结构状态。农作物的谷粒产量与生物产量之间的转换系数约为 0.35~0.50。用材林的干材蓄积量与生物产量之间的转换系数一般在 0.30~0.70，温带林及成熟林系数较高，而热带雨林及中幼龄林的系数较低。

对于一般用材林来说，干材蓄积量还不可能全部收获利用。通常造材中把伐桩和梢头、枝桠都留在了林地。在工厂中加工成材时形成了边角料，真正成为成材利用的也只是干材的一部分，出材率的高低取决于干材质量(通直度、饱满度、缺陷等)、用材规格及一系列工艺因素。

1.3.3 森林的生产力水平和潜力

1.3.3.1 森林生产力的概念

森林的生产力如前所述是以单位林地面积上单位时间内所生产的生物量表示的，这个指标具有重大的经济和生态意义。森林生产力的高低取决于一系列自然因素和人为因素的综合。为了分析方便起见，可以把森林生产力区分为森林的潜在生产力和现实生产力两个概念。森林的潜在生产力(potential productivity)可以理解为在一定的气候条件下森林植物群落通过光合作用所能够达到的最高生产力，也可称为气候生产力，其是森林植被与气候条件相结合的最佳状态。但实际上，在同一气候条件下存在着不同的与地质、土壤、水文有关的立地条件，森林生产力必然受立地条件的制约，因此又可进一步从气候—立地结合的角度来分析森林生产潜力，可称为气候—立地生产力。现实生产力(actual productivity)当然是指现存的森林植被所具备的实际生产力，它往往低于气候—立地生产力。这个差距的存在，也正好表明通过森林培育措施提高森林生产力的潜力所在。个别时候，一些速生树种经过遗传改良可生产出高于气候生产力的现实生产力，这表明在提高光能利用率方面，高新技术与传统技术的结合还大有可为。

以生态系统的生物量增长来说明生产力水平是科学合理的。但对森林生态系统生物量的研究积累的资料还不够，传统林业都是以林分干材蓄积量的增长来表示生产力的。好在对于一些具体森林来说，在干材蓄积量和生物量之间的关系相对稳定，存在着一定的转换系数。因此，在下一步叙述中将用林分的平均材积生长量[以 $m^3/(hm^2 \cdot a)$ 来表示]是说明森林生产力。

1.3.3.2 我国森林的现实生产力水平解析

我国森林的现实生产力(以下简称生产力)水平是偏低的，可以从两个层次来进行评价。

首先，从典型森林生态系统的生物量研究成果及与国际上对应的地带性森林生态系统的生产力相比较(冯宗炜，1999)来看(表1-3)。需要先说明一下我国与世界森林生态系统的对应关系。我国自然地带划分与世界上大多数国家略有不同，主要在于我国划分的亚热

表 1-3　中国与世界森林生态系统现实生产力比较

生态系统类型	生物量(t/hm²)		现实生产力[t/(hm²·a)]	
	中国平均	世界平均	中国平均	世界平均
热带林、季雨林	382.66	400	18.78	19
亚热带(温带常绿)林	364.42	350	16.11	13
暖温带温带(温带落叶)林	253.64	300	6.89	12
寒温带(北方)林	176.12	200	5.82	8

带北界(秦岭及淮河流域)比较靠北,此界以南到长江以北分布的北亚热带常绿落叶阔叶混交林在世界其他国家大多归于暖温带或温带林。另外,我国寒温带林一般对应其他国家的北方林(boreal forest)。北方林从欧亚大陆的北部(从北欧到远东)到北美洲的北部,绵延万里,面积很大,但在我国只有大兴安岭北部及阿尔泰森林的一部分,比例不大。从表 1-3 可以看出,除亚热带以外,我国其他地带森林生产力水平都低于世界平均水平,这也展现出我国在自然资源方面的优势和劣势。我国热带森林不多,属于典型的热带雨林则更少,热带季雨林受台风影响又较大,该区域森林生产力较低理所当然。我国亚热带森林生产力较高,原因在于该区域雨量充沛,再加上面积很大,这是我国的优势所在。而世界上与我国亚热带同纬度的许多地区,多属干旱半干旱地区。但我国暖温带和温带与世界相比条件较差,干旱半干旱地区多,暖温带几乎没有湿润地区,最好也只是季节性干旱(冬春旱)明显的半湿润地区,这些都是我国的温带(暖温带)森林生产力比世界平均水平低很多的重要原因。我国的寒温带森林面积相对小且受大陆性气候影响大,生产力也比世界平均水平低。正确理解我国森林生产力地理分布的优势和劣势,对于规划全国森林布局及合理培育管理非常重要。

其次,根据全国森林资源清查数据来看,我国森林的单位面积蓄积量较低。据第九次全国森林资源清查(2014—2018)统计结果,全国林分平均每公顷蓄积量为 94.83 m³,每公顷年生长量只有 4.23 m³。从以上所列数据可以看出,我国的森林生产力水平是相当低的。世界上林业发达国家的森林平均蓄积量当在 110 m³/hm² 以上,成熟林的平均蓄积量在 300 m³/hm² 左右,森林平均生长量在 5~7 m³/hm²。我国的森林生产力水平与之相比还相差甚远。

世界上人工林的生产力水平一般都要比天然林高,而在我国则恰恰相反(人工林平均蓄积量为 52.76 m³/hm²),这使得以发展人工林来替代天然林以满足国家用材需求的方针蒙上阴影。因此,对于当前我国人工林生产力水平低下的原因要作出科学而实事求是的分析。根据孙长忠、沈国舫的研究(孙长忠,1998),造成我国人工林生产力水平低下的原因是多方面的。人工林现实生产力远低于气候生产力(表 1-3、表 1-4)。但如果树种选择和培育技术得当,全部发挥气候生产潜力,全国人工林的平均生产力可以达到 12 m³/(hm²·a)。但是我国宜林地的实际立地分布不均,质量不佳。孙长忠等(2001)研究表明,我国人工林中约有 55%的林地面积立地质量不高,由此人工林生产力水平下降约 30%,因此我国人工林的气候—立地生产潜力只有 8.6 m³/(hm²·a)。

但是我国人工林的现实生产力水平离这个气候—立地生产潜力还相距很远。进一步研究表明,影响现实生产力水平的是未能做到适地适树、年龄结构偏低、培育管理措施粗放

表 1-4 全国主要省区人工林面积与区域气候生产力

地区(省、自治区、直辖市)	人工林面积* (km²)	占全国的比率 (%)	气候生产力 t/(hm²·a)	参与计算气象个数
东北(辽、吉、黑、内蒙古)	49 960	23.38	7.146	122
西南(川、滇、渝)	22 373	10.47	12.679	88
南方(浙、皖、赣、闽、鄂、湘、粤、桂、琼、黔)	108 062	50.56	16.727	193
华北西北(冀、鲁、豫、晋、陕、京等)	26 294	12.30	10.706	122

* 按第四次全国森林资源清查(1989—1993)资料,近年绝对蓄积量增大,但区域间相对比重基本维持。

等原因。未能做到"适地适树"问题局部比较突出,但在全局中比重仅约占10%,并不起主导作用。人工林年龄偏低,而许多人工林未达数量成熟即采伐利用,从而难以发挥生产潜力,这个因素影响较大,使总体生产力水平下降约30%。而影响我国人工林生产力水平最大的原因是培育技术的粗放,虽难以全面精确估计其影响,但从一般人工林与高产人工林的生产力水平巨大差异上可见一斑,下面专门列举国内外高产人工林的实例以兹说明(表1-5)。这个问题还可以从另一个角度加以阐明。我国南方林区,国有人工林的培育比较正规(平均蓄积量为 61.67 m³/hm²),而集体人工林培育一般比较粗放(平均蓄积量为 27.53 m³/hm²),仅为国有人工林的44.6%。国外也有大量的实例,如据 E. Borlaug 介绍 (1976),美国南方的火炬松林,粗放经营的天然林平均生长量为 3.6 m³/(hm²·a),而集约经营的人工林平均生长量为 12.5 m³/(hm²·a);美国西北部太平洋沿岸的花旗松林,粗放经营的天然林平均生长量为 8.3 m³/(hm²·a),集约经营的人工林可达 17 m³/(hm²·a)。集约培育是提高森林生产力的重要途径,但也要对集约性有正确的认识。集约培育并不意味着投入的人力和物力越多越好,要从培育措施的科学合理性、科技含量、有效性和投入产出比等方面来综合衡量。

表 1-5 国内外高生产力的人工林实例

自然地带	树种类别	国内 主要树种(地点)	国内 平均生长量 (m³/hm²)	国外 主要树种(地点)	国外 平均生长量 (m³/hm²)
温带	针叶树	红松(辽宁本溪)	10.3*	欧洲松(俄罗斯莫斯科)	11.1*
		日本落叶松(辽宁新宾)	13.9	欧洲落叶松(俄罗斯莫斯科)	16.3
暖温带	针叶树	油松(山西太岳)	7.0*	花旗松(美国华盛顿)	23.4
		华山松(云南宜良)	15.5	辐射松(新西兰)	21
	阔叶树	杨树(山东临沂)	48.9	杨树(意大利)	53.3
		泡桐(河南扶沟)	18		
亚热带和热带	针叶树	柳杉(四川洪雅)	24.8*	日本柳杉(日本熊本)	30.4*
		杉木(福建建阳)	35.7	湿地松(阿根廷)	32
		秃杉(云南保山)	30	加勒比松(沙巴)	48.3
		冲天柏(云南昆明)	17.1	柏木(哥伦比亚)	18
		加勒比松(广东湛江)	16.9		
	阔叶树	东门杂桉或巨尾桉(广西东门)	48~63	尾叶桉(巴西)	70.5
				蓝桉(印度)	48.5

* 包括间伐量在内计算的平均生长量。

表1-5中所举均为一些主要用材树种在其最适宜的自然和栽培条件下的最高生产力的代表，一般林分的生产力与此相距甚远。这些高产实例可以说明在森林培育中我们还有巨大的潜力可挖。如果从目前的光合作用机制所允许的最大光能利用率理论值(5%~10%)来看，潜力还更大。但最高产的实例一般面积不大，如果要规模化培育(如几百万公顷)，其生产力标准必然要降下来。研究不同地区不同树种速生丰产林生长量标准历来是森林培育学的一项重要工作。沈国舫于1973及1981年曾先后提出过分地带的速生丰产林标准，并纳入《发展速生丰产用材林技术政策要点》(见《国家科委蓝皮书第10号》，1985，以下简称《要点》)。《要点》中指出"速成丰产林的年平均材积生长量应在每亩0.5 m³(北方地区)，0.7 m³(南方山地)或者1.0 m³以上(平原地区)"。后来林业部门分别制定了一些主要树种的速生丰产林国家专业标准，现综述见表1-6。这些标准代表了国家对认定或验收速生丰产林应达到的起码要求，随着科技发展及营林水平的提高，这些标准还会作适当的调整，并将包括更多的树种和适应不同材种的培育需要。

表1-6 主要树种速生丰产林生长量标准

树种	栽培区类型*	年均生长量(m³/亩)	目的材种	轮伐期(a)
杉木	I	0.7以上	中径材	20~30
	II	0.6以上	中、小径材	20~25
马尾松	I	0.7以上	中径材	20~30
	II	0.6以上	中、小径材	20~30
湿地松	I	0.7以上	中径材	20~25
	II	0.65以上	中径材	20~25
水杉	I	0.78以上	中径材	15~20
	II	0.70以上	中、小径材	20~25
红松	I	0.6以上	大径材	65
	II	0.5以上	大径材	70
长白落叶松、兴安落叶松	I	0.6以上	中径材	30
	II	0.5以上	中径材	40
毛白杨	II	0.9以上	大径材	20
尾叶桉、巨尾桉等	I	2.0以上	中径材	6
	II	1.5以上		

* I类区为最适宜区；II类区为较适宜区。1亩 = 1/15hm²。

1.3.4 提高和维持森林生产力的途径

提高我国的森林生产力是一项长期艰巨的任务。世界上林业较为发达的国家，都用了上百年时间才把他们在资本主义发展初期破坏了的森林恢复到现在较为先进的水平。我国森林的破坏历史更长，程度更深，要恢复起来自然不易，而要把森林生产力恢复到按其自然立地潜力应达到的水平，也要准备用百年的努力。

提高森林生产力首先要选择好适当的育林方式。选择培育天然林、人工林及其过渡类型的方式都要依据林地的具体条件(原有植被状况、有无天然更新可能、立地限制、特定的培育目标等)而定。但不论是天然林，还是人工林，都有提高生产力的潜力，有三条共同的途径，即遗传改良、结构调控和立地调控三条途径。

遗传改良的途径是一条首要的基本途径，这和农业上用良种作为增产的首要手段是一致的，但又要比农业良种选育有更大的困难。森林培育要求有更高程度的适应性、稳定性和多样性，因此，与一定的自然条件长期适应的天然林木种群应该是最好的良种来源。在采用不同层次的良种选育(母树林、种子园、采穗圃、杂交育种、转基因技术应用等)时都不要忘记，我们并不追求全部森林的栽培化。虽然，不同层次的良种应用可能带来不同程度的遗传增益，在提高森林生产力方面能发挥重要作用，但是它们往往是只能用于局部应用范围的，如速生丰产林和经济林的营造等。在天然林培育中采用伐劣留优的抚育措施实际上也在调整改善林木的遗传结构，在不破坏遗传多样性的前提下提高林分的产量和质量。

森林结构的调控是第二条重要途径，而且在森林培育中可能是应用最广泛的途径。森林的树种组成、空间结构(密度、配置、层次)和年龄结构(同龄或异龄、世代轮替)对于森林如何调控利用光、热、水、养等环境条件，如何协调林木个体和群体的生长发育都起着重要作用，在森林生态学及本书相关章节中有专门阐述。林分结构调控与农作物群体结构调控也有相似性，但林分的体量高大、培育期长、立地差异大、培育目标多样，也使其在调控方法与手段上有很大的特殊性，表现为更多地着重于种间关系的调节、对自然分化及人工选择(间伐)的依靠、对多层次培育的追求以及使林分结构与立地相适应的基本要求等。保护生物多样性始终是调控林分结构的重要原则。

立地的选择和调控是提高森林生产力的第三条途径。培育森林首先要选择适于森林生长的立地，不同的立地适于培育不同的树种。为了培育高生产力的森林就要有较严格的立地选择，不是所有立地都能培育出高生产力林分的。有些立地有一定的缺陷，如土壤过于紧实、缺乏某种养分元素、土壤水分季节性不足或过多，可以通过一定的措施(整地、垦复、施肥、灌溉或排水)加以适度改变，从而提高森林生产力。必须看到，这些立地改良措施也不是万能的，而是有一定技术和经济的局限性。在森林培育中更加讲究顺应自然的原则，而不提倡不顾代价地与自然立地相对抗。

随着森林培育的发展，林业生产上还出现了一个如何维持森林生产力的问题。这个问题，也就是森林的长期生产力问题(long term productivity)，在一些国家进入了培育第二代或第三代人工林阶段后就凸显出来。我国在 20 世纪 90 年代以后，特别是在杉木速生丰产林培育地区，也出现了人工林经过一到二次轮伐期后，林地生产力出现了递减的现象。对这个问题的研究曾出现过不同结果；大多数认为，培育人工速生(轮伐期短于 20~30 年)针叶纯林一二代后，林地生产力出现了显著下降的现象(下降 1~2 个立地指数级)；但也有的研究发现，如果方法得当，加上遗传改良的不断推进，也可能不出现生产力世代递减现象。对生产力递减的原因分析指出，造林前炼山整地、全垦引起的造林初期水土流失，林地过于郁闭，下木及活地被层发育不良，林下枯枝落叶层分解较慢等是其主要作用的因素。也有的研究指出了某些树种的"自毒"现象(根系分泌物的生化作用)。所有研究实质上都指出了如何形成和维持一个健康的、稳定的、能自我恢复调节的森林生态系统的必要性。这类研究还需要针对不同树种和不同具体情况继续进行下去。现有的研究成果已经提出，我们可以在森林培育过程中采取相应的措施，如放弃炼山，改进整地方式，控制林分密度，有意识地培育林下植被，调整轮伐期，必要时的施肥和改良土壤措施等，以维持甚至提高林地生产力。采取树种轮作以及更多地采用近自然的培育方式已经提上日程。

1.4 森林的生态功能及其调控

1.4.1 森林的生态功能

1992年世界环境与发展大会以来，森林的生态功能及其在人类社会经济可持续发展的重要作用得到了国际社会的广泛重视。而我国在中华人民共和国成立后就一直把"植树造林、绿化祖国"作为基本国策，实施了三北等重点防护林建设、天然林资源保护、退耕还林、京津风沙源治理、野生动植物保护及自然保护区建设等重点林业工程，其主要目的也是生态保护与建设。特别是党的十八大以来，我国把生态文明纳入"五位一体"总体布局，保障生态安全已经成为全民共识，森林生态功能需求凸显。

森林生态功能包括了水土保持、水源涵养、防风固沙、净化大气、降温减噪、污染调控等调节功能，也包括了固碳释氧、水养循环、地力维持、生物多样性保护等支持功能。我国森林生态保护与建设工作成效斐然。三北防护林建设40年来，工程区森林覆盖率由5.05%提高到13.57%，区域水土流失面积减少67%，减少沙化土地贡献率约为15%，京津冀沙尘暴从1978年的5.1 d降至2015年的0.1 d，生态系统固碳累计达$23.1×10^8$ t（相当于1980—2015年全国工业CO_2排放总量的5.23%），提高低产区粮食产量约10%，吸纳农村劳动力3.13亿人，脱贫贡献率达27%；退耕还林工程实施10年来，陕西省黄土高原区年均输入黄河泥沙量由原$8.3×10^8$ t减少到$4.0×10^8$ t，宁夏减少$0.4×10^8$ t，山西减少30%，黄河中游河水在变清；京津风沙源治理工程实施10年来，工程区地表释尘、土壤风蚀、水蚀等总量分别减少43.3%、44.0%和82%；天然林资源保护工程使我国森林资源得以休养生息，西南林区大熊猫、朱鹮、金丝猴种群在增加，河北省和山西省野生华北豹已形成一定规模，东北地区已建成东北虎豹国家公园，生物多样性得以保护。2019年2月，《自然》(*Nature*)子刊报道，根据NASA卫星2000—2017年的数据，地球正在持续变绿，而中国贡献最大，占世界新增绿的25%，而原因主要是我国各大林业工程的实施。这从全球尺度上证明了我国生态保护与建设的巨大成就。

1.4.2 森林的生态功能过程机制

1.4.2.1 森林的大气环境调节功能机制

大气中O_2、CO_2、N_2和其他由于人类活动新增成分的浓度和平衡，关系到地球生物的生存。森林是陆地生态系统的主体，森林利用光能，通过光合作用，固定CO_2，制造O_2，维持大气圈的碳氧平衡。30亿年前地球上的CO_2含量约为91%，几乎没有O_2，不适宜人类和其他动物生存。直至距今约3亿年，空气中O_2含量才达到现在水平，CO_2含量大幅下降，这都是绿色植物的作用。森林冠层较厚，到达林冠上方的太阳辐射79%被大量吸收，夜间或者冷季林冠又阻挡地面的长波辐射能量损失，再加上森林林木对空气运动的阻拦作用，这使得森林及其周边区域昼夜温差低于旷野，风速更加缓和，改善了小气候，阻挡和滞纳了沙尘。目前，全球气候变化及极端气候频发引起高度重视，而"温室效应"首当其冲。温室气体种类很多，但CO_2是除水汽以外数量最多、影响最大的一种气体。工业革命以来，人类大量使用煤炭、石油和天然气等化石燃料，再加上人口增长、土地利用变化和森林被破坏，导致CO_2的"源"在增加，而生物"汇"在不断减少。因此，通过造林和合理经营森林来固碳增汇、应对全球气候变化已经成为国际社会的广泛共识。据报道，森林通过光合作用每年净生产干物质$1500\times10^8 \sim 2000\times10^8$t，这不仅是地球异养生物赖以生存的物质基础，也为人类处理了近1000×10^8tCO_2，为空气提供了60%的洁净O_2。同时，随着工业发展和人类活动，SO_2、N_2O等有害气体、大量粉尘（如PM_{10}、$PM_{2.5}$）使大气受到了污染，森林通过吸收、吸附、阻挡、滞纳等机制在净化大气。据研究，针叶树或常绿树种滞尘能力要大于阔叶树或落叶树种，叶面有茸毛、沟槽和蜡质层的树种滞尘能力较强。

1.4.2.2 森林的水养循环及土壤环境调节功能机制

森林依赖水养和土壤资源而存在和发展，反过来又对水养循环、土壤环境产生了巨大的影响。

森林的水文效应是通过土壤—植物—大气连续体（SPAC）系统来实现的。森林中水分来源包括降水、雾降、灌溉和地下水，水分散失包括土壤蒸发、植被蒸腾、地表径流和渗入地下水。森林对大气降水影响是复杂的问题，但森林增加雾降是明确的。降水进入森林，通过林冠截留、滴落、茎流、穿透、蒸发散、土壤入渗、地表径流等过程进行了再分配。林冠截留是植被对降水的最初分配，取决于森林类型、树种组成、林冠结构、林木年龄和密度，也取决于蒸发这些水分所需要的风、降水强度和湿度等条件。林冠截留量虽大部分蒸发掉了，但其缓冲了降水强度，有利于水分入渗土壤。森林中的滴落量、茎流量、穿透雨量为林内降水量，是真正进入林地的降水。森林枯落物层能保持自重1~5倍的水分，可防止雨滴击溅土壤，减缓水分下渗速度，减轻地表径流。森林表层土壤结构好，毛管孔隙量大，有利于水分入渗，最大程度截获和含蓄林内降水。裸露土地上的水分散失主要是土壤蒸发，而森林中则主要是植被蒸腾和少量土壤蒸发（统称为蒸发散）。森林植被蒸发散与土壤含蓄水分之和与林内降水量相比如有盈余，就会下渗到地下水或在坡地侧向流动汇入江河。因此，在有效发挥森林涵养水源、保持水土功能的同时，使森林的蒸发散低于林地水分承载力至关重要。

森林养分循环主要通过地球化学循环途径（geochemical cycle）、生物地球化学循环途径（biogeochemical cycle）来实现。森林中的大量营养元素主要为氮、磷、钾、钙、镁等，微量元素有铝、硼、锰、锌等。氮主要来自大气，氮的循环通过生物固氮、氨化作用或矿化作用、硝化作用和反硝化作用来实现。磷等矿质元素主要来源于土壤中成土母质的风化和活化。生态系统中的养分循环可以用"库"和"流"的概念来描述。林分通过根系吸收养分元素，用于生长发育，而通过枯枝落叶、细根周转、枯树倒木、采伐剩余物等返回土壤，完成系统中的养分循环。在森林养分的不断循环中，森林土壤（特别是表层土壤）变得越来越肥沃、结构也得到了改善，这就是森林改良土壤的功能。同时，不少国家利用造林措施（如营造杨树、柳树等林分）开展不同类型的污染土壤修复、城市及工业污水净化，实际上是利用了森林通过吸收功能来固持和转化污染物的功能。

1.4.2.3 森林的生物多样性保护机制

森林(特别是天然林)有着复杂的组成结构,形成了丰富的生物多样性,孕育了森林群落各种复杂的生态过程,为其他生物提供丰富资源和优良环境。广义的森林生物多样性包括植物、动物和微生物,而狭义的森林生物多样性是指木本植物为主的森林植物的多样性。生物多样性保护是国际上生态学的热点问题之一。森林生物多样性常用物种的丰富度和均匀度来表示,包括 Simpson 指数、Shannon 指数、Pielou 均匀度指数等。森林生物多样性受到干扰的影响,适度的干扰会增加生物多样性,但严重干扰会降低物种丰富度。适度干扰形成林隙及林隙内小范围的演替过程是森林维持较高物种多样性的重要机制。中欧合作在江西上饶新岗山设置从纯林到 16 个种的混交林试验,研究发现亚热带地区物种丰富度增加显著提高了林分生产力,8 年时间内混交林的碳存储是纯林的两倍。

1.4.3 提高和维持森林生态功能的途径

提高和维持森林生态功能和森林生产力的核心途径在许多方面并没有本质不同。发挥森林应对全球气候变化、促进森林固碳增汇的功能,国际社会倡导采取造林和再造林、森林可持续经营等工程,而促进森林生长、提高林地生产力的各类培育措施仍然都是主要途径,但要时刻注意环境友好和低碳投入。营造和经营水土保持林、水源涵养林、防风固沙林和城市森林等公益林时,需要在充分考虑森林主导功能最优发挥的同时,着重注意所处地区和立地的水养资源(特别是水资源)承载力。要做到"以水(养)定林",树种选择时"宜乔则乔、宜灌则灌、宜草则草、宜荒则荒",林分结构构建和优化时"宜密则密、宜疏则疏,以混为主"。数十年的经验表明,我国西北干旱半干旱地区,柠条、沙棘、柽柳、梭梭、沙枣等地带性乡土灌木或小乔木树种应广泛用于防护林的营建,而不能只考虑乔木树种;根据人工防护林的生长发育阶段,要通过抚育采伐、林下更新、主伐更新等途径,合理地调控林分密度和树种组成,以符合水养资源承载阈值的要求,逐步调整为稳定的地带性顶极群落,实现高效可持续发挥森林生态功能的目标。Huang 等(2018)认为在亚热带人工林营造中,应采取多树种混交造林策略,以实现恢复生物多样性和缓解气候变化的功能。

复习思考题

1. 简述林木个体发育 4 个时期的特点。
2. 简述林木群体生长发育 6 个阶段的特点及培育关键技术要点。
3. 论述提高森林生产力和森林生态功能的主要途径。

推荐阅读书目

1. 沈国舫,2001. 森林培育学. 北京:中国林业出版社.
2. 沈国舫,吴斌,张守攻,等,2017. 新时期国家生态保护与建设研究. 北京:科学出版社.
3. Kimmins J P,2005. 森林生态学. 曹福亮编译. 北京:中国林业出版社.
4. 李俊清,2010. 森林生态学(第 2 版). 北京:高等教育出版社.

5. Chi Chen, *et al.*, 2019. China and India lead in greening of the world through land-use management. Nature Sustainability, 2(2): 122-129.

6. Huang Y, Chen Y, Castro-Izaguirre N, *et al.*, 2018. Impacts of species richness on productivity in a large-scale subtropical forest experiment. Science, 362: 80-83.

（贾黎明）

第 2 章 森林立地

【本章提要】 本章主要论述森林立地的基本概念和构成因子、森林立地分类和评价的理论基础、森林立地分类和评价方法等内容。通过森林立地研究，能够选择最有生产力的造林树种，提出适宜的育林措施，做到适地适树，并预估森林生产力及木材产量，进而对森林的分类经营、森林经营效益、木材生产成本和育林投资作出估计。

我国地域辽阔，森林立地具有广泛的异质性，为林业生产的科学实施，对不同的立地会采取不同的林业生产措施。因此，有必要对这些森林立地因子进行系统的研究、分类和评价。

2.1 森林立地的基本概念和构成

在生产实践中，森林立地的概念常出现不同的表述方式，森林立地的构成亦丰富多样，对其进行深入分析，将对系统把握森林立地的内涵、分类、评价和应用具有重要的作用。

2.1.1 森林立地的基本概念

在林业科学研究和生产实践中，经常会涉及与森林立地相似或相关的名词术语，下面就其特点和关联性进行简要介绍。

2.1.1.1 立地与生境

立地与生境（site and habitat）可理解为植物生长地段作用于植物的环境条件的总体。立地作为术语首先用于林学。最早由德国的 Raman(1893)在《森林土壤学和立地学》一书中提出森林立地的概念。美国林学家 D. M. Smith(1996)在《实用育林学》中提出，立地在传统意义上是指一个地方的环境总体，生境是指林木和其他活体生物生存和相互作用的空间场所。森林生境多数是自然生境，其地上植被群落包含有植被演替各个阶段的植物种，土壤中包含有植被演替各个阶段的埋土种子。今天，林学上的"立地"和生态学上的"生境"内涵已趋于相同。可以认为立地在一定时间内是不变的，而且与其上生长的树种无关。

2.1.1.2 立地质量与立地条件

立地质量（site quality）是指某一立地上既定森林或其他植被类型的生产潜力，立地质量与树种相关联，并有高低之分。立地质量包括气候因素、土壤因素及生物因素。立地条件(site condition)是指在造林地上与森林生长发育有关的所有自然环境因子的综合。在一定程度上，立地质量和立地条件是可以通用的(沈国舫，1992)。

2.1.1.3 立地质量评价

立地质量评价(site quality assessment)就是对立地的宜林性或潜在的生产力进行判断或预测。立地质量评价的目的，是为收获预估而量化土地的生产潜力，或是为确定林分所属立地类型提供依据。立地质量评价的指标多用立地指数(site index)，也称地位指数，即该树种在一定基准年龄时的优势木平均高。

2.1.1.4 立地分类与立地类型

在森林培育学中，立地分类(site classification)有狭义和广义之分。狭义的立地分类是把生态学上相近的立地进行组合，组合成的单位称为立地条件类型，简称立地类型(或称植物条件类型)。立地类型(site type)是土壤养分和水分条件相似地段的总称。广义的立地分类包括对立地分类系统中各级分类单位进行的区划和归类。一般意义上的立地分类，多指狭义分类。

2.1.1.5 困难立地

困难立地(difficult site)的概念主要是从造林成功的难易程度来定义的，一般指造林比较艰难的立地，如盐碱地、石漠化山地、干旱贫瘠石质山地、滨海滩涂、干热河谷、风沙侵蚀土地、采矿迹地、尾矿堆积场、道路高陡边坡、水岸涨落带、重污染土地等立地。这一类型立地的共同特点是植被恢复需要特定的技术。从某种意义上说，困难立地是一类特殊的立地类型。

2.1.2 森林立地的基本构成

森林立地的构成，主要是指与林木生长发育相关的立地因子(site factors)，主要包括物理环境因子、森林植被因子和人为活动因子。物理环境因子包括气候、地形和土壤，森林植被因子主要指植物的类型、组成、覆盖度及其生长状况等，人为活动因子主要指人为活动的影响程度或人为经营管理的便捷程度。

2.1.2.1 物理环境因子

(1)气候

我国由北向南，具有寒温带针叶林、温带针阔叶混交林、暖温带落叶阔叶林、亚热带常绿阔叶林及热带季雨林及雨林等森林植被类型。在同一热量带内由于纬度不同和大地形的影响，水热条件有一定差异，使得森林植被类型的种属组成及森林的生产力发生变化。然而，大气候主要决定着大范围或区域性森林植被的分布，小气候明显地影响树种或群落的局部分布。由于气候的这一特性，在立地分类系统中气候一般只作为大地域分类的依据或基础，在立地类型的划分中并不考虑气候因子。小气候变化常常与地形变化紧密相关，而地形的变化还伴随着土壤等因子的改变，因此很难单独获得小气候因素与林木生长的良好相关的精确资料，一般在立地类型划分中不予采用。

(2)地形

地形包括海拔、坡向、坡度、坡位、坡形和小地形等。地形主要影响与林木生长直接有关的水热因子和土壤条件。在山区，海拔的影响能够直接作用于降水量和温度条件，从而可能改变土壤肥力，影响植被生长发育或植被类型发生更替等。在同一山区，特别是由低山到高山，由于地势不同而形成明显的植被垂直带谱。景观地形位置（如山顶、山脚或河漫滩）则更多地影响立地的水分状况。地形因子具有3个特征：比其他生态因子稳定、直观，易于调查和测定；常与林木生长高度相关，地形稍有变化就能在林木生长上明显反映出来；每个局部地形因素，如坡向的阳坡与阴坡，坡位的山脊、山坡与山洼，都能良好地反映一些直接生态因子（小气候、土壤、植被等）。多用地形来划分立地类型，并与林木生长建立回归关系，评价立地质量。

近年来，国内外对微地形在植被恢复中的作用越来越重视。微地形指小尺度范围内坡形、坡向、坡度和坡位等的变化，其会带来植物群落生长微环境的光、热、水、养等资源再分配，常见的有自然形成的洼地、坑、丘、林内掘根等。黄土高原、片麻岩石质山地等困难立地中，微地形已被认为是影响植被恢复质量的重要立地因子。如片麻岩山区，植物群落的生长在坡顶、塌陷、巨石背阴、缓台、陡坎、谷坡、U形沟等7种微地形上差异显著。U形沟自然植被平均高、盖度和生物量分别为49.1 cm、78.02%和574.84 g/m²，比原状坡提高46%、32%和97%，比坡顶提高71%、48%和634%。土壤厚度是影响微地形植被生长的关键立地因子，平均高、盖度和生物量等出现跃迁的拐点分别为9.4 cm、10.5 cm和12.5 cm。

（3）土壤

土壤包括土壤种类、土层厚度、土壤质地、土壤结构、土壤养分、土壤腐殖质、土壤酸碱度、土壤侵蚀度、各土壤层次的石砾含量、土壤含盐量、成土母岩和母质的种类等。土壤是林木生长的基质，是森林立地的基本因子。土壤因素本身受气候、地质、地形等多种因素的影响，形成不同地理区域的土壤差异性，而不同的土壤也决定了不同树种的分布和生长潜力。土壤因子对林木生长所需的水、肥、气、热具有控制作用；与林木生长均有高度相关性；比较容易测定；能全面反映林木根系生长空间和肥力水平等特性。我国一般将土壤因子与地形因子结合，联合评价立地质量，进行立地分类。总而言之，土壤因子是森林立地基层分类与评价的重要依据。

（4）水文

立地的水文条件包括地下水深度及季节变化、地下水的矿化度及其盐分组成、有无季节性积水及其持续期等。对于平原地区的一些造林地，水文起着很重要的作用。在平原地区的立地分类中，水文因子特别是地下水位，经常成为主要考虑的因子之一。而在山地的立地分类中，一般不考虑地下水位问题。

2.1.2.2 植被因子

那些反映生态系统特征、组成森林群落的主要植物种的存在，相对多度及相对大小，是立地质量的指示者，从大的森林类型到林下植被，从不同生态特性的建群树种，到一些非建群植物种分布，在不同层次和程度上反映着森林生长的环境特征。在植被未受严重破坏的地区，植被状况能反映出立地的质量，特别是某些生态适应幅度窄的指示植物，更可以较清楚地揭示造林地的小气候和土壤水肥规律，帮助人们深化对立地条件的认识。例如，蕨类植物生长茂盛指示宜林地生产力高；马尾松、茶树、映山红、油茶指示酸性土壤；黄连木、杜松、野花椒等指示土壤中钙的含量高；柏木、青檀、侧柏天然林生长地的母岩多为石灰岩；仙人掌群落指示土壤贫瘠和气候干旱等。在俄罗斯、北欧、加拿大等寒温带森林中，广泛应用植物种或植物群落的指示意义来评价立地，并将其作为立地分类系统中基层分类单元的分类依据。我国多数造林地植被受破坏比较严重，用指示植物评价立地受到一定的限制。

2.1.2.3 人为活动

土地利用的历史沿革及现状，各项人为活动对上述各项因子的作用等。不合理的人为活动，如取走林地枯枝落叶、严重开采地下水，会使立地劣变，发生土壤侵蚀，降低地下水位。由于人为活动因子的多变性和不易确定性，在森林立地分类中一般只作为其他立地因子形成或变化的原动力之一进行分析，而不作为立地条件类型的组成因子。

2.2 森林立地分类和评价的理论基础

2.2.1 森林立地分类的理论基础

森林立地分类的基本理论包括森林立地分类的生态学基础、森林立地分类系统、森林立地分类的依据等。

2.2.1.1 森林立地分类的生态学基础

（1）植物群落学基础

植物群落学（phytocenology）研究植物群落及其与环境间的相互关系及植物群落中植物间的相互关系，阐明植物群落的形成、种类组成、结构、生态、动态、分类及地理分布的基本规律。欧美国家一些学者认为在高纬度地区，植被与环境间的相关程度较高，加之人为干扰较少，用植被指示立地特征效果较好。特别在北美，已成功应用后演替植物群落（the late successional plant communities）作为立地分类的基础。在这种方法中，被称为生境型（habitat type）的一系列立地单元，以占据特定海拔和地形条件的上、下层典型植物种为标志，并以每一层面的优势种取名，如花旗松（*Pseudotsuga menziesii*）/毛核木（*Symphoricarpos albus*）生境型。

以布朗—布朗喀（Braun-J. Blanquet）为代表的法国瑞士学派，以植物区系为基础，分类的基本单位是植物群丛，并以植物的特有种或特征种区分植物群丛。在群丛以下根据存在度、多度、盖度再分为亚群丛。以克里门茨（F. E. Clements）为代表的英美学派，以植被动态、发生的观点和演替系列的概念进行森林和植物群落分类，以天然植被演替顶极学说为中心思想制定了一整套森林和植被分类系统。在一个气候区内，植被最终发展是单元顶极，即区域性的植被单元——群系（fromation）。该学派认为群系以下为群丛，群丛是在外貌、生态结构和种类成分等方面均相似的植物群落。

（2）林型学基础

林型（forest type）反映林分的立地条件和生产能力的指标，具有相同的立地条件、相同的起源、相似的林木组成，具有共同的森林学和生物学特性的林分总体。20世纪40年代，苏联形成了以苏卡乔夫为首的生物地理群落学派和波格来勃涅克为首的生态学派两大林型学派。

苏卡乔夫把林型看作森林生物地理群落类型。生物地理群落是在一定地表范围内相似的自然现象(大气、岩石、植物、动物、微生物、土壤、水文条件)的总和,它的各种构成成分具有自己的相互作用特点,它的各种成分间与其他自然现象间有一定的物质和能量交换形式,而且它处于经常运动、发展的内在矛盾的辩证统一之中。

波格来勃涅克把森林看作林分(林木)和生境(大气、土壤和心土等)的统一体。立地条件类型(或称森林植物条件类型),是土壤养分、水分条件相似地段的总称。同一个立地条件类型处在不同地理区域的气候条件下,将会出现不同的林型。无论有林或无林,只要土壤肥力相同即属于同一立地条件类型。在森林立地条件类型内,又根据森林植物条件的差异划分亚型、变异型和类型形态(形态型)等辅助单位。

(3)森林生态系统基础

德国巴登—符腾堡州森林生态系统分类,是一种综合多因子的分类方法。该分类由Kranss于1926年提出,广泛应用于德国和奥地利等国,特点是采用植被和物理环境综合进行立地分类,并密切结合林业的要求,是一个综合地理学、地质学、气候学、土壤学、植物地理学、植物群落学、孢粉分析和森林历史的多因子分类系统。首先,按照天然植被(如果没有天然植被,还要利用花粉分析和森林历史的资料)将整个州分为若干生长区域和生长区,然后在每一区内再分生长亚区,在每一亚区内划分立地单元,进行立地制图,并作出生长、生产力评定和营林评价。

森林生态系统是生物与非生物因子相互影响和作用的一个复杂动态系统。林业经营者如果不能掌握生态系统中的植被、土壤和其他自然环境因子等知识,他们只能利用森林却不能经营好森林和提高其生产力。在复杂生态系统中,任何一种因子的重要性都与所有其他因子的综合影响有关,通过对整个生态系统的分类可评价这些因子的内在关系。基于此而形成的多因子立地分类方法,自20世纪50年代起在加拿大与美国得到了广泛的应用,其中最具代表性的是Hills(1953)在安大略省发展的全生境森林立地分类(total site classification)、以Jurdant(1975)为代表的生物—物理立地分类(biophysical site classification)和以Krajina为代表的不列颠哥伦比亚省的生物地理气候分类(biogeoclimatic classification)。Barnes和他的学生(1978—1982)将这一方法应用于美国密歇根州的森林立地分类,并发展成森林立地分类的生态学方法或森林生态系统分类方法。

2.2.1.2 森林立地分类系统

森林立地分类系统是指以森林为对象,对其生长的环境进行宏观区划(系统区划单位)和微观分类(系统分类单位)的分类方式。一个森林立地分类系统一般由多个(级)分类单元组成,在建立立地分类系统时均需设立系统的单位。立地分类系统的单位具有两层含义:一是系统的分层数或级数;二是各个级别的名称。不同的分类系统,分类的着眼点不一样,相应地形成了不同的分类级数和单位名称。不同的区域、不同的国家,甚至同一国家由于社会经济、立地构成的不同,以及研究的出发点不同,会有不同的系统分类结果。如德国的立地分类系统由4级组成,分别为生长区、生长亚区、立地类型组和立地类型,前两级是宏观区划单位,立地类型则是微观的基本的立地分类单元。1989年,詹昭宁等在《中国森林立地分类》中提出了立地分类系统方案,把立地区划和分类单位组成统一的分类系统，划分为6级：

1级 立地区域(site area)
2级 立地区(site region)
3级 立地亚区(site sub-region)
4级 立地类型小区(site type district)
5级 立地类型组(group of site type)
6级 立地类型(site type)

该系统的前3级，即立地区域、立地区、立地亚区是区划单位，后3级为分类单位。按照这一分类系统，在全国范围内共划分了8个立地区域、50个立地区、166个立地亚区、494个立地类型小区、1716个立地类型组和4463个立地类型。

张万儒和蒋有绪等于1990年提出另一个中国森林立地分类系统，并在1997年出版的《中国森林立地》中正式确立了他们的立地分类系统。该系统的分类单位由包括0级在内的5个基本级和若干辅助级组成：

0级 森林立地区域(forest site region)
1级 森林立地带(forest site zone)
2级 森林立地区(forest site area)；森林立地亚区(forest site subarea)
3级 森林立地类型区(forest site type district)；森林立地类型亚区(forest site type sub-district)；森林立地类型组(forest site type group)
4级 森林立地类型(forest site type)；森林立地变型(forest site type variety)

其中1、2级为森林立地分类系统的区域分类(regional classification)单元，3、4级为森林立地分类系统的基层分类(local classification)单元。该系统把全国划分成3个立地区域、16个立地带、65个立地区和162个立地亚区。

为便于地方局部的应用，许景伟等在山东砂质海岸防护林建设中，采用了森林立地区+立地组+立地型+立地亚型的分类系统，并将砂质海岸黑松防护林立地划分为12种立地类型。

2.2.1.3 森林立地分类的依据

主要指森林立地分类系统中各级区划和分类单位的划分依据。

(1) 系统区划单位的划分依据

森林立地分类系统中，属区划单位的级别，主要依据为地貌、水热状况、岩性等的分异。如《中国森林立地》中"森林立地带"的划分，主要依据气候，特别是其中的空气温度（>10 ℃日数、>10 ℃积温数），还参照地貌、植被、土壤以及其他自然因子的分布状况。对人工林栽培来说，还要考虑最热月气温、最冷月气温和低温平均值等辅助指标。

(2) 系统分类单位的划分依据

在森林培育实践中，更多的是面对基本的立地分类单位，即立地条件类型的划分。对于立地分类单位划分的依据主要是地形、土壤、植被、水文等立地因子的差异。在一定地区内划分立地条件类型，应该依据多因子的综合，其中主要依据主导地形因子和土壤因子，还要以植被作参考，以林木生长状况作验证。

2.2.2 森林立地评价的理论基础

森林立地质量考虑的是林地生长树木的能力。通常指长有不同树种和不同环境条件的林地能生产多少数量和一定质量的木材，目的是为林业经营者提供选择产量最高、价值最大和稳定性最强的树种。同时，有了立地及产量资料，可对未来的林分作出产量预估，从而确定森林集约经营土地的重点。美国从 1910—1925 年就已经认识到需要建立起立地分类的标准方法，并围绕着 3 种立地评价方法反复进行争论：一部分人强烈赞成以材积表示；另一部分人赞成用指示植物为基础的体系；第三部分人强烈赞成使用树高生长量作为立地质量的指数。1923 年，美国林学家协会的一个专业委员会确认材积生长是地位级的主要量度方法，并建议制订关于蓄积量良好的天然林分的收获表。

通常用林地上一定树种的生长指标来衡量和评价森林的立地质量。由于不同树种的生物学特性不同，各立地因子对不同树种生长指标的贡献或限制存在一定的差异，立地质量也往往因树种而异。同一立地类型，有的适宜多个树种生长，有的则仅适宜于单个树种生长，通过森林立地质量评价，便可确定某一立地类型上生长不同树种时各自的适宜程度。这样就可在各种立地类型上配置相应的最适宜林种和树种，实施相应的造林经营措施，使整个区域达到"适地适树"和"合理经营"，土地生产潜力得以充分发挥，实现"地尽其用"的最终目的。

2.3 森林立地分类和评价方法

2.3.1 我国森林立地分类和评价的历史回顾

随着社会的发展与科学技术的进步，我国森林立地分类的发展经历了 3 个发展时期。20 世纪五六十年代主要学习苏联的经验，七八十年代则受德国、美国、加拿大、日本等国的影响，这两个时期主要探寻森林立地分类的手段和方法，80 年代末至 90 年代中期属于立地分类系统的建立与完善时期。

20 世纪 50 年代，关君蔚等根据乌克兰学派(生态学派)的学说，结合华北地区的情况，首先以水分和土壤肥力为依据提出了一个华北石质山地立地条件类型表。1958 年，受我国林业部邀请，苏联专家洛佐伏依等提出了根据海拔、坡向和土层厚度 3 个因子，划分 5 种森林植物条件类型，后来被称之为八达岭分类系统的一种新的分类方案。自 1958 年起，林业部造林设计局等单位应用苏联波格来勃涅克的林型学说，对我国造林地区进行了"立地条件类型"划分，在全国各省(自治区)编制了各造林地区的"立地条件类型表"，并做出了造林类型典型设计。1959 年，中国科学院土壤研究所李昌华等提出杉木人工林的林型划分原则和方法，将林型分为 4 级：第 1 级是林型区和林型亚区，第 2 级为林型组，第 3 级为林型，第 4 级为栽培型。1954—1965 年，林业部调查设计局、中国林业科学研究院等单位应用苏联苏卡乔夫生物地理群落学派的林型学说，对我国东北、西南和西北的各种森林植被类型进行了林型划分与评价(地位级、蓄积量)。上述研究成果部分已应用于生产，提高了林业生产水平，也为我国森林立地分类与评价的研究奠定了基础。

20 世纪 70 年代末，由于我国林业生产建设发展的需要，又吸收了联邦德国、美国、加拿大、日本等国的有益经验，综合主要造林树种，再次广泛开展立地分类和评价的研究。1981年，南方14省(自治区)杉木科研协作组提出了杉木立地类型方案，华北石质山地(沈国舫，1980)、黄土高原(高志义，1987)、珠江三角洲、东北西部地区及华北中原平原地区等开展了大量的森林立地研究工作，其他针对主要造林树种，也编制了不少地位指数表和数量化地位指数得分表，取得了大量成果，为进一步开展立地研究积累了丰富的经验。80年代中期后，国家对我国东部季风区的用材林基地、长江中上游、太行山、三北防护林地区的立地条件进行了大规模研究，积累了大量立地资料和图件，使我国森林立地分类与评价研究进入了新的阶段，并在立地分类的基础上作了立地产量评价，在同一立地类型树种间进行了生产力评价转换的研究，同时计算机立地制图、遥感图像用于立地分类和制图、立地数据库系统、地理信息系统等应用技术也积累了一些经验。立地分类和评价的研究成果，在生产实践中，特别在大面积基地规划和造林调查设计中得到应用。

20世纪80年代末至90年代初，我国在很短的时间内，提出了一些全国性的立地分类系统，如前述的詹昭宁、张万儒等提出的系统。这两种分类方法表面看来有所区别，但是试图通过建立一个全国性的立地分类方案的目的是相同的。

随着现代信息技术的发展，采用地理信息系统辅助立地分类与立地质量评价方面已有较多的研究与应用。该方法的主要原理为利用地理信息系统强大的空间和属性数据信息处理技术，基于通常对立地分类认识的基础上，对分类区域提取相关地形部位信息，建立各分类因子的专题数据库和图形数据库，对立地因子进行空间图形叠加分类，得出多维立地类型专题与分布图，将造林地的空间信息与属性信息结合起来，实现区域森林立地类型的自动识别及分类。通过建立立地与林木生长之间的关系模型，可估算立地生产力，进行初级的立地质量评价。在该造林立地数字产品实际应用中，可通过GIS属性数据库，统计、调取和分析小班立地分类和生长信息，以指导各类相关林业生产。在采用GIS进行立地分类方面，王飞等将地处黄土高原南缘残垣沟壑区复杂地形的永寿县永平乡划分成19种立地类型，并对其面积进行了统计，经与实地立地类型划分结果进行比对，采用该方法的划分结果精度达92%。

2.3.2 森林立地质量评价的方法

由于各国自然地理背景、历史条件、经营目标和研究者经历的不同，形成了许多不同的森林立地质量评价方法。这些方法可以概括为直接评价和间接评价两类。直接评价法指直接利用林分的收获量和生长量的数据来评定立地质量，如地位指数法(site index curves)和树种间地位指数比较法(site index comparisons between species)。间接评价法是指根据构成立地质量的因子特性或相关植被类型的生长潜力来评定立地质量的方法，如测树学方法(mensurational methods)和指示植物法(plant indicators)。当前，国内采用的立地质量评价方法主要为地位指数的间接评价方法。目前，我国已基本完成主要造林树种立地指数表的编制。

地位指数的间接评价方法是一种定量分析的方法，也称多元地位指数法。这种方法能解决有林地和无林地统一评价以及多树种代换评价的问题，因而被认为是最终解决问题的根本方法。一般用多元统计方法构造数学模型，即多元地位指数方程，以表示地位指数与立地因子之间的关系，用以评价宜林地对其树种的生长潜力，可表示为：

$$SI = f(x_1, x_2, \cdots, x_n; Z_1, Z_2, \cdots, Z_m)$$

式中　SI——立地指数；
　　　x_i——立地因子中定性因子（$i=1, 2, \cdots, n$）；
　　　Z_j——立地因子中可定量因子（$j=1, 2, \cdots, m$）。

多元地位指数法的基本做法是：采用数量化理论Ⅰ或多元回归分析的方法，建立起树种的立地指数与各项立地因子，如气候、土壤、植被以及立地本身的特性之间的回归关系式，还有人在预测方程中包含了养分浓度、C/N、pH值等土壤化学特性，根据各立地因子与立地指数之间偏相关系数的大小（显著性），筛选出影响林分生长的主导因子，说明不同主导因子分级组合下立地指数的大小，并建立多元立地质量评价表，以评价立地的质量。不同的立地因子组合将得到不同的立地指数，立地指数大者立地质量高。沈国舫等（1985）采用多元回归分析的方法，研究了京西山地油松人工林上层高（Ht）与立地的关系，从许多立地因子中，经逐步回归分析，筛选出3个主导因子，即以细土层厚度为基础的土壤肥力等级（SF）、海拔（EL）和坡向（ASP），得出回归方程式，基准年龄25年：

$$Ht = 2.109 + 0.6773SF + 0.3917EL + 0.4040ASP$$

复相关系数：$R = 0.8495$

偏相关系数：$R'_{SP} = 0.6567$；$R'_{EL} = 0.4378$；$R'_{ASP} = 0.3354$

通过计算可得出表2-1。通过该表可以查取某一立地因子组合条件下的林木上层高。例如，当某一造林地海拔在400~800 m，坡向为北坡，土肥级为Ⅰ级>81 cm时，25年生时的油松林上层高可达6.81 m。

表2-1　京西山区油松上层高的生长预测表　　　　　　　　　　　　　　　m

海拔		<400			400~800			800~1200			1200~1600		
坡向		S, W	E	N	S, W	E	N	S, W	E	N	S, W	E	N
土肥级	Ⅰ (>81cm)	5.61	6.01	6.42	6.00	6.41	6.81	6.39	6.80	7.20	6.78	7.19	7.59
	Ⅱ (51~80 cm)	4.93	5.34	5.74	5.32	5.73	6.13	5.72	6.12	6.52	6.11	6.51	6.92
	Ⅲ (31~50 cm)	4.26	4.66	5.06	4.65	5.05	5.45	5.04	5.44	5.85	5.43	5.83	6.42
	Ⅳ (<30 cm)	3.58	3.98	4.39	3.99	4.37	4.78	4.36	4.77	5.17	4.75	5.16	5.56

上述定量分析的计算过程，无论选择多少立地因子，通过有关计算机应用软件很容易解决。但在实际工作中，因子数量过多只会增加野外调查测量的工作量，评价精度不会有太大的提高。从实用角度看，建议在缜密的生物学分析的基础上，精选数量适当，便于外业测定、鉴定和量测的因子。

2.3.3　森林立地类型的划分

森林立地类型是森林立地分类系统中的最基本的分类单位。即将立地条件相近、具有相同生产力而不相连的地段组合起来，划为一类，按类型选用造林树种并设计营林措施。进行立地分类应该坚持以生态学为基础，掌握自然条件的地域分异规律，研究各立地因子与造林和林木生长的关系，正确地划分适合当地自然规律又符合生产实际的立地类型。

2.3.3.1 森林立地类型划分的方法

立地条件类型的划分方法,可以分为以环境因子为依据的间接方法和以林木的平均生长指标为依据的直接方法。由于我国造林区多为无林地带,因此间接方法最为常用。

(1)以主导环境因子分类

根据环境因子,特别是主导环境因子的异同性,进行分级和组合来划分立地条件类型,有的辅以立地指数。这种方法比较适合无林、少林地区,以及因森林破坏严重实在难以利用现有森林进行立地条件类型划分的地区。其特点是简单明了,易于掌握,在实际工作中广为应用。但这种方法包含的因子较少,比较粗放。

现以冀北山地立地条件类型的划分(表2-2)举例说明。

主导环境因子:海拔、坡向、土壤种类和土层厚度。

环境因子分级:海拔,2级;坡向,2级;土层厚度,3级。

环境因子组合:共组合出11个立地条件类型。

表2-2 冀北山地立地条件类型表

编号	海拔(m)	坡向	土壤种类及土层厚度(m)	备注
1	>800	阴坡半阴坡	褐色土,棕色森林土,>50	
2	>800	阴坡半阴坡	褐色土,棕色森林土,25~50	
3	>800	阳坡半阳坡	褐色土,棕色森林土,>50	
4	>800	阳坡半阳坡	褐色土,棕色森林土,25~50	
5	>800	不分	褐色土,棕色森林土,>25	土层下为疏松母质
6	<800	阴坡半阴坡	褐色土,棕色森林土,>50	或含70%以上石砾
7	<800	阴坡半阴坡	褐色土,棕色森林土,25~50	
8	<800	阳坡半阳坡	褐色土,棕色森林土,>50	
9	<800	阳坡半阳坡	褐色土,棕色森林土,25~50	
10	<800	不分	褐色土,棕色森林土,>25	
11	不分	不分	<25及裸岩地	土层下为大块岩石

不同地区和不同地类的主导环境因子及其分级标准不可能完全一致,因此,进行立地条件类型的划分时,可参照上述例子,结合本地具体条件制定出合适的立地条件类型表。

(2)以生活因子分类

根据生活因子(水分、养分)划分立地条件类型,具体做法为:①以纵坐标代表土壤湿度,横坐标代表土壤养分;②土壤湿度从极干旱至湿润分为若干水分级,并以数字表示各自干湿程度,同时借助于植物组成(主要是反映土壤湿度状况的指示植物)、覆盖度指示水分状况;③土壤养分按土类、土层厚度分为若干养分级,以字母表示养分高低;④最后制成二维表格形式。

在实际应用当中,只要测定造林地土壤湿度、土层厚度及出现的植物种类、覆盖度,通过立地条件类型表(表2-3)就可查得造林地相应的立地条件类型(见表2-3中A_1、B_1、C_2等)。

这种方法反映的因子比较全面,类型的生态意义比较明显。但生活因子不易测定,表2-3中的水分级很难界定。在立地调查过程中,一次测定无法代表造林地的情况,需要长

表 2-3　华北石质山地立地条件类型表

类　型	立地条件		
	瘠薄的土壤 A <25 cm 粗骨土 或严重的流失土	中等的土壤 B 20~60 cm 棕壤和褐色土 或深厚的流失土	肥沃的土壤 C >60 cm 的棕壤和褐土
极干旱 （旱生植物，覆盖度<60%）0	A_0		
干旱 （旱生植物，覆盖度>60%）1	A_1	B_1	C_1
适润 （中生植物）2		B_2	C_2
湿润 （中生植物，有苔藓类，且徒长，柔嫩）3			C_3

期定位观测才能够比较客观地反映造林地的水分状况，而且水分和养分受地形的影响较大，因此，还要分别根据不同的地形条件测定土壤肥力，这就需要布设大量的定位观测点，这在大面积造林规划设计调查中很难实施。

2.3.3.2　利用立地指数代替立地类型

用某个树种的立地指数来说明林地的立地条件，具体做法见立地质量的评价。该方法的特点是：可应用于大面积人工林地区评估立地质量，易做到适地适树；能够预测未来人工林的生长和产量；编制立地指数类型表外业工作量大；某一树种的立地指数类型表仅适用于该调查地区该树种，不同的树种要制作不同的立地指数类型表；立地指数只能说明立地的生长效果，不能说明原因。例如，京西山区低山带 25 年生油松人工林，上层高 5 m 左右的既有阳坡厚土层类型，也有阴坡中土层类型，而这两个类型显然很不相同。

2.3.4　森林立地类型的应用

立地类型是组织林业生产、调查设计、制订造林技术措施及提高林地生产力的基础。在造林工作中，立地类型是确定林种、选择树种，做到适地适树，制定科学造林技术措施的基础。在森林抚育方面，立地类型是确定抚育间伐的时间（林龄）、方式、频度、强度和间隔期的主要依据。在森林调查工作中应用立地类型表，确定小班立地类型，评价立地质量，作为制定造林规划设计、森林经营规划和树种、林种规划等的依据，并编绘立地类型分布图。

复习思考题

1. 简述森林立地的基本概念和构成因子。
2. 简述森林立地质量评价方法。
3. 简述森林立地类型的划分方法。
4. 森林立地的应用领域有哪些？

推荐阅读书目

1. 詹昭宁，周政贤，王国祥，等，1995. 中国森林立地类型. 北京：中国林业出版社.
2. 张万儒，1997. 中国森林立地. 北京：科学出版社.
3. 王飞，赵忠，郝红科，等，2013. 基于 GIS 的渭北黄土高原立地类型划分的研究——以永寿县永平乡为例. 西北农林科技大学学报(自然科学版)，41(7)：133-140.
4. 袁振，陈美谕，贾黎明，等，2018. 太行山片麻岩地区微地形土层厚度特征及其植被生长阈值. 林业科学，54(10)：156-163.

（马履一）

第3章 林种规划与造林树种选择

【本章提要】 林种规划和造林树种选择是森林培育的基础。本章主要介绍全国林业区划、区域和景观尺度的林种规划；造林树种选择的意义、造林树种选择的基础、造林树种选择的原则；分析和讨论如何按照主要造林目的(林种)进行造林树种选择；介绍"适地适树"的概念、标准、途径与方法。

3.1 林种规划

3.1.1 林种划分

林种，就是森林的种类。森林的种类可以有不同的划分方法，例如，按照其起源，可以分为天然林和人工林；按照其主导功能可以分为防护林、用材林、经济林、能源林和特种用途林等 5 大林种。这里所述的林种是指以功能为依据而划分的林种。林种是造林目的的集中反映，也是制定经营措施的根本依据。

3.1.1.1 防护林

防护林是以发挥森林的防风固沙、护农护牧、涵养水源、保持水土等防护效益为主要目的的森林。防护林是个大的林种，可按照其主要防护对象的不同，进一步划分为农田防护林、牧场防护林、海岸防护林、护路林、防风固沙林、水源涵养林、水土保持林等次级林种。

3.1.1.2 用材林

用材林是以生产木材，包括竹材，为主要目的的森林。木材是森林的主产品。随着国家经济建设和科学技术的发展，以及人民生活水平的提高，木材的用途越来越广，对于木材的需求量越来越大。我国森林资源短缺，木材供需矛盾突出，大力营造用材林是缓解这个矛盾的主要和有效的途径。用材林可按照其生产木材的用途和规格的不同分为一般用材林和专用用材林。一般用材林是生产大径级木材的用材林，在生产大径级材种(如锯材)的同时，也生产中小径级材；专用用材林是满足特定用材部门特殊需求的木材而营造的森林，如纸浆用材林、矿柱用材林等。

3.1.1.3 经济林

经济林是生产除了木材以外的其他林产品为主要目的的森林。这些林产品包括干鲜果品及其制品、饮料、调料、橡胶、树脂、栓皮、药材、香料等。我国的自然条件优越，有 200 多个经济林树种，产品达 1000 余种。经济林以其生产周期短、效益高、适宜农户经营等优势，在调整农村产业结构和山区农业生产中占据重要位置，其中有很多出口创汇产品。最有影响力的有南方地区的油茶、油桐、杜仲、生漆，以及分布更为广泛的核桃、板栗、大枣等，经济林产品驰名中外，效益颇佳。

3.1.1.4 能源林

能源林是生产生物质能源材料为主要目的的森林。林木根、茎、叶、花、果实、种子等均可作为生物质能源，森林生物质能源制品更是多种多样，包括固体类生物燃料（成型技术、直接燃烧或"热电联产"）、液体类生物燃料（淀粉和纤维素生产燃料乙醇、脂肪类产品生产生物柴油等）和气体类生物燃料（沼气）。

3.1.1.5 特种用途林

特种用途林是以国防、环境保护、科学实验、生产繁殖材料为主要目的的森林。包括国防林、环境保护林、试验林、母树林、风景林、名胜古迹和革命纪念地的森林和林木。仅以国防林和环境保护林、风景林为例加以说明。

国防林是在特定的地点，通过人为的经营活动使森林具有特殊的结构，从而达到服务于国防的目的。由于森林的存在而增加地貌的复杂性，增加了军民的隐蔽和回旋能力；森林生产的木材、食品、药材等军需物资，可供战时使用；森林作为复杂的生态系统，对于化学武器、细菌武器的毒害有一定消除作用；森林可以隐蔽和掩护军事设施、兵工厂、战时医院、地下军事工程出入口等。

营造环境保护林和风景林的目的是保护环境、净化空气、美化生活环境，增强人民身心健康。由于人口增加、工业发达造成地区的大气污染渐趋严重，拥挤的城市居民对于前往郊区旅游休闲的需求渐趋旺盛，环境保护林和风景林的培育与经营已经成为各国林业发展的重点。我国与这一大势趋同，需求非常旺盛。

最后，需要特别指出，以上林种的划分具有一定相对性。林种是按照主导功能划分的，而所有森林的功能都不可能是单一的。例如，防护林是以发挥森林的防护效益为主要目的而营造的森林，但是也可以在发挥防护效益的同时生产一定数量的木材，也具有一定的美化、观赏等其他功能；用材林是以生产木材为主要目的营造的森林，但是作为高大树木为主体的森林群落，在改善生态环境发挥防护效益等方面具有重要作用；经济林是以生产木材以外的多种林产品为主要目的的森林，但是同样具有防护效益和观赏功能。

3.1.2 林业区划

3.1.2.1 林业区划的性质和意义

林业区划，是根据林业的特点，在研究有关自然、经济和技术条件的基础上，分析与评价林业生产的特点，按照地区分异的原则进行分区划片，分别研究其片区范围内的自然条件、社会经济条件和林业生产现状和存在问题，探索其允许的或可能的林业生产规模、最佳布局和对现状进行调整的必要措施。

林业区划具有非常重要的意义。第一，利于协调林业与农业、交通运输业、工矿业、环境保护等国民经济各个部门之间的关系，保证林业健康有序地高质量发展；第二，利于依据林业突出的地域性特点，根据各地的自然条件和树种生物学生态学特点相适应的原则发展林业；第三，有利于部门因地制宜、分类指导，正确组织生产，实现领导决策的科学化。

3.1.2.2 林业区划的原则和依据

林业区划的原则是，以客观存在的自然条件和社会经济状况、社会发展对林业的要求为准绳，要求区划成果充分反映客观规律和实际，起到促进林业发展的作用。

林业区划的依据可概括为两条：一是自然条件；二是社会经济条件和社会发展需求。这是因为，林业生产的本质是种植业，本身会受到自然条件的严格制约，特别是对森林分布和生长有重大影响的气候、地貌、地质、水文、土壤、植被等因素的影响，同时要与社会发展要求相一致。在进行全国林业区划时，首先考虑的是热量因素和水分因素，然后再根据地貌、土壤和植被等进行分区。

3.1.2.3 中国林业区划概述

1949年前，我国未进行过林业区划。1950年代中期，林业部曾以吴中伦的有关研究成果为基础，制订出第一个全国林业区划草案（只有一级区），并将其列入1955年《国营造林技术规程》。郑万钧等在《中国主要树种造林技术》（1978）编著时，为了推进造林科技的发展和适应"适地适树"的需求，提出修正的造林区划方案，把全国划分成6个大区26个造林地区，并作为该书的附录。林业部在制订《全国造林技术规程》（1982）时，在上述方案的基础上又做了若干归并，提出了把全国划分为23个造林区域的方案，作为该规程的附件。由林业部林业区划办公室主编的《中国林业区划》（1987）按照尺度大小分为4级，其中，一级区（地区）8个，二级区（林区）50个，三级区（省级区）168个。一级区分别是东北用材林防护林地区、蒙新防护林地区、黄土高原防护林地区、华北防护林用材林地区、西南高山峡谷防护林用材林地区、南方用材林经济林地区、华南热带林保护地区。2016年修订的《全国造林技术规程》按照气候（温度和湿度）把全国划分为3个气候区和9个造林区域。3个气候区是：东部季风区、西北旱区、青藏高寒区。东部季风区又分为寒温带区、中温带区、暖温带区、亚热带区、热带区；西北旱区分为半干旱区、干旱区、极干旱区；青藏高寒区仅含高寒区。在区划的基础上按照造林区域提出的主要造林树种，可以直接作为造林树种选择的参考依据。

3.1.3 林业规划及其与林业区划的关系

林业规划是一个区域（或单位）比较全面的，一定年限的林业发展计划，是对未来整体性、长期性、基本性问题的分析和思考，并在全面分析的基础上提出林业发展方向、林种布局、比例、规模进度及效益估算等方案。林业规划中，林种规划是重要内容。

林业规划与林业区划的关系非常紧密。主要是：林业区划是指导性文件，林业规划是在林业区划指导下形成的专业应用性文件。以区划中总结出来的生产经验确定林业建设的方向和相应的林种布局；以区划中查明的资源优势确定林业建设的主要目标和各林种的骨干项目；以区划中论证的增产潜力，确定林业生产中各林种发展的关键措施和逐步开发的项目。

林业区划是根据客观规律研究不同地域的差异性和相似性以及生产条件、生产特点等，从质的方面解决宏观布局和生产发展方向的问题。区划依据的是自然和社会经济方面的稳定因素，如气候、土壤等，而对可变的因素则考虑得比较少；对林业生产发展的研究主要是定性的和定向的，因而是相对稳定的，不受时间的限定。而规划则是根据事物发展规律和现实条件制定的比较具体的措施，对生产发展规律、目标、步骤和措施予以系统反映，着眼于发展速度和时间安排，一旦实施完毕即可终止。

林业区划实际上已经在大的区域范围内确定和规划了林种，各地可以根据林业区划的框架并结合本地区的具体实际进行林业规划和林种规划。值得注意的是，林业区划的林种是一个大范围的林种框架，是"主线"和"体系"，允许在一定范围内发展和主要林种相配合的其他林种。例如，《中国林业区划》(1987)提出的黄土高原防护林地区，又分为3个林区：黄土丘陵水土保持林区、陇秦晋山地水源林区、汾渭平原农田防护林区。在每个防护林区可以规划一定数量的经济林、用材林和特种用途林，从而在整体上形成以防护林为主体的林种"体系"。

林业规划或林种规划的尺度是多元的。可以是国家、省、市、县（林业局）、乡（林场）、村等各级的，以及企业的。这里仅介绍两种规划，一是县、林业局（场）的规划，二是景观规划。县、局（场）规划是诸多规划中最基本的规划，因为它是连接林业规划和调查设计的桥梁和纽带，其规划的主要目的是为领导层进行林业发展决策，为制订造林计划、安排种苗生产以及林业投资提供依据，为确定造林树种选择奠定基础。20世纪70年代以来，人们越来越多地采用"景观规划"这一术语。景观规划，不仅强调土地的合理利用，同时考虑到各种土地类型之间在结构和功能上的关系。不同林种在各个地理单元上的分布，实际上形成了景观意义上的斑块。由于景观是土地的镶嵌体，在这种镶嵌体中，光照、热量、水分、养分和空气的接收与分配，以及生物成分均是按照一定的格局分配着，形成了各种景观多元的异质性。林种规划的多样性体现了景观多样性，林种规划应与景观规划相结合。

3.2 树种选择

3.2.1 树种选择的意义

树种选择的适当与否是造林成败的最关键因子之一。树木是多年生的木本植物，它能在几乎没有人为保护的条件下存活和繁衍，必须具备抗御一切意外灾害，例如，百年不遇的寒冷时期、灾害性风暴、罕见的病虫害蔓延等多变环境条件的能力。如果造林树种选择不当，首先是造林后难以成活，浪费种苗、劳力和资金，即使造林成活，人工林长期生长不良，难以成林、成材，造林地的生产潜力难以充分发挥，无法获得应有的防护效益和经济效益。我国是世界的造林大国，在人工林培育方面取得举世瞩目的成就。据第九次全国森林资源清查（2014—2018），全国人工林面积已达 $8003.10 \times 10^4 \ hm^2$，人工林在木材生产和发挥多种效益方面显示出极其重要的作用，但是林地生产力不高，单位面积森林蓄积量低，为 $59.30 \ m^3/hm^2$，仅为全国林分平均每公顷蓄积量 $94.83 \ m^3$ 的 62.53%。林分生长量比较低的问题也比较普遍，甚至有些地方出现了林木树干扭曲、枝桠丛生、结实过早等问题；北方干旱地区栽植的杨树林，南方红壤丘陵地区栽植的杉木林，其中有一定比例的林分形成了"小老头林"，有些地区大面积的杨树林被天牛等害虫毁灭殆尽。这些问题和树种的选择不当有密切关系。

由于林业生产的长期性、造林目的的多样性、自然条件的复杂性，以及经营管理的差异性，使得选择造林树种成为带有百年大计性质的事情，必须认真对待，谨慎从事。

造林树种的选择问题是个古老的话题。其实，在我国古代就已经有了比较深入细致的认识和记载，其中有不少与现代的理论与实践十分符合，例如，1300年前的《齐民要术》就提出了"地势有良薄，山泽有异宜。顺天时，量地利，则用力少而成功多。任情返道，劳而无获"的思想。此后还有许多农书有类似的记载。这些与我们今天提倡的"因地制宜，适地适树"的树种选择原则几乎是完全一致的。然而，科技进步使我们对于树种选择的依据更加充分，选择方法也逐步做到更加科学合理。

3.2.2 树种选择的基础

我国树种资源极其丰富，有木本植物8000余种，其中仅乔木植物就有2000余种，而乔木树种中的优良用材和经济林树种就达1000余种，还有引种成功的国外优良树种约100种。由于树种的多样性及其特性的复杂性，自然条件的多变性，加上我国在生物基础科学的研究和资料积累还不够，总的来说，按照树种的特性选择造林树种，除了某些为数不多的树种外，实施起来还有相当大的难度。当前，造林树种选择的依据和基础主要是树种的生物学特性、生态学特性和林学特性。

3.2.2.1 生物学特性

树种的生物学特性主要包括树种的形态学特性、解剖学特性和遗传特性等。具体体现为树种的生长速率、树体（树干、树冠、根系）形态，以及萌蘖性能等。树体高大的乔木树种，需求较大的营养空间，木材和枝叶的产量比较高，美化和改善环境的效果比较强大，适宜作为用材林、防护林以及风景林和国防林等特种用途林等。乔木树种同时也要求比较高的立地条件。光合产物在树木各部位分配也有差异，主要集中在树干的树种适宜于作为用材林，光合产物虽高但枝叶部位占的比重较大者可以作为薪炭林和特种用途林；树体虽不高大，但是树形、枝叶、树皮美观，或花、果的颜色、气味具有特色，可以作为风景林；树叶硕大，一般来说，叶面的蒸发量大，对于土壤水分条件的要求比较高；叶表面的气孔下陷、角质层发达，往往是对于干旱条件比较适应的特点；主根发达，侧根比较少，要求深厚的土层，须根系发达的树种比较耐干瘠立地条件；有些树种组织细胞液的渗透压高，或有泌盐的功能，说明它具有较强的抗御干旱和盐碱的能力。

需要指出，这里的树种概念是广义的，应该包括树种、种源、家系和无性系。树种选择的生物学基础应理解为造林树种的遗传控制，树种选择应尽可能吸收树木遗传改良的最新科技成果。例如，中华人民共和国成立后，我国先后培育和引进的群众杨、北京杨、合作杨、沙兰杨、I-214杨和I-72杨等杨树品系；杉木、马尾松、落叶松等40多个树种的种源试验选出的优良种源及种子区划分成果；种子园、母树林和采穗圃培育出的优良种植材料。

3.2.2.2 生态学特性

树种的生态学特性是指树种对于环境条件的需求和适应能力。由于历史的长期适应性形成各个树种特有的生态学特性。

树种对于环境条件的需求,主要表现为对光照、水分、温度、养分和其他土壤条件的关系。树种与光的关系主要表现为耐阴性、光合作用特性和光周期。耐阴性是指树种在浓密的林冠下生存和更新的能力,据此能力可把树种分为喜光树种和耐阴树种两类。选择树种时,根据树种的需光特性可以将其安排在适宜的立地条件下。例如,喜光树种常作为造林的先锋树种,或适宜在阳坡种植。树木耐阴性的生理基础在于其光饱和点、光补偿点、光合速率和光周期及与其他因子的关系上。不同树种对于热量的要求不同,这与其水平分布区和垂直分布有关,分布得越靠北,海拔越高,对于热量的要求越低。以我国的松属树种为例,樟子松、偃松、西伯利亚红松最耐寒,其次是红松较耐寒,它们都属于寒温带树种;油松、赤松、白皮松有一定的耐寒性,属于暖温带地区的树种;而乔松、云南松、马尾松要求热量比较高,属于亚热带树种;海南五针松、南亚松要求热量很高,属于热带树种。

由于森林是生活在一个高度有机联系的森林生态系统之中,所以对于造林树种的评价、判断和选择以森林群落—生态系统为基础是至关重要的。

应注意树种的生态幅度和生理幅度之间是有区别的。例如,有些松属中的喜光树种,分布范围非常广,适应性比较强,比耐阴树种的耐旱性强,但是在森林群落里,由于树种竞争的群落影响,它的生理幅度受到限制,表现为山毛榉林分布区内的松树分布呈稀疏状,而在无遮阴的干燥极限立地由于无竞争而成片密布着。

(1) 自然分布区

树种的自然分布是判定和选择树种的基础依据,也是乡土树种判定的主要依据。首先,应用综合的植物地理和植被史知识确定一个树种的自然分布区。自然分布区可以反映出一个树种的生态结构,即环境和竞争中诸因子的综合影响效果,同时也反映出树种的生态适应能力。在进行分布区的分析时,首先应弄清整个分布区的地理性质,分布区的类型(封闭的或间断的)、分布区界的形成状况(清晰的或含混不清的)。在占有分布区资料的基础上就可回答一些有关问题:中心分布区,最大分布区;树种在植物地理学方面的有关数值:如生长量以及它的平均分布和临界分布。当然,今天所形成的树种关系和区域分布,其原因不能仅仅依据现存的环境条件来解释,必须认识到现存的分布区是冰川期变迁的过程中,各群落交错竞争与发展以及人为长期影响的结果。例如,水杉是我国特产稀有的珍贵树种,天然分布于湖北利川县、重庆石柱县以及湖南西北部龙山县等地,集中分布区仅 600 km² 的范围内,后来广泛引种栽培。引种成功说明水杉在地质年代上曾经是广域分布的,在其遗传性中保留了较广泛的适应能力。

(2) 外来树种

从分布区以外引入的植物称为外来种(exotics)。尽管乡土树种具有继承长期适应该地区的环境并有利于自身更新等优点,但不一定具有高的生产率、直干性或者符合栽培目的的其他属性,所以引进外来树种也是必要的。事实上,世界各地都在积极引进外来树种,有些已经取得成效,甚至在当地的森林培育中占据了非常重要的地位。例如,北美西海岸的许多针叶树引种到西欧同一海拔的地区已经获得了显著成功;新西兰把从美国引进的辐射松作为全国的主要造林树种,我国也把引进的桉树和杨树分别作为南方和北方的主要造林树种，并形成林业的支柱产业；刺槐作为外来树种，引种已久，现在基本驯化，表现很好，逐步乡土化，生产中广泛采用。

但是引种中尚需重视生态安全性，避免生物入侵造成危害。和其他外来种的生物入侵一样，外来树种也可能形成生物入侵。这些入侵树种可能会对生态环境、经济发展、社会和文化等多方面产生影响。如原产南美洲的灌木马缨丹(*Lantana camara*)在印度南部林区已经导致乡土树种的减少，进而影响当地农民的日常生活，该树种目前在我国攀枝花地区已开始大规模自然扩散。南非曾对入侵树种对自然生境的影响进行过量化分析，发现入侵树种会导致局部生物多样性大量减少，并妨碍集水区内的自然径流，进而影响干旱地区水源供应。在全球入侵性物种(ISSG)数据库，122种入侵性生物物种中有8种是树木，约占总数的6.6%。Haysom等(2004)通过文献研究分析了全球1121个外来树种的入侵特性，发现入侵树种有443种，占总数的39%。我国学者研究认为，火炬树、黑荆、银荆、马占相思、雷林1号桉等未构成对当地自然植物的入侵。但是对于有些繁殖扩散能力强、具有明显的入侵植物特性的树种，如新银合欢，引种栽培时应谨慎(郑勇奇等，2006)。

3.2.2.3 林学特性

主要是指所选择的树种在林业生产中是否能形成一定密度和多树种构成的林分结构，从而能实现未来的单位面积产量或主要培育目标。

由于树种的生物学生态学特性不同，培育技术水平的差异，导致树种的林学性质上出现多样化。例如，有些树种个体生长良好，单株产量可较高，但由于喜光强烈，或由于地下或者树冠分泌某些有毒物质而产生的"自毒"效应，栽培密度不能大，不宜进行成片栽培，更不能大面积栽培；有些树种则因树冠紧束，郁闭度小，难以形成高质量的森林环境；当同一林分需搭配两个或两个以上树种时，树种之间会出现不同的相互关系。这些在树种选择时都需要认真考虑。

3.2.3 树种选择的原则

选择造林树种的基本原则可以概括为两条：一条是经济学原则；另一条是生物学原则。经济学原则是指满足造林目的(包括木材和其他林产品生产、生态防护、美化等)的要求，即满足国民经济建设对林业的要求；生物学原则是指树种的特性能适应造林地的立地条件的程度。这两个原则是相辅相成的，二者不可偏废。满足国民经济建设是造林的目的，如果达不到这个目的的树种，其他方面的性状再好也是无用的，用这样的树种造林是失败的；而如果违背了生物学的基本规律，选择树种本身所具有的优良性状在这样的条件下也不能表现出来，不能达到造林目的。

3.2.3.1 经济学原则

造林目的是与经济原则紧密地结合在一起的。首先，所选树种要满足造林目的要求(木材、防护、风景等)；其次，应考虑森林经营全生命周期的成本和效益。尽管衡量和预测育林成果中使用的经济技术属于森林经理学和林业经济学的内容，但对于正确选择造林树种和育林措施是必不可少的基础知识。

对于用材林来说，木材产量和价值是树种选择的最客观的指标。由于不同的树种在种子来源、苗木培育及其他育林措施方面的成本不同，木材价值不同，所以所得收益是不同的。由于森林的许多收益在育林投入多年以后才能收到的特殊性，所以育林的理财问题也是个独特但重要的问题，即不但要比较不同树种(及所需的育林措施)所产生的价值，而且要比较收益所需时间的不同而投入的成本。例如，不同树种对于病虫害的抵抗能力不同，用于防治的费用也不同，这些费用都应计入成本。在造林整地时投入的1元人民币，在林木生长过程中病虫害防治中投入的1元人民币，和在木材收获时投入1元人民币是不同的。假定轮伐期分别为3年、10年、50年的树种，每公顷平均生产的木材价值虽然均为1000元，但是实际的收益是不同的，也就是说对于这样的方案的选择，要用复利的方法比较其收益，就像在银行的储蓄一样。所用的利息常与预计的风险、投资者从各种投资中可能得到的复利利息等情况有关。利率不包括银行存款的利息中由于通货膨胀所作的补贴。

3.2.3.2 生态学原则

森林培育的全过程必须坚持生态学原则，也就是说，森林是个生态系统，造林树种是其重要的组成部分，因而树种的选择必须作为生态系统的组成部分加以全面考虑。

第一，所选树种应与立地的光照、温度、水分、养分等状况相适应，能尽量发挥立地的潜力，但不能造成地力的衰竭。

第二，生物多样性保护是森林培育的重要任务，而造林树种的选择是执行这一任务的基础与关键，树种的选择必须坚持多样性原则。一方面，越是比较好的立地，越宜选择比较多的树种，以营造结构比较复杂的森林，发挥更好的生态效益和生产潜力；另一方面，所选树种不能造成其他植物的多样性降低。

第三，树种选择应考虑形成生物群落中树种之间的相互关系。其中包括引进树种与原有天然植被中树种的相互关系，也包括选择树种之间的相互关系。这是因为在混交林中，各树种是相互影响和作用的，树种选择要考虑到人工林的稳定程度和发展方向，以及为调节树种间相互关系所需要的付出。

3.2.3.3 林学原则

林学原则是个比较宽泛的概念，它包括繁殖材料来源、繁殖的难易程度、组成森林的格局与经营技术等。尽管繁殖方法和森林培育的其他技术随着现代科学技术的进步发展很快，但是造林树种的选择需要有前瞻性，且必须与当前的生产实际相结合。繁殖材料来源的丰富程度和繁殖方法的成熟程度，直接制约着森林培育事业的发展速度。随着科技进步和发展，例如，组织培养和生物技术，使得原本比较缺乏的繁殖材料可能在相对短的时间内丰富起来；扦插难以生根的树种，由于应用了多种化学药剂处理，扦插生根率和成活率大大提高，从而丰富了繁殖材料来源。当然，在考虑技术问题时必须与经济问题紧密地结合起来，新技术应用的投入与产生的效益要求达到合适的比例。

3.2.4 树种选择方法

3.2.4.1 按照林种选择造林树种

（1）用材林的树种选择

用材林对树种选择的要求集中反映在"速生、优质、丰产、稳定和可持续"等目标上。

① 速生性　我国森林资源严重不足，尤其是人均森林资源很低。我国人均森林面积 0.11 hm²，世界人均占有森林面积 0.64 hm²，中国仅为世界人均面积的六分之一，居世界第 119 位；中国人均森林蓄积量为 8.6 m³，世界人均占有森林蓄积量为 71.8 m³，中国只相当于世界人均占有森林蓄积量的八分之一，是世界上最低的国家之一。中国的森林资源与飞速发展的国民经济和文化建设对于木材的需求产生了突出的矛盾，在天然林禁伐的条件下，解决这一矛盾的唯一切实可行的措施是营造用材林。选用速生树种营造用材林具有深远的战略意义。

发展速生树种造林是全世界的一个共同趋势。意大利、法国、韩国等国家在杨树的造林中取得了显著成就，其中意大利仅用林地面积的 3%，生产了全国工业用材的 50%；新西兰营造了 80×10⁴ hm² 辐射松速生丰产用材林，仅以全国林地面积的 11%，每年生产木材 850×10⁴ m³，占全国木材产量的 95%。这些宝贵的经验可供我国在发展速生丰产用材林中借鉴。我国的树种资源很丰富，乡土树种很多，引进的速生树种也不少。其中，如北方地区的落叶松、杨树，中部地区的泡桐、刺槐，南方地区的杉木、马尾松、毛竹，从国外引进的松树、桉树和杨树等树种，都是很有前途的速生用材树种。这些树种少则 10 年左右，多则三四十年就能成材利用，是我国用材林选择的主要对象。

② 丰产性　树种的丰产性就是要求树体高大，相对长寿，材积生长的速生期维持时间长，又适于密植，因而能在单位面积林地上最终获得比较高的木材产量。丰产性和速生性是两个既有联系又有区别的概念，有些树种既能速生，也能丰产，例如，杨树和杉木等；有些树种速生期来得早，但是维持的时间比较短，或者只适于稀植，而不宜密植，这些树种只能速生而不能丰产，例如，苦楝、旱柳、臭椿、刺槐等；也有些树种速生期来得较晚，但进入速生期后的生长量较大，且维持时间长的树种，如红松、红皮云杉，以较长的培育周期比较，这样的树种在采取了适当的培育措施之后，可以取得相当高的生产率（以年平均生长量为准），有时可以超过某些速生树种，如日本落叶松。

③ 优质性　良好的用材树种应该具有良好的形（态）质（量）指标。所谓"形"，主要是指树干通直、圆满、分枝细小、整枝性能良好等特性。这样的树种出材率高，采运方便，用途广泛。所谓"质"，是指材质优良，经济价值较高。大部分针叶树种有比较良好的性状，这是直至目前为止针叶树的造林面积仍显著超过阔叶树种的主要原因之一。在阔叶树中，也有树干比较通直圆满的，如毛白杨、新疆杨、欧美杨、柠檬桉、檫树和楸树等，但大部分的阔叶树树干不够通直或分枝过低、主干低矮（如泡桐、槐树、苦楝等），或树干上有棱状突起，不够圆满（如黑杨等），甚至还有树干扭曲的（如蓝桉等桉树种）。

用材树种质量的优劣还包括木材的机械性质和力学性质。一般用材都要求材质坚韧、纹理通直均匀、不易变形、干缩小、容易加工、耐磨、抗腐蚀等。同时，也必须强调用途不同对于材性的要求也不同，如家具用材除对上述特点要求外，还进一步要求材质致密、纹理美观、具有光泽和香气等；矿柱材要求顺纹抗压极限强度大。有人认为，在木材加工技术高度发达的今天，干形和材性等质量问题似乎可以不予重视，实际上这并不符合世界上对木材需求的实际情况。大径级高质量的木材用途广、加工易、利用率高，仍是大量需求的商品用材，价格也高得多，尤其是一些有特殊用途的珍贵用材越来越少，供不应求。不同质量的木材价格差别也很大。例如，目前我国木材市场上的云冷杉、落叶松木材价格为每立方米 600~900 元，水曲柳木材每立方米 1000~1700 元，柞木(蒙古栎木)每立方米 1700 元左右，而黄檀(花梨)木每立方米高达万元。所以在森林培育中，除了注意培育大量需求的一般材种，力求其速生丰产外，也要把培育珍贵用材列为任务，安排一定比例，以满足国家经济建设多方面的寻求。

(2) 经济林的树种选择

经济林对造林树种的要求和用材林的要求是相似的，也可以概括为"速生性""丰产性""优质性"三方面，但其各自的内涵是不同的。例如，对于以利用果实为主的木本油料来说，"速生性"的主要内涵是生长速度快，能很快进入结果期，即具有"早实性"；"丰产性"的内涵是单位面积的产量高，这个产量有时指目的产品(油脂)的单位面积年产量，这样的数量概念实际上溶进了部分的质量概念，例如，果实的出仁率，种仁的含油率等；"优质性"则除了出仁率和含油率以外，主要指油脂的成分和品质。在这 3 个方面，重点应是后 2 个方面，经济林对早实性虽有一定重要性，但不像用材林对于速生性的要求那样突出。

我国土地辽阔，气候、土质多样，适宜各种树木生长，经济林的资源极其丰富，种类繁多，已发现的经济林树种达 1000 余种。经济林大致可以分为木本油料林(包括食用油料林和工业用油料林)、果品林(包括干果和水果)、工业原料林(主要包括生漆、橡胶、漆、五倍子和白蜡等)、药材林、香料和饮料类等。经济林不但树种繁多，而且利用的部位各异，虽然对于树种的要求也有各自的特点，但是基本上是从这 3 个方面进行分析的。为了树种选择的方便，现将经济林按照用途划分的种类及其主要树种列表介绍如下(表 3-1)：

表 3-1　经济林的类别及主要树种

类别	主要利用部位	主要树种
果品	果实	干果：核桃、栗、枣、榛、仁用杏、巴旦杏、香榧、腰果；水果：柑橘、苹果、梨、桃、猕猴桃
油料	果实	油茶、油桐、油橄榄、文冠果、无患子、核桃、翅果油树、乌桕、油棕、椰子、小桐子
药材	花、果、叶、树皮	银杏、杜仲、喜树、厚朴、红豆杉、山茱萸、黄檗、枸杞、儿茶
香料与饮料	花、果、种子、叶	花椒、胡椒、八角、肉桂、樟、柏木、桉树、山苍子；茶、咖啡
树脂树胶	树液	橡胶、漆树、松树
鞣料(栲胶紫胶)	树皮、果壳、根	黑荆树、落叶松、橡栎类(壳斗)、盐肤木
蔬菜与饲料	叶、花、茎	蔬菜：(笋用)竹、香椿等(嫩芽)；饲料：桑、刺槐等
其他	茎、叶、树皮、木材	编织料：紫穗槐、杞柳、竹、棕榈、蒲葵；农药：苦楝、马桑、无患子等；软木：栓皮栎、轻木

发展经济林时，首先要考虑以发展哪一类经济林最为有利，各地区应根据本地区的气候特点、市场需求、栽培历史及传统确定其发展方向。在确定了经营方向以后，树种的选择问题相对比较容易解决。经济林的树种选择，其实更重要的是品种和类型的选择。

(3) 防护林树种的选择

对于防护林树种的选择，因其防护对象的不同有不同的要求。由于防护林的树种选择在有关防护林的课程中做专门的介绍，但对于树种选择又必须建立比较完整的概念，所以，这里只作简要叙述。

① 农田防护林的树种选择　农田防护林的主要防护对象是害风(干热风、风灾、尘风暴等)、霜冻、旱涝灾害、冰雹等自然灾害，改善农田小气候条件，它的主要功能是保证农田高产稳产，同时生产各种林产品并美化环境。因此，农田防护林的树种选择有如下要求：

第一，抗风力强，不易风倒、风折及风干枯梢；在次生盐渍化地区还要有较强的生物排水能力。

第二，生长迅速，树体高大，枝叶繁茂，能更快更好地发挥防护效能，在冬季起防护作用的林带中，应配有常绿树种。

第三，深根性树种，侧根伸展幅度小，树冠狭窄，对防护区内的农作物不利影响较小。

第四，寿命长，和农作物没有共同的病虫害。

第五，能生产大量木材和其他林产品，具有较高的经济价值。

② 水土保持林的树种选择　水土保持林的主要任务是拦截及吸收地表径流，涵养水分，固定土壤免受各种侵蚀。树种选择有如下要求：

第一，适应性强，能适应不同类型水土保持林的特殊环境，如护坡林的树种要耐干旱瘠薄(如柠条、山桃、山杏、杜梨、臭椿等)，沟底防护林及护岸林的树种要能耐水湿(如柳树、柽柳、沙棘等)、抗冲淘等。

第二，生长迅速，枝叶发达，树冠浓密，能形成良好的枯枝落叶层，以截拦雨滴直接冲打地面，保护地表，减少冲刷。

第三，根系发达，特别是须根发达，能笼络土壤，在表土疏松、侵蚀作用强烈的地方，选择根蘖性强的树种(如刺槐、卫矛、旱冬瓜等)或蔓生树种(如葛藤)。

第四，树冠浓密，落叶丰富且易分解，具有土壤改良性能(如刺槐、沙棘、紫穗槐、胡枝子、胡颓子等)，能提高土壤的保水保肥能力。

③ 固沙林的树种选择　固沙林的主要任务是防止沙地风蚀，控制沙砾移动引起各项设施(城镇、道路、通信线路、水利设施)或生产事业(农田、牧场)的危害，并合理地利用沙地的生产能力。树种选择有如下要求：

第一，耐旱性强。叶要有旱生型的形态结构，如叶退化、小枝绿色兼营光合作用，枝叶披覆针毛，气孔下凹，叶和嫩枝角质层增厚等特征；有明显的深根性或强大的水平根系。如毛条、沙柳、梭梭、沙拐枣等。

第二，抗风蚀沙埋能力强。茎干在沙埋后能发出不定根，植株具有根蘖能力或串茎繁殖能力。一旦遇到适度的沙埋(不超过株高的 1/2)生长更旺，自身形成灌丛或繁衍成片。在风蚀不过深的情况下，仍能正常生长。这样的灌木树种一般称为沙生灌木或先锋固沙灌木。

第三，耐瘠薄能力强。此类树种中，包括相当一部分是具有根瘤菌的树种。如柠条、花棒、杨柴、沙棘、踏郎、沙枣等。

此外，防护林还包括沿海防护林、牧场防护林等次级林种，它们都有各自的特殊要求，不再赘述。

(4) 薪炭林及能源林的树种选择

薪材是人类最古老的能源，在我国有着悠久的经营利用历史。但是，长期以来，农村能源和薪材资源缺乏，群众生活艰难，森林过量樵采，造成严重的生态恶果，严重制约着农村的经济发展。据第九次全国森林资源清查，薪炭林的面积比重为 0.56%，蓄积量比重为 0.33%。虽然全国农村能源总量大于消费量，但薪材资源却小于薪材消费量，缺柴率为 -0.25 左右。营造专门的薪炭林在当前仍具有重要意义。薪炭林对树种选择的要求主要有：

① 生长迅速，生物产量高　生长迅速且生物量积累高的树种，能及早获得数量较多的薪材。海南岛引种成功的尾叶桉、赤桉、细叶桉、马占相思的年均生物产量 $20\sim30\ t/hm^2$，最高达 $40\sim60\ t/hm^2$；广西南宁种植的 3 年生窿缘桉年均生物产量达 $47.15\ t/hm^2$；四川的麻栎萌生林 3 年生年均生物产量达 $24.5\ t/hm^2$；黑龙江的短序松江柳年均生物产量达 $9.76\ t/hm^2$。

② 木材热容量大　木材产热量高，且有易燃、火旺、烟少、不爆火花、无有毒气体放出的特点。一般要求薪材树种的热值在 4200kcal/kg 以上。

③ 具有萌蘖更新的能力　便于实行短轮伐期经营制度。一般来说，薪炭林实行矮林作业，希望能做到一次造林多年采收，永续利用。北方地区的沙棘、紫穗槐、柽柳、沙柳、柳树，南方地区的红锥、木荷、鳞苞栲和桉树都具有这种特性。

④ 适应性强　即具有耐干旱、耐瘠薄、耐盐碱、抗风的特点，能在不良的环境条件下稳定生长。因为薪炭林是一次造林，多代采伐，土壤养分消耗大，因此，除选用较好的立地条件外，选择具有固氮能力的树种，既能自我营养，又能培肥地力，改良土壤。

⑤ 其他性能　主要是能兼顾取得饲草、饲料、小径材、编织材料和发挥防护效益。中国的树种资源相当丰富，适合于作为薪炭林种植的树种很多，有大量的乡土树种，也有一些引进的外来树种。例如，南北各地的橡栎类树种（栓皮栎、麻栎、辽东栎、蒙古栎、大叶栎、白栎、鳞苞栲、红锥等），为了结合水土保持，兼生产部分饲料、编条和果实，在华北和西北的半干旱半湿润地区，刺槐、紫穗槐、胡枝子、柠条、沙棘、黄栌等也是很好的薪炭林树种。东北地区的短序松江柳，干旱沙区和黄土区的梭梭木、沙枣、沙棘、柠条、花棒、蒿柳、沙拐枣、杨柴，热带、亚热带地区的铁刀木、桉树、大叶相思、台湾相思、马占相思、新银合欢、黑荆、银荆、任豆、木荷、马桑、余甘子、朱樱花、南酸枣、枫香、化香、马尾松、湿地松、云南松、窿缘桉、尾叶桉、直干蓝桉、刚果 12 号桉、雷林 1 号桉等，东南沿海的木麻黄，都是优质的薪炭林树种，应重点发展。

从薪炭林发展到能源林有个质的飞跃，能源林对树种的生物产量有更严格的要求，并正在采用集约的良种选育及栽培技术，以满足能源林的高产要求。美国能源部的短轮伐期集约育林项目，经过 10 年的努力，筛选出美国黑杨及其他杨树杂种、刺槐、悬铃木、枫香、赤杨、糖槭、桉树等 10 多个树种作为能源林的发展树种。地处寒温带的加拿大和北欧诸国，主要研究杨树及柳树的能源林培育。地处热带的巴西则以几种桉树为能源林的主要栽培树种。

油料和淀粉能源林的树种选择可参考经济林，纤维素基液体能源林树种选择可参考薪炭林。

(5)环境保护林和风景林的树种选择

要根据生态环境的特点和园林绿化的要求,以及树种的特性和主要功能综合考虑。

在大型厂矿周围,特别是在产生有害气体(二氧化硫、氟化氢、氯气等)的厂矿周围营造人工林时,要选择那些对这些污染物的抗性强而且能吸收这类污染气体的树种。在这一点上,根据造林目的对造林树种的要求与适地适树的要求是完全一致的。随着人类对生态环境的意识逐步增强,对这方面的研究也越来越多。由于树种对于有害气体的抗性有显著差异,为环境保护林的选择提供了可能(表3-2)。

表3-2 树种对有害气体的抗性分级及滞留吸附 $PM_{2.5}$ 能力表

有害气体种类	抗性强	抗性中等	抗性弱
二氧化硫	冬青、丁香、桑树、刺槐、女贞、臭椿、圆柏、夹竹桃、大叶黄杨、沙枣、合欢、榕树、柑橘、苦楝、法国梧桐、柳树、栎树、构树、杧果	白蜡、刺槐、黄连木、五角枫、杨树、冷杉、樟树、枫香、山毛榉、葡萄	泡桐、香椿、雪柳、华山松、雪松、水杉、核桃、紫椴
氟化氢	白桦、丁香、女贞、樱桃、大叶黄杨、柑橘、悬铃木、白蜡、冷杉、油茶	栓皮栎、五角枫、青冈、柳树、刺槐、月季	白皮松、华山松、杜仲、杨树、葡萄
氯气	紫杉、铁杉、冬青、栎树、合欢、女贞、黄杨、麻栎、青冈栎、棕榈、柑橘、印度榕、夹竹桃、沙枣	刺槐、槐树、构树、柳树、含笑、山梅花、菩提树	油松、刺柏、白蜡、法国梧桐、糖槭、复叶槭、梨树
臭氧	银杏、樟树、青冈栎、夹竹桃、柳树、女贞、冬青、悬铃木	赤松、杜鹃、樱花、梨树	白杨、垂柳、牡丹、八仙花、胡枝子
硫化氢	樱桃、桃树、苹果树		
尘	云杉、毛白杨、臭椿、白榆、朴树、刺槐、泡桐、构树、核桃、柿树、板栗、木槿、大叶黄杨	白皮松、油松、华山松、圆柏、侧柏、加杨、丝棉木、乌桕、桑、苹果、桃、紫薇、连翘	银杏、白蜡、垂柳、杏树、樱花、山楂、紫穗槐、黄杨、蜡梅
乙烯		龙柏、侧柏、白蜡、石榴、杜鹃、紫藤、丁香	刺槐、臭椿、合欢、白玉兰、黄杨、大叶黄杨、月季
病菌	油松、白皮松、云杉、圆柏、柳杉、雪松、核桃、复叶槭、榛子	马尾松、杉木、紫杉、圆柏、银白杨、桦木、臭椿、苦楝、黄连木、悬铃木、丁香、锦鸡儿、小叶椴、金银花	白蜡、旱柳、毛白杨、花椒、鼠李
$PM_{2.5}$	红皮云杉、雪松、华山松、白杆、青杆、合欢、油松、圆柏、侧柏	色木槭、复叶槭、臭椿、杨树、核桃、桑	玉兰、栾树、枣树、紫李、暴马丁香、香椿、龙爪槐

由于不同树种对于环境的适应能力不同,有些树种对有害气体十分敏感,当人们尚无感觉时,它们已经表现出有害症状。有些无色无臭但毒性很大的气体,例如,有机氯,很难为人们所觉察,而通过植物的表现症状可及时地获得这些有害气体的准确信息。这些指示植物可作为环境污染的"警报器",用以监测和预报大气污染的程度。此类植物通常称为

表 3-3 常用的敏感木本指示植物

污染物质	树种名称
二氧化硫	雪松、美洲五针松、油松、马尾松、落叶松、枫杨、加拿大杨、杜仲、桃树、李树等
氟化氢	美洲五针松、欧洲赤松、雪松、落叶松、杏树、李树、杜鹃、樱桃、葡萄等
氯气	复叶槭等
氮氧化物	悬铃木、秋海棠等
臭氧	丁香、女贞、秋海棠、樟树、银槭、牡丹、皂荚等

"指示植物"。指示植物的种类很多，现就常用的木本指示植物列于表 3-3。

在城市附近为了给人民群众提供旅游休息场所而营建人工林时（建立森林公园及市郊绿化），除了树种的保健性能外，还要考虑美化和休憩活动的需求，造林树种应当具有放叶早、落叶晚（常绿更好）、树形美观、色彩鲜明（如秋季的红叶树种）、花果艳丽等特性，而且最好有多个树种交替配置，避免形成单一呆板的环境，并处理好与周围建筑物、电线等关系。这方面的要求在一定程度上与各地人民的生活习惯、审美观点相联系，不能强求一致。

所有的环境保护和风景林的树种，除了具有上述性能外，同时还应具有比较大的经济价值，使当地群众在获得良好的旅游休闲效益的同时，有更大的经济效益。

(6) 四旁植树的树种选择

四旁（路旁、水旁、村旁、宅旁）的条件相差很大，植树造林的要求也各不相同，选择树种必须强调因地制宜。特别是路旁、水旁绿色廊道的建设，乡村振兴的村旁、宅旁的绿化建设，树种选择具有了更高的意义。

四旁绿化只是树木在其空间分布上不同于其他林种，而四旁绿化对于树种选择的要求上可与上述各林种比照。城镇地区的四旁绿化往往是环境保护林的一个组成部分，农村地区的四旁绿化往往可以纳入防护林体系之中。值得注意的是，中国广大农村，特别是平原地区农村林木稀少，缺材少柴，这些地区的四旁绿化，在主要起防护作用的同时，比较强调它的生产性能，希望能够提供一定数量的农用材、薪材和饲料。由于四旁的土壤条件一般很好，所以生产潜力很大。国家有关部门已经把我国最大的平原——华北平原和中原平原，通过四旁绿化及在有条件的地方成片造林，形成中国重要的速生丰产林基地。在这种情况下选择造林树种，当然要更好地兼顾防护及生产的要求。

路旁包括铁路、公路。公路又分为国道、省道、县道，乃至乡间道和机耕道。路旁植树是为了保护路基，美化环境，保证行车安全，避免烈日直射路面。因此要求树种树体高大、树干通直、树冠开阔、枝繁叶茂，但在线路交叉口和道路曲线内侧不宜栽植高大的乔木树种，以免影响视线。

水旁植树是为了堤岸的水土保持，护岸防蚀，防风浪冲击和季节性水蚀，减少水面蒸发，防止次生盐渍化。树种应根系发达、喜湿耐淹、速生优质。

村旁、宅旁由于面积较小，经营条件好，树种选择应多样化，兼顾防护、美化和生产等多种效能。种植一些对立地条件要求较严格的珍贵用材树种（如香樟、楠木、银杏）、一般用材树种（如白榆、楸树、槐树、梓树、水杉等）、一定比例的特用经济树种（如核桃、板栗、柑橘、樱桃、杏、苹果、梨、葡萄、花椒、棕榈、蒲葵、竹子等)及观赏价值高的树种(银杏、梧桐、桂花、榕树、连翘等)。

四旁地的立地条件好,块小但面广,可经营为多功能的经济实体,经济效益和防护效益明显,开发利用有广阔的前途。

3.2.4.2 根据"适地适树"原则选择树种

(1) 适地适树的意义

适地适树就是使造林树种的特性,主要是生态学特性,与造林地的立地条件相适应,以充分发挥生产潜力,达到该立地在当前技术经济条件下可能取得的高产水平。适地适树是因地制宜原则在造林树种选择上的体现,是造林工作的一项基本原则。

适地适树的概念与要求和林业生产的科技水平有密切关系,现代的"适地适树"概念中的"树",已经不是停留在树种的水平上,还应做到与同一树种中的类型(地理种源、生态类型)、品种、无性系相适应。

"地"和"树"是矛盾统一体的两个对立面。适地适树是相对的、变动的。"地"和"树"之间既不可能有绝对的融洽和适应,也不可能达到永久的平衡。我们所说的地和树的适应,是指它们之间的基本矛盾方面在森林培育的过程中是比较协调的,能够产生人们期望的经济要求,可以达到培育目的。在这一前提下,并不排除在森林培育的某个阶段或某些方面会产生相互矛盾,这些矛盾需要通过人为的措施加以调整。当然这些人为的措施又受一定的社会经济条件的制约。在这个问题上需要避免两种倾向:一种是过分拘泥于树种的生态学特性,持过分的谨慎态度,看不到树种的特性有一定的可塑性和人类在创造林木生长条件方面的主观能动性;另一种倾向是不能科学地分析立地条件和树种生态学特性,凭着"人定胜天"的思想和"热情",不顾成本,只能是事倍功半,或劳而无获。

(2) 适地适树的标准

虽然适地适树是个相对的概念,但衡量是否达到适地适树应该有个客观的标准。这个衡量的标准是根据造林目的确定的。对于用材林树种来说,起码要达到成活、成林、成材,还要有一定的稳定性,即对间歇性灾害有一定的抗御能力。从成材的要求出发,还应该有一个数量标准。衡量适地适树的数量标准主要有三个:一是某个树种在各种立地条件下的立地指数;二是平均材积生长量;三是立地期望值。

① 立地指数与树种选择 立地指数能够较好地反映立地性能与树种生长之间的关系,如果能够通过调查计算,了解树种在各种立地条件下的立地指数,尤其是把不同树种在同一立地条件下的立地指数进行比较,就可以较客观地为根据"适地适树"原则选择树种提供依据。中国林业科学研究院亚热带林业研究所在研究了浙江省开化县低山丘陵区的杉木生长情况后认为,杉木的立地指数小于 10 m(基准年龄 25 年)的立地条件就不适宜杉木的栽培(侯治溥,1977)。北京林业大学造林学教研室在研究了京西山地的油松人工林后认为,油松在 25 年生时,上层高小于 5.5 m 的地方就不适于油松生长(沈国舫,1985)。这些结论都是单个树种生长与立地条件相关的研究得出的。如果对若干树种的立地指数进行对比研究,其结论对于树种选择的实际工作就有更好的指导意义。现以湖北省桂花林场主要立地因子与杉木、马尾松立地指数(基准年龄 20 年)关系的同步研究结果为例加以说明(表3-4)。

表 3-4 湖北省桂花林场主要立地因子与杉木(上)、马尾松(下)立地指数的关系

土层厚度（cm）	坡位	土壤质地					
		黏、砂			中壤、轻壤		
		平、凸	凹	梯	平、凸	凹	梯
<40	上、全	8.89 9.86	9.25 10.08	10.15 10.61	10.07 10.56	10.47 10.78	11.33 11.31
	中、下	10.04 10.55	10.40 10.76	11.30 11.30	11.22 11.25	11.58 11.46	12.40 12.00
40~80	上、全	10.25 10.67	10.61 10.88	11.51 11.42	11.46 11.37	11.79 11.59	12.69 12.12
	中、下	11.46 11.36	11.76 11.57	12.66 12.10	12.58 12.06	12.94 12.27	13.84 12.81
>80	上、全	11.10 11.18	11.46 11.39	12.36 11.93	12.28 11.88	12.64 12.09	13.54 12.63
	中、下	12.25 11.86	12.61 12.07	13.51 12.61	13.43 12.56	13.79 12.78	14.69 13.31

从表 3-4 可见，桂花林场的林地生产力可以按照 4 个主要的立地因子划分为 3 个明显的等级：表的左上方马尾松的生长优于杉木，杉木的指数级为 8、10，不宜种植杉木，适宜种植马尾松；表的右下角属于杉木 14 指数级的，适宜发展杉木速生丰产林；表的中间部分属于杉木 12 指数级的，可以用于杉木一般造林，或以集约经营使之成为速生丰产林。

用立地指数判断适地适树的指标也有缺陷，因为它还不能直接说明人工林的产量水平。不同的树种，由于其树高与胸径和形数的关系不同，单位面积上可容纳的株数不同，因此，其立地指数与产量之间的关系也是不同的。

② 材积生长量与树种选择　平均材积生长量也是衡量适地适树的指标。一个树种在达到成熟收获时的平均材积生长量，不仅取决于立地条件，也取决于密度范围与经营技术水平，因此用它作为衡量指标就比较复杂。但如果把密度规定在能够达到高产的范围内，针对一定的经营水平（或分成几个经营集约度等级，如一般措施、丰产措施、高额丰产措施等），调查研究不同立地条件的人工林产量变化，也能够鲜明地反映出立地条件的影响，从而为制定适地适树方案提供依据。这实际上就是要求分地区按立地类型及经营强度编制林分收获表。这方面的工作至今还做得不多。

③ 立地期望值与树种选择　由于不同树种采伐年龄、培育费用、成材价格等方面的不同，树种的地位指数或蓄积量指标还难于从经济效益方面反映林地立地的产出高低，有人在立地经济评价指标中设计了立地期望值，用以评价立地经济效益水平。立地期望值实际上相当于在一定的使用期内立地的价值。例如，杨继镐等（1993）在评价太行山立地质量和进行树种选择时就使用了这种方法。他根据太行山主要乔林树种的轮伐期长度，选用 100 年作为使用期，列出了太行山区的立地期望值 S_e 的计算公式，这个公式的主要参数有达到轮伐期时的标准蓄积量，出材率，大、中、小径材和等外材所占的比例，整地、造林、抚育和木材生产的各项成本，幼林抚育至主伐的年数，成林抚育至主伐的年数，年利率以及不可预见费等。该项研究列出了计算云杉、侧柏、华北落叶松、油松、侧柏、刺

槐、栎类、桦木、山杨、青杨等树种立地期望值的参数。这样的计算方法，比较全面地考虑了影响立地质量经济评价的多个因子，把树种选择的经济效果与立地质量更紧密地联系起来。值得注意的是，算式中某些参数，例如，木材的规格和相应的价格，需要根据当时市场变动进行修正。但是由于木材生产的长期性和市场预测的矛盾，增加了立地经济评价的难度。

(3) 适地适树的途径和方法

适地适树的途径是多种多样的，但可以归纳为两条：第一条是选择，包括选地适树和选树适地；第二条是改造，包括改地适树和改树适地。

所谓选地适树，就是根据当地的气候土壤条件确定了主栽树种或拟发展的造林树种后，选择适合的造林地；而选树适地是在造林地确定了以后，根据其立地条件选择适合的造林树种。

所谓改树适地，就是在地和树在某些方面不太相适的情况下，通过选种、引种驯化、育种等手段改变树种的某些特性使之能够相适。例如，通过育种的方法，增强树种的耐寒性、耐旱性或抗盐碱的性能，以适应在高寒、干旱或盐渍化的造林地上生长。所谓改地适树，就是通过整地、施肥、灌溉、树种混交、土壤管理等措施改变造林地的生长环境，使之适合于原来不大适应的树种生长。如通过排灌洗盐，降低土壤的盐碱度，使一些不大抗盐的速生杨树品种在盐碱地上顺利生长；通过高台整地减少积水，或排除土壤中过多的水分，使一些不太耐水湿的树种可以在水湿地上顺利生长；通过种植刺槐等固氮改土树种增加土壤肥力，使一些不耐贫瘠的速生杨树品种能在贫瘠沙地上正常生长；通过与马尾松混交，使杉木有可能向较为干热的造林地区发展等。

选择的途径和改造的途径是互相补充，相辅相成的。改造的途径会随着经济的发展和技术的进步逐步扩大，但是在当前的技术经济条件下，改造的程度是有限的，只是在某些情况下使用，而选择造林树种，使之达到更适地适树的要求，仍然是最基本的途径。

树种选择是建立在深刻认识"树"和"地"的特性的基础之上的，而这个认识的来源是调查研究。树种的生物学、生态学特性的认识：一是通过对树种分布区的调查，天然林和人工林的调查；二是开展专门的生理生化和解剖学的研究与测定，例如，通过树种的水分生理生态的研究，将大大有助于干旱地区树种的选择。

调查研究不同立地条件下的人工林生长情况，是探索适地适树的主要方法。单因子对比法，就是在其他因子相同而只有一个立地因子不同的情况下，对比调查相同树种人工林生长效应的方法。这种方法简单易行，但是适应面比较狭窄，只可用于某些特殊的情况下对比研究，或按照类型的对比调查，这样的试验条件往往会受到很大的局限。一般情况下，影响立地条件的因子是多个，运用多变量的分析方法，既可了解各因子对林木生长的作用程度和各因子之间的相互关系，又可配制各因子综合作用于林木生长的数学模型，用于立地评价和生长预测，为适地适树提供依据。计算机的广泛应用和计算数学的发展，配合大量样地的调查，为这种方法提供了可靠的技术支撑。

(4) 适地适树方案的确定

在全面调查研究和充分分析的基础上，需要把造林目的和适地适树的要求结合起来统筹安排。在一个经营单位内，同一种立地条件可能有几个适宜的树种，同一个树种也可能适用于几种立地条件，要经过比较，将其中最适生（适用面最广）、最高产、经济价值又最大的树种列为这个单位的主要造林树种；而将其他树种，如经济价值很高但要求条件过于苛刻，或适应性很强但经济价值较低的树种列为次要造林树种。每个经营单位根据经营方针、林种比例及立地条件特点，选定为主要造林树种的只是少数几个最适合的树种，但是还要注意，在一个单位内，树种也不能太单调，要把速生树种和珍贵树种、针叶树种和阔叶树种、对立地条件要求严格的树种和广域性树种适当地搭配起来，确定各树种适宜的发展比例，使树种选择方案既能发挥多种立地条件的综合生产潜力，又能满足国民经济多方面的要求。

对于一个经营单位来说，造林树种选定之后，要进一步把这些树种落实到一定立地条件的造林地上。在落实中，应本着这样的原则：把立地条件较好的造林地优先留给经济价值较高而且对立地条件要求严格的树种；生态适应性比较广泛的树种安排在立地条件比较差的造林地。对同一树种有不同要求时，应分配给不同的造林地，例如，山区发展刺槐，以培育速生矿柱林为目的，就要提供比较好的立地；经营水土保持林或薪炭林可以安排在一般的造林地上。同样，同一树种，以培育大径材为目的时，要安排比较好的造林地；以培养中小径级为目的时，可选较差的造林地。例如，在华北平原和中原平原种植欧美杨，以生产胶合板材为目的，应选择土壤肥沃、土层深厚的造林地；营造农田防护林或纤维用材林，对造林地的条件可以适当放宽。在一个经营单位内统筹安排造林树种的比例，可以运用线性规划的数学方法。虽然这种方法在树种选择方面的运用尚属探索阶段，技术还不够完善，经验不够丰富，但是这毕竟是一种富有生命力的科学方法。

数学手段和方法在造林树种选树选择方面的运用越来越普遍。当对多个预选树种的优劣之处进行比较时，可对树种的主要性状分别赋值并进行计算，从而得出树种综合评价的得分值，再按照得分多少对树种进行总排序，最后确定被选树种。这些方法可以定量给出树种选择方案对造林树种选择质量需求的满足程度，从而对树种选择方案进行定量评价。目前，多种数学方法，例如，层次分析法（AHP）和质量机能展开法（QFD）等已经在造林树种选择中得到应用。

复习思考题

1. 造林时为什么要进行树种选择？
2. 造林树种选择的基础是什么？造林树种选择的原则是什么？
3. 如何按照林种选择造林树种？
4. "适地适树"的标准是什么？
5. "适地适树"的方法是什么？

推荐阅读书目

1. 黄枢，沈国舫，1994. 中国造林技术. 北京：中国林业出版社.
2. 盛炜彤，2014. 中国人工林及其育林体系. 北京：中国林业出版社.
3. 郑勇奇，张川红，2006. 外来树种生物入侵研究现状与进展. 林业科学，42(11)：114-122.

（翟明普）

第4章 林分结构

【本章提要】 本章重点阐述林分密度、种植点配置、树种组成等林分结构要素的概念、理论基础及培育原则。重点介绍林分密度的作用(效应)、确定林分密度的原则和方法；种植点配置的方式；纯林和混交林的概念，混交林培育的意义、理论基础和技术；林分结构描述及调控等内容。

林分结构是指林木群体各组成成分的空间和时间分布格局，包括组成结构、水平结构、垂直结构和年龄结构，主要取决于树种组成、林分密度、林木配置和树木年龄等因素，其中密度和配置主要决定林分水平结构，树种组成和年龄主要决定林分垂直结构，组成结构和年龄结构则由林分的树种比例、林木起源或营造时间决定。人工林的结构可以经人为设计和培育而得到较充分的调控，天然林结构的形成则更依赖于自然因素，但也可通过一系列营林措施来实现有效调控。合理的林分结构是充分发挥森林多种功能的基础。

4.1 林分密度

林分密度是指单位面积林地上林木的数量。在森林培育的整个过程中，可以通过调控林分密度促进森林生产力的提高和主导功能的最大发挥。林分密度在森林全生命周期中不断变化，将森林起源时形成的密度称为初始密度，它是形成森林生长发育各个阶段密度的基础，将其余各时期的密度称为经营密度。人工林初始密度也称造林密度，是指单位面积造林地上栽植株数或播种点(穴)数。林分密度可以以单位面积林地上林木株数来表示，也可以单位面积林地上林木胸高断面积来表示。

4.1.1 密度的作用

密度在森林成林、成长、成材过程中起着巨大的作用，了解和掌握这种作用规律，将有助于确定合理的经营密度，取得良好的效益。"密度作用"也常被称为"密度效应"，是林分密度控制理论的根本。林分密度控制的理论基础是森林自然稀疏机制，有效揭示森林自然稀疏机制，是实现森林密度控制和森林科学培育的基础，这也是种群生态学和林学研究的热点和难点。

4.1.1.1 初始密度在郁闭成林过程中的作用

初始密度在郁闭成林过程中作用较大。树冠郁闭是森林生长过程中的一个重要转折点，它能加强幼林对不良环境因子的抵御能力，减缓杂草竞争，保持林分稳定，增强对林地环境保护。在人工林培育中，如需要森林提早郁闭或由于林分长期不郁闭导致林分难以成林，就有必要适当提高造林密度，促进幼林提早郁闭。但林分过早郁闭也有不良作用，树木由于生长空间受限会引起竞争，致使林木过早分化和自然稀疏，或过早要求进行疏伐，无论从生物学角度还是经济角度来看均不可取。林分何时达到郁闭合理，要从树种特性、林地条件及育林目标等多方面综合考虑。

4.1.1.2 密度对林木生长的作用

这是密度作用(效应)规律的核心问题，是密度理论的根本。密度对林木生长的作用，从幼林接近郁闭时开始发挥，一直延续到成熟期，尤以在干材林和中龄林阶段最为突出。

(1) 密度对树高生长的作用

这方面研究很多，但结论不尽相同(图4-1)。综合各种资料以及生产实践经验，可以认为：①任何条件下，密度对树高生长的作用，要比对其他生长指标的作用弱，在相当宽的一个中等密度范围内，密度对高生长几乎不起作用。树木的高生长主要由树种的遗传特性、林分所处的立地条件来决定，这也就是为什么把树高生长作为评价立地条件质量——立地指数的原因。②不同树种因其喜光性、分枝特性及顶端优势等生物学特性的不同，对密度有不同的反应。一些较耐阴的树种以及侧枝粗壮、顶端优势不旺的树种，可能在一定的密度范围内表现出密度加大促进高生长的作用；也有一些树种，如斑克松、杉木、桉树等随林分密度的增加，林分平均高递减。

(2) 密度对直径生长的作用

这个作用表现出相当的一致性，即当林分中林木开始出现竞争以后，密度越大的林分，

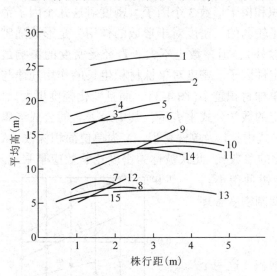

图4-1 不同密度林分平均树高生长

1. 挪威云杉(55年生) 2. 挪威云杉(48年生) 3. 挪威云杉(62年生) 4. 欧洲松(28年生) 5. 辐射松(15年生) 6. 欧洲赤松(44年生) 7. 挪威云杉(29年生) 8. 挪威云杉(17年生) 9. 花旗松(27年生) 10. 湿地松(17年生) 11. 火炬松(17年生) 12. 脂松(29年生) 13. 湿地松(7年生) 14. 杉木(17年生) 15. 马尾松(11年生)

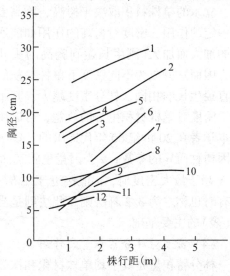

图4-2 不同密度林分胸径生长

1. 挪威云杉(55年生) 2. 挪威云杉(48年生) 3. 挪威云杉(42年生) 4. 欧洲赤松(48年生) 5. 欧洲赤松(44年生) 6. 辐射松(15年生) 7. 花旗松(27年生) 8. 杉木(17年生) 9. 脂松(23年生) 10. 湿地松(7年生) 11. 挪威云杉(17年生) 12. 马尾松(11年生)

直径生长越小(图4-2)。密度对直径生长抑制作用早就受到林学界的关注,并成为密度理论的主体。雷尼克(Reineke)早在1933年发现,对于一个树种来说,一定的胸径与一定的密度相对应,而与年龄和立地无关。他以 $\log N = -1.605\log D + K$ 来表示直径 D(英寸[*])与密度 N(株/英亩[*])间的相互关系,其中 K 为适应每一树种的常数。雷尼克还以此引出林分密度指数(SDI)作为评价林分密度标准(T. W. Daniel et al., 1979)。随后很多人又根据其他地区树种的试验调查资料,制定了 N-D 的各种回归方程,其中以倒数式 $D^{-1} = A + BN$ 这种曲线形式较为普遍。

密度直径生长效应无疑与树木营养面积直接相关。密度大小明显影响树冠发育(冠幅、冠长及树冠表面积或体积),树冠大小和直径生长紧密相关。例如,京西山地的油松人工林:$CW = 0.6348 + 0.2481D$,$r = 0.998$(式中:CW 为自由木的冠幅,m;D 为胸径,cm)(沈国舫,甘敬,1982)。

密度直径生长效应还表现在直径分布上。密度对直径分布作用总的规律是密度加大使小径阶林木的数量增大,而大中径阶的数量减少。描述同龄纯林直径分布的概率密度函数主要有正态分布和韦伯分布等。

掌握密度效应,使我们有可能通过密度来控制直径生长和分布,为森林结构合理和质量提升、在一定时期内生产一定规格产品服务。林业工作者已将这种关系广泛应用于林分密度管理图的编制中,为科学合理经营森林发挥了重要作用。

(3) 密度对单株材积生长的作用

立木的单株材积取决于树高、胸高断面积和树干形数3个因子,密度对这几个因子都有一定的作用。密度对树高的作用如前所述是较弱的。密度对于形数的作用,是形数随密度的加大而加大(刚生长达到胸高的头几年除外),但差数也不大。直径受密度的影响最大,因而它就成为不同密度下单株材积的决定性因子。密度对单株材积生长的作用规律与对直径生长的相同,林分密度越大,其平均单株材积越小(图4-3),而且变化幅度更大。

密度对单株材积生长的效益,可以用一定的数学公式来表示,其中最著名的公式当属日本学者在20世纪60年代提出的:$V = KN^{-a}$(式中,V 为单株材积;N 为单位面积株数;K 为因树种而异的参数;a 为因竞争状态而变化的参数),此式被称为密度竞争效应幂乘式。当 N 趋于最大密度时,a 值接近于1.5(阴性树种稍小),故有时也称之为3/2幂法则。此法则是当前编制密度管理图(表)的主要基础。

(4) 密度对林分蓄积量的作用

林分蓄积量是其平均单株材积和株数的乘积,这两个因子互为消长,其乘积值取决于哪个因素居于支配地位。大量试验证明,在较低的密度(立地未被充分利用)范围内,密度本身起主要作用,林分蓄积量产量随密度的增大而增大。但当密度增大到一定程度时,密度的竞争效应增强,两个因素的交互作用达到平衡,蓄积量就保持在一定

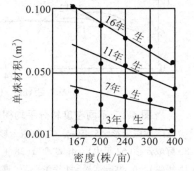

图4-3 不同密度杉木林分平均单株材积的阶段变化

---

[*] 注:1英寸=2.54cm;1英亩=4046.86m^2。

水平上,不再随密度增大而增大,这个水平的高低取决于树种、立地及栽培集约度等非密度因素。许多学者认为,密度产量效应的规律到此为止,并称之为最终产量恒定法则。但对于这样一个结论是有争议的。不少学者认为,过密会引起个体生长普遍衰退,易遭各种灾害侵袭,群体的光合产量不再增长,而呼吸消耗却增强,造成产量下降。如苏联时期布佐鲁克欧洲松密度试验林(不间伐,只有自然稀疏),32年生时以造林密度每公顷13 200株(保存密度3600株/hm²)的蓄积量最高,达171 m³/hm²;而造林密度每公顷39 500株(保存密度7200株/hm²)的蓄积量仅135 m³/hm²。对最终产量恒定法则的最大挑战,来自一些强喜光树种的密度试验结果。意大利的欧美杨人工林(不间伐类型),每公顷栽250株的比栽400株的在20年生时蓄积量高出25.0%,25年生时高出34.7%。可见最终产量恒定法则不是一个普遍规律,而只是部分树种在一定密度范围内表现出来的现象概括。我国反映密度对干材产量作用规律的研究以吴增志提出的合理密度理论较为系统和深入;在植物种群不同时期单位面积上生产力最高的密度为合理密度,不同时期的合理密度不是一个固定值,而是一个合理密度范围。

4.1.1.3 密度对林分生物量的作用

研究密度对林分生物量的作用有两方面的意义,首先对于以生物产量为收获目标的能源林、短轮伐期纸浆林等来说有明显的现实意义;其次因生物量是林分净初级生产力(NPP)的全面体现,所以许多密度理论(如前文所述的3/2幂法则、最终收获量恒定法则、合理密度理论,以及近期发展的WBE模型)的提出都是从生物量入手,然后推导到收获部分生物量或蓄积量。

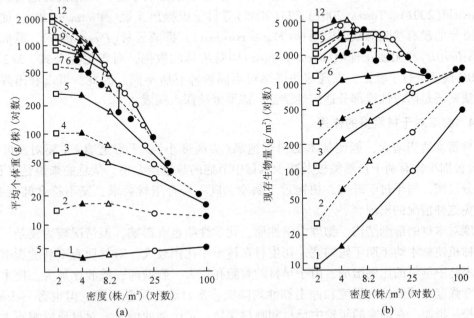

图4-4 加杨密度对平均个体重(a)、单位面积现存量(b)的作用及其随时间变化过程

图例:□:2株/m²;▲:4株/m²;△:8.2株/m²;○:25株/m²;●:100株/m²。其中:
1~4:1988年6月至9月;5~9:1989年6月至10月;10~12:1990年6月至9月

图 4-4 为加杨密度与平均个体重、单位面积生物量随时间变化动态过程图。由图可知在生长最初时期各密度平均个体重几乎相等，单位面积上的生物量随密度的增加而增加。在这个时期里 $\ln W - \ln N$ 的直线斜率为 0，$\ln Y - \ln N$ 的直线斜率为 1（式中：W 为平均个体重；Y 为单位面积平均生物量；N 为密度）。随着时间的变化，个体不断增大，到一定时间后，竞争首先从高密度开始，并逐渐向低密度扩展。竞争产生的抑制作用使个体增长率降低，生长变慢，于是低密度的平均个体重逐渐超过高密度的，各密度间的产量差也随着减小。到一定时间，与高密度相邻的低密度赶上高密度的产量。如 1989 年 6 月 N_1 与 N_2 的产量几乎相等。根据吴增志合理密度的定义，把不同生长时期里生物量最高的密度范围叫做合理密度范围。在合理密度范围内 $\ln W - \ln N$ 的直线斜率为 -1，$\ln Y - \ln N$ 的直线斜率为 0，表示合理密度范围内的产量相等。这时低密度的生长仍比高密度的快，$\ln W - \ln N$ 的直线斜率超过 -1 继续变小，$\ln Y - \ln N$ 的直线斜率超过 0 而成负值，高密度的产量被低密度超过，在参试密度范围内 $\ln Y - \ln N$ 呈中高曲线，其中产量最高的密度就是这时的合理密度。一定时间后与合理密度相邻的低密度又赶上合理密度的产量形成新的合理密度范围。随着时间的推移，合理密度、合理密度范围不断由高密度向低密度移动，其移动的轨迹就形成合理密度线。可见合理密度是一个范围，存在上限合理密度线和下限合理密度线，合理密度线均为左侧伸展的 Logistic 型曲线。树木能够形成典型的合理密度线，且合理密度范围较窄，为林分选择合理密度提供了保证。

基于对 $-3/2$ 幂法则的争论，1997 年，美国 G. B. West、J. H. Brown 和 B. J. Enquist 等发现最大密度线的斜率指数应为 $4/3$，这就是 $3/4$ 分形比例模型（WBE 模型），表达林木平均个体重与密度的关系为 $\bar{M} = KN^{-4/3}$。此后，许多科学家证明了这一结论的普遍性，但也有 Whitefield（2001）、Torres（2001）、Li（2005）等科学家提出质疑。Pretzsch（2006）使用观察了 120 年的没有稀疏的欧洲山毛榉（*Fagus sylvatica*）、挪威云杉（*Picea abies*）、欧洲赤松（*Pinus sylvestris*）和无梗花栎（*Quercus petraea*）同龄纯林的数据，对雷尼克公式、3/2 幂法则、WBE 模型进行了验证，发现这些规律对不同树种有所不同。因此，可以看出森林密度效应法则还是阶段性或部分适应性结论，需要继续深入探索。

4.1.1.4 密度对干材质量的作用

造林密度适当增大，能使林木的树干饱满（尖削度小）、干形通直（主要对阔叶树而言）、分枝细小，有利于自然整枝及减少木材中节疤的数量及大小，从总的来说是有利的。但如林分过密，树干过于纤细，树冠过于狭窄，既不符合用材要求，又不符合健康要求，应当避免这种情况的出现。

密度对木材的解剖结构、物理力学性质、化学性质也有影响，但情况较为复杂。一般来看，稀植使林木幼年期年轮加宽，初生材在树干中比例较大，对材质有不利的影响。如稀植杉木林中早材的比例增加，由于早材的管胞孔径大、胞壁薄、壁腔比加大，使木材密度、抗弯强度、顺纹抗弯强度和冲击韧性均降低，木材综合质量下降。但也有一些树种，如落叶松、栎类，在加宽的年轮中早材和晚材保持一定比例的增长，对材质影响不大。对散孔材阔叶树，年轮加宽也没有什么不利影响。更重要的是对材质不同的目的要求，如对云杉乐器材，要求年轮均匀和细密，应在密林中培养。

必须明确，树干形质在更大程度上取决于树种的遗传特性，用密度来促进是有一定限度的。

4.1.1.5 密度对林分生态功能的作用

主要体现在对森林碳汇、水土保持、水源涵养、生物多样性等功能的影响上。密度对森林碳汇的作用主要体现在对地上、地下部分生物量积累的影响上，这在前文已经涉及。一般认为乔灌草复层结构的林分其水土保持功能较强，这就要求林分不能过密，否则会造成地表植被覆盖率低，容易形成地表径流。密度对水源涵养的作用在干旱半干旱地区表现较为突出，也引起各界的广泛关注，目前已经提出"以水定林"的原则。在水资源匮乏地区，过大的林分密度会造成林地蒸腾量过大，造成区域性水资源减少。但在水资源较为丰富的地区，则不会有如此大的影响。对生物多样性作用的研究较多，总的结论是中等密度下林地生物多样性较为丰富，过高或过低都会使多样性下降。

4.1.2 确定林分密度的原则

密度作用规律是确定林分密度的理论基础。最适密度不是一个常数，而是一个随经营目的、培育树种、立地条件、培育技术和培育时期等因素变化而变化的数量范围。为了确定林分密度，就要弄清林分密度与这些因素之间的关系。由于初始密度(人工林为造林密度)是形成林分各个时期密度的基础，下面主要是讲述初始密度的确定原则。

4.1.2.1 林分密度和经营目的关系

经营目的首先反映在林种上。林种不同，在培育过程中所需的群体结构不同，林分密度也不同，在确定林分密度时一定要确立结构与功能统一的指导思想(表4-1)。如营造用材林需要林分形成有利于主干生长的群体结构，要按培育的目的材种确定最适宜的造林密度。一般培育大径材(锯材、枕木、胶合板材等)的造林密度宜小一些，以使林木个体有较大的营养空间，或初期适当密植以充分利用生长空间，随后进行强度疏伐以促进直径迅速生长。如新西兰27~30年轮伐的辐射松用材林培育中，初植密度一般为1000株/hm^2，但在造林后3~5年间伐到约550株/hm^2，在7~8年间伐到约350株/hm^2，以后不再抚育。2次早期的强度密度调整保障了树木持续快速生长，主伐时达到450~600m^3/hm^2的高产。培育中小径材(矿柱、杆材、纸浆材等)可适当密一些，以追求更大的材积生长量。培育超短轮伐期的能源林，为追求最大生物产量造林密度则更大，如欧美2~5年平茬周期的杨树和柳树能源林可达到10 000~30 000株/hm^2，我国的2~4年平茬周期的刺槐能源林可达到5000~20 000株/hm^2。

培育防护林更应根据防护的不同要求确定林分密度。水土保持林要求林分迅速覆盖林地，原来一般认为采用较大造林密度使林分迅速郁闭为好，但研究发现，在水分不稳定的地区充分利用造林地上的天然植被资源，适当降低水土保持林乔木层的造林密度，有利于林地迅速形成乔—灌—草的林分结构，更好发挥其水土保持效益；防风固沙林以控制就地起沙为原则，理论上希望密一些，实际上常受到沙地严酷的立地条件限制。但如选择合适的树冠较大的灌木树种，即使造林密度较小，也能迅速贴地覆盖沙地；农田防护林要使密度和配置与所需透风系数相适应。

营造经济林的密度，要有利于主要利用部位或器官的生产。大多数以产果为主要目的经济林，要求全部树冠充分见光，并且原则上在培育过程中不疏伐，因此造林密度一般是比较小的。营造以利用生物量为主要目的的超短轮伐期纸浆林，一般都采用密植，争取早期充分利用空间，但应以在收获期不形成过密而压抑群体产量为限。

4.1.2.2 林分密度与造林树种的关系

林分密度的大小与树种喜光性、速生性、树冠特征、根系特征、干形和分枝特点等一系列生物学特性有关。一般喜光而速生的树种宜稀，如杨树、落叶松等；耐阴而初期生长较慢的宜密，如云杉、侧柏等；干形通直而自然整枝良好的宜稀，如杉木、檫树等；干形易弯曲而且自然整枝不良的宜密，如马尾松、部分栎类树种；树冠宽阔而且根系庞大的宜稀，如毛白杨、团花等；树冠狭窄而且根系紧凑的宜密，如箭杆杨、冲天柏等。中国各造林区域主要造林树种初植密度可以参考最新的《造林技术规程》(GB/T 15776—2016)、相关区域地方标准及其他文献资料。表4-1是我国主要造林树种常用密度表。

表4-1 我国主要造林树种常用密度表

树种	培育目的	初植密度（株/hm²）（株行距）	经营密度（株/hm²）	轮伐期（a）	适宜地区
桉树	中、小径用材林	1667(2m×3m, 4m×1.5m) 2000(2m×2.5m) 2222(1.5m×3m)	1667 2000 2222	5~7/6~8	中亚热带南部、南亚热带
杉木	中径材用材林	1111~3750	1111~2700	20~25	亚热带区
马尾松	纸浆林	2500~3600(2.0m×2.0m, 1.67m×1.67m)	2500~3600	15~19	亚热带区
马尾松	小径材用材林	2500~3000(2.0m×2.0m, 2.0m×1.67m)	1200~1800	20~24	亚热带区
马尾松	中径材用材林	1667~2500(2.0m×3.0m, 2.0m×2.0m)	975~1200	21~26	亚热带区
马尾松	大径材用材林	1600~2000(2.5m×2.5m, 2.0m×2.5m)	750~1050	25~29	亚热带区
云南松	大、中径材用材林	2500~3300(2.0m×2.0m, 1.5m×2.0m)	1750~2300	25~30	亚热带区
杨树	中、小径材用材林	500~1667(2.0m×3.0m, 3.0m×3.0m, 3.0m×4.0m, 4.0m×4.0m, 4.0m×5.0m)	500~1667	5~10	北亚热带到中温带
杨树	大径材用材林	178~333(5.0m×6.0m, 6.0m×6.0m, 6.0m×7.0m, 6.0m×8.0m, 7.0m×8.0m)	178~333	15~20	北亚热带到中温带
杨树	超短轮伐期能源林	10 000~35 000(0.3m×0.9m, 0.5m×0.5m, 1m×1m 等)	10 000~35 000	2~4	北亚热带到中温带
杨树	中短轮伐期能源林	1000~3000(1.5m×1.5m)	1000~3000	4~10	北亚热带到中温带
刺槐	薪炭林	4950(1m×2m)	4950	2~4	暖温带、亚热带和半干旱、干旱区
刺槐	大、中径材用材林	2500~3333(1.5m×2m~2m×2m)	—	15~30	暖温带、亚热带和半干旱、干旱区
刺槐	防护林	1111~3333(1.5m×2m~3.0m×3.0m)		15~30	暖温带、亚热带和半干旱、干旱区

(续)

树种	培育目的	初植密度 (株/hm²)(株行距)	经营密度 (株/hm²)	轮伐期 (a)	适宜地区
长白落叶松	纸浆林	3500~5000 (1.5m×2.0m~1.0m×2.0m)	1725~2500	<30	暖温带北部和寒温带区
	中径材用材林	2500~3300 (2m×2m, 1.5m×2m)	1200	30~40	
	大径材用材林	1650~2500 (2m×2m~1.5m×2m)	>50	>40	
日本落叶松	小径材用材林	2500~5000 (2.0m×2.0m, 1.0m×2.0m)	1050~2500	16~31	中温带、暖温带和亚热带区
	中径材用材林	1650~4400 (2.0m×3.0m~1.5m×1.5m)	540~2400	23~40	
	大径材用材林	1650~3300 (2.5m×3.0m~1.5m×2.0m)	400~2100	>40	
华北落叶松	用材林	2000~3300 (2.0m×2.5m~1.5m×2.0m)	600~900	41	暖温带区
	防护林	2000~3300 (2.0m×2.5m~1.5m×2.0m)	800~1500	51	
红皮云杉	纸浆林	2500~5120	2500~3420	24~35	寒温带中温带
	用材林	2000~4400	550~1000	35~55	
	防护林	1650~2500	—		

注：数据主要来自《造林技术规程》(GB/T 15776—2016)、各树种行业标准及盛炜彤编著的《中国人工林及其育林体系》。

4.1.2.3 林分密度与立地条件的关系

这个关系比较复杂。传统营林地区大多为湿润地区，林分培育过程中树木对光的竞争起主导作用，这是形成传统林学中密度调控理论基础。而随着森林培育在生态建设与保护中作用的增强，越来越多涉及干旱和半干旱地区（含干旱的亚湿润区），我国情况更是如此。而在这类地区，水分竞争在育林过程中起主导作用，考虑密度问题要与水分平衡相协调，从而得出了与传统林学原理不尽相同的原则。在较为湿润地区，从单位面积上能够容纳一定径阶（不计年龄）的林木株数多少来看，立地条件好的地方能容纳多些，立地条件差的地方则少。但从经营要求来看，则经常恰恰相反，立地条件好而宜于培育大径阶材的宜稀，立地条件差而只能培育中小径阶材的宜稍密。立地条件好的地方林木生长快，郁闭分化也早，这是需要适当稀植的另一重要原因。立地条件差的地方往往需要早期适当密植，以求及时郁闭，但随后就要通过疏伐，使林分维持适当的密度。但在干旱半干旱地区（如我国黄土高原的大部分地区），降水相对不足但潜在蒸散量却极大，往往密度过大会超越水分环境的承载力（或水分环境容量）。在这种情况下确定林分密度的基础应该是降水资源环境容量。所谓降水资源环境容量是指在无灌溉条件以及无地下水补充土壤水分的干旱半干旱地区，在维持区域生态平衡及水量平衡的前提下，一定的降水资源所能容纳的树木种类及其数量，这个数量体现在林分结构上就是某一树种在不同发育阶段的最大林分密度或单位面积林地上所能容纳的最大林木株数。北京林业大学经20年努力在黄土高原半干旱地区创立的径流林业集水造林技术（王斌瑞等，1996），其中利用水量平衡原理确立合理的栽植密度是该技术措施的核心（孙长忠，1996）（表4-2）。

表 4-2　不同气候区径流造林生产潜力

气候区	降水量（mm）	R_{pi}	树种	年龄（a）	密度（株/hm²）	林分蓄积量（m³/hm²）	年均生长量[m³/(hm²·a)]
半湿润区	500~600	0.36~1.00	油松	20	570~1584	33.35~92.66	1.67~4.63
	400~499	0.18~0.36			285~570	16.68~33.35	0.83~1.67
	500~600	0.36~1.00	刺槐	23	457~1269	58.43~162.31	2.54~7.06
	400~499	0.18~0.36			228~457	29.43~58.43	1.27~2.54
半干旱区	300~399	0.10~0.18	油松	20	158~285	9.27~16.88	0.46~0.83
	200~299	0.05~0.10			79~158	4.63~9.27	0.23~0.46
	300~399	0.10~0.18	刺槐	23	127~228	16.23~29.22	0.71~1.27
	200~299	0.05~0.10			63~127	8.12~16.23	0.35~0.71

4.1.2.4　林分密度与培育技术措施的关系

就培育技术总体而言，培育技术越细致，越集约，林木就越速生，越没必要密植。50年代末期有些地方在高度集约栽培的条件下，还企图利用高密度以获得用材的特高产量，其结果是以失败而告终。这是忽略了光因子的限制作用和密度作用规律的结果，应当引以为戒。就培育技术中各项措施而言，也是这样。整地越细致，供水供肥越充足，苗木规格越大，质量越高，抚育管理越加强，就越要求相对的稀植。林农间作结合幼林抚育的育林方法，也要求初植密度适当减少。但所有上述内容都需和经营目的结合起来考虑，如采用超短轮伐期培育小径阶纤维用材林和能源林，采用的是高度集约栽培措施，还是要用高密度的。

4.1.2.5　林分密度与经济因素的关系

密度适当与否还需要用经济效益来衡量，商品林更应如此。选择合理密度时应计算投入产出比，选择投入产出比最合理的造林密度。另外，还要考虑交通运输条件和间伐材销路问题。如小径材有销路，也有实施早期间伐的交通、劳力及机械条件，经济上也合算，那么就可采用较大的造林密度；如小径材间伐无利可图或条件不能满足，则密度应小些。如果是农林结合、立体经营，则造林密度的大小还必须以林产品和农产品的综合效益最大作为权衡的标准。

综合上述五个方面，确定造林密度总原则应是：一定树种在一定的立地条件和栽培条件下，根据经营目的，能取得最大经济、生态和社会效益的造林密度，即为应采用的合理造林密度，这个密度应当是在由生物学和生态学规律所控制的合理密度范围之内，而其具体取值又应当以能取得最大效益来测算。

4.1.3　确定林分密度的方法

根据密度作用规律和确定密度的原则，可采用以下 4 种方法。

4.1.3.1　经验方法

根据过去不同密度的林分，在满足其经营目的方面所取得的成效，分析判断其合理性及需要调整的方向和范围，从而确定在新条件下应采用的初始密度和经营密度。采用这种方法，决策者应当有足够的理论知识及生产经验，否则会产生主观随意性的弊病。

4.1.3.2 试验方法

通过不同密度的造林试验结果来确定合适的造林密度及经营密度,这比较可靠。当前大部分密度试验由于所选择的密度间隔不很合理,得出许多矛盾的结论。吴增志在总结以往经验教训的基础上,提出了密度试验的间隔应遵循指数(或几何级数)设置的一般原则。由于密度试验需要等待很长时间(一般应至少达到半个轮伐期以上,最好是一个完整的轮伐期)才能得出结论,且营造试验林要花很大的精力和财力,不可能为每个树种在各种条件下都做一套试验,所以一般只能对主要造林树种,在其典型的生长条件下进行密度试验,从这些试验中得出密度效应规律及其主要参数,以便指导生产。通过密度试验得出的是生物学范畴的结论,还需加上经济分析,才能最后确定林分密度。

4.1.3.3 调查方法

如果在现有的森林中,就存在着相当数量的用不同造林密度营造的,或因某种原因处于不同密度状况下的林分,则就有可能通过大量调查和统计分析,得出类似密度试验林的密度效应规律和有关参数。这种方法使用较为广泛,已得到不少有益成果。调查的重点项目,有树冠扩展速度与郁闭期限的关系,初植密度与第一次疏伐开始期及当时的林木生长大小的关系,密度与树冠大小、直径生长、个体体积生长的关系,密度与现存蓄积量、材积生长量和总产量(生物量)的相关关系,等等。掌握这些规律之后,一般就不难确定造林密度。例如,对用材林来说,在大量需要小径材(包括薪材)的情况下,可以根据树冠扩展速度,要求林分适时达到郁闭为标准来确定造林密度;在一定径阶中小径材有销路的情况下,可以根据密度与直径生长的关系等规律,按第一次疏伐时就能生产适销径阶的树种并经济合算为准则来确定造林密度;在小径材无销路,并采用林农间作作为初期林地利用方式的情况下,也可以直接按主伐时所需树木大小与密度的关系来确定造林密度。

4.1.3.4 编制密度管理图(表)方法

对于某些主要造林树种(如落叶松、杉木、油松等),已进行了大量的密度规律的研究,并制定了各种地区性的密度管理图(表),可通过查阅相应的图表来确定造林密度。吴增志根据其发现的合理密度理论编制了华北落叶松、杨树(毛白杨、欧美杨)人工林合理密度调控图(表),可据此确定造林密度和经营密度。如可按照第一次疏伐时要求达到径阶的大小,在合理密度管理图上查出长到这种大小而合理密度系数较高(如华北落叶松为1.7)时对应的密度,依此密度再适当增加一定数量,以抵偿生长期间可能产生的平均死亡率,即可作为造林密度(图4-5)。

以上4种方法根据所具备的条件可参照使用,也可同时使用,相互检验。

4.2 种植点的配置

人工林中种植点的配置,是种植点在造林地上的间距及其排列方式。一般将种植点配置方式分为行状和群状(簇式)两大类。在天然林中树木分布也按树种及起源的不同而呈一定的规律,可以在培育过程中采用人为措施因势利导达到培育目的。

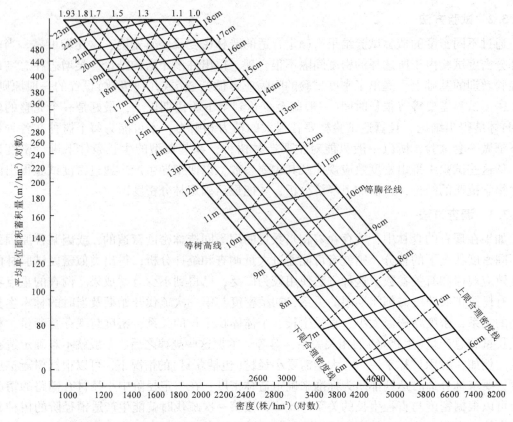

图 4-5　华北落叶松人工林合理密度管理图(引自吴增志，1997)

4.2.1　行状配置

是单株(穴)分散有序地排列为行状的一种方式，林木能充分利用林地空间，树冠和根系发育较为均匀，有利于速生丰产，便于机械化造林及抚育施工。行状配置又可分为正方形、长方形、品字形、正三角形等配置方式。

正方形配置时，行距和株距相等，相邻株连线成正方形。种植点比较均匀，具有一切行状配置的典型特点，是营造用材林、经济林较为常用的配置方式。

长方形配置时，行距大于株距，相邻株连线成长方形。这种方式在均匀程度上不如正方形，但有利于行内提前郁闭及行间进行机械化中耕除草，在林区还有利于在行间更新天然阔叶树。长方形配置的行距和株距之比一般小于 2，但也有的地方为了更有利于机械化中耕和抚育间伐集材，把行距和株距之比扩大到 2 以上，如德国云杉造林及我国桉树造林均有这种情况。实践证明，对采用这种配置方式会引起偏冠及椭圆形树干等问题，对大多数树种是不必要的。

品字形配置强调相邻行的各株相对位置错开成品字形，行距、株距可以相等，也可不相等。这样的配置有利于防风固沙及保持水土，也有利于树冠发育更均匀，是山地和沙区造林中普遍采用的配置方式。

正三角形配置是最均匀的配置，要求各相邻植株的株距都相等，行距小于株距，为株距的 0.866 倍(即 sin60°)。这种配置方式能在不减少单株营养面积情况下，增加单位面积株数，从而达到高产。

当行距明显地大于株距时，还有一个行的走向问题。试验证明，在高纬度的平原上，南北行向更有利于光合作用进程，可提高生长量15%左右。广东雷州林业局也曾发现，南北走向即使在低纬度地区也有增产作用。在山区，行的方向有顺坡行和水平行两种。水平行有利于蓄水保墒、保持水土，而顺坡行有利于通风透光及排水。这两种行向各适用于不同的地理环境。在风沙地区营造片林，一般都使行向与害风方向垂直。

4.2.2 群状配置

也称簇式配置、植生组配置。植株在造林地上呈不均匀的群丛状分布，群内植株密集，而群间隔距离很大。这种配置方式的特点，使群内能很早达到郁闭，有利于抵御外界不良环境因子的危害(如极端气温、日灼、干旱、风害、杂草竞争等)。随着年龄增长，群内植株明显分化，可间伐利用，一直维持到群间也郁闭成林。

群状配置在利用林地空间方面不如行状配置，所以产量也不高，但在适应恶劣环境方面有显著优点，故适用于较差的立地条件及幼年较耐阴、生长较慢的树种。在杂灌木竞争较剧烈的地方，用群状配置方式引入针叶树，每公顷200~400(群)，块间允许保留天然更新的珍贵阔叶树种，这是林区人工更新中一种行之有效的形成针阔混交林的方法。在华北石质山地营造防护林时，用群状配置方式是形成乔—灌—草结构防护效益较好林分的主要方法。在天然林中，有一些种子颗粒大且幼年较耐阴的树种(如红松)及一些萌蘖更新的树种也常有群团状分布的倾向，这种倾向有利于种群的保存和发展，可加以充分利用并适当引导。

在林木幼年时，群状配置的有利作用占主导地位，但到一定年龄阶段后，群内过密，光、水、肥的供应紧张，不利作用可能上升为主要矛盾方面，要求及时定株和间伐。

群状配置可采用大穴密播、多穴簇播、块状密植等多种方法。群的大小要从环境需要出发，一般为3~5株到十几株。群的数量一般应相当于主伐时单位面积适宜株数。群的排列可以是规整的，也可随地形及天然植被变化而作不规则的排列。

4.3 森林树种组成

森林树种组成是指构成森林的树种成分及其所占的比例。通常把由一种树种组成的林分叫做纯林，而把由两种或两种以上树种组成的林分称为混交林。森林树种组成，成林一般以每一乔木树种的胸高断面积占全林总胸高断面积的成数表示，也可以每一乔木树种的蓄积量占全林总蓄积量的成数表示。而造林时的树种组成则以各树种株数占全林总株数的百分比表示，包括所有的乔灌木树种。

4.3.1 培育混交林的意义

虽然天然林大多是多树种组成的混交林，但国内外森林营造却以纯林为主。由于纯林生态系统结构和功能比较简单，易导致系统不稳定、生态服务功能较低、林产品单一、生物多样性降低、病虫害蔓延、林地地力衰退、林分不能维持持续生产力等问题。Hans Pretzsch 等(2017)提出，根据生态保险假说，人们认为多样化的森林在面对全球变化时更具抵抗力、弹性和适应性，营造、恢复和维持组成和结构多样化森林是森林可持续经营、提供多功能产品和服务的重要途径。结构合理的混交林有以下优点和作用。

4.3.1.1 充分利用光能和地力

不同生物学特性的树种适当混交，能够比较充分地利用光能和地力。如耐阴性(喜光或耐阴)、根型(深根型与浅根型、吸收根密集型和吸收根分散型)、生长特点(速生与慢生、前期生长型与全期生长型)以及嗜肥型(喜氮、喜磷、喜钾，吸收利用的时间性)等不同的树种混交在一起，可以占有较大营养空间，有利于各树种分别在不同时期和不同冠层利用光能、水分及养分，对提高林地生产力和功能有着重要作用。如混交林中树种对光照要求不一，林冠合理分层，喜光树种居于上层，耐阴树种居于中下层，大大提高林分的光能利用效率。混交林的根系发达，合理分层，可充分利用土壤养分。据北京林学院(现北京林业大学)在北京西山油松元宝枫混交林的调查，22~29年生林分中，油松的主根深达2.3 m，吸收根群主要分布在 40 cm 以上土层中，深度均大于元宝枫。油松的细根量以 10~20 cm 土层中为最多，元宝枫细根量则以 0~10 cm 土层中为最多。目前，国际上的研究更加关注混交林对于光能、水分和养分等资源利用效率的提高。

4.3.1.2 改善林地立地条件

不同树种的合理混交能够较大地改善林地的立地条件。主要表现在两个方面：一是混交林所形成的复杂林分结构，有利于改善林地小气候(光、热、水、气等)，使树木生长的环境条件得到较大改善；二是混交林可增加营养物质的储备及提高养分循环速率，使林地土壤肥力得到维持和改良。森林地力的自我维护和提高主要取决于林分枯枝落叶的数量、质量、分解速率及其环境中微生物的活性。针叶树的落叶分解缓慢，以至在 A_0 层积累，并形成酸性的粗腐殖质，这是针叶纯林地力容易衰退的原因之一。阔叶树(尤其是固氮树种)与针叶树混交，不仅能够使林分总的落叶量增加，养分回归量增大，而且还可大大加快枯落物的分解速率，加快林分的养分积累和循环，促进土壤养分有效化，这对维持林分持续生产力有很大的意义。

4.3.1.3 维持和提高林地生产力及效益

因混交林林冠在空间上合理布局，立体利用光能，水养资源时空互补利用等，所以总生产力得以提高。如山东林业科学研究所调查，成熟的加杨刺槐混交林中加杨生物量为 71.84 t，刺槐为 90.69 t，合计 162.53 t，为杨树纯林 88.80 t 的 1.83 倍。据俞新妥等报道，在南方14省(自治区)46种组合的混交林中，以松树为主的11种、以杉木为主的9种、以阔叶树为主的25种，其木材单位面积产量，均比纯林高出20%以上，多的可达1~2倍。欧洲近期的研究也发现温带混交林比纯林生产力提高10%~20%。但相反例子也很多，尤其是混交林中目的树种蓄积量常常因其在林地中数量的大幅度减少而较纯林降低，从而带来林地总体经济效益下降，这也是限制混交用材林发展的重要原因之一。

混交林中目的树种由于有伴生树种辅助，主要树种的主干生长通直圆满，自然整枝良好，干材质量亦较优。由于混交林由多个树种组成，林产品种类多，产品生产周期也有长有短，不仅可以使林分实现以短养长，而且也可因适应市场的多种需求而提高林分的经济价值。如我国南方成功的杉木檫木混交林，杉木约20年便能收获，而檫木作为珍贵阔叶用材树种要培育成大径材需更长的时间，前期檫木辅助杉木生长，而到后期杉木的采伐又为檫木生长扩展了营养空间，最后混交林总经济收入要大很多。欧洲提倡营造针叶树和栎类、山毛榉等珍贵阔叶树种混交林在遵循近自然经营理念的同时，也实现了以短养长、提高林地总体效益的目的。我国国家储备林建设中，强调珍贵树种大径材培育，也已经有多地积极实践将针叶纯林改造为珍贵阔叶树种与针叶树的混交林。

4.3.1.4 发挥林地的生态和社会效益

目前，森林应对全球气候变化、涵养水源、保育土壤、净化大气、保护生物多样性等生态效益被提到了空前的高度，而混交林在多功能发挥上优势尤为突出。混交林林冠结构复杂，拦截和缓冲降水能力优于纯林，对风速的减缓作用也较强。林下枯枝落叶和腐殖质层较纯林厚，林地土壤质地疏松，持水能力与透水性较强，加上不同树种根系相互交错，加大了降水向深土层的渗入量，因此减少了地表径流和表土的流失。据河南省商城水土保持站的观测，1985年汛期大别山26°南坡、林龄9~11年、郁闭度0.76的100 m^2 人工马尾松麻栎混交林的径流量、径流深和侵蚀模数分别为2.98 m^3、29.8 mm和362.1 t/km^2，而马尾松纯林分别是其2.08倍、2.08倍和5.14倍。在一次降水4.5 h，降水量115.9 mm的条件下，混交林径流系数为20%，纯林是其整整2倍。

混交林可以较好地维持和提高林地生物多样性。由于混交林有类似天然林的复杂结构，为多种生物创造了良好的繁衍、栖息和生存的条件，从总体来说林地的生物多样性得到了维持和提高。国外研究表明，混交林可增加土壤软体动物的数量。而国内几乎所有有关混交林土壤微生物的研究都发现其种类、数量和活性大大超过纯林。Huang等（2018）在江西上饶多树种组合混交林及纯林大样地控制实验研究表明，物种丰富度显著提高了林分生产力，8年时间内混交林碳存储是纯林的两倍，并推测全世界树种多样性降低10%就会造成经济上每年200亿美元的损失，认为应采取多树种混交造林策略，实现恢复生物多样性和缓解气候变化的功能。

配置合理的混交林还可增强森林的美学价值、游憩价值、保健功能等，使森林发挥更好的社会效益。如北京山地大面积山桃、山杏次生林是北方山地难得的春花景观，但由于其先花后叶，且开花时其他植物也未发叶，给游憩者以单调、萧瑟之感，而混交油松和侧柏等针叶树后，春季景观粉绿相间，给人以生机勃勃、春意盎然的清新和美感。

4.3.1.5 增强森林的稳定性

由多树种组成的混交林系统，食物链较长，营养结构多样，有利于各种鸟兽栖息和寄生性菌类繁殖，使众多的生物种类相互制约，因而可以控制病虫害的大量发生，实现生物灾害的可持续控制。山东昆嵛山林场，有林6万余亩，75%为赤松纯林。自1954年松毛虫成灾，每年治虫用药 $12×10^4$ kg，但年年治虫，年年成灾。20世纪70年代初林场进行林分改造，逐渐形成木本植物251种的混交林，后来再没用过农药，保持有虫不成灾，年均每株仅有虫1头左右。近期河北农业大学研究表明，混交林对油松毛虫种群之间的基因流有阻断作用。

混交林的林冠层次多，枝叶互相交错，而且根系较纯林发达，深浅搭配，所以抗风和抗雪等非生物灾害能力较强。在广东沿海，常有大风危害，一些桉树纯林易遭风折，而桉树与相思混交，可减轻风害。在南方一些高山区，杉木纯林的顶梢易遭雪折，而杉木与柳杉或马尾松混交，可减轻雪折率。混交林还有利于减轻林火的发生率和危险程度。

4.3.1.6 混交林优点的相对性

混交林的上述优点是相对的，必须在一定条件下，才能发挥其优点和作用。

混交林培育和采伐利用，技术较复杂，施工也较麻烦，同时目的树种产量可能降低，经济上不划算；混交林种间关系及其发生发展规律非常复杂，在实际工作中往往难以较好地调控，相比营造纯林技术比较简单，在国内外培育杨树、桉树、松树等速生丰产林时仍有较大优势；混交林的生长规律和过程机理非常复杂，还有很多规律待揭示。因此，在不同情况下，是否全面营造混交林还需具体分析，但无论是营造人工林还是培育天然林加大混交林比例十分重要。随着近自然经营理念在我国的发展和采伐等育林技术的革新，混交林培育将进一步加强。

4.3.2 混交林树种间相互作用理论

培育混交林能否成功，除满足一些通用要求外，关键在于正确调控混交林树种间关系，而这要建立在对树种间关系及发展规律深入认识基础上。

4.3.2.1 混交林中树种间关系的生态学基础

混交林是由不同树种组成的植物群落，是森林在自然条件下最普遍的存在形式。生活在同一环境中的不同树种必然要对某些资源(包括光照、水分、养分、氧气、热量和空间)产生竞争。根据竞争排斥原理，竞争相同资源的两个物种不能无限期共存，混交林树种的共存说明它们在群落中占据了不同的生态位。事实上，无论在天然混交群落还是在配置合适的人工混交林中，树种往往通过形成不同的适应性、耐性、生存需求、行为等来避开竞争，形成种间互补的对立统一关系。所以，营造混交林能否成功完全取决于两个树种生活要求的相同程度及发生竞争时的能力差，即不同树种生态位的关系。

从理论上讲，生长在一起的两种植物的生态位关系有如下3种形式：生态位完全不重叠；部分重叠；完全重叠。第一种情况下，种间无竞争发生，完全互补利用资源，种间表现为互利作用。第二种情况下，二者在重叠部分存在竞争，在不重叠部分出现互补。种间根据竞争和互补的强度大小比有可能出现互利、单利和互害作用。第三种情况下，根据竞争排斥原理，最后有一种植物必然被排挤掉。通常在混交林中，第二种生态位关系是普遍存在的。生态位已成为解释生物种间关系的中心思想，所以在探索混交林树种间相互作用时确定每一树种的生态位就非常重要，但确定生态位本身是极其复杂的生态学问题，需要我们以综合和变化的眼光来了解和确定树种的生物学、生态学特性及其在不同环境下的可塑性。

4.3.2.2 混交林中树种间关系的表现形式

是指树种间通过复杂相互作用而对彼此产生利害作用的最终结果。一般当任何两个以上树种混交时，其种间关系可表现为有利(互助、促进，即所谓正相互作用)和有害(竞争、抑制，即所谓负相互作用）两种情况。树种间作用的表现方式实际上是中性(0)、促进(+)和抑制(-)三种形式的排列组合，即00、0+、0-、--、-+和++。因人工混交林中树种所处地位不同（主要树种、辅助树种），所以 И·С·契尔诺布里文科将上述种间关系又分为：①单方面利害 0-、0+、-0 和+0；②双方面利害 --、++、-+、+-和00（前面为主要树种，后面为辅助树种）（图4-6）。其意义与生态学的分类是一致的。

将树种间关系的表现方式特别强调为树种间相互作用的结果是有其深刻意义的。任何一个混交林中的树种间相互作用，没有绝对的正相互作用，也没有

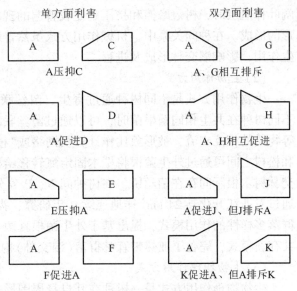

图 4-6　树种种间关系表现形式图

绝对的负相互作用，种间关系最终表现出来的是多种作用的综合效应。如杨树刺槐混交林中就同时存在树种间对资源（光照、土壤水分和养分等）竞争的负相互作用及通过改良土壤和改善小气候而彼此互补的正相互作用，而最终所体现出来的互助作用正是以上关系的综合体现。只有辩证地看待混交林树种间关系，才能通过各种措施限制种间竞争，促进种间互助，使种间关系向有利的方向发展。

种间关系的表现方式还随时间、立地和其他条件的改变而相互转化，这些因素的变动，有时甚至是微小的变动，都可以引起原有均衡关系的波动和破坏，使以有利为主或有害为主的种间关系向相反方向演变。如北京低山地区油松与元宝枫混交林，在海拔较高条件较优越的立地上，油松生长速率超过或与元宝枫持平，种间关系协调，形成相对稳定的针阔混交林；但在海拔较低条件较差的立地上，不适于油松生长，较耐旱的元宝枫反而长得更好，造成对油松的压抑，并最终把油松从林内排除。混交林中的树种，由于生长环境不同于孤立木及纯林，会在光适应、分枝特点及干形、养分偏好等方面发生可塑性变化，这在近期研究中也有很多实证。正确认识混交林树种间关系的变化，对混交林营造和经营至关重要。

4.3.2.3　树种间相互作用的主要方式

总体来说可分为两大类，即直接作用和间接作用。直接作用是指植物间通过直接接触实现相互影响的方式，间接作用是指树种间通过对彼此生活环境的影响而产生的相互作用。间接作用因为在混交林种间关系中的普遍存在及重要性，常被认为主要方式。

(1) 机械作用方式

机械作用方式是混交群落中一树种对另一树种造成的物理性伤害，如树冠、树干的撞击或摩擦，根系的挤压，藤本或蔓生植物的缠绕和绞杀等，为种间的直接作用。如针阔叶树种混交（油松和山杏等），由于阔叶树树冠较大，树枝较长又具弹性，受风作用便对针叶树冠产生摩擦，使针叶树芽、幼枝、叶等受到损伤；混交林中幼年生长较慢的针叶树穿过

阔叶林冠层时，树冠摩擦和挤压是比较普遍的现象，并因此影响树木生长和良好冠形与干形的形成。在种间关系中，机械作用方式虽然普遍存在，但一般只在特定条件下才明显发生作用，影响混交林形成及进程。

(2) 生物作用方式

生物作用方式是不同树种通过寄生、菌丝联结及土壤微生物作用等发生的相互作用。不同树种在共生相同菌根菌时，可以通过菌丝联结(菌丝桥)，实现根系间对水、C、N、P等物质的相互交流，被形象比作计算机网络或"植物社会学"。例如，瑞典科学家发现桤木和松树之间可通过外生菌根将桤木固定氮转移给松树；北京林业大学研究发现杨树刺槐混交林树木根际间存在菌丝桥，在树种间 N、P 养分互补转移中起一定作用。Chen 等(2019)通过对浙江开化县 24 hm² 样地连续 9 年研究，揭示不同功能型土壤真菌驱动亚热带森林群落多样性的作用模式，提出基于外生菌根真菌与病原真菌互作过程影响植物生存的物种共存新模式，完善了亚热带森林群落(混交林)构建机制。

(3) 生物物理作用方式

生物物理作用方式是一树种在其自身周围形成特殊的生物场，对接近这一生物场的其他树种产生影响的作用方式，所谓生物场包括辐射场、热场等。如莫尔钦柯发现桦树能够放射紫外线而对松树和云杉的枝叶分布和生长产生影响。目前有关树种间生物物理关系的研究很少。

(4) 化感作用方式

化感作用方式是一种树种通过它产生并释放于环境中的化学物质对另一树种产生的直接或间接的促进或抑制作用。化感物质传播的途径有水(雨水、露水、雾降等)的淋洗、植物体分解、根系分泌、挥发及伤流等。常见化感物质有有机酸、单宁、酚类、醌类、萜烯类、甾类、激素等 14 大类。它们的作用机制非常复杂，现在已经证明的有抑制植物的细胞分裂、影响光合和呼吸作用、改变物质合成途径、降低植物激素活性或使其失活，等等。J. P. Kimmins 认为化感作用在生态系统中普遍存在，混交林中更是如此。国内外对树种间化感作用开展了不少研究。虽然化感作用在混交林树种间普遍存在，但决定其作用形式(促进或抑制)及其强度的是化感物质进入林地并接近作用树种时的浓度。如贾黎明研究表明，辽东栎枯落叶 1∶10(即相当于 1 g 风干样的新鲜样浸于 10 mL 水中)和 1∶50 浓度水浸液可使油松种子发芽率降低 40.4% 和 30.3%，使 1 年生幼苗高生长降低 37.5% 及 22.5%，前者可使油松幼苗完全丧失光合能力，后者也使其光合速率降低 28.1%；但 1∶100 浓度水浸液却已使油松种子发芽率、幼苗苗高生长和光合速率分别提高 39.6%、16.0% 和 17.2%。

(5) 生理生态作用方式

生理生态作用方式是树种通过改变林地的环境条件而彼此产生影响的作用方式，林地环境条件包括物理环境(光、水、热、气)、化学环境(土壤养分、pH 值、例子交换性能等)和生物环境(微生物、动物和植物)等。

① 改变林地物理环境　指树种通过改变林地小气候等树木生长的物理环境而对彼此产生的间接相互作用。研究成果非常多，总结论是引入合理混交树种能改善林地小气候，为目的树种提供更为合理的光、热、水、气等条件，增强对不良环境的抵御能力，更有效

利用光能、热能等资源。

② 改变林地生物环境　指树种通过改变林地动物、植物和微生物环境而对彼此产生的间接相互作用，事实上是混交树木对于生物多样性保持的贡献及由此而形成其他树木生长的良好生物环境。前述松林中因引入阔叶树实现害虫的可持续控制、辅助树种（如刺槐）控制林地杂草促进目的树种生长等都属这一范畴。另外，混交林中菌根及土壤微生物变化在森林建成中也发挥着重要作用。

③ 改变林地生物化学环境　主要是指树木通过复杂的生物地球化学（biogeochemistry）途径改变林地土壤的养分状况、pH值、离子交换性能，从而彼此产生的间接种间关系。研究表明改变林地养分环境是大多数混交林中种间关系的主要作用形式，其在促进树木生长、提高林地生产力及其他混交效益的发挥上起着决定性的作用。树种改变林地土壤养分状况是复杂的生物地球化学过程。

i. 互补利用养分。混交林树种间对养分利用有时是互补的，即一树种在林地主要吸收一种养分，而另一树种主要吸收另外一种养分，以避免对养分过强竞争。这种互补作用有时通过选择混交树种时人为协调，但有时却是混交后树种间自我协调产生的。如杨树和刺槐在纯林状态下对N、P养分都有很强吸收，但混交后杨树会降低对P的吸收，刺槐会降低对N的吸收，实现养分互补利用。

ii. 枯落物分解。配置合理的混交林中，某一树种的存在不仅能够增加林地枯落物总量，而且还会使枯落物分解加快，提高土壤养分含量及有效性。其中，固氮与非固氮树种混交林、针阔混交林表现突出，究其原理是阔叶树及固氮树种枯落物降低了林地枯落物的碳氮比。

iii. 土壤养分有效化。土壤养分多以大分子有机物、被土壤吸附的螯合物等长效及缓效状态存在，只有通过有效化将其转化为溶于水的矿质离子或小分子物质时才能被植物吸收利用。土壤养分有效化是在微生物、根系分泌物以及土壤化学物质等参与下通过复杂的过程来完成的。研究表明有许多树种可通过各种途径使混交林土壤养分有效性提高。

iv. 树种间养分互补转移。国内外许多研究均证明了不同种植物间存在着碳水化合物和养分的直接转移，这种转移是种间作用的一种形式，对改变植物养分状况有着积极意义。研究表明有些混交林树种间养分不仅可以相互转移，而且这种转移存在奇妙的互补性。如研究发现，杨树可以通过根际微区把磷转移给刺槐，而刺槐可将固定的氮转移给杨树，P素对固N效率有促进作用，而N素对杨树生长又至关重要，这种种间营养互补转移对树木生长是有益处的。

4.3.2.4　树种间关系的复杂性、综合性及其时空发展

（1）树种间关系的复杂性、综合性与"作用链"

混交林树种间相互作用存在着许多方式，这些方式相互影响和相互制约，一种类型的混交林中可以是一种或几种最主要的作用方式在起作用，但也离不开其他次要作用方式的影响，混交林最终表现出来的是多种作用方式相互影响的综合结果，"作用链"就是为描述混交林树种间相互作用的这种复杂性和综合性而建立的概念。在一定时期，作用链中总有一种或几种树种间作用方式起决定作用，我们把这些作用方式称为主导作用方式。图4-7所示为杨树刺槐混交林树种间关系的"作用链"，从中可以看出该混交林树种间关系的主导

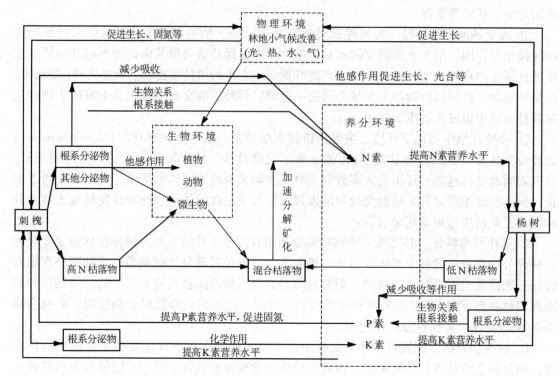

图 4-7　杨树刺槐混交林中树种间关系作用链

作用方式是改善土壤养分状况和对光、水等资源的竞争和协调利用，而改善土壤养分状况就是由树种间对林地小气候的改善、土壤微生物活性的提高、根系及其他分泌物的化感作用、地上部分或根系直接接触的机械作用或其他生物关系等多种作用方式相互影响而形成的。

（2）树种间关系的时空发展

树种间关系的主导作用方式也是随时间、空间的改变而改变的。如沙地加杨刺槐混交林，林分郁闭前，树木互不干涉，根系也未充分接触，此时种间不发生明显作用；林分郁闭后，树种间关系主要表现在对林地空间和资源(光、热、水、养、气)的竞争上。其结果是由于林分小气候条件改善，两树种生长协调、旺盛；20 a 左右时，林分结构更为合理，刺槐作为辅助树种较杨树低 1~3 m，形成同层或复层结构。这时树种间关系主要表现在刺槐通过改良土壤，提高杨树 N 素营养水平，促进杨树生长，而同时杨树也通过各种途径促进刺槐固氮，使刺槐维持较好的生长。这时虽有树种间对林地空间和资源(光、热、水、养、气)的竞争，但不是主导作用方式；25~30 a 左右时，杨树对刺槐的压制作用明显表现出来。此时杨树完全占据林分上层空间，而且足够大的树冠对下层刺槐造成强度遮阴，刺槐生长及根瘤固氮活性下降。如大兴县林场 28 年生加杨刺槐混交林中，死亡及枯梢刺槐占总数的 60%~70%。这时树种间的主导作用方式就是对空间的竞争了。

充分认识混交林树种间相互作用在林分全生命周期中的过程机制，就能在混交林培育技术中科学调控树种间关系。

4.3.3 森林空间结构分析理论

空间结构是林分的重要特征，揭示的是同一森林群落内物种的空间关系，即林木的分布格局及其属性在空间上的排列方式。林分空间结构决定了树木之间的竞争态势及其空间生态位，在很大程度上影响着林分生长、发育及稳定性，同时也在一定程度上决定了林分非空间结构。林分空间结构主要包括林木空间分布格局、树种混交状态和树木大小分化程度3个方面。其中，林木空间分布格局描述树木的空间分布形式；树种混交状态描述不同树种间相互隔离状况；树木大小分化程度则描述不同大小树木的竞争态势。如何定量描述林分(特别是天然林)的空间结构是人工合理构建林分结构的基础和手段。目前，国内外学者已提出多种定量描述林分空间结构的指数，常用的具代表性的林分空间结构指数如下。

4.3.3.1 空间分布格局指数

（1）聚集指数 R

聚集指数 R 为最近邻单株距离的平均值与随机分布下的期望平均距离之比，其公式为：

$$R = \frac{1}{N}\sum_{i=1}^{N} r_i / (\frac{1}{2}\sqrt{\frac{A}{N}}) \tag{4-1}$$

式中　r_i——树木 i 与其最近邻木的距离；
　　　N——样地内树木株数；
　　　A——样地面积。

$R \in [0, 2.1491]$，若 $R>1$，则林木呈均匀分布；若 $R<1$，则林木呈聚集分布；若 $R=1$，则林木为随机分布。

（2）Ripley's K 函数

K 函数分析方法是 Ripley 1977 年提出的，其估计值 $\widehat{K}(r)$ 可按下式计算：

$$\widehat{K}(r) = A\sum_{i=1}^{n}\sum_{j=1}^{n} \frac{\delta_{ij}(r)}{n^2} \quad (i, j=1, 2, \cdots, n; i \neq j) \tag{4-2}$$

式中　A——样地面积；
　　　n——样地内林木株数；
　　　δ_{ij}——林木 i 与 j 间的距离；
　　　r——距离尺度。

若 $\delta_{ij} \leq r$，则 $\delta_{ij}(r)=1$；若 $\delta_{ij}>r$，则 $\delta_{ij}(r)=0$。$K(r)$ 与 r 的关系图可用于检验分布格局的类型。当 $K(r)$ 落在期望值范围内时，林木为随机分布；当 $K(r)$ 落在期望值上方时为团状分布；当 $K(r)$ 落在期望值下方时为均匀分布。

（3）双相关函数

双相关函数是一种通过图形表达的格局判定函数。设相距为 r 的林木空间分布概率为 $P(r)$，则有：

$$P(r) = \lambda^2 \cdot g(r) \cdot dF_1 \cdot dF_2 \tag{4-3}$$

式中　$g(r)$——双相关函数；

λ ——树木密度。

林木随机分布时,任意距离 r 时有 $g(r)=1$;均匀分布时,对于小的 r 来讲就有 $g(r)=0$,对于较大的 r 就有 $g(r)>0$,且随着 r 的增大 $g(r)$ 趋于1;团状分布时,则对于小的 r 就有 $g(r)>1$。

(4)角尺度

惠刚盈等提出了一种新的林木空间分布格局指数——角尺度 W(uniform angle index)。角尺度 W_i 被定义为参照树 i 与其最近相邻木的夹角 α 小于标准角 α_0($\alpha_0 = 72°$)的个数占所考察最近相邻木 n 的比例。其计算公式为:

$$W_i = \frac{1}{n}\sum_{j=1}^{n} z_{ij} \tag{4-4}$$

式中 n——相邻木株数(一般 $n=4$),当第 j 个 α 角小于标准角 α_0 时,$z_{ij}=1$;否则,$z_{ij}=0$。
W_i 有5种可能取值,即:0、0.25、0.5、0.75、1,分别对应绝对均匀、均匀、随机、不均匀、团状5种林木分布状态。

W_i 值分布对称表示林木分布为随机,即位于中间类型(随机)两侧的频率相等,若左侧大于右侧则为均匀,否则为团状。均值 $\overline{W}$ 能更准确反映林分整体分布状况。随机分布时,$\overline{W} \in [0.475, 0.517]$;$\overline{W} > 0.517$ 时为团状分布;而 $\overline{W} < 0.475$ 时为均匀分布。

角尺度通过描述相邻木围绕参照树的均匀性来判定林木分布格局,充分考虑了最近相邻木在参照树周围的分布情况,且测量简便准确,因而在研究中受到广泛重视。

4.3.3.2 树种空间隔离指数

表示树种空间隔离程度的方法有多种:林学上常用混交比、Fisher 物种多样性指数、Pielou 分隔指数等来表示,但都未能完整表达树种空间隔离信息。为此,Gadow 提出了混交度(mingling index)的概念。混交度 M 被定义为参照树 i 的 n 株最近邻木中与其不属同种的个体所占的比例,用公式表示为:

$$M_i = \frac{1}{n}\sum_{j=1}^{n} v_{ij} \tag{4-5}$$

式中 n——最近邻木株数(一般 $n=4$),当参照树 i 与第 j 株最近邻木非同种时,$v_{ij}=1$;反之,$v_{ij}=0$。M_i 可能取值有5种,即 0、0.25、0.5、0.75、1,分别对应于零度、弱度、中度、强度、极强度混交。

当应用林木混交度分布或林分混交度 $\overline{M}$ 来分析树种空间隔离程度时,需要说明混交林的树种组成及其比例。为了克服这一缺点,惠刚盈等将原混交度进行了改进,提出了树种分隔程度的空间测度指数,发展了基于相邻木关系的树种分隔程度测度方法。

该方法将林分中参照树及其4株最近相邻木的空间关系定义为林分最佳空间结构单元,可释性和可操作性都比较强,较适宜于描述林分空间结构。结构单元中参照树与其邻体的物种关系用树种混交度 M 表达,物种数以树种数 s_i 占组成该单元的全部5株树的比例表示,同时定义其乘积为物种空间状态 Ms_i,即:$Ms_i = \frac{s_i}{5}M_i$。其均值 Ms 被称为树种分隔程度的空间测度指数,$Ms = \frac{1}{5N}\sum_{i=1}^{N} M_i s_i$,取值范围为 [0,1],数值越大表明混交程度越高。

4.3.3.3 林木竞争指数

林学上通常用与距离有关的竞争指数定量描述树木大小分化程度，从而反映树木间竞争状况。汤孟平通过大量比较认为：大小比竞争指数计算最为简便，其中 Hegyi 竞争指数 CI 应用广泛。其计算公式为：

$$CI_i = \sum_{j=1}^{n} \frac{d_j}{d_i \cdot L_{ij}} \tag{4-6}$$

式中　CI_i——参照树 i 的竞争指数；

　　　L_{ij}——参照树 i 与竞争木 j 之间的距离；

　　　d_i——参照树 i 的胸径；

　　　d_j——竞争木 j 的胸径；

　　　n——竞争木株数。

竞争指数值越大，表明林木间竞争越激烈，其大小分化程度越严重。

近年来，惠刚盈等提出了反映林木相对大小的大小比数 U（neighborhood comparison），以大于参照树胸径、树高或冠幅等的相邻木占 4 株最近相邻木的株数比例表示。其计算公式为：

$$U_i = \frac{1}{4} \sum_{j=1}^{4} k_{ij} \tag{4-7}$$

式中，若参照树 i 比相邻木 j 小，$k_{ij} = 1$；否则，$k_{ij} = 0$。U_i 可能取值有 5 种，即 0、0.25、0.5、0.75、1，分别对应于参照树占优势、亚优势、中庸、劣势、绝对劣势状态。该参数量化了参照树与其相邻木的大小关系，其分布可准确地反映林木的竞争与分化状态。

4.3.4 混交林的培育技术

我国混交林培育工作已经开展了 60 余年，人工混交林培育技术也逐步成熟和完善，但天然或近自然经营的混交林培育实践和理论研究均较少，正在开展积极探索。

4.3.4.1 混交林和纯林的应用条件

目前，积极培育混交林和加大混交林比例已成为我国森林质量提升的共识，但并不能由此得出在任何情况下都必须培育混交林的结论。决定培育混交林还是纯林是一个比较复杂的问题，因为它不但要遵循生物学和生态学规律，还要考虑培育目标、经济分析等的制约。一般认为，可在向区域顶极群落天然林学习的基础上，根据下列情况决定营造纯林还是混交林：

①培育防护林、风景游憩林等公益林，强调最大程度发挥林分的主导功能，同时追求林分的稳定性、近自然培育和天然更新，应尽量培育混交林。培育速生丰产用材林、短轮伐期工业用材林及经济林等商品林，为使其产量提高，便于集约经营，可营造纯林。

②造林地区和造林地立地条件极端严酷或特殊（如严寒、盐碱、水湿、贫瘠、干旱等），一般仅有少数适应性强的树种可以生存，只能营造纯林。除此以外的立地条件都可

以营造混交林。

③天然林树种一般较为丰富，层次复杂，应保持树种多样性，培育恒续混交林。而人工林根据培育目标可以营造混交林，也可营造纯林，但提倡按地带性森林植被特点培育近自然混交林。

④生产中小径级木材，培育周期短或较短，可营造纯林。反之，生产中大径级木材或培育珍贵用材树种，则需营造混交林，以充分利用种间良好关系，培养阔叶树良好干型，并实现以短养长。

⑤现时单一林产品销路通畅，并预测一个时期内社会对该林产品的需求量不可能发生变化时，应营造纯林，以便大量快速向市场提供林产品。但如对市场把握不准，则混交林更易适应市场变化。

⑥营造混交林的经验不足，大面积发展可能造成严重不良后果时，可先营造纯林，待有了一定把握之后再造或改造为混交林。

4.3.4.2 混交林树种分类与混交类型

(1) 混交林中树种分类

混交林中树种，依其所起的作用可分为主要树种、伴生树种和灌木树种3类。主要树种是培育的目的树种，防护效能好、经济价值高或风景价值高。混交林内主要树种数量有时是1个，有时是2~3个，主要树种不一定在林分中数量最多。伴生树种是在一定时期与主要树种相伴而生，并为其生长创造有利条件的乔木树种。伴生树种是次要树种，在林内数量上一般不占优势，多为中小乔木。伴生树种主要起辅佐、护土和改良土壤等作用，同时也能配合主要树种实现林分的培育目的。灌木树种是在一定时期与主要树种生长在一起，并为其生长创造有利条件的灌木树种。灌木树种在乔灌混交林中也是次要树种，在林内的数量依立地条件的不同不占优势或稍占优势。灌木树种的主要作用是护土和改土，同时也能配合主要树种实现林分的防护等培育目标。

(2) 混交类型

混交类型是将主要树种、伴生树种和灌木树种人为搭配而成的不同组合，通常划分为：

① 主要树种与主要树种混交　两种或两种以上目的树种混交，这种混交搭配组合，可以充分利用地力，同时获得多种木材，并发挥其他有益效能。种间矛盾出现的时间和激烈程度，随树种特性、生长特点等而不同。当两个主要树种都是喜光树种时，多构成单层林，种间矛盾出现得早且尖锐，竞争进程发展迅速，调节比较困难，也容易丧失时机。当两个主要树种分别为喜光和耐阴树种时，多形成复层林，种间有利关系持续时间长，矛盾出现得迟，且较缓和，一般只是到了人工林生长发育后期，矛盾才有所激化，因而林分比较稳定，种间矛盾易于调节。需要指出的是，由于不同树种间作用方式的多样性，有时仅仅根据它们生物学特性的相似程度做出其是否适宜混交的判断未必恰当，这在营造混交林时应予以足够的重视。

② 主要树种与伴生树种混交　这种树种搭配组合，林分的生产率较高，防护效能较好，稳定性较强，林相多为复层林，主要树种居第一林层，伴生树种位于其下，组成第二林层或次主林层。主要树种与伴生树种的矛盾比较缓和，因为伴生树种大多为较耐阴的中

小乔木，生长比较缓慢，一般不会对主要树种构成严重威胁，即使种间矛盾变得尖锐时，也比较容易调节。

③ 主要树种与灌木树种混交　由主要树种与灌木树种构成的搭配组合，一般称为乔灌木混交类型。混交初期，灌木可以给主要树种的生长创造各种有利条件；郁闭以后，因林冠下光照不足，灌木寿命又趋于衰老，有些便逐渐死亡，但耐阴性强的仍可继续生存。总的看来，灌木的有利作用是大的，但持续的时间不长。混交林中的灌木死亡后，可以为乔木树种腾出较大的营养空间，起到调节林分密度的作用。主要树种与灌木之间的矛盾易于调节，在主要树种生长受到妨碍时，可对灌木进行平茬，使之重新萌发。乔灌木混交类型多用于立地条件较差的地方，而且条件越差，越应适当增加灌木的比重。采用乔灌木混交类型造林，也要选择适宜的混交方法和混交比例。

④ 主要树种、伴生树种与灌木的混交　可称为综合性混交类型，综合性混交类型兼有上述3种混交类型的特点，一般可用于立地条件较好的地方。通过封山育林或人天混方式形成的混交林多为这种类型，据研究这种类型的防护林防护效益很好。

4.3.4.3　混交林结构模式选定

要培育混交林首先要确定一个目标结构模式。混交林的结构可从垂直结构角度分为单层的、双层的及多层的(后两者都可称为复层的)，从水平结构角度分为离散均匀的和群团状的，还可从年龄结构角度分为同龄的和异龄的。每一种结构形式及其组合模式(比原来的混交类型概念在含义上更为广泛)都具有深刻的生物学内涵，特别是隐含着不同的种间关系格局和发展过程。确定混交林培育的目标结构模式(如同龄均匀分布的复层混交林模式或异龄群团分布的单层林模式)，取决于森林培育的目标、林地立地条件及主要树种的生物生态学特性，也必须考虑未来的种间关系对于林分结构的形成和维持可能带来的影响。近自然经营实践中强调复层异龄混交恒续林的培育，明确了未来发展混交林的结构模式。合理的混交林分结构模式建立在种间关系合理调控的基础之上。

4.3.4.4　主要树种和混交树种的选择

营造混交林首先要按培育目标要求及适地适树原则选好主要树种，其次是按培育的目标结构模式要求选择混交树种。混交树种是指伴生树种和灌木树种。选择适宜的混交树种，是发挥混交作用及调节种间关系的主要手段，对保证顺利成林，增强稳定性，实现培育目标具有重要意义。如果混交树种选择不当，有时会被主要树种从林中排挤出去，更多的可能是压抑或替代主要树种，使培育混交林的目的落空。下面介绍混交树种选择一般原则。

选择混交树种要考虑的主要问题就是与主要树种之间的种间关系性质及进程，要选择的混交树种应该与主要树种之间在生态位上尽可能互补，种间关系总体表现以互利(++)或偏利于主要树种(+0)的模式为主，在多方面的种间相互作用中有较为明显的有利(如养分互补)作用而没有较为强烈的竞争或抑制(如生化相克)作用，而且混生树种还要能比较稳定地长期相伴，在产生矛盾时也要易于调节。

要很好地利用天然植被成分(天然更新的幼树、灌木等)作为混交树种，充分利用自然力形成结构合理的混交林能达到事半功倍的作用。如贵州农学院在喀斯特石质山地采取

"栽针留灌保阔"措施形成的松阔混交林及北京市林业局在石质山地采取"见缝插针"方式形成的侧柏荆条混交林等的实践是值得效仿的。

混交树种应具有较高的生态、经济和美学价值，即除辅佐、护土和改土作用外，也可以辅助主要树种实现林分的培育目标。

混交树种最好具有较强的耐火和抗病虫害的特性，尤其是不应与主要树种有共同的病虫害。

混交树种最好是萌芽力强、繁殖容易的树种，以利采种育苗、造林更新，以及实施调节种间关系后仍然可以恢复成林。

需要指出，选择理想的混交树种并不是容易的事情，对于树种资源贫乏或发掘不够的地区难度则更大，但是绝不能因此而不营造混交林。多年来，中国各地营造混交林积累的经验很多，可以作为选择混交树种的依据。南方混交效果较好的有：杉木与马尾松、香樟、柳杉、木荷、檫树、火力楠、红锥、桢楠、格木、香椿、南酸枣、观光木、厚朴、相思、桤木、旱冬瓜、西南桦、白克木、毛竹等；马尾松与杉木、栎类、栲类（如鳖蕻栲）、椆木、木荷、台湾相思、红锥（赤黎）、柠檬桉等；桉树与大叶相思、台湾相思、木麻黄、新银合欢等；毛竹与杉木、马尾松、枫香、木荷、红锥、南酸枣等。北方混交效果较好的有：红松与水曲柳、核桃楸、赤杨、紫椴、黄波罗、色木、蒙古栎等；落叶松与云杉、冷杉、红松、樟子松、桦树、山杨、水曲柳、赤杨等；油松与侧柏、栎类（栓皮栎、辽东栎和麻栎等）、刺槐、元宝枫、椴树、桦树、胡枝子、黄栌、紫穗槐、沙棘、荆条等；侧柏与元宝枫、黄连木、臭椿、刺槐、黄栌、沙棘、紫穗槐、荆条等；杨树与刺槐、紫穗槐、沙棘、柠条、胡枝子等。

选择混交树种的具体做法：一般可在主要树种确定后，根据混交目的和要求，参照树种生物学特性和现有树种混交经验，同时借鉴天然林中树种自然搭配的规律，提出一些可能与之混交的树种，并充分考虑林地自然植被成分，分析它们与主要树种之间可能发生的关系及进程，最后加以确定。

4.3.4.5 混交方法

混交方法是指参加混交的各树种在造林地上的排列形式。混交方法不同，种间关系特点和发生发展规律、林分生长状况也不相同，因而有着深刻的生物学和经济学上的意义。常用的混交方法有下列数种：

(1) 星状混交

星状混交是将一树种的少量植株点状分散地与其他树种的大量植株栽种在一起的混交方法，或栽植成行内隔株（或多株）的一树种与栽植呈行状、带状的其他树种相混交的方法（图4-8）。

这种混交方法，既能满足某些喜光树种扩展树冠的要求，又能为其他树种创造良好的生长条件（适度庇荫、改良土壤等），同时还可最大限度地利用造林地上原有自然植被，种间关系比较融洽，经常可以获得较好的混交效果。据浙江林学院许绍远等在临安、建德研究，以星状混交方法营造的杉木—檫木混交林，檫木在幼龄阶段可以为较耐阴的杉木庇荫，促进其生长，而至近熟林时期，檫木的树高略大于杉木形成侧方遮蔽，因而单位面积蓄积量提高，木材材质良好。

目前星状混交应用的树种有：杉木或锥栗造林，零星均匀地栽植少量檫木；马桑造林，稀疏地栽植若干柏木；杨树—刺槐混交林的隔行隔株混交；等等。

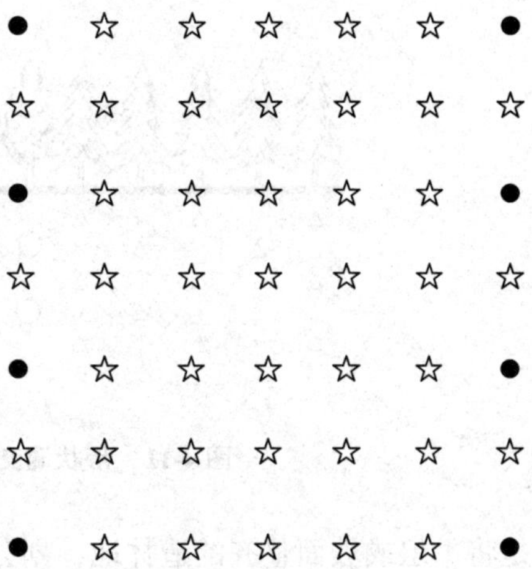

(2) 株间混交

又称行内隔株混交，是在同一种植行内隔株种植两个以上树种的混交方法(图4-9)。这种混交方法，不同树种间开始出现相互影响的时间较早，如果树种搭配适当，能较快地产生辅佐等作用，种间关系以有利作用为主；若树种搭配不当，种间矛盾就比较尖锐。这种混交方法，造林施工较麻烦，但对种间关系比较融洽的树种仍有一定的实用价值。一般多用于乔灌木混交类型。

图 4-8 星状混交
● 檫木　☆ 杉木

(3) 行间混交

又称隔行混交，是一树种的单行与另一树种的单行依次栽植的混交方法(图4-10)。这种混交方法，树种间的有利或有害作用一般多在人工林郁闭以后才明显出现。种间矛盾比株间混交容易调节，施工也较简便，是常用的一种混交方法。适用于乔灌木混交类型或主伴混交类型。

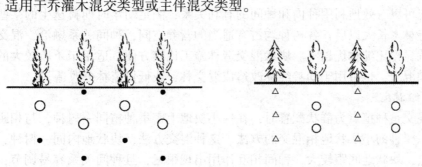

图 4-9　株间混交　　　　图 4-10　行间混交

(4) 带状混交

带状混交是一个树种连续种植3行以上构成的"带"，与另一个树种构成的"带"依次种植的混交方法(图4-11)。带状混交的各树种种间关系最先出现在相邻两带的边行，带内各行种间关系则出现较迟。这样可以防止在造林之初就发生一个树种被另一个树种压抑情况，但也正因为如此，良好的混交效果一般也多出现在林分生长后期。带状混交的种间关系容易调节，栽植、管理也都方便。适用于矛盾较大、初期生长速率悬殊的乔木树种混交，也适用于乔木与耐阴亚乔木树种混交，但可将伴生树种改栽单行。这种介于带状和行间混交之间的过渡类型，可称为行带状混交。它的优点是，保证主要树种的优势，削弱伴生树种(或主要树种)过强的竞争能力。

(5) 块状混交

又叫团状混交，是将一个树种栽成一小片，与另一个栽成一小片的树种依次配置的混交方法(图4-12)。一般分成规则的块状混交和不规则的块状混交两种。规则的块状混交，

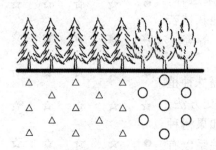
图 4-11 带状混交

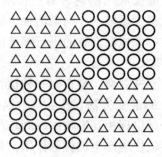
图 4-12 块状混交

是将平坦或坡面整齐的造林地，划分为正方形或长方形的块状地，然后在每一块状地上按一定的株行距栽植同一树种，相邻的块状地栽种另一树种。块状地的面积，原则上不小于成熟林中每株林木占有的平均营养面积，一般其边长可为 5~10 m。不规则的块状混交，是山地造林时，按小地形的变化，分别有间隔地成块栽植不同树种。这样既可以使不同树种混交，又能够因地制宜地安排造林树种，更好地做到适地适树。块状地的面积目前尚无严格规定，一般多主张以稍大为宜，但不能大到足以形成独立林分的程度。

块状混交可以有效地利用种内和种间的有利关系，满足幼年时期喜丛生的某些针叶树种的要求，待林木长大以后，各树种均占有适当的营养空间，种间关系融洽，混交的作用明显，这样就显得比纯林优越了。块状混交造林施工比较方便。适用于矛盾较大的主要树种与主要树种混交，也可用于幼龄纯林改造成混交林，或低价值林分改造。

(6) 植生组混交

植生组混交是种植点为群状配置时，在一小块地上密集种植同一树种，与相距较远的密集种植另一树种的小块状地相混交的方法。这种混交方法，块状地内同一树种，具有群状配置的优点，块状地间距较大，种间相互作用出现很迟，且种间关系容易调节，但造林施工比较麻烦。一般应用不很普遍，多用于人工更新、低效林改造及治沙造林等。

(7) 不规则混交

不规则混交是构成混交林的树种间没有规则的搭配方式，随机分布在林分中。这是天然混交林中树种混交最常见的方式，也是充分利用自然植被资源，利用自然力(封山育林、天然更新、人天混、次生林改造等)形成更为接近天然林的混交林林相的混交方法。如在荒山荒地、火烧迹地和采伐迹地已有部分天然更新的情况下，提倡借助微地形、林隙和空地，采用"见缝插针"的方式栽植部分树木，使林分向地带性植被类型或顶极群落类型发展，这样形成的混交林效益好、稳定性强。在低效林改造和近自然经营实践中，充分利用自然或人为(抚育)形成的林隙(forest gap)补植或人工促进天然更新，形成的也是不规则的混交林。中国林业科学研究院热带林业中心在广西凭祥对马尾松、杉木高密度低效纯林进行改造时，就是利用伐除干扰木后形成的林隙下补植乡土珍贵阔叶树种(如红锥、香梓楠、大叶栎、格木、灰木莲、铁力木等)形成不规则的针阔复层异龄混交林。

随机混交方法虽然人工协调树种间关系比较困难，但因为模拟天然植被演替规律，所以树种间关系一般较为协调。

4.3.4.6 混交比例

树种在混交林中所占比例的大小,直接关系到种间关系的发展趋向、林木生长状况及混交最终效益。据赵本虎等在四川叙永县调查,2片每公顷均为2700株的9年生杉木、香樟混交林,因混交比例不同,蓄积量明显不同。其中2行杉木与1行香樟混交的,蓄积量为122.6 m^3;而7行杉木与1行香樟混交的,蓄积量仅101.6 m^3。

一般在自然状态下,竞争力强的树种会随着时间的推移逐渐"战胜"竞争力弱的树种,成为混交林中的主宰,而竞争力弱的树种则处于不断被排挤、淘汰的境遇,数量越来越少,严重的可能在林中完全绝迹。竞争力强只是个体生存下来的前提,但是要成为优势树种,还要有一定的数量基础。因此,通过调节混交比例,既可防止竞争力强的树种过分排挤其他树种,又可使竞争力弱的树种保持一定数量,从而有利于形成稳定的混交林。

在确定混交比例时,应预估林分未来树种组成比例的可能变化,注意保证主要树种始终占有优势。在一般情况下,主要树种的混交比例应大些,但速生、喜光的乔木树种,可在不降低产量的条件下,适当缩小混交比例。混交树种所占比例,应以有利于主要树种为原则,依树种、立地条件及混交方法等而不同。竞争力强的树种,混交比例不宜过大,以免压抑主要树种,反之,则可适当增加;立地条件优越的地方,混交树种所占比例不宜太大,其中伴生树种应多于灌木树种,而立地条件恶劣的地方,可以不用或少用伴生树种,而适当增加灌木树种的比重;群团状的混交方法,混交树种所占的比例大多较小,而行状或单株的混交方法,其比例通常较大。一般地说,在造林初期伴生树种或灌木树种的混交比例,应占全林总株数的25%~50%,但特殊的立地条件或个别的混交方法,混交树种的比例不在此限。

4.3.4.7 混交林结构的过程调控

国外在将林分空间结构指数应用于制定森林经营措施方面开展了一系列有益的尝试。欧洲林业发达国家如德国、英国等,在将大面积低效针叶纯林转变为多功能针阔混交林过程中,纷纷开展以择伐为主要措施的森林空间结构调整。而北美国家则注重森林空间结构分析,为森林生长和林分动态模拟提供依据。国内众多学者在林分空间结构分析方面也作了大量的研究。其中,惠刚盈等在森林可持续经营的原则指导下,充分应用角尺度 W、混交度 M、大小比数 U 等3个空间结构参数,提出了基于林分最佳空间单元的结构化森林经营技术。该技术体系以培育健康森林为目标,理论基础为结构决定功能的系统法则、范式为健康森林结构的普遍规律,既注重个体活力,更强调林分群体健康,依托可释性强的结构单元,已成为一种独特的、更具操作性的森林可持续经营方法,并逐渐在森林经营活动中发挥着积极作用。目前,森林空间结构分析与模拟是森林经营中最活跃的研究领域,面向现实森林经营活动的森林空间结构调控将成为未来发展方向。

4.3.4.8 混交林树种间关系调节技术

营造和培育混交林的关键在于正确地处理好不同树种的种间关系,使主要树种尽可能多受益、少受害。因此,在整个育林过程中,每项技术措施的中心是兴利避害。

培育混交林前,要在慎重选择主要树种的基础上,确定合适的混交方法、混交比例及配置方式,预防种间不利作用的发生,以确保较长时间地保持有利作用。造林时,可以通过控制造林时间、造林方法、苗木年龄和株行距等措施，调节树种种间关系。为了缩小不同树种生长速率上的差异，可以错开年限，分期造林，或采用不同年龄的苗木等。研究证明，生长速率相差过于悬殊的树种、耐阴性显著不同的树种，采用相隔时间或长或短的分期造林方法，常常可以收到良好的造林效果。如营造柠檬桉、窿缘桉等喜光速生树种的混交林，可以先期以较稀的密度造林，待其形成林冠能够遮蔽地表时，再在林内栽植红锥、樟树、木荷、椆木等耐阴性树种，使这些树种得到适当庇荫，并居于林冠下层，发挥其各方面的混交效益。

在林分生长过程中，不同树种的种间关系更趋复杂，对地上和地下营养空间的争夺也日渐激烈。为了避免或消除竞争可能带来的不利影响，更好地发挥种间的有利作用，需要及时采取措施进行人为干涉。一般当次要树种生长速率超过主要树种，由于树高、冠幅过大造成光照不足抑制主要树种生长时，可以采取平茬、修枝、间伐等措施进行调节，也可以采用环剥、去顶、断根等方法加以处理。环剥是削弱次要树种的生长势，或使其立枯死亡的一种技术措施。这一措施不会剧烈地改变林内环境，也不会伤害主要树种。去顶是抑制次要树种的高向生长，促进冠幅增大，更好地发挥辅佐作用的一项技术措施。环剥和去顶可在全年进行。断根是截断次要树种部分根系，抑制其旺盛生长的一项技术措施，一般可在生长季中进行。另外，当次要树种与主要树种对土壤养分、水分竞争激烈时，可以采取施肥、灌溉、松土，以及间作等措施，以不同程度地满足树种的生态要求，推迟种间尖锐矛盾的发生时间，缓和矛盾的激烈程度。但是上面提到的这些土壤管理措施，由于各种条件的限制，有的不能长期应用，有的难以广泛推行，特别是由于生态因素的不可替代性，一种因素的缺乏不可能依靠他种因素的过剩弥补，因而尽管其在调节种间关系上都有一定的作用，却又有很大的局限性。

在我国目前利用混交林培育珍贵阔叶树种大径材实践中，可以充分利用和调节树种间相互关系，提高培育木材质量，保持森林的恒续特征。如栎类大径材培育需要经过三个阶段：一是通过较高的初始密度以及与针叶树混交来增加种内和种间竞争度，抑制栎树侧枝生长，形成通直主干；二是选择目标树，砍除周边干扰树（包括干型较差的栎树和混交的针叶树），为目标树树冠生长拓展空间，同时促进林下更新；三是进行进一步疏伐，促进终极目标树（每公顷仅100株左右或更少些）径向生长，同时促进林下针阔叶树种更新和幼树生长。三个阶段实际上就是利用和调节混交林树种间关系，促进培育目标的实现。这也可成为珍贵阔叶树种大径材培育的一个模式。

复习思考题

1. 简述林分密度的作用和确定林分密度的原则。
2. 简述混交林培育的意义及其优点的相对性。
3. 混交林树种间相互作用方式主要有哪些？何谓树种间"作用链"？
4. 简述混交林的主要类型有哪几种，各有何特点？
5. 简述混交林有哪些主要混交方法，各有何特点？
6. 简述混交林树种比例如何确定。
7. 论述可以采取哪些技术协调树种间相互关系。

推荐阅读书目

1. 沈国舫，翟明普，1998. 混交林研究//全国混交林及树种间关系学术研讨会文集. 北京：中国林业出版社.
2. 盛炜彤，2014. 中国人工林及其育林体系. 北京：中国林业出版社.
3. 张建国，2013. 森林培育理论与技术进展. 北京：科学出版社.
4. 吴增志，杨瑞国，王文全，1996. 植物种群合理密度. 北京：中国农业大学出版社.
5. HansPretzsch, David I. Forrester, Jürgen Bauhus, 2017. Mixed-Species Forests：Ecology and Management. Berlin：Springer-Verlag GmbH Germany.
6. 惠刚盈，赵中华，胡艳波，2010. 结构化森林经营技术指南. 北京：中国林业出版社.
7. Huang Y, Chen Y, Castro-Izaguirre N B, *et al.*, 2018. Impacts of species richness on productivity in a large-scale subtropical forest experiment. Science, 362：80-83.
8. Chen L, Swenson N G, Ji N N, *et al.*, 2019. Differential soil fungus accumulation and density dependence of trees in a subtropical forest. Science, 366：124-128.

（贾黎明）

第二篇

林木种苗培育

- 第5章 林木种子
- 第6章 苗木培育

第二章

林木种苗培育

第5章 林木种子

【本章提要】林木种子是森林培育的物质基础,只有采用良种才能为人工林培育提供优良的基因保障。本章在介绍造林用种的来源、调种原则及良种生产方式的基础上,着重介绍种实采集与调制技术、种子贮藏和催芽技术、林木种子品质检验技术。通过本章学习,可以获得良种生产的有关知识与技术。

种子在植物学上是指由胚珠发育而成的繁殖器官,而林木种子是林业生产中播种材料的统称。林业生产上的种子是广义的,不仅包括真正的种子、类似种子的果实,还包括可以用来繁殖后代的根、茎、叶、芽等无性繁殖器官,植物学上的果实用在林业上也可直接播种、育苗或造林。概括地说,凡在林业生产上可利用作为繁殖材料的任何器官或其营养体的一部分,不论由什么部分发育而来,也不论它在形态构造上简单或复杂,只要具有传宗接代、繁殖后代的功能,林业上都称之为种子。2000年颁布(2004年修正,2015年颁布新的修订草案)实施的《中华人民共和国种子法》(以下简称《种子法》)中所称种子是指农作物和林木的种植材料或者繁殖材料,包括籽粒、果实和根、茎、苗、芽、叶、花,以及植物组织、细胞、细胞器和人工种子等。

林以种为本。林木种子是承载林木遗传基因、促进森林世代繁衍的载体,林木良种具有很高的遗传增益,是林业生态建设与产业发展的基石,其品种的优劣、数量的多少直接关系到森林质量的高低和林业建设的成败,是现代林业可持续发展的重要战略资源,是我国生态安全、木材安全、粮油安全和林农增收的重要保障。因此,林木优质良种生产是林业的命脉和促进林业产业发展的原动力,具有基础性、公益性和战略性地位,在生态文明和美丽中国建设中发挥着越来越重要的作用。

5.1 良种繁育

一粒种子可以改变一个世界,一个良种可以带动一个产业。林木良种在国家标准《林木良种审定规范》(GB/T 14071—1993)中这样定义:"林木良种是经人工选育,通过严格试验和鉴定,证明在适生区域内,产量和质量以及其他主要性状明显优于当地主栽树种或栽培品种,具有生产价值的繁殖材料。"《种子法》对林木良种的定义为"通过审定的林木种子,在一定的区域内,其产量、适应性、抗性等方面明显优于当前主栽的繁殖材料和种植材料"。而林业生产上的良种必须是遗传品质和播种品质都优良的种子。优良的遗传品质主要表现在用此种子造林形成的人工林具有速生、丰产、优质、抗逆性强等特点,而播种品质优良则体现在种子物理特性(如千粒重,指1000粒纯净种子在气干状态下的重量,说明种粒饱满程度)和发芽能力(如发芽率,指在规定条件和时期内,正常发芽粒数占供测定种子总数的百分率)等指标达到或超过有关国家标准《林木种子检验规程》(GB 2772—1999)。遗传品质是基础,播种品质是保证,只有在两者都优良的情况下才能称为良种。

5.1.1　造林良种与种源选择的意义

林业生产上的良种是造林成功的重要保障。造林必须遵循的"适地适树"的概念,不仅包括适地适树种,同时包括适地适种源、品种、家系和无性系,只有这样,才能保证营造的人工林生产力高、抗逆性和稳定性强。选择适宜种源进行森林营造在林业的应用较多。

种源(provenance)是指取得种子或其他繁殖材料的地理来源。同一树种由于长期处在不同的自然环境条件下,必然形成适应当地条件的遗传特性和地理变异,如造林地条件与种源地条件差异太大,会出现林木生长不良,甚至全部死亡的现象。国内外在这方面都有过不少惨痛的教训。例如,1940年,瑞典曾用德国起源的欧洲赤松种子造林,10年以后生长缓慢,树干弯曲,枝节多,并逐渐死亡。在我国,1958年北京引种新疆核桃成功的消息报道后,全国十几个省(自治区)争相引种,一年调种量高达$10×10^4$ kg,结果很多地方因气候条件不适宜而失败,给林业生产造成了巨大损失。2008年春季我国南方发生了特大冰雪灾害,引种自美国南部的湿地松遭受冻害,受损严重。大量研究证明,使用适宜种源区的优良种子造林,不仅能够保证造林用种的安全,而且增产效益一般可达10%以上。一项以28年生马尾松种源试验林为对象的研究发现,马尾松不同种源间存在极显著差异,这种差异主要表现在生长性状中,并强烈受到遗传因素控制。在选出的12个马尾松优良种源和33株优良单株中,平均材积遗传增益达34.75%,优良单株平均材积遗传增益达141.48%(苏德顺,2009)。可见,优良种源可增加人工林的生产力、适应性和抗性,从而提高人工林的稳定性和经济效益。

5.1.2　选择适宜种源的途径

造林用种地区要找到合适的种源,一种重要方法是进行种源试验。通过种源试验,研究造林主要树种的地理变异规律,掌握变异模式,才能准确地选择、培育人工林栽培所需的性状。

种源试验就是将各地种源的种子收集到用种地进行栽培试验,观察其生长发育状况,从中选出最适合当地的种源。国外很早就开始种源试验,如瑞典1905—1912年已在全国范围内进行欧洲赤松的种源试验,美国1950—1980年进行种源试验。我国规模化的种源研究始于20世纪50年代,70年代后全国各地进行了大规模的种源试验和种子区划试验研究,涉及树种达10多个。研究发现,同一树种由于地理起源不同,其生长特点、适应能力存在着明显的变异。以兴安落叶松为例,生长在相同环境(哈尔滨)条件下26年的7个种源(塔河、满归、根河、新林、三站、乌伊岭、鹤北),以胸径、边材宽度、边材面积、心材半径、平均边材生长速率等特征为参数,种源间差异显著,其中最南种源地鹤北的生长特征参数的平均值最大,三站的平均值最小(鄂文峰等,2009)。这就为在哈尔滨地区种植兴安落叶松选出了合适的种源。再以华山松为例,不同种源的生产力差异很大。在云南腾冲试点,云贵种源10年生树高生长远大于秦巴山区种源,达4.7倍,比贵州坪坝和德江的种源大 2.3~2.6 倍，比湖南安化的种源大 1.4 倍，再往北比宜昌的种源大 1.2 倍。由此可见，种源地理变异的基本规律是，种源间在绝大多数性状上存在显著差异，从中心产区到边缘产区，多数性状呈南北渐变趋势，中心产区生长快，但适应性不如非中心产区。将这些规律同种源试验的结果结合起来，才能更好地指导生产上的合理用种。

一般来说，种源试验的结果通过以下几种途径服务于生产：一是为制定种子区划提供依据；二是为用种单位合理调运和用种提供科学依据；三是为用种单位建立良种基地提供最佳种源数据。

5.1.3　林木种子区划

为避免因种源不明和种子盲目调拨使用而造成的重大损失，林业发达国家对种源实施法律控制，并进行种子区划工作。德国种源控制的一般做法是，针对某一个特定树种，首先根据其生长地区的海拔、土壤、地理位置及自然条件等进行种源区的划分，在种源试验的基础上，专家认定的结果以法律形式确定，通过专门的种源区划手册向社会公告，所有林业生产活动均要严格遵循。美国划定了全国林木种子区，并且规定了采种范围标准。不仅要考虑纬度的差异，还要考虑海拔对不同种源的影响。加拿大每个省都有全省林木种子区划，有相应的种源区划图，在实际工作中严格按照该区划实施采种和造林工作。在各个种子区有固定的采种员，定期定点采种，附上标签和记载档案，送到省级种子中心进行加工、贮藏、育苗，培育出的苗木必须回到其采种区内造林。

我国在经过大量种源试验的基础上，于 1988 年制订并颁布实施了国家标准《中国林木种子区划》(GB/T 8822.1~13—1988)，选择红松、华山松、樟子松、油松、马尾松、云南松、华北落叶松、兴安落叶松、长白落叶松、云杉、杉木、侧柏、白榆 13 个主要造林树种，依据各树种的地理分布、生态特点、树木生长情况、种源等综合分析后，进行了种子区和种子亚区的区划。

以侧柏种子为例(图 5-1)，根据侧柏天然分布区为区划范围，共划分 4 个种子区 7 个种子亚区，其相互关系为：西北区（Ⅰ）含西部亚区（$Ⅰ_1$）和东部亚区（$Ⅰ_2$）；北部区（Ⅱ）含西部亚区（$Ⅱ_1$）、中部亚区（$Ⅱ_2$）、东部亚区（$Ⅱ_3$）；中部区（Ⅲ）含西部亚区（$Ⅲ_1$）和东部亚区（$Ⅲ_2$）；南部区（Ⅳ）。

种子区是生态条件和林木遗传特性基本类似的种源单位，也是造林用种的地域单位。种子亚区是在一个种子区内划分为更好的控制用种的次级单位，即在同一个种子亚区内生态条件和林木的遗传特性更为类似。因此，在造林用种时，应优先考虑造林地点所在的种子亚区内调拨种子，若种子满足不了造林要求，再到本种子区内调拨。

5.1.4　无区划树种种子调拨的原则

种子区划给生产上的造林用种提供了很好的指南，但是，由于我国造林用种远远超过 13 个，而且这 13 个树种绝大部分是针叶树，所以区划远不能满足生产的需要，尤其对针阔混交林营造中的阔叶树种源指导意义不大。因此，在其他树种的种源选择上应遵循以下基本原则：

第一，本地种源最适宜当地的气候和土壤条件，应尽量采用本地种子，就地采种，就

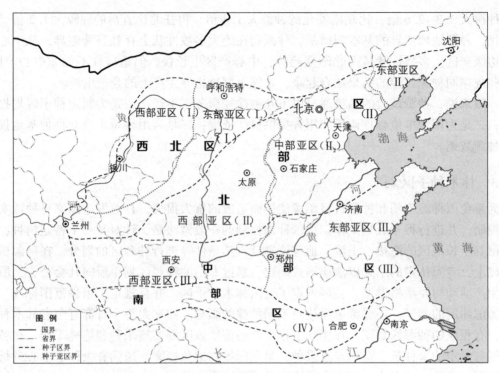

图 5-1 中国侧柏种子区区划示意

地育苗造林。

第二，缺种地区在调进外地种子时，要尽量选用与本地气候、土壤等条件相同或相似地区所产的种子。

第三，林木种子调运距离的一般规律是，由北向南和由西向东调运的范围可比相反方向的大。如我国的马尾松种子，由北向南调拨纬度不宜超过 3°，由南向北调拨纬度不宜超过 2°；在经度方面，由气候条件较差的地区向气候条件较好地区调拨范围不应超过 16°。

第四，地势海拔变化对气候的影响很大，在垂直调拨种子时，海拔一般不宜超过 300~500 m。

应该指出，不同树种的适应性是不同的，种子调用的范围不能千篇一律，在生产中要真正做到适地适树和适地适种源，最重要的是加强种源试验，在不同地区选用最佳种源的种子造林。当种源试验的规模和时间还不足以确定最适种源时，应选用当地或与当地立地条件相似地区的种源。种源试验的具体方法，请参考有关林木育种方面的文献。

5.1.5　林木良种基地

依据种源试验和种子区划，遵循种子调拨原则，这样基本解决了造林用种的地理种源问题，但在实际生产中，即使选对了种源也还存在用哪里生产的种子的问题。例如有的种子是群众从山上采收来的，有的种子是专门的种子公司在良种基地生产的。造林单位应该如何选择种子？对此，我国专门制定并于 2000 年颁布了《中华人民共和国种子法》。《种子法》规定，主要林木的商品种子生产和经营实行许可制度，希望从事种子生产和经营的单位和个人，需向当地林业行政主管部门提出申请，经批准获得种子生产和经营许可证后，方可进行种子生产和经营。同时，国家林业局发布的《全国造林技术规程》(GB/T 15776—2016)对造林用种也做了明确规定，"积极推广种源适宜的良种，优先选用优良种源和良种基地生产的种子。"

培育森林的周期长，一旦用劣种造林，不仅影响树木成活、成林、成材，而且损失严重，难以挽回。在种子生产上，过去群众采种，组织管理不严密，采矮树不采高树，采小树不采大树。林分内的优良母树结实少，又难采收，更容易被采种者所舍弃。这种恶性循环的直接后果是使树种退化，提前衰老，形成小老树，严重影响林木的利用价值。所以建立专门的良种生产基地，实现种子生产的专业化是保证种子质量的关键。

我国林木良种基地有三种形式，即母树林、种子园、采穗圃。所谓林木良种基地，是指按照国家营建母树林、种子园、采穗圃等有关规定而建立的，专门从事良种生产的场所。

国外种子园始于20世纪40年代末，到20世纪60年代美国在全国按种子区建立种子生产基地，实现了定向供种，80年代美国基本实现了林木良种生产基地化。目前，林业发达国家如新西兰、澳大利亚、美国、加拿大、瑞典、芬兰、德国、日本等，其主要树种的造林用种已全部由种子园提供。我国20世纪70年代末明确提出，实现种子生产专业化、质量标准化、造林良种化，80年代中期我国开始全面、有计划地建设林木良种生产基地。

我国林木良种基地建设工作起步于母树林，通过以选择优良林分为手段，划定或营建采种母树林方法的研究，已经为生产上建立红松、油松、樟子松、马尾松、国外松、云南松、刺槐等树种的良种基地提供了技术支持。20世纪六七十年代开始主要树种优树选择和种子园营建技术研究，发掘出数以万计的优树，为初级种子园、采穗圃的营建提供了宝贵材料和从嫁接、定植到早实、丰产的配套技术。目前，母树林、种子园、采穗圃仍然是我国林木良种生产的三种形式。据报道，我国针叶造林树种杉木已建立了第2、3代种子园，马尾松、华北落叶松、油松等树种也已建立了第2代种子园。尽管种子园建设工作取得了较大成就，但种子园所产的种子数量还不能满足造林需要，所以尽管母树林是良种繁育的初级形式，但它仍是我国林木良种生产的主要基地。

2009年国家林业局国有林场和林木种苗工作总站，经严格筛选和科学评定，确定了第一批国家重点林木良种基地共131家单位，此举对推动我国林木良种化进程意义重大。为加强国家重点林木良种基地的建设与管理，确保其持续、稳定、健康发展，在2011年国家林业局还制定了《国家重点林木良种基地管理办法》。之后，分别于2012年和2018年国家林业局颁布了第二批和第三批国家重点林木良种基地165家单位。目前，我国已建立国家重点林木良种基地296处，极大地增强了我国林木良种生产供应能力和推进了良种化进程，同时也优化了良种基地树种结构，满足生态建设和社会发展对林木良种的多样化需求。

按照学科分工，林木良种基地建设属于《林木育种学》的内容，但由于良种是森林培育的重要基础，本教材重点介绍母树林，而种子园和采穗圃只作简单介绍，更详细的内容请参考《林木育种学》。

5.1.5.1 母树林

母树林(seed production stand)是在优良天然林或确知种源的优良人工林基础上,按照母树林营建标准,经过留优去劣的疏伐为生产遗传品质较好的林木种子而营建的采种林分。用母树林生产的种子造林,一般遗传增益为3%~7%。由于营建技术简单、成本低、投产快、种子的产量和质量比一般林分高,因此目前在一些地区仍然把母树林作为生产良种的主要形式之一。正确选择母树林,加以科学合理的管理,可在短期内获得优质良种。

(1)母树林选择的条件

母树林所处的气候条件尽可能和造林用种地区的气候条件相同或近似,因此,母树林最好选择在与造林用种地区相接近的地方;要求交通方便,地形平缓,光照充足,背风向阳,以便于林木结实和经营管理;母树林林地应土层深厚、土壤较为肥沃,面积至少在数公顷以上;在其周围不能有同树种的劣质林分。

为了便于经营管理,选择母树林的年龄以生长旺盛、具有良好结实能力的中、壮林为好。适宜建母树林的林龄,因树种结实规律、林分起源、生长环境、发育状况等不同而异。一般速生树种、人工林,以及生长环境和发育状况良好的林分,建立母树林时,适宜林龄可小些,慢生树种和天然林反之。例如,杉木、马尾松、湿地松、火炬松等人工林10~15年,油松天然林20~50年,红松天然林120~200年。此外,拟建母树林的林分最好是同龄纯林,且林分的生长发育状况良好,林分郁闭度一般为0.5~0.7。

(2)母树林营建

选定采种林分后,要根据国家营建母树林标准《母树林营建技术》(GB/T 16621—1996)选择优良采种母树。为提高母树的遗传品质,改善光照、水分、养分和卫生条件,促进母树生长发育,必须对选定的母树林进行疏伐。疏伐的原则是"去劣留优",同时要尽量使保留的母树分布均匀,但对劣株应坚决伐除,即使造成小块空地也要进行。对雌雄异株的树种,还须注意雌雄株比例和分布。疏伐强度直接影响母树生长发育和种子的产量与质量。确定疏伐强度的基本要求是:使保留母树能正常生长发育,保证母树有合理布局和充足的营养空间,利于母树种子生产和质量提高;树体之间既不相互遮蔽,又不形成林中空地和林窗;保证母树不遭受风倒风折、雪压雪折和日灼等危害。为避免林地环境的剧烈变化,疏伐可分2~3次逐渐达到计划保留的母树株数。疏伐后郁闭度应保持在0.5~0.6,多数树种最终郁闭度以0.4~0.6为宜。

(3)母树林管理

母树林建立后,按照国家标准《母树林抚育规程》(GB/T 16621—1996)应进行母树林管理。为实现林木良种优质、高产、稳产的目标,必须充分认识影响母树林种子产量和质量的因素,并针对性地采取管理措施。

①影响母树林种子产量和质量的因素　影响母树林种子产量和质量的因素很多,其内因是母树的遗传特性,外因是环境因素,包括光照、温度、水分、土壤养分、生物因素等。

ⅰ.树种的遗传特性。树种的开花与授粉受精是自身遗传基因决定的。树种的开花习性也影响到结实量。雌雄同花、自花授粉的树种,如刺槐、皂荚等,因授粉受精有保证,几乎年年结实;而雌雄异株,或虽为雌雄同株,但雌雄异花或花期不同的树种则会影响到授粉受精的有效性，甚至造成花期不遇，严重影响结实量。例如，雪松的雄花比雌花早开一个月，雄蕊散粉时，雌花还没有开放，花期不遇，产量很低。许多树种的性状适于杂交而不适于自交，如雪松是雌雄同株而异花的，雌花通常位于树冠的顶部，便于异株授粉；水杉在同一株树上雌雄花开放时间有先后，也有利于异株授粉。雌雄异株树种，雌、雄株距离靠近时，才能授粉结实。也有些树种在无法异花授粉的情况下，可部分自花授粉，但常常导致结实率低，种子质量差。

ii. 光照。光照是树木不可缺少的生活因子，是树木同化二氧化碳、制造有机营养的能量来源，而充足的有机营养积累又是开花结实的物质基础。光照充足，结实早，结实量大；反之则很少结实且种子质量很差。即使在同一株树上因受光量不同，结实量也有很大差异，在树冠的阳面结实量占到2/3，其余部分仅占1/3。

iii. 温度。温度是影响树木开花结实的主要因素之一，不同树种花芽分化、开花、结实各有其一定范围的温度需求。在开花期若遇到寒流或晚霜等低温，可能影响花芽分化；在花期容易遭遇低温危害，造成大量落花；在果实发育初期遭遇低温，会使幼果发育缓慢，种粒不饱满，从而造成减产。只有在适宜生长的温度条件下，种实发育良好、充实而饱满，质优而量大。

iv. 水分。水分条件充足，树木生长旺盛，通常能促进开花结实。但花期降水过多，会影响开花授粉，阴雨天气限制昆虫活动，影响虫媒花传粉。

v. 土壤养分。母树的营养生长、花芽分化、开花和结实生长发育都需要有足够的土壤养分。不过，土壤中氮营养元素供应过多时，树木营养生长旺盛甚至徒长，会影响开花结实，种实产量减少。土壤积水或板结，会造成根透气不良，影响树木生长结实，甚至导致死亡。

vi. 生物因素。昆虫能提高虫媒花树种的结实率。但有许多树种在种实发育成熟过程中会受到病菌、害虫、鸟类、鼠类等生物因素影响而减少产量，如松鼠常从松科、壳斗科等树上采集成熟种实，而乌桕、樟等树种的种实，容易被鸟类啄食，也会导致种子减产。

②提高母树林种子产量和质量的管理措施

i. 花粉管理。花粉管理是提高母树林种子产量的重要措施之一。特别是夏季阴雨期常有与传粉期重合的时候，这种情况下，种实产量受到严重影响。采集、处理和贮存花粉，可在适当时机实行人工辅助授粉。昆虫能提高虫媒花树种的结实率，在花期放养蜜蜂等可提高种实产量。

ii. 树体管理。国内外研究资料显示，对采种母树进行适当修剪，即剪掉母树下部的枯枝以及妨碍母树冠层发育的枝条，培养母树合理冠形，能够调节母树冠层结构和光照条件，有效改善母树营养状况，促进母树开花结实，以提高种子产量和品质。

iii. 土壤水肥管理。林木开花结实时期，消耗的营养物质较多，有时影响翌年种子产量，根据土壤水分、肥力、林木发育时期等进行合理施肥灌水，合理搭配磷、钾和其他营养元素，有机肥无机肥相结合，可有效提高母树林的产量、质量。生长期间当田间持水量小于65%时应及时灌溉。在早春花芽萌发、幼果形成和晚秋土壤结冻前进行，每次施肥后，也要灌溉。

iv. 病虫害防治。为了保护母树林良好的生长，减少或杜绝采种林病虫害造成的损失，必须坚持"预防为主、防重于治、防治结合"的原则，做到治小治早治了，力争将损失降到最低。应该经常到母树林进行调查研究，摸清采种林病虫害的危害程度、分布与发生规律，做到提前预报、预防。

ⅴ. 母树保护。防止动物、鸟类危害种实。母树林四周要开设防火线，每年及时清除防火线上的杂草和灌木。在交通要道口设置保护母树的宣传牌。母树林内禁止放牧、狩猎、采脂、采樵修枝。采种时，要改进采种方法、工具，建立保护母树的采种制度，防止损伤母树。

5.1.5.2 种子园

种子园(seed orchard)是指用优树无性系或家系按设计要求营建、实行集约经营、以生产优良遗传品质和播种品质种子为目的的特种人工林。

经大量研究和生产实践证明，采用种子园生产的种子造林能较大幅度地提高林木生长量的遗传增益，一般可达15%～40%。因此，种子园是当前世界林业先进国家良种生产的重要途径。

(1) 种子园种类

根据母树的繁殖方法，可将种子园分为无性系种子园和实生苗种子园。无性系种子园是以优树或优良无性系个体为材料，用无性繁殖的方法建立起来的种子园，它具有能保持优树原有的优良品质，无性系来源清楚，开花结实早，树形相对矮化，便于集约经营管理等优点。实生苗种子园是用优树或优良无性系上采集的自由授粉种子，或控制授粉种子培育出的苗木建立起来的种子园，其特点是容易繁殖，投资少，适用于无性系繁殖困难的树种；对开花结实早、轮伐期短的树种，其子代测定可以与种子生产结合起来；自交现象没有无性系种子园严重。缺点是开花结实晚，优树性状不稳定，容易发生变异。

根据建园繁殖材料经选择鉴定的情况，分为一代种子园、一代去劣种子园、一代改良种子园和高世代种子园等。高世代种子园是经过多世代的选择和培育形成的，可以提高林木群体中优良基因频率，并组合出更能符合人们所需要的优良基因型，随着种子园世代增加，改良效果能逐步提高，所以高世代种子园是今后的发展方向，美国南方松种子园有的已达到二代和三代。目前我国主要用材树种如杉木、马尾松、湿地松、火炬松、池杉、华山松、云南松、红松、樟子松、云杉及5种主栽落叶松等均已完成一代种子园营建，多数设置了大面积的遗传测验林，目前正处在向高世代种子园过渡时期。

(2) 种子园营建与管理

详细的内容请参考《林木育种学》。

5.1.5.3 采穗圃

采穗圃(cutting orchard)是以优树或优良无性系作材料，生产遗传品质优良的枝条、接穗和根段的良种基地。采穗圃的作用主要有两个：一是直接为造林提供种条或种根；二是为进一步扩大繁殖提供无性系繁殖材料，用于建立种子园、繁殖圃，或培育无性系繁殖苗木。

(1) 采穗圃种类

采穗圃分初级采穗圃和高级采穗圃两种。初级采穗圃是从未经测定的优树上采集下来的材料建立起来的,其任务只为提供建立一代无性系种子园、无性系测定和资源保存所需要的枝条、接穗和根段。高级采穗圃是由经过测定的优良无性系、人工杂交选育定型树或优良品种上采集的营养繁殖材料而建立起来的,其目的是为建立一代改良无性系种子园或优良无性系、品种的推广提供枝条、接穗和根段。

(2) 采穗圃营建方式

采穗圃应选在气候适宜、土壤肥沃、地势平坦、便于排灌、交通方便的地方,尽可能设置在苗圃中。如在山地设置采穗圃,坡度不宜太大,选择的坡向日照不要太强,冬季不会受寒风侵袭。

在配置方式上,以提供接穗为目的时,通常采用乔林式,株行距 4~6 m;以提供插穗(枝条和根段)为目的时,通常采用灌丛式,株行距 0.5~1.5 m。更新周期一般 3~5 年。以采杨树种条为主的灌丛式采穗圃为例,采穗植株无明显主干,一般用 1 年生插条苗或实生苗按规定株行距栽植,第二年萌发前距地表 10 cm 平茬,留高 10 cm 时选留 3~5 根分布均匀的粗壮枝条,其余摘除。当年进入休眠期后或翌春结合采集种条再进行平茬,茬口较上年度提高 5 cm,每一母树保留 3~5 个冬芽,反复 3~5 年后更新,重栽新种条。

在实际工作中由于优树直接提供的种条数量有限,因此往往先建立优树采穗圃,然后建立无性系繁殖圃。

采穗圃无需隔离,但要注意防止品种混杂,并便于操作管理,可按品种或无性系分区,同一个品种应栽植在一个小区内。栽植时要依据品种特性、整形修枝状况以及立地条件等设置密度,以期提高种条的产量和品质。

(3) 采穗圃的管理

采穗圃的管理工作,包括深翻、施肥、中耕除草、排水、灌溉及病虫害防治等。

①适时灌溉 采穗圃内要挖好排灌沟渠,能灌能排,防洪排涝。灌水要适时,第一年定植后立即灌溉,全年灌水 8~10 次。第一次要灌透水,之后可减少灌水量,苗木生长后期要停止灌水。第 2 年以后,每年可根据苗木的生长状况和当地的气候、土壤条件,适当减少灌水次数,增加灌溉量,一般每年可灌水 6~8 次。

②中耕除草 中耕除草可改良土壤,消灭杂草,促进苗木生长和根系发育。第一年定植初期以除草保墒为目的,采取浅耕除草,深度 3~5 cm;6 月中、下旬以后降水和灌溉易引起土壤板结,杂草易滋生,因此要深耕勤除草,深度 6~8 cm。全年中耕除草 6~9 次,要达到圃地土壤疏松无杂草。第 2 年以后除草可适当加深,次数可适当减少,全年 5~6 次即可。

③合理施肥 采穗圃每年要提供大量穗条,养分消耗过多、土壤肥力降低,为保证采穗圃能提供大量的优质穗条,特别是为了提高插穗的扦插生根率,要根据采穗圃地力,通过合理追施化肥,有机肥和无机肥相结合施用,以改善苗木的营养条件。

(4) 采穗圃的复壮更新

采穗圃由于连年采条,树龄老化,长势衰退,加之留桩腐烂病渐重,影响条(穗)的产量和质量。为防止采穗圃的母树退化,要进行母树复壮更新。采穗圃复壮更新的年限因树种不同而异,如群众杨、小黑杨、北京杨等速生树种只能连续采 5~6 年。毛白杨应在秋末冬初进行平茬,使其从根基部再重新萌发形成根桩,再生产条(穗)。对木本植物而言,一般情况下,通过截干,促进基部休眠芽萌发、生长,再生产条(穗)。一般5~6年要挖根重栽,或可另选择新的圃地,重新建立新的采穗圃。

良种生产基地建立后,均应建立技术档案,包括调查、营建等文字、图、表等材料以及建后经营管理措施等。

5.2 种实和穗条采集与调制

5.2.1 种实采集

种实采集是林木种子生产中的重要环节,也是一项季节性很强的工作,这项工作进行得是否科学、适时,直接影响到种子的品质和产量,以及种子事业的发展。为了持续获得大量良种,必须正确选择采种母树、熟悉林木结实规律、预测种实产量、掌握种实成熟特征和脱落习性,做好采种前的一切准备工作,制订切实可行的采种计划,选用适宜的采种方法和采种工具,同时做好种子登记工作。

5.2.1.1 采种林分的选择

根据《种子法》的规定,采种林分包括种子园、母树林、一般采种林和临时采种林、群体和散生的优良母树,但最好从本地或气候、土壤条件与造林地相近地区的林木良种基地采种。在林木良种基地面积小,种子产量不足以满足造林要求的情况下,则可选择天然林或人工林的优良林分,甚至选择符合优良母树标准的散生树木采种。

5.2.1.2 林木结实规律

树木开始结实以后,每年结实量有很大的差异。其中灌木树种大部分年年开花结实,而且每年结实量相差不大;而乔木树种则有的年份结实量多(丰年),有的年份结实很少(歉年)或不结实。

林木结实丰歉现象因树种不同而有很大差别。如杨树、柳树、桉树等树种,种子产量年年较为稳定;而水曲柳、黄波罗、栎类等树种,丰歉年比较明显;高寒地带的针叶树种,如樟子松、红松等,不结实的现象经常发生。

造成林木结实丰歉现象的主要原因是树木的营养不足。在丰年树木光合作用的产物大部分为果实、种子发育所消耗,养分不能正常运送到根部,从而抑制了根系的代谢和吸收功能,造成在花芽分化的关键时期营养不良,进而翌年就出现歉年。

林木结实丰歉现象还与母树生长发育的环境有关。如气候条件好,土壤肥沃,则丰歉现象不明显。如欧洲云杉,在生长条件好的地方,结实周期为2年,在差的地方则7年。灾害性天气可能对结实造成更大影响。

实践证明,树木结实丰歉现象并非不能改变,只要为树木生长创造良好的营养条件,加强抚育管理,科学地整枝修剪,合理施肥,消除自然灾害等,就能做到年年丰收。

5.2.1.3 种实产量预测

为科学制订采种计划,并为做好采种准备、种子贮藏、调拨和经营提供科学依据,有必要对种子、果实产量进行预测和预报。我国林业科技工作者,经过多年研究,并总结我国林木结实预测预报的经验,提出了杉木、油松、樟子松等树种简单实用、精度较高的种实预测预报方法，如目测法、标准地法、平均标准木法等。对由国外引进的预测方法也根据本国实际进行了研究，提出了调整措施。如对可见半面树冠球果估测法的研究发现，该法在密度较大的林分中难以实行，其发明国瑞典应用该法的基本思路是把观测到的数值作为某个地区结实丰歉的相对指标，用于宏观决策，并不要求用来估测绝对产量。因此可以设想，通过多年的观测验证，在林分密度较大的地区，能否选择某些易于观测的单株，如林缘木或稀疏林地的林木，把他们的平均半面树冠球果数作为该地区结实丰歉的指标，从而避免密度太大难以估测的困难(喻方圆等，1992)。

目前生产上正逐步建立一整套林木结实预测预报的体系，其内容包括：林木结实量预测在果实近熟期进行；预测方法可选用目测法、标准地法、平均标准木法、标准枝法、可见半面树冠球果估测法等；预测结果按树种、采集地区、采种林类别分别填写，将结果逐级上报。

(1) 目测法(又称物候学法)

本法通过观测母树开花结实情况来预估种子产量等级。根据历年的资料推算种子产量，即在开花期、种子形成期和种子成熟期观测母树林的结实情况。

我国采用丰、良、平、歉四级制评定开花结实等级，各等级标准如下：

丰年：开花，结实多，为历年开花结实最高量的80%以上；

良年：开花，结实较多，为历年开花结实最高量的60%~80%；

平年：开花，结实中等，为历年开花结实最高量的30%~60%；

歉年：开花，结实较少，为历年开花结实最高量的30%以下。

具体观察时，应组织具有实践经验的3~5人组成观察小组，沿着预先决定的调查路线，随机设点，评定等级，最后汇总各点情况，综合评定全林分的开花结实等级。

此法要求观察者在开花和结实时，目测准确，技术熟练，否则将产生主观差异。为了核对目测的结果，可用平均标准木法或标准枝法校正。

(2) 标准地法(又称实测法)

在采种林分内，设置有代表性的若干块标准地，每块标准地内应有30~50株林木，采收全部果实并称重，测量标准地面积，以此推算全林分结实量。参考历年采收率和出籽率估测当年种子收获量。

(3) 标准枝法

在采种林分内，随机抽取10~15株林木，在每株树冠阴阳两面的上、中、下三层，分别随机选1 m左右长的枝条为标准枝，统计枝上的花或种实的数量，再计算出平均1 m长枝条上的数量，参考该树种历史上丰年、平年、歉年标准枝的花朵、果实数，评估结实等级和种子收获量。

(4) 平均标准木法

平均标准木是指树高、直径都是中等大小的树木。此法是根据母树直径的粗细与结实量多少之间存在着直线之间关系来计算产量的。主要做法是：在采种林分内，选择有代表性的地段设标准地，每块标准地应有150~200株林木，测量标准地的面积，进行每木调查，测定其胸径、树高、冠幅，计算出平均值。在标准地内选出5~10株标准木，采收全部果实，求出平均单株结实量，以此推算出标准地结实量和全林分的结实量与实际采收量。全林结实量乘以该树种的出种率即为全林种子产量。

因立木采种时不能将果实全部采净,可根据采种技术和林木生长情况,用计算出的全林分种子产量乘以70%~80%,即作为实际采集量。

(5)可见半面树冠估测法

在采种林分内,随机抽取样木50株以上,站在距离与树高近似的一点,统计每株样木可见半面树冠的果实数并计算平均值,代入该树种可见半面树冠果实数与全树冠果实数的相关方程,得出平均每株样木果实数,乘以全林株数可得全林果实数。根据历年采收率和出籽率估测种子收获量。

用此法时,要先建立该树种可见半面树冠结实数与全树冠结实数的相关方程。

5.2.1.4 种实成熟

(1)种实成熟过程

种子成熟是受精的卵细胞发育成有胚根、胚芽、子叶、胚轴的完整种胚的过程。一般包括生理成熟和形态成熟两个过程。

①生理成熟　当种子内部营养物质积累到一定程度,种胚具有发芽能力时,即达到生理成熟。这时种子含水量高,内部的营养物质还处于易溶状态,种皮不致密,种子不饱满,抗性弱。这时种子采后不易贮存,易丧失发芽能力。

②形态成熟　当种子内部生物化学变化基本结束,营养物质积累已经停止,种实的外部呈现出成熟的特征时,即达到形态成熟。这时种子含水率降低,酶的活性减弱,营养物质转为难溶状态的脂肪、蛋白质、淀粉等。种皮坚硬、致密,抗害力强,耐贮藏。呼吸作用微弱,开始进入休眠。具有发芽能力。外观上种粒饱满坚硬,并具有特定的色泽与气味。所以生产上常以形态成熟作为采种期的标志。

③生理后熟　多数树种是在生理成熟之后进入形态成熟。但也有少数树种如银杏等,虽在形态上已表现成熟的特征,而种胚还未发育完全,需经过一段时间才具有发芽能力,称为生理后熟。

(2)种实成熟期及其影响因素

不同树种的种实成熟期不同。如杨树、柳树、榆树在春季成熟;桑树在初夏成熟;臭椿、刺槐在夏末成熟;麻栎、侧柏在初秋成熟;油松、白皮松、桦木、榛子、银杏在秋季成熟;杉木、马尾松、油茶在深秋成熟。

种实的成熟期除受树种本身内在因素的影响外,还受地区、年份、天气、土壤、树冠部位,以及人为活动等因素的制约。

同一树种,不同地区其种实成熟期存在差异。例如,小叶杨的种子成熟时间为:黑龙江南部为6月中旬,辽宁北部约在6月上旬,辽南一带约在5月下旬,北京一带则在5月上旬。榆树也有这样的情况,在北京的成熟期约在5月上旬,在黑龙江则迟至5月下旬至6月中旬。

同一树种,同一地区因所处地形及环境条件不同,成熟期也不同。例如,生长在阳坡或低海拔地区成熟期较早,生长在阴坡或高海拔则成熟较迟。不同年份,由于天气状况不同,种子成熟期也有很大差别。一般气温高,降水少的年份,种子成熟较早,多雨湿冷成熟晚。土壤条件也影响成熟期的早晚,如生长在砂土和沙质壤土上的树木比生长在黏重和潮湿土壤的树木种子成熟早。同一树种林缘木，孤立木比密林内的种子成熟早；甚至同株树上，树冠上部和向阳面的种子比下部和阴面的种子成熟早。

此外，人类的经营活动也会提早或推迟成熟期，如合理施肥给水，改善光照条件，能提早成熟期。

(3)种实成熟特征

各个树种的种实达到真正成熟时，显示出各自不同的特征。主要表现在颜色、气味和果皮表面的变化，可以此来确定种实的成熟期。

①球果类 果鳞干燥，硬化，微裂，变色。如杉木、落叶松、马尾松等由青绿色变为黄绿色或黄褐色，果鳞微裂；油松、云杉变为褐色，果鳞先端反曲。

②干果类 果皮由绿色转为黄、褐至黑色，果皮干燥紧缩，硬化。其中蒴果、荚果的果皮因干燥沿缝线开裂，如刺槐、合欢、香椿、泡桐等果皮青色变成赤褐、棕褐、红褐色，果皮紧缩、硬化；皂荚等树种果皮上出现白霜。坚果类的栎属树壳斗呈灰褐色，果皮淡褐色至棕褐色，有光泽；水曲柳等树属翅果为黄褐色；乌桕、香椿、泡桐等果皮青绿色变黑褐，开裂、干燥、硬化。

③肉质果类 果皮软化，颜色随树种不同而有较多的变化，如樟、楠、女贞、黄波罗由绿色变为紫黑色；圆柏呈紫色；银杏呈黄色；有些浆果果皮出现白霜。肉质果多为绿色，成熟后果实变软，香、甜、色泽鲜艳，酸味和涩味消失。

(4)种实成熟的判断方法

确定种实成熟期的方法有多种：

①目测法 目测法最常用，是根据球果或果实的颜色变化来判断种实的成熟程度。

②切开法 是根据胚和胚乳的发育状况判断，可切开用肉眼观察，或不切开而用X射线检查。

③比重法 适用于球果，在野外可操作，较为简单易行。先将水(比容1.0)、亚麻籽油(比容0.93)、煤油(比容0.8)等配制成一定比重的混合液，再把果球放入，成熟的球果飘浮，否则即下沉。

④生化法 是指通过测定分析还原糖含量和粗脂肪含量等判断种实成熟程度。

上述判断方法①、②、③是快速判断法。而科学准确采种，保证种子产量和品质的方法则是生化法。

5.2.1.5 种实散落

(1)种实散落期及其影响因素

大多数树种种实成熟后，由于果柄产生离层，种实散落。种实的散落期因树种不同而异。有些树种，如杨、柳、桦、榆等，种实成熟后立即散落；油松、侧柏、栎类、桑树、黄栌等，种实成熟后经过较短时间才散落；樟子松、马尾松、二球悬铃木、臭椿、楝树、刺槐、紫穗槐、白蜡、复叶槭等，种实成熟后需经较长时间才散落。

种实的散落期除与树种本身遗传特性有关外，还受外界环境因素的影响，如气温、光照、降水、空气相对湿度、风和土壤水分等。气温高、空气干燥、风速大，种实失水快，则脱落早，反之则脱落晚。

种实脱落的早晚与种子质量密切相关。一般情况下，早期和中期(即盛期)脱落的种子质量好,而且种子的数量也大,后期脱落的种子质量较差。但栓皮栎最早脱落的种实,种子多发育不健全,质量不好。

(2) 种实散落特点

种实散落的特点多种多样,如球果类的红松果实成熟后是整个球果脱落;杉木、落叶松、马尾松、侧柏等成熟时果鳞张开,种实散落;金钱松、雪松、冷松等树种果鳞种子一起飞散。蒴果和荚果类的树种一般是果实开裂,种子脱落;杨柳类是种子与种絮飞散,裂开的果穗渐渐脱落;栎、槠、栲类、肉质果以及翅果类,常常整个果实脱落。

5.2.1.6 采种期确定

适宜的采种期是获得种子产量和质量的重要保证。种子的采集必须在种子成熟后进行,采集时间过早,会影响种子质量;过晚,小粒种子脱落飞散后则无法收集。因此,必须正确制定采种期。

采种期应根据种实成熟和脱落的时间、特点,果实大小来确定。采种时应遵循以下原则:

①成熟后立即脱落或随风飞散的小粒种子,如杨、柳、榆、桦、泡桐、杉木、冷杉、油松、落叶松、木荷、木麻黄等,种子脱落后不易收集,应在成熟后脱落前立即采种。成熟后立即脱落的大粒种子,如栎类、板栗、核桃、油桐、槠栲等,一般在果实脱落后,应及时从地面上收集,或在立木上采集,落地后不及时收集,会遭受虫、兽危害及土壤温湿度的影响而降低质量。

②有些树种如樟、楠、女贞等种子脱落期虽较长,但因成熟的果实色泽鲜艳,久留在树上容易招引鸟类取食,应在形态成熟后及时从树上采种,不宜拖延。

③成熟后较长时间种实不脱落的,如樟子松、马尾松、椴树、水曲柳、槭树、苦楝、刺槐、紫穗槐等,采种要求不严,可以在农闲时采集。但仍应尽量在形态成熟后及时采种,以免长期悬挂在树上受虫、鸟危害,造成种子质量下降和减产。

④有些长期休眠的种子如山楂、椴树,可在生理成熟后形态成熟前采种,采后立即播种或层积处理,以缩短休眠期,提高种子发芽率。

种子成熟常受制于天气条件,在天气情况不同的年份里,成熟期会有很大变动,必须对该年的物候进程作细致观察,以便科学合理地确定采种期。

5.2.1.7 种实采集的组织实施

(1) 采种前的准备

①组织准备 采种前要做好组织准备工作。首先实地检查采种林,确定可采林分地点、面积、采种日期,估测实际可能采收量;然后制订采种方案,组织采种人员学习采种技术,进行安全生产和保护母树的教育;母树必须严加保护,不允许伐树或砍截大枝采种,严防抢采掠青。

②物资准备 在采种前要根据采种林面积的大小、远近、地形、分散程度、采种方法、交通条件、可能采收数量等做好物资准备工作。采种前,要准备好采种、上树、计量、运输、调制机具,包装用品、劳动保护用品、临时存放场地、晒场、库房。

《中华人民共和国种子法》规定:在林木种子生产基地内采集种子时,由种子生产基地的经营管理者组织进行。采集种子应按照国家有关标准进行。禁止抢采掠青、损坏母树，禁止在劣质林内、劣质母树上采集种子。

（2）采种方法

采种方法要根据种实成熟后的散落方式、果实大小以及树体高低来决定，有以下几种：

①树上采种　适用于小粒种子或散落后易被风吹散的树种，如杨、柳、桦木、桉树、马尾松、落叶松、樟子松、杉木、侧柏、木荷等。一般多用于树干低矮或借助工具能上树采摘的树种。常用的采种工具有采种叉、采摘刀、采种钩、高枝剪、采种梳。上树用的工具有绳套、脚踏蹬、上树环、折叠梯等，也可采用升降机上树。我国湖南省林业科学研究院研制出了上树采种设备，解决了高大树木优良种子采摘难的技术难题。

②地面采种　种子成熟后，直接脱落或需要打落的大粒种子，如核桃、板栗、油桐、油茶等，可从地面收集。此法需在种实脱落前，清除地面杂物，以便收集。对于中小粒种子，散落后不易收集时，可在母树周围铺垫尼龙网，再摇动母树，使种子落入网内。美国有专门的收网机，在收网过程中去除杂物，可获得较纯净的种子。

此外，还可结合采伐作业，从伐倒木上采摘种实。池塘、水库边缘的母树种子落在水面，可采用水面收集。

③机械采种　对于树干高大，果实单生，用树上采种有困难的树种，如红松、杉木、马尾松、水杉、侧柏、樟、黄波罗、核桃楸等，通过机械动力振动摇落果实，用采种网或采种帆布收集种实。我国早在20世纪80年代研制成功杉木振动式采种机。国外林业发达国家已实现了采种机械化，如美国、俄罗斯、加拿大、日本等国家研制出用直升机或气球从空中采集林木球果的装置、双壁挠性盒式整树球果采集装置、单枝采捕的旋转叶片式摘果工具、小型便携式动力驱动采摘器等。丹麦、瑞典、意大利设计的液压摇树机，除能摇落种子外还带有收集种子的装置。

（3）采种时注意事项

上树采种时系好安全带、安全绳、安全帽。采种时间最好选无风的晴天，种子容易干燥，调制方便，作业也安全。阴雨天采集的种子容易发霉。有些树种的果实，空气过干易开裂，可趁早晨有露水时采集，能防种子散落。四级风以上的天气，禁止上树操作。

树下收集种子作业者，随时注意树上操作的工具滑落或折枝掉下砸伤，并注意行人。注意保护好母株资源，特别是公园风景区，防止破坏有价值的树木，并避免大量损伤种枝、种条，要保护种源。

（4）种子登记

在采种过程中，为了分清种源，防止混杂，合理使用种子，保证种子质量，对所采用的种子或就地收购的种子必须进行登记。要分批登记，分别包装。种子包装容器内外均应编号，放上标签。

5.2.2　种实调制

种子调制是采种后对果实和种子进行的脱粒、净种、干燥和种粒分级等技术措施的总称。调制的目的是获得纯净而适宜贮藏运输和播种的优质种子。

由于树种种类很多，种子调制方法必须根据果实及种子的构造和特点而定。为生产上加工便利，通常将不同树种的种子分为球果、干果和肉质果等3类。对同类种子采用相近的调制方法。

5.2.2.1 脱粒

脱粒是种实调制过程中最重要的环节之一。脱粒就是将种子从果实中分离出来。因此，脱粒的第一步则是种实的果皮干燥开裂。但在干燥脱粒过程中，应遵循以下原则：安全含水量高的种实采用阴干法，安全含水量低的种实采用阳干法。安全含水量，即种子能维持其生命活动所必需最低限度的含水量。树种不同，种子的安全含水量也不同（表5-1）。大部分树种的安全含水量为5%~12%之间。当种子的安全含水量大于20%时，即为高含水量。

表5-1 北方主要树种种子的安全含水量

树种	安全含水量(%)	树种	安全含水量(%)
油松	7~9	椴树	10~12
华北落叶松	8	白蜡	9~11
圆柏、侧柏	8~10	桦树	7~8
杨树、柳树	5~6	皂荚	5~6
侧槐	7~8	复叶槭	10
臭椿	9	元宝枫	9~10
白榆	7~8	杜仲	10
银杏	20~25	麻栎、栓皮栎	25~30
山楂	20~25	板栗	40~45

(1) 球果类的脱粒

在自然条件下，成熟的球果渐渐失去水分，果鳞反卷开裂，种子脱出。因此，要从球果中取种，关键是使果鳞干燥开裂。球果的脱粒方法有自然干燥法和人工加热干燥法。

① 自然干燥法 即在无人工干燥室及气候较温暖的地方，将球果放在日光下暴晒或放在干燥通风处阴干而使种子脱出的方法。如油松、侧柏、杉木、落叶松、云杉等的球果，曝晒3~10 d，球果鳞片开裂后，种子即可脱出。马尾松和樟子松的球果，用一般的方法，开裂较慢而脱粒不彻底。马尾松可用堆沤法或堆沤时用2%~3%的石灰水或草木灰水浇淋球果，可使堆沤时间缩短7~10 d。樟子松球果浸没水1~2 d后，可用日光暴晒法，提早脱落。红松和华山松的球果采后晾晒或阴干几天，待果鳞失水，用木床棒打法脱粒。

② 人工加热干燥法 是把球果放入干燥室或其他可加温的室内，进行干燥的方法。干燥室一般设有加热间，并可调控温度湿度。20世纪80年代由辽宁昌图林机厂研制成功的IHT型热风式林木球果烘干机，效果较好；2004年，由国家林业局哈尔滨林业机械研究所研制的新型林木球果干燥设备通过安装验收，这台由工业计算机自动控制的设备，球果开裂程度达到99%，种子成活率达到98%。国外，如美国、日本、俄罗斯、瑞典（图5-2）等国都设计了生产效率较高的人工干燥室。球果干燥机可以脱粒、净种、干燥、分级一次性完成。

图 5-2 瑞典 BCC 公司球果/种子调制装置
A. 球果/种子干燥箱　B. 去翅/脱粒设备　C. 空气压缩机　D. 过滤装置
E. 重力分选机　F. 净种和种子分级机　G. 水选机　H. 球果分装站

人工加热干燥球果温度不宜过高，温度过高会降低种子的发芽率。落叶松、云杉的适宜温度为 40~45 ℃；杉木、柳杉、樟子松、湿地松等一般不得超过 50 ℃；欧洲松适宜干燥的温度为 54 ℃。对于含水量较高的球果，要先在 20~25 ℃ 温度下预干，然后干燥室再逐渐升温，以免突然高温使种子的生活力受到损失。

(2) 干果类的脱粒

干果的种类较多，果实成熟后开裂者，称为裂果，如蒴果、荚果；果实成熟后不开裂者，称为闭果，如翅果、坚果。因果实构造、含水量不同，脱粒方法各异。

① 蒴果类　含水量较高且种粒细小的杨、柳等，以及含水量较高的大粒蒴果，如油茶、油桐等，采用阴干法脱粒。香椿、木荷、乌桕等蒴果，晒干后种粒即可脱出。种子细小的蒴果如桉树、泡桐等，收回室内晾干脱粒。

② 荚果类　刺槐、皂荚、合欢、相思等，一般含水量低，种皮坚硬致密，采用阳干法干燥脱粒。

③ 翅果类　枫杨、槭树、臭椿、白蜡等果实，调制时一般不用去翅，只需适当干燥后，清除杂物即可。榆、杜仲的种子含水量虽然较低，但失水过多会影响发芽率，应用阴干法调制。

④ 坚果类　栎类、槠栲类、板栗等大粒坚果因含水量较高，不能在阳光下暴晒，用阴干法调制。桦木、赤杨等小坚果，可薄摊(厚 3~4 cm)晾晒，然后用棒轻打或包在麻布袋中揉搓取种。悬铃木的小坚果，采后晒干，敲碎果球，去毛脱粒。

(3) 肉质果类的脱粒

肉质果类包括浆果、核果、聚花果以及包有假种皮的种子。其果皮多为肉质，容易发酵霉烂，采集后应及时调制。调制过程包括：软化果肉、弄碎果肉、用水淘出种子再干燥与净种。例如，银杏、桑树、沙棘、山杏、楝树、圆柏等，采用堆沤软化果皮，或用木棒捣碎果皮，也可放在筛子上揉搓，再用流水淘洗漂去果肉，分离出潮湿的种子，然后进行阴干。

5.2.2.2 净种

净种就是除去夹杂在种子中的鳞片、果皮、种皮、果柄、枝叶碎片、空粒、废种子、土块等。其目的是提高种子纯净度。净种方法一般是根据种子、夹杂物的大小和比重不同，分别采用风选、水选、筛选或粒选。

(1) 风选

适用于中、小粒种子，由于饱满种子与夹杂物的重量不同，利用风力将它们分离。风选的工具有风车、簸箕等。

(2) 筛选

利用种子与夹杂物的大小不同，选用各种孔径的筛子清除夹杂物。筛选时，还可利用筛子旋转的物理作用，分离空粒及半空粒的种粒。

(3) 水选

利用种粒与夹杂物比重不同的净种方法。银杏、侧柏、栎类，花椒等树种，水选时可将种子浸入水中，稍加搅拌后良种下沉，杂物及空、蛀粒均上浮，很易分离。

(4) 粒选

粒选是从种子中挑选粒大，饱满，色泽正常，没有病虫害的种子。这种方法适用于核桃、板栗、油桐、油茶等大粒种子的净种。

5.2.2.3 种子干燥

净种后的种子还应及时进行干燥，种子干燥的程度一般以达到安全含水量为准，达标的种子才能安全贮藏或调运。如果采后立即播种，则不必进行干燥。

种子干燥的方法主要采用自然干燥法。根据种子含水量的高低，可采用阳干或阴干法。无论采用哪种方法，都应将种子摊薄并勤翻动，以使种子水分尽快散失，保证种子质量。

在林业发达国家，种子调制的全过程都实现了机械化，常用的机械包括：种子和球果干燥箱、种子脱粒生产线、净种和分级机、去翅机、水选机、重力分选机等（图5-2）。

5.2.2.4 种粒分级

种粒分级有多种方法。例如，采用不同孔径的筛子，将大小种子分开；利用风选，将轻重不同的种粒分级；利用种子介电分选技术实现种子分选，有利于提高种子品质。用分级后的种子播种，出苗整齐，生长均匀，便于更好地进行抚育管理。

分级标准参考国家《林木种子质量标准》。该标准根据种子净度、发芽率（或生活力、优良度）和含水量等品质指标，将我国115个主要造林树种种子质量划分为3个等级。

我国林业工作者经过多年研究，基本摸清了我国主要造林树种结实规律，确定了相应的种子成熟期和采集期，提出了科学的种子采集和调制方法。由南京林业大学、北京林业大学等多家教学、科研和生产单位共同完成的《中华人民共和国国家标准林木采种技术》，详细列出了我国主要树种种子成熟特征、成熟期、采集期、采集方法、调制方法、出种率和千粒重等重要特征、方法和数据，是该领域多年成果的大荟萃，为指导我国林木种子的采集和调制提供了科学依据和实用方法，对我国林木种子生产有重要意义。

5.2.3 穗条采集与调制

无性繁殖材料包括用于扦插繁殖的插穗和嫁接的接穗，插穗可为枝条和根段，总称为穗条。

5.2.3.1 插穗采集与调制

(1) 插穗采集

插穗采集时间应选择品种纯正、品质优良、生长健壮、无病虫害的树木作为采穗母树，不应该在表现不良、病虫危害较为严重和尚未结果的幼树上采集插穗，以防造成苗木质量变劣和导致退化；花灌木选择花大色艳、色彩丰富、观赏期长的植株作为采穗母株。插穗的采集时间因树种、扦插繁殖方法不同而存在差异。

嫩枝扦插一般在树木生长最旺盛期，截取半木质化的幼嫩枝条作为插穗。多数树木在5~7月，如桂花以5月中旬采集为好；银杏、葡萄、山茶的插穗采集以6月中旬为好。采集过早，枝条幼嫩容易失水萎蔫干枯；采集过晚，枝条木质化，生长素含量降低，抑制物质增多，不利于生根。开花类植物，如月季，截取插穗的时间在谢花后进行。一天中适宜的采集时间为早晨和傍晚，此时插穗含水量高，空气湿度大，温度较低，插穗易于保存，严禁在中午采集插穗。

硬枝扦插时，落叶类树木插穗的采集一般在秋末树木缓慢生长或停止生长后，至第二年春季萌芽前进行，以充分木质化的枝条作为插穗；常绿类树木在春季萌芽前采集；采集过早，树木体内积累的营养物质较少，导致插穗质量下降，或者是由于枝条生长量小，导致可利用的插穗量少，从而降低了繁殖系数；采集过晚，枝条上的芽膨大，会消耗营养物质，不利于生根，或枝条拇指化程度过高，不利于扦插成活。

插穗可结合母树夏、冬季修剪进行采集，通常应采集母树中上部枝条。夏季的嫩枝，生长旺盛，光合作用效率高，营养及代谢活动强，有利于生根。冬剪的休眠枝，已充分木质化，枝芽充实，贮藏营养丰富，也有利于生根。

(2) 插穗调制

硬枝扦插时，截取母树树冠上中部向阳充分成熟、节间适中、色泽正常、芽眼饱满、无病虫危害的1年生中庸枝可作为插穗，过粗的徒长枝和细弱枝均不可作为插穗。剪去枝条梢端过细及基部无明显芽的枝段，剪成4~5个芽(15~20 cm)，每50~100根捆成1捆，并使插穗的极性方向保持一致，且下切口对齐，标明品种名称和采集地点，以免混杂。

嫩枝扦插时，选择母树上成熟适中、腋芽饱满、叶片发育正常、无病虫害的枝条为宜，枝条太嫩则容易腐烂，若已木质化则生根缓慢。采集后立即放入盛有少量水的容器中，使插穗的基部浸泡在水中，让其吸水补充蒸腾失去的水分，以防插穗萎蔫。如果从外地采集嫩枝插穗，可将每片叶剪去一半，以减少水分蒸腾损耗，再用湿毛巾放入一些冰块降温分层包裹，枝条基部用苔藓包好，运到目的地后立即打开包裹物，用清水浸泡插条基部。

采集的插穗应分树种和品种捆扎，拴上标签，标明品种、采集地点和采集时间等。

5.2.3.2 接穗采集与调制

（1）接穗采集

接穗的采集，必须选择品质优良纯正、观赏价值或经济价值高，生长健壮，无病虫害的壮年期的优良植株为采穗母本。从采穗母本的外围中上部，好选向阳面，光照充足，发育充实的1~2年生的枝条作为接穗。一般采取节间短、生长健壮、发育充实、芽体饱满、无病虫害、粗细均匀的1年生枝条较好；但有些树种，2年生或年龄更大些的枝条也能取得较高的嫁接成活率，甚至比1年生枝条效果更好，如无花果、油橄榄等，只要枝条组织健全、健壮即可；针叶常绿树的接穗则应带有一段2年生的老枝，这种枝条嫁接成活率高，且生长较快。

春季嫁接应在休眠期（落叶后至翌春萌芽前）采集接穗并适当贮藏。若繁殖量小，也可随采随接；常绿树木、草本植物、多浆植物以及生长季节嫁接时，接穗可随采随接。

芽接用的接穗最好是随采随接，采集的接穗要立即剪去叶片保留一段叶柄。枝接接穗在落叶后即可采集，最迟不得晚于发芽前2~3周。

（2）接穗调制

春季嫁接用的接穗，一般在休眠期结合冬季修剪将接穗采回，每100根捆成一捆，附上标签，标明树种或品种、采条日期、数量等，在适宜的低温下贮藏。对有伤流现象、树胶、单宁含量高等特殊情况的接穗用蜡封方法贮藏，如核桃、板栗、柿树等植物接穗，用此法贮藏效果很好。

蜡封方法是：将枝条采回后，剪成8~13 cm长（一个接穗上至少有3个完整、饱满的芽）的插穗；用水浴法将石蜡溶解，即将石蜡放在容器中，再把容器放在水浴箱或水浴锅里加热，通过水浴使石蜡熔化；当蜡液达到85~90 ℃时，将接穗两头分别在蜡液中速蘸，使接穗表面全部蒙上一层薄薄的蜡膜，中间无气泡；然后将一定数量的接穗装于塑料袋中密封好，放在0~5 ℃的低温条件下贮藏备用。

多肉植物、草本植物及一些生长季嫁接的植物接穗应随采随接，去掉叶片和生长不充实的枝梢顶端，及时用湿布包裹。取回的接穗如不能及时嫁接可将其下部浸入水中，放置阴凉处，每天换水1~2次，可短期保存4~5 d。

5.3 种子和穗条贮藏

5.3.1 种子贮藏

种实经过调制获得纯净种子后，如果直接用于播种，则种子不需要贮藏。但在冬季寒冷地区，种子往往需要越冬，则必须贮藏。另外，由于树木结实存在丰歉年现象，所以生产实践中，为了满足歉年对种子的需要，必须在丰年贮藏足够的种子。如果为了保存遗传资源，则种子需要更长期的贮藏。贮藏是指从调制后到播种前对种子生命力的保存。贮藏条件合理，种子活力则高，否则活力下降，甚至于种子死亡。因此，贮藏期间种子发生哪些变化及其影响因子和如何贮藏等问题，一直为许多种子科学家和林业工作者所关注。

5.3.1.1 贮藏期间种子的生命活动及代谢变化

种子是活的有机体，每时每刻都在进行着呼吸作用。正常的呼吸作用是种子内部贮存的蛋白质、脂肪、淀粉等有机物质，在酶的参与下，吸收空气中的氧气，进行一系列氧化还原反应，释放出二氧化碳和水，并产生热，为种子正常的生命活动提供能量。可见，呼吸作用是种子内贮存有机物质的消耗过程，呼吸作用愈强，有机物消耗就愈快；贮藏时间愈长，消耗的有机物质也愈多。随着营养物质的消耗，正常种子在贮藏过程中生活力会逐渐下降，这是不可逆的变化。但采用合理的贮藏条件和先进科学的贮藏技术，可以降低种子的呼吸作用强度，从而延长种子寿命。

种子寿命是指种子的存活期，也即种子生命的长度，泛指种子生命力所维持的时间（郑光华，2004）。在相同环境条件下，不同树种种子的寿命不同。早在20世纪之初，Ewart(1908)将种子寿命分为三类：第一类短命种子，其寿命不超过3 a；第二类种子，其寿命为3~15 a；第三类长寿种子，其寿命能维持15~100 a，甚至更长。不过，这种划分方法只能是暂时归类，如果采用最适宜的条件进行贮藏，种子寿命则可以明显延长。贮藏条件只能在一定程度上延缓种子生活力的下降，随着贮藏时间的持续，种子的老化（与衰老或劣变为同义词）是不可避免的，即种子活力〔指在广泛的田间条件下能够迅速整齐地发芽，并发育成正常幼苗的潜在能力(ISTA，1987)〕将逐渐下降，直到种子彻底失去活力。种子活力的丧失是渐进的，而且是有次序的(图5-3)。

随着深入研究，种子在贮藏期间产生的劣变及其原因渐渐明确。Koostra和Harringgton(1996)最早提出膜的氧化是种子劣变的主要原因。种子老化过程中，膜的结构和功能受到损伤，膜的透性增加，最主要的原因是膜的过氧化(McDonald，1999)。种子内存在的抗氧化系统有利于种子降低或清除超氧阴离子自由基(O_2^-)和过氧化氢(H_2O_2)对膜脂的攻击能力，使膜脂避免过氧化而得以保护(Leprince et al.，2000)。

当种子老化时，细胞或胚乳的内容物可能被氧化或被自由基攻击而分解，部分分解产物，如脂质氢过氧化物(ROOH)和丙二醛(MDA)等对某些生理过程是有毒的。有毒物质的积累亦是种子劣变及活力下降的原因之一。

种子老化时，许多酶的活性都不同程度地下降，而且新的酶合成速率也非常缓慢。老化种子中辅酶的缺乏也可能使酶的活性下降。

陶嘉龄和郑光华(1991)的研究结果表明，呼吸代谢的失调是种子劣变的另一个原因。Harrington(1973)认为诱发种子萌发的激素（如GA、CTK及乙烯）产生能力的逐渐丧失导致了种子老化。

事实证明许多死亡的种子仍含有丰富的贮备养分，只是种子的子叶和胚乳中的养分无法动员起来，供胚分生组织之用，造成这些细胞的饥饿。种子胚的分生组织缺乏养分，也可能引起种子的劣变。

随着贮藏时间的增加，种子萌发时细胞分裂中DNA崩坏现象增加。DNA崩坏的细胞数目与种子贮藏时间呈正比。

种子衰老是一个正常而又十分复杂的生物现象，迄今为止，关于种子活力丧失的分子

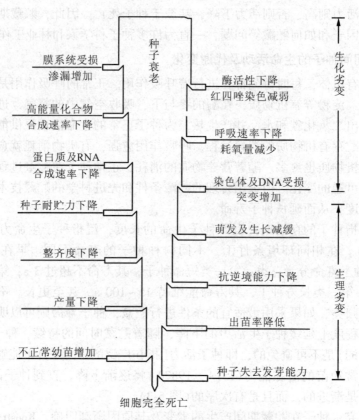

图 5-3　种子衰老的生理生化变化顺序
（引自陶嘉龄和郑光华，1991）
主轴由上而下表示种子活力由强减弱

机制还不清楚。郑光华提出了种子活力下降及丧失的理论假设（图 5-4）。这个理论假设揭示出，种子老化、劣变导致种子活力、生活力下降以致生命力丧失，其机理相当复杂。图 5-4 可概括为两个方面：一是外因的直接作用或间接影响；二是内在的演变过程。二者又密切联系，外因为内因变化的诱发因子和条件。归根到底，种子老化劣变实质上是细胞结构与生理功能上的一系列错综复杂的变化，既有物理的又有生理生化变化，一种变化可能与另一种变化互为因果关系，也可能齐头并进。

总之，导致种子老化劣变的诱因均为影响种子寿命的因素。在种子贮藏中，只有认识这些影响因素，科学合理控制贮藏条件，才能保证活力不下降。

5.3.1.2　影响种子寿命的因素

（1）内因

①种皮结构　种皮坚硬致密而不易透水透气，比种皮柔软又薄、易透水透气保持活力的时间长。

②种子内含物　含脂肪、蛋白质多的种子比含淀粉多的种子寿命长。

③种子含水量　种子含水量过高，酶处于活化状态，呼吸作用强，代谢旺盛，促使种子发芽或使养分大量消耗，种子生活力的保持时间就愈短，寿命愈短。

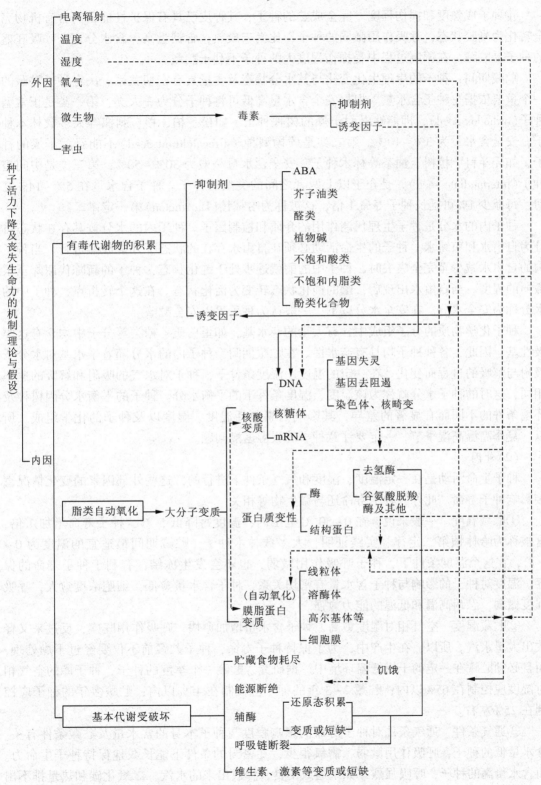

图 5-4　种子活力下降及丧失的理论假说（引自郑光华，2004）

④种子成熟度和损伤程度 完全成熟的种子，其种皮已具有保护性能，内含有机物完全转化为凝胶状态，呼吸作用微弱的种子，比尚未成熟，含糖量高，含水分多，呼吸旺盛的种子易贮藏。在调制过程中受损伤程度大的种子不利于贮藏。

贮藏期间，种子的生理生化变化与其水分状态及含量具有密切关系。决定种子贮藏的一个重要依据是种子含水量。根据安全含水量高低可将种子分为3大类：第一类是正常型种子(orthodox seed)，即能够忍耐干燥的树种种子，如松、柏、杉、刺槐等大多数林木种子，安全含水量为3%~10%；第二类是顽拗型种子(recalcitrant seed)不能忍耐干燥的种子，如壳斗科、樟树、油茶等林木种子，安全含水量一般为30%~50%；第三类是中间型种子(intermediate seed)，是介于以上两者之间的类型的种子。种子含水量在5%~14%之间，每减少1%可延长种子寿命1倍，这被称为哈林顿(Harrington)第一定律。

种子内的水分是种子生理代谢作用的介质和控制因子。种子内的水分按其存在状态可分为自由水和束缚水。种子的生命活动必须在自由水存在的状态下才能旺盛进行。当种子内的自由水减少至完全失去时，种子中的酶就逐步处于钝化状态，种子的新陈代谢降至很微弱的程度。当自由水出现后，酶的钝化状态转变为活化状态。在这个转折点，种子中的水分称为安全水分。在安全水分以下，一般认为种子可以安全贮藏。

种子化学物质的分子组成中含有大量的亲水基，如蛋白质、糖类等分子中均含有这类极性基，因此，各种种子均具有亲水性。在贮藏期间，种子内的水分随着亲水基对水分子吸附与解吸的过程而变化。在一定的温度、湿度条件下，种子对水气的吸附和解吸的速率相同，这时的种子水分就称为该温度、湿度条件下的平衡水分。种子的平衡水分因树种及环境条件的不同而有显著的差异，其影响因素包括温度、湿度以及种子的化学组成。所以，夏季高温高湿季节，一定要注意种子的吸湿返潮问题。

(2) 外因

种子生命活动是在一定温度、湿度和氧气条件下进行的，这些外部因素的变化情况直接影响种子寿命。此外，种子寿命还与微生物等相关。

①贮藏温度 一般来说，在0~50℃范围内，温度每降低5℃，种子寿命增加1倍，这被称为哈林顿第二定律。实践证明，大多数林木种子，贮藏期间最适宜的温度为0~5℃，在这个温度条件下，种子呼吸作用微弱，也不会发生冻结，有利于种子寿命的保存。温度对种子的影响与种子含水量有密切关系，种子含水量愈低，细胞浓度愈大，呼吸强度微弱，忍耐高温和低温的能力愈强。

②贮藏湿度 空气相对湿度愈高，种子含水量增加愈快，呼吸作用旺盛，反过来又释放出大量水汽。所以，在生产中，为了保持种子寿命，种子贮藏前不仅要经过干燥处理，而且必须贮藏在一定的干燥低温环境中。据研究，贮藏一个季度的种子，种子库的空气相对湿度应控制在65%以内；贮藏2~3年的种子应控制在45%以内；贮藏多年的种子应控制在25%左右。

③通气条件 通气条件对种子寿命的影响程度与种子本身的含水量及贮藏条件有关。含水量低的种子，呼吸作用微弱，需氧很少，在密封的条件下能长久地保持种子生命力。而含水量高的种子，呼吸强烈，如果通风不良，释放出来的水汽、二氧化碳和热量排不出去，大部分郁积在种子周围，产生缺氧呼吸，容易导致种子中毒死亡。所以贮藏安全含水

高的种子，必须创造良好的通风条件，及时排除由于种子呼吸而释放出来的水汽、二氧化碳和热量。

④微生物　种子入库时携带有多种微生物，包括细菌、真菌、放射菌类以及病毒类等，其中有在采种母树上侵染，有在采后感染，也有在种子贮藏期间侵染的。微生物产生的多种毒素直接危害种子，导致种胚细胞劣变，从而降低种子活力。

⑤害虫　贮藏的种子被害虫危害后，除了造成数量上的损失外，还大大降低种子的活力，甚至失去种用价值。害虫能咬破种皮，蛀食胚乳及胚，在种子堆中繁殖可以引起种子的发热而腐败，如100个象鼻虫在一昼夜呼吸的结果能放出约322 J的热。一般贮藏中种子含水量低于9%，能抑制害虫的生长发育。

综上所述，在贮藏期间，影响种子寿命的因素是多方面的，而这些因素之间又互相影响和制约，其中种子贮藏寿命与种子含水量和贮藏温度关系最为密切，适当降低种子的含水量和贮藏温度，可有效延长种子寿命。如油松种子贮藏最佳的含水量为5%~6%，华北落叶松种子贮藏的最佳含水量为7%~7.5%，均以冷库贮藏为佳。我国特有珍贵树种金钱松种子贮藏时，含水量以4%左右为最好，贮藏温度以-18~-15 ℃最好（蔡克孝等，1988）。经典理论认为5%~7%的含水量是种子安全含水量的下限。国际上普遍采用5%~7%的含水量和-25~-18 ℃的贮藏温度进行种子种质的长期保存。但低温保存耗资巨大，于是种子高效低耗能贮藏技术研究掀起了热潮。20世纪80年代提出了种子超干（即种子含水量低于5%）贮藏的概念，郑光华在 *Nature* 上发表的论文，证明适宜的超干贮藏不会增加种子劣变而导致种质的变异，其种子种质的遗传完整性仍可保持，这标志着我国在种子贮藏研究领域取得了突破性进展。

5.3.1.3　种子贮藏方法

生产上根据种子的特性和贮藏目的，将贮藏方法分为干藏和湿藏。此外，还采用气调贮藏、超低温贮藏（液氮离体胚保存）、超干贮藏等方法进行种子或种质资源长期保存。

贮藏种子的环境通常采用普通贮藏库、低温贮藏库等。普通贮藏库造价低廉、施工方便，适宜散装或有包装的种子进行短期贮藏，如普通干藏或密封干藏。低温贮藏库根据种子贮藏的低温、干燥、密闭等条件建造，成本高，可长期进行种子贮藏，如超低温贮藏等。

无论采用哪种贮藏方法，种子入库前都必须净种，测定种子含水量。对含水量过高的种子要进行干燥处理，使其符合贮藏标准。为防止病虫害，入库前应对种子进行消毒处理。

（1）干藏

将充分干燥的种子，置于干燥环境中贮藏称为干藏（dry storage）。该方法要求一定的低温和适当的干燥条件，适合于安全含水量低的树种种子，如大部分针叶树和杨、柳、榆、桑、刺槐、白蜡、皂荚、紫穗槐等。干藏又根据贮藏时间和贮藏方式，分为普通干藏和密封干藏。

①普通干藏（conventional dry storage）　将充分干燥的种子，装入麻袋、箩筐、箱、桶、缸、罐等容器中，置于低温、干燥、通风的库内或普通室内贮藏。适用于大多数针、阔叶树种的种子进行短期（如秋采冬贮春播）贮藏。

②密封干藏(sealed storage)　将充分干燥的种子,装入已消毒的玻璃瓶、铅桶、铁桶、聚乙烯袋容器中,密封贮藏。由于种子与外界空气隔绝,能够稳定地保持种子原有的干燥状态,种子呼吸微弱,代谢缓慢,能够长期保持种子的生命力。为防止种子吸湿、受潮,容器中要留有一定空间(种子约九成满),并放入木炭、氯化钙、变色硅胶等吸湿剂,然后加盖,用石蜡、火漆、黏土等密封。吸湿剂的用量一般木炭为种子重量的20%~50%;氯化钙为1%~5%;变色硅胶约为10%。

(2) 湿藏

湿藏(wet storage)是将种子置于湿润、适度低温、通气的条件下贮藏。适用于安全含水量高的树种种子,如壳斗科、七叶树、核桃、油茶、檫树等树种。一般情况下,湿藏还可以逐渐解除种子的休眠,为发芽创造条件。所以一些深休眠种子,如红松、圆柏、椴树、山楂、槭树等,也多采用湿藏。湿藏的具体方法很多,主要有坑藏、堆藏和流水贮藏等。

①坑藏法　坑的位置应选在地势高燥,排水良好,背风和管理方便的地方。坑的宽度1~1.5 m,长度视种子数量而定。坑深原则上应在地下水位以上、土壤冻结层以下,一般为1m左右。贮藏时先在坑底铺一层厚10~15 cm 的湿砖、卵石或粗砂,再铺一层湿润细砂,在坑中每隔1 m距离插一束秸秆或带孔的竹筒,使其高出地面30 cm左右,以便通气。然后将种子与湿沙按1:3的容积比混合,或种沙分层放在坑内,一直堆至距坑沿20~40 cm为止,上面覆一层湿沙。沙子湿度约为饱和含水量的60%,即以手握成团不滴水,松手触之能散开的程度。最后覆土成屋脊形,覆土厚度应根据当地气候条件而定,且随着气候变冷而逐渐加厚土层。为防止坑内积水,在坑的周围应挖好排水沟。鼠害严重地区注意防鼠。

值得注意的是,坑藏与低温层积催芽的操作方法(详见5.5.1 种子催芽方法)完全相同,但是,种子湿藏与低温层积催芽是两个完全相反的生理过程。湿藏的目的是保证高含水量的种子在贮藏期间既保持其生命力,又不致使其活力下降,实质是抑制种子萌发,而低温层积催芽恰好相反,其目的是打破种子休眠,促进种子萌发。所以,坑藏与低温层积催芽在控制条件上存在差异。通常低温层积催芽时温度和湿润物含水量要高于湿藏。

②堆藏法　可室内堆藏也可露天堆藏。室内堆藏可选空气流通、温度稳定的房间、地下室、地窖或草棚等。先在地面上浇一些水,铺一层10 cm左右厚的湿沙,然后将种子与湿沙按1:3的容积比混合或种沙分层铺放,堆成高50~80 cm、宽约1 m左右,长视室内大小而定。堆内每隔1m插一束秸秆,堆间留出通道,以便通风检查。

对一些小粒种子或种子数量不多时,可把种沙混合物放在箩筐或有孔的木箱中,置于通风的室内,以便检查和管理。

③流水贮藏法(running water storage)　对大粒种子,如核桃,在有条件地区可以用流水贮藏。选择水面较宽、水流较慢、水深适度、水底少有淤泥腐草,而又不冻冰的溪涧河流,在周围用木桩、柳条筑成篱堰,把种子装入箩筐、麻袋内,置于其中贮藏。

(3) 超低温贮藏

种子超低温贮藏是指利用液态氮(-196 ℃)为冷源,将种子等生物材料置于-196 ℃超低温下,使其新陈代谢活动处于基本停止状态,且不发生遗传变异和劣变,而达到长期保持种子寿命的贮藏方法。这种保存方式不需要机械空调设备及其他管理,冷源是液氮,容器是液氮罐,设备简单。入液氮的种子不需要特别干燥,省事、省工、省经费,适合于长期保存珍贵稀有种质。

(4) 超干贮藏

超干种子贮藏是指种子水分降至5%以下,密封后在室温条件下或稍微降温的条件下贮存种子的方法。1985年种子超干贮藏的设想提出以来,有关超干研究相继展开。研究结果表明,多数正常型植物种子可以进行超干贮藏,但种子内含物类型不同,耐干性存在差异。脂肪类种子具有较强的耐干性,可以进行超干贮藏;淀粉类和蛋白质类种子耐干程度差异很大。种子超干不是越干越好,存在一个超干水分的临界值。当种子水分低于临界值,种子寿命不再延长,并出现干燥损伤。

近年来,林木种子超干贮藏的研究不断深入。对榆树种子进行超干处理,发现超干贮藏应用于榆树种子完全可以代替低温贮藏。林坚、郑光华等(1995)将杜仲种子含水量降至3.5%以下,认为可增强其耐藏性,超干种子脂质过氧化物MDA积累减少,幼苗的呼吸强度高于对照种子,过氧化物同工酶谱与室温贮藏种子的同工酶谱基本一致。郑郁善等(2000)对杉木、马尾松、木麻黄、黑松和台湾相思种子进行超干处理,发现木麻黄和台湾相思种子有较强的耐干燥性能,种子含水量降至1%时,未见有活力水平明显下降,以含水量4%时活力水平最高;杉木、马尾松和黑松种子以含水量5%时发芽率和各项活力指标达到最大。

要使种子含水量降至5%以下,采用一般的干燥条件是难以实现的,如用高温烘干,则要降低活力以至丧失生活力。目前采用的方法有冰冻真空干燥、鼓风硅胶干燥、干燥室室温下干燥,一般对生活力没有影响。硅胶、生石灰、无水氯化钙等干燥剂对种子超干效果明显。真空冷冻干燥适于油料种子及小粒种子,所需费用较高,在实际应用中受到限制。而硅胶干燥法不仅可以将油料作物种子超干,也可以将淀粉类种子和豆类种子超干,且硅胶干燥法比其他冷冻干燥法更经济、更有效。超干种子在萌发前进行预处理,即引发处理也称种子渗透调节,有利于提高种子活力。

5.3.1.4　种子运输

种子长途运输实质是在活动的环境中贮藏种子,所以,做好运输前准备和运输过程中管理非常重要。首先要按照种子特性做好包装工作。用透气的包装物,如麻袋、编织袋、带孔木箱等,使种子能适当透气,包装时可将种子混合一些干燥剂,如木炭粉等,避免种子在运输中霉烂。包装时种子只能装七成满。容易丧失生命力的种子,如杨树、桦树等,应密封运输。在运输过程中要做好管理工作,保证种子既不能干燥,又不能日晒雨淋或受热。

5.3.1.5　种子包衣

种子包衣(seed coating)是在传统浸种、拌种技术的基础上发展起来的一项种子加工高新技术。是利用黏着剂或成膜剂,将杀菌剂、杀虫剂、微肥、植物生长调节剂、着色剂或填充剂等非种子材料包裹在种子外面,以达到使种子形成球形或基本保持原有形状,提高抗逆性、抗病性,加快发芽,促进成苗,增加产量,提高质量的一项种子处理技术。种子包衣技术具有高效、经济、安全、效果持久、多种功能的特点,在林木培育的开发和应用具有较大潜力,尤其在飞播造林中具有极大的应用价值,是未来造林的重要的发展方向。

目前,使用种衣剂对马尾松、刺槐、黄荆、紫穗槐、日本柳杉、藏柏、华山松、油松等树种种子进行人工包衣处理,进行种子发芽和室外幼苗抗虫试验,试验证明种衣剂可以促进林木种子的发芽,对林木种子田间抗虫性有明显的增强。

5.3.2 穗条贮藏

硬枝扦插或春季嫁接时,一般在秋末停止生长后至翌年春季萌芽前采集穗条。穗条需要低温贮藏。具体贮藏方法是:采用保湿材料包扎或蜡封处理(详见5.2.2.2 接穗调制)后,置于冷库(0~4 ℃)或地窖里进行低温保存,也可湿沙低温埋藏,即将穗条插于湿沙中,深度以穗条基部第1个芽贴近沙面为准,保持沙子湿度。贮藏期间每1~2周检查1次,一般可贮藏1~2个月。

5.4 种子休眠

5.4.1 种子休眠及其意义

具有生命力的种子,因得不到发芽所需要的基本条件,或种子由于种皮障碍、种胚尚未成熟以及存在有抑制物质等原因,在适宜萌发条件下,都不能萌发的现象,称为种子休眠(seed dormancy)。种子的休眠特性是植物长期适应其独特的生存环境所形成的重要的进化适应特征之一,它是植物生命周期中一个重要的阶段,其意义在于确保种子在严酷的生境中能够生存,但却给苗木生产带来了麻烦。因为处于休眠状态的种子,播种以后不能马上发芽,即使发芽,幼苗出土也不整齐,严重影响苗木产量和质量,所以对播种前的种子处理,是解除种子休眠、促进种子萌发和幼苗生长整齐的重要措施。

5.4.2 种子休眠原因

种子休眠由多种原因造成。有时种子休眠可能由一种原因造成,也可能由多重原因所引起。各因素间的关系也比较复杂,有时彼此间存在密切联系,当某种因素被消除,而其他因素仍存在时,种子依然处于休眠状态。而当一种因素被消除时,另一种因素也可能随之消失,休眠则解除了。虽然休眠的原因错综复杂,但根据大量研究结果,可将种子休眠的原因分为:种胚发育不成熟、种皮障碍、抑制物质的存在、不良条件的影响、综合因素造成等几种情况。

①种胚发育不成熟　种胚造成的休眠有两种不同的类型,一种是种胚在形态上尚未成熟,即种胚还相对较小,需要从胚乳或其他组织中吸收养分,进行细胞组织的分化或继续生长,直到完成生理成熟;另一种是种子中存在代谢缺陷而尚未完全成熟,即种胚已经充分发育,但由于子叶或胚轴中存在发芽抑制物质,从而使种胚的生理状态不适于发芽,即使具备发芽条件也不萌发,只有经过一段时间的后熟,才具备发芽能力。如银杏、山楂、椴树、欧洲赤松等种子休眠均属于种胚发育不成熟。

②种皮障碍　种皮障碍造成种子休眠有5种情况:种皮不透水、不透气、阻止抑制物

质逸出、减少光线达到胚部、机械约束作用。种皮非常坚硬，有的具蜡质角质层，阻碍水分渗入种子，如刺槐、相思树、皂荚、凤凰木、合欢、核桃、油橄榄、厚朴、圆柏、漆树、苦楝等树种。有些种子的种皮能够渗入水分，但由于透气性不良，种子仍然不能得到充分的萌发条件而被迫处于休眠状态，如椴树、红松、元宝槭。种子的内部组织及外部覆被物含有萌发抑制剂。而种皮阻碍抑制剂逸出，在这样的状态下，胚含有较高浓度的抑制剂，因此处于休眠状态。种皮厚度不同，种皮减少了光线达到胚部，致使种胚感受不到光而休眠。有些种子的种皮具有机械约束力，使胚不能向外伸展，即使在氧气、温度和水分能得到满足的条件下，种胚无力突破种皮。如蔷薇科的桃、李、杏等核果，桑科、芸薹属等植物。

③抑制物质的存在　种子中存在抑制物质的情况在自然界相当普遍，抑制物质可以存在于种子的不同部位，即种被、胚部或者胚乳。种子中最重要的抑制物质是 ABA（脱落酸）、酚类物质、香豆酸、阿魏酸和儿茶酸等。值得注意的是：种子中含有抑制物质并不意味着种子一定不能发芽。种子发芽是否受到抑制取决于所含抑制物质的浓度、种胚对抑制物质的敏感性以及种子中可能存在的颉颃性物质。有趣的是，抑制物质的作用没有专一性，含有抑制物质的种子不仅影响本身的正常发芽，而且对其他种子也能发生抑制作用。如将不含抑制物质的种子与这种种子混合贮藏或放置在一起发芽时，就有可能受到抑制作用。不过，种子在贮藏中或播种后，抑制物质会发生转化、分解、挥发或淋失，逐渐消除其抑制作用而使种子解除休眠状态。

④不良条件的影响　不良条件的影响可以使种子产生二次休眠，即原来不休眠的种子产生休眠或部分休眠的种子加深休眠，在这种情况下，即使再将种子置于正常的萌发条件，种子也不发芽。已发现诱导二次休眠的因素有，如光或暗、高温或低温、水分过多或过于干燥、氧气缺乏等。

⑤综合因素　造成种子休眠的原因往往不是一种，有些种子休眠是由多种因素，如种皮不透水、不透气、种皮阻碍、抑制物质等综合影响造成的，如椴树、水曲柳、红松、山楂等。

5.4.3 种子休眠类型

由于种子休眠的原因多种多样，关于种子休眠类型的划分也不尽相同。我国学者根据种子休眠程度的不同将种子休眠分为两种类型：一种是由于得不到发芽所需要的基本条件，如水分、温度和氧气等而产生休眠，若能满足这些基本条件，种子就能很快萌发。这种处于被迫情况下的种子休眠，称为强迫休眠，或浅休眠。例如，杨、榆、桑、栎类、油松、落叶松、樟子松、马尾松、湿地松、云杉、杉木等种子。另一种是种子成熟后，即使有了适宜发芽的基本条件，也不能很快萌发或发芽很少，这种情况称为生理休眠，或称深休眠。例如，红松、白皮松、杜松、椴树、水曲柳、黄波罗、槭树、漆树、皂荚、山楂、山桃、山丁子、黄栌等种子。休眠无论是在热带和亚热带地区还是在温带和寒带地区都十分重要，所以通常所说的种子休眠，实际上是指生理休眠。

Harper(1977)将种子休眠划分为 3 大类型，即固有休眠、强迫休眠和诱导休眠。固有休眠又称初生休眠，指种子成熟时的休眠。强迫休眠又称为生态休眠，指具有萌发能力的种子因环境条件的胁迫而不能发芽的现象。诱导休眠是指其他原因休眠的种子因环境的变化而不能萌发的现象，也称次生休眠。

近来，Baskin(2004)在大量研究的基础上，提出一种全新的种子休眠分类体系，即把种子休眠分为生理休眠、形态休眠、形态生理休眠、物理休眠和复合休眠5种类型。这5种划分方法正好对应于前面所讲到的5种休眠原因。生理休眠即为种胚生理生化反应未完成；形态休眠为种胚没有发育成熟；形态生理休眠是前两者的共同作用的结果；物理休眠为种皮阻碍造成的休眠；复合休眠则为所有影响休眠因素的综合。

5.4.4 种子休眠机理

种子休眠的机理十分复杂，学者们开展大量的研究工作，提出了一些学说，如内源激素调控—三因子学说、呼吸途径论、光敏素调控论以及膜相变化论等，但至今没有一致的说法。现以其中比较重要的内源激素调控——三因子学说为例进行说明(图5-5)。

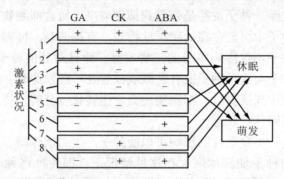

图5-5　种子发芽与休眠三因子学说(引自 Khan，1971；1975)

Khan(1971，1975)的种子发芽与休眠三因子学说认为：种子休眠与发芽主要受赤霉素(GA)、细胞分裂素(CK)和脱落酸(ABA)三个因子决定。该学说不仅表明了每种激素的作用，而且也表明了各激素间的互作效应：GA是种子萌发的必需激素，种子中无足够量GA，种子不可能萌发；ABA是诱发种子休眠的主要激素，种子中虽有GA，但同时存在ABA，种子则休眠。因为ABA抑制GA作用的发挥；CK并不单独对休眠与萌发起作用，不是萌发所必需的激素，但能抵消ABA的作用，使因存在ABA而休眠的种子萌发。需要说明，上述的三因子学说中，3种激素的关系是定性的，实际上，种子在休眠和解除休眠过程中，3种激素的变化是渐进的，各种激素的作用和其相对含量有关。

一般来说，种子休眠基本上是所遭遇的环境条件和植物遗传特性共同作用的结果，休眠是不同生态型或种源对外界的重要适应性对策。对不同种源红松种子休眠特性的研究结果表明，各种源种子的休眠程度是不同的(陈彩霞，1997)。不同种源白皮松种子休眠特性的变异也很明显，地理位置相距越远则种子休眠特性差异越大，而且内源激素的相对含量同样表现出明显的地理变异，产地的气候条件越有利于白皮松的生长，其所产种子中促进发芽的激素相对含量越高，种子表现出的休眠程度越浅。种子中内源激素含量尤其是相对含量的变化受产地环境变化的影响，环境条件越有利于植物生存、生长，种子中促进萌发的激素及相对值增加(如CK、CK/GA$_3$、CK/ABA)，种子则倾向于萌发；反之，种子则向休眠加深的方向发展(王小平,1998)。

5.5 种子催芽

休眠种子必须经过催芽,解除休眠才能顺利萌发。通过机械擦伤、酸蚀、水浸、层积或其他物理、化学方法解除种子休眠,促进种子萌发的措施称为种子催芽(sprouting)。通过催芽,种子发芽出土快,出苗多,幼苗整齐、健壮,是壮苗丰产的重要技术措施之一。

5.5.1 种子催芽方法

种子催芽方法很多,根据种子休眠类型,常采用的催芽方法有浸种催芽、层积催芽、药剂催芽等。

(1) 浸种催芽

浸种催芽(seed soaking)是用水或某些溶液在播种之前浸泡种子,促进种子吸水膨胀的措施。该方法适用于强迫休眠的种子。

浸种的水温对催芽效果影响很大,树种不同,浸种水温各异。一般种皮较薄、种子含水量较低,如杨、柳、榆、桑、泡桐、悬铃木等种子,适用始温20~30 ℃温水或冷水浸种至自然冷却(下同);种皮较厚的种子,如油松、侧柏、杉木、柳杉、马尾松、湿地松、火炬松、华山松、落叶松、元宝枫、臭椿等,适用始温40~50 ℃温水浸种;种皮坚韧致密的种子,如刺槐、紫穗槐、合欢、皂荚、山楂等,可用始温70~90 ℃热水浸种。

大多数种子浸种时间为1~2昼夜,种皮薄的只需数小时就可吸胀,而种皮坚硬致密的需3~5 h或更长时间。凡浸种时间超过12 h的都要每天换水1~2次。对硬粒种子采用热水逐次增温浸种效果更好,具体方法是:先用始温70 ℃热水浸种1昼夜后,将筛子筛出的硬粒种子,再用始温90 ℃热水浸种,反复2~3次,大部分硬粒种子都能吸胀。注意在浸种时,一般种子与水的体积比为1:3。将水倒入盛种子的容器时,应边倒边搅拌,直至水温降至自然冷却水温为止,以使种子受热均匀。有时浸种催芽后再进行层积催芽效果更好。

(2) 层积催芽

层积催芽(stratification)是将种子与湿润物(河沙、泥炭、锯末等)混合或分层放置,在一定温度下,经过一定时间,解除种子休眠,促进种子萌发的一种催芽方法。适用于任何休眠类型的种子。

根据温度不同,可将层积催芽分成低温层积、变温层积和高温层积催芽等方法。

① 低温层积催芽 低温层积催芽符合林木种子的自然萌发规律,能促进种子完成后熟,种皮软化,使种子内源激素发生有利于萌发的变化,如脱落酸等抑制物质逐渐减少,赤霉素等逐渐增多。它是种子催芽效果最好的方法之一。

低温层积催芽的4个基本条件是:低温、适宜的湿润、适度的通气、一定的时间。低温层积催芽时一般先将温度控制在0~5 ℃,待播种前再逐渐升温0~7 ℃。湿润物的湿度为饱和含水量的65%左右,有些地区对樟子松、落叶松、云杉、冷杉、黄波罗等种子采用混雪或混冰末催芽,效果更好。通气设施可采用秸秆把、竹笼、竹筒等。层积期间要经常检查种子情况，如有过干、过潮、发热、霉烂等情况，应立即采取措施。通常采用覆盖的方法调控温度。

层积催芽所需时间随树种、种源及种批而异，短的1~2个月，长的如红松5~7个月，我国部分树种层积催芽天数见表5-2。值得注意的是，表5-2中的催芽天数是相对的，不同催芽方法的合理配合使用，可缩短层积催芽所需的天数，如种子先采用赤霉素处理，然后在低温层积催芽；先低温后高温再低温层积催芽，均可缩短催芽天数。

表5-2 我国部分树种层积催芽天数

树种	催芽天数(d)	树种	催芽天数(d)
红松	180~300	栾树	100~120
白皮松	120~130	黄栌	80~120
落叶松	50~90	杜仲	40~60
樟子松	40~60	枫杨	60~70
油松、马尾松	30~60	车梁木	100~120
湿地松、火炬松		紫穗槐	30~40
杜松	120~150	沙棘	30~60
圆柏	150~250	沙枣、女贞、玉兰	60~90
侧柏	15~30	文冠果	120~150
椴树	120~150	核桃楸	150~180
黄波罗	50~60	核桃、花椒	60~90
水曲柳	150~180	山楂	120~240
白蜡	80	山丁子、海棠	60~90
复叶槭	80	檫树、樟树	
元宝枫	20~30	山桃、山杏	80
朴树	180~200	杜梨	40~60

②变温层积催芽 变温层积催芽是利用暖温和低温交替进行层积催芽的方法。有些生理休眠的种子，用变温层积催芽需要的日数少，效果也好。例如，红松种子低温层积催芽一般需要200 d左右，而采用变温层积催芽只需90~120 d就可完成催芽过程。具体做法是：将种子用温水浸种3~5昼夜，与湿沙混合，经过暖温(25 ℃左右)处理1~2个月，再经低温(2~5 ℃)处理2~3个月即可。

③暖温层积催芽 暖温层积催芽是将浸种吸胀后的种子放在暖温(15~30 ℃)条件下进行层积催芽的方法。在催芽期间，保持适宜的水分和通气，通过一定时间后，种子即可发芽。该方法适用于强迫休眠的种子，催芽效果一般比浸种催芽效果好。有时也用于生理休眠种子的催芽后期。

(3)其他催芽方法

除采用上述物理方法进行浸种催芽和层积催芽外，还可采用机械、化学等方法进行催芽。

①机械催芽 对于因种皮阻碍而导致休眠的种子，可采用机械方法，如擦伤种皮，可以用各种手工工具、电动擦伤器、种子擦伤机等。

②化学方法 用浓硫酸腐蚀种皮(慎重使用)。应用植物生长调节剂，如赤霉素催芽效果很好。高锰酸钾液除了有消毒杀菌作用外，而且对杉木种子发芽有明显的促进作用。采用硝酸稀土液对侧柏种子进行浸种后发现，硝酸稀土溶液能提高侧柏种子萌发率(白世红

等，2004）。

③静电处理　据对刺槐、油松、紫穗槐等种子研究，经介电分选与静电场处理后，其种子活力指数比对照明显提高（赵金平等，2000）。

④超声波处理　超声波处理油松、红砂、槐树等种子，发芽率和发芽指数均有所提高。

⑤通气水浸　通气水浸结缕草有利于其种子发芽能力的提高。

⑥综合处理　在种子处理技术不断发展，且基本摸清了种子休眠机理的基础上，打破种子休眠所采取的处理技术就更具科学性和针对性。中国科学院植物研究所徐本美等学者将植物生长调节剂、微量元素、维生素及渗透调节剂等综合应用后研制的催芽剂能大幅度提高种子的发芽率。

值得注意的是，虽然催芽后种子活力有所提高，但是否催芽或催芽的程度要根据当地的气候和苗圃灌溉条件决定。春季露天播种时风大、干旱的地区，种子裂口率不宜过高，以免由于环境条件差而导致种子的二次休眠。

5.5.2　种子引发

超干种子或常年贮藏的陈种子，由于极度干燥的种子在萌发时重新吸水过快而受到损伤。所以发芽前要对种子进行引发处理，种子引发也称子渗透调节，是在控制条件下使种子缓慢吸水为萌发提前进行生理准备的一种播前种子处理技术。引发后的种子可以回干贮藏，也可以直接用于播种。引发的目的在于提高种子迅速、整齐出苗能力和幼苗的抗逆性。

引发的方法有固体基质引发和液体引发。液体引发是比较普遍的引发方法，它是以溶质为引发剂，种子置于溶液湿润的滤纸上或浸于溶液中，通过控制溶液的水势调节种子吸水量。常用的包括无机盐类如 KNO_3、$CaCl_2$、PEG 等。要取得最佳的引发效果，必须控制好引发溶液的水势、引发温度和引发时间。

5.6　人工种子生产

5.6.1　人工种子概念及其特点

人工种子具备天然种子的特性，由体细胞胚、茎尖、不定芽和分生组织进行包埋后形成，并可直接用于播种并转化成幼苗。

人工种子最早于 1978 年提出，并由美国率先从事研究与生产，1985 年美国普度大学园艺系首次制造出胡萝卜人工种子。此后，欧洲共同体（今欧洲联盟）以及我国都把人工种子列入高新技术发展计划。经过 30 多年的研究，取得了大量的研究成果，并广泛应用生产实践。

与自然种子相比，人工种子具备以下特点：①繁殖速度快，可工厂化生产和贮存；②可快速繁殖脱毒苗；③可有效保存珍稀植物种质资源；④加快植物育种进程，促进新品种研发；⑤人工种子中加入了生长调节物质、有益微生物、除草剂、抗菌剂或农药，可人为控制植物的生长发育和提高抗逆性。由此可见，人工种子既具有天然种子的特点，又具有无性繁殖的优点,生产上也不受季节和土地空间的限制,因此,在林业生产上具有广泛的应用价值。

5.6.2 人工种子的结构与生产

人工种子结构和功能与天然种子相似,由人工种胚、人工胚乳和人工种皮 3 部分组成。

人工种胚主要来源于体胚。外植体的表皮细胞或由愈伤组织、原生质体和花粉等均可经过培养产生体胚。人工胚乳是提供人工种胚新陈代谢和生长发育的营养物质及生长素等。人工胚乳的制作实质上是筛选出适合人工种胚萌发的培养基配方,然后将筛选出的培养基添加到包埋介质中。人工种皮的作用主要是保护种胚,要求具备透气、透水、固定成型和耐机械冲击的特性。人工种皮的制作通常包括内膜和外膜 2 个部分。

近些年的研究,林木人工种子生产主要集中在人工林栽培树种,其中以针叶类树种为多。随着造林树种的丰富,阔叶树种也受到关注。目前,人工种子技术主要应用于体外扩繁、种质资源保存等。尽管人工种子在植物的许多领域获得了成功,但要规模商业化生产还需要进一步突破关键技术。

5.7 林木种子品质检验

种子品质检验是测定种子播种品质的一项技术工作。在种子采收、贮藏、调运及播种育苗时,只有进行种子品质检验,才能正确判断其品质和使用价值,为合理用种提供依据。通过检验,确定种子等级,便于按质论价,防止不合格种子入库和使用。中华人民共和国国家标准《林木种子检验规程》(GB 2772—1999)对林木种子的抽样和检验方法作了详细规定。

5.7.1 抽样

测定一批种子的质量,一般不可能把这批种子全部进行检验,而是从中抽取一部分种子作为样品,用样品的检验分析结果代表该种批的质量。种批是抽样的基本单位。所谓种批(seed lot)是指种源相同,采种年份相同,生产经历基本一致,播种品质一致,种子重量不超过一定限额的同一树种的一批种子。

抽样时先从盛装种批的各个容器中,随机分布的若干个点上抽取一定数量的初次样品,并将其充分混合,组成混合样品,其数量取决于批量大小。将混合样品随机逐步地缩减抽取 3 份送检样品,其重量以千粒重为基础而规定为:小粒和特小粒种子至少要相当 10 000 粒种子的重量。一份供测定含水量,须装入防潮容器内密封;一份供常规检验;一份是留作复验和仲裁之用。检验单位从送检样品中抽取出一部分种子供实验室内测定某项品质指标的测定样品后,就可开始种子品质各项指标的测定。

在盛装种子的容器里抽取初次样品时,可用各种扦样器或徒手抽取。从混合样品抽取送检样品,以及从送检样品中抽取测定样品时,应采用分样法。常用的分样方法有分样器法、四分法等。

分样器法是用分样器按规定程序分取样品的方法。常用的分样器是钟鼎式分样器。

四分法也叫对角线法或十字区分法,是用分样板分样的一种方法,其特点是将混合样品或送检样品摊成正方形,用分样板沿两对角线把种子划分为四份。除去两相对三角形的种子,再把剩下种子充分混合,依次继续划分直到所余种子为所需的数量为止。

5.7.2 种子品质指标测定

(1) 净度

净度(purity)是纯净种子重量占测定样品各成分的总重量的百分率。它是种子品质的重要指标,是种子分级的重要依据,它直接影响种子贮藏和播种效果。测定净度的关键是要将纯净种子和废种子及其他夹杂物分开。可采用手工或净种器法分离杂质。

(2) 千粒重

千粒重是指 1000 粒纯净种子在气干状态下的重量,以克表示。它是苗木培育时,计算播种量的重要依据。同一树种的种子,千粒重大的,说明种子饱满充实,贮藏的营养物质多,播种以后出苗整齐健壮。千粒重的测定方法有百粒法、千粒法和全量法 3 种。

(3) 含水量

种子含水量是种子中所含水分重量占种子重量的百分比。种子含水量的高低,直接影响种子调运和贮藏的安全。可采用烘干法或水分速测仪进行测定。

(4) 发芽能力

发芽能力是种子播种品质中最重要的指标。它表示成熟种子在适宜的室内发芽条件下的发芽能力。表达种子发芽能力的指标有发芽率、发芽势、绝对发芽率和平均发芽时间等。

①发芽率 在规定条件和时期内,正常发芽粒数占供测定种子总数的百分率。

②发芽势 在发芽过程中发芽种子数达到高峰时,正常发芽种子粒数占供检种子总数的百分率。它表示种子发芽的迅速和整齐程度。如有发芽率相同的两个种批,则以发芽势高的品质为佳。

③绝对发芽率 在规定的条件和时间内,正常发芽的种子总数占供测定的饱满种子总粒数的百分率。

④平均发芽时间 种子发芽所需的平均时间,一般用日表示。它是衡量种子发芽快慢的一个指标。在同一个树种的不同种批间,平均发芽时间短,表示该批种子发芽迅速,发芽能力较好。

(5) 种子生活力

种子生活力(seed viability)是用生物化学方法快速测定的种子潜在发芽能力,也是反映种子品质优劣的一个指标。在实际工作中,有时因条件和时间所限,不能进行发芽检验,或者因种子休眠期长,需要在短期内测定其潜在的发芽能力时,可以采用测定种子生活力的方法。

测定种子生活力的方法很多,目前常用的有染色法,即采用化学试剂溶液浸泡去皮后的种子,根据种胚和胚乳的染色情况判断种子有无生活力。所用的试剂有靛蓝、四唑、碘-碘化钾、硒盐等。

(6) 种子优良度

种子优良度(seed soundness)是采用感官方法,根据种子外观和内部状况,判断种子优劣程度的指标。对于目前无适当方法测定其生活力的林木种子,以及在生产上收购种子,需要现场及时确定种子质量时,可以根据种子优良度鉴定种子品质。种子优良度的测定方法有解剖法、挤压法、压油法和软 X 射线法。

软 X 射线波长较长,为 0.6~0.9 nm,穿透能力强。用软 X 射线观察和摄影检验种子的优良度,不仅检验速度快,而且检验后的种子仍可用于播种,国外已将软 X 射线作为种子检验的基本技术,我国近几年来也开始应用于生产。通过射线摄影可以进行空粒检查、虫粒检查、机械损伤种子判断、畸形种子辨别、涩粒判定、饱满新鲜种子品质测定等方面。

(7) 种子活力

随着研究深入,科研人员发现在最适条件下进行的常规发芽实验方法存在着一些缺陷,如:

①不符合最适条件就会导致发芽率的变异,很难与种子田间表现建立相关关系;

②只考虑发芽总数,未考虑发芽速率的变化;

③以胚根萌发作为种子发芽的生理标准存在问题,因为胚根萌发不一定能够成苗,萌发后的幼苗也可能出现畸形,或在田间不能长成正常植株,即使形成植株的幼苗,其生长速率等生理指标还存在着客观差异。显然把种子萌发结果归结为发芽和不发芽两类,忽视了种子品质的本质差异(高捍东,1990)。为了寻求能够合理反映种子质量的指标,种子生物学的研究者们进行了不懈的努力,相继提出了一系列概念,但最终形成了种子活力的概念。

种子活力(seed vigor)指在广泛的田间条件下种子本身具有的决定其快速而整齐发芽及发育成正常苗的潜力。种子活力是种子健壮程度的表现,它比发芽率更能全面地表现田间的种用价值,且是用综合指标来表示其强度,而不是像发芽率那样仅用单一的质量指标。

在国际种子检验协会(ISTA)和北美官方种子分析家协会(AOSA)的《种子活力测定方法手册》中,归纳了 5 类种子活力测定方法,即生理测定法、生化测定法、物理测定法、组织化学测定法和形态解剖鉴别法。发芽和幼苗生长都是以胚的生长为基础,而胚的生长是种子内部所有生理生化系统协调作用的结果。因此,发芽和幼苗生长的生理测定比其他测定更能反映种子活力。

结合我国树种特性,采用种子活力测定方法学者进行种子研究认为,幼苗分级法可以较精确地分析种子的活力状况,与种子发芽率、幼苗鲜重测定结果完全一致。陈幼生等(1989)提出杉木幼苗活力分级标准,并用各级幼苗的百分率分别估测良好田间条件(中心产区)和不良田间条件(边缘产区)的田间出苗率。

(8) 林木种子真实性鉴定

一般来说,不同树种之间的林木种子是容易鉴别的,但是对亲缘关系较近的树种,如松属、落叶松属的一些树种,其种子形态、幼苗形态十分相似,容易混淆。外形上不易区分的不同树种种子鉴别,则难度较大。如落叶松不同属种子的区分是生产上所面临的难题。因此,种或品种真实性鉴定是种苗生产和贸易中亟待解决的问题。

目前遗传标记主要有：形态标记、细胞标记、生化标记和分子标记。即利用形态学方法、细胞染色体组型分析、生物化学方法（蛋白质或同工酶电泳）、DNA 指纹图谱方法可以准确鉴定种子的真实性。常用的分子标记方法有随机扩增多态性（RAPD）、限制性片段长度多态性（RFLP）、扩增片段长度多态性（AFLP）、串联重复序列（SSR）、简单重复序列间扩增（ISSR）、单简单序列长度多态性（SSLP）、小卫星DNA（minisatellite DNA）等，这些标记方法在树（品）种鉴别方面具有广阔的应用前景。

5.8 林木种子生产管理

（1）林木种子管理体系

我国现行的林木种子管理体制是林业和草原行政主管部门主管林木种子工作。在实际运行中由各级林木种苗管理机构承担林木种子的管理和执法工作，具体组织开展相关工作。目前，全国上下已形成了一支独立稳定并承担着行政管理和执法职能的林木种子管理队伍。国家林业和草原局设有林木种子管理机构，全国各地林业和草原主管部门内设了林木种子管理机构，占总行政区县近70%，确保林木种子行政执法不缺位。

（2）林木种子管理法规

随着林木种子产业的发展和种子商品化程度的提高，我国已初步形成了具有中国特色的种子质量管理法规体系。自2000年《中华人民共和国种子法》实施以来，先后两次进行修订，规范了林木种子经营者必须首先在林业和草原行政主管部门所属的林木种子管理机构，申请领取《林木种子经营许可证》后才能从事种子生产和经营活动。2003年国家林业局发布了《主要林木品种审定办法》，规定了主要林木品种在推广前应当通过国家级或者省级审定，并明确其内涵和适用范围。2018年国家林业和草原局根据《中华人民共和国种子法》《林木种子生产、经营许可证管理办法》，制定了《林木种子生产经营许可证年检制度规定》，依法规范了林木种子生产、经营秩序，引导种子从业人员合法经营，净化种子市场，依法保护其合法权益。

复习思考题

1. 种子调拨的原则是什么？
2. 一般种实的成熟包括哪几个过程？确定采种期应遵照的原则有哪些？
3. 种实调制包括哪几个工序？阴干法和晒干法分别适合于哪些类型的种实？
4. 净种的方法有哪几种？林木种子干燥的方法有哪些？为什么要进行种粒分级？
5. 内外因素如何综合影响种子生命力？
6. 如何根据影响种子生命力的主要因素确定种子贮藏方法？
7. 种子休眠原因有哪些？采用哪些方法可以打破种子休眠？
8. 如何准确评价种子品质？如何快速评价种子品质？

推荐阅读书目

1. 孙时轩，2002. 林木育苗技术. 北京：金盾出版社.

2. 孙时轩，1990. 造林学（第 2 版）. 北京：中国林业出版社.
3. 宋松泉，程红焱，姜孝成，等，2008. 种子生物学. 北京：科学出版社.
4. 郑光华，2004. 种子生理研究. 北京：科学出版社.
5. 颜启传，2001. 种子学. 北京：中国农业出版社.
6. 王沙生，高荣孚，吴贯明，1991. 植物生理学（第 2 版）. 北京：中国林业出版社.
7. 陈彩霞，1997. 不同种源红松种子休眠原因及催芽方法的研究. 北京：北京林业大学.
8. 沈海龙，2009. 苗木培育学. 北京：中国林业出版社.
9. Г. И. Редъко, М. Д. Мерзленнко, Н. А. Бабич, 2005. Лесные Культуры. Учебное пособие. С. - ПБ. ГЛТА, С. -ПБ.
10. Г. И. Редъко, М. Д. Мерзленнко, Н. А. Бабич, и т. д, 2008. Лесные Культуры и защитное леоазведение. С. - ПБ. ГЛТА, С. -ПБ.
11. 沈国舫，2001. 森林培育学. 北京：中国林业出版社.
12. 国家技术监督局，2004. 林木采种技术（GB/T 16619—1996）. 北京：中国标准出版社.
13. 翟明普，贾黎明，郭素娟，2001. 森林培育学. 北京：中央广播电视大学出版社.
14. 盛炜彤，2014. 中国人工林及其育林体系. 北京：中国林业出版社.

（郭素娟）

第6章　苗木培育

【本章提要】本章在介绍苗圃建立和苗木生长规律的基础上，根据苗木类型，分别介绍了裸根苗、容器苗和无性繁殖苗的培育技术，其中裸根苗培育主要包括播种育苗、移植培育和圃地管理；无性繁殖苗培育主要包括扦插育苗、嫁接育苗、组织培养育苗等技术，最后统一介绍了苗木出圃与苗木质量评价技术。

苗木是人工培育的具有完整根系和苗干并用于造林绿化的树苗。苗木培育就是用植物的种子或各种营养器官为繁殖材料，在苗圃通过相应技术措施，培育出质量合格的苗木。苗木培育又简称育苗。

我国古代很早就有与苗木培育有关的"园""圃"等栽培果树、经济林木与观赏植物的场所，但真正意义上的苗木培育源于近代人工造林。欧洲工业化最早，森林和环境破坏产生的恶果也最早显现，18~19世纪就开始苗木培育和人工造林。美国于19世纪末20世纪初开始建立苗圃培育苗木。我国20世纪初已有少量苗圃，但大规模育苗是1949年以后的事。

苗木培育的根本目的是为造林绿化提供高质量苗木。因此，一般是在造林规划确定了所需苗木类型和质量要求后，苗圃根据要求组织培育苗木。苗木培育的基本内容包括苗圃地的选择、区划和建立；采取整地、施肥和轮作等措施改善圃地肥力；在掌握裸根苗、容器苗、播种苗、营养繁殖苗、移植苗等各种苗木类型生长规律的基础上，采取相应措施培育苗木；通过灌溉、施肥、松土除草、间苗、定苗、有益微生物接种、病虫害防治等措施管理圃地，促进苗木生长，提高苗木质量；在苗木培育过程中和出圃前对苗木质量进行评价；对暂不出圃的苗木进行越冬保护、假植或贮藏，对出圃苗木进行起苗、包装和运输等。也就是说，苗木培育包含了培育合格苗所需的全部理论和技术。

传统育苗是在大田培育裸根苗，对环境的控制力差，苗木质量受自然因素影响大。随着科学技术的飞速发展，在苗木培育领域出现了以先进的育苗设施设备为基础，在人工创造的优良环境条件下，采用现代生物、无土栽培、环境调控、信息管理等新技术，达到专业化、机械化、自动化、规范化生产，实现高效稳定地生产优质苗木的工厂化育苗方式。

育苗技术对苗木质量有重要影响，苗木质量又影响造林绿化效果，高质量苗木能提高造林成活率，促进幼树的快速生长。而质量低下会严重降低成活率，甚至造成造林失败。由于造林绿化的立地条件差异很大，苗木类型和相应的育苗技术手段又很多，如何根据立地条件培育出有针对性的高质量苗木，就是苗木培育的关键。

6.1 苗圃建立

6.1.1 苗圃的概念与类型

苗圃是具有一定面积且满足培育苗木目的的土地,是进行苗木生产的重要场所,也是能够通过多种技术途径繁育和经销各种造林绿化苗木的独立经营管理单位。

根据使用时间的长短,苗圃可分为固定苗圃和临时苗圃两类。固定苗圃又称永久苗圃,其特点是经营时间长、面积大、培育的苗木种类多,适于通过机械化实现集约经营和设置现代化的育苗生产设施。临时苗圃是指为短期完成一定地区的造林任务而设置的苗圃。其特点是经营时间短、面积小、距造林地近、培育苗木种类少。临时苗圃一般在考虑水源和土壤等条件符合所培育苗木基本需要的情况下,利用现有土地及设施开展育苗,无需进行较大资金投入的基础设施建设。

根据所属行业,苗圃分为林业苗圃、农业苗圃、园林苗圃和实验苗圃等。林业苗圃根据主要育苗树种或经营对象的不同,又分为用材树种苗圃、防护树种苗圃、果树苗圃、特用经济树种苗圃等。由于生产对象、范围和条件的复杂性,苗圃作为培育苗木的场所大多具有多功能性的特点,即一个苗圃既可以培育营造用材林树种苗木,也可以培育防护林树种、园林绿化树种、果树等的苗木;既可以是生产型苗圃,同时也可以作为科学研究性质的苗圃,甚至带有旅游观光型特点。对于这类具有多种生产与经营目的的苗圃,一般称为综合性苗圃。

根据苗圃育苗面积的大小,我国暂行标准将苗圃分为特大型苗圃(育苗面积≥100 hm^2)、大型苗圃(育苗面积 60~100 hm^2)、中型苗圃(育苗面积 20~60 hm^2)、小型苗圃(育苗面积 10~20 hm^2)。根据育苗面积大小划分苗圃类型,各地标准不一。如《黑龙江省林木育苗技术规程》(DB/23T 389—2001)规定,凡苗圃经营面积不足 5 hm^2 的属于小型苗圃,5~15 hm^2 的属于中型苗圃,15 hm^2 以上属大型苗圃。德国还规定,育苗面积小于 1 hm^2 为最小苗圃或称分圃,1~5 hm^2 为小型苗圃,5~20 hm^2 为中型苗圃,超过 20 hm^2 为大型苗圃。

根据建设标准,苗圃可以分为现代化苗圃、机械化苗圃和一般苗圃。现代化苗圃的主要特征是:苗圃露地育苗生产作业机械化;苗圃具有工厂化育苗的设施设备,主要生产工序自动化;主要树种苗木培育具有很高的专业化水平;育苗材料全部良种化;苗圃生产经营与营销管理网络化、信息化;苗圃具备开展新产品开发、推广的物质条件与技术能力;苗圃经济效益高,在森林植被带区域内有广泛的影响与示范效应。机械化苗圃的主要特征是:主要育苗生产作业机械化;主要树种苗木的培育有较高的专业化水平;主要树种育苗材料良种化;苗木销售多渠道、多层次;苗圃具备推广各类育苗新技术和培育新品种的能力。一般苗圃的主要特征是:苗圃生产作业基本以手工为主;没有设施育苗条件或仅有简易大棚等设施;育苗生产工艺以经验为主;育苗材料良种化率低;出圃苗木质量符合国家标准的规定;按传统方式进行苗木销售和经营管理;苗圃不具备研发和推广各类育苗新技术和培育新品种的能力。

6.1.2 苗圃地的选择

苗圃地选择是建立苗圃的基础，一般包括苗圃所在区域位置、育苗地点的确定及自然与社会环境条件的分析评判。苗圃地选择不当，往往会对今后的育苗工作带来难以弥补的损失。无论哪种类型的苗圃，都必须高度重视苗圃地的选择。决定苗圃地选择恰当与否的因素很多，一般应参考《林业苗圃工程设计规范》（LYJ 128—1992）和国家林业局《林木种苗工程项目建设标准》的规定要求，同时应考虑当地林业发展战略规划，拟建苗圃类型、建设规模和建设标准的定位以及当地自然与社会经济条件。

在具体选择苗圃地时，一般多侧重于考虑以下条件。

(1) 位置

圃址的选择，应以苗木主要供给地区、造林地中心或附近地区为基本条件。同时，在满足育苗生产条件的前提下，还应靠近主要交通衔接点；为便于组织生产，有利于解决劳力、畜力和电力等，在可能条件下应尽可能靠近乡镇或居民点。

(2) 地形地势

建立固定苗圃，最好选择地势平坦、排水良好或自然坡度在3°以内的地方作苗圃。但在土黏雨多的地区，苗圃地宜选用3°~5°的坡地。山地丘陵区建苗圃，因条件限制，可选择在山脚坡度在5°以下的缓坡地，或者山区坡度较大但具备修筑水平梯田条件的地方。在坡地建苗圃，北方林区宜选在东南坡；南方林区宜选在东坡、北坡和东北坡；高山地区宜选择东南坡或西南坡。

在地形地势上，处于低洼地、不透光的峡谷、密林间的小块空地、长期积水的沼泽地、洪水线以下的河滩地、风口处、坡顶、高岗等庇荫、积水、风大的地段，均不宜作苗圃地。

(3) 土壤

幼苗萌发、苗木生长所需的水分、养分等都来自土壤。土壤条件的好坏，直接影响苗木的产量和质量，因此，苗圃选择时，土壤条件的选择至关重要。苗圃地适宜土壤条件，主要表现在土壤的肥力、结构、质地和酸碱度等方面。

一般苗圃地土壤以团粒结构，质地较肥沃的砂壤土、壤土或轻黏壤土为宜。土层厚度应在 50 cm 以上。不同树种对土壤酸碱度的适应能力不同，大多数针叶树苗木适合于 pH 值在 5.0~7.0 的中性或微酸性土壤，大多数阔叶树苗木适宜的土壤 pH 值在 6.0~8.0 之间。土壤中的含盐量应控制在 0.1% 以下，较重的盐碱土，一般不利于苗木生长，不宜作苗圃地。

(4) 水源

水是苗圃育苗不可缺少的条件，苗圃地必须有在任何条件下能够满足灌溉用水的水源。苗圃的水源可以是河流、湖泊、池塘或水库等，这要求将苗圃设在靠近这些有水的地方。如无以上水源，则应考虑有无可利用的地下水。但地上水源优于地下水源，因地上水温度高，水质软，并含一定的养分，要尽量利用。灌溉用水应为淡水，含盐量不超过 0.1%~0.15%。同时，也要注意确定圃地的地下水位，苗圃地的地下水位既不能太高也不能太低。适宜的地下水位高度，因土壤质地而异，一般砂土为 1~1.5 m 以下；砂壤土为

2.5 m以下，轻黏壤土以4.0 m以下为宜。

(5) 病虫及鸟兽害

地下害虫数量超过标准规定的允许量或有较严重的立枯病、根腐病等病菌感染的地方不宜选作苗圃地。但具备采取措施能够控制或根除现有病虫害，不影响育苗效果时，仍可考虑选择。

苗圃附近不可有传染病菌的树木或是病虫害中间寄主的树木，也不要有能招引病虫害的树木。尽量不要选用鸟群栖息地、鼠害和其他动物危害较重的土地作为苗圃地。

6.1.3 苗圃规划设计

苗圃的规划设计是对选定的具有苗木生产潜力的苗圃用地进行总体规划、对育苗生产工艺和相关设施等进行详细的专业技术设计。在新建苗圃以及为适应生产发展需要而进行的苗圃改扩建过程中，为便于各项育苗生产活动的开展和高效地开发利用土地资源，进行科学合理的规划设计是十分必要的。苗圃规划设计的核心是在野外调查和相关资料收集的基础上，对苗圃进行总体规划设计，即初步设计，设计的重点内容包括：苗圃面积计算、苗圃功能区区划、单项建设工程设计、育苗工艺设计等。

苗圃规划设计的内容详见第15章。

6.1.4 苗圃技术档案建设

技术档案是对苗圃生产、试验和经营管理的记载。从苗圃开始建设起，即应作为苗圃生产经营的内容之一。苗圃技术档案是合理地利用土地资源，充分发挥设施和设备功能，科学地指导生产经营活动，有效地进行劳动管理的重要依据。通过对苗圃土地、劳力、机具、种子、物料、药物、肥料等的利用情况，各项育苗技术措施，各种苗木生长发育状况，以及苗圃经营等活动的连续记录，对提高苗圃生产和管理水平有重要意义。

6.1.4.1 苗圃技术档案的主要内容

①苗圃基本情况档案　主要包括苗圃的位置、面积、经营条件、自然条件、地形图、土壤分布图、苗圃区划图、固定资产、仪器设备、机具、车辆、生产工具以及人员、组织机构等情况。

②苗圃土地利用档案　以作业区为单位，主要记载各作业区的面积、苗木种类、育苗方法、整地、改良土壤、灌溉、施肥、除草、病虫害防治以及苗木生长质量等基本情况。

③苗圃作业档案　以日为单位，主要记载每日进行的各项生产活动，劳力、机械工具、能源、肥料、农药等使用情况。

④育苗技术措施档案　以树种为单位，主要记载各种苗木从种子、插条、接穗等繁殖材料的处理开始，直到起苗、假植、贮藏、包装、出圃等育苗技术操作的全过程。

⑤苗木生长发育调查档案　以年度为单位，定期采用随机抽样法进行调查，主要记载苗木生长发育情况。

⑥气象观测档案　以日为单位，主要记载苗圃所在地每日的日照长度、温度、降水、风向、风力等气象情况。苗圃可自设气象观测站，也可抄录当地气象台的观测资料。

⑦科学试验档案　以试验项目为单位，主要记载试验的目的、试验设计、试验方法、

试验结果、结果分析、年度总结以及项目完成的总结报告等。

⑧苗木销售档案 主要记载各年度销售苗木的种类、规格、数量、价格、日期、购苗单位及用途等情况。

6.1.4.2 苗圃技术档案的基本要求

①对苗圃生产、试验和经营管理的记载，必须长期坚持，实事求是，保证资料的系统性、完整性和准确性。

②在每一生产年度末，应收集汇总各类记载资料，进行整理和统计分析，为下一年度生产经营提供准确的数据和报告。

③应设专职或兼职档案管理人员，专门负责苗圃技术档案工作，人员应保持稳定，如有工作变动，要及时做好交接工作。

6.2 苗木类型与苗木生长规律

苗木类型和苗木生长规律与苗木培育措施的制定和应用具有密切关系。育苗生产中，必须根据苗木类型和生长时期的不同，采取相应的育苗技术措施。

6.2.1 苗木类型与苗木年龄表示方法

6.2.1.1 苗木类型

随着林业生产和科学技术的发展，苗木类型也多种多样。根据苗木繁殖材料不同，可分为实生苗和营养繁殖苗，其中营养繁殖苗又分为插条、插根、压条、埋条、根蘖、插叶、嫁接苗、组织培养苗等。根据苗木培育方式不同，可分为裸根苗和容器苗。根据苗木培育年限不同，可分为1年生苗和多年生苗；根据苗木在培育期是否进行移植分为移植苗（换床苗）和留床苗。根据育苗环境不同，可分为试管苗、温室苗、大田苗。根据苗木规格大小可分为标准苗和大苗。根据苗木培育基质不同，可分为有土育苗和无土育苗。根据苗木质量不同，可分为等外苗、合格苗、目标苗和最优苗，或Ⅰ级苗、Ⅱ级苗、Ⅲ级苗等。

6.2.1.2 苗木年龄表示方法

苗木的年龄以经历1个年生长周期作为1个苗龄单位，用阿拉伯数字表示。第一个数字表示形成苗木后在初始育苗地生长的年数，第二个数字表示第一次移植后生长的年数，第三个数字表示第二次移植后生长的年数，依此类推。数字之间用短横线间隔，各数之和即为苗木的年龄。例如，"1-0"表示1年生未移植的苗木，即1年生苗；"2-0"表示2年生未移植的苗木，即为留床苗；"1-1"表示2年生移植1次，移植后培育1年的移植苗；"1-1-1"表示3年生移植2次，每次移植后各培育1年的移植苗；"0.5-0"表示约完成1/2生长周期的苗木；"0.3-0.7"表示1年生移植1次，移植前培养3/10生长周期，移植后培育7/10年生长周期的移植苗；"$1_{(1)}$-0"表示1年干1年根未移植的插条苗（插根苗或嫁接苗），"$1_{(2)}$-0"表示1年干2年根未移植的插条苗（插根苗），"$1_{(2)}$-1"表示2年干3年根移植1次、移植后培育1年的插条（插根或嫁接）移植苗。

6.2.2 苗木的茎根生长

6.2.2.1 苗木高生长

苗木生长类型主要指苗木的高生长类型,分为两大类型,即春季生长型和全期生长型。

(1)春季生长型

春季生长型(preformed growth, predetermined growth)又可称前期生长型。这类苗木的高生长期及侧枝延长生长期很短,北方地区只有1~2个月,南方地区为1~3个月,而且每个生长季只生长1次。一般到5~6月前后高生长即结束。这类树种有油松、樟子松、红松、白皮松、马尾松、云南松、华山松、黑松、赤松、油杉、云杉属、冷杉属、银杏、白蜡、栓皮栎、槲栎、麻栎、蒙古栎、臭椿、核桃、板栗、漆树和梨树等(孙时轩,1992;齐明聪,1992)。春季生长型苗木的实生苗,从2年生开始明显地表现出高生长期短、生长量集中的特点,如大兴安岭地区樟子松留床苗(2-0)5~7月的64 d里的高生长量占总生长量的94.4%,1-1和2-1型移植苗在40 d里的高生长量占总生长量的96.2%和98.9%(张建国等,1998)。前一年的营养物质积累对本类型苗木高生长很重要。秋季施肥可以促进这种积累(Islam等,2009),我国在杨树、落叶松、栓皮栎等树种上开展了一些研究(刘勇等,2000;李国雷等,2011)。

(2)全期生长型

全期生长型(neoformed growth, free growth)的苗木,高生长期持续在全生长季。北方树种的生长期为3~6个月,南方树种的生长期可达6~8个月,有的达9个月以上(热带地区除外)。这类树种有杨树、柳树、榆树、刺槐、紫穗槐、悬铃木、泡桐、山桃、山杏、桉树、杜仲、椴树、黄波罗、油橄榄、落叶松、侧柏、杉木、柳杉、圆柏、杜松、湿地松、雪松和罗汉柏等(孙时轩,1992;齐明聪,1992)。全期生长型苗木的树叶生长和新生枝条的木质化都是边生长边进行,到秋季达到充分木质化。苗高生长一般要出现1~2次生长暂缓期,即出现高生长速率明显缓慢、生长量锐减,甚至生长停滞的状态(图6-1)。高生长暂缓期是根系的速生高峰期,待根系速生高峰过后,高生长又出现第二次速生高峰期(图6-1)。

6.2.2.2 苗木直径生长

苗木的直径生长高峰与高生长高峰也是交错进行的。夏秋两季的直径生长高峰都在高生长高峰之后(图6-1),秋季直径生长停止期也晚于高生长。2年生以上的苗木,直径先出现生长小高峰,而后,高生长才出现第一个速生高峰。

6.2.2.3 苗木根系生长

根系生长在一年中有数次生长高峰。苗木出苗后首先出现根系生长高峰,之后根系生长高峰与高生长高峰交错出现(图6-1)。夏、秋两季根系生长高峰期与径生长高峰期接近或同步。

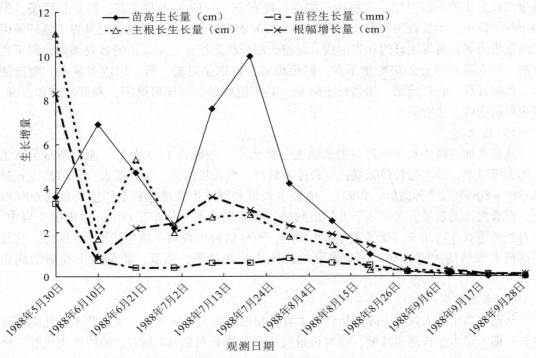

图 6-1 核桃楸播种苗高、地径、主根长和根幅生长的季节变化
(根据邹学忠等 1991 的数据计算和绘制)

6.2.3 苗木的年生长节律

6.2.3.1 播种苗的年生长

播种苗即 1 年生实生苗,有出苗期、幼苗期、速生期和木质化期 4 个生长时期。不同树种的播种苗都有各自的生长发育规律,在苗木培育过程中要有针对性地进行管理,对不同的苗木生长时期采取不同的管理措施。

(1) 出苗期

从播种开始到幼苗出土、地上部分出现真叶(针叶树种壳脱落或针叶刚展开),地下部分长出侧根为止。本期长短因树种、催芽方法、土壤条件、气象条件、播种方式、播种季节的不同而有差异。一般需要 10~20 d,发芽慢的树种需要 40~50 d。出苗期幼芽嫩弱,根系分布浅,多在表土 10 cm 内。幼苗靠种子贮存的养分生长,苗木抗性较弱。温度条件对种子发芽快慢乃至幼苗的整个生长都有很大的影响,只有最适温度时才发芽快而齐,如红松在气温达到 16 ℃时发芽最快(齐鸿儒,1991)。覆盖物种类和覆盖厚度及土壤松实和细碎程度也影响种子发芽出土的快慢和能否出土。这一时期主要是做好播种前的整地,选择适宜的播种期,做好种子催芽处理,提高播种技术,加强播种地的管理,使出苗前土壤保持湿润、疏松和适宜的温度,以满足种子发芽、幼芽出土的要求。

(2) 幼苗期

幼苗期是指从地上部长出第一片真叶、地下部分长出侧根,到幼苗的高生长量开始大幅度增长为止的一段时期，又称生长初期、蹲苗期。一般3~8周。高、径生长缓慢，但地下长出侧根，生长较快，主要侧根在2~10 cm的上层内。幼苗幼嫩，对外界不良环境因子的抵抗力弱，易发生日灼和猝倒病。保持土壤湿润是保证苗木成活的首要因素，但不宜过湿。苗木虽对养分的需要量不多，但很敏感，特别是对磷、氮。应适当灌水、喷药防病，严防日灼，合理施肥，加强松土除草，某些树种必要时还可遮阳，调节光照和温度，确定留苗密度，进行间苗等。

(3) 速生期

从苗木加速高生长开始到高生长速度下降为止，一般为1~3个月。速生期是苗木生长的关键时期，苗木生长最旺盛，生长速率最快，生长量最多，生长量占全年苗高生长量的60%~80%以上(孙时轩，1992)，地径生长量和根系生长量达到全年生长量的60%以上，形成发达的根系，并在茎干上长出侧枝。营养根系主要分布在40 cm以内的土层中，主根长可达0.3~1.0 m。受气温和降水影响，有些树种出现两个速生阶段(图6-1)。这是提高苗木质量的关键时期，需要采取的措施主要是追肥、灌溉、除草松土及防治病虫害等。

(4) 木质化期

从苗木高生长大幅度下降开始到苗木直径和根系生长停止为止，又称苗木硬化期，或生长后期。苗木生长速率减慢，高生长量仅为全年生长量的5%左右，最后停止生长。地径和根系还在生长，并可出现一个小的生长高峰，继而停止；苗木逐渐木质化，并形成健壮的顶芽。苗木含水量逐渐下降，干物质逐渐增加；最后完全木质化，进入休眠状态。这一时期应停止一切促进苗木生长的措施(包括灌水、施肥、松土)，设法控制高苗生长，作好越冬防寒准备工作，特别是对播种较晚、易遭早霜危害的树种更应注意。

以上各个生长时期中苗高生长、苗径生长和苗根生长因树种不同而有差异，也会因为播种期不同而出现差异。

6.2.3.2 留床苗的年生长

在前一年育苗地上继续培育的苗木(包括播种苗、营养繁殖苗等)为留床苗。留床苗的年生长一般分为3个时期，即生长初期、速生期和木质化期。留床苗苗高生长表现出春季生长型和全期生长型的特点。相应的管理措施，参考1年生播种苗的对应阶段。

(1) 生长初期

从冬芽膨大时开始，到高生长量大幅度上升时为止。苗木高生长较缓慢，根系生长较快。春季生长型苗木生长初期的持续期很短，约2~3周；全期生长型苗木历时1~2个月(孙时轩，1992)。

(2) 速生期

从苗木高生长量大幅度上升时开始，全期生长型苗木到高生长量大幅度下降时为止，春季生长型苗木到苗木直径生长速生高峰过后为止。本期是地上部分和根生长量占其全年生长量最大的时期。但两种生长型苗木的高生长期相差悬殊(见前述)。

(3) 木质化期

从高生长量大幅度下降时开始(春季生长型苗木从直径速生高峰过后开始)，到苗木直径和根系生长都结束时为止。春季生长型苗木的高生长在速生期的前期已结束，形成顶芽，到木质化期只是直径和根系生长，且生长量较大。全期生长型苗木的高生长在木质化期还有较短的生长期，而后出现顶芽，直径和根系在木质化期各有一个小的生长高峰，但生长量不大。

6.2.3.3 移植苗的年生长

在苗圃内经过移栽而继续培育的苗木为移植苗，一般分为成活期（缓苗期）、生长初期、速生期和木质化期。与播种苗及留床苗最大的区别，是有一个成活期，其他与留床苗相同。

成活期从移植时开始，到苗木地上部开始生长，地下部根系恢复吸收功能为止。一般约 10~30 d。

移植苗当年表现两种生长型的特点。前期生长型的生长初期不明显，如大兴安岭地区樟子松 1-1 和 2-1 型苗，生长初期与缓苗期混合在一起，高生长量仅占 1%~4%。全期生长型有较明显的生长初期，如大兴安岭地区落叶松 1-1 型苗生长初期达 40 d，高生长量占全年生长量的 32%。

6.2.3.4 扦插苗的年生长

扦插苗的年生长周期可分为成活期、幼苗期（生长初期）、速生期和木质化期 4 个时期。

（1）成活期

落叶树种自插穗插入土壤中开始到插穗下端生根、上端发叶、新生幼苗能独立制造营养物质时为止；常绿树种自插穗插入土壤中开始到插穗生出不定根时为止。生根快的树种成活期需 2~8 周，如柳树、柽柳和杨树（青杨和黑杨）2~4 周，毛白杨和黄杨需 5~7 周；生根慢的针叶树种需 3~6 个月以上，甚至达 1 年左右，如水杉需 3~3.5 个月；雪松需 3.5~5 个月；嫩枝插穗成活期持续时间短，如水杉需 3~6 周，雪松需 7~9 周。

（2）幼苗期

落叶树种是从插穗地下部分生出不定根、上端已萌发出叶开始，到高生长量大幅度上升时为止的时期。常绿树种是从地下部已生出不定根、地上部开始生长时起，到高生长量大幅度上升时为止的时期。扦插苗扦插当年即表现出两种生长型的生长特点。春季生长型的幼苗期约 2 周，全期生长型 1~2 个月。前期根系生长快，根的数量和长度增加都比较快，而地上部生长缓慢；后期地上部分生长加快，逐渐进入速生期。

扦插苗速生期和木质化期的起止期及生长特点与留床苗相同。

埋条苗的年生长过程与扦插苗基本相同。嫁接苗和扦插苗的区别主要是有一个砧穗愈合期，相当于扦插苗的成活期，其他与扦插苗基本一致。

6.3 裸根苗培育

裸根苗培育是指在大田裸地上培育苗木，起苗时根系裸露。相对于在温室环境中的容器苗培育，裸根苗的育苗过程是在无法人为控制的环境条件下进行的。但由于裸根苗培育成本低廉、技术简单，现在还是我国主要的育苗方式。

6.3.1 圃地管理

土壤是苗木根系的生存环境，苗木从土壤中吸收各种营养和水分。由于苗木培育周期长，而且是全株利用，土壤养分消耗大，为了持续培育出高产、优质的苗木，必须保持和不断提高土壤的肥力，使土壤含有足够的水分、养分和通气条件。

6.3.1.1 土壤肥力管理

苗圃地肥力管理是通过物理、化学和生物等方式，改良土壤，为苗木生长提供适宜的环境条件。

（1）土壤耕作

土壤耕作又被称为整地，其作用是采用机械翻耕土地的方法使土壤结构疏松，增加土壤的通气和透水性；提高土壤蓄水保墒和抗旱能力；改善土壤温热状况，促进有机质的分解。简言之，整地改善了土壤水、肥、气、热状况，提高了土壤肥力。

土壤耕作的环节包括平地、浅耕、耕地、耙地、镇压、中耕等。

①平地　新建苗圃，土地可能高低不平，不便于做床育苗。老苗圃在每年起苗后，尤其是起大苗后，圃地坑坑洼洼，难于耕作。所以，一般在耕地前应先进行平整土地，推平高处，填平低洼，同时检出石块、草根的残茬，为下一个耕作环节做好准备。

②浅耕　在圃地起苗后，残根量多，或种过农作物或绿肥作物收割后地表裸露，土壤水分损失较大。起苗或收割后应马上进行浅耕，一般深度 4~7 cm。在生荒地、撂荒地或采伐迹地上新开垦苗圃地时，一般耕深 10~15 cm。浅耕灭茬机具可采用圆盘耙、钉齿耙等。

③耕地　耕地是土壤耕作的主要环节。耕地的效果取决于翻耕的季节与深度。

耕地的季节要根据气候和土壤而定，一般在春、秋两季进行。秋季耕地，可以减少虫害，促使土壤熟化，提高地温，保持土壤水分，在北方寒冷地区秋季起苗或作物收获后进行。耕地要做到早耕，因为早耕能尽早消灭杂草，减少土壤养分浪费，还可获得较长时间休闲，通过晒垡和冻垡，变死土为活土，有利于养分分解，特别是秋耕后增加了土壤孔隙度，扩大了蓄水范围，增加了接收秋冬雨雪的能力，能变秋涝为春墒，但沙性大的土壤，在秋冬风大的地区，不宜秋耕。春耕往往是在前茬腾地晚或劳力调配不开的情况下所采用的一种耕作方法，但因春季多风，温度上升，蒸发量大，所以春耕常在早春地解冻后，立即进行。耕地的具体时间应根据土壤水分状况而定，当土壤含水量为其饱和含水量的 50%~60% 时，耕地质量最好，阻力最小，最适耕作。在实地观察时，用手抓一把土捏成团，距地面 1 m 高自然落地，土团摔碎则适宜耕地，或者新耕地没有大的垡块，也没有干土，垡块一踢就碎，即为耕地的最好时机。

耕地深度对苗木根系的分布有很大影响，深耕则苗木根系向深处发展。育苗方法不同，对耕地深度的要求不同，一般播种育苗，主要吸收根系分布在 20 cm 左右的土层中，所以播种区的耕地深度，在一般土壤条件下，以 20~25 cm 为宜；插条苗和移植苗因根系的分布较深，在一般的土壤条件下耕地深度以 25~35 cm 为宜。

耕地的深度还要考虑气候和土壤条件，如在气候干旱的条件下宜深，在湿润的条件可浅些，土壤较黏的圃地宜深，砂土宜浅；盐碱地为改良土壤，抑制盐碱上升，利于洗碱，要深耕达 40~50 cm 的效果好，但不能翻土；秋耕宜深，春耕宜浅。总之，要因地，因时看土施耕，才能达到预期的效果。

耕地的质量要求：保证耕后不板结和形成硬土块；不漏耕，要求漏耕率小于 1%；必须达到耕地深度要求，但也不得过深，不能将潜育化、盐碱化和结构差的犁底层翻到表层。常用的耕地机具，主要有悬挂式三铧犁、五铧犁、双轮双铧犁和畜力新式步犁等。

④耙地　耙地是耕地后进行的表土耕作，其作用主要是破碎垡片和结皮，耙平地面，粉碎土块，清除杂草。耙地时间对耕地效果影响很大，应根据气候和土壤条件而定。在冬季雪少，春季干旱多风的气候条件下，秋耕后要及时耙地，防止跑墒。但在低洼盐碱和水湿地，耕地后不必马上耙地，以便经过晒垡，促进土壤熟化，提高土壤肥力，但翌年早春要顶凌耙地。春耕后必须立即耙地，否则既跑墒又不利于播种，农谚说："干耕干耙，湿耕湿耙；贪耕不耙，满地坷垃（土块）"就是这个道理。

耙地的质量要求为耙透、耙实、耙细、耙平，达到平、匀、细。常用的耙地机具有钉齿耙、圆盘耙等。

⑤镇压　镇压的主要作用是压碎土块，压紧地表松土，防止表层气态水的损失，有利于蓄水保墒。镇压时间，干旱多风地区多在冬季进行，一般地区在播种以后。在黏重的土壤上不要镇压，否则会使土壤板结，妨碍幼苗出土。此外，在土壤含水量较大的情况下，镇压也会使土壤板结，要等土壤湿度适宜时再进行镇压。常用机具主要有无柄镇压器、环形镇压器、菱形镇压器、木磙子和水泥磙子等。

⑥中耕　中耕是在苗木生长期间进行的表层松土作业，作用是克服由于灌溉和降水等原因造成的土壤板结现象，减少土壤水分蒸发，减轻土壤返盐碱现象；促进气体交换，增加土壤通透性；给土壤微生物的活动创造适宜的条件，提高土壤中有效养分的利用率；消灭杂草；在较黏的土壤上，能防止土壤龟裂；促进苗木的生长。中耕次数一般每年 5~8 次，多在灌水、降水后和结合锄草完成。

中耕深度因苗木大小而异，一般小苗 2~4 cm，随着苗木的长大逐渐加深到 7~8 cm，以至十几厘米，原则是不能损伤根系，不能碰伤或锄掉苗木。常用中耕的机具有机引中耕机、马拉耘锄和锄头等。

(2) 苗圃施肥

在苗木培育过程中，苗木不仅从土壤中吸收大量营养元素，而且出圃时还将大量表层肥沃土壤和大部分根系带走，使土壤肥力逐年下降。为了提高土壤肥力，弥补土壤营养元素不足，改善土壤理化性质，给苗木生长发育创造有利环境条件，需进行科学施肥。例如，测土配方施肥、养分平衡法施肥和专用肥等的应用技术。

①施肥原则　合理的土壤养分供应要通过人工施肥来调节，因此如何做到合理施肥是发挥施肥效益的关键。施肥原则是，必须考虑气候条件、土壤条件、苗木特性和肥料性质，有针对性地科学施肥。

气候条件直接影响土壤中营养元素状况和苗木吸收营养元素的能力。一般在寒冷、干旱的条件下，由于温度低，雨水少，肥料分解缓慢，苗木吸收能力也低，施肥时应选择易于分解的"热性"肥料，且待充分腐熟后再施；在高温、多雨的条件下，肥料分解快，吸收强，且养分容易淋失，施肥时应选择分解较慢的"冷性"肥料。

苗圃施肥应根据苗木对土壤养分的需要量和苗圃土壤的养分状况，有针对性地进行。缺什么肥料补什么肥料，需要补充多少就施多少。圃地养分状况与土壤的种类、物理性状和化学性状（如酸碱度）等有密切关系。

不同树种苗木，对各种营养元素的需要量不同。据分析，在苗木的干物质中，主要营养元素含量的顺序为：氮>钙>钾>磷。豆科树种有根瘤菌固定大气中的氮素，磷能促进根瘤菌的发展，所以，豆科树种对磷肥的要求反而比对氮肥高。

同一树种的苗木在不同生长发育时期，对营养元素的要求不同。就1年生苗木而言，幼苗期对氮、磷敏感；速生期对氮、磷、钾的要求都很高；生长后期，追施钾肥，停止施氮肥，可以促进苗木木质化，增强抗逆性能。随着年龄的增加，需肥数量也逐渐增高，2年生留床苗比1年生苗的需用量一般高2~5倍。苗木密度愈大需肥数量愈多，应酌情多施。

合理施肥还必须了解肥料的性质及其在不同土壤条件下对苗木的效应。

②肥料种类和科学配合施肥　肥料种类很多，生产上通常将肥料分为有机肥、无机肥和生物肥三类。

有机肥是由植物的残体或人畜的粪尿等有机物质经过微生物的分解腐熟而成的肥料。它不仅含有氮、磷、钾等多种营养元素，而且肥效时间长，在苗木整个生长过程中源源不断地提供苗木所需的营养。更为重要的是，有机肥能改良土壤理化性质，促进土壤微生物活动，提高土壤肥力。但有机肥也有不足之处，所含各种营养成分的数量与比例不能完全保证各种苗木的生长需要，某些养分特别是速效养分少，氮、磷、钾的比例可能不当，尚须补充一定量的无机肥。苗圃中常用的有机肥主要有堆肥、厩肥、绿肥、泥炭、人粪尿、饼肥和腐殖酸肥等。

无机肥又称化学肥料，主要由矿物质构成，包括氮、磷、钾3种主要元素和微量元素等。无机肥的有效成分高，肥效快，苗木易于吸收。但肥分单一，对土壤改良作用远不如有机肥。如果常年单纯施用，会使土壤结构变坏，地力下降。苗圃常用的无机肥有硫酸铵、碳酸氢铵、硝酸铵、过磷酸钙、磷酸二铵、硫酸钾等。

生物肥是用从土壤中分离出来的对苗木生长有益的微生物制成的肥料，如菌根菌、磷细菌和抗生菌等。

实践证明，有机肥料适宜用作基肥，一般无机肥料适合追肥，磷肥制成颗粒状作为种肥效果好。为了充分发挥肥效，多种肥料可以混合施用或采用多元肥料，如磷酸二铵、磷酸一铵、磷酸二氢钾、复合肥等。通常使用有机肥与无机肥混合，速效肥料与迟效肥料混合，氮、磷、钾三要素按一定配比混合。据实验，过磷酸钙与有机肥混合提高磷肥效率25%~40%，且能减少氮的淋失，今后应大力发展复合肥。

混合施肥应根据肥料的性质合理配制，否则，会收到相反效果。各种肥料能否配合使用可参阅图6-2所示。

○ 可以混合

△ 可以混合，必须随混随用

× 不可混合

1	氨水																								
2	硫酸铵	△																							
3	氯化铵	○	○																						
4	碳酸氢铵	○	×	×																					
5	硝酸铵	○	○	○	△																				
6	尿素	○	○	○	△	△																			
7	石灰氮	△	△	△	△	△	△																		
8	过磷酸钙	×	○	○	×	×	○	△																	
9	钢渣磷肥	△	△	△	△	△	△	△	△																
10	钙镁磷肥	△	△	△	△	△	○	△	○	△															
11	磷矿粉	△	○	×	○	○	○	△	○	○	○														
12	硫酸钾	×	○	○	○	○	○	×	○	×	○	○													
13	氯化钾	×	○	○	○	○	×	×	○	×	○	○	○												
14	窑灰钾肥	△	△	△	△	△	△	△	△	○	○	○	○	○											
15	磷酸铵	×	○	○	×	○	○	△	○	△	×	○	○	○	△										
16	氨化过磷酸钙	×	○	○	×	○	○	△	○	△	×	○	○	○	○	○									
17	石灰质肥料	△	△	△	△	△	△	△	△	△	△	△	○	○	○	△	△								
18	硫酸镁	×	○	○	×	○	×	△	○	○	○	○	○	○	△	○	○	△							
19	硫酸锰	△	○	○	△	○	○	△	○	△	△	○	○	○	△	○	○	△	○						
20	硼酸肥料	○	○	○	○	○	○	△	○	△	○	○	○	○	△	○	○	△	○	○					
21	骨粉类	○	○	○	△	○	○	△	○	△	△	○	○	○	△	○	○	△	○	○	○				
22	粪尿肥	×	○	○	△	×	×	△	○	△	○	○	○	○	△	○	○	△	○	○	○	○			
23	厩肥·堆肥	○	○	○	○	○	○	○	○	○	○	○	○	○	○	○	○	○	○	○	○	○	○		
24	草木灰	△	△	△	△	△	△	○	○	○	○	△	○	○	△	△	△	○	○	△	○	○	△	△	
		1	2	3	4	5	6	7	8	9	10	11	12	13	14	15	16	17	18	19	20	21	22	23	24
		氨水	硫酸铵	氯化铵	碳酸氢铵	硝酸铵	尿素	石灰氮	过磷酸钙	钢渣磷肥	钙镁磷肥	磷矿粉	硫酸钾	氯化钾	窑灰钾肥	磷酸铵	氨化过磷酸钙	石灰质肥料	硫酸镁	硫酸锰	硼酸肥料	骨粉类	粪尿肥	厩肥·堆肥	草木灰

图 6-2　肥料配合施用图

③施肥量　合理施肥量，应根据苗木对养分的吸收量 B、土壤中养分的含量 C 和肥料的利用率 D 等因素来确定。如果以合理施肥量为 A，则可根据下式计算：

$$A = \frac{B-C}{D} \tag{6-1}$$

从一般原理来看，上述公式是合理的。但准确地确定施肥量是一个很复杂的问题。因为苗木对养分的吸收量、土壤中养分的含量，以及肥料的利用率受很多因素影响而变化。所以，计算出来的施肥量只能作为理论数值，供施肥参考。每个树种的最佳施肥量需要通过试验才能确定。

我国苗圃施肥，一般1年生苗木每年每公顷施肥为：氮45~90 kg，五氧化二磷30~60 kg，氧化钾15~30 kg；2年生苗木在此基础上增力2~5倍。然后再按照每公顷需施用营养元素的数量和肥料中所含有效元素量，即可粗略计算出每公顷实际施肥量。

有机肥对提高地力有重要作用，多用作基肥，每公顷用量一般为4.5×10^4~9.0×10^4 kg。基肥营养元素不足部分应由追肥补充。一般每公顷每次土壤追肥量为：人粪尿3750~5250 kg，硫酸铵75~112.5 kg，尿素60~75 kg，硝酸铵、氯化铵、氯化钾为75 kg左右。

(3) 轮作

轮作，又称为换茬或倒茬。即在同一块土地上把不同的树种，或把树种和农作物按一定的顺序轮换种植。而在同一块土地上连年种植同一种苗木称为连作。实践证明，轮作也是提高土壤肥力，保证壮苗丰产的生物措施之一。轮作的优越性主要有以下几点：充分利用土壤养分；改良土壤结构，提高土壤肥力；能起到生物防治病虫害的作用；减免杂草危害。

但有的树种连作效果好，如松类、橡栎等，这些树种有菌根，是合体营养树种，菌根可帮助植物吸收营养，而连作有利于菌根菌的繁殖。但立枯病严重时不宜连作。

轮作方法主要有树种与树种轮作，树种与农作物轮作，树种与绿肥轮作等。

① 不同树种苗木间的轮作　在育苗树种较多的情况下，将没有共同病虫害的和对土壤要求有所不同的树种苗木进行轮作，可以防止某些病虫害的发展，也可避免引起土壤中某些营养元素的过分消耗。要做到树种间的合理轮作，应了解各种苗木对土壤水分和养分的不同要求，各种苗木易感染的病虫害种类和抗性大小，树种间的互利和不利作用。但在这方面研究的还不够，根据我国生产实践，有以下经验教训可供参考：落叶松与针叶树轮作较好。落叶松与梨、苹果、毛白杨效果不好。油松在板栗、杨树、紫薇、紫穗槐以及针叶树种等茬地上生长良好，病虫害较少。油松、白皮松与合欢、复叶槭、皂荚轮作可减少立枯病。槐树与白榆轮作效果不好。刺槐与紫穗槐轮作效果不好。

从理论上讲，安排轮作最好是豆科与非豆科，深根性与浅根性，喜肥与耐贫瘠树种，针叶树与阔叶树，乔木与灌木等轮作是有利的。但不是千篇一律，要在实践中摸索经验。

总之，树种轮作要根据育苗任务和生物学特性合理安排，不应为轮作而轮作插入不需要的树种。

② 苗木与农作物轮作　有利于增加土壤有机质和改善土壤结构，并有利于开展多种经营。当前在生产中与苗木轮作的主要农作物有豆类、高粱、玉米、水稻等。如在我国南方采用的杉木苗与水稻轮作，即培育杉木苗一年或几年后种一季水稻，再继续培育杉木苗，可有效地减免病害、地下害虫和旱生杂草的发生。

③ 苗木与绿肥、牧草轮作　苗木与田菁、苜蓿、草木樨等轮作，有利于提高土壤肥力、改良土壤结构。在土地面积较大、气候干旱、土壤贫瘠的地区多用。

6.3.1.2　水分管理

水是植物生长和发育不可缺少的重要条件。植物大约95%的鲜重是水分。水是植物光合作用的物质基础，是形成淀粉、蛋白质和脂肪等重要物质的成分。在水分适宜的条件下吸收根多，水分不足则苗根细长；水分过多则苗木的粗根多，细根少。可见水分适宜是培育壮苗的重要条件之一。

由于每一种树对水分的要求不一，在育苗过程中要针对各树种的需水特性，根据土壤水分状况制定合理的灌溉制度，包括灌溉定额、时间、次数和间隔周期等。

(1) 灌溉

水虽是苗木不可缺少的重要物质，但也不是越多越好。土壤水分过多，造成土壤通气不良，含气量降低，妨碍其根系生长，常造成苗木生长不良或致死。过量的灌溉，不仅不利于苗木生长而且浪费水，还会引起土壤盐渍化。

灌溉宜在早晨或傍晚进行，因此时蒸发量较小，而且水温与地温差异较小。不要在气温最高的中午进行地面灌溉。因为突然降温会影响根的生理活动。

停止灌溉时期对苗木的生长、木质化程度和抗性有直接影响。停灌过早不利于苗木生长，过晚会造成苗木徒长，寒流到来之前，仍没有木质化，降低苗木对低温、干旱的抵抗能力。适宜的停灌期应在苗木速生期的生长高峰过后立即停止。

灌溉方法有侧方灌溉、畦灌、喷灌和滴灌等。

① 侧方灌溉 又称垄灌，水从侧方渗入床内或垄中的灌溉方式，一般应用于高床和高垄。其优点：因为水分由侧方浸润到土壤中，床面不易板结，灌溉后土壤仍有良好的通气性能。侧方灌溉的缺点：与喷灌相比，渠道占地多，灌溉定额不易控制，耗水量大，灌溉效率低，用工多等。

② 畦灌 又叫漫灌，水从床面漫过，直至充满床面并向下渗入土中的灌溉方式，适宜于低床和大田平作。漫灌的优点是比侧方灌溉省水，投入少，简便易行。缺点是灌溉时破坏土壤结构，易使土壤板结，水渠占地较多，灌溉效率低，需要劳力多，而且不易控制灌水量。

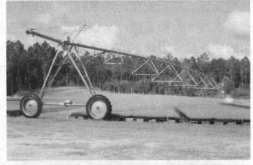

③ 喷灌 是利用水泵加压或水的自然落差将水通过喷灌设施系统输送到苗圃地，经喷头均匀喷洒在苗木上的灌溉方式(也可称为上方灌溉)，喷头安装有固定方式，也有移动方式(图6-3)。适用于高床、低床、高垄、低垄、大田平作等各种作业方式。其优点省水，便于控制灌溉量，并能防止因灌水过多使土壤产生次生盐渍化。减少渠道占地面积，能提高土地利用率。土壤不板结，并能防止水土流失。工作效率高，节省劳力。在春季灌溉有提高地面温度与防霜冻作用，在高温时喷灌能降低地面温度，

图 6-3 固定式喷灌系统(上)、移动式喷灌系统(中)和喷头(下)(摄影：刘勇)

使苗木免受高温之害。灌溉均匀，地形稍有不平也能进行较均匀的灌溉。所以它是效果较好、应用较广的一种灌溉方法。其缺点是灌溉需要的基本建设投资较高，受风速限制较多，在3~4级以上的风力影响下，喷灌不均。

④滴灌　是通过管道把水输送到灌水位置，以水滴形式给土壤供水的灌溉方法。由于可以将水直接输送到苗木根部的土壤中，具有节约用水（比喷灌能节水30%~50%）、灌溉效率高，不影响土壤结构等优点。但所需管线多，建设成本高。利用低压管道系统将水和溶于水中的肥料缓慢均匀地滴到苗木根部的土壤中，是目前最先进的一种灌溉方式。

⑤渗灌　大田渗灌是用管道将灌溉水引入土壤中，湿润苗木根区土壤的灌溉。有暗管灌溉和潜水灌溉，前者灌水借设在地下管道的接缝或管壁空隙流出渗入土壤；后者通过抬高地下水位，使地下水由毛管作用上升到作物根系层。其主要优点是不破坏土壤结构，水分利用效率高，比喷灌节水50%~70%；缺点是建设投资大，施工技术复杂。

(2) 排水

圃地如果有积水容易造成涝灾或引起病虫害，为了防止这些灾害的发生，必须及时排出每次灌溉的尾水和雨季圃地的积水。核果类苗木往往在积水中1~2 d即全部死亡，因此排水要特别及时。北方雨季降水量大而集中，特别容易造成短时期水涝灾害，因此在雨季到来之前应将排水系统疏通，将各育苗区的排水口打开，做到大雨过后地表不存水。在我国南方地区降水量较多，要经常注意排水工作，尽早将排水系统和排水口打开以便排除积水。

6.3.1.3　共生菌管理

共生(symbiosis)是指在自然界中，两种不同的生物，在一定条件下共同生活在一起，互利互惠、相互依存的现象；而能和其他生物发生共生关系的菌称为共生菌。共生菌与植物形成共生关系后即可与植物形成互利互惠的和谐关系。目前在苗圃苗木培育过程中共生菌的接种与应用最多的就是菌根菌及根瘤菌的接种。尤其在林业上困难立地生态恢复任务较为繁重的今天，对于共生苗木的定向培育是目前苗圃苗木培育的一项十分重要的工作。

(1) 菌根及菌根化育苗的概念及意义

菌根是高等植物的根系受某些土壤真菌的侵染而形成的一种互惠共生联合体。目前，根据菌根的形态解剖特征，菌根真菌的种类和植物的种类，通常将菌根分为外生菌根、内生菌根、内外菌根、浆果鹃类菌根、水晶兰类菌根、欧石南类菌根、兰科菌根等，其中，目前研究较多的是外生菌根(ectomycorrhiza)和内生菌根中的丛枝菌根(arbuscular mycorrhizal)。

①外生菌根　菌根真菌丝体侵染宿主植物尚未木栓化的营养根形成的一种菌根。外生菌根形成后真菌菌丝体不穿透宿主根细胞组织内部，仅在宿主植物根细胞壁之间延伸生长，使宿主植物的根系具有3个主要特征：一是宿主植物根部形态通常肉眼可见到变短、变粗、颜色变化以及不同的分叉特征(图6-4)，无根冠和表皮，根毛退化，在菌套表面可见许多外延菌丝(图6-5)；二是在植物营养根表面，形成一层由真菌的菌丝体紧密交织而形成肉眼可见的菌套；三是由于真菌菌丝体在根部皮层细胞间隙中生长，在宿主植物根系皮层间形成类似网格的结构，称为"哈蒂氏网"(图6-5)。

②丛枝菌根　丛枝菌根是内生菌根中的一种类型(在此强调一点，内生菌根与内生菌是截然不同的两个概念，内生菌根是植物的根与土壤真菌形成的一种联合体，它既不是

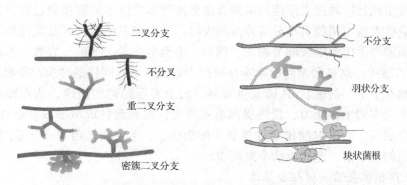

图 6-4　外生菌根分叉形状示意（引自 M. Brundrett，1996）

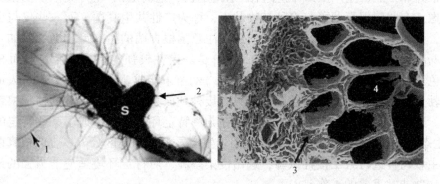

图 6-5　外生菌根的菌套及哈蒂氏网结构与形态（引自 M. Brundrett，1996）
1. 外延菌丝　2. 菌套　3. 哈蒂氏网　4. 宿主细胞

"根"也不是"菌"，是一种共生联合体；而内生菌是存在于所有生物体内的菌，植物体内、动物体内均存在各种各样的内生菌，包括我们人类体内也存在多种内生菌）。与外生菌根不同，植物根被丛枝菌根真菌感染后，根的外部形态一般用肉眼很难区别是否形成了菌根，只有通过显微镜检查才会明显地看到根部皮层细胞内形成丛枝，同时细胞内或细胞间有内生菌丝（图6-6）。

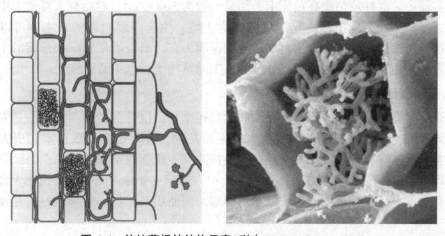

图 6-6　丛枝菌根的结构示意（引自 M. Brundrett，1996）

菌根化育苗就是指通过人工接种菌根真菌促使苗木快速形成菌根的过程，其重要意义在于：菌根能扩大宿主植物对水分与养分的吸收；增加宿主植物对磷及其他矿质营养的吸收；菌根真菌能产生植物生长调节物质，例如：细胞生长素、细胞分裂素、赤霉素、维生素 B_1、吲哚乙酸等，这些激素同植物本身所产生的激素具有同样的性质。菌根形成后可以提高宿主植物对干旱、盐碱、pH 值及重金属、病虫害等胁迫的抗性，从而提高宿主植物在这些胁迫环境中的生存能力，最终提高苗木质量，提高造林成活率以及促进幼林生长。白淑兰等研究表明，通过对油松接种浅黄根须腹菌，2 年生油松苗根茎比是对照的 2 倍，高生长是对照的 1.5 倍，造林成活率提高 30%。

(2) 外生菌根优良菌—树组合筛选

但菌根并非万能，生产实践中应遵循"适地适菌，适树适菌"的原则。从菌根真菌专化性角度考虑，有些菌根真菌可与多种植物共生，称为广性共生真菌，而一些仅与少数几种树种共生，称为专性共生真菌，同时我们还应注意菌根真菌的生态型问题。例如：彩色豆马勃 [*Pisolithus tinctorius* (Pers) Goker et Couch] 是广谱性较强的菌根真菌，然而 Smiths 报道，用彩色豆马勃接种龙脑香 (*Dipterocarpus sp.*) 幼苗未能成功形成菌根。也有人证实，将彩色豆马勃分别接种在多种桉树幼苗上，只有接种到该菌种的原分离种的植物根系时才能形成菌根。这是因为彩色豆马勃的不同菌株在某一特定环境中已形成了某些特定的生物学特征（即生态型）。所以，欲将菌根技术应用于生产，在不同地区分离乡土菌根真菌，然后对本地区主栽树种进行人工接种试验，选出侵染率高、对特定环境适应能力强的最佳菌—树组合是一项非常重要的工作。

(3) 苗圃外生菌根苗培育方法

苗圃外生菌根的接种方法有组培苗菌根接种方法，芽苗机械化接种，苗床接种法，移植苗接种法等，这里仅介绍苗床接种法。

苗床接种也是实现苗木菌根化的集约方法，它不需对每株幼苗分别接种，可以一次接种较大数量的幼苗，在生产上推广应用有较好的使用前途。这种接种法适合于幼苗能在苗床上生长相对较长时间，如 3~5 个月以上方可取得较好效果。接种时将适量的固体菌剂施入苗床土中，然后播种，使生长苗木带菌感染。这种方法首先是将培养好的固体菌剂放在一个大容器中，混拌均匀撒在苗床上，用量一般为 300 g/m^2，然后翻入育苗土中，随即进行播种，播种后在苗床上筛一定厚度的潮润土壤，生长一段时间的苗木就可以感染菌根。苗床接种法的苗期管理一般出苗期以土壤湿润为宜，出苗后尽量保持苗床的干燥，切忌水分过量和使用除草剂等化学试剂，适当人工除草松土，也不需要施肥。

6.3.1.4 杂草管理

苗圃杂草是育苗的大敌，由于其繁殖和生长速率快，抗性强，常与苗木争夺养分、水分，影响光照和空气流通，严重影响苗木的生长发育，有时还会导致苗木病虫害大量发生，使育苗失败。除草方法有：人工除草、机械除草、化学除草和生物除草。除草必须掌握及时，即"除小除了"，目前在我国苗圃生产中，除草主要靠人工，需要占用大量的人力和财力。化学除草可有效地克服人工除草的弊端，而使用又方便、效果也好，是现代化育苗技术之一。

凡能防除苗圃中杂草的药剂，统称为苗圃除草剂。苗圃除草剂的种类很多，性质也各不相同。按化学结构可分为有机除草剂和无机除草剂,根据作用的特点可分为触杀型除草剂和内吸传导性除草剂。根据选择性特点可分为选择性除草剂和灭生性除草剂。根据除草剂的使用方法分为茎叶处理型除草剂和土壤处理除草剂两类。

(1) 除草剂的使用方法

由于除草剂的性能、剂型和用途不同,所以苗圃中使用的方法也不一样。目前一般采用茎叶处理法和土壤处理法。

①茎叶处理法　指将除草剂直接喷洒或涂抹到杂草茎叶上的方法。按施药时期又可分为播种前茎叶处理和苗后茎叶处理。播种前茎叶处理是在苗圃尚未播种或苗木移植前,用药剂喷洒到已长出的杂草上,要求使用具有广谱性而选择性差,无残留的除草剂。常用的除草剂有果尔等。这种施药方法仅能消灭已长出的杂草,对以后发生的杂草则难以控制。苗后茎叶处理指树木种子萌发出土后施用除草剂的方法。施用时必须对苗木采取保护措施,如遮盖苗木,喷药后立即水冲洗苗木等,以防止对苗木造成药害。

②土壤处理法　指采用喷雾、泼浇、撒毒土等方法将除草剂施入土壤,形成一定厚度的药层,接触杂草种子、幼芽,被幼苗或杂草各部分(如芽鞘)吸收而起杀草作用。土壤处理一般用于防除以种子萌发的杂草或某些多年生杂草,最好在树木种子播种后出苗前处理。此时土壤墒情好,杂草大量萌发,有利于发挥药效。

(2) 除草剂混用

除草剂之间或除草剂与其他农药、化肥正确混合施用,不仅可以省工、降低成本、扩大杀草谱,而且兼有除草、杀虫、防病和追肥的多种作用。合理的混合用药,可以提高对杂草的防治效果,减少施药次数,发挥除草剂之间的互补作用,在除草作用、性质、速度以及效果上能取长补短,增加除草剂的黏着性能、分布性能或者增强对植物的渗透性能。在两种除草剂之间存在增效作用的情况下,还可以减少用药量,降低除草成本。但混合时应做到不改变药剂的理化性质;毒性变小,不发生苗木药害;药效不减退。生产上已成功应用的混合除草剂有:盖草能+果尔,拉索+利谷隆,拉索+阿特拉津等。

(3) 除草剂施用注意事项

施用除草剂时要注意以下两个问题:

第一,药剂的淋溶性,作土壤处理剂的除草剂,一般溶解度均较小,但在沙质土壤中,在降水量较多的情况下,会有少量药剂被淋溶到土壤的深层内,易使苗木受到药害。因此,在上述情况下施药量要适当降低。

第二,药剂的残效性,各种除草剂在常规条件下,残效期长短也不一样。如五氯酚钠为 5~7 d,西玛津可达半年之久。残效期短的除草剂,应在杂草萌发期施用;残效期长的药剂,则应考虑后茬苗木的安全问题。

除草剂药效的发挥与气象条件(如光照、温度、风和降水量、霜冻和雹灾)、土壤条件(含水量、质地和酸碱度)、植物的生长发育阶段及经营措施等因素有密切的关系。

6.3.1.5 病虫害防治

(1) 苗木病害

苗木在遭受病菌和其他生物寄生或环境因素侵染的影响时,会在生理、组织结构、形态等方面表现出病态,导致产量下降、品种变劣,减产甚至死亡的现象,统称为苗木病害。苗木病害是由病原菌引起的，一般可根据病原分为侵染性病害与非侵染性病害两大类。由真菌、细菌、病毒、支原体、线虫与寄生性种子植物等病原侵染致病的称侵染性病害或寄生性病害；由环境条件不良或苗圃作业失当造成的苗木伤害称非侵染性病害或生理病害。

在苗圃育苗上，人们习惯将苗木病害只理解为侵染性病害，它们能够繁殖、传播与蔓延，且在适宜的条件下发展十分迅速，常引起危害性病害发生。苗木发病是以体内一定的病变过程为基础的，无论是哪种病害，首先病害部位会发生一些外部肉眼观察不到的生理活动的变化，细胞与组织随后也会发生变化，最后在外部形态上表现出各种不正常的特征，即症状，由病症和病状组成。感病部位病原物所构成的特征叫做病症，感病后自身局部或全株表现的反常状态叫做病状。常见类型如下：

①病症类型

i. 粉状物（白粉、黑粉、锈斑）。病菌覆盖苗木器官表面，形成白色、黑色或锈色粉状物，如蔷薇叶与丁香叶白粉病、椴树叶与竹类叶黑粉病、杨树与落叶松叶锈病等。

ii. 霉状物。染病部位出现毛霉状物覆盖，如板栗、水曲柳、核桃楸叶片上的霉菌层等。

iii. 烟煤。病菌在苗木器官表面形成一层烟煤状物，如山茶烟煤病、紫薇煤污病等。

iv. 菌脓。染病部位渗出含有大量病菌的汁液成胶状物，使苗木生长衰弱或芽梢枯死，如桃流胶病、红松根腐病等。

②病状类型

i. 腐烂。苗木受病部位细胞与组织死亡，病原分泌酶使苗木组织细胞内物质溶解，表现为组织软化、解体、流出汁液，苗木根、茎、叶、花、果都可以发生。

ii. 畸形。由于病原侵入而引起苗木组织局部或全部异常形态，其表现因病害及苗木种类而异，如碧桃缩叶病、樱花丛枝病等。

iii. 萎蔫。苗木根部腐烂或茎部坏死，使内部维管组织受到破坏、输导作用受阻，引起局部或全苗凋萎的现象，如合欢枯萎病等。由病害导致的萎蔫是不能恢复的，对育苗威胁巨大。萎蔫现象也可能由不良的栽培条件如干旱、高温或水淹等引起，有时当这些逆境或胁迫因素解除后，有可能恢复。

iv. 变色。苗木受病部位细胞的色素发生变化，通常细胞并不死亡。红松根腐病能引起红松针叶变黄，落叶松落针病的病状主要表现在针叶黄化，然后脱落。叶变色并不是侵染性病害所独有，许多非侵染性病害，如缺氧、缺水、土中毒害性物质的存在、低温等原因，以及许多苗木叶自然脱落前都有变色现象。实际发生时，要注意区分鉴别。

③主要病害及其防治　苗木病害依其受害部位可以分为根部受害型（根部病害）、叶部受害型（叶部病害）和枝干受害型（枝干病害）。根部受害后会出现根部或根颈部皮层腐烂，形成肿瘤，受害部位有时还生有白色丝状物、紫色垫状物和黑色点状物，如苗木猝倒病、颈腐病、紫纹病、白绢病等。叶部或嫩梢受害后出现形状、大小、颜色不同的斑点，或上面生有黄褐色、白色、黑色的粉状物、丝状物、点状物等，如叶斑病、炭疽病、锈病、白粉病、煤污病等。苗期枝干受害后，病害往往在幼树和大树时期继续发病，如泡桐丛枝病、枣疯病、杨树溃疡病等。

ⅰ. 粉病防治。多见于阔叶树叶片。避免苗木长期处于高温、高湿的环境，保持通风凉爽的环境；清除病枝叶，集中销毁，防止传播；用50%代森铵溶液加水1000倍，或75%百菌清加水800倍，喷洒受害叶面。

ⅱ. 锈病防治。锈菌是转主寄生的，苗木栽植时不能与转主寄主相邻或混栽；发病时，可用50%代森铵溶液加水1000倍，喷洒防治。代森锌、百菌清、石硫合剂是很好的防治药剂。

ⅲ. 炭疽病防治。植株要合理密植，使苗木通风透光，及时清除病源，防止传播。

ⅳ. 猝倒病(立枯病)防治。做好土壤的消毒工作，避免重茬，使用充分腐熟的有机肥；南方苗圃，可每公顷撒施300 kg生石灰消毒土壤；北方苗圃，可用代森锌进行土壤处理，或发病后喷洒防治。

(2)苗木虫害

苗圃中危害苗木的昆虫种类繁多，根据危害部位及危害方式，可以分为根部(地下)害虫、蛀干害虫、枝叶害虫等。

①根部(地下)害虫　这类害虫在土表下或接近地面处咬食苗木幼芽、根茎、或心叶，对当年播种苗、慢长珍贵小苗以及某些品种的保养苗危害很大，降低出圃苗木质量。常发生的有蛴螬、蝼蛄、地老虎、金针虫、大蚊等。其中蛴螬和蝼蛄危害最为普遍。

ⅰ. 蛴螬。俗称壮地虫、白土蚕，即金龟子幼虫。蛴螬危害幼芽和幼根，成虫危害叶、花、果，比较难防治。许多鸟类、家禽喜食金龟的幼虫，可在成虫孵化期或结合耕地将幼虫耕出，招引鸟类和家禽来食；夜间利用灯光可以诱杀金龟成虫；化学防治可参照蝼蛄类的防治方法，还可以使用菊酯类杀虫剂。

ⅱ. 蝼蛄。终生在土中生活，是危害幼树和苗木根部的重要害虫，以成虫或若虫咬食根部或靠近地面的幼茎，使之呈不整齐的丝状残缺；也常食害刚播或新发芽的种子；还会在土壤表层开掘纵横交错的隧道，使幼苗须根与土壤脱离枯萎而死，造成缺苗断垄。在苗圃常见的有华北蝼蛄、非洲蝼蛄。在成虫羽化期，可以在夜晚利用灯光诱杀；危害期用毒饵诱杀，如辛硫磷0.5 kg加水0.5 kg与15 kg煮半熟的谷子混合，夜间均匀撒在苗床上或埋入土壤中；利用马粪诱杀，在苗圃地间隔一定距离挖一小坑，放入马粪，待蝼蛄进入小坑后集中捕杀；也可引鸟类捕食，如戴胜、喜鹊等。

②蛀干害虫　蛀干害虫钻进苗木枝干梢内部啃食苗木形成层、木质部组织，造成苗圃枝干枯死、风折等，降低苗木出圃合格率。常见危害严重的有透翅蛾、天牛、介壳虫、松梢螟等。

ⅰ. 白杨透翅蛾。危害各种杨、柳。成虫很像胡蜂，白天活动。幼虫蛀食茎干和顶芽，形成肿瘤，影响营养物质的运输，从而影响苗木发育。成虫活动期，可用人工合成的毛白杨性激素诱捕雄性成虫；或向虫孔注射杀螟硫磷等农药稀释液，杀死幼虫；及时将受害枝干剪掉烧毁，避免传播。

ⅱ. 天牛类。如青杨天牛等，危害各种杨、柳。以幼虫蛀食枝干，特别是枝梢部分，被害处形成纺锤状瘤，阻碍养分的正常运输，以致枝梢干枯，或遭风折，造成树干畸形，呈秃头状。如在幼树髓部危害，可使整株死亡。可以人工捕杀成虫，消灭树干上的虫卵；利用杀螟硫磷100倍稀释液喷树干，可以有效地防治幼虫和成虫；招引啄木鸟等天敌来食；集中销毁受害枝干。

③枝叶害虫　这类害虫种类很多，可分为刺吸式口器和咀嚼式口器两大类。

i. 刺吸式口器害虫。以刺吸式口器吸取植物组织汁液，造成枝叶枯萎、枝干失水，甚至整株死亡，同时还传播病毒。吸汁类害虫个体小，发生初期危害症状不明显，容易被人们忽视。但这类害虫繁殖力强，扩散蔓延快，在防治时如果失去有利时机，很难达到满意的防治效果。常见的主要有蚜虫、螨类等。

蚜虫是一类分布广、种类多的害虫，苗圃中几乎所有植物都是其寄主。常危害榆叶梅、海棠、梨、山楂、桃、樱花、紫叶李等多种园林苗木，群集于幼叶、嫩枝及芽上，被害叶向背面卷曲。防治应以预防为主，注意观测蚜虫的动态，初发生时，立即剪去病枝，防止扩散；喷灌和大雨也可消灭蚜虫；危害严重时，可以用50%杀螟硫磷等农药加水1000倍喷洒；春季，可在苗木根部开沟，将3%呋喃丹颗粒施入沟内，覆土、灌水，有效控制蚜虫发生。

螨类又称红蜘蛛，危害针叶树和阔叶树。防治要掌握螨类发生规律，提早进行预防；注意清理枯枝落叶，切断螨虫越冬栖息的场所；当危害严重时，可用螨危4000~5000倍均匀喷雾，或15%哒螨灵乳油2000倍液喷洒。

ii. 咀嚼式口器害虫。这类害虫种类多，以取食苗木叶片、幼芽等造成危害。常见的有尺蠖类、刺蛾类、枯叶蛾类等。

尺蠖类主要有槐尺蠖、枣尺蠖等。槐尺蠖主要危害槐树、龙爪槐等，以蛹在树下松土中越冬，翌年4月中旬羽化为成虫。夜间活动产卵，幼虫危害叶片，爬行时身体中部拱起，像一座拱桥，有吐丝下垂习性。防治以灯光诱杀成虫效果最好，也可在7月中、下旬，大部分幼虫在3龄以前，喷50%的杀螟松乳剂1000倍液，或75%的辛硫磷1500倍液。

6.3.2　播种育苗

用种子播种繁殖所得的苗木称为播种苗或实生苗。树木的种子体积较小，采收、贮藏、运输、播种等都较简单，可以在较短的时间内培育出大量的苗木或嫁接繁殖用的砧木，因而在苗圃中占有极其重要的地位。

利用种子繁殖，一次可获得大量苗木，生产技术较为简单，成本低廉，而且苗木生长旺盛、健壮，根系发达，寿命长；抗风、抗寒、抗旱、抗病虫的能力及对不良环境的适应力较强。通常结实量大、种子采收贮藏容易、种子场圃发芽率高的树种常采用播种繁殖。

6.3.2.1　种子准备

（1）种子消毒

精选良种或选用种子区内符合国家种子质量标准的种子。为防止假劣种子，可使用由林木种子主管部门统一调拨的种子或合法经营的种子。使用的种子都应有产地证明。为了消灭附在种子上的病菌，预防苗木发生病害，在种子催芽和播种前，应进行种子消毒灭菌。苗木生产上常用的种子消毒方法有：

①硫酸铜溶液浸种　使用浓度为0.3%~1.0%，浸泡种子4~6 h，取出阴干，即可播种。硫酸铜溶液不仅可消毒，对部分树种（如落叶松）还具有催芽作用，可提高种子的发

芽率。

②敌克松拌种　常用粉剂拌种播种，药量为种子重量的 0.2%～0.5%。先用药量 10～15 倍的土配制成药土，再拌种。对苗木猝倒病有较好的防治效果。

③福尔马林溶液浸种　在播种前 1～2 d，配制浓度为 0.15%的福尔马林溶液，把种子放入溶液中浸泡 15～30 min，取出后密闭 2 h，然后将种子摊开阴干后播种。1 kg 浓度为 40%的福尔马林可消毒 100 kg 种子。用福尔马林溶液浸种，应严格掌握时间，不宜过长，否则将影响种子发芽。

④高锰酸钾溶液浸种　使用浓度为 0.5%，浸种 2 h；也可用 3%的浓度，浸种 30 min，取出后密闭 30 min，再用清水冲洗数次。采用此方法时要注意，对胚根已突破种皮的种子，不宜采用本方法消毒。

在种子消毒处理后，一般应该进行种子催芽。

(2)种子催芽及处理

休眠种子必须经过催芽，解除休眠才能顺利萌发，详见 5.3.1.5 种子包衣和 5.5 种子催芽。

6.3.2.2 播种地准备

为了给种子发芽和幼苗生长发育创造良好的条件，便于苗木管理，播种前要在平地、浅耕、耕地和耙地的整地环节基础上，根据育苗的不同要求把育苗地做成床或垄，并进行土壤消毒。

(1)育苗方式

育苗方式是指播种地的准备方式，一般分床作、平作和垄作等。需要精细管理的苗木、珍稀苗木，特别是种子粒径较小，顶土力较弱，生长较缓慢的树种，应采用苗床育苗。用苗床培育苗木的育苗方式称为床式育苗。做床时间应与播种时间密切配合，在播种前 5～6 d 内完成。苗床依其形式可分为高床、平床和低床 3 种。

①高床　床面高于地面，其高出的程度为 15～25 cm。床的宽度以便于操作为适度，一般床面宽度为 1.1～1.2 m。床长根据播种区的大小而定，一般长度为 15～20 m，过长管理不方便。两床之间设人行步道，步道宽 30～40 cm(图 6-7)。

高床的优点是床面高，排水良好，地温高，通气，肥土层厚，苗木发育良好，便于侧方灌溉，床面不致发生板结。适用于北方温度较低、南方降水量多或排水不良的黏质土壤苗圃地以及对土壤水分较敏感，怕旱又怕涝的树种或发芽出土较难，必须细致管理的树种。

②低床　床面低于步道，床面宽 1 m，步道宽 30～40 cm，高 15～18 cm，床的长度与高床的要求相同(图 6-8)。

低床的优点是：做低床比高床省工，灌溉省水，保墒性较好，适宜于北方降水量较少

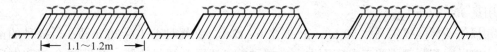

图 6-7　高床育苗示意

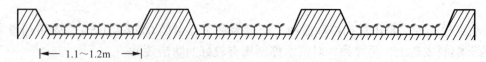

图6-8 低床育苗示意

或较干旱的地区应用。但也具有灌溉后床面板结，不利排水以及起苗比高床费工等不足。低床适用于喜湿、对稍有积水无碍的树种，如大部分阔叶树种和部分针叶树种。

③平床 床面比步道稍高，平床筑床时，只需用脚沿绳将步道踩实，使床面比步道略高数厘米即可。适用于水分条件较好，不需要灌溉的地方或排水良好的土壤(图6-9)。

图6-9 平床育苗示意

对于生长快，管理技术要求不高的树种，一般均可采用垄作育苗，其特点是可以加厚肥土层，提高土温，有利于土壤养分的转化，苗木光照充足，通风良好，生长健壮。垄作育苗还便于机械化作业，提高劳动生产率，降低育苗成本。但垄式育苗的管理不如床式育苗细致，苗木产量也较床式育苗低。垄作分为高垄和低垄两类。

④高垄 高垄的规格，一般要求垄距为60~70 cm，垄高20 cm左右，垄顶宽度为20~25 cm，长度依地势或耕作方式而定。做高垄时可先按规定的垄距划线，然后沿线往两侧翻土培成垄背，再用木板刮平垄顶，使垄高矮一致，垄顶宽度一致，便于播种。高垄适用于中粒及大粒种子，幼苗生长势较强，播后不须精细管理的树种。

⑤低垄 又称平垄、平作。即将苗圃地整平后直接进行播种的育苗方法。适用于大粒种子和发芽力较强的中粒种子树种。

（2）土壤消毒

土壤消毒是应用化学方法，消灭土壤中残存的病原菌、地下害虫或杂草等。以减轻或避免其对苗木的危害。苗圃中简便有效的土壤消毒方法主要是采用化学药剂处理。

①硫酸亚铁 雨天用细干土加入2%~3%的硫酸亚铁粉制成药土，施药土1500~2250 kg/hm^2。晴天可施用浓度为2%~3%的水溶液，用量为9 g/m^2。硫酸亚铁除杀菌的作用外，还可以改良碱性土壤，供给苗木可溶性铁离子，因而在生产上应用较为普遍。

②敌克松 施用量为4~6 g/m^2。将药称好后与细砂土混匀做成药土，播种前将药土撒于播种沟底，厚度约1 cm，把种子撒在药土上，并用药土覆盖种子。加土量以能满足上述需要为准。

③五氯硝基苯混合剂 以五氯硝基苯为主(约占75%)，加入代森锌或敌克松(约占25%)。使用方法和施用量与上述敌克松相同。

④辛硫磷 能有效杀灭金龟子幼虫、蝼蛄等地下害虫，常用50%的辛硫磷颗粒剂，每公顷用量30~37.5 kg。

⑤福尔马林 福尔马林50 mL/m^{2}加水6~12 L，在播种前10~20 d洒在待播种的苗圃地上，然后用塑料薄膜覆盖在床面上，在播种前7 d揭开塑料薄膜，待药味全部散失后播种。福尔马林除了能消灭病原菌外，对于堆肥的肥效还有相当的增效作用。

6.3.2.3 播种时期

播种时期是指播种季节和时间,它直接影响到苗木的生长期、出圃的年限、幼苗对环境条件的适应能力、土地的使用率以及苗木的养护管理措施等,对苗木产量、质量和抗逆性有重要影响。适宜播种期要依树种的生物学特性以及当地的气候条件而定。中国南方四季均可播种育苗,而北方则以春播为主。

春季是我国主要的播种季节,多数地区和大多数树种都可以在春季播种。春季适当早播的幼苗抗性强,生长期长,病虫害少。春播具有从播种到出苗时间短,减少管理用工,减轻鸟、兽、虫等对种子的伤害等优点。春播的具体时间是在确保幼苗出土后不会遭受晚霜和倒春寒低温危害的情况下,尽早为好。一般当土壤 5 cm 深度的地温稳定在 10 ℃ 左右,或旬平均气温在 5 ℃ 时,即可播种。

夏播适用于夏季成熟,且易丧失活力、不易贮藏的种子,如桉树、杨树、榆树、桑树、檫木等。采取随采随播可省去种子贮藏的麻烦,种子发芽率高。夏播应尽量提早,以便苗木有足够的生长期,在冬季来临前充分木质化,确保安全越冬。

秋播是仅次于春播的重要季节。一些大、中粒种子或种皮坚硬的、有生理休眠特性的种子都可以在秋季播种,如栎类、红松、椴树、核桃楸、山桃、山杏等。秋播后,种子在育苗地里过冬的同时也完成催芽过程,翌春发芽早,出苗快,并省去了种子的贮藏工作。在冬季有冻害的地区进行秋播,要保证当年秋季不发芽;休眠期长的种子,可适当早播;在无灌溉条件的育苗地,早春土壤墒情差,可在早秋播种,幼苗萌发出土后用土埋法越冬。但秋播种子在土壤中停留时间长,易遭受鸟兽危害,应注意防除。北方风沙大的地方不宜秋播。

冬播实际上是春播的提早,也是秋播的延迟。我国南方气候温暖,冬天土壤不冻结,而且雨水充沛,可以进行冬播。杉木、马尾松等树种种子,初冬成熟后随采随播,种子早发芽,幼苗扎根深,能提高苗木对夏季高温的抗性。由于延长了生长期,不仅苗木生长量大,而且抗旱、抗寒、抗病能力均较强。

6.3.2.4 播种量与播种方法

(1)播种量计算

播种量是指单位面积上播种的数量。播种量确定的原则是用最少的种子,达到最大的产苗量。播种量一定要适中,偏多会造成种子浪费,出苗过密,间苗费工,增加育苗成本。播种量太少,产苗量低,土地利用率低,影响育苗效益。适宜的播种量,需经过科学的计算,计算播种量的依据是:单位面积(或单位长度)最适宜的产苗量;种子品质指标,如种子纯度(净度)、千粒重、发芽势;种苗的损耗系数等。

计算播种量可按下列公式:

$$X = \frac{N \times W}{P \times G \times 1000^2} \times C \tag{6-2}$$

式中 X——单位面积或单位长度播种量(kg);

N——单位面积或单位长度最适宜的产苗量(株);

W——种子千粒重(g);

P——种子净度；

G——种子发芽率；

1000^2——将千粒重换算为每粒种子的重量(kg)的常数；

C——损耗系数。

C 值因树种、圃地的环境条件及育苗的技术水平而异，同一树种，在不同条件下的具体数值可能不同。各地应通过试验来确定，参考值如下：大粒种子(千粒重在 700 g 以上)，$C=1$，如银杏、板栗、核桃等；中、小粒种子(千粒重在 3~700 g 之间)，$1<C<5$，如落叶松、油松、侧柏等；极小粒种子(千粒重在 3 g 以下)，$C=5~20$，如杨树、桉树等。

上式计算的结果为净育苗面积的播种量，但苗圃地除了育苗地，还应该有道路，排灌水渠等辅助育苗用地，因此，在将单位面积计算的播种量推算到更大面积时，就不能按每公顷 10 000 m² 计算，根据育苗技术规程规定，净育苗面积一般占总面积的 60%，因此，每公顷播种量按 6000 m² 计算。

(2) 播种方法

播种方法是将种子播散于圃地苗床或垄上培育苗木的方法，根据种子在苗床上的分布情况，可将播种方法分为条播、点播和撒播 3 种。

①条播　是按一定行距，开沟播种，把种子均匀撒在沟内，是应用最广的播种方法。适合各种中、小粒种子。条播的优点在于，苗木有一定的行间距离，便于机械化作业和松土、除草、追肥等苗期抚育管理工作的进行；苗木受光均匀，通风条件良好，因而生长健壮。条播的行距因树种特性和土壤条件而定，播种行的宽度称为播幅。一般情况下播幅为 2~5 cm。适当加宽播幅有利于克服条播的缺点，提高苗木质量。阔叶树种可加宽至 10 cm，针叶树种可加宽至 10~15 cm。播种行的方向以南北为好，这样苗木受光均匀，但也因苗床方向而异，以有利于灌溉和进行其他抚育措施，多采用平行于苗床长边的纵行条播。但高床育苗时采用横行条播有利于侧方灌溉。大田育苗时，为了便于机械化作业，可采用带状条播，若干个播种行组成一个带，加大带间距，缩小行间距。

②点播　是按一定株行距挖小穴进行播种。点播适用于核桃、栎类、桃、山杏、七叶树、银杏等大粒种子。优点是节省种子，也具有条播的优点，苗木生长空间大，根系发育较好，但产量比其他方法都低。点播的株行距应按种子大小与幼苗生长速率来确定，一般株行距不小于 30 cm，株距不小于 10~15 cm。点播时先挖一小穴，为利于种子发芽和幼苗生长，将种子侧放，使种子的尖端，即种孔所在部位，与地面平行。覆土深度为种子短轴直径的 1~3 倍，然后轻轻镇压覆土。

③撒播　是不分株行距把种子均匀地撒在苗床上的播种方法。主要适用于极小粒种子，如杨树、柳树、桉树、悬铃木、桤木、女贞等种子。优点是苗木分布均匀，产苗量高，土地利用率高；缺点是间苗、定苗、松土、除草等抚育管理不便，苗木密集，易造成光照不足、通风不良、苗木长势弱、抗性低、合格苗产量低。

根据播种时所采取的人力或者机械情况，可分为人工播种和机械播种 2 种。下面以条播为例，说明人工播种的环节如下：

①划线　根据规划确定的行距和播种行的方向确定播种沟位置。

②开沟　根据播种沟要求的宽度深度进行开沟，要求通直、深浅均匀一致，沟的深度

根据种粒大小而定。

③播种 将种子均匀撒在播种沟内,要严格控制播种量。小粒种子可与细沙等混合播种,以保证下种均匀。

④覆土 用细土均匀覆盖种子,目的是为种子创造发芽的良好条件。覆土厚度对种子周围的土壤水分、场圃发芽率、出苗早晚和整齐度都有很大影响。覆土过厚时,温度低,氧气缺乏,不利于种子发芽,发芽后出土也困难;覆土过薄,则种子易暴露,得不到充足的水分,不利于发芽,且易遭鸟兽危害(图6-10)。确定覆土厚度的依据是:a. 树种特性:大粒种子宜厚,小粒种子宜薄;子叶留土萌发的宜厚,子叶出土萌发的宜薄。b. 气候条件:气候干旱宜厚,湿润宜薄。c. 土壤条件:土壤疏松则厚,土壤较黏重宜薄。d. 播种季节:秋播宜厚,春夏播种宜薄。e. 覆土材料:小粒、极小粒种子用原土覆盖易造成覆土过厚,可改用沙子、泥炭土等疏松材料。经催芽的种子,播种时土壤墒情较好,覆土厚度一般以短轴直径的2~3倍为宜。极小粒种子以不见种子为度。为保证种子与播种沟湿润,要边开沟、边播种、边覆土。

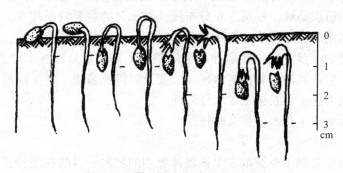

图 6-10 覆土厚度影响出苗示意

⑤镇压 用铁锹将覆土轻轻压实,使种子与土壤紧密结合,充分利用毛细管作用为种子发芽提供水分。

机械播种是采用播种器或播种机播种,能够大大提高播种的工作效率。开沟、播种、覆土和镇压等工序一次完成。不仅节省人力,同时幼苗出土整齐一致,是今后苗圃育苗的发展趋势。应用之前应检查机器的性能,如下种量、播种深度、覆土厚度等是否容易控制,会不会损伤种子等,在试验的基础上加以应用,各技术环节的要求同人工播种时的要求一致。

6.3.2.5 播种地管理

播种后为了给种子发芽和幼苗出土创造良好的条件,提高场圃发芽率,对播种地要进行精心管理,以提高场圃发芽率。主要内容有覆盖、灌溉、松土、除草等。

为了防止土壤板结,保持土壤水分,防止喷灌冲刷种子,对一些小粒种子或在风沙危害地区,播种后要覆盖。覆盖材料,可用塑料薄膜、苇帘、稻草、苔藓、松枝、树叶等。幼苗大量(60%~70%)出土后,应及时撤除覆盖物。要分次撤除,并以下午16:00撤除为佳,以使幼苗锻炼逐渐适应外界环境。插条和点播,可用地膜覆盖,但当芽萌发或幼芽出土时必须立即破膜,否则会发生日灼害。

播种地的灌溉对种子发芽影响很大。对大、中粒种子，因覆土厚，只要在播种前灌足底水，采用经过催芽的种子播种，一般原有的土壤水分，就可满足其发芽出土。如果浇水（蒙头水）反而会使土壤板结，地温下降，不利于发芽出土。但有些小粒种子，由于覆土过薄，播种后几小时种子就处在干燥的表土中，不但不能迅速发芽，而且如是经过催芽的种子，还会因土壤干燥而失去生命力。对这类树种，就需要根据实际情况进行灌溉。目前应大力推广喷灌，这是多快好省的办法，但要求雾滴要细，一般使种子处在比较潮润的土壤中即可。

幼苗出土前后，还要注意松土除草和防除鸟兽害。

6.3.2.6 苗期管理

苗期管理包括水分管理、养分管理、中耕除草、间苗和补苗、切根和温度管理。

(1) 灌水和排水

灌水应根据苗木各生长时期的特点有针对性地进行。苗木不同生长阶段对水分的要求不同，灌溉强度也不同。播种前灌足底水利于幼苗的萌发和出土；出苗期为了提高土温，尽量少灌；幼苗期组织幼嫩，根系少而分布浅，对水分的需要量虽较少，但十分敏感，应适当灌溉。但幼苗期应进行蹲苗，控制水分的供应，促进其根系的生长，以增强幼苗的抗旱能力，为速生期的旺盛生长打好基础；速生期苗木需水量最多，水分的利用率也最高，要及时足量灌溉；生长后期为防止苗木徒长，要及时停止灌溉。越冬前灌一次冻水可增强苗木抗寒性。灌溉方法参见 6.3.1.2 水分管理。

如果降水后圃地产生积水，要及时排除。

(2) 追肥

追肥是在苗木生长期中根据苗木生长规律施用的肥料。目的在于补充基肥和种肥的不足（详见 6.3.1.1 土壤肥力管理）。用作追肥的肥料多为速效性的无机肥和人粪尿等。追肥方法有土壤追肥、叶面追肥和营养加载等。

①土壤追肥　是将肥料追施于土壤中。方法有沟施、浇施和撒施。沟施应在行间、距苗木 10 cm 内开沟，深 6~10 cm，施后随即覆上。浇施是将肥料稀释后全面喷洒于苗床上（喷洒后用清水冲洗苗株），或配合灌溉于苗畦中。撒施是将肥料均匀地撒在床面，然后灌水。以上三种方法，以沟施效果最好，肥料利用率高。

②叶面追肥　是将营养元素的溶液，喷洒在苗木的茎叶上，营养液通过皮层，被叶肉细胞吸收利用的一种施肥方法。根外追肥避免了土壤对肥料的固定，灌溉和降水的淋失，肥料用量少，吸收率高、速度快，是一种比较好的追肥方法。

叶面追肥使用的溶液浓度，一般尿素为 0.2%~0.5%，每次用量 7.5~15 kg/hm^2；过磷酸钙为 0.5%~2.0%，每次用量 22.5~37.5 kg/hm^2；K_2SO_4、KCl、KH_2PO_4 为 0.3%~1.0%；其他微量元素为 0.25%~0.50%。根外追肥时间以早、晚或阴天、空气湿润时为宜。喷后两天内如遇到降水，肥料失效，应补施。根外追肥不宜用迟效肥料，而且浓度稍高容易灼伤苗木。所以，根外追肥只能作为补充营养的辅助措施，不能完全代替土壤追肥。

③营养加载　又称秋季施肥，一般是在秋季苗木停止高生长后进行的追肥，其目的不是促进苗木形态指标或生物量的增大，而是增加苗木体内营养元素含量，从而提高苗木抗

逆性，并促进苗木翌年春天的快速生长。这一技术在国外已被广泛应用于挪威云杉、黑云杉、火炬松、湿地松、西黄松、花旗松、蓝桉、栎类等树种的苗木培育中。我国仅在毛白杨、落叶松、油松等树种上有少量研究，但尚未在生产上广泛应用。李国雷(2014)等通过对长白落叶松1年生播种苗进行营养加载(试验地为吉林市)，施肥量为 $60\sim90$ kg/ hm^2，分两次于9月16和10月1日进行施肥，结果表明，与对照相比，不仅苗木根和茎的干重有明显增加，而且苗木体内氮含量得到提高，抗寒性明显增强。

追肥时期要根据苗木的生长规律来确定。出苗期的苗木幼苗营养来源主要靠种子内贮存的营养物质，不需施用肥料。幼苗期对氮和磷比较敏感，应注意增施，一般第一次追肥应在幼苗期的后半期。速生期是苗木生长旺盛时期，对营养的需求量增大，应增加氮肥用量及次数，并按比例施用磷钾肥。木质化期为促进苗木木质化，提高抗性，应适时停施氮肥。但如需要进行营养加载，可在苗木高生长停止后追肥1~2次。

关于施肥的更多内容参见6.3.1.1。

(3) 中耕除草

中耕是苗木生长期间的耕作方式。苗木生长期间，灌溉和降水后土壤出现板结，不利于苗木根系生长。通过中耕结合除草，破除板结的表土层，切断毛细管，可减少土壤水分蒸发，提高通气性能，改善土壤微生物的生存条件，加速肥料的分解和土壤中有效养分的利用。通过除草消灭了杂草，减少了与苗木的竞争，改善了苗木生长环境。

中耕与除草通常结合进行，每逢灌溉或降水之后，即可进行。除消灭杂草外，中耕也要有一定深度，效果才明显。生长初期松土宜浅，一般为2~4 cm，以后逐渐加深到8~12 cm。为促进苗木木质化，在生长后期停止灌溉之后松土工作也应相继停止。

中耕除草宜在土壤不过干或不过湿时进行，并注意不要碰伤苗木，可适当切掉生长在地表的浅根。中耕除草的次数和时期可根据当地具体条件及苗木生育特性等综合考虑确定。中耕的深度视苗木根系的深浅而定。

人工中耕除草目标明确，除草效果好，但方法比较落后，工作效率低。机械中耕除草比人工中耕除草先进，工作效率高，但要结合育苗方式选择合适机械。如果圃地杂草较重，清除杂草应重视除草剂的使用，以提高除草效率，可根据具体杂草种类选择适宜的除草剂种类，详见6.3.1.4。

(4) 间苗和补苗

间苗和补苗是控制苗木合理密度的一项重要的措施。

①间苗 又叫疏苗，即将部分苗木除掉。苗木过密会造成光照不足，通风不良，每株苗木的营养面积过小，使苗木生长过弱，降低苗木质量。苗木过密的圃地，还易招引病虫害。通过间苗，使苗木密度趋于合理，生长良好，以提高苗木质量。

i. 间苗的时间。因树种、地区不同而异。主要根据幼苗的生长速率、幼苗的密度等决定。阔叶树种第一次间苗的时间，可掌握在幼苗期的前期当幼苗展开3~4片(对)真叶、互相遮阴时进行；第二次间苗在第一次后20 d左右进行。针叶树种幼苗适于较密集的环境，间苗时间比阔叶树种晚。对生长快的树种如落叶松、杉木、柳杉等，可在幼苗期进行间苗，在幼苗期的末期或速生初期进行定苗。生长慢的树种可在速生期初期进行间苗。

ii. 间苗次数。一般分1~2次进行为好，具体要以幼苗的长势、密度等情况而定，最后一次间苗又称定苗,定苗不能过晚,否则会降低苗木质量。

iii. 间苗的强度和对象。间苗前应先按计划的单位面积产苗数,计算出每株苗木之间的间距,在定留苗数时,要比计划产苗量多5%~10%,作为损伤系数,以保证产量。间苗时,主要间除有病虫害的苗、受机械损伤的苗、发育不正常或生长弱小的劣苗,以及并株苗、过密苗等。如为出苗不齐的苗圃,应在保证产苗量的基础上调节留苗的稀密度。

间苗前,应先灌水,使土壤松软,提高间苗效率。间苗后,要及时进行浇灌,以淤塞被拔出的苗根孔隙。

②补苗　补苗工作是补救缺苗断垄的一项措施。当种子发芽出土不齐,或遇到严重的病虫害,造成缺株断垄,影响产苗数量时,可采用补苗。补苗时间宜早不宜迟,以减少大量伤根,早补苗不仅成活率高,而且后期生长与原生苗无显著差异。

补苗时由于幼苗主根不长,同时尚未长出侧根,故可以带土或不带土,在补苗前将苗床灌足水,然后用小铲或手将密集的幼苗轻轻掘出,立即栽于缺苗处。如幼苗较大,主根较长,补苗时最好选择阴雨天或傍晚进行,避过高温强日照时段,以提高成活率。有条件的地方,补苗后进行2~3 d的遮阴,可提高苗木成活率。

(5)截根

又叫切根、断根,是把生长在苗圃地上的幼苗或苗木的根用工具割断。截根的作用在于除去主根的顶端优势,通过截根能够有效地控制主根的生长,促进侧根和须根生长,扩大根系的吸收面积;同时,由于截根,暂时抑制了茎、叶生长,使光合作用产物对根的供应增加,使根茎比加大,提高苗木质量,利于苗木后期生长。通过截根还可以减少起苗时根系的损伤,提高苗木移植的成活率。苗木切根是培育壮苗的重要措施之一,其效果仅次于苗木移植的作用。

苗木截根抚育主要适用于主根发达、侧根较少的树种,如板栗、栎类、桉树、木麻黄、湿地松等。直根性强主根发达的树种,在生出2~4片真叶时切根,深度为8~12 cm。一年出圃的针叶树苗,宜在幼苗期后期切根,切根1~2次,切根深度10~15 cm。培育2年生原床苗,应在第一年早秋苗木进入生长后期时切根,此时切根不仅根系当年能恢复生机,还能生出大量侧须根;亦可在翌年早春顶芽尚未萌发(也是侧根刚要发出之前)、土壤解冻深度正为切根深度时进行。并根据树种确定截根的深度,一般为10~15 cm。

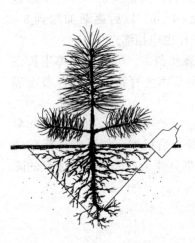

图6-11　苗木截根示意

截根,可采用截根刀从苗床表面下截断主根;也可用铁锹在苗木旁向土中斜切,以断主根(图6-11)。截根后应立即灌水,并增施磷、钾肥,促使苗木增长新根。

苗期管理的其他内容,如水分管理、温度管理、养分管理和中耕除草等,见本章后面的相应部分。

(6)降温

树木在幼苗期组织幼嫩,既不耐低温也不能忍受地面高温的灼热,在夏季如果发生日灼,会造成苗木受伤甚至死亡。因此,在高温时要采取降温措施。

①遮阴　苗木遮阴的目的是为了降低土表温度，减少苗木的蒸腾和土壤的蒸发强度，防止根颈受日灼之害。特别对耐阴树种的幼苗、干旱少雨地区、夏季高温的情况下，采取适当的遮阴措施是十分必要的。

遮阴的方法：一般采用苇帘、竹帘、黑色遮阳网等作材料，搭设遮阴棚。具体高度要根据苗木生长的高度而定，一般是距床面40~50 cm。遮阴透光度的大小和遮阴时间的长短因树种或地区的气候条件而异，一般的透光度为1/2~2/3；遮阴的时期多为从幼苗期开始，南方有的地方遮阴可持续到秋季，即从4月开始遮阴，9月结束；一天中，为了调节光照，可在每天10：00开始遮阴，至16：00以后撤除遮阴。

②喷水降温　高温期通过喷灌系统或人工喷水，可有效地降低苗圃和地表温度，而且不会影响苗木的正常生长，是一种简单、有效的降温措施。

(7) 防寒

苗木的组织幼嫩，尤其是秋梢部分，入冬时如不能完全木质化，抗寒力低，易受冻害，早春幼苗出土或萌芽时，也最易受晚霜的危害。苗木寒害主要是由低温引起的。适时早播，延长生长季，在生长季后期多施磷、钾肥，减少灌水，促使苗木生长健壮、枝条充分木质化，提高抗寒能力，亦可进行夏、秋修剪，打梢等措施，促进苗木停止生长，使组织充实，抗寒能力增加。生产上常用主要的防寒措施有以下几点。

①埋土和培土　在土壤封冻前，将小苗顺着有害风向依次按倒用土埋上，土厚一般10 cm左右，翌春土壤解冻时除去覆土并灌水，此法安全经济，一般能按倒的幼苗均可采用。较大的苗木，不能按倒的可在根部培土，亦有良好效果。

②苗木覆盖　冬季用稻草或落叶等把幼苗全部覆盖起来，翌春撤除覆盖物，此法与埋土法类似，可用于埋土有困难或易腐烂的树种。

③搭霜棚　又称暖棚，做法与荫棚相似，但棚不透风，白天打开、夜晚盖好。目前许多地区使用塑料棚，上面盖有草帘等，也有的使用塑料大棚，来保护小苗过冬。

④设风障　华北、东北等地区，普遍采用风障防寒，即用高粱秆、玉米秆、竹竿、稻草等，在苗木北侧与主风方向垂直的地方架设风障，两排风障间的距离，依风速的大小而定，一般风障防风距离为风障高度的2~10倍。风障可降低风速，充分利用太阳的热能，提高风障前的地温和气温，减轻或防止苗木冻害。

⑤灌冻水　入冬前将苗木灌足冻水，增加土壤湿度，保持土壤温度，使苗木相对增加抗风能力，减少梢条冻害的可能性，灌冻水时间不宜过早，一般在封冻前进行，灌水量应大。

⑥假植　结合翌春移植，将苗木在入冬前掘出，按不同规格分级埋入假植沟中或在窖中假植，此法安全可靠，既是移植前必做的一项工作，又是较好的防寒方法，是育苗中多采用的一种防寒方法。

⑦其他防寒方法　依不同的苗木，各地的实际情况，亦可采用熏烟、涂白、窖藏等防寒方法。

6.3.3 移植育苗

移植苗是经过一次或数次移栽后再培育的苗木，移植的幼苗又叫换床苗。移栽前的苗木可以是实生苗、各类营养繁殖苗。林业苗圃中移植苗多为实生苗,插条等无性繁殖苗木很少进行移栽,但园林苗圃中的大苗,都可能经历多次移栽培养。移植不仅扩大了苗木地上、地下部分的营养面积,改变了通风透光条件,而且使根系和树冠空间扩大,满足造林绿化发展要求。此外,移植切去了部分主、侧根,促进须根发展,使根系紧密集中,有利于苗木生长,特别是有利于提高造林绿化美化种植成活率。移植过程中伴随对根系、树冠必要的合理修剪,人为调节了地上与地下的生长平衡。淘汰了劣质苗,提高了苗木质量。所以,移植培育是林业苗圃的重要工作之一。

6.3.3.1 移植密度的确定

移植密度(株行距)取决于树种的生长速率,苗圃地的气候条件和土壤肥力,移植用苗的年龄和移植后需要培育的年限。另外,即使是同一树种在同一环境条件中,由于作业方式、育苗地管理所用的机器和机具不同,株行距也不相同。一般移植株距12~50 cm,行距20~60 cm。针叶树宜小,阔叶树宜大。

6.3.3.2 移植前的准备

主要包括土地和劳力的准备及苗木的准备两项。小苗移植时苗床的准备与播种地准备有相似之处,参见6.3.2.2。

在移植前先做好圃地的区划、定点、划印,组织好人力、物力。

需要移植的苗木应做到随起苗、随分级、随运送、随修剪、随栽植,不立即栽植的苗木必须做好假植等贮藏工作。在移植前必须对苗木进行分级,分级的目的是将不同规格的苗木分别移植,使移植苗木生长均匀,减少苗木分化现象,另外也便于苗木出圃与销售。

移植前要对根系和枝叶进行适当修剪,主要剪去过长和劈裂的根系。一般根系长度应在12~15 cm,根系过长,栽植容易窝根,太短,会降低苗木成活率和生长量。常绿树种,可适当短截侧枝,以减少水分蒸腾,提高苗木成活率。为防止苗根在分级和修剪过程中干燥,作业应在棚内进行,且修剪后的苗木应立即栽植或假植在背阴而湿润的地方。

绿化苗木移植育苗时,生根容易的阔叶树和灌木可以直接用裸根苗移植;针叶树以及一些根系不发达、生根较难、生长相对缓慢的阔叶树,应带土坨移植,以保证苗木成活。个体较大的幼树,移植时必须带土坨,否则成活困难。一般移植裸根苗时,要求根系幅度在直径的8~10倍以上,确保有较多的侧根。带土坨移植苗木,要求土坨直径相当于树干直径的7~10倍,土坨厚度相当于土坨直径的1/3~2/5,浅根系土坨直径大、厚度小,中、深根系土坨直径相对小、厚度相对大。但个别树种也有例外,如木棉等极易生根的南方树种,可以直接用无根树干移植育苗,而棕榈等单子叶树木移植时对树根要求也不严格。对带土坨的移植苗,应采用草绳、草袋、无纺布等材料包装,以免土坨松散。整个移植过程中必须保持根系湿润,避免暴晒。

6.3.3.3 移植方法及栽植技术

移植方法根据作业方法可分为沟植法和穴植法,沟植法在移植时先按行距开沟,再把苗木按照株距移在沟中,填土踩实。穴植法适用于较大苗木的移植,移植时按照预定的株行距定出栽植点,挖坑栽植。根据作业设施还可分为人工移植和机械移植,林业发达国家主要为机械移植。

栽植技术 无论采用哪种移植方法，都要注意以下栽植技术要求：①栽植深度要超过苗木原土印 1~2 cm。栽植时，分层填土，根系舒展，严防窝根。②带土苗移植时，苗干要直，萌芽力强的阔叶树，还可采用截干苗移植。针叶树在移栽过程中要保护好顶芽，起出的苗木要立即移栽，移植时一次不要运苗过多。③在夏季，移植较大的常绿树种绿化苗时，土坨上部土壤面应高于移植地土壤表面 10~20 cm，以充分提高土坨土壤温度，促进新根系产生。

近几年来，为了培养根系发达的绿化大苗，将苗木移植到塑料钵、花盆、木桶等容器中，也有的移植在无纺布软容器中进行培育。可按照自己需求进行拼接的塑料控根容器已经成为培育容器绿化移植育苗的重要设施。

6.3.3.4 移植后的管理

（1）灌溉

苗木移植后要立即灌水，最好能灌溉 2 次，灌水后适时松土，改善土壤通透性，以促进根系的生长。另外，灌溉后要注意扶直苗干，平整圃地。园林绿化苗木移植后应马上浇一次透水，3 d 左右再浇一次透水，到 1 周后第三次浇透水。之后，可根据土壤水分状况、天气状况以及林木生长状况适时浇水。

（2）施肥

移植苗施肥对于提高苗木质量意义重大，但是，施肥是我国大田移植苗培育的薄弱环节。幼苗移植后，在高、径生长高峰到来之前，应及时施肥，必要时可以根外施肥。在生长季通常要施肥 2~3 次。如果移植前以有机肥作为底肥，育苗效果更佳。

（3）中耕除草

幼苗移植后，应同留床苗一样进行中耕除草。在标准化苗圃中，移植苗除草通常采用喷洒化学除草剂除草。

（4）修剪、遮阴与保护

在培育绿化苗木过程中，为了提高苗木成活率、定向培育干型或冠型，通常需要剪掉部分树枝，尤其是培育灌木树种和培育特殊冠型的乔木树种移植苗。对于生根较慢的树种和常绿树种，有时需要用遮阳网遮阴保成活，在确定成活后，撤除遮阴网。培育大树冠苗木，为了防止大风造成根系与土壤分离，还需要用木杆、竹竿设置三脚架固定移植苗木。

6.4 容器苗培育

容器苗培育是指在专用容器中装填人工配置的基质培育苗木，容器苗可在温室里进行培育，也可在开放的空间中培育，尤其是用于城市绿化的大规格容器苗或者培育多个生长季的苗木。按照种子、插穗等繁殖材料的不同，可将容器苗分为播种容器苗、扦插容器苗和移栽容器苗。容器苗的主要特点是苗木能形成完整根团，起苗、包装和运输过程中不伤根，苗木活力强，造林成活率高，栽植后没有缓苗期，且不受常规造林季节限制，延长了造林时间。由于育苗所用培养基质经过精心配制，最适于苗木生长，而且容器苗多在大棚或温室内，温度、水分和光照等生态环境可调整到苗木所需的最佳状态，因此，苗木生长迅速，育苗周期短。

6.4.1 容器育苗关键技术

（1）育苗容器选择

育苗容器是装填育苗基质培育容器苗的专用器皿。育苗容器通过所填入的育苗基质，促使培育树种苗木根系与基质在容器中形成"根团"，并在起苗和苗木运输中，保持根团完整。育苗容器根据制作材料分为无纺布容器、塑料容器和草泥容器等；根据容器组合方式，可分为单体容器和穴盘等；育苗容器按照利用次数，可以分为可回收多次利用容器和一次性容器，可回收多次利用容器最为常见；一次性容器在国内多为塑料薄膜容器和轻基质网袋，中国林业科学研究院和山东省林业科学研究院等单位从国外引进育苗容器成型机并进行改造，实现了基质装填、网袋制作等机械化同步，轻基质网袋容器在生产中得以广泛应用。容器是制作材料、组合方式等要素综合体现，同一容器按照不同分类方式可以归为不同种类（表6-1，图6-12）。

表6-1 常见育苗容器

类型	体积(mL)	高度(cm)	上口直径(cm)	备注
单体可独自站立型				
Polybags	1474~15 240	10~20	15~20	无纺布
RediRoot™ singles	9020~46 900	23.1~34	24.6~47	硬塑料
RootMaker© singles	3110~18 440	19~25.4	16.5~33.7	硬塑料
Round pots	1474~73 740	15~45	15~35	硬塑料
Treepots™	2310~30 280	24~60	10~28	硬塑料
加仑盆	3785~56 781	17~41.5	16.5~45	硬塑料，国内常见
控根容器		20~100	20~60	塑料，国内常见
美植袋		18~70	12~100	无纺布，国内常见
塑料薄膜容器		10~16	5~10	软塑料，国内常见
单体需辅助托盘型				
Ray Leach Cone-tainers™	49~164	12~21	2.5~3.8	硬塑料
Deepots™	210~983	7.6~36	5~6.4	硬塑料
Jiffy© Forestry Pellets	10~405	2~7	2.0~5.6	无纺布，一次性使用
Zipset™ Plant Bands	2065~2365	25~36	7.5~10.0	硬塑料
轻基质网袋		3.5~5	8~10	无纺布，一次性使用，国内常见
穴盘式容器				
Forestry Trees	98~131	12.2~15.2	3.8~3.9	硬塑料
"Groove Tube" Growing System™	28~192	6~13	3.3~5.8	硬塑料
Hiko™ Tray System	15~530	4.9~20.0	2.1~6.7	硬塑料
IPL© Rigi-Pots	5~349	4~14	1.5~5.8	硬塑料
RediRoot™	173~956	9.7~16.5	5.6~9.7	硬塑料
RootMaker©	26~410	5.0~10.2	2.54~8.6	硬塑料
Styroblock™ and Copperblock™	17~3200	7~18	1.8~15.7	聚苯乙烯
单体可独自站立型				
穴盘	32~288 穴孔			硬塑料，国内常见

图 6-12 几种常用的育苗容器

育苗容器种类繁多,规格大小差异很大。由于容器苗生长的营养来源局限于有限的容器空间中,因此育苗容器选择恰当与否,直接影响苗木质量和造林效果。育苗容器选择需要综合考虑容器特性、育苗密度、苗木质量、树种特性、苗木培育时间、造林地特征、育苗成本、苗圃经营水平等,因此对于特定树种选择合适的容器并非易事。

在合理的容器体积范围内,容器体积每增加一倍,植物生物量增大43%,育苗容器体积与草本植物、木本植物生物量的关系可如图6-13所示,如何选择适宜体积的容器十分关键。容器体积如果过小,苗木在生长季末会出现根系畸形甚至部分根系死亡,苗木质量将会受到影响。容器体积过大,苗木根系与基质结合不紧密长时间不能形成根团,容器本身价格会提高,也会增加基质用量,减少育苗密度,提高运输成本,带来成本的增加。容器体积首先取决于容器的深度(图6-14)。容器直径(常用上口径表示)主要影响育苗密度,进而影响苗木质量。使用口径较小的容器,降低容器和基质成本,提高单位面积产苗量,但引起苗木规格下降(表6-2),需要综合考虑树种特性、苗木质量、育苗效应来决定。

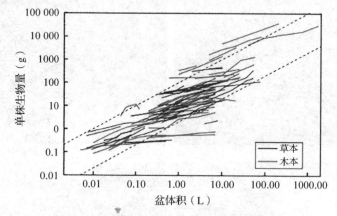

图 6-13　容器规格与苗木生物量间的关系

[李国雷根据 Pot size matters: a meta-analysis of the effects of rooting volume on plant growth (Pooter et al., 2012) 改编]

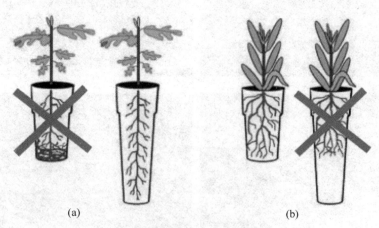

图 6-14　容器深度与苗木发育

(李国雷根据 Nursery Manual for Native Plant 改编)

(a) 容器深度过小引起的窝根情况　(b) 容器深度过大造成下部根系缺失

表 6-2 容器苗密度与 1 年生苗木规格的关系

树种	学名	育苗密度(株/m²)	容器体积(cm³)	苗高(cm)	地径(mm)
火炬松	*Pinus taeda* L.	535	94	25	4.5
		530	122	30	5.0
		364	165	36	6.0
		284	221	51	8.0
花旗松	*Pinus menziesii* var. *menziesii* Mirb. (Franco)	756	65	19	3.0
		530	80	24	3.2
		364	125	28	3.7
		284	220	35	4.4
		213	336	42	4.8
白云杉 × 恩格曼云杉	*Picea glauca* (Moench) Voss × *P. engelmannii* Parry ex Engelm.	756	54	17	2.9
		681	60	18	3.0
		530	95	19	3.2
		364	80	20	3.3
		284	220	27	4.2
		213	336	35	4.8

注：引自 Grossnickle and El-Kassaby，2015。

根系特征与容器类型选择相关。主根发达的树种不宜采用塑料薄膜容器，而宜选用长度适宜的硬质塑料容器或者无纺布容器。塑料薄膜容器质地较软，导根肋不突出，不能有效引导根系向下生长而出现缠绕根、"弹簧根"等畸形根系，影响造林效果[图 6-15(a)]。硬质塑料容器侧壁有凸起的导根肋能够引导根系向下生长，容器长度也很关键[图 6-15(b)]，若长度不足也会引起一定程度的窝根[图 6-15(c)]。无纺布容器较强的空气修根能力能有效避免根系过度生长[图 6-15(d)]，容器本身价格低，较小的体积所需基质也少；不足之处为较强的透气性使其水分散失也快，苗木灌溉频繁。无纺布容器需摆放在铺有塑料地布的地面或苗床上，不宜将其直接接触地面以防止根系生长至土壤中，出圃时断根将会造成根系极大损失；无纺布容器间不能接触，避免空气不能有效修根，根系进而会穿透无纺布进入相邻容器，可以使用带有间隔孔的塑料托盘隔离无纺布容器。苗木质量的提升、便捷的运输、后期断根劳务投入的避免均可以弥补托盘投入。

造林地特征也是容器选择考虑的一个重要因素。在杂草竞争强的立地，苗木高度至少达到竞争灌草高度 80% 以上才能接收光照(Grossnickle and El-Kassaby，2015)，因此，苗木规格尤其是苗高需要大，苗木在苗圃培育时间长，容器规格适当大。土壤深度浅的立地，容度不能超过土壤深度，否则造林时需剪去部分根系或者特殊整地才能将苗木全部放入造林穴内。土壤深厚但干旱立地，尽可能选择深度大的容器以培育长根系的苗木，造林后苗木能从水分含量较大的深层土壤吸收水分，从而提高苗木耐旱性。

受机械化程度和智能化程度限制以及容器本身价格的影响，我国目前生产容器苗所选用容器主要为塑料薄膜容器和无纺布容器，以直接摆放地面为主，容器空气修根效果尚不理想。塑料薄膜容器质地较软，导根肋引导根系效果不明显，为便于自由站立容器口径大

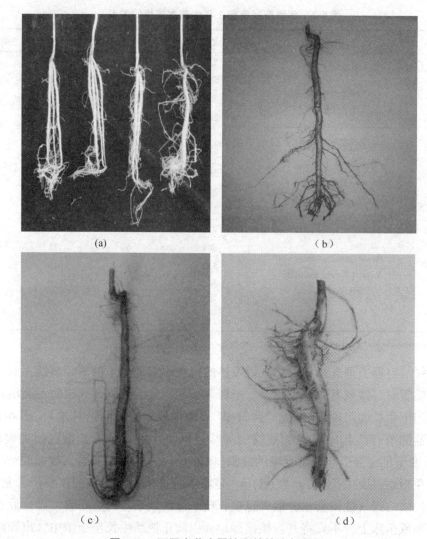

图 6-15 不同育苗容器培育的栓皮栎根系

(a) 塑料薄膜培育的栓皮栎根系　(b) 长度为 25 cm 硬质塑料 D40 培育的栓皮栎根系

(c) 长度为 36 cm 硬质塑料 D60 培育的栓皮栎根系

(d) Jiffy© Forestry Pellets 培育的栓皮栎根系

而单位育苗量小;无纺布容器普遍缺少托盘,苗木间根系相互穿透,出圃时造成根系损伤和丢失。随着产业升级和劳动力成本压力驱动,我国苗木产业将会逐渐升级,以单位面积产苗量大、苗木质量高、容器一次投入大和可循环利用为特征的硬质塑料容器将会得到更多应用。

(2) 容器育苗基质的选择

育苗基质需要具有支撑、透气、持水等功能。基质可由泥炭、蛭石、珍珠岩、土壤和有机堆肥中的一种组成或者几种混合而成,形成的基质颗粒大小、容重、透气性、持水能力、pH、阳离子交换量(CEC)等均需满足植物发育要求。

育苗基质分为土壤基质和无土基质两大类。一般用天然土壤与其他物质、肥料配制的基质谓之土壤基质；不用天然土壤，而用泥炭、蛭石、珍珠岩、树皮等人工或天然的材料配制的基质称为无土基质。目前林业发达国家容器育苗多采用人工配制的无土基质，而发展中国家容器育苗用土壤基质为主。我国多数是利用自然土壤配制基质，采用泥炭、草炭、蛭石、珍珠岩、树皮粉、锯末等配制无土基质较少，大多数还在试验阶段并逐步向生产过渡。我国泥炭、蛭石资源也很丰富，但分布不均匀。

容器育苗用的基质要求本着因地制宜、就地取材的选择原则。选用基质要求制作材料来源丰富，生产成本较低，有较好的保湿、保肥、通气、排水性能等理化性状，重量较轻，对苗木无毒害物质且不带病原菌和杂草种子。

自然土壤是配制土壤基质的主要材料，应选择有一定肥力，团粒结构的土壤，同时还有良好的透气透水特性，pH值适宜。为了尽可能减少杂草种子和病虫害的发生，我国南方，尤其华南地区培育桉树、松树容器苗多取黄心土。

无土基质是用物理性状较稳定的材料代替土壤，如泥炭、草炭、蛭石、珍珠岩、树皮粉、锯末、河沙、枯枝落叶等。无土基质材料的选择，要求质地均匀致密，保水保肥能力强，不论高低温和干湿，其体积变化不大，不带病虫害和杂草种子，不含对苗木有毒害的物质，重量较轻，价格便宜，来源丰富。

利用树皮、锯末、园林树木修剪的枝叶、生产蘑菇的废弃菌袋等制造有机物基质，能够替换一定泥炭，而且提高废弃物循环利用和缓解环境污染。腐熟有机废弃物是由昆虫、真菌、细菌参与分解的过程，废弃有机物适宜的长度及合理的碳氮比、具有良好透气性和湿润的分解环境对于加速分解速率以及获得良好的有机产物非常重要。如果树皮和园林树木修剪枝条过长，堆沤前需要利用带有封闭舱的机械（减少粉尘）粉碎成小颗粒以便于分解。如果有机废弃物由于含有较高的碳，可以添加25%~50%的叶片、杂草等含氮较高的废弃物以降低混合物碳氮比，也可喷施氮肥溶液，加速分解。分解过程中保持透气性和湿润尤为重要，为避免扬尘可以在堆沤堆覆盖孔径较大的遮阳网但不能覆盖不透气的塑料布，空气流通也是保证参与分解的真菌、细菌和昆虫等呼吸需求；分解过程中也可适当喷施水提高分解速率，有机物质湿度保持在50%~60%较为理想。堆沤的有机质颜色变为黑色时表明已经腐熟完毕，也可通过种子萌发试验进行验证。

育苗基质的配方已有较多研究，目前国内已经制定有培育容器苗的基质成分及其比例的行业标准《容器育苗技术》（LY/T 1000—2013），同时全国各地区也发布了许多相关研究的成果，均可借鉴。

基质材料与配方确定以后，还需要进行包括原材料的收集、调配、pH值调节、消毒、释放菌根菌制剂等加工处理。

繁殖方法是配制基质时首先考虑的因素。用于播种育苗的基质，由于种子萌发需要消耗能量才能冲出基质，基质颗粒也需小。用于扦插繁殖育苗的基质，由于插条生根过程中频繁的喷雾灌溉，基质透气性要求高，以免湿度过大影响生根。用于移栽的基质，选用的基质颗粒需要大些，培育乡土树种可以添加10%~20%的土壤以利于菌根菌的形成。基质装填是指把配好的基质装入特定容器中的过程，有机械作业和手工装填两种方式。

机械装填不仅具有速度快、效率高的特点,而且容器间基质紧实度均一,便于后期水分管理。机械装填基质的设备主要有无纺布网袋轻基质专用装填设备和通用基质装填设备。手工装填基质在我国较为普遍,减少了昂贵设备的一次性投入,但人工成本投入累计投入较大,并且基质装填紧实度因人而异,容器间基质紧实度差异对于水分渗入量、排水量以及蒸发量均有影响,进而影响容器间基质水分差异较大,带来水分灌溉困难以及增加了苗木规格异质性,因此如何又快又好地手工装填基质是个技术很强的工作。

(3)种子精选与处理

播种容器育苗应采用精选后的最适生种源区或种子园种子播种,以确保每个容器长出1株健壮苗木。在播种前精选出种实饱满、发育良好、发芽率高的种子,经过包衣或消毒、催芽后作为容器育苗的用种。

种子包衣处理是林木容器育苗的一项比较重要的技术。为便于种子适宜通过装播作业生产线播种,有时需要将颗粒小的种子,包衣成较大粒;较大粒的种子,通过包衣处理加入农药、激素、微量元素等,减少病虫害的发生并能较长期保存,播后种子发芽整齐。

(4)播种

播种可人工进行,也可采用装播作业生产线播种,装播作业生产线是林木温室育苗的主要机械设备之一(图6-16)。目前国内外已研制有多种型号的容器育苗装播作业生产线。国内较适宜于林木容器育苗的有4RZ-10000型气吸式容器育苗装播作业生产线、4LRZ-10000型流动式装播作业生产线和4RZ-20000型容器育苗装播机。装播作业线均具有一次性完成育苗盘传送、容器装填基质、振实、冲穴、播种、覆土等工序的功能。工作效率为手工作业的10倍以上,其成本仅为手工作业的1/3。

每个容器播种粒数需要根据种子发芽率确定(表6-3),每个容器播种过多会增大间苗工作量。播种露出胚根的种子常出现在白皮松、文冠果、椴树等具有生理休眠特性的种子或者栓皮栎、蒙古栎等萌发异质性大的种子。移栽幼苗最费劳力,适用于极小粒种子。

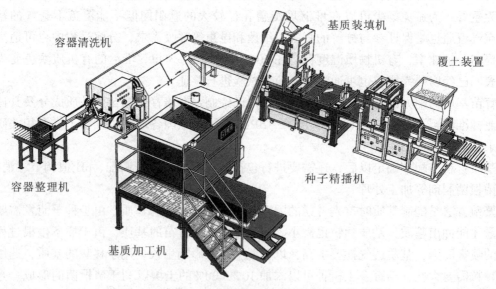

图6-16 瑞典BCC容器育苗全自动装播作业生产线

表 6-3　种子发芽率与播种粒数的关系

种子发芽率（%）	播种粒数	每容器至少有一株幼苗的比例(%)	种子发芽率（%）	播种粒数	每容器至少有一株幼苗的比例(%)
大于90	1~2	90~100	60~69	2	94~97
80~89	2	96~99	50~59	2	94~97
70~79	2	91~96	40~49	2	92~97

具有生理休眠特性的种子，播种前需要进行层积催芽。用于科研试验的种子，层积催芽时需要特别注意将不同种源或者其他不同处理置于相同深度，不同层积深度会导致温度差异，进而会引起催芽效果不同和出苗时间差异，最终掩盖处理差异。

播种深度是种子短轴的2倍(图6-17)，太深或者太浅均不宜(图6-18)，若覆盖太浅，种子容易风干失水或者被鸟和啮齿类动物取食；若覆盖太深，种子萌发的能量不足以将其带出土壤。覆盖物为浅颜色的无机物质，常用的为花岗岩颗粒、浮石、粗砂等(图6-19)，珍珠岩由于质量太轻，浇水后易随水漂走，不能被用以覆盖物。

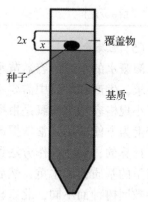

图 6-17　播种深度
(李国雷根据 *Nursery Manual for Native Plants* 改编)

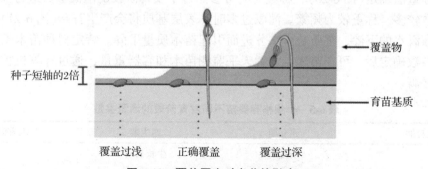

图 6-18　覆盖厚度对出苗的影响
(李国雷根据 *Raising Native Plants in Nurseries: Basic Concepts* 改编)

图 6-19　花岗岩砂粒用作栓皮栎播种苗的覆盖物

表 6-4　苗圃灌溉水的质量要求

指标	最佳	可接受	不可接受
pH	5.5~6.5		
盐度(μS/cm)	0~500	500~1500	>1500
Na(mg/kg)			>50
Cl(mg/kg)			>70
B(mg/kg)			>0.75

(5) 灌溉管理

灌溉水的水质是容器苗水分管理的首先考虑的因素，表 6-4 列出了苗木灌溉用水的水质要求，生产和科研中需要不定期监测水质。

小规格容器苗灌溉是根据基质饱和水的百分比确定的，即灌溉参数。基质饱和水重是生产上为方便应用，常依据风干基质的饱和水重计算的；而科研上则利用烘干基质的饱和水重计算的，具体操作方法见 Dumroese and others(2015)。装填基质时，需要确定出特定容器下的基质饱和水重，然后根据发育阶段确定出灌溉参数(表 6-5)。相同发育阶段，灌溉参数因树种而不同，北京林业大学森林培育课题组发现油松、华北落叶松、栓皮栎等 1 年生播种苗速生期的最佳灌溉参数均为 75%饱和水重，因此通过科研确定常见树种的灌溉参数尤为必要。灌溉的原则是每次灌溉需使基质充分饱和，何时灌溉则需不定期抽取一定量的容器称重法确定(图 6-20)，称重时间可参照每个发育阶段的灌溉参数进行预判，萌发期灌溉次数较多，称重较为频繁。灌溉过多时，表层基质将会产生苔藓(图 6-21)，由于苔藓会减缓灌溉水的下渗，基质缺少水分进而引起苗木质量下降。特定树种苗木不同发育阶段的灌溉参数确定后，可在苗床上放置天平监测苗木和容器重量，通过计算机控制系统实现智能化灌溉。

表 6-5　小规格容器苗不同发育阶段的灌溉参数

发育期	建立期	速生期	木质化期
	萌发期	生长初期	
灌溉参数	90%+	55%~80%	55%~80%

图 6-20　称重法确定灌溉时间

图 6-21　水分灌溉过多致使基质表层生长苔藓

大规格容器苗由于体积和重量较大，用称重确定其灌溉参数以及实时监测苗木和容器重量难以实现，可根据基质水势法确定灌溉时间。

灌溉方法有底部渗灌（图 6-22）、滴灌（图 6-23）和上方灌溉 3 种主要方式，后者又可分为手工浇水、固定式喷雾系统、自走式浇水机浇水 3 种，其中以自走式浇水机（图 6-24）效率最高。滴灌主要用于大规格容器苗培育。容器苗培育目前主要采用上方喷灌。由于苗木叶片的截流（图 6-25），未被植

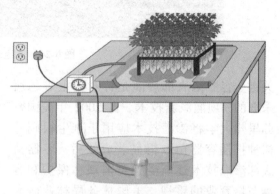

图 6-22　底部渗灌系统示意

物利用的灌溉水可达 49%~72%。由于苗圃多采用随水施肥技术，灌溉水的流失导致养分大量浪费，育苗基质的淋溶液中氮、磷含量分别可达到施入量的 11%~19% 和 16%~64%。富含矿质养分的水长期并且持续地流向地表或地下水系，极易造成水体富营养化和饮用水污染，对生态环境和人体健康构成威胁。美国许多州已立法对苗圃灌溉水排出量进行限制。随着公众资源环境保护意识的增强，苗圃在容器苗培育过程中存在的水肥资源浪费、环境污染等问题日益突显。因此，是否能够节能减排、保护环境成为容器苗可持续发展的

图 6-23　大规格容器苗滴灌系统

图 6-24　自走式浇水机灌溉

关键。容器苗底部渗灌是针对以上难题所采取的一项灌溉新技术。自 2002 年美国密苏里州大学将渗灌技术应用于难生根阔叶树种扦插容器苗取得显著成效后，容器苗底部渗灌技术逐渐受到美国森林保护和容器苗培育业的重视。美国林务局林业研究所在不同树种上对该渗灌系统进行应用，证明了该系统可以减少育苗用水和养分淋溶，并且培育出与上方喷灌效果相同甚至更高质量的苗木。底部渗灌系统由储水箱、压力泵、输水管、施水槽和回流管等组成（图 6-22）。渗灌时，灌溉水经输水管进入施水槽，育苗容器的底部孔隙接触到水分

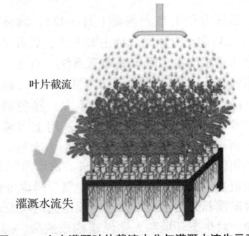

图 6-25　上方灌溉叶片截流水分与灌溉水流失示意
（李国雷根据 Nursery Manual for Native Plants 改编）

时，容器内的育苗基质即通过毛细管作用从下至上对苗木进行供水，当育苗基质达到田间持水量后，未经利用的水则从回流管返至储水箱循环利用。其中，育苗基质的孔隙度和类型是容器内基质饱和水分高度和吸水速度的决定性因素；水分蒸发和植物蒸腾作用会造成系统中水分消耗，储水箱中的水量需要定期进行补充；系统可以用电磁阀控制压力泵的工作时间来控制灌溉量。北京林业大学森林培育团队引进了渗灌系统，并加以改进，在栓皮栎、油松和华北落叶松上进行了应用，取得了较好的效果。

（6）施肥管理

苗木从苗圃移栽到造林地后，根系生理活动尚未完全恢复，苗木成活和生长主要依赖于体内贮存的养分（源）向新生组织（库）转移。在苗圃培育过程中对苗木进行充足施肥，使苗木体内贮藏大量养分，对于提高其造林效果具有重要作用。此外，苗木造林后进行施肥可促进苗木发育，同时也促进了竞争物种的生长。而在苗圃培育苗木时，把肥料尽可能

多地固定在苗木体内,造林后苗木就会利用这些养分库促进苗木快速发育,这样就避免了造林施用的肥料被其他竞争物种吸收。因此,同时重视容器苗在苗圃和造林地两个阶段的表现非常关键。

植物体内主要含有 16 种元素,其中碳(C)、氢(H)、氧(O)最多,三者占植物干重的 96%左右;氮(N)、钾(K)、钙(Ca)等 13 种元素约占植物干重的 4%。自然界植物体内元素比例见表 6-6,元素比例可为植物养分诊断以及施肥技术提供一定参考。

表 6-6　自然界植物体内养分组成比例

组　分	元素名称	英文名称	简写	比例(%)
大量元素	碳	Carbon	C	45
	氧	Oxygen	O	45
	氢	Hydrogen	H	6
	氮	Nitrogen	N	1.5
	钾	Potassium	K	1.0
	钙	Calcium	Ca	0.5
	镁	Magnesium	Mg	0.3
	磷	Phosphorus	P	0.2
	硫	Sulfur	S	0.1
微量元素	铁	Ion	Fe	0.01
	氯	Chlorine	Cl	0.01
	锰	Manganese	Mn	0.005
	硼	Boron	B	0.002
	锌	Zink	Zn	0.002
	铜	Copper	Cu	0.0006
	钼	Molybdenum	Mo	0.00001

容器苗基质自身养分含有量较少,肥料选择需充分考虑元素含量、元素比例以及植物生长阶段。肥料主要有水溶性肥料(速效性肥料)和控释性(缓释肥)肥料两种,两种肥料均含有植物所需的大量元素及微量元素。尽管含有钙、镁、硫等大量元素以及铁、锌等微量元素,肥料常用 XX-YY-ZZ 等三个数字进行标示,分别代表 N-P-K 的比例,即氮、五氧化二磷(P_2O_5)、氧化钾(K_2O)的比例。例如,水溶肥 20-10-20 肥料,表示该肥料中氮(N)、磷(P_2O_5)、钾(K_2O)含量分别为 20%、10%和 20%。控释肥的特点是一次性施用肥料后,能够缓慢释放养分供给植物发育,用于包裹肥料的树脂材料及其加工工艺致使其价格稍高,但一次施入而节省劳力方面突出。缓释肥的选择要充分考虑养分含量、养分释放时间和养分释放模式等三个因素。养分含量表示方法同水溶性肥料,例如,16-9-12、15-9-12 等。包膜材料以及厚度、育苗场所温湿度是决定控释肥释放养分速率的关键因素。生产上常见 3~4 个月、5~6 个月、8~9 个月、12~16 个月、16~18 个月等。肥料释放模式是选择缓释肥考虑的又一因素,标准型缓释肥是在有效期内养分随时间均匀释放;低启动型则在开始阶段释放较低,一段时间后释放速率提高;前保护型为开始阶段基本不释放养分,在后期进行集中释放,适合用于秋冬季施肥。控释肥肥料是养分含量、养分释放时间和养分释放模式三个要素的组合,因此选择控释肥时需要根据树种特性、培育周期等同时考虑三个要素。

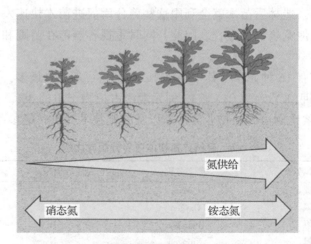

图 6-26　氮供给与氮形态对苗木发育的影响
（李国雷根据 *Nursery Manual for Native Plants* 改编）

水溶性肥料和控释肥均有专业公司生产，这些商业性肥料不仅注重氮磷钾等元素配比合理而多样、微量元素附带添加，而且更注重植物组织对氮形态的选择利用，硝态氮有利于根系发育，铵态氮则有利于地上部分发育（图6-26），氮组成包括硝态氮、铵态氮甚至尿素。例如，释放周期为5~6个月、15-9-12 的标准型奥绿控释肥，氮含量为15%，其中硝态氮含量为6.6%和铵态氮含量为8.4%。Peter® Professional 生产的 20-20-20 水溶性肥料，氮含量为20%，铵态氮、硝态氮和尿素含量分别为4.8%、5.4%和9.8%。植物发育阶段也是氮磷钾配比肥料选择的因素，在苗木建立期选择低氮、高磷、低钾配比的肥料，速生期选择高氮、中磷和中钾配比的肥料，硬化期选择低氮、低磷和高钾的肥料（表6-7）。可见，肥料类型选择是施肥技术首先考虑的因素，在此基础上再考虑施肥量和施肥方法，这也是生产上和一些研究常忽视之处。

表 6-7　苗木发育阶段与肥料类型选择及施氮量的关系

发育阶段	氮施入	比例		
		氮	磷	钾
建立期	中等强度	中	高	低
速生期	高强度	高	中	中
硬化期	1/4强度	低	低	高

注：高强度可以用 100 mg/kg 浓度的氮溶液。

容器苗施肥量常用苗木生长（生物量）、体内养分含量和浓度进行确定。例如，施氮量与生长、整株氮含量、整株氮浓度间的关系如图6-27所示。随着施氮量的增加，苗木生物量、氮含量和氮浓度均迅速增大；当施氮量继续增大时，苗木生物量增长缓慢，苗木氮浓度与含量持续增大，当生物量开始达到最大时所对应的施氮量成为充足施氮量；进一步提高氮施入量时，尽管苗木生物量不再增加，苗木体内养分含量和浓度持续增大，该阶段被称为营养加载，营养加载是个区间，苗木生物量和氮含量同时达到最大时所对应的施氮量成为最佳施氮量；随着施氮量的继续增大，苗木生物量和氮含量下降，表示苗木受到了

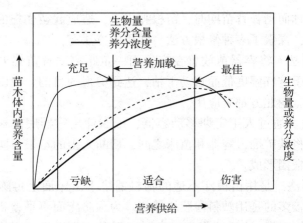

图 6-27 施氮量与苗木生长、养分含量和浓度的关系示意
（李国雷根据 Salifu and Timmer，2003 改编）

毒害。

施肥量需要根据树种和发育阶段进行确定。建立期苗木需肥量较小，速生期高，硬化期次之。速生期苗木需肥多，生长周期也较长，该阶段施肥研究最为集中，生产应用也最广泛。若采用水溶肥，可依据苗木生长速率调整水溶肥的浓度以满足苗木需肥要求。在秋季，苗木进入硬化期，顶芽逐渐形成，高生长减慢，而苗木生物量特别是根系生物量继续增长，如果这时停止施肥，苗木从土壤中可获得的养分减少，体内养分浓度便会下降，进而影响苗木质量和翌年造林效果。为避免苗木硬化期生物量的增加引起的养分稀释效应，人们对硬化期的苗木进行适量施肥，即秋季施肥。欧美等国将秋季施肥视为养分加载的重要手段，在松属、栎属、云杉属等主要树种苗木较早开展了秋季施肥研究，该技术在生产实践上得以广泛应用。我国对秋季施肥持谨慎态度，目前在油松、栓皮栎、长白落叶松、华北落叶松、毛白杨等树种上开始研究，并取得一定成果。秋季施肥开始时间需在顶芽形成之后进行，每周施肥 1~2 次，持续 5~8 周，一般选用低氮低磷高钾型水溶性肥料，施肥浓度为速生期的 1/4 左右。

水溶性肥料按照比例溶于水中，采用手工浇肥、固定式喷雾系统施肥或自走式随水施肥。控释肥可以在容器装填前，拌入基质（incorporation）；也可覆盖在基质表层（topdressing）。

(7) 光照调控

在苗木快速生长期延长光照时间可加速苗木生长，苗木光照时间通常为 16~18 h，其中包括自然光照时间和人工补光时间，白天自然光照充足的时候不需要补光。温室补光，最好的光源是金属卤灯和高压钠灯，前者光谱更好一些，后者价格较低，使用最多。荧光灯光质也很好，但要达到同样的光强，需要安装较多的灯。白炽灯对光照较低的苗木起作用。苗木进入木质化期时，需要停止补光。为加速苗木形成顶芽，可利用遮阳网将光照时间缩短为 10~12 h，个别树种苗木短日照时间可为 6~8 h，短日照周期为 2~3 周。过度缩短光照时间苗木生长受抑过多而影响苗木质量。

(8) 容器苗修根

在容器苗出现的初期，人们就注意到苗根在容器内盘绕，整个根系畸形和在苗木过大或因干旱不能及时造林而延长育苗期时，苗根扎入土，造成起苗伤根的问题。为此，人们在培育容器苗过程中，探索了多种修根方法。常用的方法有：

① 空气剪根育苗法　将容器苗放置在离地面一定距离的育苗架上，使伸出容器排水孔或底部的苗根，由于空气湿度低而自动干枯，达到剪根的目的。我国采用空气剪根方法培育容器苗已有多年，南北方都有应用。

② 移动容器苗法　通过人工定期移动容器，扯断伸出容器底的根系，或用扁平、薄而锋利的铁铲，双手将铁铲插入容器和苗床之间，切断入土的苗根，防止根系扎入地下过深而影响起苗，促进根团形成。

③ 物块铺垫容器法　是用苗根穿不透的物料铺垫于苗床面上再陈列容器进行育苗的方法。目前国内应用较多的是用塑料薄膜块铺垫。为预防床面不平整积水，要在铺垫物与容器之间放1~2 cm的细沙。这样苗根穿过容器底面在沙内生长，不扎入土。起苗时根系不受到伤害，根团不散脱，容器苗根系完整。

④ 化学断根法　是将铜离子制剂（碳酸铜、氢氧化铜等）或其他化学制剂涂于育苗容器的内壁上，杀死或抑制根的顶端分生组织，实现根的顶端修剪，促发更多的侧根。化学断根工艺简单，成本相对低廉。但也存在污染环境，破坏土壤微生物等潜在的问题。

⑤ 芽苗切根　在容器苗培育中也有较多应用。对于栓皮栎、文冠果等主根发达的树种，切根可以形成多条主根，让苗木的主根变短，在容器内培育时不易发生窝根。

(9) 病虫害防治

主要有以下几类：一是生理性病害，如徒长、老化、边际效应、烧根、沤根、叶片黄化、白化和斑枯等；二是传染性病害，由真菌和细菌引起，常见的有猝倒病、叶枯病等；三是虫害，常见的有蚜虫、红蜘蛛等。

幼苗病虫害的防治，必须采取预防为主的方针。针对不同树种的苗木容易产生的病虫害采取相应的预防措施，在苗期管理上应适时适量灌溉水，加强通风，所施有机肥应充分腐熟。另外，对基质和繁殖材料要进行严格的消毒。

(10) 炼苗

主要是将在人工喷水保湿、施肥、遮阳的适宜生长条件下培育的苗木，用减少或停止喷水、施肥、除去遮盖物等措施，对容器苗进行全天候锻炼，使苗木减缓生长或停止生长，促进木质化，提高容器苗造林后的抗逆性。炼苗可以在专用的炼苗场进行，也可以在有遮阳条件的大田或环境条件可调控的温室及大棚里进行。为了使苗木逐步经受自然环境的锻炼，在出圃前10~15 d减少喷水，停止施肥。一般在炼苗场经过20~40 d之后即可达到适宜出圃造林的要求。

6.4.2　容器育苗生产设施设备

按育苗生产过程，温室育苗一般都有苗木繁殖和苗木培育两个生产阶段。

6.4.2.1　苗木繁殖厂房及设备

(1) 组培工厂及其配套设施

林木组培育苗工厂一般应由主厂房、营养土装杯车间、温室、炼苗场等几部分组成，各部分面积取决于工厂的生产规模、具体生产树种的组培分化率、继代周期、生根率、诱导生根时间及移栽成活率等。主厂房是组培工厂的核心部分，由多个相对独立而又密切联系的工作间组成，包括：①办公室；②用于玻璃器皿、用具、工作服等洗涤的洗涤间；③配制及分装培养基的配药室及天平室；④存放药品的药品房；⑤用于培养基及衣物、用具等灭菌的消毒室；⑥开展接种、培养物转移、试管苗继代等操作的接种室；⑦瓶苗培养和储存的培养室等。

（2）容器育苗工厂及其配套设施设备

容器育苗一般由容器苗生产作业部分和附属设施部分组成。作业部分由育苗全过程分成的几个车间组成，附属设施由仓库、办公室、生活设施组成。

① 种子检验和处理车间　工作内容是对种子品质进行检验，筛选出符合育苗标准的种子，并对种子进行播种前处理。车间的设备设施主要有：种子精选机、种子拌药机、种子裹衣机（又称包衣机）、种子数粒机、天平、干燥箱、发芽箱、冰箱、电炉以及测定种子品质和发芽的小器具等。

② 装播作业车间　担负育苗容器与苗盘的组合、基质调配、容器装填基质、振实、冲穴、播种、覆土等作业。车间的设备设施主要有：基质粉碎机、调配混合机、消毒设备、传送带、装播作业生产线、育苗盘、小推车等。

③ 苗木培育车间　担负苗木生长阶段的管理、提供苗木生长所需全部环境条件。主要由温室、炼苗场构成。一般育苗工厂的苗木培育车间也可以是苗木后期的炼苗车间。如果温室是固定玻纹瓦之类的育苗车间，则育苗车间和炼苗车间须分开设置。

④ 苗木贮运车间　根据地区经济条件与气候环境的需要可选择设置用于暂时贮存容器苗并抑制其生长的车间。

⑤ 附属设施　部分容器育苗工厂一般设有办公用房；农药、化肥、工具等贮藏室；育苗容器和育苗盘贮备库房；车库和生活区配套房屋建筑。这些建筑面积占育苗工厂总面积的8%~10%。附属设施还应包括扦插床、种子催芽床、道路、水电设施等。

6.4.2.2　育苗温室

育苗温室是容器育苗的重要设施，应具有满足种苗生长发育所需要的温湿度、光照、水肥等环境条件，能给苗木提供水和肥料，调节光照、温度、湿度、防治病虫害和间补苗，并对苗木进行质量检查和成品苗鉴定。

（1）育苗温室的种类

温室的种类很多，主要有日光温室、塑料大棚和全光型连跨温室等类型（图6-28）。

  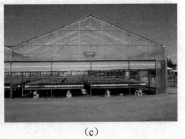

(a)　　　　　　　　　　　　(b)　　　　　　　　　　　　(c)

图 6-28　容器育苗常用的几种温室形式
(a)拱圆形日光温室　(b)拱架塑料大棚　(c)屋脊连栋式智能温室

① 日光温室　日光温室是适用于我国北方地区育苗的温室。它完全以日光作为热源，再通过良好的保温设施来创造比较适宜的温度环境。日光温室有坡式和拱圆式两种形式，其基本结构由两侧的山墙，加厚的后墙，用于保温的后屋顶，构成骨架的竹、木、混凝土中柱或钢架，以塑料薄膜或玻璃做采光材料的前屋面及前屋面的夜间保温御寒设备等组成。日光温室结构简单、建造方便、造价低廉、保温蓄能能力强、坚固耐用、生产成本较低，因此日光温室在我国北方应用广泛。但日光温室也存在生产用地利用率低，温度不便于人为控制，受外界影响较大等问题。

② 塑料大棚　属于季节性温室，呈拱形，通常以竹木、热镀锌薄壁钢管或普通镀锌钢管制成拱架。面上覆盖物为透明的聚氯乙烯塑料薄膜。一般塑料大棚的中高为 2.0~2.2 m，宽 10~20 m，长 50~100 m。在风害小或有防风措施的地方，采用钢骨架，可做成中高 5~8 m，面积达 5000~10 000 m² 的大型大棚。塑料大棚的结构简单，建造容易，成本较低，土地利用率高。但受塑料大棚也受自然灾害的影响较大，易受风折、雪压等；无加温条件，北方冬季不能使用；在夏季降温过程中塑料薄膜容易损坏等问题。

③ 全光型连跨温室　这类温室是容器育苗生产的首选温室类型，这种温室将两栋以上的单栋温室在屋檐处连接起来，去掉侧墙，加上天沟而成。覆盖材料多为耐久性透明材料，通常内部设有增温、降温装置，有通风、光照、气肥、喷灌等设备，属于可实现环境自动控制的现代大型温室。总面积可达数万平方米，可以有较高的自动化程度。

全光型连跨温室按屋面特点主要分为屋脊型连接屋面温室和拱圆形连接屋面温室两类。屋脊形连接屋面温室主要以玻璃和塑料板材（PVC 板、FRA 板、PC 板等）作为透明覆盖材料。拱圆形连接屋面温室主要以塑料薄膜为覆盖材料。

全光型连跨温室极大地增加了育苗空间与规模，便于育苗环境的自动化控制，在林木育苗的设施选择中得到广泛重视。但是这类温室投资较高，在技术上还存在会增加负载，排雪困难，必须强制机械通风换气和降温等问题。

（2）育苗温室环境控制系统

育苗温室的设施设备决定了育苗环境控制的能力，温室环境控制系统为苗木培育提供适宜的生长环境，由加温系统、降温与保温系统、灌溉与设施系统、CO_2 补充系统、补光系统和环境远程监控系统等组成（图 6-29）。

 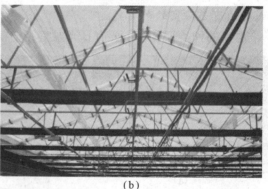

(a)　　　　　　　　　　　　　　　　　(b)

图 6-29　智能化温室

(a) 育苗情景　(b) 温室顶部

① 加温系统　加温是调控温室育苗环境的重要措施，加温与通风相结合，为温室内苗木的生长发育创造适宜的温湿度条件。在我国北方，一些冬季育苗的日光温室，多采用炉灶煤火加温，少量采用地热水暖加温或锅炉水暖加温。大型连跨温室，多数采用水暖加温的集中供暖方式，而南方短期加温主要采用热风炉采暖方式。育苗温室内的平均温度一般应控制在白天不低于 20 ℃，夜间不低于 15 ℃。

② 降温与保温系统　在夏季，温室内的温度往往过高，因此降温系统同样十分重要。温室降温最简单的途径是直接通风，但当温度过高时，需要通过湿帘降温、遮阳降温、蒸发冷却和强制通风降温等方法，因此要求温室有遮阳网、湿帘、风机等设备。

在生产中，经常要求温室达到并维持适宜于育苗的设定温度，并且温度的空间分布均匀，时间变化平缓，这就需要保温。温室常见的保温措施是增加保温覆盖物的层数、采用隔热性能好的保温覆盖材料等。温室保温覆盖材料主要有中空复合板材、双层玻璃或充气薄膜结构；日光温室还有在屋面上盖草毡、蒲席、棉被等材料保温。

③ 灌溉与施肥系统　灌溉和施肥系统是育苗生产的核心设备。理想的育苗灌溉系统应达到灌溉均匀度高；压力、流量可调；可施入肥料、农药等混灌；可根据区域定位灌溉；开关时无滴状水形成。大型温室灌溉系统主要有顶部固定式微喷灌溉系统和自走式灌溉系统两种。温室施肥可通过自动肥料配比机，同时对不同作业区使用不同肥料配比营养液进行自动选肥、定时定量灌溉。

④ CO_2 补充系统　在温室内补充 CO_2 气体是增强苗木光合作用的重要措施，一般育苗温室应维持的 CO_2 浓度为 400~600 μL/L。常见方法是：使用有机肥、施用液态 CO_2、利用煤油或天然气燃烧产生 CO_2 等。

⑤ 补光系统　一般当温室内日光照总量小于 100 W/m^2，或有效日照时数不足 4.5 h/d 时，就应进行人工补光。温室补光系统的光源大多采用高压钠灯，并选用具有合适配光曲线的反光罩以提高补光效果。

⑥ 环境远程监控系统　育苗生产是一个较复杂的系统，在育苗过程中，通过计算机可以进行各种数据的采集、分析处理进而实现环境的远程监测和控制。环境远程监控系统是信息技术、计算机技术、生物技术和自动化技术的综合应用。

6.4.3　育苗温室环境控制

影响苗木生长的环境因子很多，主要包括温度、光照、水分、养分及气体等，温室容器育苗对环境因子可以采取措施进行调控，能创造最适的环境条件以培育符合造林绿化需要的健壮幼苗。温室育苗的环境控制主要在温室培育阶段，其可以采取的措施主要有：

(1) 温度的调节与控制

温度是影响苗木生长的主要环境因素之一。温室内的温度也随外界昼夜温度的变化而变化，对于绝大多数树种来说，白天最适宜温度多数为 20~25 ℃，夜间最适温度多数为 16~25 ℃。温室育苗就要采取措施控制育苗生长的环境温度，途径主要有以设施设备条件调控温度和以栽培手段调节苗木根际温度两个方面。

在苗木培育期，应选用保温采光性能好并安装有加温设备的温室，这对于寒带地区尤为重要。温室加温目前主要以煤、油、汽为燃料的高效热风炉为主，其次有条件的地区也有用地热温泉加温。夏季温室降温也很重要，特别是南方。当室外温度过高时，首先考虑采取自然通风方式降温，如达不到要求，再配合采用外遮阳、内遮阳、湿帘、微喷等措施实现。

苗木根际温度对苗木的生长发育很重要，可以通过采用床架式育苗来提供根际温度，还可采用优良的育苗基质以及通过专用蓄水池提高水温后用喷灌方式浇灌。

(2) 水分的调节与控制

水分是影响苗木质量十分重要的条件。容器内基质持水量有限，在成苗期间几乎每天浇灌。为确保苗木的质量和出苗量，提高劳动效率，温室育苗条件下，一般均采用专用喷灌设备浇灌(图6-30)。温室容器育苗还必须注意空气相对湿度变化对苗木的影响。常用措施有温度调节、通风换气、微喷等。

(a) (b)

图 6-30　容器育苗自动化灌溉系统

(3) 光照的调节与控制

光照对于苗木的影响取决于育苗密度、育苗设施建筑与覆盖材料的透光性。为此温室容器育苗应首先根据育苗树种特性及苗木培育年龄，确定合理的育苗密度，防止因过于郁闭而影响光照条件。其次通过选用遮光小的建筑材料或无滴膜、经常冲洗薄膜等措施保持育苗设施的透光性能。

如树种需要，在速生期需要以延长一定的光照时间和增加照明度来调节苗木的生长。常用的措施是安装辅助照明设备补光，常用的光照设备有：日光灯、白炽灯、碘钨灯、高压汞灯、生物效应灯、农用荧光灯等。在木质化期，可利用遮阳网减少苗木光照时间和强度，加速苗木硬化过程。

(4) 气体的调节与控制

CO_2 是植物所需的碳素来源，而温室育苗是在设施内进行的，CO_2 容易处于亏缺状态。通风换气是调节温室内 CO_2 浓度的有效方法。据试验，如果气流速度达到每分钟 30 m，就等于空气中的 CO_2 含量增加 50%。也可直接采用释放 CO_2 气的办法补充。目前国内主要采用把 CO_2 压缩储存在钢瓶中，需要时施放。也有燃烧丙烷和天然气发生 CO_2 气的。另外，生产上也常用增施有机肥料，促进土壤微生物活动等方法提高温室内 CO_2 浓度。

（5）养分的调节与控制

容器育苗的基础之一是在空间有限的容器或穴盘内提供苗木生长足够的营养，往往产生因缺乏某种元素而生长不良。

调控技术措施首先是依据基质所提供的营养空间确定所培育树种苗龄，或根据一定大小的苗龄选定不同规格的容器或穴盘；其次精心配制能够维持苗木生长所需无机和有机养分的轻型培养基质；再次是通过配制均衡营养液，在苗木生长的不同阶段，按比例进行根外追施。也可结合灌溉浇施。

6.5 无性繁殖苗培育

无性繁殖苗又称营养繁殖苗，是利用林木的营养器官，如枝、根、茎、叶等，在适宜的条件下，培养成一个独立的苗木。具有遗传变异性小，能够保持亲本的优良性状，是良种繁育的一条途径，适用于不结实、结实少、不产生有效种子、种子贮藏不易或生长性状独特的树种。但无性繁殖也有其不足之处，如根系没有明显的主根，根系欠发达（与实生苗相比，嫁接苗除外），生长势衰退，易产生偏根偏冠现象，抗性较差，而且寿命较短。

无性繁殖育苗的方法很多，如插条、埋条、根蘖、压条、嫁接、组培等。这里主要介绍扦插育苗、嫁接育苗和组培育苗方法。

6.5.1 扦插育苗

扦插繁殖是利用离体的植物营养器官如根、茎（枝）、叶等的一部分，在一定的条件下插入土、沙或其他基质中，利用植物的再生能力，经过人工培育使之发育成一个完整新植株的繁殖方法。经过剪截用于直接扦插的部分叫插穗，用扦插繁殖所得的苗木称为扦插苗。根据枝条的成熟度与扦插季节，枝插又可分为休眠枝扦插（又称硬枝扦插）与生长枝扦插（又称嫩枝扦插）。

（1）扦插成活原理

扦插成活的关键是不定根的形成，不定根的发源部位有很大差异，根据其形成的部位可分为2种类型：

① 皮部生根型　即以皮部生根为主，从插条周身皮部的皮孔、节（芽）等存在的根原基上萌发出不定根。通常这些根原基受顶端优势控制，其萌发处在被抑制状态，当枝条脱离母体后，激素抑制遂被解除，枝条在良好的氧气、水分供给的情况下迅速发根。一般来说，这种皮部生根型属于易生根树种，如毛白杨、小叶杨、柳树、桂花、新疆拐枣、水杉、紫穗槐等。

② 愈伤组织生根型　即以愈伤组织生根为主，从基部愈伤组织（或愈合组织），或从愈伤组织相邻近的茎节上发出很多不定根。因为这种生根需要的时间长，生长缓慢，所以凡是扦插成活较难、生根较慢的树种，其生根部位大多是愈伤组织生根，如圆柏、雪松、悬铃木等。

这2种生根类型，其生根机理是不同的，从而在生根难易程度上也不相同。但也有许多树种的生根是处于中间状况，即综合生根类型，其愈伤组织生根与皮部生根的数量相差较小。

(2) 影响插条生根的因素

插条扦插后能否生根成活，首先取决于插条本身的条件，如树种生物学特性、插穗的年龄、枝条的着生部位、插穗的形态规格等内在因子。此外，还与外界环境因子有密切的关系。

影响插条生根的外因主要有温度、湿度、通气、光照、基质等。其因素之间相互影响、相互制约，因此，扦插时必须使各种环境因子有机协调，以满足插条生根的各种要求，才能达到提高生根率、培育优质苗木的目的。

另外，脱离母体后的插枝或插穗，其水分平衡状况对其成活至关重要。生产上，通常可对其喷水或浸泡插穗下端，这不仅增加了插穗的水分，还能减少抑制生根物质。

(3) 扦插催根技术

扦插成活的标志是插穗长出新根，不同树种生长能力不同，通过对插穗的催根，能够有效地提高扦插成活率。常用的方法包括以下几种：

①生长素及生根促进剂处理 常用的生长素有萘乙酸(NAA)、吲哚乙酸(IAA)、吲哚丁酸(IBA)、2,4-D、"ABT生根粉"系列，植物生根剂HL-43，3A系列促根粉等。使用方法：一是先用少量酒精将生长素溶解，然后配置成不同浓度的药液。低浓度(如50~200 mg/L)溶液浸泡插穗下端6~24 h，高浓度(如500~10 000 mg/L)可进行速蘸处理(几秒到1 min)；二是将溶解的生长素与滑石粉或木炭粉混合均匀，阴干后制成粉剂，用湿插穗下端蘸粉扦插；或将粉剂加水稀释成为糊剂，用插穗下端浸蘸；或做成泥状，包埋插穗下端。处理时间与溶液的浓度随树种和插条种类的不同而异。一般生根较难的浓度要高些，生根较易的浓度要低些。硬枝浓度高些，嫩枝浓度低些。

②洗脱处理 洗脱处理一般有温水处理、流水处理、酒精处理等。洗脱处理不仅能降低枝条内抑制物质的含量，同时还能增加枝条内水分的含量。所谓的温水洗脱处理是将插穗下端放入30~35 ℃的温水中浸泡几小时或更长时间，具体时间因树种而异。

此外还有各种各样的催根处理措施，包括采用维生素、糖类及其他氮素进行营养处理，醋酸、磷酸、高锰酸钾、硫酸锰、硫酸镁等进行化学药剂处理，0~5 ℃的低温冷藏处理，插床增温处理，倒插催根处理，黑暗黄化处理，环剥、刻伤机械处理等。

(4) 休眠枝扦插(又称硬枝扦插)

①采条 落叶树种在秋季落叶后或开始落叶时至翌春发芽前剪取，这个时期是树液流动缓慢，生长完全停止。常绿树种也应选择枝条含蓄养分最多的时期进行剪取。选用优良幼龄母树上发育充实、已充分木质化的1~2年生枝条或萌生条；选择健壮、无病虫害且粗壮含营养物质多的枝条。

②插条贮藏 北方地区采条后如不立即扦插，将插条贮藏起来待来春扦插，其方法有露地埋藏和室内贮藏两种。其原理与种子湿藏类似。南方少有贮藏穗条。

③插条剪截 一般长穗插条15~20 cm长，保证插穗上有2~3个发育充实的芽，单芽插穗长3~5 cm。剪切时上切口距顶芽1 cm左右，下切口的位置依植物种类而异，一般在节附近薄壁细胞多，细胞分裂快，营养丰富，易于形成愈伤组织和生根，故插穗下切口宜紧靠节下。下切口有平切、斜切、双面切、踵状切等多种切法(图6-31)。

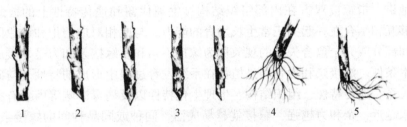

图 6-31 插条下切口形状与生根
1. 平切 2. 斜切 3. 双面切 4. 下切口平切生根均匀 5. 下切口斜切根偏于一侧

④扦插

i. 扦插时间。春插气温应稳定在 10 ℃左右(毛白杨 15 ℃左右)时进行。杨、柳树以垄插为宜。干旱地区和花灌木多用低床扦插。

ii. 扦插密度。杨、柳树垄距为 60~80 cm，每垄插 1 行，株距 20~40 cm，3×10^4~5×10^4 株/hm²；水杉 15×10^4~28×10^4 株/hm²；花灌木株距 10~20 cm，行距 20~40 cm。

iii. 扦插方式。以直插为好，土壤黏重时也可斜插。凡插穗较短的宜直插，既避免斜插造成偏根，又便于起苗。

iv. 扦插深度。落叶树春插一般将插穗上切口芽露出地面，秋插则全部插入土中，而常绿树种仅插入土壤 1/2~2/3 左右。

扦插时注意保护上切口处的芽，防止倒插，下切口要与土壤密接。插后压实插条周围土壤，使插条与土壤接触紧密，随即灌水。每隔 3~5 d 灌水 1 次，连续灌 2~3 次，直至愈合生根后再每隔 1~2 周灌水 1 次。

插穗生根成活后的苗期管理，包括水分管理、温度管理、养分管理和中耕除草等，参见本章前述相应内容。

6.5.2 嫁接育苗

嫁接是将一株植物的枝段或芽等器官或组织，接到另一株植物的枝、干或根等的适当部位上，使之愈合生长在一起而形成一个新的植株的繁殖方法。利用嫁接方法繁殖的苗木称为嫁接苗。用作嫁接的枝或芽称为接穗，承受接穗的植株为砧木。砧木和接穗的组合，称为砧穗组合。接穗和砧木可能同属一种植物，也可能属于不同种的植物。嫁接繁殖在苗木生产中应用广泛，其优点主要表现在保持品种的优良性状，提早开花结果，增强抗逆性，扩大适应范围，克服不易繁殖现象，培育新品种，有利于树木的调整及养护等方面。

6.5.2.1 影响嫁接成活的因素

嫁接双方能否愈合成活，除砧穗亲和力外，主要取决于砧木和接穗形成层能否密接，双方产生愈伤组织，愈合成为一体并分化产生新的输导组织而相互连接。愈伤组织增生越快，则砧穗连接愈合越早，嫁接成活可能性越大。影响嫁接成活的因素是多方面的，可以分内因和外因，内因主要是砧木和接穗的亲和力及两者的质量，外因主要是嫁接技术和嫁接时的外部条件等。

嫁接亲和力，即砧木和接穗的亲和力，指砧木和接穗经嫁接能愈合并正常生长发育的能力。具体地讲，指嫁接双方在内部组织结构、生理代谢和遗传特性上的彼此相同或相近，因而能够互相结合在一起并正常生长发育的能力。与此相对应，把种种原因引起的砧木和接穗之间部分或完全愈合失败的现象称为嫁接不亲和。嫁接亲和力是嫁接成活的最关键因子和基本条件。嫁接亲和力强弱是植物在系统发育过程中形成的特性。与砧木和接穗双方的亲缘关系、遗传特性、组织结构、生理生化特性以及病毒影响等因素有关。一般认为，亲缘关系越近，亲和力越强，嫁接就越易成活。同种或同品种间的嫁接亲和力最强，这种嫁接称为"本砧嫁接"，例如，板栗接板栗，核桃接核桃，毛桃接桃等。同属异种间的嫁接亲和力因树种而异，例如，苹果接在海棠或山定子上，梨接在杜梨上，柿接在君迁子上，桃接在山桃上等，其嫁接亲和力都很强。同科异属间的亲和力多数较弱，但也有表现良好并在生产上应用的，例如，核桃接在枫杨上。科间植物进行远缘嫁接，虽然文献上有些记载，但是目前生产上尚未得到广泛应用。

6.5.2.2 砧木与接穗间的相互关系

嫁接成活后，砧、穗双方愈合成为一个新的植株，在生长过程中，均会相互产生影响。

(1) 砧木对接穗的影响

嫁接后，某些砧木可促进树体生长高大，这种砧木称为乔化砧。如海棠是苹果的乔化砧，杜梨是梨的乔化砧，山桃、山杏是桃的乔化砧等。另一些砧木嫁接后使树体矮小，这种砧木叫矮化砧。例如，从国外引入的苹果矮化砧 M_9、M_{25}、M_{27} 和半矮化砧 M_2、M_4、M_7、M_{106} 等。砧木的生长势不同，对接穗枝条的总生长量影响明显。砧木还影响树体寿命，一般乔化砧寿命长，矮化砧寿命短。此外，砧木对嫁接树木的物候期，如萌芽期、落叶期等均有明显影响。

砧木对嫁接树种达到结果期的早晚、果实成熟期及品质、产量、耐贮性等都有一定的影响。例如，嫁接在矮化砧或半矮化砧上的苹果进入结果期早，嫁接在三叶海棠砧木上的则结果期较晚，嫁接在保德海棠上的红星苹果色泽鲜红而且耐贮藏。

利用砧木的抗性可提高嫁接树木的抗逆性和适应性，有利于扩大树木的栽培地区。比如，用山桃嫁接的桃树，抗寒、抗旱能力较强，用毛桃嫁接桃树耐湿能力较强。

砧木对嫁接树种虽有多方面的影响，但这些影响是接穗遗传性已经稳定的基础上产生的，属生理作用，并不涉及遗传基础的变化，因此不会改变接穗品种的固有特性。

(2) 接穗对砧木的影响

嫁接繁育的树体，其根系的生长是靠地上部制造的有机营养，接穗对砧木的生长也会产生一定影响。例如，以'益都林擒'为砧木，分别以'祝'、'青香蕉'和'国光'三个苹果品种为接穗嫁接形成的苹果树，其根系须根量明显不同，其中'祝'苹果的须根量最大。用杜梨做梨的砧木，用枫杨做核桃的砧木，则植株根系分布往往较浅，且多分蘖。此外，在接穗的影响下，砧木根系中的淀粉、碳水化合物、总氮、蛋白态氮的含量以及过氧化氢酶的活性，也有一定的变化。

砧木和接穗之间的相互关系复杂，从已有的资料看，砧木对接穗影响机理的研究较多。主要集中在营养和运输、内源激素以及解剖结构和代谢关系方面。

6.5.2.3 砧木与接穗的选择与培育

（1）砧木的选择与培育

砧木的质量是培育优良嫁接苗的基础之一。砧木的选择和培育对于嫁接苗的培育来说非常重要。砧木对气候、土壤类型等环境条件的适应性，以及对接穗的影响都有明显的差异。一般在选择砧木时应具备以下条件：

①与接穗有良好的亲和力，愈合良好，成活率高；

②对栽培地区的环境条件适应能力强，如抗旱、抗涝、抗寒、抗盐碱、抗病虫害等，且根系发达，生长健壮；

③对接穗的生长、结果及观赏价值等性状有良好的影响。例如，生长健壮、丰产、提早结果、增进品质、寿命长等；

④材料来源丰富或繁殖容易；

⑤具有某些特殊需要的性状，例如，矮化等。

实生苗具有抗性和适应性强、寿命长、易繁殖等特点，通常采用播种繁殖培育砧木。对于种子来源不足，或者播种繁殖困难的树种，也可以采用扦插育苗的方法培育，有时也采用压条、分株等其他育苗方法培育砧木。嫁接使用的砧木苗以地径 1~3 cm 为宜，苗龄 1~2 年生，生长慢的树种也可以 3 年生。若用于高接，应培养成具有一定高度主干的砧木苗。

（2）接穗的选择、培育、采集和贮藏

接穗是嫁接繁殖的主要对象，为保证嫁接苗品质的一致性，接穗应在无性系采穗圃或采穗园中选择，若无采穗圃（园），接穗应从经过鉴定的优树上采取。接穗品种应具有稳定的优良性状，具有市场销售潜力；采穗母树应是生长健壮的成龄植株，具备丰产、稳产、优质等性状，并且无检疫对象。培育果树嫁接苗的接穗应选用树冠外围中上部的 1 年生枝条；如果是培育用材林或生态林所需嫁接苗，应选用母树基部萌条或基部附近根萌条做接穗。要求枝条健壮充实，芽体饱满，充分木质化，匀称光滑，无病虫害。

接穗的采集因嫁接方法不同而异，芽接一般选用当年的发育枝新梢，随采随嫁接。从采穗母树上采下的穗条，要立即剪去嫩梢，摘除叶片，以减少枝条水分散失，应注意保留叶柄，保护腋芽不受损伤。采集的穗条及时用湿布等保湿材料包裹，以防止失水。采下的穗条如果当天不能及时使用，应浸于清水中，或用保湿材料包裹，短期低温冷藏保存。保存时间与穗条品种和枝条质量有关，应尽快嫁接使用，尽量避免存放。枝接使用的穗条，一般在冬春季节采集休眠期的枝条，于春季萌芽前嫁接。采回的枝条先整理打捆，标记清楚，然后采用沙藏方法进行贮藏，也可以使用蜡封法贮藏，放置于 0~5 ℃ 条件下贮藏备用。主要目的在于保护枝条湿度和活力，避免水分散失。

6.5.2.4 嫁接方法

生产上嫁接方法和方式很多，常用的嫁接方法主要有芽接和枝接两类。

（1）芽接法

芽接是从穗条上削取芽（称接芽），略带或不带木质部，插入砧木上的切口中，并予绑扎，使之密接愈合，并成活萌发为新植株的一种嫁接方法。其优点是可经济利用接穗，当年播种的砧木苗即可进行芽接。而且操作简便、容易掌握、工作效率高，嫁接时期长，结合牢固、成苗快，未嫁接成活的便于补接，能大量繁殖苗木，是现代苗木生产中最常用的嫁接育苗方法。芽接穗枝多取用当年生枝的新生芽，随接随采，并立即剪去叶片，保鲜保存。但若采用带木质芽接，可用休眠期采集的1年生枝的芽。芽接时期在春、夏、秋三季，凡皮层容易剥离，砧木达到芽接所需粗度；接芽发育充实均可进行芽接。北方，由于冬季寒冷，芽接时期主要在7月初至9月初，成活后第二年萌发生长。过早芽接，接芽当年萌发，冬季易受冻害，芽接过晚，皮层不易剥离，嫁接成活率低。华东、华中地区通常于7月中旬至9月中旬芽接，华南和西南地区，落叶树种于8~9月、常绿树种于6~10月嫁接成活率较高。各地的具体芽接时间，应根据不同树种特点和当地气候条件而定。近年来，为加快育苗，利用塑料棚等设施，可提早播种，提早嫁接，当年育成苗。芽接的具体方法有T字形芽接、方块芽接及嵌芽接等。

图6-32 "T"字形芽接
1. 削取芽片 2. 取下的芽片
3. 插入芽片 4. 绑缚

① T字形芽接 T字形芽接是生产上常用的一种芽接方法(也称"丁"字形芽接，盾形芽接)图(6-32)。操作简便，成活率高，在春、夏、秋季都可进行，但以秋季较好。秋季芽接，选择当年生健壮，芽饱满的枝条作接穗，剪去叶片，留下叶柄，并用湿草帘包好或泡于水中备用。秋采春接的枝条要进行沙藏。其削芽方法是：先在芽上方约0.5 cm处横切一刀，深达木质部，随后从芽的下方1~1.5 cm处斜向上削芽，刀要插入木质部，向上削到横口处为止，削成上宽下窄盾形芽片，用手捏住接芽向旁边轻轻掰动，即可使芽片与枝条分离，取下芽片备用。

在砧木距地面2~5 cm处选光滑部位切一"T"字形切口(可根据芽片大小而定)，深达木质部。在嫁接时，用刀从"T"字形切口交叉处撬开，把芽片插入切口，使芽片上边与"T"字形切口对齐，然后用塑料带捆扎紧实(图6-32)。

在生产上可把"T"字形芽接改为一横一点芽接法，即在砧木横切口的中央，用刀尖轻轻一点，而不下刀，点后左右一拨，撬开皮层接口，然后把芽片顺接口插入皮层，徐徐推进，砧木皮层也就随着芽的推进而破裂，直至接芽上端与横切口对齐为止。这种方法使芽片与砧木木质部结合极为紧密，砧木皮层包裹接芽片也甚为严密。该方法嫁接快，成活率高。另外，根据树种特性，芽片可以削成不同的形状，比如常用的方块形芽片，砧木要切成与芽片大小一致的"口"字形或"工"字形切口，被称为方块形芽接，在核桃等树种上，应用效果良好。

② 嵌芽接 嵌芽接是芽片带木质部的一种芽接方法。用于接穗枝梢上具有棱角或沟纹的树种，如栗、枣、柑橘等树种的接穗，或者接穗和砧木不易离皮时带木质部芽接。削取接芽时倒拿接穗，先在芽的上方约1 cm处向下斜削一刀，再在芽下方斜切呈30°角下刀，并向前推进，削透到第一刀口底部，取下芽片，即为接穗芽，芽片长2~3 cm。以同

样的方式在砧木上削出切口,砧木的切口比芽片稍长,插入芽片后使芽片上端露出一线砧木皮层,绑紧。如图 6-33 所示。

嫁接后半月左右,如接芽芽片新鲜,叶柄一触即落,说明已成活;芽片皱缩变枯,叶柄萎缩而牢固,说明未接活。未接活的应及时松绑进行补接。凡上年夏季嫁接成活的苗木,在翌年春剪砧,春季嫁接的苗木应在确定成活后松绑剪砧。剪砧高度在芽眼上 15~20 cm 处。

（2）枝接法

枝接是指以枝段为接穗的嫁接方法。接穗的长短,依不同品种节间的长短而异,一般每个接穗要带 2~4 个饱满芽,为节省接穗,也可以用单芽枝接。与芽接法相比,操作技术较复杂,工作效率相对较低。

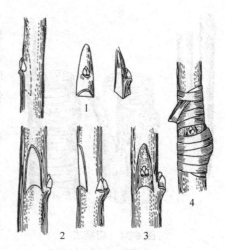

图 6-33　嵌芽接
1. 削接芽　2. 削砧木切口
3. 插入芽片　4. 绑缚

但在砧木较粗、砧穗处于休眠期不易剥离皮层、幼树高接换优或利用坐地苗建园时,采用枝接法较为有利。依据接穗的木质化程度分为硬枝嫁接和嫩枝嫁接。硬枝嫁接一般使用处于休眠期的完全木质化的发育枝为接穗,于砧木树液流动期至旺盛生长前进行嫁接。嫩枝嫁接是以生长期中未木质化或半木质化的枝条为接穗,在生长期内进行嫁接。一般枝接最适宜的时期,以砧木树液开始流动而接穗尚未萌发时最好。但树种不同,枝接的适期也有区别(表 6-8)。

表 6-8　几种树木枝接适期及方法

树种	枝接适期	适用方法	采用接穗
苹果、梨、桃、杏	萌芽前后(3月下旬至4月上中旬)	切接、腹接、较粗砧木用皮下接或劈接	1年生充分成熟的发育枝,每接穗应有饱满芽 2~4 个
枣	萌芽前后和生长季(4月下旬)	嫩梢接(拉栓接)	1~2年生枣头一次枝或二次枝生长季利用当年生枣头
柿	柿展叶后(4月下旬)	皮下接或切接	发育健壮的1年生枝,每接穗有两个以上饱满芽
板栗	芽膨大期(4月上、中旬)	切接、腹接、皮下接	有两个叶芽的1年生发育枝
核桃	砧木顶芽已萌动(4月下旬至5月上旬)	切接、腹接、皮下接	粗壮1年生发育枝的中、上部,每接穗应有两个芽

常用的枝接方法有切接、劈接、腹接、皮下接、舌接等。

① 切接　切接法一般适用于地径较粗的砧木。具体嫁接步骤如下：

第一步,削接穗。在接穗上端保留 2~3 个芽,上端从距上芽 1 cm 处剪齐,在接穗下部芽的背面下方 1 cm 处削切面,削掉 1/3 木质部,削面要平直,长 2~3 cm,再将斜面的背面末端削成约 0.5 cm 长的斜面,两边削面要光滑。

第二步,切砧木。在离地面 5 cm 左右处将砧木水平剪断,削平剪口面,选比较光滑平直的一侧,在砧木直径 1/5~1/4 位置带木质部垂直切,深度 2~3 cm。

第三步，插接穗。把削好的接穗插入切口，使接穗的长削面两边的形成层和砧木切口两边的形成层对准、贴紧，至微露大削面上端2~3 mm。若接穗较细时，必须保证一边的形成层对准。切忌砧、穗形成层错开，否则嫁接将不能成活。

第四步，绑缚。用塑料薄膜条将嫁接处自下而上包扎绑紧，绑缚时要特别注意勿使切口移动，然后再避开接穗上的芽子，将接穗上端剪口封闭并绕下打结。若接穗顶部已蜡封过，可不绕上封顶（图6-34）。也可以用潮湿的泥土将接穗全部埋住，以促进嫁接成活。

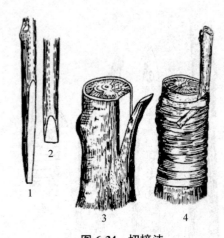

图 6-34 切接法
1、2. 接穗的长削面和短削面
3. 切开的砧木　4. 绑缚

②劈接　选择适宜的接穗，在接穗下部约3 cm处，将两侧削成长约2~3 cm的楔形削面。一般削面应在接穗上部芽的两侧下方，使伤口离芽较远，以减少对芽萌发的影响。如果砧木比较粗，接穗应削成扁楔形，接穗上部芽所在的一面较厚，反面较薄，以利于砧木夹持。如果砧木和接穗粗度相近，接穗可以削成正楔形，不仅利于夹持，而且砧木和接穗两者的接触面大，对愈合有利。可从距地面5 cm左右处嫁接时，根据砧木的大小，在适当部位截断砧木，削平切面以利愈合；然后在砧木切面中央垂直下劈，劈口长3~5 cm；砧木劈开后，用劈接刀轻轻撬开劈口，将削好的接穗迅速插入，如接穗较砧木细，可把接穗紧靠一边，保证接穗和砧木至少有一面形成层对准；粗的砧木还可两边各插一个接穗，出芽后保留一个健壮的。接合后立即用塑料薄膜带绑缚紧或埋土保湿，免接穗和砧木形成层错开。劈接的切创面较大，应特别注意包严伤口，以免影响成活（图6-35）。

图 6-35 劈接法
1. 扁楔形接穗，侧面、正面与反面　2. 正楔形，正面与侧面　3. 劈接插接穗　4. 埋土

③皮下枝接　又称插皮接（图6-36），一般在砧木较粗，且离皮（形成层开始活动）时应用。当春季砧木和接穗离皮时即可开始嫁接，但以芽子开始膨大至展叶前最好。在砧木断面皮层与木质部之间，插入接穗，视断面大小，可插入多个接穗。接穗可为长8~10 cm的枝段，下端一侧削长3~6 cm长的斜面，背侧削长不足1 cm的小斜面，削面要平直光滑。插入时在砧木横断面边缘嵌开皮层，将削好的接穗长削面对准砧木的木质部，插入砧

木的皮层与木质部之间，插入深度为上部露白约 2.0 mm。插接穗动作要快，插缝口要紧密。用绑扎材料从上至下绑扎牢。本法操作简单，接穗插入皮层内侧，砧、穗形成层接触面广，容易成活。但接穗易松动，且愈伤组织只在一侧产生，牢固性较差，需绑缚严紧，并在生长时期立支柱绑扶，免致风折。生产实践中，在此基础上，又发展出插皮舌接和插皮腹接等方法。

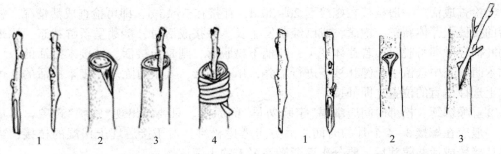

图 6-36　皮下枝接法
1. 削接穗　2. 切贴撬皮　3. 插入接穗　4. 绑缚

图 6-37　皮下腹接法
1. 削接穗　2. 切砧木撬皮　3. 插入接穗

④腹接法　可在树冠的枝干上进行嫁接，不剪除砧木树冠，故称腹接。待嫁接成活后再剪除上部枝条。接穗为长 5~8 cm，有两个饱满芽的枝段，在基部削两个削面，一侧厚（与顶芽同侧）一侧薄的削面。在砧木中下部与枝条纵轴成 30°角斜切至枝条横径 1/3 处，将砧木切口撑开后插入接穗，砧穗形成层对齐，然后绑缚严密。

生产上也常用皮下腹接法（图 6-37）。在嫁接部位将砧木的树皮切一个"T"字形切口，按插皮接削接穗的方法削好接穗，插入"T"字形切口内，然后绑缚。

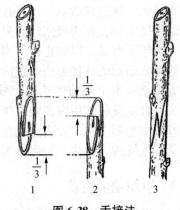

图 6-38　舌接法
1. 削接穗　2. 削砧木　3. 插合接穗和砧木

⑤舌接法　常用于枝接成活较难的树种，要求砧木与接穗的粗度大致相同。在接穗下部芽背面削成 3 cm 左右的斜削面，然后在削面由下往上的 1/3 处，顺着接穗往上切开一个长约 1 cm 的切口，形成一个舌状。砧木同样削成 3 cm 左右的削面，并分别于削面由上往下 1/3 处，向下切开长约 1 cm 的切口，恰与接穗的斜削面相对应，以便能够与接穗互相交叉、夹紧。然后将两者削面插合在一起，使砧木和接穗舌状部位交叉，形成层对准，并严密绑缚（图 6-38）。

另外，还有靠接、髓心形成层贴接、合接、根接、茎尖嫁接等多种嫁接方法。

6.5.2.5　提高嫁接成活率的关键环节

无论哪种嫁接方法，都必须严格把好以下几个关键。

①在嫁接时，形成层要对准，削面要适当增大，也就是要增加接穗和砧木间形成层的结合面，增加愈合面积。

②嫁接速度要快，不管是枝条还是芽接，削面暴露在空气中的时间越长，削面越容易

氧化变色，从而影响分生组织的形成。

③砧、穗结合部要绑紧，使两者紧密相接，促进成活。

④对嫁接后的结合部位，要保持一定的温度、湿度，为伤口愈合创造条件。目前生产上常用塑料条带绑缚，套塑料袋或用湿土封埋结合等方法，都是保温、保湿的有效措施。

6.5.2.6 嫁接后的管理

①检查成活　一般枝接在嫁接后20～30 d，芽接在7～15 d，即可检查成活情况。枝接成活的接穗上芽体新鲜、饱满，或已经萌发生长。芽接成活时，接芽呈新鲜状态，原来保留的叶柄轻触即可脱落，若芽体变黑，叶柄不易脱落，则是未接活。枝接未接活的，可以从砧木萌蘖条中选留一个健壮枝条进行培养，用于补接，其余剪除。芽接未接活的，可在砧木上选择适宜的位置立即补接。

②解除绑缚　松绑时间应掌握"宁晚勿早"的原则。只要不出现"蜂腰"现象，尽量拖后。一般应在嫁接3～4个月的时间之后方可考虑松绑。对于接后埋土保湿的枝接，当检查确认接穗成活并萌芽后，要分次逐渐撤除覆盖的土壤。

③除萌　嫁接后的砧木，由于生长受到抑制，容易在砧木上发生大量萌蘖，应视不同情况及时剪除砧木的萌芽和萌蘖。

④剪砧　嫁接成活后，用芽接等嫁接方法嫁接的植株，在接芽以上的砧木枝段剪掉，以保证接穗生长，称为剪砧。春夏季芽接的，可在接芽成活后立即剪砧；夏、秋季芽接成活后，当年不剪砧，以防止接芽当年萌发，难以越冬，要等到翌年春季萌发前剪砧。皮下腹接等保留砧冠的枝接方法嫁接的植株成活后，也要根据具体情况及时进行剪砧。

⑤缚梢　由于新梢生长快，枝条嫩，极易被风折断。因此，在新梢长达10 cm左右时，应当设立支柱，用绳或塑料带绑缚新梢。

⑥圃内整形　在苗圃内完成苗木树形基本骨架的培养。

⑦其他管理　嫁接苗的病虫害防治及施肥、灌水、排涝等，均与其他育苗方式相似。

6.5.3　组织培养育苗

6.5.3.1　组织培养的原理及应用

（1）组织培育的原理

组织培养是在无菌条件下，将离体的植物器官、组织、细胞或原生质体等材料，通过无菌操作接种于人工培养基上，在人工预知的控制条件下，使之生长发育成完整植株的繁殖方法。在无菌条件下进行组织培养的各种操作称为无菌操作；从植株上切割下来用作离体培养的植物材料称为外植体；利用组织培养技术在无菌条件下生产的苗木称为组培苗。组织培养它已成为现代规模化苗木生产的一种形式。

组织培养技术得以建立的最重要依据是植物细胞全能性理论，它是指正常生物体的每一个细胞，都含有该物种的全部遗传信息，在一定条件下都具有发育成为完整个体的潜在能力。从理论上讲，生物体的每一个活细胞都应该具有全能性。细胞全能性的最高表现是受精卵（合子），在组织培养中形成芽或根（能产生完整植株）也是植物细胞全能性的典型表现。在一个完整植株上某部分的体细胞只表现一定的形态，承担一定功能，是由于它们是受到自身遗传物质决定以及具体器官所在环境的束缚，但其遗传潜力并没有丧失，一旦脱离原来的器官或组织，成为离体状态，在一定的营养物质、激素和其他外界条件的作用下，就可能表现出全能性，发育成完整的植株。

(2) 组织培养的应用

① 快速繁殖优良种苗　用组织培养的方法进行快速繁殖是生产上最有潜力的应用。快繁技术不受季节等条件限制，生长周期短，可以通过茎尖、茎段等大量繁殖腋芽；通过根、叶等器官直接诱导或通过愈伤组织培养诱导产生不定芽；在较短的时间内迅速扩大植物的数量，每年可以数以百万倍的速率繁殖。因此，对一些繁殖系数低、不能用种子繁殖的名、优、特植物品种，意义尤为重大。目前，观赏植物、园艺作物、经济林木、无性繁殖作物等部分或大部分都可用离体快繁提供苗木，试管苗已出现在国际市场上并形成产业。

② 脱除病毒　植物脱毒和离体快速繁殖是目前植物组织培养应用最多、最有效的方面。几乎所有植物都遭受病毒病不同程度的危害，有的种类甚至同时受到数种病毒的危害，尤其是很多园艺植物靠无性繁殖方法来繁育，亲代若染病毒，代代相传，越染越重。White 早在 1943 年就发现植物生长点附近的病毒浓度很低甚至无病毒。微茎尖培养可以得到无病毒苗，已经成为解决病毒病危害的重要途径之一。

③ 培养新品种　植物组织培养技术对培育优良作物品种开辟了新途径。使育种工作在新的条件下更有效地进行，并在多方面取得了较大进展。例如，利用花药或花粉培养进行单倍体育种，具有高速、高效率、基因型一次纯合等优点。利用胚、子房、胚珠离体培养植物胚培养，可有效地克服远缘杂交不实的障碍，获得杂种植株。用原生质体进行体细胞杂交和基因转移，获得体细胞杂种；进行细胞突变体的筛选和培养等。

④ 种质资源保存　组织培养物，如试管苗、愈伤组织等，在液氮条件下，加入冷冻保护剂，可有效降低代谢水平，利于长期保存。利用组织培养保存植物种质资源具有体积小、保存数量多、条件可控制、避免病虫害再度侵染、节省人力和土地等优点，是一种经济有效的种质保存方法。目前有 100 多种植物可以经组织培养获得大量的胚状体，为制成人工种子用于生产提供了基础。

⑤ 植物生物反应器　利用组织培养作为生物反应器，用于次生代谢物质生产。植物次生代谢物是许多医药、食品、色素、农药和化工产品的重要原料，其需求量逐年增加，组织培养技术对植物次生代谢产物的生产提供了有效的途径。由于植物的离体细胞在人工培养下仍具有合成药物成分的能力，可通过调节培养条件有效地提高其含量和质量，为此，利用组织培养生产药物，已发展成为组织培养在生产中应用的主流之一。

6.5.3.2　组织培养的类型

组织培养按照培养对象可以分为植株培养、器官培养、组织培养、细胞培养和原生质体培养等。

①植株培养　指对具有完整植株形态的幼苗或较大的植株进行离体培养的方法。

②胚胎培养　指对植物成熟或未成熟胚进行离体培养的方法。常用的胚胎培养材料有幼胚、成熟胚、胚乳、胚珠、子房。

③器官培养　指对植物体各种器官及器官原基进行离体培养的方法。常用的器官培养材料有根(根尖、切段)、茎(茎尖、切段)、叶(叶原基、叶片、子叶)、花(花瓣、雄蕊、雌蕊)、果实、种子等。

④组织培养　指对植物体各部位组织或已诱导的愈伤组织进行离体培养的方法。常用

的组织培养材料有分生组织、形成层、表皮、皮层、薄壁细胞、髓部、木质部等。

⑤细胞培养　指对由愈伤组织等进行液体振荡培养所得到的能保持较好分散性的离体单细胞或较小的细胞团、花粉单细胞进行离体培养的方法。常用的细胞培养材料有性细胞、叶肉细胞、根尖细胞、韧皮部细胞等。

⑥原生质体培养　指对除去细胞壁的原生质体进行离体培养的方法。

6.5.3.3　培养条件

一般情况下，组织培养在组培室进行。在规模大、条件好、科研任务多的情况下，理想的组培室或组培工厂应选在安静、洁净、远离交通线，但又交通方便的区域。应该在城市常年主风向的上风方向，避开各种污染源，以保证工作的顺利进行。组织培养实验室布局的总体要求：便于隔离，便于操作，便于灭菌，便于观察。其设计应包括准备室、灭菌室、无菌操作室、培养室、观察室、辅助实验室，以及驯化室、温室或大棚。在规模小，条件较差的情况下全部工序也可以在一间室内分区完成。商业性组培室或工厂一般要求有 2~3 间试验用房，其总面积不应少于 60 m²，划分为准备室、缓冲室、无菌操作室、培养室。必要时加一定面积的试管苗驯化室、温室或大棚。植物组织培养过程是在严格无菌条件下进行的，要做到无菌条件，需要一定的设备、器材和用具。一个标准的组培室应当包括准备室、配置室、无菌操作室、培养室、驯化室等（图 6-39）。

图 6-39　组织培养育苗设施
(a)准备室　(b)无菌接种室　(c)培养室　(d)驯化移栽温室

6.5.3.4 培养基的种类及配制

在离体培养过程中，培养物生长分化需要的各种营养物质，都是由培养基提供的。一个完善的培养基至少应包括无机营养成分(包括大量元素和微量元素)、有机营养成分(维生素、氨基酸、糖类等)、生长调节物质(各种植物激素)，在固体培养时还应包括固化剂(一般为琼脂)。

培养基根据其相态可以分为固体培养基和液体培养基；根据作用成分不同，可分为诱导培养基、增殖培养基和生根培养基；按其营养水平不同，可分为基本培养基和完全培养基等。

认真对比各种配方的特点，结合培养植物以及外植体的种类、培养目的等确定合适的培养基配方，是进行组织培养的关键环节。不同的培养基配方各有特点，选用之前要认真查阅相关资料或经过试验后确定。例如，有的培养基矿质元素含量较低，如常用于木木植物培养的 White 培养基；有的矿质元素含量丰富，如 MS 培养基含丰富铵盐；B_5 和 N_6 培养基含丰富的硝酸盐。Nisch 培养基在被子植物中应用最为广泛；B_5 培养基最初是为豆科植物培养设计的，现在应用日益广泛；WPM 培养基适合于椴属、杜鹃花属等木本植物；N_6 培养基更适应于禾本科植物。

配制培养基，首先要选择合适的配方，按照配方要求先配制一系列浓缩储备液(即母液)，如大量元素、微量元素、铁盐和除糖之外的有机物质等，在量取定量的各种浓缩液进行稀释、混合，并加入蔗糖、琼脂后加热溶解，经过定容后调节 pH 值，分装入培养器皿中，最后进行高压灭菌，待冷却后贮存使用。

6.5.3.5 外植体的制备

一般常用作组织培养的材料有鳞茎、球茎、茎段、茎尖、花柄、花瓣、叶柄、叶尖、叶片等，它们的生理状态对培养时器官的分化有很大影响。一般来讲，年幼的实生苗比年龄老的成年树容易分化，顶芽比腋芽容易分化，萌动的芽比休眠的芽容易分化。此外，还可以用未成熟的种子、子房、胚珠及成熟的种子为材料。用自来水将植物材料冲洗几遍，除去表面污垢后转入洗净的烧杯中。

消毒灭菌是将外植体表面的微生物杀死，同时又尽量不伤害植物材料中的活细胞。常用的消毒剂有乙醇、次氯酸钠等。使用消毒液的种类和处理时间因植物种类、器官类型和生长状况而异。

6.5.3.6 接种培养

(1) 外植体接种

消毒完成后的外植体一般在专门的无菌操作台上进行接种，要注意的事项包括：

①进行培养时，动作要准确敏捷，但又不必太快，以防空气流动，增加污染机会。

②不能用手触及已消毒器皿，如已接触，要用火焰烧灼消毒或取备品更换。

③为拿取方便，工作台面上的用品要有合理的布局，原则上应是右手使用的东西放置在右侧，左手用品在左侧，酒精灯置于中央。

④工作自始至终要保持一定顺序性，组织或细胞在未做处理之前，勿过早暴露在空气中。同样，培养液在未用前，不要过早开瓶；用过之后如不再重复使用，应立即封闭

瓶口。

⑤吸取营养液、细胞悬液及其他各种用液时，均应分别使用吸管，不能混用，以防扩大污染或导致细胞交叉污染。

⑥工作中不能面向操作区讲话或咳嗽，以免唾沫把细菌或支原体带入工作台面发生污染。

⑦手或相对较脏的物品不能经过开放的瓶口上方，瓶口最易污染，加液时如吸管尖碰到瓶口，则应将吸管丢掉。

(2) 培养条件

温度、光照、氧气与水分都是影响植物离体发育的主要因子，需要通过人为调节来满足。大多数植物组织的最适培养温度为25~28℃，一般培养室温度为25℃±2℃。每日光照12~16 h，光照强度1000~3000 Lux。培养室湿度应保持在70%~80%的相对湿度。植物组织培养中，外植体呼吸需要氧气。一般固体培养时，培养皿或锥形瓶上方的空气已满足培养物呼吸；液体深层培养时，可通过振荡或旋转解决通气。培养室的温度应均匀一致，因此，需要室内空气循环良好。

6.5.3.7 增殖培养

外植体经初代培养诱导出无菌芽。为了满足规模生产的需要，必须通过不断地增殖培养，使无菌芽增殖，培养出大量的无菌芽。增殖培养基的种类因培养的植物种、品种及类型而异，可以与初代培养基相同，也可根据可能出现的情况，逐渐适量调整细胞分裂素的浓度和无机养分比例，或添加活性炭等，以防出现玻璃化或褐化现象。

繁殖体的最佳大小及切取方法因种而异。一般来说，要在以后的继代培养中获得均一而迅速的增殖，外植体必须达到一定大小。从原培养中切取已伸长的茎段继代培养，继代的外植体长度为2~4节。剪除叶片，将它们垂直插入培养基中或水平放置在培养基表面。增殖可以重复几次，以便增加充足的材料，为以后生根与移植奠定基础。但继代太多，繁殖体的生活力会下降，坏死率上升，生根能力下降。

6.5.3.8 生根诱导与培养

在茎段增殖到一定数量后，要考虑及时转入生根诱导培养，使其生根，获得完整植株，以便移植。与增殖培养和初代培养相比，生根培养基特点在于：

①无机盐浓度较低　一般认为矿质元素浓度较高有利于茎叶发育，较低则有利于生根，因此，常采用1/2MS或1/4MS培养基。

②细胞分裂素少或无　生根培养基中要去除或用很少的细胞分裂素，适量加入生长素，如NAA、IBA与IAA等。

③糖浓度较低　生根阶段培养基中的糖浓度要减低到1.0%或1.5%，以促进植株增强自养能力，有利于完整植株的形成和生长。

培养室环境控制方面，生根阶段要增加光照强度。生根时间因植物种类不同而异，一般，茎段在生根培养2~4周后，能产生根，成为可移植的完整植株。

6.5.3.9 驯化与移栽

组培苗生根后，必须经过驯化移植到正常的温室环境，并最后到自然环境中生长。由于组培苗在离体培养中，是在无菌、有营养供给、温度与光照适宜，以及较高相对湿度的环境中生长发育，移出培养瓶后，生长环境发生了十分强烈的变化。因此，要从水、温、光及培育基质、管理措施等多方面满足组培苗生长的需要。

为了适应移栽后的较低湿度以及较高的光强，完成试管苗从"异养"到"自养"的转变，在移植之前要对试管苗进行适当的锻炼，使植株粗壮，增强对外界适应能力，以提高移栽成活率。这一过程通常经过组培苗的过渡锻炼、驯化来实现。

驯化一般由瓶内驯化逐渐转为瓶外驯化。可以先将培养瓶置于强光下，逐渐打开封口通气，进行几天瓶内驯化；从培养室移出后定植到育苗容器或苗床，仍需要经过一段保湿遮光阶段的驯化。驯化过程应遵循逐步过渡的原则。一般来说，在开始数天内，驯化条件应与离体培养时的环境条件相近，而在驯化后期，应逐步过渡到与自然栽培条件相仿。

6.6 苗木质量检验与出圃

苗圃的任务是为造林单位提供优质苗木，因此在苗木出圃前一般应对所培育苗木的质量进行检验，这既是用苗单位的要求，也是苗圃改进工作、不断提高育苗技术的自身需要。

6.6.1 苗木质量评价

苗木质量是指苗木在其类型、年龄、形态、生理及活力等方面满足特定立地条件下实现造林目标的程度。质量是对使用地立地条件和经营目的而言。根据目前的研究情况看，苗木形态指标，生理指标和苗木活力的表现指标是评价苗木质量的3个主要方面。

6.6.1.1 形态指标

(1) 苗高

苗高是最直观、最容易测定的形态指标，测定时从苗木的地径处或地面量到苗木的顶芽，如苗木还没有形成顶芽，则以苗木最高点为准。苗木高度并非越高越好，虽然高的苗木有可能在遗传上具有一定的优势，然而同一批造林苗木的大小以求整齐为好，以防将来林分的强烈分化。

(2) 地径

地径又称地际直径，是指苗茎土痕处的粗度。在所有形态指标中，地径是反映苗木质量最好的指标之一。地径与苗木根系的大小和抗逆性关系紧密，地径与根体积、苗木鲜重、干重等呈紧密相关关系。多数研究表明，地径与造林成活率及林木生长量呈正比。

(3) 高径比

高径比是指苗高与地径之比，它反映了苗木高度和粗度的平衡关系，将苗木的苗高和地径两个指标有机地结合起来，是反映苗木抗性及造林成活率的较好指标。一般高径比越大，说明苗木越细越高，抗性弱，造林成活率低；相反，高径比越小，苗木则越矮粗，抗性强，造林成活率高。戴继先等(1992)对高度基本一致的落叶松苗木，按高径比分为3级，40~50为优质苗，60为中等苗，70~80为劣质苗；造林时，苗木高径比不能大于60，高径比40~50的苗木对提高造林成活率和幼苗高生长效果极为显著。但应注意，不同树种之间，适宜高径比的范围差别较大，如侧柏的高径比就可超过 70~80，仍能保证造林成活。由于是比值，所以高径比不能单独使用，只有将它与苗高、地径等指标结合起来，才是一个好的指标。一般说来，在苗高达到要求的情况下，高径比越小越好。

（4）重量

苗木重量是指苗木的干重或鲜重。比较而言，鲜重更易测定，但是因苗木鲜重受其含水量的影响较大，故不易获得稳定而可靠的数据，更难进行不同研究之间的相互对比。苗木干重则可排除含水量的影响，数据稳定、可靠，是不同研究结果之间相互比较的可靠指标。苗木生长量的大小，主要看其物质积累的多少。干重是反映物质积累状况的最主要指标，因此也是指示苗木质量的较好指标。多数研究表明，干重与地径相关紧密，同时，在干重指标指示苗木造林成活率和生长量方面，其可靠程度与地径相近。

（5）根系指标

根系是植物的重要器官，造林后苗木能否迅速生根是决定其能否成活的关键。目前生产上采用的根系指标主要是根系长度、根幅、侧根数等。此外，根重、根体积、根长、根表面积指数等在研究中常被采用。

（6）茎根比

茎根比是苗木地上部分与地下部分（重量或体积）之比，反映出苗木根茎两部分的平衡状况。造林后苗木能否成活，其关键之一是能否保持苗木体内的水分平衡。从理论上讲，根系发达，茎根比小，苗木地上部的蒸腾量小，而地下部分的吸收量大，有利于苗木的水分平衡，苗木成活的可能性就更大。茎根比在一定程度上体现了这种平衡关系，因而这一指标格外受到人们的关注。

（7）质量指数

由于单个形态指标常常只反映了苗木的某个侧面，而苗木各部分之间的协调和平衡对造林成活和初期生长又十分重要，因此，人们便试图采用多指标的综合指数来反映苗木质量，本节前文所提到的高径比、茎根比就属此类。在此基础上，Dickson 等（1960）提出苗木质量指数（quality index，QI），其计算公式如下：

$$QI = \frac{苗木总干重(g)}{(苗高\ cm/地径\ mm)+(茎干重\ g/根干重\ g)} \tag{6-3}$$

由公式可见，苗木高径比、茎根比越小，总干重越重，QI 越高，苗木质量越好。但是，由于这一指标过分追求总体平衡，对重量虽小但意义重大的须根量反映不灵敏，因此，仅用这一指标还是不能替代以上所有指标。

6.6.1.2 生理指标

生理指标是通过测定苗木的生理状况而反映其质量水平，常用的有苗木水分、电导能力、矿质营养、碳水化合物储量、叶绿素含量、TTC 染色法测定根系活力、芽休眠状况等。这里主要介绍最常用的苗木水分和电导能力指标。

（1）苗木水分

水分是苗木生命活动不可缺少的物质，在木本植物中水分至少占鲜重的 50% 以上。大量研究和生产实践证明，造林后苗木死亡的一个重要原因就是苗木水分失调。所以将水分状况作为苗木质量的生理指标自然成为人们的愿望。

①含水量 苗木含水量是指苗木水分占苗木干重的百分比。研究发现，在一定范围内，苗木水分状况与造林成活率是一种线性关系，随着苗木体内水分的逐渐丧失，造林成活率呈下降趋势。例如，毛白杨和刺槐苗木根系含水量平均每减少1%，其造林成活率分别减少1.5%和8.67%。但后来发现以干重为基础来测算含水量，其结果在反映苗木质量方面并不科学，因为在苗木体内的水分完全丧失以前，其生理活动就已受到很大影响，甚至有时苗木已经死亡，但体内仍然还有不少水分，所以以含水量来衡量生理活动是不准确的。而且，该指标无法将正常苗木与吸足了水的死苗区别开。

②水势 按照Kramer等(1966)的定义，一物系中的水势，是同温度下物系中的水与纯水间每偏摩尔体积的化学势差，单位为帕(Pa)。苗木的水势(Ψ_w)由渗透势(Ψ_p)和压力势(Ψ_π)组成，它们与水势的关系为：

$$\Psi_w = \Psi_p + \Psi_\pi \tag{6-4}$$

压力势是对膨胀细胞壁的一个正压力，正如气球的表面对气球内的空气所产生的压力一样，随着细胞的失水，压力便减弱。压力势是衡量苗木水分状况的一个重要指标，它对水分胁迫的反应非常敏感，苗木体内几乎所有的生理过程都会在压力势上体现，使之下降到一定的水平，如这一压力势持续时间过长，则会对苗木产生永久伤害，甚至死亡。渗透势是一个负压力，它是由于在势能为零的纯水中融入溶质(如糖、盐等)和其他物质而产生的，随着溶质浓度的增加，渗透势降低，在纯水中的渗透势为零。

以上三者的相互关系是随苗木的吸水和失水而发生变化的，当苗木完全吸足水分时(含水量为100%)，其水势为零，根据以上关系式，这时压力势和渗透势数值相等但符号相反。随着水分的丧失，细胞膜只让水分通过，而溶质则被留下，因而细胞内溶质浓度增加，渗透势便降低。同时由于细胞失去了原有的体积，压力势也减小，最终水势降低，苗木水分胁迫增加。

水势的测定方法目前已有多种，其中压力室法是目前应用最广(图6-40)、效果最佳的一种方法。其原因主要是压力室测水势技术简单、迅速和准确，更有便于野外测定的优点。

用水势反映苗木质量时，一般是通过对苗木不同时间的晾晒后，测定苗木失水过程中的水势和造林成活率，找出与造林成功、苗木濒危致死等有关的临界水势值。宋廷茂等的研究表明，若雨季造林，初步断定樟子松移植苗和移植容器苗造林成功(成活率>85%)的临界水势值为-1.6MPa左右，落叶松移植苗造林成功水势临界值为-2.0MPa左右。

③P-V技术 采用压力室法在苗木逐渐失水过程中建立P-V曲线，对研究苗木体内水分动态变化规律十分有益。用P-V曲线还能明显地鉴别出重新吸足水分的死苗，这是含水量法和仅测定单一的水势指

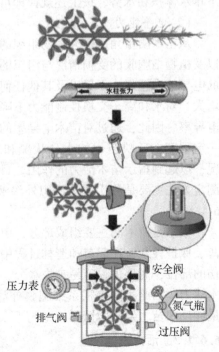

图6-40 用压力室测定苗木水势示意
(引自Dumroese, 2010)

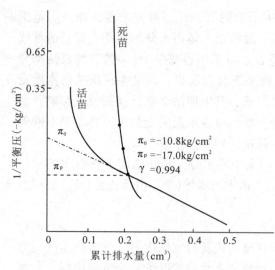

图 6-41 红松正常苗与吸足水分死苗的根系
P—V 曲线（引自尹伟伦，1992）

注：π_0 为苗木膨压为 0 时的渗透压

标所不能解决的难题。

用压力室测定水势与测定失水率、含水量一样，都可能把吸足水的死苗评定为好苗，而 P-V 技术则可解决这个问题。据尹伟伦(1992)的研究证明，枯死苗木的根系细胞结构已遭破坏，失去了半透膜的控水能力，在压力室稍加压力($2\sim5$ kg/cm^2)，水分几乎一次全部排出（占全部排水量的 76%），说明枯死苗吸足水后的水势为 $-5\sim-2$ kg/cm^2 以上，如继续增压，也几乎排不出更多水分。吸足水分的好苗，根的细胞膜完整，有很强的控水能力。水势在 $-10\sim-5$ kg/cm^2 左右，明显低于枯死苗。而且在压力室加压初次排水很少（仅占全部排水量的 7.7%），并随压力增大，排水量可以连续多次较均匀地排出水分。将测定结果反映在 P-V 曲线上，枯死苗的 P—V 曲线几乎垂直于横轴，表明细胞内外近乎是自由通过的无阻空间，稍加压力就一次排出近乎全部水分，再增压也几乎不再排出多少水分（图 6-41），可判断为吸足水分的枯死苗。因此，建议对苗木连续增压 5 kg/cm^2、10 kg/cm^2、15 kg/cm^2，以观测各档压力下排水体积和水势，按上述规律即可判断苗木死活。

（2）电导能力

从苗木质量角度研究植物组织的电导能力，其理论基础是建立在植物组织的水分状况以及植物细胞膜的受损情况与组织的电导能力紧密相关之上的。水分含量越高，植物组织的电导能力越强。干旱以及其他任何环境胁迫所造成植物细胞膜的损坏，会使细胞膜透性增大，对水和离子交换控制能力下降，甚至丧失，K^+ 等离子自由外渗从而增加其外渗液的电导率。因此，通过对苗木电导率的测定，可在一定程度上反映苗木的水分状况和细胞受害情况，以起到指示苗木活力的作用。目前电导率的测定方法主要是测定植物组织外渗液电导率（图 6-42）。

根系是苗木的主要组成部分，由于其细胞壁薄、保护性差，在起苗和造林过程中是最易受损伤的部位，而且也最容易丧失水分，从而影响苗木活力。因此，测定根系细胞膜外渗液电导率，最能反映苗木生命力情况。

图 6-42 用电导仪测定植物组织外渗液电导率

6.6.1.3 活力指标

苗木活力是指苗木被栽植在最适宜生长环境条件下使其成活和生长的能力。上述各种形态和生理状况皆为苗木活力的各种表现，然而任何单独一种形态和生理指标又都不能完全反映苗木活力。根据上述定义，苗木活力的生长表现指标可以说最能代表苗木活力，因为苗木活力的生长表现指标是将整株苗木栽植在一定条件下，测定其表现状况，它综合了苗木的形态和生理。

根生长潜力(root growth potential，RGP)是将苗木置于最适生长环境中的发根能力。它不仅取决于苗木的生理状况，而且还与苗木形态特征、树种生物学特性及生长季节紧密相关，能较好地预测苗木活力及造林成活率。所以，RGP 是目前评价苗木活力最可靠的方法之一。

在测定 RGP 时，先将苗木的所有白根尖去掉，然后用混合基质(如泥炭和蛭石的混合物)、砂壤或河沙栽植在容器中，置于最适宜根系生长的环境(如白天温度 25 ℃±3 ℃，光照 12~15 h，夜间温度 16 ℃±3 ℃，黑暗 9~12 h，空气相对湿度 60%~80%)下培养，保持苗木所需的水分(如 2~4 d 浇一次水)，28 d 后将苗木小心取出，洗净根系的泥沙，统计新根生长点(颜色发白)数量。

RGP 的表达方式有多种，常用的有新根生长点数量(TNR)、大于 1 cm 长新根数量($TNR>1$)、大于 1 cm 长新根总长度($TLR>1$)、新根表面积指数($SAI=TNR>1 \times TLR>1$)、基部粗度大于 1 mm 的一级侧根数量、新根鲜重和新根干重等。不同指标反映的是苗木生根过程中不同的生理过程，TNR 反映苗木发根状况，而 $TNR>1$、$TLR>1$、SAI、新根鲜重和新根干重则主要反映根伸长情况。

以上从形态、生理和活力等方面介绍了苗木质量的评价指标和方法，每种指标及方法在评价苗木质量方面都有其特殊意义，作为研究尽可以选择适合自己需要的方法。但生产上考虑到这些方法的简便程度、可操作性、规范性等，主要根据苗高、地径、根系状况及综合控制条件等指标，制定了国家苗木质量标准《主要造林树种苗木质量分级》(GB 6000—1999)，各省又在国家标准基础上，制定了本省的标准，从而形成了我国苗木质量的评价体系。生产上的苗木质量评价工作主要体现在苗木出圃之前的质量调查和分级两个环节上，苗木质量调查主要采用抽样调查方法，详见国家有关《育苗技术规程》，苗木分级方法将在 6.6.2.2 中进行介绍。

6.6.2 苗木出圃

苗木出圃是育苗的最后环节，此时工作的好坏，不仅直接影响苗木质量和合格苗产量，而且还影响到造林后苗木的成活与生长。苗木出圃的内容包括：起苗、苗木分级、统计产量、苗木贮藏和运输等环节。

6.6.2.1 起苗

一般来说，随起苗随造林能保证苗木活力，有利于提高造林成活率。但是生产上起苗时间和造林时间常常不能正好吻合，这就需要对提前起出的苗木进行贮藏。何时起苗才能最大限度地保持苗木活力，增强苗木的耐贮藏能力，保证贮藏后的造林成活率呢？面对这些问题，选择最佳起苗季节就显得非常重要。

(1)起苗季节

生产上常见的起苗季节为春季、秋季和雨季。

①春季　春季大地回暖，适合于绝大多数树种苗木起苗。起苗后可立即造林，苗木不

需贮藏,便于保持苗木活力。在冬季土壤易冻结的地区,当土壤解冻后立即起苗,苗木一般都具有较强的根生长潜力和抗裸根晾晒能力。同时造林地气温逐渐升高,苗木受冻害的可能性小,如能有水分保证,造林成活率基本有保障。

②秋季 秋季起出的苗木有两种情况,一种是随起苗随栽植,由于苗木在秋季地上部分已停止生长,但起苗栽植后土壤温度还不太低,根系还可以生长一段时间,为第二年春季快速生长创造有利条件;另一种是将起出的苗木进行贮藏,等到翌年春天再栽植,这有利于人为控制苗木在来年春天的萌动期,使之与造林时间吻合。大部分树种适于秋季起苗,但是有些苗木贮藏后造成苗木生活力降低,影响造林成活率,尤其是常绿树种苗木不易贮藏,如油松和樟子松苗木经越冬贮藏后,无论是低温贮藏还是露天假植均严重影响其造林成活率和生长量。说明这种类型的苗木不适于越冬贮藏,而以原床越冬,随起苗随造林效果为好。还有的树种根系含水量高,不适于较长期贮藏,如泡桐、枫杨等,以早春起苗后尽快栽植为好。此外,秋季起苗有利于苗圃实行秋耕制,并能减轻春季的工作量。

③雨季 对于我国许多季节性干旱严重的地区,春秋两季的降水较少,土壤含水量低,不利于一些树种苗木造林成活。而采用雨季造林,土壤墒情好,苗木成活有保证,所以要求雨季起苗。适宜树种有侧柏、油松、马尾松、云南松、水曲柳、核桃楸、樟树等。

(2)起苗方法

目前生产上常用的起苗方法不外乎两种类型:一是人工起苗;二是机械起苗。

人工起苗是用铁锹先在第一行苗木前顺着苗行方向距苗行20 cm左右挖一条沟,在沟壁下部挖出斜槽(图6-43),根据起苗要求的深度切断苗根,再于第一、二行苗行中间切断侧根,并把苗木与土一起放倒在沟中即可取出苗木。取苗时不要用力拔苗,以防损伤苗木的侧根和须根。

图6-43 人工起苗技术示意

与人工起苗相比,机械起苗的优点是效率高,节省劳力,减轻劳动强度。如用U形犁(图6-44)起苗,能提高工作效率十几倍。

无论是机械起苗还是人工起苗,都要掌握好土壤水分状况。起苗时土壤水分过多,不便于操作,而且容易造成土壤板结;土壤过于干燥,会形成干硬的土块,苗木不容易从土壤中起出,根系尤其是须根损伤严重。一般认为,当土壤含水量为其饱和含水量的60%时,土壤耕作阻力较小,这种土壤状况下起苗也较适宜。所以,在苗圃地土壤干燥时,应在起苗前一周适当灌水,使土壤湿润。另外,在土壤有冻结情况下起苗,对苗木根系损伤严重。

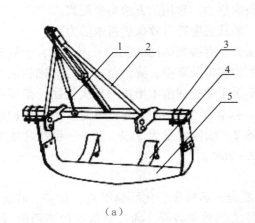
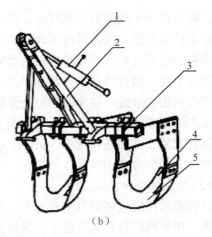

图 6-44　U 形起苗犁(引自孙时轩,1992)
(a)床作起苗犁　(b)垄作起苗犁
1.连接丝杆　2.悬挂架　3.U 形螺栓　4.碎土板　5.犁刀

6.6.2.2　苗木分级与统计

(1)分级标准

苗木分级是为了使出圃苗达到国家规定的苗木标准,保证用壮苗造林,减少造林后的苗木分化现象,提高造林成活率和林木生长量。目前我国苗木分级标准主要根据苗木的形态指标制定,主要包括苗高、地径、根系状况(如根系长度、根幅、>5 cm 长Ⅰ级侧根数量)等。生产上只需按国家或各省的苗木质量标准进行分级即可。

(2)分级方法

生产上苗木分级常与起苗后的拣苗相结合,作业流程为:除杂剔废,将混杂在苗木中的异己种类及苗木中的等外废苗先剔除。按标准规定大小,初选拣出Ⅰ级苗,再按标准规定大小,选出不合格苗,最后拣出占数量最多的Ⅱ级苗。我国的苗木分级多在野外进行,而国外许多林业发达国家,起苗后将苗木用容器运入室内,在苗木分级传送带上进行分级。一般传送带的一端是进苗口,两侧是分级人员,工人根据要求对苗木进行逐一分级,带的另一端是苗木包装。分级室内温度较低,并保持较高的空气湿度,以避免苗木失水。

(3)分级过程中苗木活力保护措施

分级地点应选择在背风庇荫处,能保持低温和湿润的室内条件最理想;分级速度要快,尽量减少苗木根系裸露的时间,以防止失水,丧失活力;分级完后要立即包装或贮藏。

(4)苗木数量统计

苗木数量统计与分级工作同时进行,可用称重法称一定重量的苗木,然后计算该重量的实际株数,再推算苗木的总数。或根据苗木规格大小,按级别 25、50、100 或 200 株苗木捆成捆,便于统计总数。

6.6.2.3　苗木包装和贮藏

(1)包装前的苗木根系处理

包装前苗木根系处理的目的是想较长时间地保持苗木水分平衡,为苗木贮藏或运输至栽植之前创造一个较好的保水环境，尽量延长苗木活力。常用的方法是蘸泥浆。

根系放在泥浆中浸蘸后可形成湿润保护层，实践证明能有效保护苗木活力。

泥浆的种类及物理特性对蘸根的效果影响很大。有些蘸根用的泥浆采用黏土，干后会结成坚硬土块，将这些苗木分开会严重伤害苗木的须根及菌根，降低苗木活力。理想的泥浆应当在苗根上形成一层薄薄的湿润保护层，不至于使整捆苗木形成一个大泥团，苗捆中每株苗木的根系能够轻易分开，对根系无伤害。据新西兰对10个苗圃蘸泥浆土的分析结果，适宜泥浆土的物理特性为：pH值为4.5~6.2，细沙含量为31%~50%，粗沙含量为1%~19%，淤泥含量16%~35%，黏土含量14%~26%。

(2) 包装材料和方法

目前常采用的包装材料有稻草片、纸箱、纸袋、塑料袋、化纤编织袋、布袋、麻袋、蒲包等，用不同的材料包装苗木，其保护苗木活力的效果各异。通过对苗木包装箱内（硬纸箱）的温度变化测定结果表明，箱内温度基本随气温升降而变化，但是不同包装材料对苗木活力的保持能力有很大差异。采用内衬塑料薄膜的纸箱（简称运苗箱）与蒲包作为包装材料进行试验，发现蒲包内油松苗木的失水率和蒸腾强度远大于运苗箱内的苗木，持水率则明显小于运苗箱的苗木，由于运苗箱有较好的保水性能，因此运苗箱内苗木活力的下降速率比蒲包内的苗木要慢，造林成活率也更高。

(3) 苗木贮藏

苗木贮藏的方法很多，常用的有假植、窖藏、坑藏、垛藏、低温库贮藏等，这里主要介绍假植和低温贮藏。

①假植　假植是将苗木的根系用湿润的土壤进行暂时的埋植，以防根系干燥，保护苗木活力。假植分临时假植和越冬假植两种。在起苗后或造林前进行的短期假植，称为临时假植。凡秋季起苗后当年不造林，而要越冬的称为越冬假植，或称长期假植。假植地应选在地势较高，排水良好、背风、春季不育苗的地段。平地后挖假植沟，沟深20~100 cm，视苗木大小而定，沟宽100~200 cm。沟土要求湿润。阔叶树苗木单株排列在沟内，每排数量相同，以便统计，苗梢向下风方向倾斜。苗干下部和根系要用湿润土壤埋好、踏实。应掌握"疏排、深埋、实踩"的要求，防止干风侵袭。针叶树小苗50或100株为一捆，在假植沟内摆放整齐，根部用砂土相隔，越冬假植在苗木上方逐渐覆盖10~30 cm土壤，以防风干和霉烂。假植期间要经常检查，特别是早春不能及时出圃时，应采取降温措施，抑制萌发。发现有发热霉烂现象应及时倒沟假植。

②低温贮藏　低温能使苗木保持休眠状态，降低生理活动强度，减少水分的消耗和散失。既能保持苗木活力，又能推迟苗木的萌发，延长造林时间。

低温贮藏的温度要控制在0℃±3℃，空气相对湿度保持85%~90%以上，并有通风设施。低温贮藏苗木效果较好的方法是地窖和低温库。据报道，吉林省合龙县曾在山里挖山洞作冰窖，在洞中放冰块，到5月下旬洞内温度仍能保持在0℃左右，窖内贮藏苗木效果很好。

6.6.2.4　苗木运输

苗木运输是苗圃和造林单位的交接环节，而且也是苗木保护中最薄弱的环节之一。这时苗木从苗圃运到造林地，环境变化很大，负责管理的人员也随着变换。苗木保护方法不当是造成生产上一些苗木活力丧失的根本原因。

（1）运输工具

最好的苗木运输环境，是将苗木保持在近似贮藏的温、湿度条件下，即温度 0~3 ℃，空气相对湿度 90%~95%。如此条件一般只有冷藏车能满足，许多发达国家已经较普遍地采用了苗木冷藏运输车，但对于发展中国家来说，这样的苗木运输车成本太高，短时期内无法采用。一般卡车是最常见的运输工具。

（2）运输方法

运输过程中包装材料应根据运输距离而定，短途运输可用稻草片、蒲包、化纤编织袋、布袋、麻袋等包装，运输过程中要经常检查，如发现苗木干燥要随时浇水；长距离运输则要选用保湿性好的材料，如塑料袋、KP 袋等。卡车还必须有帆布棚遮挡，严禁苗木受风吹日晒，尤其是针叶树苗木更不许未经任何包装，裸根运输。

复习思考题

1. 山地条件下如何选择苗圃地？
2. 苗木生长规律对育苗过程中采取何种技术措施有何影响？
3. 简述苗圃整地的作用及其环节。
4. 简述苗圃施肥的原则与方法。
5. 如何根据播种苗年生长规律，在不同生长时期采取相应的技术措施？
6. 比较播种苗、移植苗、扦插苗、容器苗的培育技术特点。
7. 简述播种育苗时播种环节的技术要点。
8. 论述 1 年生播种苗年生长规律，及其育苗技术要点。
9. 裸根移植苗培育关键技术有哪些？
10. 什么是扦插苗？简述扦插繁殖的特点和关键技术。
11. 什么是嫁接苗？简述嫁接繁殖的特点和芽接的关键技术。
12. 什么是植物组织培养？简述组织培养的特点。
13. 试述组培苗生产的关键技术。
14. 什么是容器育苗？试述容器育苗的特点。
15. 试述容器育苗的容器与基质种类与选择原则。
16. 试述容器育苗的关键技术。
17. 如何全面评价苗木质量？
18. 从起苗到运输过程中，应采取哪些措施保护苗木活力？

推荐阅读书目

1. 刘勇，2019. 林木种苗培育学. 北京：中国林业出版社.
2. 翟明普，沈国舫，2016. 森林培育学（3 版）. 北京：中国林业出版社.
3. 孙时轩，1992. 造林学（第 2 版）. 北京：中国林业出版社.
4. 孙时轩，2002. 林木育苗技术. 北京：金盾出版社.
5. 赵忠，2003. 现代林业育苗技术. 杨凌：西北农林科技大学出版社.
6. 成仿云，2012. 园林苗圃学. 北京：中国林业出版社.

7. 葛红英，江胜德，2003. 穴盘种苗生产. 北京：中国林业出版社.

8. 刘勇，陈艳，张志毅，等，2000. 不同施肥处理对三倍体毛白杨苗木生长及抗寒性的影响. 北京林业大学学报，22(1)：38-44.

9. 李国雷，刘勇，祝燕，等，2012. 国外容器苗质量调控技术研究进展. 林业科学，48(8)：135-142.

10. 李国雷，刘勇，祝燕，2011. 秋季施肥调控苗木质量研究评述. 林业科学，48(11)：166-171.

11. 沈海龙，2009. 苗木培育学. 北京：中国林业出版社.

12. 祝燕，刘勇，李国雷，等，2013. 林木容器育苗底部渗灌技术研究现状与展望. 世界林业研究，26(5)：47-52.

13. Dumroese R K, Luna T, Landis T D, 2009. Nursery manual for native plants. Washington (DC)：USDA Forest Service, Agricultural Handbook 730.

14. Dumroese R K, Montville M E, Pinto J R, 2014. Using container weights to determine irrigation needs：a simple method. Native Plants Journal, 16(1)：67-71.

15. Grossnickle S C, El-Kassaby Y A, 2016. Bareroot versus container stocktypes：a performance comparison. New Forests, 47：1-51.

16. Landis T D, Tinus R W, Barnett J P, 1998. The container tree nursery manual. Volume 6, Seedling propagation. Washington (DC)：USDA Forest Service, Agricultural Handbook.

17. Landis T D, Tinus R W, McDonald S E, et al., 1989. The container tree nursery manual. Volume 4, Seedling nutrition and irrigation. Washington (DC)：USDA Forest Service, Agricultural Handbook.

18. Landis T D, 1990. Containers and growing media. Vol 2, The container tree nursery manual, Agric. Handbk, 674, Washington, DC：U. S. Department of Agriculture, Forest Service：41-85.

19. Pooter H, Bühler J, van Dusschoten D, et al., 2012. Pot size matters：a meta-analysis of the effects of rooting volume on plant growth. Functional Plant Biology, 39：839-850.

（刘　勇　李国雷　侯智霞）

第三篇
森林营造

- 第7章 整地与造林
- 第8章 林地和林木抚育
- 第9章 封山(沙)育林
- 第10章 林农复合经营
- 第11章 城市森林营建

第三篇

森林营造

第7章 整地与造林

【本章提要】本章在介绍造林地种类的基础上，围绕提高人工造林成活率和造林质量之目标，重点阐述：整地的概念、特点和作用；造林地清理和造林地整地的方法、规格和技术环节；播种造林、植苗造林和分殖造林的特点与应用条件，各类造林方法的技术要点和配套措施；造林季节和造林时间的选择。

造林技术的含义很广，本章重点解决在林种规划、树种选择、林分结构已确定后，如何具体山头地块上实现的问题。因此，主要介绍造林地种类、造林整地、造林方法和造林季节的有关理论与技术。

7.1 造林地种类

造林地，有时也称为宜林地，它是造林生产实施的地方，也是人工林生存的外界环境。了解造林地的特性及其变化规律，对于选择造林树种及拟定合理的造林技术措施，具有非常重要的意义。造林地的环境状况主要是指造林前土地利用、造林地上的天然更新、地表以及伐区清理等状况。为便于造林工作实施，根据造林地环境状况的差异性，划分出不同的造林地类别，称为造林地种类。造林地种类很多，归纳起来有以下4大类。

7.1.1 荒山荒地

荒山荒地是指造林地上没有生长过森林植被，或在多年前森林植被遭破坏，已退化为荒山或荒地植被的造林地（图7-1）。荒山荒地是我国重要的一类造林地，土壤已失去森林土壤的湿润、疏松、多根穴等特性。根据其地上植被不同，荒山造林地可划分为草坡、灌木坡及竹丛地等。

(1) 草坡

草坡或荒草坡因植物种类及其总盖度不同而有很大差异。该类造林地在造林时的最大难题是要消灭杂草，特别是根茎性杂草（以禾本科杂草为代表）和根蘖性杂草（以菊科杂草为代表）。荒草植被一般不妨碍种植点配置，因而可以均匀配置造林。

(2) 灌木坡

当荒山造林地上的灌木覆盖度占植被总覆盖度的50%以上时即为灌木坡。灌木坡的立地条件一般比草坡好。造林时的困难主要是要消除大灌木丛对造林苗木的遮光及根系对土壤肥力的竞争作用，因此，与草坡相比，需要加大整地强度。对易发生水土流失或土壤贫瘠的地区，在造林种植点配置时需充分利用原有灌木以保持水土和改良土壤，其技术措施

图 7-1 荒山荒地

图 7-2 竹丛地

如加大行距，减少整地破土面积，减小初植密度等。

(3) 竹丛地

具有各种矮小竹种植被的造林地(图 7-2)。造林的难点是要不断清除盘根错节的地下茎。小竹再生能力极强，鞭根盘结稠密，清除竹丛要经过炼山及连年割除等工序，还要增加造林初植密度，促使幼林早日郁闭，抑制小竹生长。

(4) 平坦荒地

多指不便于农业利用的土地，如沙地、盐碱地、河滩地、海涂等。它们都可以成为单独的造林地种类，均是造林比较困难的造林地类型，各有其特点。如沙地要固持流沙，盐碱地要降低含盐量，河滩及海涂地要排水等，因此，在这种造林地造林比较困难，需要结合工程措施。

7.1.2 四旁地、农耕地、撂荒地及退耕还林地

(1) 四旁地

指路旁、水旁、村旁和宅旁植树的造林地种类。在农村地区，四旁地基本上就是农耕地或与农耕地相似的土地，条件较好，其中水旁地有充足的土壤水分供应，条件更好。在城镇地区四旁的情况比较复杂，有的可能是立地条件较好的土壤，有的可能是建筑渣土，有的地方有地下管道及电缆等。目前，建筑腾退地成为城市森林营造的重要地类，其土壤中有大量建筑材料侵入体(如水泥、石灰、砖瓦等)，土壤的理化性质遭到破坏，需要在整地时视情况认真清理或改良。

(2) 农耕地

指用于营造农田防护林及林粮间作的造林地种类。农耕地土壤肥厚，条件较好，但农耕地往往存在坚实的犁底层不利于林木根系的生长，易使林木形成浅根系，容易风倒。因此，在造林时要深耕及大穴栽植。

(3) 撂荒地

指停止农业利用一定时期的土地，立地条件随撂荒的原因及时间长短而定。撂荒地土壤瘠薄，植被稀少，有水土流失现象，草根盘结度不大。撂荒多年的造林地，植被覆盖度需逐渐增大，与荒山荒地的性质类似，应根据具体条件分别对待。

(4) 退耕还林地

指区域生态环境脆弱或生态地位重要，水土流失、土壤沙化等自然灾害严重的农耕地

图 7-3　喀斯特地区退耕地造林

图 7-4　采伐迹地

(图 7-3)。其属于土地利用方式调整,土壤具有一些农耕地的特点,但一般比较瘠薄,易旱易涝,因此在整地时可结合荒山荒地和农耕地等的特点。

7.1.3　采伐迹地、火烧迹地

(1) 采伐迹地

指森林采伐(皆伐)后腾出的林地(图 7-4)。刚采伐的迹地,光照好,土壤疏松湿润,原有林下植被衰退,而喜光性杂草和灌木尚未进入,是一种良好的造林地。采伐迹地的问题是伐根未腐朽,枝桠多,影响种植点的配置和密度安排。新采伐迹地若不及时更新,随着时间的推移,喜光杂草和灌木会大量侵入,迅速扩张占地,根系盘结度变大,造林地有时存在草甸化和沼泽化的倾向,不利于造林更新,必须进行细致整地。

(2) 火烧迹地

指森林被火烧后留下来的林地。与采伐迹地相比,火烧迹地往往有较多的站杆、倒木需要清理。迹地上的灰分养料较多,微生物的活动也因土温的增高而有所促进,林地杂草较少,应充分利用此有利条件及时进行人工更新。其特点随火烧的性质、次数和强度的不同而有程度上的差别。新火烧迹地如不及时更新而转变成老火烧迹地,其上的环境状况也发生剧烈变化,与老采伐迹地相似。

7.1.4　已局部更新的迹地、次生林地及林冠下造林地

这类造林地的共同特点是造林地上已有树木,但其数量不足或质量不佳,或树势已衰老,需要补充或更替造林。

在已经局部天然更新的迹地上需要进行局部造林,原则上是见缝插针。这类造林地相对有一定的森林环境,但树种组成、株数及其分布不尽如人意,要求进行局部造林加以改进。必要时也要砍去部分原有的低价值树木,使新引入的珍贵树种得到相对均匀的配置。

已形成的次生林,如林木分布不均,质量不佳,无继续经营前途的,就需用人工造林方法进行改造。这类造林地一般土壤条件较好,但栽植时注意调节引进树种和原树种间对环境资源的竞争。

林冠下造林地是指在林分采伐之前,先在林冠下进行伐前人工更新的造林地。这类造

林地有较好的土壤条件,采伐前具有良好的森林环境,可利用这一有利条件进行某些树种的人工更新。这种造林地的林冠对幼树影响较大,适用于幼年耐阴的树种造林,可粗放整地,在幼树长到需光阶段之前及时伐去上层林木。由于造林地上有林木,更新作业障碍较多。采用择伐作业的林地,如需要进行补充人工更新,其情况和林冠下造林地相似。

7.1.5 矿山废弃地、道路等工程边坡地

(1) 矿山废弃地

指采矿活动所形成的废弃地。根据矿山类型,可划分为露天开采或井采煤矿废弃地、金属矿区废弃地、采石场或采砂场等非金属矿废弃地。矿山废弃地因人工重塑了地形,一般地形破碎,常有开采形成的陡壁、弃渣堆或弃渣边坡、采空塌陷区等;形成了煤矸石山、排土场、砂石坑、塌陷地、尾矿库、含金属废料的堆置场等,普遍土层薄或没有土壤,干旱瘠薄,保水、保肥能力差;也存在交通运输与供水不便、高陡边坡、排水不良等问题。

(2) 道路等工程边坡地

指修建道路、建筑、水利工程、滑雪场等所形成的边坡地。这些边坡地一般陡峭,普遍土层薄或没有土壤,干旱瘠薄,保水、保肥能力差,是一类条件非常恶劣的地类。

7.2 造林整地

7.2.1 造林整地的概念和特点

造林地的整地(site preparation)是指造林前,清除造林地上的植被或采伐剩余物或火烧剩余物,并以翻垦和准备土壤为主要内容的一项生产技术措施。造林整地对人工林的生长发育具有重要作用,是人工林栽培过程中的主要技术措施之一。

造林地的整地和农业整地、苗圃整地的性质基本相似,都是通过翻土和松土来改善土壤的理化性质,使之有利于栽培作物的生长,但由于栽培对象不同,因此造林整地又具有与农业整地不同的特点。

①造林地一般面积大,地域广,地形、植被状况多变,整地花费劳力和财力较大,受当地的经济和社会条件限制较大。

②造林地一般地形比较复杂,整地容易引起水土流失。因此,一般而言在造林前(特别是坡度较大的立地),只要能满足整地的目的要求,尽量多采用局部整地。只有在地势平坦,全面整地不至于引起水土流失,而经济条件又能许可时进行全面整地。

③在某些特殊条件下,不进行整地工序,往往效果比整地的效果好,如长白山等东北地区整地容易引起冬季冻拔现象。

④废弃矿山地和道路边坡地,一般土壤稀少或几乎无土壤,整地难度相当大。

中国造林地的种类多、自然条件差异大、造林目的各异、造林树种繁多和林木培养周期长等特点,决定了整地任务的多样性、复杂性和艰巨性,以及对整地效果长期性的要求。

7.2.2 造林地整地的作用

通过造林整地可以清除造林地上的植被、改变微地形和改善土壤理化性质，因此能有效改善造林地的立地条件、保持水土、提高造林成活率、促进幼林生长及便于造林施工、提高造林质量。

7.2.2.1 改善立地条件，提高立地质量

(1) 改善林地小气候条件

整地可以通过清除或者保留部分灌木和杂草来调节造林地的光环境。采用的整地方法和规格不同，调节造林地光环境的状况也不同。因此，整地面积大小、割灌（草）多少等是调节光照条件的重要手段。培育喜光树种时需要较大幅度清理灌草，而培育耐阴树种时则需保留部分灌草。

通过整地还可以改变造林地的局部小地形，调整林地局部光照和土壤温度。整地后，由于植被局部或全部清除，光线可直达地面，反射率减少，空气对流加强，因而，近地表层气温、地温升高，相对湿度降低。通过不同程度地清理植被，可以创造出光照和温度条件不同的微域气候，满足不同树种的需要。将坡面（或地面）整成朝向、相对高度、粗糙度不同的微地形，可使太阳辐射与地面构成不同交角，改变受光量和日照时间，调节地面热量投射与传导的比例。

(2) 改善土壤物理性质

整地可以增加土壤的疏松程度，增大疏松层的厚度，降低土壤容重，孔隙度增大，渗透性增强，有利于土壤形成良好的团粒结构，改善土壤水气状况。例如，质地较黏重的黄土容重一般在 1.35~1.50，在深翻整地 50 cm 时，容重可降至 1.17~1.25，土壤孔隙度由原来的 44%~50% 增加到 54%~57%；水湿情况下的刺槐林地，由于土壤通气不良，往往根瘤菌极少，林木生长很差，通过整地可以增强林地的排水能力，改善通气状况，生长状况改善。

土壤水分状况主要取决于造林地的气候条件，特别是降水量及其分布，也受有无地下水补给的影响。整地对土壤水分影响是一种间接改善作用，主要表现为在干旱条件下减少土壤水分的损失或在过湿地区排除多余土壤水分两个方面。但整地改善水分条件的作用不是绝对的，如在干旱地区不正确的整地方法和时间，非但不能更好地蓄水保墒，甚至会造成水分大量蒸发，使土壤变得更干。

(3) 改善土壤化学性质

土壤养分状况主要取决于土壤中全部养分的贮存量及其有效性。整地本身不能直接增加土壤中的养分，但可通过改变土壤水分、温度和通气性间接地产生影响。通过深翻整地，由于土壤水分、温度条件的改善，特别是通气性的提高，促进了有益微生物，如氨化细菌、纤维素分解细菌、有机磷分解细菌等的繁殖和活动，提高土壤酶活性，从而使土壤有机物质中的有机态氮、磷等转化为有效态养分。适时整地可以促进土壤熟化，特别是夏季整地后，经过冻融交替、干湿交替（夏季太阳暴晒，秋雨浸润以及冬天的冻拔等）可加速土壤的熟化以及土壤矿物质的风化以及养分的释放，增加土壤中有效态养分的含量。

(4) 减少灌草危害

整地是调节林地灌草对幼苗影响的有力措施。在植被茂密的造林地上，灌草根系盘结度很高，对林木根系发展有很大影响，而且灌草植物对土壤水养的消耗十分严重，对幼苗成活和生长也不利。通过整地可以减轻灌草与幼苗的竞争，减少土壤水分、养分的消耗，有利于提高造林成活率。

7.2.2.2 保持水土

在水土流失严重地区，保持水土有生物措施和工程措施，而整地就是生物措施（植树种草）的一个环节，对保障造林苗木成活、郁闭成林至关重要。造林整地也是坡面治理的简易工程措施，具有一定的集水容积，可以把渗透不及的降水贮蓄起来。我国北方地区在生产实践中创造和发展了多种造林整地方法，都是以保持水土为中心的，如鱼鳞坑、水平沟、反坡梯田、撩壕等，在设计正确，工程质量符合要求的情况下，都发挥了强大的保持水土的功能。

整地保持水土的效果，除与各地的自然条件有关外，还与所采用的方法、整地的质量和季节等因素有关。同时，整地对植被的破坏及对土壤的翻垦又可能加剧水土流失。在某些情况下，整地方法不当或整地质量太差，不仅不能起到防止土壤侵蚀的作用，甚至还会加剧水土流失。因此，在进行整地时必须选择适宜的方法，确保施工质量。

7.2.2.3 便于造林施工，提高造林质量

造林地经过认真清理和细致整地，可以减少造林时的障碍，便于进行栽植、播种、造林密度及种植点配置、抚育管理等造林施工工序实施，以及采用机械化作业。造林整地质量对造林质量影响很大，整地质量高，可为提高造林施工质量打下坚实的基础；反之，整地质量差，又往往给造林带来困难，不能保证造林施工质量。例如，造林中存在的窝根问题，其产生的原因不只是因为不重视栽植技术，而经常是由于整地没有达到规定的深度要求。

7.2.2.4 提高造林成活率，促进林木生长

整地改善了土壤水分条件，因而进行播种造林时，种子能够及时吸收所需的水分，完成发芽准备，迅速生根出苗；而植苗造林时，苗木根系的再生能力恢复很快，新根大量发生，促进植株成活。

经整地后，土壤疏松层增厚，灌草等天然植被及石块、采伐剩余物被清除，苗木根系生长发育受到的机械阻力小，因而主根扎得深，侧根分布广，吸收根密集。如陕西省林业科学研究所在蒲城县调查发现，反坡梯田上 1 年生刺槐水平根系集中分布深度达 0.8 m、根幅 1.74 m 和根系 30 条，而鱼鳞坑整地相应为 0.3 m、1.03 m 和 19 条。

整地促进林木生长的作用，与造林地原来的立地条件有关。同一整地方式，在不同的立地条件下，效果不同。造林地的立地条件越差，就越需要细致整地；反之，可适当降低整地标准，甚至可以不整地。例如，长白山林区，在湿润、肥沃、疏松及植被稀疏的新采伐迹地上进行"保土防冻"人工更新，就是不整地造林的实例。这种方法突出的优点是可以减轻冻拔危害，并降低造林成本。

7.2.3 造林地清理

造林地清理,是在翻耕土壤前,清理造林地上的灌木、杂草、杂木、竹类及石块等植被或杂物,或采伐迹地上的采伐废弃物(枝桠、梢头、伐根、站杆、倒木、伐桩等)的一道工序。主要目的是改善造林地的立地条件和卫生状况,同时为土壤翻垦和其后的造林施工、幼林抚育等作业创造便利条件。因此,在植被比较稀疏、低矮,或迹地上的剩余物、杂物数量不多,对于土壤翻垦影响不大的情况下,清理可不单独进行,往往与土壤翻垦一并进行。

7.2.3.1 剩余物和植被清理方式

采伐剩余物、植被和杂物的清理方式有全面清理、带状清理和块状清理3种,可根据造林地的天然植被状况,采伐剩余物和杂物的种类、数量和分布,造林方式以及经济条件等具体情况来选择,必要时各种方式可组合实施。新西兰在营造辐射松用材林时,在利用飞机喷洒除草剂全面抑制采伐迹地上金雀花等强竞争性喜光性灌木萌发和生长的基础上,还在植苗点上人工清除直径1m范围内的所有竞争植被,以保障苗木在幼林阶段的持续竞争力(图7-5)。

图7-5 新西兰辐射松人工林采伐迹地清理
(a)带状剩余物清理及飞机全面喷洒化学药剂除草后效果
(b)栽植点块状人工除草1年后效果

(1)全面清理

全面清理是全部清除天然植被和采伐剩余物的清理方式,清理方法可以用割除、火烧以及化学方法。

(2)带状清理

带状清理是以种植行为中心呈带状清理其两侧植被,并将采伐剩余物或被清除植被堆成条状的清理方式,清理方法主要是割除和化学药剂处理。关于带的方向,山地通常与等高线平行,平原区一般为南北走向。带的宽度视植被的高度而不同,一般为1~3 m,以不影响苗木生长为宜。

(3)块状清理

块状清理是以种植穴为中心呈块状地清理其周围植被,或将采伐剩余物堆拢成堆的清理方式。块状面积根据植被及苗木的高度而定，清理方法主要是割除和化学药剂处理。

7.2.3.2 剩余物和植被清理方法

清理方法是指清理时所采用的手段和措施，可分为割除、烧除、堆积、挖除和化学清理等方法。清理方法的实施根据技术、经济、人力成本等的差异可采取人工和机械方式。目前，国内外造林地清理机械发展很快，主要有飞机、枝桠收集机、枝桠剥皮机、割灌机、除灌机、除根机、移动式削片机和木片运输车等。对于采伐迹地，林业发达的国家多用推土机、平地机等将采伐剩余物堆积起来，用切碎机、削片机将其切为碎片，撒于地表或翻入土中，也有的运出林外综合利用。对于灌木杂草，多用割灌机或除草剂清理。

(1) 割除清理

对植被比较稠密的造林地，以及采伐时留下部分经济价值比较低下的林木，在造林前需要进行割除清理。割除清理是最常用的一种方法，通常是把造林地上的杂草、灌木、竹类等割除或砍伐。割除的工具有多种，我国主要用人工或割灌机进行，国外大面积作业常用推土机、切碎机和割灌机等。割除的灌木、草本植物以及采伐剩余物，可以进行烧除处理或堆积处理。

割除清理一般分为全面割除和带状清除两种，一般多用带状清除。割除时间应选择植物营养生长旺盛、尚未结实或种子尚未成熟，地下积累物质少，茎干容易干燥的季节进行。具体时间可在春季或夏末秋初。这种方法一般适用于幼龄杂木林、灌木林、杂草繁茂的荒地及植被已恢复的老采伐迹地等，较其他清除方法的操作过程相对费工费时。

(2) 烧除清理

在中国南方和部分北方地区，群众有在造林前割除和砍倒天然植被(称为劈山)，并待其干燥后进行火烧(称为炼山)的传统清理习惯。灌木、杂草茂密或采伐剩余物很多的造林地，可以采用火烧清理的方法。此方法费工较少，清理彻底，同时可以消灭病虫害，提高地温，有利于森林更新。

火烧清理法一般分为堆集火烧法与全面火烧法两种：

① 堆集火烧法　将杂乱的采伐废弃物堆积起来加以焚烧。堆垛不宜过大，且应尽量靠近伐根，避开母树和幼树，同时应避免在火险危险期和有风天气进行，防止发生森林火灾。

② 全面火烧法　适用于无母树的皆伐迹地。此法较堆集火烧法更省工，但容易引起森林火灾，因此一般需要在迹地周围开好防火线。我国南方杉木林区，群众常采取全面火烧法清理迹地，称为炼山。炼山引起林地土壤很大的变化，其变化程度，因火烧程度与土壤特性而不同。一般说来，炼山引起的不良后果主要表现在：a. 林地土壤表层有机物质大量损失。据叶镜中等估测，次生常绿与落叶阔叶混交林采伐迹地火烧后土壤表层(0~5 cm)中的活性有机质含量减少16%~33%。b. 无机养分大量挥发和流失。大量氮素随有机物燃烧挥发到大气中，速效磷、钾等元素在炼山一年后流失后可达40%左右。c. 土壤动物类群数量明显减少。据调查，炼山后减少线虫80%、跳虫83%、螨77%、蚯蚓62%、蜈蚣53%、膜翅目68%、等翅目87%。d. 恶化土壤物理性质。炼山初期虽然土壤总孔隙度有所提高，土壤容重下降，但由于矿质土壤裸露，经雨水冲刷，水稳性团聚体减少，结构下降，细小灰分颗粒堵塞土壤表层孔隙，土壤物理性质逐渐恶化。e. 烧毁天然更新幼

树。除了具有根萌能力的树种外，天然更新幼树都被烧毁，排除了利用天然更新恢复林分的可能性。

（3）化学药剂清理

化学药剂清理效果显著且具有省时、省工、经济、不造成水土流失和使用比较方便等优点。目前使用比较广泛的化学药剂主要有：2，4，5-T（三氯苯氧乙酸）、茅草枯、五氯酚钠、阿特拉津、西玛津等。

采用化学除草剂杀死林地上的所有植被或部分植物，除草剂的效果与种类直接有关。除草剂一般通过与灌木、杂草等的器官直接接触或通过根和地上部分的吸收进入体内杀死植物，或存留于土壤中抑制杂草、灌木种子发芽等方式起到灭草杀灌的作用。

应用化学药剂清理造林地，选用的化学药剂种类、浓度、用量以及喷洒时间，应根据植物的特性、生长发育状况以及气候等条件决定。化学清理也有不利的方面，例如，化学药剂的运输不方便、不安全；用量和用法掌握不当会造成环境污染和对人畜造成毒害；残留药剂对更新幼苗幼树造成毒害；杀死有益动物；使用有时会受到限制，如干旱地区缺少配制药剂所需要的水源等。我国造林地的化学清理研究不多，国外在用材林营造中普遍使用化学清理方法。

（4）堆腐清理法

是将采伐剩余物和割除的灌草按照一定方式堆积在造林地上任其腐烂和分解的清理方法。这种方法的优点是不破坏有机质和各种营养元素，对于土壤的改良性能好；缺点是如果堆积时间过长或者剩余物体量较大，可能为鼠类、病虫等提供了栖息场所。所以，这种方法的适用条件需根据剩余物数量、分解速率和病虫鼠害的程度决定。该方法主要适用于采伐迹地，一般可分为：

① 抛腐法　将采伐残留物粉碎成小段后均匀抛撒在迹地上，适用于土壤瘠薄、干旱和坡度较大的迹地或作为其他方法的协同措施。其作用在于覆盖地表，减少土壤水分蒸发；减轻雨水对林地土壤直接冲击，减缓地表径流，防止土壤侵蚀；加速采伐剩余物分解，增加土壤有机质，改善土壤结构和生物活性。据研究，残留物覆盖迹地腐烂分解后，相当于施三次完全肥料的效果。

② 堆腐法　将采伐剩余物短截后堆成堆，置于迹地上任其自然腐烂，适用于潮湿、火灾危险性小的迹地。堆的位置应选在没有幼树的空地上或低洼地。

③ 带腐法　适用于陡坡、容易引起水土流失的迹地。沿等高线将残留物堆积成带状，一般带宽 1~1.5 m。具有省工、便于更新造林工作的进行和起到一定保持水土作用的优点。为减小火灾隐患，带不能连续过长。

7.2.4　造林地整地

7.2.4.1　整地机械

随着社会经济的发展和人力成本的提高，造林整地机械化发展较快。但从总体上看，大多数整地机械还是适用于平原地区和平缓丘陵地区，而且这些地区基本上已经实现了造林整地机械化，但山地造林整地的机械化水平还很低。

整地机械国内外多用拖拉机牵引耕作机具、推土机或挖掘机，在平原和地势平缓的地段造林重型机械也得到了应用(图7-6~图7-9)。例如,黄土丘陵区造林修筑反坡梯田、河北太行山片麻岩地区修筑梯田、广东湛江雷州林业局桉树人工林采伐迹地全垦整地及北京百万亩平原造林工程整地中都通过利用机械大幅度提高了整地的效率和水平。

图 7-6　重机全垦

图 7-7　旋耕机全垦

图 7-8　挖掘机

图 7-9　挖掘机抽槽

7.2.4.2　整地方法

整地的方法可分为全面整地(全垦)和局部整地。

(1) 全面整地

全面整地是全部翻垦造林地土壤的整地方法。

其特点是:改善立地条件的作用大,甚至可以改变小地形;投入多,受经济条件和劳动力条件限制;容易引起水土流失,受地形、地质、气候条件的影响较大。

适用条件:经营目的需要;技术、经济条件许可;林地条件许可,如北方土壤质地疏松、植被稀疏的山地,限定在坡度8°以下应用,南方泥质岩类山地或灌木杂草丛生地、竹篓地,限定在坡度25°以下应用(花岗岩类15°以下)。如坡度超过25°,可全垦后再修筑水平阶。

无论北方还是南方,全面整地不宜连成大片,坡面不要太长,山顶、山腰、山脚应适当保留原生植被,并辅以保水土埂和排水沟等防止水土流失措施。全面整地的深度可根据造林树种的根系情况和土层厚度等具体确定。一般机械翻耕深度为22~25 cm。

(2) 局部整地

局部整地又可分为带状整地、块状整地和前两者结合 3 种。

① 带状整地　是呈长条状翻垦造林地的土壤，并在整地带之间保留一定宽度的不垦带的整地方法。其特点是改善立地条件作用较好；有利于保持水土；比较省工，生产成本低。

适用于坡度平缓或坡度虽大但坡面平整的山地；伐根数量不多的采伐迹地和林中空地等。在坡度较大的山地，带的方向应沿等高线保持水平。带宽一般为 1 m，变化幅度为 0.5~3.0 m；破土带的断面可与原坡面平行或构成阶状、沟状；带长视地形破碎情况而定，在可能条件下尽量长些，但带太长时，整个带面不易保持水平，反而会使水流汇集，引起冲刷、侵蚀。在平原地区，带的方向一般为南北向，有害风的地方与主风方向垂直。

一般带状整地不改变小地形，但在某些条件下需要改变局部地形。如平地可采用高垄整地。山地则可采用水平带状（环山水平带）、水平阶（条）、水平沟、反坡梯田、撩壕等整地方法。整地的具体方法如下：

i. 水平带状。带面与坡面基本持平；带宽一般 0.4~3.0 m；带的长度一般较长；整地深度一般为 25~30 cm（图 7-10）。此法适用于植被茂密、土层较深厚、肥沃、湿润的迹地或荒山，坡度比较平缓的地段。南方也可用于坡度较大的山地。

ii. 水平阶。又称水平条，阶面水平或稍向内倾；阶宽随立地条件而异，石质山地一般 0.5~0.6 m，土石山地和黄土地区可达 1.5 m；阶长随地形而定，一般为 2~10 m；深度 30~35 cm 以上；阶外缘一般培修土埂（图 7-11）。

iii. 反坡梯田。田面向内倾斜成 3°~15°，反坡；面宽 1~3 m；每隔一定距离修筑土埂，以防汇集水流；深度 40 cm 以上。此法适用于坡度不大，土层比较深厚的地段，以及黄土区地形破碎的地段。整地投入的劳力多，成本高，但抗旱保墒和保肥的效果好（图 7-12）。

iv. 水平沟（堑壕式整地）。沟底面水平但低于坡面；沟的横断面可为矩形或梯形；梯形水平沟的上口宽度 0.5~1 m，沟底宽 0.3~0.6 m，沟长 4~10 m，沟长时，每隔 2 m 左右应在沟底留埂，沟深 40 cm 以上，外缘有埂（图 7-13）。水平沟容积大，能够截获大量降水，防止水土流失，且沟内遮阴挡风，能够减少地表蒸发，对于干旱地区控制水土流失和蓄水保墒有良好的效果，但用工量大，成本高。

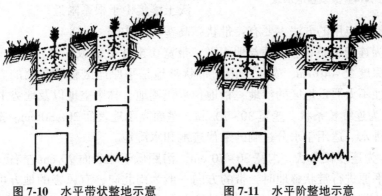

图 7-10　水平带状整地示意　　图 7-11　水平阶整地示意

图 7-12 反坡梯田整地示意

图 7-13 水平沟整地示意

图 7-14 撩壕整地示意

v. 撩壕。又叫抽槽整地、倒壕整地。壕沟的沟面应保持水平，宽度和深度根据不同的要求有大撩壕和小撩壕之分，其中大撩壕宽度约 0.5 m，深度为 0.5 m 以上，小撩壕宽度 0.5 m 左右，深度为 0.3—0.35m，长度不限，壕间距离 2 m 左右(图7-14)。其特点是松土深度大，挖去心土，回填表土，使肥沃土壤集中于根系附近。

平原带状整地应用的方法主要有：带状、高垄和犁沟等。

i. 带状。为连续长条状。带面与地面平。带宽0.5~1.0 m 或 3~5 m，带间距等于或大于带面宽度，深度 25~40 cm，宽度不限。带状整地是平原地区整地常用的方法，也适用于无风蚀或风蚀不太严重地区的沙地、荒地、采伐迹地、林中空地以及地势平缓的山地。

ii. 高垄。为连续长条状。垄宽 30~70 cm，垄面高于地表面 20~30 cm。垄向的确定应有利于垄沟的排水。适用于水分过剩的采伐迹地和水湿地。

iii. 犁沟。为连续长条状。沟宽 30~70 cm，沟底低于地表面 20 cm 左右。适用于干旱半干旱地区。平原进行带状整地时，带的方向一般为南北向，有风害的地方可与主风向垂直。带宽与山地带状整地基本相同，但可稍宽些，带宽可根据植被、土壤被破坏后是否会引起风蚀确定。带长一般较长,充分发挥机械效能。

② 块状整地　就是呈块状翻垦造林地土壤的整地方法。块状整地灵活性较大,可以因地制宜应用于不同条件的造林地,尤其是地形破碎、坡度较大的造林地段,以及岩石裸露但局部土层尚厚的石质山地、伐根较多的迹地、植被比较茂盛的山地等。成本较低,较省工,同时引起水土流失的危险性较小,但改善立地条件的作用较带状整地差。

块状整地适用于山地和平原。山地应用的块状整地有穴状、块状和鱼鳞坑；平原应用的块状整地有块状、坑状、高台等。块状整地的排列方式,应与栽植行一致,在山区沿等高线排列；在水土流失地区或坡度比较大的山地,穴块以品字形排列为宜,以免造成水土流失；在平原地区南北向排列。

ⅰ. 穴状。为圆形坑穴,穴面与原坡面基本持平或水平,穴直径40~50 cm,整地深度20 cm以上。

ⅱ. 块状。为正方形或长方形坑穴。穴面与原坡面持平或水平,或稍向内侧倾斜。边长40 cm以上,深30 cm以上,外侧筑埂。

ⅲ. 鱼鳞坑。为近于半月形的坑穴。坑面水平或稍向内侧倾斜。一般长径(横向)0.8~1.5 m,短径(纵向)0.6~1.0 m,深约40~50 cm,外侧用生土修筑半圆形、高于穴面20~25 cm的边埂。坑的内侧可开出一条小沟,沟的两端与斜向的引水沟相通(图7-15)。鱼鳞坑主要适用于坡度比较大、土层较薄或地形比较破碎的丘陵地区,是水土流失地区造林常用的整地方法,也是坡面治理的重要措施。

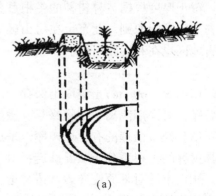

(a) (b)

图7-15　鱼鳞坑整地
(a)鱼鳞坑整地示意　(b)鱼鳞坑整地图片

ⅳ. 高台。为正方形、矩形或圆形平台。台面高于原地面25~30 cm,台面边长或直径30~50 cm或1~2 m,台面外侧开挖排水沟。高台整地一般用于土壤水分过多的迹地或低湿地,排水作用较好,但是比较费工,整地成本高。

③ 带状整地和块状整地结合

沟状:一种适用于干旱和半干旱地区有灌溉条件的造林地整地。在种植行中挖栽植沟,在沟内再按一定的株距挖坑栽植,并较长期地保持行沟,以便于灌溉。另一种也叫集水整地,适用于干旱、半干旱、极干旱区以及干热河谷和石漠化区。在较平坦的造林地开沟,向沟两边翻土,再将沟两旁修成边坡,然后在沟内打横埂,两边坡与两横埂之间围成一定面积的双坡面集水区,再在沟内挖穴种植林木,两边坡上所产生的径流水补给到林木根部。

7.2.4.3 困难立地改良措施

当前，我国森林营造工作的立地条件越来越向盐碱地、石质山地、废弃矿山用地、沙荒地等困难立地条件迈进，整地工作常结合立地改良措施进行。

(1) 盐碱地

①物理改良　通过抬高栽植作业面、开沟筑垄、渠道排碱和洗盐、铺设盐碱隔离层、暗管排盐(碱)、树穴覆膜等方法，对盐碱地进行改良。

②化学改良　通过施用有机肥、风化煤、黄腐酚、沸石、黄铁矿渣，以及土壤盐分颉颃剂、螯合剂等土壤酸化剂进行盐碱地改良。

③生物改良　通过种植耐盐植物、施用土壤活化微生物菌肥等生物措施进行盐碱地改良。先锋盐碱植物有白刺、柽柳、罗布麻、金叶莸等；绿肥植物有田菁、苜蓿、大麦、决明等。

经常把以上方法综合起来进行盐碱地改良，天津海林园艺公司与北京林业大学发明了以沙孔洗盐、盲沟排盐、化学改良、生物促进等为基本特点的节水型盐碱滩地物理—化学—生态综合改良及植被构建技术，已在我国许多滨海盐碱地改良中进行了应用。

(2) 石质山地

在重要交通要道、生态区、风景区等石质山地，难以采用常规人工整地方法进行整地和造林的，可采用定向爆破及客土法进行立地改良。覆土厚度根据造林树种的主根系分布状况确定，定向爆破以不造成区域地质灾害和其他安全问题为原则。北京市在房山区等石灰岩山地开展爆破造林取得很好的效果，许多片麻岩地区也在利用此项技术。

(3) 矿山废弃地

各种矿山在地表扰动前，先要把表层(30 cm)及亚层(30~60 cm)土壤取走保存，工程结束后把它们运回原处利用。对于重金属污染的尾矿库，可采用隔离、植物修复、微生物分解等措施进行治理；对于没有污染的煤矿库、采石场和经过治理的有毒煤矿库，采用原表土或客土覆盖，恢复造林基质，客土厚度根据造林树种的主根系分布状况确定；对于采矿区塌陷地，应对土壤进行平整，使之能用于造林。北京市针对平原废弃砂坑造林地，采用建筑开槽土客土、利用园林绿化及林业剩余物的腐熟物等改良造林地土壤效果很好。

(4) 道路等工程边坡地

要根据不稳定坡体的土壤、地质、水文、岩石的风化程度、气象条件、需要种植的植被情况，采取削坡、阶梯状分级整理、坡脚拦挡和坡面防护等坡面稳定处理工程，采取钢筋混凝土框架、预应力锚索框架地梁、混凝土预制空心砖和浆砌石框架等坡面生态防护技术。在以上工程技术基础上，开展坡面植被恢复技术。目前，工程边坡植被恢复应用了生态植被毯(袋)、岩面垂直绿化、生态灌浆、土工格室、三维网、植生基材喷附等新材料、新方法和新技术。

(5) 流动、半流动沙地

流动、半流动沙地改良采取设置草方格沙障、高立式沙障、生物活沙障、引水拉沙等技术进行造林地立地条件的改善。

7.2.4.4 造林地整地规格

整地应当在自然和经济条件许可前提下,最大限度改善立地条件和避免造成不良后果。因此,整地需要有一定的技术规格,主要包括截面形式、深度、宽度、长度以及间距等。

(1) 断面形状

断面形状是指整地时翻垦部分与原地面(或原坡面)构成的断面形状。断面形状一般应与造林地区的气候特点、造林地的立地条件相适应。我国山地及平原整地方法的断面形状,由干燥到湿润,条件可大体概括为如图 7-16 所示的形式。

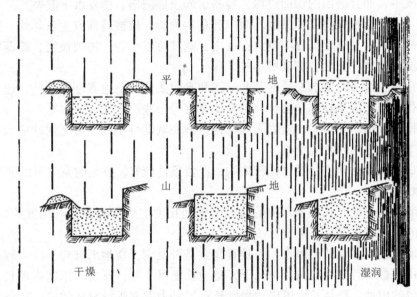

图 7-16 整地断面形状示意

(2) 整地深度

整地深度是影响整地质量的最主要的指标,深度增加对于提高新造幼林的生长,尤其是促进幼林的根系发育乃至林木高生长至关重要。因此,在造林整地施工中,整地深度是必须达到的。确定深度时应考虑以下几个条件:

① 气候特点 一般来说,干旱半干旱地区比湿润地区要求较大的整地深度,以利于蓄水保墒;寒冷的地区应适当加大整地深度,以增加土壤温度。

② 立地条件 干旱的阳坡应比相对湿润的阴坡整地深度深些;土层薄但母质比较疏松(如片麻岩等)的立地应尽可能加大整地深度;有壤质夹层的沙地,整地深度尽可能达壤质层,以使壤土与砂土混合;有钙积层的草原地区,整地深度应能破除或松动钙积层,以消除钙积层对林木根系的阻隔。

③ 苗木和林木的根系特点 造林时苗木的主根长度一般为 20~25 cm,所以 20~25 cm 可以作为整地深度下限;大多数林木根系集中分布在 40~50 cm 的土层,所以整地的适宜深度是 40~50 cm;营造速生丰产林和行道树、庭院绿化等使用大苗造林时,要求达到 50 cm 以上,甚至 1 m 以上。

④ 经济条件　整地深度对于造林质量的有益作用大，但是整地的劳动强度大，成本高，不仅在技术上有困难，而且在经济上也未必合算，即林木生长量增加的收益不一定能够补偿整地深度增加所付出的费用。所以，整地深度的确定应以生物学原则和经济学原则相结合而确定。

(3) 宽度

整地宽度主要指的是带状整地的宽度。如果从拦截大气降水的角度考虑，加宽整地宽度是有利的。在确定整地宽度时应综合考虑下列条件：

①坡度　造林地坡度越缓，整地越可以宽些；坡度陡，如加大整地宽度，不但会增加整地难度和成本，而且会因内切面过深，容易引起土体坍塌，诱发水土流失。

②植被　主要指植被高度、盖度、灌木和草本种类。植被越高或生长越快，对于新造幼苗的遮盖范围越大，整地宽度应越大；反之，宽度可以小些。植被茂密，萌蘖能力强的植物多，宽度应大些；反之，宽度可小些。

③林种特性　经济林要求充足的营养空间和光照条件，整地宽度应大些；速生丰产林也应适当大些，而一般用材林和防护林的整地宽度可小些。

④树种特性和苗木年龄　比较耐阴的树种，整地宽度可小些，喜光树种应大些；速生的树种应宽些，慢生的树种应窄些。

⑤经营目的及经营条件　经营比较集约，经营条件较好，整地的宽度可以适当放大。

(4) 长度

整地长度指各整地方式翻垦部分的边长。整地长度主要影响种植点配置的均匀程度，对林木生长的生物学意义并不重要。

确定整地长度应考虑两个因素：一是看作业是否便利，在地形破碎、裸岩较多、迹地剩余物多、伐根多、有散生幼树等情况下，整地长度可小些，反之可以适当延长；而平原地区或较平缓的山地，整地长度可以适当延长；二是为发挥机械整地效能，在条件允许情况下，尽可能长些；山地造林整地如果长度太大，由于难以保持带面的水平而可能汇集降水，引起水土流失，所以长度不宜太大。

(5) 间距

间距是指带状整地间或块状整地间的距离。间距的大小取决于设计的造林密度、种植点配置方式，以及造林地坡度和植被状况。一般坡度较大、植被稀少和水土流失严重的地区，间距可以适当放宽。

带状整地之间必须保留一定宽度的间隔，尤其是在水土流失地区这种间隔显得更为重要。间隔距离的大小视坡度、植被状况、造林密度等而定。间隔距离太大，土地利用率低，难以保证单位面积上种植点的数量，间隔距离太小，整地工作量大，也不利于种植点的均匀配置。原则上说，保留带的宽度，应以其坡面上的地表径流能被整地带截留。保留带宽度与翻垦带宽度的比例通常为 1∶1、1∶2 或 2∶1。

7.2.4.5　整地季节和时期

按照整地时间与造林时间的关系，可以分为提前整地和随整随造。

(1) 随整随造

整地与造林同时进行，一般整地的有利作用不能充分发挥。采用此方法的条件：一是造林地的立地条件较好，如土壤深厚肥沃，杂草较少的耕地或土壤湿润、植被盖度不大的新采伐迹地；二是水土流失较严重地区。在一般情况下，只要时间允许，最好进行提前整地。

(2) 提前整地(预整地)

提前整地的时间应该适宜，一般比造林时间提早1~2季度较好。在片麻岩等土层薄和半风化母质的立地上，采取上年干旱季节整成一个浅坑，等到雨季浅坑积存的水分促进半风化母质变松软时，再进行第二次整地以达到要求深度。提前整地的优点是：①有利于植物残体的腐烂分解，增加土壤有机质，改善土壤结构；②有利于改善土壤水分状况，尤其是在干旱半干旱地区的提前整地，可以做到以土蓄水，以土保水，对提高造林成活率起重要作用；③便于安排农事季节，一般春季是主要的造林季节，也是各种农事活动集中的季节，提前整地可以错开农忙季节；④消灭杂草和害虫，改善林地的卫生状况。

(3) 具体整地时间

整地的季节和时间关系到整地的质量和造林效果。除冬季土壤封冻期外，春、夏、秋三季均可进行整地，但以伏天的效果最好，既可利于消灭杂草，又有利于蓄水保墒。

春季造林，可在前一年的夏季或秋季整地，夏季整地经过伏天高温多雨的季节，有利于草木残体的腐烂分解，土壤改良性能好；秋季整地的土壤经过冬季的冻结和风化而变得舒松，杂草根系被风干，被翻到地表后的地下害虫幼虫和虫卵在冬季被冻死。夏季整地，在伏天之前进行，以便在杂草种子成熟前被埋入土壤，在高温下加快腐烂；秋季整地，翻垦后的土壤不要耙平，待翌年春季造林前顶凌耙地，耙平后即可造林。

雨季造林，可在前一年的秋季整地，没有春旱的地区也可以在当年春季整地。

秋季造林最好在当年春季整地。春季整地后，可以种植豆科作物。这样既可以避免杂草丛生，还能改善土壤条件，并增加一定收入。

总之，整地季节和造林季节的配合既有生物学的问题，也有技术问题，在实施中需要根据具体情况确定。

7.3 造林方法

按照造林所采用的材料，造林方法可分为播种造林、植苗造林和分殖造林。

7.3.1 播种造林

播种造林，又称直播造林，是把种子直接播种到造林地而培育森林的造林方法。这是一种古老的造林方法，在现代应用此法虽然不如植苗造林普遍，但是在某些特定的条件下，还具有其鲜明的特点和优势。

7.3.1.1 特点和应用条件

(1) 特点

① 苗木根系完整　种子直接播入造林地，不经起苗、包装、运输和栽植等工序，苗木根系不受损伤，能保持根系完整和分布自然、舒展，尤其对于栎类等直根型树种，这一点非常重要。

② 对造林地的适应性强　种子在造林地上萌发并生长，因而对造林地气候和土壤条件比较适应；尤其采用穴状播种，幼苗呈群丛状，形成小群体，增强了对外界不良环境条件的抵抗能力。

③ 保留优良单株　群丛状的幼苗经过自然分化和间苗作业，淘汰了形质不良的苗木，保留了健壮生长的优良林木，实际上是一种自然选择和人工选择相结合的选优过程。

④ 施工简单，节约开支　不必进行苗木培育、起苗、运输、包装等工序，施工全过程比植苗造林简单，可以大大节约造林成本，尤其适合于地广人稀的边远地区大面积造林。

⑤ 对造林地条件要求严格　直播造林对于造林地的水、热、植被条件要求比较严格。干旱、高温、寒冷、风沙等不良条件威胁直播造林的成功；过多的杂草灌木需要进行适当清理。

⑥ 对播种后抚育管理要求高　播种苗初期生长缓慢，达到郁闭所需时间长，因而要求较长时间的抚育管理；播种后种子易遭鸟兽危害、牲畜践踏和人为破坏，需有前期适当处理并加强管护。

⑦ 对种子需求量大　播种造林相当于在苗圃地条件较差的造林地上培育苗木，以较多种子换取较少苗木，因而需要种子量比较多。

（2）应用条件

① 立地条件比较好的造林地　土壤湿润疏松、灌木杂草不太茂密的造林地；鸟兽害及其他灾害性因素不严重或轻微的地方。

② 性状良好的种子　种子发芽迅速；幼苗生长速率快，适应性和抗性强；种子来源丰富，价格低廉。尤其适合于因切断主根难以发出新根有碍于移栽的松类等，以及直播后根系能扎入下层土壤、发出许多细根、生长旺盛的栎类等。

7.3.1.2　种子播前处理

种子播前处理是指播种前对种子进行的消毒、浸种、催芽、拌种（采用鸟兽驱避剂、植物生长调节剂等），以及包衣、黏胶化等技术措施。播前处理目的在于缩短种子在土壤里停留时间，保证幼苗出土整齐；预防鸟兽和病虫危害。春季播种的种子，尤其是深休眠种子经过催芽才可以及时出土和根系的延伸，保证有足够的生长时间，提高对高温、干旱的抵抗能力，提高木质化程度，为越冬做好准备。

播前处理根据树种、立地条件和播种季节等决定。易感病虫和易遭鸟兽危害的树种（如大多数针叶树种、栎类等大粒种子），或者在病虫害严重的造林地播种，应进行消毒浸种和拌种处理。造林地土壤水分条件稳定良好的条件下，浸种催芽的效果很好；干旱的立地条件则不宜浸种。雨季造林一般播干种子，只有在准确地掌握降水过程的前提下才能浸种后播种；秋季造林，尤其是北方地区，一般希望种子（如栎类等）当年萌发生根而幼苗不出土，以免造成冻害，所以播未经催芽的种子。

7.3.1.3　人工播种造林

（1）播种方法

播种方法一般可分为穴播、条播、撒播、块播和缝播 5 种。

① 穴播　即在穴中进行播种。一般多用于局部整地的造林地上，每隔一定距离挖穴播种。这种方法的整地工作量小，施工简便，选点灵活性大，应用最多。具体做法与育苗基本相似。

② 条播　是在经过全面整地或带状整地的造林地上，按一定的行距进行单行或带状播种的方法。播种行连续或间断。播种后覆土镇压。具体方法类似于苗圃的条播，只是播种量较小。条播可用于采伐迹地更新及次生林改造，也可用在黄土高原等水土保持地区或沙区播种灌木树种。但由于地形限制，一般应用不多。

③ 撒播　是在造林地上均匀撒播种子的一种播种方法。撒播前一般不整地，播种后不覆土，使种子在裸露状态下发芽成苗。撒播可以人工进行播种，更多的是利用飞机进行播种。撒播工效高，造林成本低，但相当粗放，如播前准备不充分，技术措施不当，播种质量不高，成活率就没有保证。主要用于地广人稀，交通不便的大面积荒山荒地(包括沙地)及采伐迹地、火烧迹地等。

④ 块播　是在经过整地的造林地上，在块状地上(面积一般在 1 m² 以上)相对密集地播种大量种子的方法。块内可以均匀播种，也可呈多个均匀分布的播种点(又称簇播)。适用于已部分天然更新林地及低产林的改造，次生林改造和有一定数量阔叶树种的迹地引进针叶树种。

⑤ 缝播　又称偷播。在鸟兽危害严重，植被覆盖不太大的山坡上，选择灌丛附近或有草丛、石块掩护的地方，用工具开缝，播入种子，将缝隙踩实，地面不留痕迹。这样可避免种子被鸟兽发现，又可借助灌丛庇护幼苗，具有一定的实践意义，但不便于大面积应用。

(2) 播种量

播种量的多少主要取决于种子的发芽率和单位面积上要求的最低限度的幼苗数量。由于种子的发芽率和保存率受多种因素的制约，所以要根据不同情况区别对待。一般容易发芽的树种、适应性强的树种、品质优良的种子、良好的立地条件以及整地细致的地方，播种量可以小一些；反之，应该大一些。播种方法不同，用种量也不相同，一些树种穴播的用种量，要比条播、撒播低 2～3 倍，乃至十余倍不等。根据各地长期的生产经验，在能够保证种子质量的前提下，可以按照种粒的大小粗略地确定穴播的播种量：

核桃、核桃楸、板栗、三年桐等特大粒种子，每穴 2～3 粒；

栎类、油茶、山桃、山杏、文冠果等大粒种子，每穴 3～4 粒；

红松、华山松等中粒种子，每穴 4～6 粒；

油松、马尾松、云南松、樟子松等小粒种子，每穴 10～20 粒；

柠条、花棒等更小粒的种子，每穴 20～30 粒。

(3) 播种技术

不论哪种播种方法，在技术上都要求覆土厚度适当(除撒播外)、放置方式得当和种子撒布均匀。覆土的目的在于蓄水保墒，为种子发芽出土创造条件，同时还可以保护种子免遭鸟兽危害。因此，覆土是影响播种造林成败的重要因素之一。覆土时一定要用播种穴中刨出的湿润而疏松的细土。覆土过厚，幼芽不易出土；覆土过薄，保墒、保护效果差，种子也不易发芽。覆土厚度可根据种子大小和造林地自然条件来确定。一般为种子直径的

2~3倍,大粒种子覆土厚度5~8 cm,小粒种子1~2 cm。同时注意秋季播种覆土宜厚,春季宜薄;土壤黏重、湿度较大的造林地覆土宜薄,沙质土可适当加厚。对于大粒种子来说,放置方式关系到生根发芽的难易和出土的迟早,因而也是一个重要的问题。一般认为核桃、核桃楸等应使缝合线垂直于地面,而栎类、板栗等则可以横放使之平行于地面。覆土后须轻轻镇压。

7.3.1.4 飞机播种造林

飞机播种造林,简称为飞播造林或飞播,是利用飞机(或无人机等其他飞行器)把林木种子直接播种在造林地上的造林方法。我国飞播造林较为集中的是20世纪的后40年,在改善生态环境、加速林业建设等方面起到了重要的作用,并取得了举世瞩目的成就。飞播造林随着技术难点的突破和先进技术成果的推广,适用范围不断扩大,优越性越来越显示出来,特别是在人力难及的高山、远山和广袤的沙区植树种草,在进行生态保护修复中起着不可替代的作用。我国飞播造林最为成功的树种有马尾松、云南松、油松、柠条等。

与人工造林相比,飞机播种造林有下列主要特点:

(1)速度快,效率高

据测定,一架运-5飞机一个飞行日可播种667~1333 hm^2,一架运-12飞机一个飞行日可播种1333~2667 hm^2,分别相当于2000~5000个劳动日的造林面积。

(2)投入少,成本低

据统计,目前我国飞机播种造林的直接成本及后期管护费用合计仅为人工造林的1/5~1/4。

(3)不受地形限制,能深入人力难及的地区造林

我国地域辽阔,地形复杂,丘陵、山地和高原占国土面积的69%,沙区面积占15.9%,这些地区是生态保护修复的重要地区,也是造林难度较大地区。目前,宜林地比较集中分布在人迹罕至的高山远山和沙地。这些地区交通不便,人口稀少,经济贫困,仍是飞播造林的广阔天地。

7.3.2 植苗造林

以苗木为造林材料进行栽植的造林方法,又称植树造林、栽植造林。植苗造林是使用最为普遍而且比较可靠的一种造林方法。

7.3.2.1 特点与应用条件

(1)特点

① 适用于多种立地条件 植苗造林对于造林地的立地条件要求不高,几乎可在所有的宜林地立地条件下造林。

② 幼林初期生长迅速 栽植后的苗木在造林地上一般要有个根系恢复和适应过程,即经过一定时间的缓苗期。但是,比播种造林的初期生长仍要快,林分能更早郁闭。

③ 节约种子 因用种量少,所以对于种子产量少,价格昂贵的珍稀树种造林尤其适用。

④ 根系易受损 在苗木出圃和移植过程中,或多或少会损伤根系,对人工林生长发

育造成一定影响。

⑤ 造林成本偏高　由于苗木培育、运输和栽植过程比较复杂，提高了造林成本。

(2) 应用条件

对于造林地的立地条件要求不苛刻，尤其是在立地条件比较差的造林地上植苗造林比播种造林更为安全可靠，如干旱半干旱地区；盐碱地区；易滋生杂草的造林地；易发生冻拔害的造林地；鸟兽害比较严重，用播种造林受到限制的造林地。

7.3.2.2　造林苗木的成活

保证苗木体内的水分平衡是造林苗木成活的关键，与造林苗木的生活力、种植技术和造林地土壤水分状况密切相关。

(1) 苗木生活力

苗木旺盛的生活力是苗木成活的基础。苗木生活力受遗传品质、质量特征和体内含水量影响。其中苗木体内的含水量是影响苗木生活力的最主要的因子。因此，要搞好植苗造林首先要了解苗木体内水分状况及变化规律。

生长在圃地上的苗木，体内含水率依树种(种源、品种、无性系)、器官、季节及外界其他环境的变化而不同。无论是地上部分还是地下部分，幼嫩部位含水率较高；地上部分中，芽、嫩枝、叶的含水率较高，而茎、枝的含水量较低，尤其是粗枝和树干的含水率更低；地下部分中，根毛和细根的含水率较高，粗根的含水率较低。一年里，生长季节苗木含水率较高，进入秋季休眠状态时含水率下降，经过干旱、寒冷的冬季后，体内含水率下降幅度更大。在湿润条件下，土壤中可供植物直接利用的有效水分多，苗木含水率高；干旱条件下，苗木吸收不到足够水分，含水率降低。此外，温度、土壤质地和 pH 值等因子变化也会改变苗木吸收水分的条件，从而改变苗木体内的含水率。

苗木从圃地以裸根的形式起出后，体内的水分状况将发生根本的变化：

① 在起苗过程中苗木根系不可避免地或多或少遭到损失，尤其是几乎全部组成根系主要吸收部分的菌根、菌丝体和须根都被破坏，意味着吸水功能的下降。

② 由于地上部分的水分蒸腾与蒸发继续进行，而暴露的根系以比地上部分快得多的速率进行水分蒸发，甚至出现地上部分水分向根系倒流的现象，加速了苗木体内含水率的下降。可见，在运输和储藏苗木时，保持苗木体内(特别是根系)的含水率乃至苗木生活力至关重要。

(2) 造林地土壤水分状况

造林成功与否取决于根系在造林后的尽快恢复，以便根系重新吸收土壤的水分和养分。最根本的原因是根系埋入可以立即有效利用水分的土壤中，即水分含量必须显著高于苗木的萎蔫系数，同时土壤温度应充分高于冰点，使水分可以自由移动。湿润的矿质土壤是能够可靠地供应水分的土壤，所以，以湿润的矿质土壤栽植苗木对于提高成活率是有利的。

(3) 栽植技术

在保证土壤含水率显著高于苗木萎蔫系数的前提下，栽植时要使苗木与周围的土壤紧密接触，避免产生悬空和局部空隙。苗木栽植深度应与其在苗圃内所埋的深度相同。有时稍深些更为有利，因为，通常情况下较深处的土壤水分供应更能得到保证。

7.3.2.3 植苗造林技术要点

(1) 整地质量

植苗造林要求较高的整地质量。首先是通过合理的整地方法和整地季节，例如，干旱地区采用的水平沟整地和水平梯田等整地改善造林地的水热条件，提高土壤保蓄水分的能力，提高土壤中的有效含水率。同时，整地可以减少土壤中的石砾含量，消除盘结的草根，为土壤与新造苗木根系的紧密接触创造了有利的条件。

(2) 苗木的种类、年龄、规格和质量

植苗造林所用的苗木种类主要有播种苗、营养繁殖苗和两者的移植苗，以及容器苗等。

按照苗木出圃时是否带土，可以分为裸根苗和带土坨苗两大类。裸根苗的优点是起苗容易，重量小，包装、运输、贮藏都比较方便，栽植省工，是目前生产上应用最广泛的一类苗木；裸根苗的缺点是起苗时容易伤根，栽植后遇不良环境条件常影响成活。带土坨苗是指根系带有蓄土，根系不裸露或基本不裸露的苗木，包括各种容器苗和一般带土苗。这类苗木能够保持完整的根系，栽植成活率高，但重量大，搬运费工，因而造林成本比较高。

不同种类苗木的适用条件，依据林种、树种和立地条件的不同而异。一般用材林用留床的或经过移植的裸根苗；经济林多用嫁接苗，防护林多用裸根苗，"四旁"绿化和风景林多用移植的裸根苗或大容器苗；针叶树苗木和困难立地条件下造林用容器苗。

不同林种、树种的造林使用不同年龄的苗木。年龄小的苗木，起苗伤根少，栽植后缓苗期短，在适宜的条件下造林成活率高，运苗栽植方便，投资较省，但是在恶劣条件下苗木成活受威胁较大；年龄大的苗木，对杂草、干旱、冻拔等的抵抗力强，适宜的条件下成活率也高，幼林郁闭早，但苗木培育与栽植的费用高，遇不良条件更容易死亡。一般营造用材林常用0.5~3年生的苗木，速生丰产林和防护林常用2~3年生的苗木，经济林常用1~2年生的苗木，"四旁"绿化和风景林常用3年生以上的苗木。按照树种确定苗龄，主要是考虑树种的生长习性，速生树种，如杨树、泡桐等，常用年龄较小的苗木，而慢生树种，如云杉、冷杉、白皮松等，用年龄较大的苗木。有些树种造林还常用根干异龄苗，如2(年生)根1(年生)干、3根2干等。这些苗木的根系更为发达，栽植后缓苗期短，且前期生长量大。

(3) 苗木保护和处理

苗木保护与处理的目的在于保持苗木体内的水分平衡，以尽可能地缩短苗木造林后根系恢复的时间，提高造林存活率。苗木从苗圃土壤起出后，在经过分级、包装、运输、贮藏、造林地假植和栽植等工序中，必须加强保护，以最大限度地减少水分的散失，同时防止芽、茎、叶等受到机械损伤，并防止受热。为此，第一，要缩短各个工序的操作时间；第二，分级、包装要在遮阴、湿润、冷凉的环境中进行，苗木运达造林地必须及时假植在阴湿的地方，随栽随取；第三，从假植处取出苗木后的整个栽植过程中，苗木必须置于带水的或能保持湿润的容器之中。为了保持湿润，在容器中放置泥炭等保湿材料是必要的。

为了保持苗木的水分平衡，在栽植前须对苗木采取适当的处理措施。地上部分的处理措施主要有：截干、去梢、剪除枝叶、喷洒蒸腾抑制剂等；根系的处理措施主要有：浸水、修根、蘸泥浆、蘸吸水剂、蘸激素或其他制剂、接种菌根菌等。

① 截干 是截去苗木大部分主干，仅栽植带有根系和部分苗干的苗木。截干是干旱半干旱地区造林常用的重要技术措施之一，其目的在于减少苗木地上部分的水分蒸发，可以避免植株由于地上部分干枯而造成整个植株的死亡。截干造林适用于萌芽能力强的树种，例如，杨树、青檀、桤木、刺槐、元宝枫、沙棘、柠条、紫穗槐、胡枝子等。截干长度一般为 5~10 cm，不超过 15 cm。

② 去梢和剪除枝叶 是减少地上部分水分蒸发的措施之一。去梢还有促进新梢生长和培育干形和冠形的作用。去梢的强度一般为树高的 1/4~1/3，不超过 1/2，具体部位可掌握在饱满芽之上。剪除枝叶，一般可去掉侧枝全长或叶量的 1/3~1/2，主要用于已长出侧枝的阔叶树种苗木。

③ 喷洒化学药剂 化学药剂种类很多，主要是有机酸和无机类。有机酸主要有：苹果酸、柠檬酸、脯氨酸、丙氨酸、反烯丁二酸和 B9 等。无机类药剂主要有：磷酸二氢钾、氯化钾等。其作用是减少水分蒸腾，增加束缚水含量，提高原生质黏滞性和弹性，增加苗木生活力及抗旱能力。

④ 蒸腾抑制剂 作用是在茎叶表面形成一种薄膜，在不影响光合作用和不过高增加体表温度的前提下，阻止水分从气孔逸散。此类物质主要有叶面抑蒸保温剂、PVO 和京 2B 等，还有石蜡乳剂、橡胶乳剂、十六醇、抑蒸剂等。

⑤ 修根 即剪除受伤的根、发育不正常的根以及过长的根。其作用是迅速恢复根系创伤以及吸水功能，便于包装、运输和栽植。修根强度务必适宜，注意保持一定数量的细根，只要不过长，可不必短截。

⑥ 蘸泥浆 是将根系蘸上稀稠适度的泥浆，使根系保持湿润的处理方法。此法简单易行，效果良好。蘸泥浆最好在起苗后立即进行。利用吸水剂加适量水配置成水凝胶蘸根，具有保水效果好，重量轻，费用低等优点。

⑦ 外源激素蘸根 可以促进根系的恢复和新根的萌发。常用的激素有：萘乙酸、吲哚乙酸、吲哚丁酸、赤霉素以及其复配制剂等。激素处理苗木所用的浓度和时间依树种、药剂种类而定，一般使用较高浓度时浸蘸的时间宜短，较低浓度浸蘸的时间长。

⑧ 接种菌根菌 菌根是真菌与植物根系的共生体。共生体的双方在共生中相互受益，菌根能够提高林木的抗逆性如抗干旱、抗瘠薄、抗极端气温、抗盐碱度、抗有毒物质的污染以及增强和诱导林木产生抗病性，提高土壤的活性，改善土壤的理化性质，促进植物群落向着有利于森林生态系统平衡的方向演替等。据报道，在松树育苗中应用，接种 Pt 菌根剂，可增加苗高 18.1%~131.0%，增加地径 24.1%~91.8%，增加生物量 90.4%~586.5%，提高合格苗产量 7%以上。接种菌根菌所用的菌剂可以用市售的，也可以用林地或苗圃地的带菌土。

(4) 栽植方法和技术

① 栽植方法 按照栽植穴的形态可以分为 3 类：穴植、缝植和沟植。

穴植是在经过整地的造林地上挖穴栽苗，适用于各种苗木，是应用比较普遍的栽植方法。穴的深度和宽度根据苗根长度和根幅确定，一般应大于苗木根系。一般每穴栽植 1 株苗木，苗干要竖直，根系要舒展，深浅要适当，填土一半后提苗踩实，最后覆上虚土。

缝植是在经过整地的造林地或土壤深厚湿润的未整地造林地上，用锄、锹等工具开成窄缝，植入苗木后从侧方挤压，使苗根与土壤紧密结合的方法。此法造林速度快，工效高，造林成活率高，一般用于新采伐迹地和沙地栽植松柏类小苗。其缺点是根系被挤在一个平面上，生长发育受到一定影响。

沟植是在经过整地的造林地上，以植树机或畜力拉犁开沟，将苗木按照一定距离摆放在沟底，再覆土、扶正和压实。此法效率高，但要求地势比较平坦。

栽植方法还可以按照每穴栽植1株或多株而分为单植和丛植；按照苗木根系是否带土而分为带土栽植和裸根栽植；按照使用的工具可分为手工栽植和机械栽植，手工栽植是用镐、锹或畜力牵引机具进行的栽植，机械栽植是用植树机或其他机械完成开沟、栽植、培土和镇压等作业的栽植方法。

② 栽植技术　指栽植深度、栽植位置和施工要求等。适宜的栽植深度根据树种特性、气候和土壤条件、造林季节等确定。一般情况下，栽植深度应在苗木根颈处原土印以上3 cm左右，以保证栽植后的土壤经自然沉降后，原土印与地面基本持平。但是，不同的土壤水分条件下，栽植深度可以适当调整：土壤湿润，在根系不外露的前提下适宜浅栽，这样，在根系恢复期间既有足够的土壤水分，又能使根系因处于温度较高的地表层而有利于生根；干旱地区，地表层土壤水分条件不如深层，所以应尽量深栽一些。在其他条件相同的情况下，黏重的土壤宜浅，沙质土壤宜深；秋季栽植宜深，雨季栽植宜浅；容易生根的阔叶树种可适当深些，针叶树种多不宜过深。

③ 容器苗栽植技术　穴的大小和深度应适当大于容器，以便容器苗植入。栽植技术与裸根苗基本一致，栽植时要去掉苗木根系不易穿透或不易分解的容器。

7.3.3　分殖造林

分殖造林，又称分生造林，是利用树木的部分营养器官(茎干、枝、根、地下茎等)直接栽植于造林地的造林方法。

7.3.3.1　分殖造林的特点和应用条件

分殖造林实际上是营养繁殖，所以它具有营养繁殖的一般特点，如较好地保持母体的优良遗传性状；生长速率较快；但多代无性繁殖造成寿命短促，生长衰退等。

与直播造林和植苗造林相比，分殖造林省工、省时、成本低。由于分殖造林所用的繁殖材料没有现成的根系，因而要求比较湿润的土壤条件。分殖造林所用繁殖材料的数量比较多，所以要求母树来源丰富。

分殖造林主要用于能够迅速产生大量不定根的树种。虽然具有这种能力的树种为数不多，但它们大多是主要的造林树种，因而这一方法的应用仍然比较广泛。

7.3.3.2　分殖造林方法

分殖造林因所用的营养器官和栽植方法不同而分为插条(干)造林、分根造林、分蘖造林及地下茎造林等多种方法。分蘖造林适用于能产生根蘖和桩蘖的树种，如杉木、枣树及一些花木类观赏树种，因繁殖材料有限，仅用于零星植树及小片造林；分根造林主要适用于根系萌蘖能力强的树种，如泡桐、楸树、漆树、白杨派杨树等，近来也逐渐被埋根苗的植苗造林所代替。以上几种方法的造林技术可参考本书育苗部分，这里仅介绍插条(干)造林和地下茎造林。

(1) 插条造林和插干造林

插条(干)造林是截取树木或苗木的一段枝条或树干做插穗(干)，直接插植于造林地的造林方法。

① 插条造林　插穗是插条造林的物质基础，插穗的年龄、规格、健壮程度和采集时间对造林成败的影响很大。插穗宜在中、壮年母树上选取，也可在采穗圃或苗圃采取。最好用根部或干基部萌生的粗壮枝条。枝条的适宜年龄随树种而不同，一般以 1~3 年生为宜，柳杉、垂柳、旱柳等 2~3 年；杉木、小叶杨、花棒、柽柳等 1~2 年；紫穗槐、杞柳等 1 年。插穗粗度 1~2 cm，长度 30~70 cm(针叶树 30~60 cm)，选具有饱满侧芽的枝条中部截取。采集时间选秋季落叶后至春季放叶前。下切口平或切成马耳形，多用直插。

造林地以富于保水的壤土和黏壤土为宜，干燥的土壤插穗难以成活，如在这样的立地条件下造林必须选择降水充沛的雨季或具备灌溉条件；黏重的土壤插穗发根不好，也会因透水性差导致插穗腐烂。

② 插干造林　一般采用 2~4 年生直径约 3~5 cm 的枝干，干长 2~4 m。插植深度约 1 m。近年来，北方地区和华东地区推广的杨树长干深栽，也是一种插干造林方法。具体方法是：把 2~3 年生的大苗自根颈处截断，并剪去部分枝叶，用此茎干深插 2~3 m 处使接近地下水，其余部分则露出地面之上。栽插所用的孔穴，可以人工挖成，也可用专用机械钻成。长干插入土中后，插孔要填土砸实，有条件灌水则更佳。由于深栽的下截口可以直接吸收地下水，插干的下端处于湿润的土层中，所以发根快，成活率高，长势旺。长干深栽主要适用于生根比较容易的杨树(图 7-17 和图 7-18)、柳树等。

(2) 地下茎造林

地下茎造林是竹类的造林方法之一。中国是世界上最主要的产竹国，无论是竹子的种类、面积、蓄积量及竹材、竹笋的产量都居世界首位。据统计，全世界共有竹类植物 70 多属 1000 余种，我国产竹类植物有 39 属 500 余种。

图 7-17　智利杨树插干造林苗木培育

图 7-18　智利杨树插干造林

地下茎是竹类孕笋成竹、扩大自身数量和范围的主要结构。来自同一地下茎系统的一个竹丛或一片竹林，本质上是同一个"个体"，可以把地下茎看成该个体的主茎，竹秆则是主茎的分枝。根据竹子地下茎的生长状况可将其分为3种类型：合轴型、单轴型和复轴型。

①合轴型　合轴型竹类的地下茎由秆柄和秆基两部分组成，秆基的芽直接萌笋成竹。它们一般不能在地下作长距离的蔓延生长，新竹以短而细的秆柄与母竹相连，靠近母竹，由此形成秆茎较密集的竹丛。具有此种繁殖特性的竹类称为合轴丛生竹类，如龙竹。但是，也有的种类，秆柄可延长生长形成假鞭，顶芽在远离母竹的地点出土成竹，竹秆呈散生状，称为合轴散生竹类。这种假鞭一般为实心，节上无根无芽，仅包被着叶性鞘状物，如箭竹和泡竹。

②单轴型　单轴型竹类的地下茎包括细长的竹鞭、较短的秆柄和秆基3部分。秆基上的芽不直接出土成竹，而是先形成具有顶芽和侧芽，节上长不定根，并能在地下不断延伸的竹鞭。因此，地面的竹秆之间距离较长，呈散生状态，并能逐步发展成林。具有此种繁殖特性的竹类称为单轴散生型竹类，如毛竹、刚竹、淡竹等。

③复轴型　复轴型竹类的地下茎兼有合轴型和单轴型地下茎的特性，秆基上的芽既可直接萌笋成竹，又可长距离延伸成竹鞭，再由鞭芽抽笋成竹，因此，地面竹秆为复丛状。具有此种繁殖特性的竹类称为复轴混生竹类，如箬竹、苦竹等。

竹类的造林方法可分为6种，即移竹法、移鞭法、诱鞭法、埋节法、扦插法和种苗法。前5种为分殖造林法，但仅前3种属于地下茎造林方法。

① 移母竹造林　包括母竹选择、母竹挖掘、运输和栽植等环节。母竹的优劣是造林成功与否的关键，优良的母竹成活率、发笋率高，成林快。母竹的选择要把好年龄、大小和长势三关。散生竹造林的母竹以1~2龄为佳，因1龄的母竹所连的竹鞭一般都是处于壮龄鞭阶段，鞭上着生的健壮饱满的芽多，竹鞭根系发达。母竹的粗细以胸径3~4 cm（毛竹等大径竹）或2~3 cm（小径竹）为宜。过粗，因竹子高大，挖掘、运输、栽植均困难，造林后易受风吹摇动，影响成活与生长；过细则生长不良，不能作母竹。母竹应是分枝较低、枝叶茂盛、竹节正常、无病虫害的健康立竹（图7-19）。

图7-19　移母竹造林

散生竹母竹的规格一般要求来鞭长30~40 cm，去鞭长50~70 cm，竹秆留枝3~5盘，截去顶梢，鞭蔸多留蓄土。挖出的母竹在打梢并妥善包装后运至造林地。

挖穴栽植，穴宜稍大，在整地的穴上，先将表土垫于穴底，将母竹解除包装后放入穴中，使鞭根伸展下部与土壤密切接触，先垫表土，后垫心土，分层踏实，覆土深度比母竹原土部分深3~5 cm，穴面壅土成丘状。

②移鞭造林 就是从成年的竹林中挖取根系发达、侧芽饱满的壮龄鞭,以竹鞭上的芽抽鞭发笋长竹成林。移植的竹鞭要求年龄 2~5 年生,鞭段长度 30~50 cm,每个鞭段上应有不少于 5 个具有萌芽能力的健壮侧芽(图 7-20)。所挖的鞭段要求保持根系完整,侧芽无损,多带蓄土。远距离运输需进行包装。穴应大于鞭根,栽植时将解除包扎物的竹鞭段平放其上,根系摆放舒展,再填土、压实、浇水,然后盖表土略高于地表面。移鞭造林取鞭简单,运输方便,适合于交通不便的地区造林和长距离引种。

图 7-20 移鞭造林

③诱鞭造林 由于散生竹的竹鞭在舒松的土壤中即可延伸,所以,在其附近创造适宜的土壤条件就能达到造林目的。具体做法是:清除林缘的杂草和灌木,翻耕土壤,在翻耕松土时,将林缘健壮的竹鞭向林外牵引,覆以肥土。

7.4 造林季节

我国地跨不同气候带,各个地区,地势不同,小气候千差万别,再加上造林树种繁多,特性各异,因此,从全国来看,一年四季都有适宜造林的树种。

为了保证造林苗木的顺利成活,需要根据造林地的气候条件、土壤条件,造林树种的生长发育规律,以及社会经济状况综合考虑,选择合适的造林季节和造林时间。适宜的造林季节应该具有温度适宜、土壤水分含量较高、空气湿度较大,符合树种的生物学特性,遭受自然灾害的可能性较小的特点。从气候条件看,应具备种子萌发及苗木生根所需要的土壤水分状况和温度条件,避免干旱和霜冻等自然灾害;从种苗条件看,应该是种苗具有较强的发芽生根能力,而且易于保持幼苗内部水分平衡的时期。一般树木造林,都应在树木落叶后和发芽前的休眠季节树液停止活动时期进行。

7.4.1 春季造林

春季是我国多数地区最好的造林季节。这时,气温回升,土温增高,土壤湿润,早春栽植与树木发芽前生根最旺盛阶段初期相吻合,有利于种苗生根发芽,造林成活率高,幼林生长期长。但春季造林不能过迟,一般来说,南方冬季土壤不冻结的地方,立春后就应开始造林(即顶浆造林)。早春,苗木地上部分还未生长,而根系已开始活动,所以早栽的苗木先生根后发芽,蒸腾小,容易成活。但早春时间短,为抓紧时机,可按先栽萌动早的树种如杨、柳、栎、榆、槐树等,而对于根系分生要求较高温度的个别树种(如椿树、枣树等),可稍晚一点栽植;先低山,后高山;先阳坡,后阴坡;先轻壤土,后重壤土的顺序安排造林。

春季土壤水分充足,温度适宜,有利于种子发芽,尤其是松类及其他小粒种子,更适于春播造林。易发生晚霜危害的地区，春播不宜过早，应考虑到种子发芽后能避过晚霜危害。春季插条(干)造林也较为适合。

但是，对于春季高温、少雨、低湿的地区，如川滇地区，是全年最旱的季节，不宜在春季栽植造林，应提前到冬季或雨季。

7.4.2 夏季(雨季)造林

在冬春干燥多风，雨雪少，而夏季雨量比较集中的地区，可以进行雨季造林。因此，夏季造林又叫雨季造林。雨季造林，天气炎热多变，时间较短，造林时机难以掌握，过早过迟或栽后连续晴天，都难以成活。因此，雨季造林要利用雨水集中季节，空气湿度大的时间进行，一般应在连续阴雨天，或透雨后进行。雨季造林树种以常绿树种及萌芽力较强的树种为主。如油松、侧柏、云南松、香樟、桉树、柠条、紫穗槐等。雨季植树造林，阔叶树要适当剪去部分枝叶，减少苗木蒸腾，以保持苗木体内水分平衡；栽植针叶树，最好在起苗时带宿土栽植，或用泥浆蘸根，并做好包装工作。尽量做到就地取苗，就地造林，防止苗根风干。夏季雨量充足的地方，也可直播松树和柠条、花棒等灌木。

7.4.3 秋季造林

秋季气温逐渐下降，土壤水分较稳定，苗木落叶，地上部分蒸腾量大大减少，而苗木根系仍有一定活动能力，栽后容易恢复生机，翌春苗木生根发芽早，有利于抗旱。因此，在春季比较干旱、秋季土壤湿润、气候温暖、鼠兔牲畜危害较轻的地区，可以秋季栽植。但秋植要适时，若过早树叶未落，蒸腾作用大，苗木易干枯；若过迟土壤冻结，不仅栽植困难，而且根系完不成生根过程，对成活、生长都不利。在秋季和冬季降水量很少的地区或有强风吹袭的地方，苗木易干梢枯死，为了提高造林成活率，秋季栽植萌芽力强的阔叶树种多采用截干栽植。在风大、风多、风蚀严重的沙地及冻拔害严重的湿润黏重土壤，秋植效果较差。秋季播种造林有翌春萌发早的特点，而且可以省去种实贮藏及催芽工序。秋季也可以插条造林，但插时要深埋，以免遭受冬季低温及干旱危害。

7.4.4 冬季造林

在冬季土壤不结冻或结冻期很短，天气不十分寒冷干燥的南方地区，可在冬季植苗造林。不少树种的根系在冬季休眠很短或不明显。因此，温暖湿润的地方，若土壤不结冻，而且不太干燥，一般从秋末到早春都可以植苗造林。因此，冬季造林实际上是春季造林的提前或秋季造林的延后。同时，冬季正值农闲季节，劳力比较容易安排，已成为南方一些地区的主要造林季节。冬季造林树种，仍以落叶阔叶树为主。油茶、油桐、栎类等树种也可在立冬前后进行播种造林，冬季不结冻的地区也可以进行冬季插木造林。

竹类造林的季节因竹种不同而异。散生竹造林一般适宜在秋冬季节，如毛竹最佳的造林季节是11月至翌年2月，此时正值竹子生长缓慢季节，气温也不太高，蒸发量也较小，造林成活率高。早春发笋长竹的竹种，如早竹、早园竹、雷竹，孕笋时间早，12月小笋已长成，因此宜10~12月造林。4~5月发笋长竹的竹种，如刚竹、淡竹、红竹、高节竹等宜12月至翌年2月造林。

造林季节确定后，还要选择合适的天气。一般来说，雨前雨后、毛毛雨天和阴天都是造林的好天气。要尽量避免在刮大风天造林，刮风天气候干燥，蒸发量大，造林成活率低。就晴天来讲，中午12：00到晚上20：00，阳光强，气温高，尽量避免在这一时间造林。

复习思考题

1. 造林地有哪些种类？各有何特点？
2. 什么是造林地的整地？造林整地的特点和作用有哪些？
3. 常用的造林整地方法有哪些？各有何特点？选用条件是什么？
4. 如何确定合理的造林整地时间和造林整地深度？
5. 按造林材料划分，造林方法有哪些？选用条件是什么？
6. 试述植苗造林的特点、应用条件和技术要点？
7. 选择合适造林季节应考虑哪些因素？
8. 结合本章学习内容，阐述提高造林成活率的技术措施？
9. 以你所在地区为例，简述一种造林方法的技术要点及应用依据。

推荐阅读书目

1. 翟明普，沈国舫，2016. 森林培育学(第3版). 北京：中国林业出版社.
2. 沈国舫，翟明普，2011. 森林培育学(第2版). 北京：中国林业出版社.
3. 方升佐，徐锡增，吕士行，2004. 杨树定向培育. 合肥：安徽科学技术出版社.
4. 张建国，李吉跃，彭祚登，2007. 人工造林技术概论. 北京：科学出版社.
5. PeterSavill, Julian Evans, Daniel Auclair, et al., 1997. Plantation Silviculture in Europe. New York：Oxford University Press.
6. 赵方莹、孙保平，等，2009. 矿山生态植被恢复技术. 北京：中国林业出版社.

（贾黎明）

第8章 林地和林木抚育

【本章提要】 为促进林木生长发育，保证成活、成林、成材，对未成林造林地及郁闭后林地进行松土除草、灌溉与排水、施肥、种植绿肥植物或改良土壤树种、管理林地凋落物和抚育剩余物等抚育措施，以改善土壤结构和营养，调节土壤水、肥、气三态及微生物活动，为树木生长创造良好的立地条件；对未成林造林地和郁闭后林分中幼苗、幼树及林木进行抹芽接干、修枝抚育等实现林木通直、圆满、高干、速生、丰产和高效。

林地和林木抚育，主要针对人工造林或天然更新后尚未郁闭的未成林造林地，也适用于郁闭后的林分，特别是幼龄林阶段。在这些树木个体适应立地环境的初期，树体矮小，根系浅，抗性弱，对高温、寒、旱、涝、病虫害等不良环境的抵抗力差，与灌木、杂草等生物种间竞争激烈，是决定幼苗和幼树成活、成林的关键阶段；同时，由于还未形成稳定森林，抗逆性差，树冠横向发展快，树干光合产物分配比例相对较低，不利于通直圆满干形的优良林分培育。因此，加强这些时期林地和林木的抚育管理，为幼苗和幼树的生长创造良好环境条件，及时调控幼苗和幼树的生长发育，是保证成活、成林和成材的关键。

8.1 林地抚育

土壤是树木生长发育的基础，是水分、养分供给的基质。林地抚育管理，可提高土壤有机质含量和肥力，改善土壤理化性质，活跃土壤微生物，从而有利于根系生长和吸收水分与营养物质，促进林木生长。林地管理主要包括松土除草、灌溉与排水、施肥、栽植绿肥植物及改良土壤树种、林地凋落物和抚育剩余物管理等。

8.1.1 松土除草

8.1.1.1 意义

松土的作用在于疏松表层土壤以减少水分蒸发，改善土壤的保水性、透水性和通气性，促进土壤微生物的活动，加速有机物的分解。除草的作用主要是清除与林木竞争水、养、光等资源的各种杂草和灌木等，从而促进林木生长，破坏可能造成危害的病菌、害虫、寄生虫、啮齿动物等的栖息环境，避免竞争植被对林木造成机械损伤，同时降低林内的火灾隐患等。

8.1.1.2 年限、次数和时间

松土除草一般同时进行，也可单独进行，其持续年限应根据树种、立地条件、造林密

度和经营强度等具体情况而定。一般从造林后开始，连续进行数年，直到林分郁闭为止。速生丰产林和部分城市森林郁闭成林后也须松土除草，但不必每年都进行。每年松土除草的次数，受气候条件、立地条件、树种和林龄以及当地的经济状况制约，一般每年1~3次。

8.1.1.3 方式和方法

(1) 方式

松土除草的方式应与整地方式相适应，也就是全面整地的，进行全面松土除草，局部整地的进行带状或块状松土除草，但这些都不是绝对的，也可根据实际情况灵活掌握。

松土除草的深度，应根据树木生长情况和土壤条件确定。其原则是：按与树体的距离，里浅外深；树小浅松，树大深松；砂土浅松，黏土深松；湿土浅松，干土深松。一般松土除草的深度为5~15 cm，必要时可增加到20~30 cm。造林3~4年后深翻25~40 cm可更有效地促进幼林地下和地上生长。深翻抚育最好在秋末、冬季雨后天气进行，以便减少树木耗水、蓄水保墒、冻死病虫害等。松土除草常与扩穴(也称扩墦)结合进行，也就是栽植穴的扩大，扩穴的规格可根据林木生长的速率以及劳力成本等来确定。

(2) 方法

松土除草的方法有：人工松土除草、机械松土除草、生物松土除草和化学除草等。

人工松土除草劳动强度大，成本高，效率低，但环保；地势平坦的平原造林多与农作物间作，适于机械化作业，以耕代抚，工作效率高。

机械松土除草效率高，成本低，但由于除草不彻底而对杂草控制的有效期较短，开发便宜、便捷、除草效果好的装备是未来必由之路。

生物松土主要是增加土壤有益动物，如蚯蚓等，可以起到松土培肥的作用，但大面积实施有一定难度。生物除草包括应用植食性昆虫、病原菌、动物以及分泌化感物质的植物来防治杂草。例如，可以采用林下养殖牛、羊、鹅、鹿等草食性动物，在获得养殖收入的同时，达到除草的目的，并且可以起到培肥土壤的效果，经济效益较高，但要注意调控得当以避免动物损害苗木。加大造林初植密度，及早郁闭，可以有效防止杂草危害，尤其在南方光、热、水资源丰沛，杂草容易滋生地区更应该加大造林初植密度。此外，可以采用以草治草的方法，例如，把割除的灌木及杂草堆积于树盘周围或铺撒在林地内可起到很好地抑制杂草生长的效果，达到"省工节资增效"的目的，同时起到蓄水保墒的作用。

化学除草已在山地造林中得到广泛应用，特点是劳动强度小，成本低，效率高。其不足之处是：化学除草剂在土壤中的残效性有20~30 d，有的长达数年，对生态环境有一定危害作用；此外，化学除草还可能带来生物灭绝、杂草群落变迁、杂草抗药性增强且抗药谱扩大等问题。

只杀草而不伤林木的除草剂，称为选择型除草剂，可杀死所有植物的除草剂称为灭生型除草剂。但选择型除草剂，如果剂量过大，或使用对象不当，也会伤害林木；灭生型除草剂如果使用剂量小，也具有一定的选择性。对缺乏生物学选择性的除草剂，可以利用"时差"和"位差"造成非生物学的选择。如草铵磷用于造林前，可杀死已萌生或正在生长的杂草，同时它们在土壤中迅速钝化，可安全造林，这就是时差选择。醚类除草剂，在土壤表层下形成1~2 cm深的药层，杂草幼芽穿过这个药层再遇阳光时便死亡，而林木的根系一般分布较深，碰不到药剂，不会受到药害，这就是位差选择。

根据除草剂在植物体内的移动情况分为内吸型和触杀型除草剂。内吸型是指除草剂进入植物体内后，能够随着植物代谢物一起移动，而转移到没有接触药剂的部分，如根、生长顶端等处，引起这些部位的一系列生物代谢的变化，使杂草死亡的特性。此类药剂作用缓慢，有的需1周或更长时间。它可起到斩草除根的作用。例如，取代脲类、均三氮苯类和茅草枯等。触杀型除草剂只在植物与药剂接触的部位起毒杀作用，不能在植物体内移动传导。这类药剂见效快，如醚类、五氯酚钠等，喷药后1~3 h，即可看出药效。

化学除草剂的使用方法分为3种：茎叶处理法、土壤处理法和树干处理法。把除草剂溶液直接喷洒在生长的杂草茎叶的方法称为茎叶处理法。茎叶喷雾法，一般在温度高和天晴时进行，否则会降低杀草效果。新西兰在辐射松未成林阶段以降低除草剂浓度的方法喷洒杂草(灌)的茎叶，抑制或杀死幼嫩部分达到降低杂草竞争力目的，同时保证其一定的生活力以达到生物多样性保护目的的方法值得借鉴。将除草剂采用喷雾、泼浇、撒毒土等方法施到土壤上，形成一定厚度的药层，接触杂草种子、幼芽、幼苗或被杂草各部分吸收而起到杀草作用的方法称为土壤处理法。树干处理法是把药剂注入树干，利用树木的物质运输习性以除草剂消灭灌木及非目的树种，此法在美国常用于林分改造，我国还处在试验阶段。

8.1.2 灌溉与排水

8.1.2.1 林地灌溉

(1) 意义

灌溉是供给林地水分以缓解林木干旱胁迫发生的抚育措施。灌溉能提高造林成活率和保存率，改善树体水分状况，提高光合速率，影响根系分布、构型和动态，从而促进林木生长和林分郁闭，大幅度提高林地生产力。此外，灌溉还能降低土壤温度，改善土壤容重和三相比结构；在盐碱含量过高的土壤上，灌溉还可以洗盐压碱，改良土壤。目前，由于条件限制，灌溉主要用于地势平坦的速生丰产林和经济林培育，但是山地造林除了造林时实行浇水或使用保水剂外，也可通过汇集雨水、雨洪利用的办法实现林地水分管理。

美国绿木源公司在俄勒冈州哥伦比亚河旁的冲积沙地上，利用地面滴灌和随水施肥技术培育了 $1.04×10^4$ hm^2 杂交杨人工林，2年生能源林生物产量达到50~75 t 鲜重/hm^2，7~8年生纸浆林和12~14年生锯材林年均生产力达到30~40和20~30 $m^3/(hm^2·a)$，取得极大效益。

(2) 合理灌溉

合理灌溉是指在灌溉时应做到"四合理"，即采用合理的灌溉方式，在合理的灌溉时间，按合理的灌水量将灌溉水供给到土壤中合理的灌溉位置。管理较好的灌溉系统不仅能最优化灌溉水的空间和时间供给，还能最大化灌溉水的效益成本比。

合理灌溉时间的确定是实现合理灌溉的基本前提，"过早"或"过晚"的灌水都不能使林木在最需水的时期得到充足水分供应，从而影响林木生长并造成灌溉水利用效率低下。目前，一般可根据林木生长节律、需水规律、气候、地下水位等来确定全年尺度上的重点灌溉时期；而每个灌溉时期内具体的灌水时间可根据土壤水分状况(可用土壤水势、土壤含水率等表征)、树体水分状况(可用茎干直径微变化、树干液流、叶片膨压等表征)和树体温度(可用叶片温度、冠气温差等表征)等来确定。山东黄泛平原三倍体毛白杨纸浆林可将地下 20 cm 处的土壤水势达到 -25 kPa 作为灌溉起始阈值。

合理的灌水量，即灌溉适量。在水分供应过多时不仅树木存在"浪费"水的现象，而且还会造成深层渗漏；但是，若水分供应不足，树木就会经受水分胁迫，从而限制其生长。目前，一般可依据土壤水分状况和林木耗水情况来确定合理灌水量，可研究我国主要速生丰产林树种作物系数，并结合气象数据计算灌水量。此外，灌水量会随树种、林龄、季节和土壤条件不同而异，一般要求灌水后的土壤湿度达到田间持水量的 60%~80%。

合理的灌溉位置。为提高灌溉水利用效率，需将灌溉水供给至土壤中林木水分利用效率最高的区域(吸收根密集区域、主要吸收根分布土层)和不容易发生水分深层渗漏的区域(根系分布较深区域)。研究表明，山东黄泛平原三倍体毛白杨纸浆林林地 0~40 cm 土层分布有 30% 吸收根，树干周围 1 m 区域分布有近 50% 的吸收根，是灌溉的最适位置和范围。

合理的灌溉方式，是指能将灌溉水供给至"合理的灌溉位置"的灌水方式，如小流量、高频率的滴灌方式能将大部分灌溉水保持在表土层或浅土层。灌溉方式具体指不同灌水技术参数(灌溉频率、灌溉位置、灌溉系统设计参数等)的组合。例如，在与 2L/h、4 L/h 的滴头流速和连续性灌溉相比，流速 1 L/h 和脉冲式灌溉(每隔 30 min 灌水 30 min)能增大土壤湿润体体积，将更多的灌溉水保持在浅土层，且可减少水分深层渗漏，因此，对山东黄泛平原三倍体毛白杨人工林进行地下滴灌应选流速 1 L/h 的脉冲式灌溉。

(3) 灌溉水源

① 引水灌溉　包括蓄水和引水，蓄水主要是修建小水库，引水是从河中或井中引水灌溉。

② 人工集水　在干旱和半干旱地区，植被稀少，风速大，蒸散强，旱情严重，林木成活和正常生长受到严重制约，人工集水的效果良好。王斌瑞等在年均降水量不足 400 mm 的半干旱黄土丘陵区，采用径流林业配套措施，把较大范围降水以径流形式汇集于较小范围，使树木分布层内来水量达到每年 1000 mm 以上，使造林成活率达 95% 以上。目前，采用的集水面处理方式有用薄膜覆盖、自然植被管理和化学材料处理等。

(4) 灌溉方法

① 漫灌　在田间不做任何沟埂，灌水时任其在地面漫流，借重力作用浸润土壤，是一种粗放的灌水方法。漫灌工效高，但用水量大并要求土地平坦，否则容易引起冲刷和灌水量不均。

② 畦灌　在田间筑起田埂，将田块分割成许多狭长地块——畦田，水从输水沟或直接从毛渠放入畦中，畦中水流以薄层水流向前移动，边流边渗，润湿土层，这种灌水方法称为畦灌。畦灌应用方便，灌水均匀，节省用水，但投工较多。

③ 沟灌　在林内开挖灌水沟，灌溉水由输水沟或毛渠进入灌水沟后，在流动过程中，主要借土壤毛细管作用从沟底和沟壁向周围渗透而湿润土壤。沟灌的利弊介于漫灌和畦灌之间。

④ 节水灌溉　是以最低限度的用水量获得最大产量或收益，也就是最大限度地提高单

位灌水量的产量和产值(水分利用效率)的灌水方式。目前，我国重点推广的节水灌溉技术有：渠道防渗技术、低压管道输水灌溉技术、喷灌技术、微灌技术、雨水汇集利用技术、抗旱保水技术等。其中，微灌技术是利用微灌设备组装成微灌系统，将有压水输送并均匀地分配到田间，通过灌水器以微小的流量湿润植物根部附近土壤的一种局部灌水技术，目前在林业上逐渐得到重视和推广。按所用设备(主要是灌水器)及出流形成的不同，微灌可分为滴灌、渗灌、微喷灌和涌泉灌(小管出流灌)，其优点为省水、省工、节能、灌水均匀、增产、可用微咸水灌溉、对土壤和地形适应性强，但也有灌水器易堵塞和系统投资高等缺点。

8.1.2.2 林地排水

(1) 林地排水的意义

土壤中的水分与空气含量是相互消长的。排水的作用是减少土壤中过多的水分，增加土壤中的空气含量，提高土壤温度，激发好气性土壤微生物活动，促进有机质分解，使林地的土壤结构、理化性质、营养状况得到改善。

(2) 排水时间和方法

多雨季节或一次降水过大造成林地积水成涝，应挖明沟排水；在河滩地或低洼地，雨季时地下水位高于林木根系分布层，可在林地开挖深沟排水；土壤黏重、渗水性差或在根系分布区下有不透水层，必须做好排水设施。

排水分为明沟排水和暗沟排水。明沟排水是在地面上挖掘明沟，排除径流；暗沟排水是在地下埋置管道或其他填充材料，形成地下排水系统。一般排水沟的间距在 100~250 m 为宜。泥炭层下面为砂土时，排水沟的间距应大于黏土和壤土。泥炭层越厚，沟间距应越小。

8.1.3 施肥与林地肥力的维持

林地肥力的维持是保证林木生长发育，实现森林可持续经营的基础。由于宜林地土壤多贫瘠，需补充养分。有些林地，因长期连续栽培，土壤养分递减，需要将亏损的养分归还土壤来维持地力。例如，杉木林养分归还比，在速生阶段为 0.17，干材阶段 0.35，成熟阶段为 0.40，过熟阶段为 0.59，微量元素的年归还量为年吸收量的 66.4%；落叶松林年养分吸收量 197.4 kg/hm^2，但其归还量仅占吸收量的 61.6%；8 年生泡桐人工林养分吸收量为 545.4 kg/hm^2，但归还量仅占吸收量的 71.7%。经济林、速生丰产用材林实行培肥的多，而山地防护林培肥的相对较少。采用合理的营林措施，例如，轮作、种植豆科树种、保留枯落物、营造混交林、防止水土流失等可有效维持林地肥力。

8.1.3.1 林木生长发育对营养的需求

林木生长过程中，需从土壤中吸收多种化学元素，参与代谢活动或形成结构物质。林木生长需要氮、磷、钾、硫、钙、镁、铁、铜、锰、钴、锌、钼和硼等十几种元素。植物对氮、磷、钾、硫、钙、镁等需求量较多，故这些元素称为大量元素；对铜、锰、锌、钼、硼、氯等，需要量很少，这些元素称为微量元素。铁从植物需要量来看，比镁少得多，比锰大几倍，所以有时称它为大量元素，有时称它为微量元素。植物对氮、磷、钾 3

种元素需要量较多,但其在土壤中含量较少。因此,人们用这 3 种元素作肥料,并称为肥料三要素。

8.1.3.2 林木营养诊断方法

林木平衡施肥,必须明确对某个树种林木要求达到某一产量指标时土壤中存在的或潜在的缺素问题,即需要对林木进行营养诊断分析,发现存在的或潜在的养分限制因子,以便提出和调整平衡施肥方案。林木营养诊断是判断养分亏缺和平衡状况,预测、评价肥效和指导施肥的一种综合技术,包括以下 4 种方法。

(1) DRIS 法

该法是在大量叶片分析数据的基础上,按产量(或生长量)高低划分为高产组和低产组,用高产组所有参数中与低产组有显著差别的参数作为诊断指标,以被测植物叶片中养分浓度的比值与标准指标的偏差程度评价养分的供求状况。

(2) 叶片营养诊断

该法是通过分析测定植物叶片中营养元素的含量来评价植物的营养状况,这一方法也称为叶分析法。叶片的采集时期和采集部位对于植物营养状况的准确评价非常重要,如一般靠近树冠顶部且充分发育的新生叶片较适合用于营养诊断。常用的叶片营养诊断方法包括:临界值法、营养成分诊断法和矢量分析法等。

(3) 土壤分析法

分别在某树种生长正常地点及出现缺素症状的地点,各取 5~25 份土样进行营养分析,有时还需在同一地点分别不同季节取样,对比两地土样养分含量差异,即可推断土壤中某营养元素低于某含量水平时,可能出现某树种的营养亏缺症。土壤养分速测仪的普及为测土配方施肥提供了便利;土壤营养状况和林木生长养分需求信息的计算机储存和模拟为施肥提供了重要的决策依据。

(4) 超显微解剖结构诊断法

用电子显微镜扫描植物组织切片,发现缺少某种营养元素的细胞结构会出现某些特殊缺陷,如质体、线粒体等细胞器或细胞壁内膜、核膜畸形。这种症状的出现早于肉眼可见的症状,因此可作为早期诊断。

8.1.3.3 合理施肥

(1) 施肥时间

施肥时间一般根据林木生长节律来确定,有效的施肥季节常为春季和初夏林木生长旺盛期。此外,一般情况下,在林分郁闭前进行施肥对林木生长的促进效果要高于林分郁闭后。

(2) 施肥量

施肥量可根据树种的生物学特性、土壤贫瘠程度、林龄和肥料的种类来确定。为获得最佳施肥效果,必须弄清树种在不同土壤上的肥料需求量、对氮磷钾比例的要求。但是由于造林地的肥力差异很大,由不同树种组成的林分吸收养分总量和对各种营养元素的吸收比例不尽相同,同一树种在不同龄期对养分的需求也有差别,加之林分把吸收的部分养分以枯落物形式归还土壤,因而施肥量的确定相当复杂。施肥有一个最佳施肥量,当施肥量超过一定范围后,增加的生长量效益没有增加的肥料成本高,得不偿失,如果过量施肥还会产生毒害,生长量不增反降。

中国主要树种的有机肥施用量一般为:杨树 7500~15 000 kg/hm², 杉木 6000~7500 kg/hm², 桉树 3000~4500 kg/hm²。化学肥料每株施肥量一般为:杨树施硫酸铵 100~200 g, 杉木施尿素、过磷酸钙、硫酸钾各 50~150 g, 落叶松施氮肥 150 g、磷肥 100 g 和钾肥 25 g。国外一般造林施用有机肥很少,多数用化学肥料(表 8-1)。

表 8-1 不同树种造林当年的施肥量标准　　　　　　　　　g/株

树　种	N	P_2O_5	K_2O	说明
柳树	8~12	5~7	5~7	栽植 2~3 年的施肥量可分别按其前 1 年的施肥量再加两成计算
日本扁柏	8~10	5~6	5~6	
日本赤松	6~8	4~5	4~5	
日本黑松	6~8	4~5	4~5	
日本落叶松	10~8	7~8	5~8	
库页冷杉	8~12	5~7	5~7	
杨树	24~40	16~28	12~34	
桉树	16~32	10~20	8~27	
泡桐	24~48	16~32	12~40	
其他阔叶树	10~8	7~8	5~8	

(3) 氮磷钾的比例

适宜的氮、磷、钾比例可提高施肥效果,其比例要根据不同的生态条件和树种而定。如松树林分的氮、磷、钾适宜比例为 N:P:K = 67:7:26; 栽植于沙地的毛白杨的适宜比例为 N:P:K = 4:3:0。

(4) 施肥方法

林木施肥方法主要有基肥和追肥,追肥又分为撒施、条施(沟施)、穴施、随水施肥和根外追肥等。造林前将肥料施入土壤中的方法为基肥,造林后施肥的方法为追肥。把肥料与干土混合后撒在树行间盖土并灌溉为撒施;将矿质肥料溶于水或与干细土混合施于沟中用土覆盖的方法为沟施或条施;将肥料放入距林木一定距离的小坑中并用土覆盖的方法为穴施;通过灌溉水给植物提供施肥的做法称为随水施肥;把速效肥料溶于水中施于林木的叶子上称为根外追肥或叶面追肥。在江西花岗岩发育黄红壤上进行杉木施肥时,用磷肥作基肥一次性施入,肥效优于造林后 1 年一次性追肥或分次追肥的效果。对杉木中龄林施肥试验结果表明,以 N、P、K 肥沟施效果好于撒施。施肥时应将肥料施于树冠中外围下方的土壤中,切忌施在树干周围,不利于细根的吸收。

(5) 肥料类型

①有机肥料　有机肥料是以有机物为主的肥料,如堆肥、厩肥、绿肥、泥炭(草炭)、腐殖酸类肥料、人粪尿、家禽粪、海鸟粪、油饼和鱼粉等。有机肥料含多种元素,故称为完全肥料。由于有机质要经过土壤微生物分解,才能被植物吸收利用,肥效慢,故又称迟效肥料。但有机肥含有大量有机质,改良土壤效果好,肥效可保持 2~3 a。有机肥料施于黏土中,能改良土壤通气性;施于砂土中,既可增加土壤有机质,又能提高保水性能;有机肥给土壤增加有机质,利于土壤微生物生活;有机肥分解时产生有机酸,能分解无机

磷；有机物在土壤中利于土壤形成团粒结构等。

②矿物质肥料　矿物质肥料又叫无机肥料，包括化学加工的化学肥料和天然开采的矿物质肥料。大部分矿物质肥料为工业产品，不含有机质，元素含量高，主要成分能溶于水，易被植物吸收，肥效快。

　　i. 氮肥。尿素、碳酸氢铵、硫酸铵、氯化铵、硝酸铵等，易溶于水；

　　ii. 磷肥。过磷酸钙、重过磷酸钙、钙镁磷肥等，容易被土壤固定；

　　iii. 钾肥。氯化钾、氮化钾、硫酸钾、草木灰等；

　　iv. 微肥。铁、硼、锰、铜、锌、钼以及稀土微量元素等肥料。稀土元素能促进林木光合作用和根系吸收矿质元素，还能促进树木开花结实，影响果实有机酸、脂肪、糖、Vc等的含量，提高经济林的产量和品质，施用稀土元素具有重要作用；

　　v. 复合肥料。磷酸铵、硝酸钾、氨化过磷酸钙、氮磷钾复合肥、氮磷钾微量元素复合肥。一般颗粒较大，为缓释肥料，能长期供林木吸收利用，提高肥效；

　　vi. 硫黄、石膏和石灰。在碱土上施用硫黄或石膏，在酸性土壤中施用石灰，可以调节土壤酸碱度，结合施用有机肥料，改善土壤理化性状。

③微生物肥料　微生物肥料是含有大量微生物的生物性肥料，本身并不含有植物生长所需要的营养元素，它是以微生物生命活动的进行来改善植物的营养条件，发挥土壤潜在肥力，刺激植物生长，抵抗病菌危害，从而提高植物生长量。按其作用机理可分为固氮菌、根瘤菌、磷化菌和钾细菌等各种细菌肥料和菌根真菌肥料。按微生物种类可分为细菌肥料、真菌肥料、放线菌肥料、固氮蓝藻肥料等。新兴的EM(effective microorganiama)微生物技术是一种新型复合微生物制剂。EM是利用土壤中对林木有益的微生物，经过培养而制成的各种菌剂肥的总称。施用EM可以使贫瘠土壤变得疏松、肥沃，并提高肥料利用率。

④工业废水或生活污水肥料　工业废水和生活污水常被用作一种新型的肥料来源和水源施用于林地内，不仅可节省肥料和用水成本，实现废水的环保处理，而且可促进林木生长和提高植株养分含量。如将造纸废水浓度稀释到16%~25%后用于三倍体毛白杨苗木灌溉施肥，能使苗木生物量较对照提高11%~19%，而且还可提高根、叶氮含量和茎磷含量。

8.1.3.4　种植绿肥植物和改良土壤树种

在林地上引种绿肥植物和改良土壤树种，能增进土壤肥力和改良土壤。常用的绿肥植物有紫云英、苕子、草木犀、紫花苜蓿等，改良土壤的树种有紫穗槐、赤杨、木麻黄等，多为有固氮能力的植物。可先在贫瘠的无林地上栽植绿肥植物或可改良土壤的树种，使土壤得到改良后再造林；也可在造林时种植绿肥，与造林树种混生或间作；也可在主要树种或喜光树种林冠下混植固氮植物，以培肥地力。对三倍体毛白杨速生纸浆林开展紫花苜蓿间作试验，结果显示2~5年生林分土壤有机质、全氮、碱解氮含量较对照分别提高39%、44%和83%。

8.1.3.5　林内凋落物和抚育剩余物管理

林内的凋落物层是林木与土壤间营养元素的交换媒介，是林木取得营养的重要源泉。林下凋落物对林木的作用有：凋落物分解后，可增加土壤营养物质含量；保持土壤水分，减少水土流失；使土壤疏松并呈团粒结构；缓和土壤温度变化；在空旷处和疏林地可以防止杂草滋生。林内的凋落物可较好地提高土壤肥力，促进林木生长，维持森林生态系统平衡。林内的凋落物储量随林分的不同而不同。针叶林的凋落物现存量普遍高于阔叶林，但针叶林凋落物所含养分低于阔叶林凋落物。阔叶林内凋落物对改善土壤营养具有重要作用，应将其保护好。在营林中，可通过营造针阔混交林或林下发展灌木层来提高林内凋落物，禁止焚烧或把取林内凋落物。此外，如凋落物分解较慢，可外加氮源（铵态氮、硝态氮），以降低 C/N 比，加速凋落物分解和释放养分。

抚育剩余物主要包括除草（灌）剩余物、间伐和修枝剩余物等，其中保留了相当的营养元素，因此也是林木获取营养的重要源泉。合理管理抚育剩余物可有效保存林地养分，减少土壤水分散失和水土流失，抑制杂草生长，增加土壤微生物数量和活性，维持和提高林地土壤状况。但如果对抚育剩余物处理不当，如移出林地或火烧，则会造成林地养分的大量流失。目前对林地抚育剩余物较好的管理方式有平铺、垄状归堆、粉碎还林或就地腐熟还林等。

8.2 林木抚育

林木抚育多针对未成林造林地和幼龄林中的幼苗、幼树及林木，但随着社会对木材质量和森林质量要求的提升，中龄林等阶段的林木抚育也已经逐步开展起来。未成林造林地和幼龄林中的树木，虽然矮小抗性弱，但生命力最旺盛。此时林木的特性表现为对营养空间的纵向和横向扩展，喜光树种先是加快高生长，竞争上层空间避免被压，然后迅速扩展水平空间，从而保证个体占有最大营养空间，个体竞争渐趋加大，即使同一个体的不同器官和枝条间也有明显的竞争；耐阴和半耐阴树种竞争力虽没有喜光树种强，但耐阴树种间和个体间也激烈竞争着营养空间。未成林造林地和幼龄林中林木对营养空间竞争的生物学、生态学特性决定了林木的生长发育状况不一定都与林业生产目的相一致，如泡桐"冠大干低"问题、林木自然整枝问题、经济林树冠内堂结实率低等。这就要求在注重林地抚育的同时，必须对林木本身进行抚育，既促进树木生长发育尽快成林郁闭和加速生长，又保证树木向目的产品的速生、丰产、优质、高效方向发展。当前，珍贵树种（特别是珍贵阔叶树种）和高质量大径材培育发展很快，通过林木抚育促进高质量木材生产也已经成为森林培育的热点。林木旺盛的生命力和超强的可塑性为林木的抚育提供了可能，林木抚育包括抹芽、接干、除蘖定株、平茬促干、定干控冠、修枝等。

8.2.1 抹芽接干

抹芽是整枝的一种形式，即在侧芽膨大，芽尖呈绿色时，把芽抹掉。抹芽接干是指对顶芽死亡或顶端优势弱的树种保留树干上部 1 个健壮侧芽接干，抹除下部部分或全部侧芽，以培育高干良材的林木抚育措施。

8.2.1.1 抹芽接干的意义

芽是树木生长发育的基本单元，树干第二年的高生长是由苗干上的顶芽萌发而成，或者由干上部侧芽或隐芽等萌发接干而成，侧枝主要由侧芽萌发而成，冬芽的萌发与树木形态建成关系密切。如果苗干顶芽饱满，顶端优势强，分枝特性表现为单轴分枝，则容易连续自然接干，形成通直圆满的树干；否则，顶芽弱小或死亡，顶端优势弱，只能由侧芽接干，如果侧芽互生，还较容易形成新的顶端优势，进行合轴分枝，形成较通直圆满的树干，而如果侧芽为对生（如泡桐），就难以形成新的顶端优势，分枝特性表现为二叉分枝或假二叉分枝，树形表现为"冠大干低"，树木的经济价值、生态效益及景观效果均较差。

抹芽接干可实现连续自然接干，控制侧芽萌发成枝的数量和位置，调控树冠结构，提高光合效率，合理分配光合产物，促进树干生长，培育通直、圆满、无节、少节良材。马尾松抹芽试验结果表明，抹芽 3~6 a 后，无节主干可达 2~3 m，年高生长量较未抹芽的快 30%~40%，抹芽的无节部分上端与下端直径差平均为 2.3 cm，少于未抹芽直径差的一半。兰考泡桐的抹芽接干试验表明，人工接干比不接干树主干高 64.4%，胸径大 27.7%。

摘芽接干简单易行，省工省力，伤口易愈合，不消耗树体养分，且有些树种修活枝易引起微生物从伤口侵入，造成木材腐朽，如黄波罗、鸡爪槭等。抹芽接干是很好的林木抚育方法。

8.2.1.2 抹芽接干技术

（1）树种

树种的生物学特性不同，抹芽接干的效果相差很大。大部分针叶树和一部分阔叶树顶芽比侧芽大且饱满，顶端优势强，具有单轴分枝特性，无需抹芽接干，例如，红松、落叶松、柳杉、杉木、扁柏、青桐、杨树、山桐子、银杏等；部分顶芽死亡成合轴分枝的阔叶树种，人工抹芽接干的必要性相对较弱；而许多对生叶阔叶树种顶芽比侧芽小或死亡，成二叉或假二叉分枝特性，顶端优势弱，无法直接通过顶芽或侧芽实现接干，必须通过人工抹芽接干的方法来实现，如泡桐。剪梢抹芽接干对不同泡桐种类的效果也有差异，'毛白33'、山明泡桐、'豫选一号'、'豫杂一号'、白花泡桐、楸叶泡桐的接干高、接干形率、通直圆满度均较兰考泡桐、台湾泡桐、毛泡桐。

（2）时期

抹芽接干宜早不宜晚，一般在造林当年进行，以防接干与主干年龄相差大，出现两段材，降低出材率。植苗造林后一般需连续抹芽接干 2~3 次才能达到高干材培育的要求。仅仅抹除侧芽以培育无节、少节良材的，如马尾松，可在造林 3~5 年后开始抹芽，以免抹芽使光合叶面积小影响主干生长。抹芽接干时间在芽开始萌动至尚未抽梢发叶时为佳，最迟应在侧枝梢的基部木质化以前。

（3）方法

顶芽饱满不需人工接干的树种，除须早春芽萌动时抹除侧芽外，夏季也须及时抹除新萌侧芽，连续进行 4~5 年，主干达 7~8 m 成材高度后停止抹芽。但应保留部分侧枝以防风折。随后，再培育侧枝，扩大光合叶面积，促进树干生长。

对二叉或假二叉分枝特性的树种进行抹芽接干时，一般在梢部迎主风方向留 1 个饱满健壮的侧芽，在其上部 2 cm 处剪去梢部，下部侧芽全部抹除或仅留 1 对，秋季落叶后或次年春季萌芽前砍除侧枝。连续接干 2~3 a 即可形成通直圆满的高干，高度可达 6 m 以上。

8.2.2 修枝

自然状况下，林木下部枝条随着年龄的增长，逐渐枯死脱落，该现象称为自然整枝。人为地除去树冠下部的枯枝及部分活枝的抚育措施，称为林木修枝。林木修枝分干修和绿修两种：干修是去掉枯枝；绿修是去掉部分活枝。

8.2.2.1 修枝的意义

第一，修枝提高木材材质。修枝可以消灭木材死节，减少活节，增加木材中的无节部分(图8-1)。死节使木材纤维倾斜，降低木材强度，锯刨加工困难，板材干燥时死节松弛脱落形成空洞。新西兰辐射松用材林培育中通过修枝形成的 6 m 无节良材是极好的建筑结构材，净收益较有节材提高 1.7 倍。

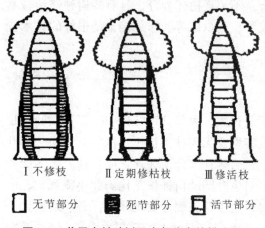

图8-1 节子在针叶树干内部分布的模式图　　图8-2 修剪松树活树时同化物质的流动状态

第二，修枝增加树干圆满度。修除活枝后，由于同化物运输与分配的变化，切口上方树干生长量增加，切口下部则减少，提高了树干圆满度(图8-2)。

第三，修枝提高林木生长量。修除树冠下部受光差的枝条，修掉妨碍主干生长的竞争枝、大侧枝及枯枝，会使林木的高和直径生长增加。山东省徂徕山林场对刺槐未成林的修枝试验结果表明，正确修枝比不修枝林木的高生长量增加 29% 以上，胸径生长量增加 48%。

第四，修枝能改善林内通风透光状况及林木生长条件。修枝减轻旱害和防止枯梢；有效增加杨农复合系统林下光合有效辐射 39.7%~98.9%，增高林下气温及叶温、降低空气湿度；修除枯枝、弱枝，减少树冠火的发生率，增加林木抗性，减弱雪压和风害，防止害虫及立木腐朽病的发生和蔓延。如红松不修枝，林内通风差，空气湿度大，易生烂皮病。

第五，修枝对林内病虫害的数量有一定影响。适当修枝可降低虫害密度，延缓害虫繁殖和扩散速度，同时修枝改善林分通风透光状况，促进林木生长，提高林木对病虫害的抗逆性。如在天竺桂上采用修枝控制日本龟蜡蚧，修枝两年后虫口密度大幅下降。

第六，修枝还能提供燃料、饲料、肥料，增加收益。如山东省昆嵛山林场进行赤松修枝，每公顷林地可得干柴约 5250 kg，净收益 82%。

8.2.2.2 修枝抚育的理论基础

(1)林木下部枝条枯死的原因

林分郁闭后,树冠下部枝条由于受到上部遮蔽,林下高温高湿,光照强度低于光补偿点,光合产物低于呼吸消耗,加之树木生长发育的顶端优势,下部枝条营养不良;同时,下部枝条因高温高湿叶片气孔关闭,蒸腾拉力小,根系吸收的水分主要输送到上部枝条,导致下部枝条水分亏缺而干枯死亡。

高密度条件下,泡桐枝干侧芽下第4对侧芽是上下侧芽萌发成枝生长的转折点,与主干夹角达到最大,第4对侧芽以上萌发枝条的长度、粗度、侧枝数都较大,而以下侧枝因受光不足则较小(图8-3),全部死亡,自然整枝强烈。

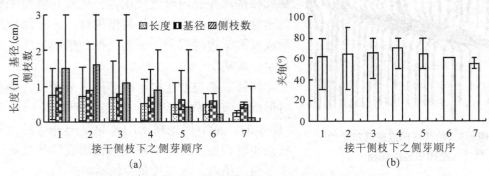

图8-3 高密度下2年生杂交泡桐'毛白33'接干单株的下侧芽萌发成枝的变化
(a)下侧芽萌发成枝的长度、粗度和侧枝数 (b)下侧芽萌发成枝与主干的夹角

(2)林木自然整枝过程和树节的形成

林木自然整枝分3个阶段:枝条枯死;枝条脱落;死枝残桩(枝痕)为树干包被。

林木下部枝条生长衰退和枯死的速度与年龄关系密切。据北京林学院(现北京林业大学)的研究:在人工油松林内,下部枝条的枯死始于10年生左右,10~20年生时枯死最快,以后稍减慢,树冠长度占树高的比例越来越小(图8-4);枝条的枯死与林分密度有关,林分愈密,自然整枝愈早,枯枝直径也较小;同一林分内,优势木的枝条粗,自然整枝慢,而被压木则相反。

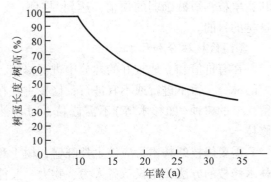

图8-4 油松树冠长度和树高之比随年龄之变化

枝条脱落由生物、物理和化学等综合因子促成。针叶树死枝树脂多,不易腐朽脱落,自然整枝不良,而阔叶树则相反;枝条越细,越易脱落;温暖潮湿气候加速枝条脱落;真菌和昆虫寄生于枯枝决定着树枝腐朽脱落的速率;有些树种的枯枝分段脱落,有些则一次自基部折断,但很少能自树干表面平整脱落,往往留一残桩。

死枝残桩为树干包被的过程因树种而异。树干形成层不断向外分裂成韧皮部、向内分裂成木质部,把树皮向外推移而增粗。当形成层位置移到和枝条脱落处同一水平面上时,树干形成层便向切口表面延伸，逐渐把枯枝脱落面封闭起来。针叶树如松、云杉、落叶松被包的残桩基部经常有 3~5 cm 的树脂浸渍，防止腐朽菌侵入树干(冷杉除外)；有些阔叶树的树干包被死枝残桩，在未折断的死枝基部四周有可塑性物质从树干流出，形成短的膨胀环。这种膨胀环逐渐向上生长把死枝包被起来。当枝条折断后，在折断处形成漏斗状的凹穴，然后由膨胀环形成层扩展，逐渐把折断处的凹穴封闭起来。桩长度和直径以及树干直径增长的速率决定着死枝残桩被树干包被的速率。

大多数树种枝条基部能形成保护组织。针叶树死枝基部聚积大量树脂，阻止虫菌危害；阔叶树保护组织的形成是在树枝枯死后，由邻近的薄壁组织在死枝基部导管内形成侵填体，充塞导管使木材减低透性。若为有心、边材的粗树枝，这种保护组织形成仅限于边材部分。山杨无保护组织，所以树干易生心腐病。

树枝基部包被在树干内部形成节子。枝条活着时形成的节子称为活节，枝条为死枝时形成死节(图 8-5)。活节周围树干的年轮是向外弯的，并与枝条年轮相连。由树干包裹枯枝形成的死节周围树干年轮向里弯，且与枝条年轮不相连。

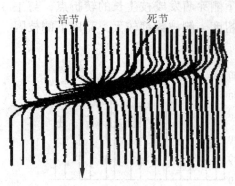

图 8-5　枯枝前形成最后年轮的松树节径向切面

8.2.2.3　修枝技术

根据林木自然整枝原理，人工修除林木下部枯枝或弱枝，是以往林木修枝的主要方法。但近年来随着四旁植树、林农混作和农田林网的发展，人工修枝技术有所进展，对一些合轴分枝和假二叉分枝的阔叶树种采取整形修枝法。其方法是修除粗大的侧枝、徒长枝和竞争枝，短截细弱的顶梢，达到"控侧(枝)促主(轴)"，延长主轴长度，培育无节高干良材的目的。

(1) 修枝林分和林木

在有价值和立地较好的林分中进行修枝，对于干形不良树木占多数的林分和立地条件差的林分，暂不进行或不宜进行；修枝主要在未成林和干材林中实施；对自然整枝良好不留死节的树种(如杉木等)不需修枝，对自然整枝不良的树种(如马尾松、云南松等)才修枝。

需要修枝的林木，应该生长旺盛，树干和树冠没有缺陷，有培育希望。这种选择部分林木修枝的方法，不仅节省人力、物力，又能使不修枝林木的枝条为修枝林木的树干创造庇荫条件，促进伤口愈合；同时还能抑制树干不定芽的萌发，减轻某些薄皮树种的日灼害等。生产中将修枝与抚育采伐结合进行，效果会更好。

(2) 修枝的开始年龄、间隔期和修枝高度

国内一般以林分充分郁闭，林冠下部出现枯枝时，作为开始修枝年龄的标志。但对顶梢生长力弱的阔叶树，如泡桐、刺槐、白榆等，为实现控侧枝促主轴生长的目的，造林当年可抹芽，2~3 a 即开始修枝。在立地条件好、林木生长较快的地方，修枝开始年龄宜早；在经济条件好和少林地区，整枝也应早些。

修枝间隔期指两次修枝相隔的年限。大多针叶树在第一次修枝后又出现1~2轮死枝时进行第二次整枝。阔叶树早期修枝利于控侧枝促主干生长，间隔期宜短，一般是2~3 a。日本对柳杉、扁柏修枝的研究表明，修枝从10年生开始，每两年进行1次，在枝下直径为4 cm处进行打枝，反复进行5次。

修枝高度视培育材种而异。一般修到6.5~7 m高度，即能满足普通锯材原木的要求。造纸、火柴和胶合板材修到4~5 m，造船和水利用材要修到6~9 m。随修枝高度的上升，修枝困难，效率降低，只在特殊需要时，才修到10~13 m。新西兰辐射松人工林三次修枝造林后10年完成（轮伐期27~30 a），修枝时间为造林后3~5 a（高5~6 m）、6~7 a（高7~8 m）和9~10 a（高9~10 m），每次修枝2 m，形成6 m无节良材。

(3) 修枝季节

一般在晚秋到早春（隆冬除外）修枝，这时树液停止流动或尚未流动，不影响生长，而且能减少木材变色现象。冬季林木养分大部分贮存在根部，修除部分枝条，林木养分损失较少。晚秋修枝，切口长期暴露在寒冷气候下，切口附近的皮层和形成层易受损伤；即将进入生长季节的早春修枝，切口易愈合，修枝效果更好，但杨树、柳树、栎类等在春季发芽前皮层极易脱离木质部，修枝时易撕剥树皮；萌芽力很强的树种，如刺槐、杨树等，宜在生长季节修枝。如在秋季修枝，翌年春季会从切口附近发出大量萌枝，影响干形，还需再修枝。有些阔叶树种，如枫杨、核桃等，冬春修枝伤流严重，生长季修枝，伤流会很快停止。但生长季修枝不宜在干热期，因此时伤口组织干燥快，影响愈合，且易遭受病虫害侵袭。

(4) 修枝强度

修枝强度一般用修枝高度与树高之比，或树冠长度与树高之比（冠高比）表示。修枝强度大致可分3级，即强度、中度和弱度。弱度修枝是修去树高1/3以下的枝条，保留冠高比为2/3；中度整枝是修去树高1/2以下枝条，保留冠高比为1/2；强度整枝是修去树高2/3以下枝条，保留冠高比为1/3。山东省总结了几个树种不同年龄的修枝强度（表8-2）。

修枝强度因树种、年龄、立地和树冠发育等情况而异。一般耐阴树种和常绿树种保留的冠高比大，喜光树种、落叶阔叶树种、速生树种保留的冠高比小。相同树种的冠高比随年龄增长而减小，年龄越大，冠高比越小。立地条件好和树冠发育良好的林木，修枝强度可大些。

表8-2 山东省几个树种的整枝冠高比（参考数字）

树　种	年龄(a)	冠高比
生长快的树种（杨、柳、刺槐、泡桐、榆树、楸树、枫杨、苦楝、悬铃木、臭椿等）	2~3	3:4
	3~5	1:2
	11~15	2:5
生长较慢的树种（栎类、松、五角枫、侧柏、黄连木、槐树等）	5~10	3:4
	11~15	3:5
	16~20	1:2
	21以上	2:5

最弱度的修枝仅修去枯枝,不会对林木生长产生不利影响,也不易发生腐朽,但对减少节子的作用较小。一般中等修枝强度是只除去力枝以下的枝条,保持冠高比约为1/2,对林木生长不会产生不利影响。我国多年经验说明,第一次修枝的强度,应保持冠高长度为树高的2/3,当枝下高超过8 m时,可停止修枝。B·U·拉祖莫夫查明,松树在修除死枝和1/3活枝时,胸径生长最大;修去死枝和2/3活枝的林木,胸径生长量最小;只修去死枝的林木胸径生长量介于二者之间。

(5) 修枝切口的愈合

干修时,切口愈合过程与天然整枝相同,但因枯枝去掉及时,可加快整枝速度,减少死节。绿修时,伤口周围露出的树干形成层和皮层的薄壁细胞分裂长出薄壁愈合组织,逐渐扩大,把整个切口封闭愈合。

切口愈合的速率是两侧的组织增长最快,上面的次之,下面的最慢。其原因:①树干直径生长,对切口侧面压力不断增加,但对切口上线和下线的压力不变;②伤口两侧的形成层组织是纵向切开,伤口上下线的形成层组织是横向切开,致使侧面形成层细胞所受的刺激大于上下线。这样营养物质最容易流到切口侧面,促使愈合组织形成,而营养物质最难输送到切口下缘。因愈合组织在树枝切口各部分扩展速率不同,形成多种伤口愈合形式(图8-6)。

绿修切口位置有4种:①平切,即贴近树干修枝;②留桩,修枝时留桩1~3 cm;③斜切,切口上部贴近树干,切口下部离干成45°角留桩成一小三角形;④留桩斜切(图8-7)。平切的优点是伤口面积虽大,但愈合较快,能消除死节并能形成较多的无节材,适于大多针叶树和阔叶树。留桩的好处是操作简单,不易损伤树皮,伤口面积小,但愈合时间较长,易形成死节。有些树种不留枝桩就不能形成保护组织时只能留枝桩。从表8-3看出,切口位置于树枝基部膨大部位(简称枝盘或枝隆)为好。日本的修枝技术是:"当枝盘发达,

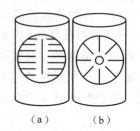

图8-6 常见切口愈合形式　　　　图8-7 不同修枝切口位置
(a)缝形　(b)环形　　　　　　(a)第一种切口位置　(b)第二种切口位置
　　　　　　　　　　　　　　　(c)第三种切口位置　(d)第四种切口位置

表8-3　加拿大杨幼林不同修枝切口位置愈合情况

顺序	切口位置	当年愈合面积	发生不定芽
第一种	从枝条基部膨大部位下部修剪,切口与树干平	99.5%	无
第二种	从枝条基部膨大部位上部修剪,切口与树干平	99.5%	无
第三种	从枝条基部膨大部位修剪,但切口上部贴近树干,切口下部离开树干与树干成45°角留桩成一小三角形	65.0%	无
第四种	修枝留桩1.5 cm切口与枝条垂直	0	每枝萌芽1~6个

修枝要在稍靠枝盘内侧连同突起的一部分与树干成平行砍掉,使修枝切口与树干平行"。

切口愈合快慢受树种、切口位置、立地条件、林木的生活力、枝条粗度和庇荫情况等多种因素影响。阔叶树切口愈合一般比针叶树愈合快。阔叶树中切口愈合速率大小顺序为杨、柳、白榆、刺槐、苦楝、臭椿、栎类等。针叶树切口愈合速率的大小顺序为落叶松、云杉、冷杉、松树;树冠中上部枝条由于得到的营养物质多而愈合快,伤口距上部生长旺盛枝条越近的愈合越快;立地条件良好的切口愈合较快;树龄越小,生命力越旺盛,越容易愈合;枝条越细切口越容易愈合。为使切口尽快愈合,防止感染病腐,修枝的枝条粗度应有一个界限,如日本规定能修枝的最大枝条粗度是:日本扁柏 4~5 cm,赤松 3 cm,山核桃 5 cm。庇荫对伤口的愈合有促进作用,有人对枹栎试验,修去活枝后,在南面和西南面的伤口愈合比其他方位差得多,原因之一可能是伤口易干燥,影响伤口愈合组织的形成。

修枝切口与木材腐朽关系密切。据日本、苏联(今俄罗斯)的研究,有些树种修除活枝后能引起真菌从伤口侵入,造成木材腐朽。这是由于某些阔叶树种保护组织形成的不完全(如山杨、槭树、桦树、橡树等),某些针叶树种没有树脂淀积现象(如冷杉)或树脂淀积速度很慢(云杉等)所造成的。为达到修枝的良好效果,对修枝切口要求平滑、不偏不裂,不削皮和不带皮。这样,可减少虫害及腐朽,促使愈合。对于较粗的枝条,应先锯(或砍)下方,后锯(或砍)上方;对于松树等轮生枝,宜稍留枝桩,以免切口相连造成环状剥皮。

复习思考题

1. 论述林地抚育和林木抚育主要应用于森林生长发育的哪些阶段?
2. 林地抚育管理包括哪些技术?
3. 林木抚育管理包括哪些技术?
4. 简述松土除草的意义与技术措施。
5. 怎样做到合理灌溉?灌溉方法有哪些?
6. 简述林地施肥的原则和方法。
7. 试述林地肥力维持的生态学途径与方法。
8. 简述剪梢抹芽接干技术。
9. 简述林木自然整枝现象及其理论基础。
10. 试述人工修枝抚育的技术措施。

推荐阅读书目

1. 孙时轩, 1990. 造林学. 北京: 中国林业出版社.
2. 兆赖之, 2005. 育林学. 北京: 中国环境科学出版社.
3. West P. Philip, 2006. Growing Plantation Forests. Berlin: Springer.

(贾黎明)

第9章 封山(沙)育林

【本章提要】 封山(沙)育林是利用树木的天然更新能力,以封禁为主要手段,辅以人工促进措施,使疏林、灌丛、采伐迹地、荒山荒地、沙地以及其他林地恢复为森林或灌草植被。封山(沙)育林可采用全封、半封、轮封方式实施封禁、封育、封造,进而培育乔木型、乔灌型、灌木型、灌草型、竹林型等植被类型。

9.1 封山(沙)育林概况

封山(沙)育林是我国扩大森林资源的3种方式(人工造林、飞播造林和封山(沙)育林)之一。封山(沙)育林采取封育手段,充分依靠自然力对退化生态系统进行修复和治理,进而保护和扩大森林资源,恢复生态环境。这种方法在我国由来已久并切实有效,被国外称为"中国式造林法"。

9.1.1 概念

封山(沙)育林是对具有天然下种或萌蘖能力的疏林地、采伐迹地、造林失败地、灌木林地、天然次生林地,以及低质低效林、竹林,通过封禁或辅以人工育林措施,保护并促进幼苗幼树、林木的自然生长发育,从而恢复形成森林、灌木林或竹林,或提高森林质量的一项技术措施。封山(沙)育林是我国传统的恢复森林植被的方法,也是一种传统的近自然营林方式。

《中国农业百科全书·林业卷》将其定义为:"以封禁为基本手段,促进新林形成的措施。即把长有疏林、灌丛或散生树木的山地、滩地等封禁起来,借助林木的天然下种或萌芽逐渐培育成森林。"

9.1.2 简史

早在公元前4世纪我国就已把封山育林作为一种扩大森林资源的重要方法。在《吕氏春秋·审时篇》《简子·王制》《管子·轻重己篇》《齐民要术》《孟子·告子上》《国语·郑语》等文献中都有过强调人与自然和谐发展的思想,被认为是封山育林思想的雏形。对封山育林提出具体措施的最早记载是《管子》里一个封山育林的时令表,提出了要把握住"育"与"采"的"时"与"序"。在近代,封山育林作为一种"乡规民约"被广泛应用并持续至今。

中华人民共和国成立后,我国封山育林经历了4个阶段:

第一阶段为确立期（1949—1956 年）。根据经济建设的需要，国家明确了封山育林的方针、任务和工作重点，号召各地开展封山育林。

第二阶段为倒退期（1957—1976 年）。受"大跃进"和"文化大革命"等影响，封山育林被认为是"没有骨气""懦夫懒汉"思想，被当作一种落后的生产方式而受到批判，因而未能得以实施。

第三阶段为恢复期（1977—1990 年）。改革开放后，森林资源需求量剧增，封山育林重新受到重视。1985 年制定实施的《中华人民共和国森林法》中明确规定："必须封山育林的地方，由当地人民政府组织封山育林"。同年提出"以封为主，封育结合"的原则，把封山育林作为发展林业的一项战略手段，各省、自治区、直辖市制定了相应的封山育林规划，公布了适合本地封山育林的管理办法、实施细则、检查验收标准和资金使用管理办法。

第四阶段为稳定发展期（1991 年至今）。1995 年《造林技术规程》（GB/T 15776—1995）（包含"封山封沙育林技术"的内容和要求）的颁布，标志着封山（沙）育林的对象和范围有所扩大，不仅包括疏林、灌丛、采伐迹地、荒山荒地等，也包括有可能恢复植被的沙漠、沙地。封山育林不仅被认为是作为增加森林、灌草面积的技术措施，也是改善森林、灌草等植被生态结构、提高植被生态系统质量的重要途径。传统的封山育林向工程封山育林转变，粗放经营逐步转变为集约经营，经营形式多样化，每年新增封山育林面积接近并超过同年人工造林面积。封山育林和人工造林地位同等重要，2005 年封山育林被列入退耕还林工程建设内容，2018 年修订并颁布实施了《封山（沙）育林技术规程》（GB/T 15163—2018）。2019 年新修订的《中华人民共和国森林法》规定，封山育林由当地人民政府组织，封山育林区内的林木不得核发采伐许可证。

9.1.3 特点

与人工造林相比，封山（沙）育林具有成本低、技术简单、面积大、收效快等特点，是进行植被恢复的有效途径。

①成本低 原有的疏林地、灌丛地、具备封育条件的荒山荒地和沙地，以及天然林保护区域等，在投入较少的资金和人力情况下，经若干年封育，大多可成为有林地和灌草地，以及良好的天然次生林地。封育成本仅为人工造林的 1/10~1/5。

②技术简单 省去了大量的育苗、运输、栽植和幼林管护等工序。

③面积大、进度快 无论多大面积，封山（沙）育林几乎都可同时进行，加快了绿化进度。

④收效快 很多山区、荒地、沙漠地带的人力和资金短缺，采取封山（沙）育林可加快绿化速度。一般而言，有封育条件的地方，经封禁培育，南方地区少则 3~5 a，多则 8~10 a，北方和西南高山地区 10~15 a，就可郁闭成林。

9.1.4 作用

实施封山（沙）育林后，能把纯林逐步建设为混交林，单层林变为复层林，疏林变为密林，沙漠变为绿洲，经破坏的天然林得以恢复，形成多样化的植被生态系统，从而实现地力的恢复和森林、灌草等多种效益的发挥。在一定条件下，甚至可促使岩石地带、石漠化地带、半沙漠化地带和干旱瘠薄山地等困难地带向灌草甚至森林的转变。作用具体表现为：

(1) 增加森林植被覆盖

保护母树，促进天然更新，可促进灌草群落、林地向天然林的转化；同时，通过人工补植或补播等措施，使林分郁闭度明显提高，灌草盖度明显增加，森林覆被率显著增加，有利于水土保持和环境改善。

(2) 促进生物多样性保护

不破坏植被，既能保护原有的树种资源，又能形成混交林，是保护珍稀树种和生物多样性的重要途径，还有利于鸟类和动物的栖息繁衍。阻止了人类对林地植被的破坏，为物种创造了休养生息的机会，可显著提高生物多样性。灌木和草本植物在封育初期即可迅速恢复，个体数和种数均明显增加。在较短时期内，乔木树种种类增加可能较慢，但是长期封山育林后，群落演替趋向顶极阶段，地带性树种占据优势。此外，封山育林区鸟类、昆虫和其他动物的种类和个体数均会随封育时间的延长逐渐增加。

(3) 控制森林病虫害发生

有利于保护草本和木本植被，改善群落结构，形成比较稳定的生态系统，有利于天敌繁殖，构建合理的食物链和种间关系，提高森林对病虫害的抵抗能力。

(4) 改良土壤维持地力

经过封山(沙)育林，地表和地下枯落物得到保护并不断积累。枯落物腐烂分解后，能形成有机质，可显著提高土壤肥力。研究表明，枯落物的养分贮量、年枯落物养分含量、枯落物年分解率、土壤腐殖质中胡敏酸量(HA)与富里酸量(FA)的比值等，均呈现出随演替进展方向而增高的趋势。

(5) 提高水土保持能力

封山育林使植被得到了恢复，增加了枯落物贮量，提高了土壤有机质含量和土壤孔隙度，改变了土壤结构状况，增强了林分的水源涵养和水土保持作用。此外，封育后的森林多为混交复层群落，其根系也在地下组成立体结构，能充分利用不同土层中的水分和养分，有效固持土壤，提高森林的水土保持能力。

(6) 促进森林演替与更新

通过封山育林，最终可形成当地环境条件下多种植物组成的顶极群落或稳定性较强的混交次生林。由于封山育林顺应植物正向演替规律，植物(森林)在环境作用下，经过长期适应和物竞天择，都能形成一定的顶极群落；在自然条件较好、人为干扰较少的地方还可能恢复到森林顶极群落。封山育林所形成的林分往往比人工林的适应性更强，在树高、地径生长上也具有一定优势。

(7) 影响区域景观格局变化

长期封山(沙)育林后，景观要素类型的主要变化是斑块的破碎、消失、合并、扩大或缩小；斑块形状趋于规则；森林岛数目增加，总面积加大，形状指数降低；灌草群落向灌木林、天然林等转化；裸岩优势度值下降，总面积减小；幼龄林形成近熟林，疏林形成密林，散生林形成疏林或密林，灌木林地和宜林荒山经人为造林措施形成人工林，沙区形成绿洲。反映了封山(沙)育林对景观格局的影响及过程，表现出长期封山(沙)育林使景观森林化这一必然趋势。

9.2 封山(沙)育林的原则和对象

9.2.1 原则

①坚持生态优先，生态、经济和社会效益兼顾的原则　应充分保护封育区内已有的天然林木、幼苗幼树、国家和地方重点保护的野生植物、古树名木和野生动植物栖息地，不影响当地群众正常的生产生活，实现生态、经济和社会效益的统一。

②充分利用自然力　应以封为主，在依靠自然力难以恢复森林植被时，可进行适当的人为干预，实行封(育)、管(护)、补(植)并举，乔灌草集合。

③坚持因地制宜、分区施策的原则　根据封育区的地形、土壤、气候等立地条件以及植被状况，制定相应的封育措施。同时，分区域合理评价封育成效。

④恢复森林和提高质量兼顾　应充分发挥封山育林恢复森林植被、提高森林质量的作用。优先采取封山育林措施恢复森林植被；对于郁闭度小于0.4的乔木林、竹林，应优先采取封山育林措施提高森林质量。

9.2.2 对象与条件

符合封山(沙)育林目标，封山后能依靠天然下种和伐根萌蘖恢复成林的地块可作为封山(沙)育林对象。主要包括：

①疏林地、迹地、造林失败地　符合下列条件之一者可以实施封育，即：具有一定数量且分布比较均匀的下种母树；具有一定数量且分布比较均匀的树木幼苗；具有一定数量且分布比较均匀、具有萌蘖能力的树木根株；具有一定数量且分布比较均匀的竹类植物；其他经封育后有望成林、成灌或增加植被盖度的地块。

②乔木林地和竹林　郁闭度<0.40，经过封育后有望恢复森林(竹林)或明显增加植被盖度的地块。

③灌木林地　盖度<50%，经过封育后有望恢复灌木林或明显增加植被盖度的地块。

④天然次生林地　被国家划为天然林保护区，禁止人为干扰的天然次生林地块。

9.3 封山(沙)育林技术

9.3.1 类型

可以按照封育目标和封育方法划分封育类型。

(1)按照封育目标划分类型

①乔木型　因人为或自然因素干扰而形成的疏林地以及在乔木适宜生长区域内，达到封育条件且乔木树种的母树、幼树、幼苗、根株占优势的无立木林地、宜林地应封育为乔木型。

②乔灌型　其他疏林地以及在乔木适宜生长区域内，符合封育条件但乔木树种的母树、幼树、幼苗、根株不占优势的无立木林地、宜林地应封育为乔灌型。

③灌木型　不适宜乔木生长，但符合封育条件的无立木林地、宜林地应封育为灌木型。

④灌草型　立地条件恶劣，如高山、陡坡、岩石裸露、沙地或干旱地区的宜林地段，宜封育为灌草型。

⑤竹林型　符合毛竹、丛生竹或杂竹封育条件的地块。

⑥综合型　符合国家天然林保护区复杂林相的天然次生林地块。

(2) 按照封育方法划分类型

为使封、造、管3种方式有机结合，因地制宜进行封山育林，可把封育区域划分为3种类型：

①封禁类型　天然(次生)植被生长状况较好，比较偏远，人和牲畜难以到达的地块，或坡度较大，有一定的灌木而且人工造林(补植)比较困难的地块划分为封禁类型。封禁类型因受自然条件限制，无法进行人工干预，对其实施封禁管护，避免任何人为干扰，让其自然恢复为森林。

②封育类型　母树、幼树、幼苗的数量能达到自然更新目的且分布比较均匀的地块，或立地条件较差、人工造林比较困难、有一定灌木覆盖的地块划分为封育类型。封育类型需通过人为措施保护和培育母树、幼树、幼苗，促进母树结实下种和幼树、幼苗生长，从而促进林分提早郁闭。

③封造类型　立地条件较好，但植被稀少、缺乏母树和幼树、幼苗的地段划分为封造类型。该类型依靠天然更新比较困难，需通过人工造林措施，在不破坏原有植被条件下进行补植、补种，以期快速提高植被盖度。

9.3.2 方式

根据不同封育目的和当地自然、社会和经济条件，封山(沙)育林可分为3种方式。

(1) 全封

又称死封，即在较长时间内(一般3 a以上)，将封山育林区彻底封闭起来，禁止除实施育林措施以外的各种生产和生活活动。人烟稀少的偏远山区、江河上游、水库集水区、水土流失严重区、风沙危害区、干旱区、人畜活动频繁区，以及其他生态脆弱且植被恢复比较困难的地段宜实施全封。采取全封必须经过调查研究，区划出若干地段作为群众必需的生产生活基地。

封育需要采取以下措施：一是设置围栏。在牲畜活动频繁的地区，采用铁丝、石料垒墙、开沟挖壕等方法设置机械围栏，或栽植有刺的乔、灌木设置生物围栏，进行围封。二是设置哨卡。对于管护困难的封育区可在山口、沟口、围栏口等人员活动比较频繁的地方设置哨卡，加强封育区管护。三是设置标志牌。封育单位应明文规定封育制度并采取适当措施进行公示。在封禁区边界明显处，如主要山口、沟口、河流交叉点、主要交通路口等树立牢固、永久性的标志牌，标明封山育林工程名称、封育区范围、面积、年限、方式、主要措施、责任人、联系方式等。四是人工巡护。根据封育面积及人畜危害程度，设专职或兼职护林人员进行巡护。如果封育区无明显边界或无区分标志物，则有必要设置界桩以示界线。

(2) 半封

又称活封，即将封山育林区封闭起来，平时禁止入内，到一定季节(一般为休眠期)进行有序开放，在保证林木不受损害，不影响森林植被恢复的前提下，有计划组织采樵、放牧和副业生产等经营活动。此方式适用于封育用材林、薪炭林以及有特殊目的的植被群落。这种封育方式既有利于育林，也照顾了当地村民的经济利益。

(3) 轮封

将具备封山育林条件的地方，分区划片轮流进行全封或者半封。在不影响育林、水土保持、保护环境的前提下，根据当地群众需要，在开封的地段有计划地组织生产和生活活动，从而达到恢复植被的目的。轮封间隔期短者 2~3 a，长者 3~5 a。

不论全封、半封还是轮封，在封山育林期间，禁止任何单位或者个人在封山育林区从事下列活动：非抚育性修枝、采种、采脂、掘根、剥树皮及其他毁林活动；吸烟、燃放烟花爆竹、烧荒、烧香、烧纸、野炊以及其他易引起火灾的野外用火；放牧或者散放牲畜；猎捕野生动物、采挖树木或者采集野生植物；开垦、采石(矿)、采砂、采土；擅自移动或者毁坏封山育林标牌、界桩及其他管理设施；其他破坏封山育林的活动。

9.3.3 年限

主要根据封育区立地条件以及封育类型确定封育年限。亚热带和热带地区的封育年限一般为：乔木型，6~8 a；乔灌型，5~7 a；灌木型，4~5 a；灌草型，2~4 a；竹林型 4~5 a。寒温带、中温带、暖温带、青藏高原高寒区、干旱区和半干旱区等立地条件较差的地带，封育年限比亚热带和热带地区适当延长。

9.4 封山(沙)育林组织实施与档案建立

9.4.1 作业设计

为了科学、有序、有效地开展封山育林，有必要进行封育作业设计。封育作业设计主要包括基本情况的收集与调查，以及封育技术设计两部分。

(1) 基本情况的收集与调查

全面了解封山育林区及周边区域的自然地理、社会经济和植被状况。主要包括：地形、地貌、气候、土壤、水文等自然地理状况；人口、交通、农业生产、收入、农村生产生活用材、能源和饲料供需条件及其发展前景等社会经济状况；当地曾经分布的自然植被类型，现有的天然更新和萌蘖能力强的树种分布情况，以及森林火灾和林业有害生物等。

(2) 封育技术设计

封山育林作业设计以小班为设计单元，以县级行政区域单位或封山育林项目为设计总体。设计文件应满足施工要求，主要包括以下内容：封育所在区域概况、封育区范围、封育小班、封育类型、封育方式、封育年限、封育组织方式和责任人、封育作业措施、投资概算、封育效益以及相关附表和附图。

9.4.2 管护措施

主要措施包括：

(1) 封育区管护

及时设置围栏、界碑、哨卡、瞭望台等设施，做好宣传教育工作，健全组织与制度，安排专职或兼职护林员对封育区进行巡护，防止人畜随意进入封育区危害幼苗幼树等植被。

(2) 火灾预防

将封育区纳入森林防火对象，在做好火灾预防的同时，也要做好火灾应急扑救预案。

(3) 林业有害生物防治

及时采取有害生物防控措施，防止林业有害生物成灾；在开展林业有害生物防治时，要避免或减少对生态环境的危害。

9.4.3 培育措施

在确保封育成效的基础上，充分利用自然力，并适当进行人为干预，根据封育类型确定具体的培育措施。

(1) 乔木型培育措施

采用补植、补播等措施人为增加封育区乔木树种的幼树或幼苗数量；或采用割灌、除草、整地等措施改善乔木下种后的种子萌发和幼苗生长条件。

(2) 乔灌型培育措施

采用补植、补播等措施人为增加封育区乔木和灌木树种的幼树或幼苗数量；或采用除草、整地等措施改善乔灌木下种后的种子萌发和幼苗生长条件；或对灌木进行平茬或断根，增强萌蘖能力。

(3) 灌木型培育措施

采用补植、补播等措施人为增加封育区灌木树种的幼树或幼苗数量；或采用除草、整地等措施改善灌木下种后的种子萌发和幼苗生长条件。

(4) 灌草型培育措施

在自然条件较差的干旱，或高寒、石漠化地区，经过封育措施难以达到灌木林标准的地块，通过人为播种草本植物提高植被盖度。

(5) 竹林型培育措施

通过人为补植增加母竹数量，或通过割灌、除草等措施，改善母竹的生长和无性繁殖能力。

(6) 综合性培育措施

保护实生乔木，抚育改造萌蘖林，适当引进优良珍贵树种，保持和形成稳定的混交、复层、异龄结构的森林。

9.4.4 检查与验收

按照封山育林规划设计要求和年度完成目标，定期对封育范围、封育面积、封育类型、封育设施、乔灌草生长情况进行检查；并对组织机构、承包责任制、护林队伍、林木保护和管护设施等进行检查。达到封育年限时，对封山育林成效进行检查验收，须按规定因子进行全面调查，全部因子均达到标准时方可通过验收。

9.4.5 档案建立

要按封育类型和小班分别记载封育前的自然状况、社会经济状况、封山育林规划，封育后采取的各项封育措施和经营活动情况、科学试验材料和主要方法、年度完成情况、投入和产出情况、检查验收结果、环境保护效果以及经济效益等封山育林成果和有关图表资料，及时汇总整理，立档归案，永久保存，以备查考、总结和推广。

复习思考题

1. 封山育林的概念？封山育林与人工造林的区别？
2. 简述封山育林的特点与作用。
3. 简述封山育林的对象与条件。
4. 简述封山育林的主要类型。
5. 简述封山育林的主要方式。
6. 简述封山育林的主要措施。

推荐阅读书目

1. 黄枢，沈国舫，1993. 中国造林技术. 北京：中国林业出版社.
2. 徐化成，郑钧宝，1994. 封山育林研究. 北京：中国林业出版社.
3. 国家市场监督管理总局，中国国家标准化管理委员会，2018. 封山（沙）育林技术规程（GB/T 15163—2018）. 北京：中国标准出版社.

（唐罗忠）

第 10 章　林农复合经营

【本章提要】本章主要介绍了林农复合经营的概念、特征、发展历史与现状;论述了发展林农复合经营的意义;描述了发展林农复合经营应遵循生态学原理和经济学原理;结合我国林农复合经营的生产实践,阐述了林农复合经营的分类、结构等,并介绍了林下经济的概念及几种具有代表性的林农复合经营的优化模式。

林农复合经营(agroforestry),又称混农林业、农用林业、农林业、林农间作等。林农复合经营是将林业和农业或牧业或渔业等有机地结合在一起进行复合经营的一种传统的土地利用方式。国际林农复合经营研究委员会(ICRAF)给林农复合经营下的定义是:林农复合经营是在同一土地经营单元上,将多年生木本植物与栽培植物或动物精心地结合在一起,通过空间或时序的安排以多种方式配置的一种土地利用制度。这个系统不同组分之间存在生态与经济方面的联系。

10.1　林农复合经营的发展历史与现状

人们对林农复合经营的认真总结并建立其学科体系开始于20世纪的中期。1950年Smith所著的《树木作物:永久的农业》(Tree crops: A Permanent Agriculture)一书,被认为是第一部关于林农复合经营系统的专著。1977年,国际林农复合经营研究委员会在加拿大国际发展研究中心的促进下成立。从此,林农复合经营被正式确立为一个特殊的分支学科领域,登上了农林业研究的舞台。1979年,国际林农复合经营研究委员会举办了林农复合经营土壤研究和林农复合经营国际合作的两个国际会议,吸引了全世界有关的知名专家,使林农复合经营的研究开始进入热潮阶段。20世纪80年代前半期许多学者对林农复合经营系统的优点及潜力进行了广泛探讨,并提出发展设想,这一时期理论与应用研究都有很大进展,包括林农复合经营系统的理论基础、系统分类和设计,以及建立林农复合经营系统数据库等。到90年代初,大量的多用途树种已被筛选出来,并发表了许多定位试验结果,不同组分间界面的研究更加深入,树木的作用机理逐渐被证实。1991年发表了以"林农复合经营理论与实践"为题的专论,它标志着林农复合经营科学研究体系的基本形式。

目前,农业的可持续发展已成为举世关注的问题,农林复合作为一种既能得到木材、燃料和食品,又能保护资源和环境的应用科学技术备受关注。最近几年来,不仅仅是亚非发展中国家,而且欧美一些发达国家对农林复合系统的研究也十分重视。

林农复合经营在我国有悠久的历史,最早可追溯到旧石器时代的中后期,中国农业起源于森林,从来就是农林结合的。中国林农复合经营可划分为以下三个阶段:

(1) 原始林农复合经营阶段

原始农业的"刀耕火种""游耕轮作"就是林农复合经营的原始形式,盛行于新石器时代,延续约 7000~8000 年之久。直到现在,中国西南人少林多的边远闭塞山区还存在这种原始形式。

(2) 传统林农复合经营阶段

在公元前 20 世纪前后,奴隶制经济的发展,使刀耕火种演变为定居种植。土地私有制经济的发展,自给自足的小农生产方式,在历代"农桑政策"推动下,使以农为主,农、林、牧、副、渔综合经营的传统林农复合经营不断地得到充实和发展,各地区积累了许多丰富的实践经验,先后延续 3000 多年。

(3) 现代林农复合经营阶段

20 世纪 50 年代以来,由于商品经济的发展,传统林农复合经营受到削弱,发展到现代林农复合经营阶段。现代林农复合经营就是用现代市场经济和系统生态学的观点及科学技术手段,调整农林产业结构,组成农、林、牧、副、渔、工、贸的综合经营体系,使当地自然资源(气候、土地、水、动植物)和社会资源(技术、劳力)得到充分的利用和养护,以谋取巨大而持续的经济、生态和社会效益。

10.2 林农复合经营的意义与特征

10.2.1 林农复合经营的意义

发展林农复合经营,在生态、经济与社会效益上都有着重要的意义,主要体现在:

(1) 协调农林争地的矛盾,促进粮食增产、经济发展和环境建设的统一

鉴于人口不断增长、资源和环境不断恶化,以牺牲林业用地来满足粮食需求,或依靠减少耕地面积,大幅度地提高林木覆盖率、改善环境,都是不可能的,也是不现实的。而林农复合经营作为一种土地利用制度,在粮食不减产的同时,实现了林木覆盖率的提高,解决了长期以来未能很好解决的"农林争地"的矛盾,为协调粮食增产、经济发展和环境建设之间的矛盾提供了重要的途径。

(2) 挖掘生物资源潜力,增强生态系统的稳定性

林农复合经营是一项以生物措施为手段的资源管理系统,它充分利用树木的生理、生态功能,调节小气候、改良土壤,为资源利用率的提高创造有利的外在条件。并利用不同种群的生物学特性,实现了种群在不同生态位上的"共生互补""相互依存",增加了系统抵御自然灾害的能力,提高了生态系统的稳定性。

(3) 物质多级循环利用,提高环境资源利用效率

林农复合经营作为一种多产业的有机组合,在同一地块上,将"一维"的农业生态系统转为"多维"林农复合生态系统,增加了系统在空间上和时间上的多样性,充分地挖掘生物资源,并通过生态环境的改善,最大限度地提高气候和土地等资源的利用率。林农复合经营可将高投入、高产出的农业系统转变为依靠系统自给、生物自肥的人工复合系统,加快了系统的物质循环和能量流动,提高了农业生产率。

(4) 生态、经济、社会效益的统一，实现经济与环境的协调发展

林农复合经营在体现生态、社会效益的同时，强调系统的经济效益。它不仅具有增加作物产量，而且可多目标、多层次、多方位地利用林木、农作物、饲养业的主副产品，有利于农民增加收入，实现经济和环境的协调发展。

(5) 充分利用农村剩余劳动力，促进农村社会经济的发展

林农复合经营系统是一个高投入、高产出的人工复合生态系统，相对单一作物农田系统，其经营管理过程比较复杂，技术水平要求较高，所以，在一定程度上增加农村就业机会，促进农业农村社会经济的发展。

总之，林农复合经营是一项多种群、多功能、低投入、高产出、持续稳定的复合经营系统，在解决农林争地矛盾、挖掘生物资源潜力、协调资源合理利用、改善与保护生态环境、促进粮食增产及经济可持续发展等方面具有重要的理论和实践意义，充分体现了林农复合在农业可持续发展中的重要地位。随着中国农业产业结构进一步调整和优化、农业可持续发展战略的推进，林农复合经营将会有更为广阔的发展空间。

10.2.2 林农复合经营系统的特征

林农复合经营系统是一个人工生态系统，它与单纯农业或单纯林业有明显的不同，具有以下几个突出特征：

(1) 复合性

复合经营改变了农业经营对象单一的特点，以树木或林木的参与为必要的前提，把林业和粮食、经济作物、药材或家禽、家畜和渔业等结合起来，打破了各部门之间和学科之间的界限，有利于加强各部门之间的协作和学科之间的渗透和提高效益。

(2) 集约性

复合系统有多种组成成分，比单一经营林业或某个农作物要复杂得多，因此在管理上要有更高的技术，在空间配置和时序安排上需精心搭配。

(3) 系统性

复合系统是一种人工生态系统，有其整体的结构和功能，在其组成成分之间有物质与能量的交流和经济效益上的联系。经营目标不仅要注意多个组成成分，更要重视系统的整体效益，把生态、经济和社会效益有效地联系起来。

(4) 等级性

复合系统可大可小，有不同的等级和层次。小范围的庭院经营可为一个结构单元。田间生态系统、一片山坡也可为一个结构单元。小流域或地区或大面积的防护林体系，从景观看也可以是一个结构单元。

10.3 林农复合经营的理论基础

10.3.1 林农复合经营的生态学原理

林农复合经营系统是一种按技术经济原则而建立的生态系统，具有一定的结构与功能，有其自身发展演变的规律，同时林农复合经营又与社会经济密切相关，为了更有效地

经营林农复合系统，必须遵循以下的生态学原理。

(1) 生态系统原理

林农复合经营系统由多种植物组成或由植物与动物组成。各生物成分间相互联系形成一个不可分割的总体。因而在调节林农复合经营系统时，引入或除去某一生物成分时，需要了解对整个林农复合生态系统的影响。根据生态系统多营养级原理组成的林农复合系统，可多层次利用物质与能量，提高生态和经济效益。例如，珠江三角洲的桑基鱼塘生态系统，桑叶养蚕、蚕沙、蚕蛹养鱼、鱼粪肥塘、塘土肥田、田肥桑茂，形成多营养级的食物链，系统自我维持与稳定性提高。桑、蚕、鱼缺乏其中一个营养级，将破坏系统，降低效益。

(2) 生态位原理

生态位是指某种生物与所处环境之间的关系。根据生态位理论，同一生境中的群落中不存在两个生态位完全相同的物种；同一生境中能够生存的相似物种，其相似性是有限的，它们必须有某种空间、时间、营养或年龄生态位的分离；为了减少或缓和竞争，在同一小生境中同时存在两个或两个以上物种时，应尽量选择在生态位上有差异的类型。林农复合系统就是利用了生态位这一原理，开拓潜在生态位，合理地配置不同的生物物种，使之占据和利用各自合适的生态位，使生态系统内的物流和能流朝着有利于"三个效益"的方向发展。

开拓潜在的生态位，即采取一些人为的措施，可使生态元的潜在生态位变为实际生态位，以增加生态元的数量，尽管这也会造成各物种在空间和营养吸收上的竞争或重叠，但是一般来说没有两物种会具有完全一样的生态位关系，只是生态位关系比较相似的物种共存时，才会出现较大的矛盾。然而，生态位重叠不一定导致竞争，除非资源供应不足。如林农复合系统中各物种对光资源的利用往往处于重叠中，但每一种植物都有其自身的光饱和点，超过饱和点的光实际上是无意义的。因此，在进行林农复合系统设计时，要增加生态位重叠，尽量充分利用光能，避免不必要的光能浪费。如在新植用材林幼林的行间空地、在次生林里的林中空地、在果园稀植的林地上，都大量存在着不饱和生态位(光能、空间和地力远未达到充分利用)，可以有意识地引进与生态位相对应的植物，如农作物、经济作物、绿肥和牧草，因地制宜地间作套种或伴生混交。"乔、灌、草"结合，实际就是将不同植物种群在地上地下部分分层布局，充分利用多层空间生态位，使有限的光、气、热、水、肥等资源得以合理利用，最大限度地避免资源浪费，增加生物产量和发挥防护效益的有效措施。

根据生物物种对生态位也有一定的反作用原理，在设计复合系统应当全面考虑由于植物的多层布局，又可产生众多的适宜动物(包括鸟、兽、昆虫等)、低等生物(真菌、地衣等)生存的生态位，从而形成一个完整稳定的复合生态系统。如在定植乔木树种以后，树冠中荫蔽的条件及食叶昆虫等给鸟类提供了一个适宜的生态位，林冠下的弱光照、高湿度给喜阴生物创造了适宜的生态位，枯落物归还又给小动物(像蚯蚓、蠕虫等)提供了适宜的生态位；又如，沙棘是"三北"地区一个适生树种，沙棘为主的林分形成后，它产生的果实繁茂和多刺的树冠给雉(野鸡)类构成一适宜生态位，雉粪的积累又提高了土壤肥力，给植物增加了适宜的生态位，从而形成了高效的群落。

(3) 生物竞争与互补原理

林农复合经营有多种生物聚生在同一单位土地上，使各物种间在生态特性上互相协调是十分重要的。物种之间形成复杂的关系（参见第4章），可表现为竞争和互补，主要有以下4种情况：

① 双方受益型　系统中生物种之间互相适应，表现为双方受益或群体受益。如喜光乔木与耐阴灌木、草本植物共存，浅根性农作物与深根性乔木树种共存。我国在桐农间作、胶茶间作等方面创立了十分有效的双方受益的典型例子。

② 双方受损型　生态习性相近的生物相互竞争，对有限的资源，如水分、养分、光照等发生竞争，结果就会造成两败俱伤的情况，不宜组合在一起。如树木与作物之间或树木与灌木、草本之间的化感作用，树木或其他植物分泌有毒物质，使双方生长均不良或一方死亡。

③ 一方受益或受损型　是一种不对等关系，只有一方从混作中受益或受损。如松茶间作，改善了茶园的光照、温度和湿度等条件，茶树受益有利于提高茶叶产量和品质。

④ 损益互存型　这在植物群落中表现为群体增益的平衡关系，在动物与动物之间表现为捕食关系，动物与植物之间表现为消费与被消费间的关系。在这种关系中，捕食者或消费者是以其他物种损失或消亡为代价，来换取捕食者生物量增加和适应性增强。

在林农复合经营中，上述混作的物种之间关系不是固定不变的。常因结构不同而变化，也随着林木年龄的增长而变化。如桐农间作不同行距的泡桐对农作物的生长就有不同的影响；又如，幼龄杉木林，林下间作粮食有一定效果，但杉木长大后对粮食生产则起损害作用。为增加林农复合经营的效益，需要减少物种之间的竞争而增加互补性，并不断调整结构和物种间的组合。正确分析和处理好林农复合系统中林木与其他物种间的相互关系，是营造和培育林农复合系统的理论基础。

(4) 边缘效应原理

两个或多个不同生物地理群落交界处，不同生境的各类共生种群密度变化较大、某些物种特别活跃、生产力亦相应较高的现象称为边缘效应。各种生态系统、或各种生物群落、或各生态环境因素之间有广泛的交接边缘，这些边缘部位往往由于生物组成和环境的特殊性，而具有独特的结构和功能，因此边缘效应为林农复合经营奠定了重要理论基础。产生边缘效应的原因（机理）主要是种间关系和加成效应。种间关系指各个物种具备不同的生物学、生态学特征，当它们共居于边缘地带时，其自下而上的发展主要决定于各物种自身固有的习性，对边缘地带环境的适应程度、在食物链中的地位以及与共生种间的他感作用。适应边缘环境的、在食物链中占优势地位并与共生种间具有相互促进的种间关系的，这类种群必然得到发展，产生正效应，否则产生负效应。

尽管边缘效应对提高人工生态系统效益有重要作用，然而它仍是一个普遍存在又不为人们重视的自然现象。从上面边缘效应机理可知，边缘地带不一定都能产生边缘效应。这一方面需要形成某些合适的生态位；另一方面要有能利用这些生态位的合适的边缘种或边缘组分。因此，边缘效应既能为人类造福，也可能危害人类，其作用、性质要靠人来调控。对边缘作用强度的最优控制，是充分利用边缘效应规律为人类兴利除害的关键。

在林农复合经营系统内，应用边缘效应时应遵循的原则是：提高多样性，配置适生生物，充分利用边缘正效应，避免边缘负效应。如我国东北地区东部山坡地，应用边缘效应原理，在森林生态系统进行多层结构配置，选择红松、落叶松、云杉、水曲柳等树种进行带状混交，在一定范围内形成较大的边缘地带，不仅森林病虫害明显减少，而且获得了较高产量，实现了长短结合。

(5) 生物多样性与稳定性原理

生物多样性是指在一定空间范围内动物、植物和微生物以及从属生态过程的多度和频度。多样性的物种本身就是一种资源，自然界高度的生物多样性维护和保护着生态平衡，为人类带来巨大的财富。森林生态系统稳定、高效的主要特征是繁多的、均衡的生物种类和各类生物之间形成一个繁杂的食物网。保持物种多样性是自然生态系统自我维持稳定、可持续发展的条件之一。因此，尽管某单一产品是人类建造人工生态系统的主要目的，但可以根据当地的土壤、气候、水文等环境条件，依条件不同而立体布局安排生产，因地制宜选择植物，借地理优势而经营。这样不仅可以获得更大收益，而且可以使这一人工生态系统保持持续平衡，在长时期内获得较高收益。

林农复合经营系统能流物流的动态稳定，关键在于注重生物能的再生利用，尽量减少系统对外部的依赖，通过系统内部的综合利用和物质循环利用，使其投入产出尽可能维持在一个较高的动态平衡状态。同时，由于系统改善了生态环境，也有利于其相邻的生态系统提高生物多样性。如我国东北地区野生人参濒临绝迹，但通过林参复合系统进行人参的仿野生人工栽培，有助于保存人参的基因，因而为维护生物多样性做出贡献。

(6) 生态场理论

生态场(ecological field)理论是 20 世纪 80 年代中期诞生的生态学研究新领域，主要研究生态学中场的行为及特点。生态场是生物的客观属性之一。物理学中的场是指力的作用空间和范围，目前对生态场尚无统一的定义，较有影响的关于生态场的理论主要有 2 个。一种理论认为，生态干涉力(ecological interference force)是生物内部、生物与环境之间相互作用存在的内在原因，这种生态干涉力的作用空间范围即为生态场。而生态干涉力分为相互吸引和相互排斥两种行为。因此，生物体之间和生物与环境之间表现为共生、和谐或竞争、对立。生命系统与环境系统之间相互作用是通过各生态层次存在的生态场之间的相互作用来实现的。另一种理论认为，生态场是生物和生命活动过程与引起生物体以外的物质和能量分布的不均匀性，并由此产生的综合生态效益的空间分布。它由许多有关因子场组成。这些因子场的分布规律由该因子在空间的存在状态和生物的生命过程影响该因子的强度和方式决定。生态场的强度有空间和时间变化。

生态因子可分为直接因子和间接因子。直接因子主要是指光、热、水、气等，而间接因子是通过对直接因子的影响而影响生物的。生态场讨论的是直接因子。生物生命过程必然会引起物质、能量分布的不均性，并由此产生综合生态效益。如植物生命过程中光合、呼吸可形成一定的二氧化碳浓度、氧气浓度和温度梯度，从而形成相应的空间分布。植物根系对水分和土壤矿质元素浓度影响，根、叶分泌物及植物茎、枝、叶对光因子影响都会形成一定的时空分布，产生特殊的生态效应。

但同一种因子场的生态效益依生态条件的变化而变化。有时生态效应为正效应，有利于周围生物生存，如在干旱地区，湿度增加对同一生态位的植物生长发育是有利的，称此时的生态效应为正效应。在有些条件下生态效应是负效应，即不利于周围生物的生长发育。不同的物种或同一物种的不同生长发育时期对同一因子场的反应不一。如植物冠层遮光形成的荫蔽场，这种弱光条件对喜光植物的其他个体往往产生负效应，而对阴性植物则十分有利。

植物生态场的研究证明，在立地地点附近它对同生态位的其他个体有强烈的抑制作用，随着立地距离的增加，其抑制作用迅速减弱，并在一定的相对立地距离内转为互惠效应，这种互惠效应在无穷远处收敛为零。植物生态场强度随地点的时间动态呈"S"形曲线，与其生长发育过程和生物总的变化动态基本一致。在人工群落中随着植物个体长大，邻体冠幅距离的缩小，个体生态场之间彼此干扰和重叠程度加大，位于群落中心的个体，受四周邻体的影响，受干扰的程度大于边行的植株。因此，有时虽然在群落内部的个体之间的总生态场效应呈明显的干扰作用，但在群落之外，在一定距离外出现生态场效应由干扰向互惠的转变。

在生产实践中，为了在一定的资源环境条件下获得较高的目标产量（或称经济产量），选择合适的种植密度是关键问题。密度过低会使种群在生长期内不能充分地利用环境资源条件，密度过高则可能由于种内竞争加剧而使一部分个体不能形成经济产量而造成对环境资源的浪费，从生产经营的观点核算，过高的密度还会增加生产成本。

生态场理论在林农复合经营系统中的应用，对确定种群密度、优化农林间作植物群落、研究生物对环境资源的需求状况和特点、揭示生物与环境相互作用的规律与机理、提高系统生产力和生态效益等方面有重要的理论价值和实践意义。

(7) 物质循环和能量流动原理

物质循环和能量流动是生态系统的两大基本功能。生物有机体和生态系统为了自身的生存和发展，不仅要不断地输入能量，而且还要不断地输入物质。物质在生物有机体和生态系统中，既是用以维持生命活动的物质基础，又是能量的载体。因而，物质流和能量流密切相关。但二者各有特点，这是由于，生态系统是一个物质实体，它包含着许多种生命活动所必需的无机和有机物质，这些物质在生态系统中周而复始地被利用的，而生态系统中由植物固定的日光能沿着食物链逐级被消耗，并遵循一定的规律而最终脱离生态系统。林农复合经营系统作为人工复合生态系统，其物质循环和能量流动同样遵循着自然生态系统有关物流和能流原理。

林农复合经营系统作为人工复合的生态系统，相比自然生态系统，其物质循环具有多样性、开放性和人工干预性等特点，使得比单一的经营能更有效地进行物质的多层次多途径利用，这样，不仅能提高资源的利用率，改善环境质量，而且能获得良好的经济效益。根据农业生态系统的熵增现象和耗散结构的特点，用增加负熵，减少正熵的原理来促进林农复合系统整体优化，在调节复合系统的能量输出、输入和转化过程的时候；应把握输入的强度和质量，控制能量向不利于系统稳定的方向转化，从而选择适宜的林农复合形式，使生态、经济和社会效应各要素在这一形式中达到协调、对称和契合，进入协同进化的和谐境界。

10.3.2　林农复合经营的经济学原理

林农复合经营系统不仅是一个生态系统，而且是人类经营的对象。要使林农复合系统得以持续经营，达到一定的经营目标，必须遵循经济学原理。

(1) 风险互补与最小原理

任何经营管理项目都存在一定程度的风险性，但如组织管理得当，可以将风险降低到最低限度。农、林、牧、渔作为自然再生产和社会再生产相结合的物质生产部门，其风险主要来自自然灾害造成的损失和人工措施不合理造成的损失。在林农复合系统中，虽然各物种对自然灾害的抗逆能力有所差异，但可以根据当地经常出现各种自然灾害及其危害程度，合理配置各个物种的时空比例，以增加系统的抗逆性，有利于减少自然灾害带来的损失。如橡胶树和茶叶间作，在风害特别严重的年份，造成橡胶树大量风折，胶产量直线下降，而茶叶仍能正常生长，起经济风险的互补作用。

(2) 市场供求原理

林农复合经营系统可生产多种产品，能满足人们的多种消费需要，是一个与市场密切联结的系统，因此生产的量和各种产品的比例，要顺应市场导向，随市场需求而不断调整，使供与求大体平衡。林木长、短成熟期的安排，不同作物季节性的合理配置，能为市场提供丰富多样、适合消费者需要的产品，使林农复合系统的潜在的经济效益成为现实的经济效益。

(3) 投资可行原理

林农复合经营系统作为一个多输入、多输出的人工复合生态系统，系统的建立和运作、管理除需利用自然资源外，还需要投入一定的人工辅助物质和能量，包括资金、肥料、劳动力和能源等。所以，必须预测分析系统输出的产品的销售状况，并结合当地社会经济背景及发展状况，对初期投资的规模作出可行性分析。在系统引入新物种时，还要考虑当地农民的生产管理技术水平和接受程度，以保证系统设计可提供经济上合理、生产上可行的优化方案。

(4) 产量产值原理

发达国家发展林农复合经营的主要目的在于追求生态效益，但广大的发展中国家和欠发达国家发展林农复合经营则要求在不降低生态效益的前提下，谋求经济效益。在我国，由于粮食产量"供求基本平衡、丰年略有盈余"，农业产业正朝着"既要高产又要高效"方向发展，因此我国的林农复合经营要积极适应农业产业结构的调整，为此在规划、设计和运行复合系统时，要遵循产量产值原理，要走低投入、高产值的发展道路，以提高农民收入、促进林农复合经营的发展、增强林业发展的后劲，最终实现生态、经济和社会效益持续协调的发展目的。

(5) 短期效益、中期效益和长期效益相结合原理

所谓短期效益、中期效益和长期效益是指林农复合经营系统中各种物种生产周期的短、中、长期以及再生产周期中所获得的时间的差异性。农作物一般为一年或更短，牲畜的生产周期也差别很大，如大牲畜为 2~3 a，而家畜中的羊为 2 a 左右，家禽则为几个月。林木的生长周期相对较长，经济效益滞后，而用材林、防护林和经济林的效益周期又有所差异。因此，在确定林农复合经营系统的种类、规模和结构时，应考虑长、中、短期效益物种的合理搭配，做到以短养长、以长促短、长短结合。如为解决温饱问题，则要优先发展短平快的项目，但也应积极安排中长期项目，以利农村经济的可持续发展。

10.4 林农复合经营系统的分类与结构

10.4.1 林农复合系统的分类

林农复合经营系统是一个多组分、多功能、多目标的综合性经营体系。在我国多样的自然、社会、经济、文化的背景下，形成了不同的类型和模式。本应建立统一的分类系统，但由于该系统的复杂性与多变性，因此，直到目前，世界上尚无公认的分类系统和分类标准。我国学者根据具体情况，也提出了不同的分类方法，但都不够成熟。根据一般的通称，将我国常见的林农复合经营模式组合为系统（或复合系统），在系统中再划分经营类型。通常根据林农复合经营的经营目标、成分和功能的不同，区分为四大系统：林—农结合型、林—牧(渔)结合型、林—农—牧(渔)结合型和特种复合经营型，对上述4大系统又根据空间与时间的结构划分出不同的经营类型(图10-1)。

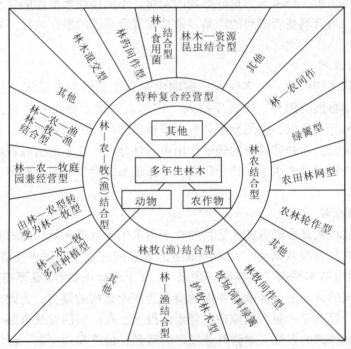

图 10-1 林农复合经营类型

10.4.1.1 林—农结合型

(1) 林—农间作型

该类型有两种模式，一种是以林为主，在幼林期内，林木未郁闭前间作农作物，既可获取农作物等短期效益，又可促进林木生长，林木郁闭后，采用疏伐或改种耐阴作物；另一种是以农为主，农林共存模式。

(2) 果—农间作型

该类型可分为两种模式：一种是以果(树)为主；另一种是以农为主，农果共存模式。

(3) 农田防护林型

该类型可分为生态防护型和生态经济型 2 种模式。

10.4.1.2 林牧(渔)结合型

(1) 林—牧间作型

这是林木与牧草合而为一的系统，可分为两种模式：一种是以林为主；另一种是以牧草为主。

(2) 护牧林型

这是林业与牧业合而为一的系统，林下为放牧场地，林木成为牲畜的"绿色保护伞"。

(3) 林—渔结合型

这是林业与渔牧业合而为一的系统。一般是在林下水沟和池塘内养鱼。尤其是当林分郁闭后更适合渔业生产。桑基鱼塘就是典型的模式。

10.4.1.3 林农牧(渔)结合型

(1) 农—林—牧结合型

该类型将农林间作型与林牧系统型进行有机组合。畜禽以树木果实、叶子和林下牧草为食，粪便归还土地，形成一个自养的物质循环系统。也有人将之称为"三度林业"，所谓三度，是指在同一土地上收获木材、木本粮油和畜产品。

(2) 林—牧—渔结合型

此类型是在林渔复合系统的基础上进一步利用地面和水面来饲养猪、牛、羊、鸡、鸭等家畜和家禽，使林、渔、牧三者有机结合，形成高产出，而且使物质循环更加合理。

(3) 林—农—渔结合型

此类型通常是在造林地开沟（池），沟内养鱼，林内间作农作物或经济作物，实行林、渔、农相结合。江苏里下河地区实行的垛田造林就是一例，即在滩地开沟和筑垛抬面，然后在垛面上造林，垛沟内养鱼，林下间作芋头、油菜、黄豆等作物。

10.4.1.4 特种复合经营型

特种农林复合型可分为林果间作型、林药间作型和林(果)菌间作型。果园内栽植食用菌就是典型的林(果)菌间作型。该类型利用(果树)林下弱光照、高湿度和低风速等小气候条件栽植食用菌，不仅利于食用菌的生长，而且由于菇类的废基料起到改良土壤结构、增加土壤养分等作用，也促进果树的生长。菌类在生长过程中，所释放的 CO_2 可以补充果树光合作用所需的 CO_2，促进果树的光合生产，从而达到果(树)、菌互补互利的效果。

10.4.2 林农复合系统的结构

生态系统的结构是指生态系统的构成要素以及这些要素在空间和时间上的配置。目前，我国林农复合经营系统的结构大致可分为物种结构、空间结构、时间结构和营养结构。系统的结构状况往往决定系统的功能特性，这 4 种结构的合理性和协调性，是优化林农复合经营模式，提高生态、经济和社会功能及效应的关键。

10.4.2.1 物种结构

物种结构是指林农复合经营系统中生物物种的组成、数量及其彼此之间的关系。物种的多样性是林农复合经营系统的重要特征之一。适合于林农复合经营的主要物种一般包括乔木(含经济林木)、灌木、农作物、牧草、食用菌和禽畜等。理想的物种结构能实现对资源与环境的最大利用和适应,可借助于系统内部物种的共生互补生产出最多的物质和多样的产品。对比单一农业系统,它可以在同等物质和能量输入的条件下,借助结构内部的协调能力达到增产的效果。

确定物种结构需要掌握以物为主的原则,即一种林农复合模式只能以一种物种为主要的生产者,并且要在不影响主要生产者生物生产力或生态效益的前提下,搭配其他物种,而不能喧宾夺主,同时还要注意物种之间的竞争与互补关系,以达到不同物种间的最佳组合。

10.4.2.2 空间结构

空间结构是指林农复合经营系统各物种之间或同一物种不同个体在空间上的分布,即物种的互相搭配、密度与所处空间位置。可分为垂直结构和水平结构。

(1) 垂直结构

垂直结构即复合系统的立体层次结构,它包括地上空间、地下空间和水域的水体结构。一般来说,垂直高度越大,空间容量越大,层次越多,资源利用效率则越高。但并不表示高度具有无限性,它要受生物因子、环境因子和社会因子的共同制约。我国林农复合经营系统的层次结构通常可分为3种类型,分别为单层结构、双层结构和多层结构。

单层结构是林农复合经营系统物种空间结构的一种最古老的形式,这种结构目前存在不多,仅一些边远的少数民族聚居地区保留着这种农作形式,如林粮轮作。即在同一块土地上农业和林业交替经营。先是将一片森林采伐,利用肥沃的森林土壤栽培作物,几年后因地力衰退而弃耕,在弃耕地上造林(一般是速生树种),10年左右林木达到工艺成熟再次伐木农作,以此循环不止。近年来,西南和东北地区的林药轮作也属此类。他们在采伐迹地上栽培人参(长白山等地)、黄连(四川山区),待药材收获后再造林。这样的林农复合经营系统,在一定的时间来看,群体的结构是单层的。但不同的时期构成的物种不同。而这些不同物种又结合成一个相互联系的系统。

双层结构是林农复合经营系统中最常见的一种垂直结构。例如,我国北方的桐(杨)粮间作(图10-2),即在农田中均匀地种植泡桐,每年播种农作物,几年后,泡桐在行内树冠相接,从纵切面看,成为两个十分整齐的层片。大多数的枣粮间作、胶茶间作亦属此类。

多层结构有两种类型:一是平原地区多物种的复合经营系统,如水陆交互系统(图10-3)、多物种组成的庭院经营等;二是丘陵和山地依地形和海拔进行带状多层次组合,这在以小流域为单元的林农复合经营系统的立体布局中最为典型。

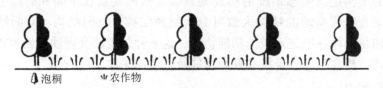

图 10-2 双层次结构示意

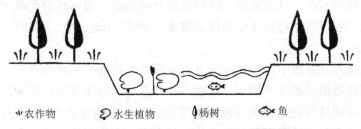

图 10-3　平原洼地多层次结构示意

(2) 水平结构

水平结构是指复合系统中各物种的平面布局,在种植型系统由株行距决定,在养殖型系统则由放养动物或微生物的数量决定。在种植型复合系统中,水平结构又可以分为行状间作(图 10-4)、团状间作(图 10-5)和不均匀间作(图 10-6)、水陆交互配置(图 10-7)、等高带式间作(图 10-8)和景观布局等。

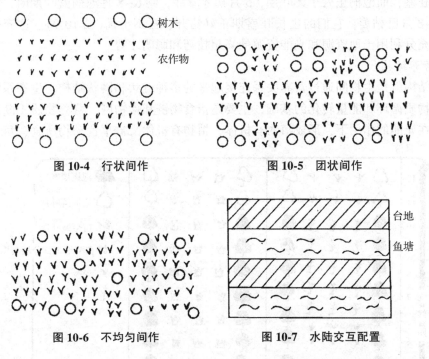

图 10-4　行状间作　　　图 10-5　团状间作

图 10-6　不均匀间作　　　图 10-7　水陆交互配置

复合农林业系统空间结构的配置与调整是根据不同物种的生长发育习性、自然和社会条件、复合经营的目标等因子,确定在复合经营系统中的不同植物的高矮搭配、株行距离和不同畜禽或微生物的放养数量,使得每一物种具有最佳的生长空间、最好的生长条件,并系统获得最佳的生态经济效益。农田防护林网是林农复合经营的最基本模式,其空间结构的主要技术指标有林带方

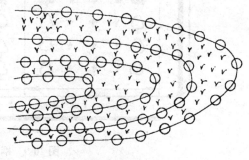

图 10-8　等高带式间作

位、林带结构、林带间距、林带宽度、网格规格及面积等。指标数值的确定要综合考虑当地自然灾害情况、农田基本建设及农业区划要求，遵循"因地制宜、因害设防"基本原则。

(3) 时间结构

时间结构是指复合系统中各种物种的生长发育和生物量的积累与资源环境协调吻合的状况。由于任何环境因子都有年循环、季循环和日循环等时间节律，任何生物都有特定的生长发育周期，时间结构就是利用资源因子变化的节律性和生物生长发育的周期性关系，并使外部投入的物质和能量密切配合生物的生长发育，充分利用自然资源和社会资源，使得林农复合系统的物质生产持续、稳定、有序和高效地进行。根据系统中物种所共处的时间长短可分为林农轮作、短期间作、连续间作、替代式间作、间断间作或复合搭配型等多种形式。有的复合搭配较复杂有效。如安徽淮北泡桐造林后1~3 a为第1阶段，还未郁闭前在行间秋种小麦，春种玉米，充分利用光能资源。待泡桐林充分郁闭后进入第2阶段，林下改种芍药(其根为中药材白芍)。芍药是多年生草本植物，较耐阴，3月发芽，4~5月生长发育旺盛，而泡桐正处于无叶期，5月初才发芽，到6~8月泡桐盛叶期时，芍药地上部分在7~8月已枯萎，它们的生长旺盛期正好错开，互不干扰(图10-9)。这充分反映了劳动人民充分利用土地资源和光能资源的高超技巧和聪明才智。

(4) 营养结构

营养结构就是生物间通过营养关系连接起来的多种链状和网状结构。生态系统中的营养结构是物质循环和能量转化的基础，主要是指食物链和食物网。营养物质不断地被生产者吸收，在光能的作用下，形成植物有机体，植物有机体又被草食动物所食，草食动物又

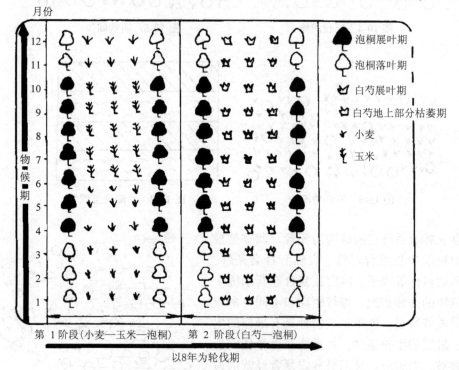

图10-9 桐—粮—药间作时序图

被肉食动物所食,形成一种有机的链索关系。这种生物种间通过取食和被取食的营养关系,彼此连接起来的序列称为食物链,是生态系统中营养结构的基本单元。不同有机体可分别位于食物链的不同位置上,同一有机体也可处于不同的营养级上,一种消费者通常不只吃一种食物,同一食物又常被不同消费者所食。这种多种食物链相互交织、相互连接而形成的网状结构,称为食物网。食物网是生态系统中普遍存在而又复杂的现象,是生态系统维持稳定和平衡的基础,本质上反映了有机体之间一系列吃与被吃的关系,使生态系统中各种生物成分有着直接的或间接的关系。

林农复合经营系统可以通过建立合理的营养结构,减少营养的耗损,提高物质和能量的转化率,从而提高系统的生产力和经济效益。

10.5 中国林农复合经营的主要模式

10.5.1 林下经济与林农复合经营的关系

近年来,中国林下经济得到快速发展,引起了各方面的重视和关注。2015 年,国家林业局印发了《全国集体林地林下经济发展规划纲要》,提出到 2020 年力争全国发展林下种植面积约 $1800\times10^4 \ hm^2$,实现林下经济总产值 1.5 万亿元。

林下经济是具有中国特色的词汇,来自于实践的创造。虽然学界对林下经济的定义尚未形成完全统一的观点,但大多数学者认为,林下经济(non-timber forest-based economy)主要是指依托森林、林地及其生态环境,遵循可持续经营原则,以开展复合经营为主要特征的生态友好型经济。包括林下种植、林下养殖、相关产品采集加工、森林景观利用等。如林下种植的内涵为在林内或林地边缘开展的种植活动,包括人工种植和野生植物资源抚育。模式包括林粮模式、林药模式、林菌模式、林茶模式、林菜模式、林果模式、林花模式、林草模式等;森林景观利用则是以森林景观和森林环境为背景,以森林食品、生态文化等为主要资源和依托,配备相应的养生休闲及医疗、康体服务设施,开展以修身养性、调适机能、延缓衰老为目的的森林游憩、度假、疗养、保健、健身、养老等活动。

不论是林下经济还是林农复合经营系统均是一种按技术经济原则而建立的生态系统,具有一定的结构与功能,有其自身发展演变的规律,同时又与社会经济密切相关,必须遵循生物竞争与互补、物质循环和能量流动等生态学原理,以及风险互补、市场供求、短期效益、中期效益和长期效益相结合等经济学原理。从林下经济和林农复合经营的定义看,林下经济所包含的内涵比林农复合经营更广,林下经济包含了林农复合经营的内容,逻辑学上两者之间是一种包容关系。

10.5.2 林农复合经营的主要模式

我国地域辽阔,地貌复杂,气候多样,林农复合经营类型丰富多彩,下面介绍在生产中大量应用的几种类型。

10.5.2.1 林参复合经营

人参为我国人民历来喜爱的珍贵药用植物。野生人参生长的环境是温带针阔混交林,要求生长季阴凉且温度变幅不大的森林环境，土壤有机质含量高，土壤含水率保持在40%为宜。由于针阔混交林被大量采伐，野生人参资源受到严重破坏，不能满足市场的需求，故我国很早就栽培人参。由于人参要求土壤条件较高，又不能连茬，历史上种参常大面积毁林。为克服这种情况，近年来发展了林参复合经营系统，使林、参并茂，制止了毁林栽参的传统做法，也提高了人参质量。林参间作主要有林参间作型、林下栽参型和林参轮作型3种模式，目前以仿野生的林下栽参型效果更好。

10.5.2.2 林牧复合经营

中国干旱半干旱地区处温带和暖温带。该地区雨量少，风沙大，土壤侵蚀严重，光照强，温度变化大，建立林牧复合经营系统可减轻灾害性天气的影响，保护牲畜，并能提供饲料和燃料。

适于我国新疆、内蒙古、宁夏、甘肃等地林牧复合经营的乔木树种有白榆、蒙古柳、胡杨、山杏等。灌木树种有沙枣、梭梭、柽柳、沙棘、沙拐枣、柠条、胡枝子、紫穗槐和其他锦鸡儿等。这些树种耐干旱、盐碱，抗风沙，固沙能力强，生长较快。其中不少树种萌芽力强，耐反复平茬。林牧复合经营主要有疏林草场和护牧林两种类型。

10.5.2.3 枣农复合经营

枣树原产我国，为我国栽培最早的果树，栽培区主要位于华北和西北地区。枣粮间作在我国已有600多年的历史。枣树耐干旱瘠薄，根系发达，且有良好的护坡和保持水土作用，干果味美，营养价值高，是我国人民喜爱的滋补品。枣树花期长达1个多月，花量大，花蜜丰富而质优，是良好的蜜源。枣树枝疏叶小，落叶早，林下光照条件较好，且广泛分布于我国半干旱地区，是一种优良的间作树种，以单株散生或树行的形式与农作物间作。

以农作物为主的枣粮间作，枣树行距宜大些，行距采用15~30 m，枣树皆以南北向为宜，株距4~5 m，春作物小麦的生长发育期，正是枣树的休眠期，光能和地力利用的矛盾较小，因此小麦的产量与单作麦田的差异不大。夏秋作物中豆类、小米和芝麻也是枣园内良好的间作物，虽存在争光、争水、争肥的矛盾，但农作物的产量只少量减少。高秆作物玉米和高粱不宜与枣树间作，由于它们拔节抽穗期正值枣树枝叶茂盛时，对光照竞争激烈，其产量比纯粮田减少约20%，高秆作物茎叶阻挡阳光进入枣树树冠，并使通风能力差，又消耗土壤的水肥，使枣树结实能力下降。

以枣为主的枣粮间作，行距可窄些，为7~10 cm，株距4~5 m。为便于管理，枣树的树干高度以1.4~1.6 m为宜。一般在土壤条件较差的地方实施。

10.5.2.4 杨(桐)农复合经营

杨树和泡桐均为落叶树种，生长迅速，耐风沙，繁殖容易，分布广，是2种优良的林农间作树种，在我国平原地区发展面积很大。主要有以下两种模式。

以农为主的杨(桐)农间作系统，在保证粮食作物小麦、玉米或经济作物油菜、棉花、花生稳产高产的前提下，栽植杨树或泡桐行。杨树或泡桐行距为20~60 m，株距4~5 m，每公顷30~80株，培育胸径约30 cm的中径材，轮伐期10~12 a。杨(桐)农间作常见的模式为杨树(泡桐)—小麦—棉花，杨树(泡桐)—小麦—玉米，杨树(泡桐)—小麦—花生或泡桐—油菜—玉米，杨树（泡桐）—油菜—大豆等。这种间作方式能明显改善农田的生态环境，保障农业稳产，一般可使小麦增产 10%～30%，又增加了林业收入，受到广大群众的欢迎。

以林为主的杨（桐）农间作系统，杨树或泡桐行距 6～10 m，株距 4～5 m，每公顷栽 200～400 株。一般在立地较差的地方实行。

10.5.2.5　林—渔—农复合经营系统

在江苏里下河地区的湿地生态系统，已建立了有效的林—渔—农复合经营系统。在滩地开沟或挖塘，把挖出的土堆在田块上形成垛田（台地），经堆土后，垛田约高出地面 50～80 cm，相对地降低了地下水位。开挖的沟、塘与主渠道及外河相连，内部沟渠互相连接成水网系统，兼有蓄洪和泄洪之便。垛田经整地，土壤熟化后，种植耐水湿的落叶针叶树种池杉和落羽杉。池杉枝叶较稀疏，树冠窄，树干通直，耐水湿，是水湿地优良的间作树种。造林株行距为 2～3 m 或 1.5～4 m，每公顷栽 1260～1650 株，到 4～5 年生，由于林冠遮阴，不宜再间作农作物，如欲延长间作年限，需进行疏伐或在造林时扩大株行距。林内间种的农作物有小麦、大麦、油菜、黄豆、蚕豆等，蔬菜有青菜、芋头、黄瓜和西瓜等。沟渠和垛田相间，有利于幼林和农作物的管理，起到以短养长，以抚代耕，林、农、渔并茂的作用。

一般沟的宽度为 2～20 m，垛田的宽度 10～40 m。常见的规格为：①沟宽 2～5 m，垛宽 10～15 m；②沟宽 5～10 m，垛宽 15～20 m；③沟宽 15～20 m，垛宽 20～40 m。沟比较浅窄的，适于养鱼苗和养虾；沟较宽深的，适于放养成鱼或精养鱼。放养的鱼种主要是草鱼、鳊鱼、鳙和鲢等。该地区常见的复合经营类型有农林复合型、林渔复合型、农林复合型和林农牧渔复合型。

这个系统的缺点是池杉郁闭后，不宜间作农作物。稠密的森林降低了风速，使沟渠通风不良，降低水的含氧量，影响鱼的生长，故最近发展的林—渔—农复合经营类型，扩大了沟和垛的宽度，以取得更高的鱼产量，但需投入更多的劳动力。

10.5.2.6　基塘生态系统

基塘系统是水塘和陆基相互作用的生态系统。主要分布于珠江三角洲及其附近西、北、东三江下游一带低洼渍水地。气候湿热，作物可全年生长。当地群众早在 400 多年前，把一些低洼地深挖成塘养鱼，把挖出的泥土在塘的四周筑堤形成陆基保护鱼塘，基面种桑形成桑基鱼塘，以后随着当地经济的发展，基塘结构随之变化，桑基鱼塘正逐步消失，而代之以其他陆基鱼塘。

桑基鱼塘以结构完整良好、生物与环境相适应、经济效益和生态效益高而出名。该系统以桑为基础，桑叶养蚕，蚕沙、蚕蛹喂鱼，鱼多塘肥，塘泥肥桑，形成良性的循环。鱼塘内分层放养，蚕沙、蚕蛹喂鲩鱼，鲩鱼粪便促使浮游生物增多，为鳙、鲢提供食料，剩余蚕沙和浮游生物沉塘底，又成鲮、鲤的食物。例如，1 hm² 地产桑叶 22 500 kg，则可得蚕沙 11 250 kg，可得塘鱼 1406 kg，基塘面积比一般为 4∶6，陆基宽度以 7～10 m 为宜，以便于灌溉和戽塘泥。由于冲刷塌基，故需反复整修陆基。桑基鱼塘是一个完整的水陆相互作用的人工生态系统，结构复杂，能完全利用当地的自然资源，经济效益较高，又能容纳多种劳动力，解决劳动就业问题。但近年来由于蚕丝销售价格较低，桑基鱼塘被经济收益更高的蔗基鱼塘、果基鱼塘(香蕉、柑橘、木瓜、荔枝、杧果等)、花基鱼塘(茉莉、白兰、菊花、兰花等)、杂基鱼塘(蔬菜、瓜类、豆类、象草等)逐渐替代。塘鱼除上述鱼类外，还大量引种了珍贵鱼种如鲈鱼、桂花鱼、鳗鱼、白鲳等，大大提高了经济收益。

10.5.2.7　林—胶—茶复合经营

橡胶树是一种热带雨林树种，原产南美洲亚马孙河流域，适生于高温、高湿和静风的气候条件下。20世纪50年代初，中国海南岛和云南南部大规模引种，在那里易遭寒风和热带风暴的危害，橡胶产量不稳。70年代末，发展了能抵御自然灾害、提高橡胶园经济效益和生态效益的林—胶—茶间作模式。

林—胶—茶间作模式是在橡胶园四周建立防护林带，并联成林网，防护林的树种主要有桉树、相思树和枫香等。林带间巷状种植橡胶树与茶树。胶茶间作形成复层结构，这是模拟热带天然林的多层结构，有利于提高橡胶园的稳定性。防护林带的间距视风、寒灾害严重程度而定，窄的为100~200 m，适于灾害较严重的地区。宽的可达400~1000 m，适于灾害较轻的地区。林带宽10~15 m，起防风、防寒和防旱的作用。林网内一般橡胶树行距为10~15 m，株距2 m，行距越宽，茶树的生长期越长。茶树在橡胶树行间采取宽窄行结合的双行式。宽行距为1.5~2.0 m，窄行距为0.3~0.5 m，株距0.2~0.3 m。边行茶树距橡胶树1.5~2.0 m，一般在橡胶树行间可间种6~8行。茶树与橡胶树可同年栽植，也可早于橡胶树2~3年栽植。因此，茶树对橡胶树起保护作用，保证橡胶树能正常生长。丘陵区林—胶—茶间作，胶、茶沿等高线栽植，茶树宜成双行式种植，在等高田埂上种植保土的蔓生植物。坡度大于30°的坡地，则不宜栽茶，应栽蔓生植物。

这种间作模式的茶树可覆盖地面，减少水土流失，并充分利用土地资源。对茶树进行水肥管理时，也培育了橡胶树，所以橡胶树生长较快，与纯橡胶园的树相比，围径大0.2~0.6倍，提早开割橡胶1~2 a；茶树栽后1 a，即可采摘，有较多的经济收入，这样就可减少橡胶园的投资，做到以短养长。胶茶间作的橡胶产量也较高，可比纯橡胶园增加55%。橡胶园内除间作茶叶外，也可与胡椒、咖啡、南药等间作，形成林—胶—胡椒、林—胶—咖啡—胡椒、林—胶—砂仁—绿肥等多种模式。

复习思考题

1. 何为林农复合经营？林农复合经营系统有何主要特征？
2. 结合我国林业发展实践，论述发展林农复合经营的意义。
3. 简述林农复合经营发展的背景及发展现状与前景。
4. 发展林农复合经营应遵循哪些生态学原则？
5. 发展林农复合经营应遵循哪些经济学原则？
6. 林农复合经营的结构通常包括哪些类型？各有何特点？
7. 何为林下经济？林下经济与林农复合经营的关系如何？

推荐阅读书目

1. 陈幸良，段碧华，冯彩云，2016. 华北平原林下经济. 北京：中国农业科学技术出版社.

2. 方升佐, 2018. 人工林培育:进展与方法. 北京:中国林业出版社.
3. 李文华, 赖世登, 2001. 中国农林复合经营. 北京:科学出版社.
4. 孟平, 张劲松, 攀巍, 2003. 中国复合农林业研究. 北京:中国林业出版社.
5. 孟平, 张劲松, 攀巍, 等, 2004. 农林复合生态系统研究. 北京:科学出版社.
6. 翟明普, 沈国舫, 2016. 森林培育学(第3版). 北京:中国林业出版社.
7. 翟明普, 2011. 现代森林培育理论与技术. 北京:中国环境科学出版社.

(方升佐)

第 11 章 城市森林营建

【本章提要】城市森林的营建目的在于改善城市生态环境、提高城市景观质量、增进民生绿色福祉。本章主要介绍了城市森林的概念和发展概况、范围和类型、营建目标与原则、建设布局要点、植物选择与配置、营建和经营管理等。

11.1 城市森林建设的内涵

11.1.1 概念与发展概况

随着经济发展和物质生活水平的提高,人们对生活环境有了更高要求,因此,城市森林、风景游憩林逐步被认识和重视。

广义的城市森林是指在城市地域内以改善城市生态环境为主,促进人与自然协调,满足社会发展需求,以树木为主体的植被及其所处的人文自然环境所构成的森林生态系统,是城市生态系统的重要组成部分;狭义上是指城市地域内的林木总和(王成等,2004)。

城市森林(urban forest)最早于1962年出现在美国政府的户外娱乐资源调查报告中,此后,加拿大、德国、英国、墨西哥等陆续开始了相关研究,我国台湾的大学也较早开设了城市森林课程,之后不断受到重视。20世纪80年代,我国城市化建设逐步推进,但当时一味追求城市化进程,而忽视了环境保护,因此,随着城市规模的扩大、工业经济的发展,城市生态环境问题日益突出。在这一背景推动下,20世纪90年代,城市森林开始引入,其强大的生态服务功能逐渐被人们所认识。

进入21世纪,人们更加向往大自然,渴望亲近优美生态,从而催生了一批以自然为素材、以森林为主题的生态旅游。城市森林作为居民开展近距离生态旅游的最佳选择而备受关注,"让森林走进城市、让城市拥抱森林"已成为提升城市形象与综合竞争力、推动区域经济健康持续发展的新理念。城市森林除了普遍被认知的调节小气候、水土保持、吸收有毒气体、滞尘降噪、提高生物多样性等生态功能外,更重要的是还具有森林的综合服务功能,包括生态审美与游憩、森林康养与保健、生态文化与教育等,森林的生态功能是与生俱来的,而森林的风景游憩、康养与保健、文化教育等功能则需要进一步挖掘、凝练与提升。通过城市森林综合服务功能的挖掘、展示和体验,进一步传播和弘扬生态文明。由于城市森林与城乡居民息息相关,城市森林的营建将围绕改善城乡居民环境,提升生态、游憩、康养、文化等功能需求,最终增进民生绿色福祉而开展,这是近期乃至今后城市森林研究与建设的主要内容。

11.1.2 范围与类型

自城市森林提出以来,各国学者对其具体范围的理解一直存在着分歧,但其基本内容是一致的,普遍认为其范围是,凡被城市居民影响和利用的树木及其他绿地,其区域包括建成区、城市近郊区和远郊区。从地域上看,城市森林应该是以城市建成区为中心,向城市周围辐射,对城市生态环境和市民日常生活有直接影响的地域(王成等,2004)。因此,从这个意义上看,城市森林的类型也多种多样,包括城市孤立木(孤植树)、庭院林地、公园林地(风景游憩林、疗养林等)、社区绿地、绿色通道、生态防护林地、森林公园及其他具有自然保护地性质且密切服务民生福祉的林地等。

11.1.3 营建目标与原则

城市森林是伴随着生态建设、人类文明发展的需要而出现的,是促进人与自然和谐共处的有效手段。在生态环境问题日益严峻、城市建设不断加快的今天,以强大的森林生态功能与丰富的森林文化内涵提升城市的综合竞争力,以森林景观的美好与健康感化人类的心灵,引导人类与自然和谐相处,无疑是林业工程的重要任务,也正是城市森林营建的历史使命。其核心目标是发挥森林的多种功能,为改善城市人居环境服务,为城市发展服务(彭镇华,2008)。其具体目标是,通过城市森林营建,完善城市生态系统,构建合理的植物群落,提高城市绿量,促进城市景观改善,最终使城市生态环境的质和量得以同步提升。

城市森林营建是一项复杂的工程,是城市景观、环境、人文等诸多因素发展的集中体现。这就要求城市森林营建必须站在宏观布局、群落结构、物种协调、森林审美和文化挖掘等高度,兼顾考虑植物挥发性物质对人体康健功能的作用等。具体包括以下原则:

(1)空间布局的合理性

要在景观尺度上分析城市生态环境的空间异质性,在绿地系统整体布局上与其相适应,以大型森林斑块为城市的"肺",在不同等级的道路、河流两侧建立一定宽度的林带,通过这些绿色廊道把处于不同位置的城市绿"肺"连接起来,构建保障城市生态环境安全的森林生态网络体系和带网片空间。

(2)森林群落的近自然性

以乡土植物为材料,以地带性群落为特征,开展城市森林群落的树种选择和配置,构建具有一定自我调节和更新能力的森林群落,从而形成具有较高环境容纳力的、动植物物种丰富多样的、低碳易维护的、稳定的城市森林生态系统。这也是城市森林区别于传统园林的最根本特征之一。

(3)物种之间的亲和性

每种生物都需要一定的生活空间,占据相应的生态位,才能获得足够的养分空间和生长空间。城市森林的构建,要充分考虑群落内植物之间的互为环境、互助与竞争等关系,也要充分考虑虫媒植物、招鸟植物等动物栖息地植物,构建物种多样、生态和谐、群落稳定的城市森林环境。

（4）生态服务的高效性

由于城市森林与城乡居民的生产生活息息相关，城市森林的营建必须围绕改善城乡居民环境、提升生态、游憩、康养、文化等功能需求，做到充分发挥森林的基本生态功能，兼顾对城乡居民的综合服务功能，包括生态审美与游憩、森林康养与保健、生态文化与教育等。同时，应确保不容易发生病虫害，不易产生大量花粉、飞絮等植源性污染，增加风景游憩林的文化内涵，使人们在享受森林生态环境的同时，提升文化品位，情操得以陶冶，心灵得以净化，身心更加健康。

（5）群落的高效性

不论是净化空气、减噪降温的生态功能，还是色彩斑斓、曲径通幽的美化效果，都是以植物的良好生长为前提和保障的。因此，城市森林营建应使树种生长旺盛、生物产量高，确保体量和绿量，形成高大、壮美、朴素、沉静的森林空间。

11.2 城市森林建设布局

11.2.1 城市森林景观格局分析

城市是具有人工化环境的特殊地理景观。从景观生态学角度分析，人工建筑和各类铺装下垫面构成城市硬质背景，是影响城市环境的主导因素之一。城市森林的分布与城市所处的地理环境、人文历史与社会背景有显著关系，通过分析城市森林的分布格局，可以全面了解其分布的合理性以及对环境的可能影响。目前，城市森林景观格局分析方法包括航片、卫星影像的判读，利用"3S"技术开展的景观生态分析，景观组成、景观要素特征的确定、景观要素尺度等级划分等途径，通过分析一个地区的景观格局，从而指导该地区城市森林的构建。

11.2.2 城市森林建设布局原则

为了使城市森林布局得以全面付诸实施，城市森林建设必须纳入城市发展规划。我国城市可用于林业建设的土地有限，城市森林建设要以乔木为主体，形成乔、灌、草、藤共生的复层结构，尽量建设片状、块状的城市森林；应与城市园林、城市水体、城市其他基础设施建设相协调、融为一体，构成"林园相映、林水相依、林路相连"，既有自然美、又具有强大生态功能的系统。另外，应充分利用农田、河流、公路、铁路防护林体系对城市环境改善的辐射功能，实现城乡一体化，构建衔接合理、生态稳定、结构完善的现代近自然型城市森林生态系统，达到"城在林中，人在绿中"的效果。其布局的基本原则包括：

（1）生态优先，体现以人为本

城市森林建设的主要目的是改善人居环境，因此，应把净化大气、保护水源、缓解城市热岛效应、维持碳氧平衡、防风减灾、调节城市小气候等生态功能放在首位，兼顾对城乡居民的综合服务功能，包括生态审美与游憩、森林康养与保健、生态文化与教育等，体现以人为本、人与自然的和谐。

（2）师法自然，注重生物多样性

通过建立稳定和多样化的森林群落，达到传承文明，师法自然，丰富景观的效果。充分利用造林树种资源和生态位原理，形成不同类型的森林生态系统，以满足人们不同的文化和生活需求，同时为不同生物提供生存繁衍的生态环境，促进生物多样性保护。

(3) 系统最优，强调整体效果

以林网化、水网化建设为重点，科学配置城市森林类型，在建成区加强立体绿化，向空间要生态，采取乔、灌、草、藤的合理搭配模式，合理布局森林，最大限度提高森林总量，增强城市森林对整个城市总体生态环境改善的功能。做到城区和郊区同步发展，注意生物多样性保护，使森林不仅是植物的保护地，也是动物的良好栖息地，形成城区和郊区林水一体化的森林生态系统。

(4) 因地制宜，突出本土特色

根据不同地段的自然条件、生态环境质量，确定适宜的森林结构，增加乡土植物的使用，突出本土植被、森林群落模式的特点，优化森林结构，提高森林生态系统的稳定性。

11.2.3 城市森林建设布局要点

城市森林的范围包括严格意义的建成区范围(狭义的城市森林范围)，也包括城市近郊区和远郊区等对城市生态环境和市民日常生活有直接影响的地域(广义的城市森林范围)，而这一区域其实已经涵盖了村镇中与人居环境紧密相关的森林植被，因此，城市森林的布局应从广义和狭义两个尺度加以考虑。

11.2.3.1 广义的城市森林布局要点

(1) 确保整体质量提升

城市森林的建设以充分发挥生态效益，改善城市环境，促使城市生态系统稳定、平衡为目的，它必须建立在科学指标体系的基础上，完成城市森林建设对指标方面的具体要求，其指标可以参照《国家森林城市评价标准》(GB/T 37342—2019)。目前，我国城市森林建设大多数是在原有城市建设基础上开展的，因此更多的是对现有城市植被的提高与改造。就实现生态目标而言，城市森林建设布局的指标要求包括森林网络指标、森林健康指标、生态福利指标、生态文化指标等。

(2) 构筑生态廊道

水系是最重要的景观廊道，城市森林建设规划中应充分重视沿河道的森林景观设计与建设，应做到：尽可能构筑河流植被廊道，使水系相通、河岸植被相连，在城市水系的上游应建立水源涵养林，尽量保护河岸及与其相连接的湿地，减少对自然风貌的破坏，创造与自然融合的景观。

(3) 实现城乡一体化

我国城市用地十分紧张，因此期待大幅度增加城市人均用地指标显然是不现实的。因此，实现城乡一体化的建设目标，将郊区及城市边缘的森林作为城市森林的依托，是一个很好的选择。实现部分地区的退耕还林、发展近郊森林公园或其他游憩地类型，推动郊区的农田林网、道路绿带、河道的植被廊道的建设，并使之与大面积林地连接，使城乡的森林融为一体，真正实现把森林引入城市的目标。

11.2.3.2 狭义的城市森林布局要点

建成区城市森林的建设应充分尊重城市总体规划，其建设布局也应与城市总体规划布局相一致。一般来说，其基本布局模式有放射状、圈层式、跳跃式等(叶镜中，2003)。放射状布局以穿过市中心的若干轴线为基础，放射状地将林荫道、森林公园和其他绿地有机组合在一起，使得城市森林各要素呈现明显的向心布局模式(如莫斯科城市森林建设)。圈层式布局模式是指从城市中心到近郊、远郊，环状布置城市森林的布局模式，这种模式是现代城市森林的基本类型(如北京四环、五环、六环间的隔离带片林)。跳跃式布局模式是城市森林在扩展过程中呈飞地式的跳跃布局模式，这种模式往往是因地理条件限制所致，形成城市近郊、远郊成片、成块的森林分布模式(如法国巴黎的枫丹白露森林等)。此外，还有桂林等依地貌、人文景观的布局模式；南京等兼具以上各种模式的综合型布局模式。各地应根据自身特点加以合理选择运用。

11.3 城市森林建设的植物选择与配置

我国的城市森林建设与城市园林绿化正日趋融合，但在功能目标侧重、规划尺度、经营管理、景观的自然属性等方面也有一定的区别。正因为如此，城市森林树种的选择，应充分借鉴传统林业和城市园林绿化树种选择的方法和经验，并形成自己的特点，才能满足城市森林建设发展的需要。

城市森林关注城乡环境的改善，环境质量的好坏，直接关系着人类的身心健康，而植物材料具有多样的生态文化功能，起着关键的作用。研究表明，森林植物特别是木本植物在消除环境污染方面具有十分重要的作用，它能吸收多种有害气体，并能滞尘降噪、净化空气；森林植物也能分泌生物活性物质，具有抑菌杀菌、康复保健、提高人体舒适度等作用；植物还具有很强的文化意义，蕴含着许多乡愁记忆，松的挺拔、梅的傲骨，无一不对人们身心产生深刻的影响。当然，不同植物的差异很大，尤其在抗性适应性等方面，应根据不同需求加以合理筛选。

11.3.1 树种选择原则

(1) 坚持适地适树，重视乡土树种

城市环境是完全不同于自然生态系统的高度人工化的特殊生态环境，在城市中光、热、水、土、气等环境因子均与自然条件有很大的差异。因此，城市森林植物选择时，首先应充分考虑所选植物材料能较好地适应城市人工立地条件。乡土树种作为最适应当地自然环境的物种，其抗逆性强，是地带性植被的构建主体，它展现了地域特色，延续了地方风貌，且低碳低维护，是城市森林建设的首选。当然，为了满足不同空间、不同立地条件的城市森林建设要求，在以乡土树种为主的前提下，也可以适当引进少量具有较高适应性的外来树种，实现地带性景观特色与现代都市特色的和谐统一。

(2) 提升生物多样性，构建长效森林景观

城市森林构建应多样化地选择植物材料，丰富物种、品种，提高物种多样性和基因多样性，合理选择乔、灌、藤、草等不同生活型植物，并适当关注珍贵树种和长寿树种，做到速生树种与慢生树种、长寿树种和高大树种、针叶树种与阔叶树种、常绿树种与落叶树种的合理搭配，实现物种多样性与景观多样性的有机统一。

(3) 注重人文关怀，重视树种的生态服务功能

在城市森林营建中，应照顾到不同场所条件下居民的需求，做到以人为本。比如，南方山地湿度大，冬季阴冷，不应一味强调常绿树种，而应照顾到人们冬季的采光取暖等；而疗养区应选择气味芳香、并能抑菌杀菌的树种，居民区应避免采用漆树等易过敏、或容易飞絮等引起植源性污染的树种等。近年来，国际上逐步重视森林医学方面的研究，以疗养为主题的城市森林建设成为可能，培育对人体具有特定康复作用的森林成为城市森林研究和建设的新方向之一。

(4) 坚持生态、美学与游憩功能相结合，重视生态文化的提升

充分挖掘森林的美学、游憩价值，注重选择具有一定文化意义和乡愁记忆的树种，构建富于层次感的群落空间，有利于增进民生绿色福祉，进一步传播和弘扬生态文明，更好地满足人们对城市森林的多元需求。

11.3.2　植物配置与群落构建

城市森林建设在植物配置上应遵循自然规律，师法自然，多采取近自然式配置手法，合理利用所处环境的地形地貌特征，重视形态与空间的组合，使不同的植物形态组合协调、色彩搭配合理、空间组织得当，做到高低错落、疏密有致，富于层次和空间的变化，并强调季相变化效果，最大限度地发挥城市森林的生态、社会效益，营建源于自然、融于自然的低碳低维护的城市森林景观。

由于城市森林的服务对象是具有一定情感和价值取向的人，因此其结构构建在照顾到森林培育的一般要求以外，应以满足居民的绿色福利与增进获得感为基本出发点。城市森林群落构建应充分尊重原有森林植被，在此基础上，适度有序地采取封育、保护、改造、更新等措施，构建稳定的城市森林群落。依据营建目的不同，城市森林群落主要分为风景游憩型群落、生态防护型群落、文化环境型群落、疗养保健型群落、科普教育型群落、产业经济型群落等类型，不同类型城市森林的构建技术应有所区别，其目的树种选择有所侧重，密度配置有所差异。必要时，应配以一定附属设施，确保城市森林服务功能的充分发挥。

11.4　城市森林的经营管理

城市森林建设的主要目标就是要获得最佳的生态效益，同时兼顾文化教育、景观游憩、经济生产等其他功能。其根本任务就是要改善城市生态环境和满足人们亲近自然的需求，因此近自然林的营造和管理是城市森林建设的方向。德国针对人工纯林存在的种种弊端，提出了近自然林业理论。这种经营理论对人工林占很大比重的城市森林建设来说，具有方向性的指导意义。同时，通过近自然经营，提高生物多样性水平和生态自我修复能力，增强抵御各种灾害的能力，提升城市森林的稳定性。

城市森林的经营管理不仅直接影响城市森林本身各种效益的发挥，而且还涉及维护成本等问题。因此，城市森林的经营管理不完全等同于传统的森林经营，必须考虑城市环境特点、人们对城市森林的多种功能需求以及地区的经济发展水平，协调相关部门的关系，

制定相应的政策法规，加快人才培养和科研队伍建设，积极开展国际合作，全面提高城市森林的经营管理水平。

复习思考题

1. 城市森林的概念和范围是什么？其核心目标是什么？
2. 城市森林构建的基本技术有哪些？

推荐阅读书目

彭镇华，2004. 中国城市森林的建设理论与实践. 北京：中国林业出版社.

（董建文）

第四篇

森林抚育与主伐更新

- 第 12 章 森林抚育间伐
- 第 13 章 林分改造
- 第 14 章 森林收获与更新

第 12 章 森林抚育间伐

【本章提要】 森林抚育间伐是森林抚育的中心环节。本章主要论述抚育间伐的概念和目的、森林抚育的历史回顾、抚育采伐的理论基础、抚育间伐的种类和方法、抚育间伐的技术要素等内容。主要目的是促进林木生长发育,改善森林质量,提高森林经营水平,扩大森林资源,为充分发挥森林的多种效益提供森林经营理论和技术指导。

不论是天然林,还是人工林,在达到经营目的之前,尤其在幼龄林和中龄林阶段,林木处于生长发育的关键时期,是未来林分质量形成的关键时刻,适时进行抚育间伐,才能保证良好的林分建成。从造林或更新起始至森林各种效益的有效发挥,需要经历多年甚至数十年的生长过程,期间必须给予科学管理,连续不断地采取各种抚育作业,才能实现林分的良好状态,最终达到培育目标。

12.1 抚育间伐的概念和目的

12.1.1 抚育间伐的概念

抚育间伐(tending felling),也称抚育间伐或中间利用采伐,简称间伐。它是在林分郁闭后直至主伐期间,对未成熟的森林定期而重复地伐去部分林木,为保留的林木创造更好的生长环境条件,同时获取一部分木材的一种森林培育技术措施。

抚育间伐既是培育森林的措施,又是获得部分木材的手段,其重点是培育森林。

抚育间伐与主伐有着本质的区别。抚育间伐的目的是培育森林,在未成熟的森林,即在幼龄林、中龄林中进行,有严格的选木要求,更新不是首要考虑的问题;而主伐主要目的在于获取木材,采伐对象是成熟木,一般不存在选木问题,首先要考虑森林更新的要求。

12.1.2 抚育间伐的目的

不同森林类型,不同时期的抚育间伐,有不同的目的。

我国天然林面积为 29.66 亿亩,占全国森林总面积的 64% 和全国森林总蓄积量的 83%,从 1998 开始设置天然林保护工程,至 2018 年,投入保护资金 4000 多亿元。从 2019 年开始,全面停止天然林商业性采伐,对于纳入保护重点区域的天然林,禁止生产经营活动。在这样的形势之下,天然林的抚育需要考虑在建立起稳定生态系统的基础上,发挥森林的产业和生态服务功能。

在人工林中，不同林种抚育间伐的目的不同，如用材林主要以培育高产、优质木材，防护林以发挥生态效能，而风景林则要求培育景观效果优良的林分，同时创造林分的良好卫生状况。

(1) 促进林木生长，较早发挥森林效益

对天然林而言，由于其多由阔叶树种构成，次生林萌生林占很大比重。以木兰林管局为例，萌生矮林占 93.4%，实生林只占 6.6%，这些矮林生长极弱，生态系统极不稳定，森林遗传品质退化，且无明显主干，无良好树冠。通过定干、疏伐、修枝等抚育间伐措施，为保留木扩展营养空间，形成适中的冠幅和叶面积，促进林木生长，形成稳定的天然生态系统，较早地发挥森林的生态效益。

对于人工林而言，通过疏伐伐去过密、过细的竞争木，形成了良好的密度结构，扩大了营养空间，提高了地下根系活性，有利于养分和水分的吸收，从而促进保留木的生长，尤其是直径的生长，缩短了林木培育期和用材林工艺成熟龄，即缩短了主伐龄，同时也提高了森林的早期防护效能和景观价值。

(2) 降低林分密度，改善林木生境

我国天然林多为经过多次砍伐利用形成的以中、幼龄林为主的天然次生林，面积占森林总面积的 46% 以上。天然次生林杂木丛生，萌蘖能力强，特别是幼林密度经常过大，大多在 3000 株/hm² 以上，且分布不均匀，生长不良，林分结构稳定性差，形成了低质低效林。通过抚育间伐，可降低密度，消除无效竞争，创造良好的林分环境，形成合理的次生林林分密度结构。

我国人工林多为 20 世纪 50 年代以来营造，初植密度偏大，多为林相较差的中、幼龄人工林。人工林每公顷蓄积量只有 52.76 m³，林木平均胸径只有 13.6 cm，林木蓄积量年均枯损量增加 18%，达到 1.18×10^8 m³。因此，依据人工林群体生长发育规律，制定相关经营密度表，进行抚育间伐，降低人工林密度，消除竞争，形成良好的不同年龄段的合理密度，为留存木创造适宜的生长空间，加速优良林木的成材、成林。此外，抚育间伐可增加林下透光度，使枯落物得以较好的分解，有利于土壤微生物的繁殖，改善土壤养分条件，林下植被层有了较好的生育条件，从而有效地提高森林生物多样性。

据第九次全国森林资源清查结果表明，龄组结构依然不合理，中、幼龄林面积比例高达 65%，其中天然林和人工林中、幼龄林面积分别占 61% 和 70%，再加上过疏、过密的林分面积也不小，因此，我国林地生产力低，森林每公顷蓄积量约为世界平均水平的 2/3。随着年龄的增长，林木个体的营养面积逐渐得不到满足，从而形成林木对营养空间的竞争，发生林木自然稀疏，结果限制了保存林木的生长速率，因此，调整密度结构，是抚育间伐的首要目标。

(3) 调整树种组成，防止逆行演替

天然林中混交林占多数，尤其在亚热带和热带林区更是如此。多个树种生长在一起，往往会发生营养空间的竞争，互相排挤，但被排挤处于劣势或最后被淘汰的不一定是价值低的非目的树种。如果此时不采取人为干预措施来保证优良树种组成，自然竞争的结果就会违背人们的意愿，发生逆行演替，形成树种组成不良的林分，这样的现象在天然次生林中尤为突出。所以，在天然混交林中进行抚育间伐，首先是保证林分理想的树种组成，使目的树种在林分中逐步取得优势，改善森林的各种防护作用与其他效能，尤其是涵养水源的作用，以保证天然林功能的发挥。

我国人工林多为纯林，通过高强度抚育间伐，形成大规格的林隙，为引入新的树种留出空地，从而形成良好的异龄复层混交林。

(4) 清除劣质林木，提高林木质量

天然林，特别是天然次生林，在森林的生长发育过程中不仅优质林木大部分已经被砍伐利用，密度不均匀，而且保留的每株树木受遗传特性及其所处环境条件的影响，在竞争中存活下来，也会存在干形、材质等问题。随着年龄的增长，有些树木不良品质会加剧，或因其占据优越的生境条件形成霸王木等，影响其他优良树木的生长。因此，及时抚育间伐，伐除不良木、危害木，为目的优良树木创造更充裕的营养空间，提高林木质量和林分寿命。

在人工林抚育间伐中，根据经营密度要求，多次采取"留优去劣"的技术措施，清除不良林木，保证保留木或目标树种的正常生长，获得投入产出合理、产品质量优良和经济价值较高的林分。

(5) 实现早期利用，提高木材总利用量

天然林通过对中、幼龄林的早期抚育间伐，以及对衰老而面临淘汰的过熟林木、霸王木、自然稀疏木的间伐，使生产单位能早期获得一部分木材，从而能以短养长，在一定程度上有利于克服因天然林保护禁伐给发展生产带来的困难。

人工用材林到主伐更新，生产木材的总产量由间伐量、枯损量和主伐量3部分组成。一般而言，人工林抚育间伐得到的木材材积，可以占到该林分主伐时蓄积量的30%~50%，因此，通过抚育间伐，可为这些区域解决林业生产周期长的困境，提前提供一定的木材生产效益。

(6) 改变林分卫生状况，增强林分的抗逆性

天然林在抚育间伐除去了林内的枯立木、火烧木、病害木，风折、雪压等不良木，改变了林分卫生状况，林木的生活机能得到加强，减少了林内寄主和可燃物数量，从而增加了林木对不良气候条件和病虫害的抵抗力，也减免了森林火灾发生的可能性。

人工林多为纯林，树种单一，密度过大，稳定性比天然林弱很多，更容易受到病害、风折、雪压等自然灾害的危害，因此抚育间伐更需要早期介入，改善林木生存空间，较早形成人工林的稳定性。

综上所述，无论是天然林，还是人工林，共同点是：①抚育间伐的对象主要为中、幼林；②抚育间伐的目的，都强调调整林分建构，促进林木生长与提高林木质量，维持较高的防护、景观功能，提供中间木材利用。不同点是：天然林更强调建立起稳定的森林生态系统；而用材林主要目的是增加单位面积上的木材总出材量，提高材质和材种规格，缩短林木的工艺成熟期，缩短轮伐期。

12.2 森林抚育的历史回顾

森林抚育间伐是森林培育的一项基本技术措施,世界各国在抚育间伐方面具有较长的历史,并积累了丰富的经验,现简要回顾国内外森林抚育的历史和做法。

12.2.1 国外森林抚育

(1)法国

被认为是关于抚育文字记载最早的国家。1560年,在林务官特利斯坦·罗师汀(Tristan de Rostaing)的指令中,首次出现关于上层抚育的文字记载。之后不久,雷敖缪尔主张对橡树林施行抚育。1755年,知名学者久格迈尔·蒙索全面地叙述了橡树的抚育方法。

(2)芬兰

芬兰赫尔辛基提出的森林可持续经营标准中要求(胡馨芝,1998):采取有利于环境保护的林业经营方法,开发有助于环境保护的林木抚育、采伐方式,确保森林抚育及林木改良作业的实施。芬兰编制完成《国家2010年森林计划》,计划要求强化森林抚育。

(3)奥地利

奥地利要求11%的经营性森林进行生长空间扩充抚育。1998年在奥地利召开了欧共体农业部长会议,第一次讨论山地林业议题。会议认为要想促进林业发展,必须确保中幼龄林抚育,以培育形成稳定的近自然林分,对抚育措施进行补贴,同时开展咨询与促进活动。在水源保护林的经营中认为不应进行皆伐,只采用抚育伐(柴禾,1998)。

(4)俄罗斯

俄国林学家拉尔托夫(А. А Нартов)院士著作《论森林的播种》提出了森林抚育法的主张。苏联1954年发布了《苏联森林抚育采伐规程》。2002年发布了《2002—2010年俄罗斯自然资源与生态全国目标纲要》,要求在2010年时,为提高森林资源质量应完成以下任务:将$950×10^4$ hm^2幼林提升为优质林分;完成$1040×10^4$ hm^2的森林抚育、清理及改善卫生状况;主伐、抚育的年采伐量应达到$2×10^8$ m^3。

(5)德国

德国学者加尔捷格(G. L. Gartig)所著《林业指南》,克拉夫特(G. Kraft)制定了适合于松林抚育的林木分级法。1989年,德国农业部将近自然森林经营确定为国家林业发展的基本原则(陆元昌,2006)。采用近自然的森林建设方法,可促使全部森林实现自然发展和无风险性利用,只有在服从生态前提下的森林培育才具有长期的经济收效。

(6)日本

1966年制定的"计划和展望"至今已修改多次。针对森林构成现状和抚育管理的相近性及社会对森林的需求,主要对水土保持林、保健休养林和资源可持续利用森林3种森林类型进行抚育管理。2005—2011年,日本全国每年主伐面积$7×10^4$~$8×10^4$ hm^2,间伐面积$52×10^4$~$55×10^4$ hm^2,年均采伐森林约$4000×10^4$ m^3。从2011年起,引进了大面积、有计划直接支援从事森林施业单位的森林管理——环境保护直接支付制度,制订森林经营计划,对搬运间伐等森林作业以及铺设森林简易林道进行支援。

(7)美国

美国 Dunning(1928)为加利福尼亚州的混交针叶异龄林制定出 Dunning 林木分级标准,1942 年,霍莱(R. C. Hawley)提出广泛应用于美国森林的抚育间伐林木分级法。在森林经营理念方面,美国传统思想认为:"森林的价值就在于采伐利用,对森林的保护也应以此为前提,无论是公有林还是私有林"。从 20 世纪 60 年代以来,经营理念从单纯的木材生产向多效益转变,并形成公有林承担美化环境、森林休闲等社会及生态功能,私有林主要生产木材,且提供了全国木材生产的 88%。国家要求私有林建立标准林场式经营措施,满足三个标准,即:防火、防病虫害、避免破坏性放牧;林场必须有固定资金用于林木采伐和培育、实行永续生产,不得挪作他用;必须采用有利于改善林地条件的采伐方式。达标者,为标准林场,国家给予如苗木、技术、机械等优惠(韩璐,2015)。从美国标准林场式经营措施可以看出美国森林抚育的基本特征。

12.2.2 中国森林抚育

我国劳动人民在培育森林的过程中,早有森林抚育措施的记载。11 世纪后期,《东坡杂记》中,松从"七年之后,乃可去其细密者使大",加速了松树抚育的开始期和方法。《群芳谱》《农政全书》《群芳谱》《三农纪》《花镜》《齐民要术》《养鱼月令》《致富全书》《笋谱》等古农书中也均有对林木抚育的记载。20 世纪 30 年代初期至 40 年代中后期,我国林学家陈嵘的《造林学概要》、郝景盛的《实用造林学》、黄绍绪先生编译的《造林实施法》,更为详尽而系统地将欧洲及美国的现代抚育间伐理论和应用技术介绍到我国,但在实践中运用较少。1978 年,吉林省林业科学研究所尹泰龙、韩福庆等人,在我国首次研制成人工落叶松林密度控制图,标志着我国森林抚育间伐技术进入数量化阶段。

中华人民共和国成立后,大量翻译出版了苏联及东欧的林业科技书刊,才正式引入了"森林抚育采伐"术语。1956 年,林业部首次颁布《森林抚育采伐规程》,1995 年、2009 年、2015 年相继颁发了中华人民共和国国家标准《森林抚育规程》,用材林抚育按该规定执行。2001 年,国家颁布《生态公益林建设导则》(GB/T 18337.1—2001)界定了特殊地区的公益林,以及国家法律规定明令禁止人为活动的公益林,禁止开展抚育活动。2012 年、2014 年,国家林业局先后以林造发〔2014〕140 号印发《森林抚育作业设计规定》,该《规定》分总则、抚育对象和方式、抚育质量控制指标、外业调查、作业设计、作业设计档案、附则 7 章 46 条,同时颁布《森林抚育检查验收办法》,使得我国森林抚育步入了标准化经营的轨道。

2005 年起,在东北、东南沿海、中南、西南等森林资源相对丰富的地区实施以优化生态公益林林分结构,提高森林质量和效益的国家重点生态公益林中幼龄林抚育试点工作,为此,国家林业局下发了《国家重点生态公益林中幼龄林抚育及低效林改造实施方案》,提出在全国计划安排中幼龄林抚育面积 $1.69×10^4$ hm^2,重点实施地区包括北京、河北、山西、内蒙古、辽宁、吉林、黑龙江、浙江、安徽、福建、江西、山东、河南、湖北、湖南、广东、广西、重庆、四川、贵州、云南、陕西、甘肃等 23 省(自治区、直辖市)、4 大森工集团的 37 个县(局)。主要任务是对过纯和过密的国家重点生态公益林进行有效抚育和技术示范。使我国林业走上正常的可持续的抚育经营之路。2009年开始采取森林抚育补贴政策，每公顷补贴1500元，共补贴5.0亿元，到2014年共补贴58.1亿元。"十二五"期间抚育森林达到了4000 hm^2。

总之，我国长期以来森林培育更多的精力放在了人工林的营造上，森林抚育理论和技术的研究才刚刚起步，面对天然次生林和不同人工林林种，抚育理论缺少系统性，抚育技术的形成具有较大的难度。需要我们掌握基本的规律，对主要的造林树种进行系统的研究，建立起符合中国森林特点的抚育技术体系。

12.3 抚育间伐的理论基础

12.3.1 生态学基础

(1) 林木个体竞争(竞争驱动)

植物之间的竞争和互利是自然界普遍存在的规律。植物通过竞争获取所需资源，求得生存和发展，又通过互利作用节约资源，共同生存。竞争是森林生态系统中的普遍现象，是指两个以上有机体或物种间阻碍或制约的相互关系，是塑造植物形态、生活史的主要动力之一，并对植物群落的结构和动态具有深刻的影响。由于森林生态系统是森林的集合体，森林是林分的集合体，林分又是林木个体集合体，因此，尽管森林经营的基本单位是林分，但在林分中具体到某一株林木的生长是受其周围小环境的控制，因此研究林木个体之间的竞争是研究森林生态系统的基础，林木个体的特点又是确定营林措施的重要基础，竞争的结果形成了林木的分化，因此成为确定抚育间伐中林木分级的依据。

竞争是生物间相互作用的一个重要方面，一般分为种内竞争和种间竞争，竞争产生了植物个体生长发育上的差异。在森林群落中，林木个体总是与周围其他个体以这种或那种方式发生正效或负效互作，不同的林木个体有着各自的生态位。相邻的个体为了获得适宜生长的最佳生态位，必然与其他个体争夺光、热、水、营养元素等环境资源，这就导致种内、种间竞争(competition)或干扰(interference)。干扰和竞争对林木个体生长和森林群落的结构及种群动态有着重要影响。林木个体的形态及生长除受自身遗传特性和立地条件影响外主要受邻体干扰。因此，需要进一步理解林木地上、地下的竞争动态，定量和定性地研究更有生理生态学意义的竞争关系，揭示种群生态适应机理，以指导森林特别是人工林的经营管理。基于此，抚育采伐的目的就是调节这种竞争关系，使林分的生长发育按所设定的经营目标方向发展。

(2) 林隙驱动力

天然林面临火灾、风倒、雪压、枯死、病虫以及人为破坏等事件的干扰，一方面会产生负面的影响，严重的发生森林的退化；另一方面，这些干扰也会自然形成不同大小的林间空地，即林隙。人工林进行一定规模的间伐或小块状皆伐干扰后，也可形成林隙。林隙内森林微环境条件，如太阳辐射、空气温湿度和土壤水分、有机质等，不同程度地得到了改善，有利于保存林木个体营养空间的扩展，促进其生长和天然更新，同时喜光植物的侵入和自然或人为引进优良树种，可起到改善林分结构、增加生物多样性的作用。因此，自然或人为干扰形成的林隙，是林分结构调整，维持物种多样性，森林演替和循环必不可少的因子，是森林特别是天然林正向动态变化的一种驱动力。这就提示人们如何通过不同强度的抚育间伐，人为创造和引导形成不同大小的林隙空间，为森林的恢复、演替，形成稳定群落结构和高效的森林生态系统提供支持。

12.3.2 生物学基础

(1) 森林生长发育时期

森林由生长、发育到衰老，经历几十年至上百年的时间，整个生命过程呈现出不同的生长发育特性。在生长的每个时期，森林与环境的关系及林木个体间的相互关系有不同的特点，从而表现出形态和结构方面的差异，尤其在中幼龄林阶段，林木对营养空间的响应比较敏感。在抚育间伐措施开展之前，首先要调查林分所属年龄阶段及其各个时期的差异性，才能正确地制定抚育采伐技术措施。根据林分生长发育特点，一般可将林分划分为若干个生长发育阶段（参见第1章），据此，制定龄级的划分，确定采伐起止时间和不同时期的间伐木。

(2) 森林自然稀疏

在天然林中，即使同一树种、相同年龄的林木以及不同林木的个体，其树高、直径等方面都有差异，这种差异称为林木分化。一般用直径离散度来表示林木分化程度，即林分平均直径与林分最大和最小直径的倍数之间的距离。林木分化结果导致一部分林木死亡，引起林分稀疏。在林业生产上，把森林随着年龄的增加，单位面积上林木株数不断减少的现象，称为森林的自然稀疏。引起林木分化的主要原因为树种遗传特性及环境条件。天然林经历数十年乃至数百年长期的干扰、竞争和适应导致了林木的分化。一般喜光树种的林分分化强于阴性树种林分；立地条件差的林分分化强烈；密度越大，分化越强烈；壮龄期林木分化较强烈。

人工林的林木分化和自稀疏原理相同于天然林，但人工林更多的是由于造林时苗木质量参差不齐，造林密度过大，立地条件差，营养空间不足，以及未能做到适地适树而导致，人工林最明显的是在郁闭之后间伐之前的这一时期产生分化和稀疏。

林木分化与自然稀疏是森林发育的主要特点，是林木形成良好干形的必要条件，也是森林适应环境条件，自我调节单位面积株数的结果。

森林的林木分化和自然稀疏，在自然状态下是一个漫长的过程，尤其是天然林。人工林由于密度过密，会出现早期分化现象。在这过程中林木的生长会受到影响。自然稀疏留下的林木个体，不一定是目的树种或经济价值较高的树种。因此，有必要在认识林木分化、自然稀疏规律的基础上，通过抚育采伐及时进行人为稀疏，有选择性地疏伐林木，调整密度，使林分形成合理的结构，为保留木创造良好的生长环境，降低不必要的营养消耗，促进保留木的生长和保持林分的生物多样性。

12.3.3 经济学基础

由于抚育措施是林分生长发育阶段促进林木生长，形成稳定的森林生态系统的最佳措施，特别是在中幼龄林时期，因此，除了需要特殊保护的森林地段，如自然保护区核心区的森林，不能进行人为干扰外，无论是天然林还是人工林，都应该开展抚育采伐工作。但抚育采伐的技术措施是以经济条件、经营目的、预期生产量等作为前提的。抚育采伐是否实施，首先取决于该地区和经营单位的经济条件，其中主要是交通、劳力、产品的销售状况和对森林生态环境保护与景观构建的需求性。一般来说，只要交通和劳力条件具备，就可以开展抚育采伐工作。只要从生物学角度是合理的、长远利益是合算的，有时在短期亏损的情况下也应进行抚育采伐。

12.4 中、幼龄林抚育间伐技术

12.4.1 林木分级方法

当林分的生长发育阶段划分完毕后，需要进一步明确哪些林木属于伐除个体。一般需要根据林木生长状况的差异对林分内所有个体进行分组，称为林木分级。森林自然稀疏使林木在竞争中发生分化，表现在树高、直径、干型、树冠形态不一致。根据林木生长势、干型、利用价值的不同，进行人为林木分级，为抚育采伐时选择砍伐木、保留木提供方便。下面就天然林和人工林林木分级介绍几种常用的方法。

12.4.1.1 天然林林木分级

（1）Dunning 分级法

天然林，多为异龄林，在林木分级时需要考虑较多的指标。美国最早由 Dunning(1928)为加利福尼亚州的混交针叶异龄林制定出一种林木分级标准。分级的依据是个体的生长势和活力，不考虑立木个体的大小和在林分中占据的空间大小，因此分级过程中往往将高大的上层木和处在林冠下层的更新幼树列为相同的级别。该方法主要着眼点在于单株树木，即当周围树木采伐以后对于留下的树木的生长将会产生什么影响。分级时主要参考以下因子：

①年龄 幼龄木(50 a 以下)、壮龄木(50~150 a)、成熟木(150~300 a)、过熟木(300 a 以上)；

②优势程度 孤立木、优势木、亚优势木、中庸木、被压木；

③树冠发育程度 树冠长度和宽度；

④立木健壮程度估计 树冠发育程度、叶色、树皮特征、抗病能力。

Dunning 分级法根据上述因子，将林木分为 7 级：

1 级木：龄级为幼龄或壮龄木；在林冠中的地位为孤立木或优势木(极少情况下为亚优势木))；冠长占树高的 65% 以上；树冠宽度中等或较宽；顶部形状为尖顶；活力良好。

2 级木：龄级为幼龄或壮龄木；在林冠中的地位通常是亚优势木(极少情况下为孤立木或优势木)；树冠长度小于树高的 65%；树冠宽度中等或较窄；顶部形状为尖顶；活力良好或中等。

3 级木：龄级为成熟木；在林冠中的地位为优势木；树冠长度 65% 以上；树冠宽度中等或较宽；顶部形状为圆顶；活力良好。

4 级木：龄级为成熟木；在林冠中的地位通常是亚优势木(极少情况下为孤立木或优势木)；冠长小于树高的 65%；树冠宽度中等或较窄；顶部形状为圆顶；活力中等或不良。

5级木：龄级为过熟木；在林冠中的地位为孤立木或优势木（极少情况下为亚优势木）；树冠大小不定；顶部形状为平顶；活力不良；叶一般呈灰绿色，而且稀疏。

6级木：龄级为幼龄木或壮龄木；在林冠中的地位为中庸木或被压木；树冠大小不定，通常较小；顶部形状为圆顶或尖顶；活力中等或不良，受压后尚有一定的恢复能力。

7级木：龄级为成熟木或过熟木；在林冠中的地位为中庸木或被压木；树冠大小不定，通常较小；顶部形状为平顶；活力不良；严重被压，很少有能出商品材的树干。

综上，在优良的林分中，要考虑幼龄和壮龄林木的存在，才有森林生长发育的可持续性。成熟木较多的林分，且未被压抑，就需要进行主伐利用。林龄到了成过熟龄，而且严重压抑，应该进行伐除。

(2) 近自然林经营林木分级法

近自然林经营起源于德国，1898年盖耶尔（Gayer）首先提出了"接近自然林业"的理论，他要求按照森林自然规律来经营森林。该方法可用于天然林，特别是天然次生林，亦可在人工林中应用。该法根据林木在林分中的作用，将林木分为3种类型，即目标树、干扰树和辅佐树。

①目标树　对森林主导功能起支撑作用，林分中能代表着主要的经济、生态和文化价值，通过精心培育，能实现森林经营终极目标的林木。为森林经营培育的主要对象。目标树有多种作用，可形成森林骨架、决定森林质量、优化树种结构、并决定演替方向、保持森林生态持续稳定、向社会提供优质大径级木材，还可美化森林景观。一般可将生命力旺盛（自然寿命长）、稳定性高（$H/D \leq 80$），质量好（综合价值高、树干通直、树冠丰满）的树木定为目标树。目标树的最佳选择期为天然林胸径10~15 cm、人工林树木胸径13~30 cm时的优质树木。

②干扰树　是指对目标树生长发育造成不良影响的树木。一般出现在目标树的同冠层或上冠层，或上坡位，影响目标树冠发育，为伐除对象。

③辅助树　在目标树下冠层，特别是下坡位树木对目标树生长不具有干扰作用而具有支撑和辅助作用的树木。辅助木予以保留。

综上，这样的林木分级或分类，最终形成的森林林相比较接近自然森林的状态，林分稳定，而且有较高的森林效益产出。

12.4.1.2　人工林林木分级

(1) 克拉夫特分级法(1844，五级分类法，图12-1)

德国的布尔克加尔德（H. Burckhardt）最早提出林木分级法，1848年，他按照树高和树冠的发育状况，将林木区分为6级。后来他的继承者克拉夫特（G. Kraft），将其分级进一步完善，于1884年发表了克拉夫特林木分级法。根据林木生长势将林木分为5级。

Ⅰ级（优势）木：生长最高大，一般伸出林冠之上。

Ⅱ级（亚优势）木：略次于Ⅰ级木，树冠均匀，优良。

Ⅲ级（中等）木：生长中等，树冠位于Ⅰ、Ⅱ级木之下。

Ⅳ级（被压）木：生长落后，树冠受压挤。又分为：

　　Ⅳ$_甲$级木：冠狭窄，侧方被压，但侧枝均匀；

　　Ⅳ$_乙$级木：偏冠，侧方和上方被压。

Ⅴ级（濒死）木：生长极落后，完全处于林冠下，分枝稀疏或枯萎。又分为：

图 12-1 克拉夫特分级法

$V_甲$级木：生长极落后，但还有生活的枝叶；

V_Z级木：基本枯死或刚刚枯死。

应用克拉夫特法对林分进行分级，主林冠层主要是由Ⅰ、Ⅱ、Ⅲ级木组成，Ⅳ、Ⅴ级木组成从属林冠层。随着林分的发育，林分分化和自然稀疏的过程主要淘汰的是Ⅳ、Ⅴ级木，而主林冠层的林木株数也逐渐减少，一些原来属于高生长级的立木逐渐下落到低生长级。但是，在未经人为管理的林分中，一般不会发生林木由低生长级向高生长级过渡的情况。这就是下层疏伐产生的理论基础。

此方法适合于同龄纯林，尤其是针叶纯林。由于幼龄林林木分化不明显，不能分级，一般在中龄林阶段采用此方法。这种方法简便易行，缺点是主要依据林木的生长势和林冠的形态分级，忽视了树干形质的缺陷。

(2) 寺崎分级法

日本学者寺崎根据德国林业试验林场联合会(1902)通过的什瓦帕赫分级法，参照日本落叶松单层林的具体情况，制定了一种应用于单层针叶纯林的分级法。首先根据林冠层的优劣分为优势木和劣势木两个大组，然后根据树冠形态和树干缺陷划分具体的林木级别。这种分级法将林木分为二组五级(图12-2)。

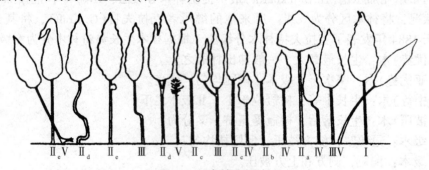

图 12-2 寺崎分级法

优势木：组成上层林冠的总称。

Ⅰ级：树干、树冠发育均匀良好。

Ⅱ级：树干、树冠有缺陷。又分为5种(图12-2)。

(a)树干发育过强，冠型扁平；

(b)树干发育过弱，树干特别细长；

(c)树冠受压，得不到发展余地；

(d)形态不良的"上层木"或分杈木；

(e)被害木。

劣势木：组成下层林冠的总称。

Ⅲ级：中庸，冠未被压。

Ⅳ级：树枝尚绿，但被压。

Ⅴ级：衰弱木、倾倒木、枯立木。

该法在日本应用较广泛。其优点在于不是按生长势，而是根据树木干型、质量把Ⅱ级木分为5种情况，并非全部保留Ⅱ级木，它克服了克拉夫特分级法忽视干形的缺点，但应用过程较为复杂，在现实林分中有时很难判断。主要适用于同龄针叶纯林，在同龄阔叶林或阔叶混交林中难以应用。

(3)霍莱(R. C. Hawley)林木分级法

根据同龄阔叶林树冠竞争分化情况进行林木分级，制定了阔叶树的林木分级法。该法认为林木所处的地位及其扩张的情形，可判断其竞争能力与健康关系，所以可以用树冠的分级来对林木生长发育进行分级。美国通用此方法。此方法简便易行，且为同龄林常用的方法。共划分4级：

D(优势木)——树冠超出上层林冠的一般水平，充分接受上方光照，部分接受侧方光照，树冠发达，略受邻近木的侧压。

CD(亚优势木)——处于上层林冠的中间位置，上方受光充足，也能接受少部分侧方光，树冠中庸，较多的受邻近木的侧压。

I(中庸木)——树高较前两个级别低，树冠处于林冠中层，上方受光少，不能接受侧方光，侧方受压严重，形成窄小树冠。

O(被压木)——树冠完全在林冠下，不能接受上方和侧方光。

上述林木分级法，是否在天然林或人工林中应用并非绝对，可根据林分生长发育状况和林相做出灵活的选择。

(4)中国森林抚育技术规程林级划分

我国《森林抚育规程》(GB/T 15781—2015)将林级划分为5级。此法适用于单层同龄人工纯林，接近克拉夫特分级法。

Ⅰ级木：又称优势木，林木的直径最大，树高最高，树冠处于林冠上部，占用空间最大，受光最多，几乎不受挤压。

Ⅱ级木：又称亚优势木，直径、树高仅次于优势木，树冠稍高于林冠层的平均高度，侧方稍受挤压。

Ⅲ级木：又称中等木，直径、树高均为中等大小，树冠梢构成林冠主体，侧方受一定挤压。

Ⅳ级木：又称被压木，树干纤细，树冠窄小且偏冠，树冠处于林冠层平均高度以下，通常对照、营养的需求不足。

Ⅴ级木：又称濒死木、枯死木，处于林冠层以下，接收不到正常的光照，生长衰弱，接近死亡或已经死亡。上述几种天然林和人工林林木分级方法是相对的，如果两种起源的林分具有相同的林分特性时，也可通用。

12.4.2 抚育间伐的种类和方法

对需要抚育间伐的林分类型进行划分和林木分级结束后，可根据抚育间伐的目的确定不同的抚育方法。2015年国家颁发的《森林抚育规程》(GB/T 15781—2015)将我国森林抚育间伐方法分为：透光伐、疏伐和生长伐，特殊林分还可采取卫生伐。

12.4.2.1 透光伐

透光伐是在幼林时期进行，是针对林冠尚未完全郁闭或已经郁闭，林分密度大，林木受光不足，或者因其他阔叶树或灌木树种妨碍主要树种的生长而进行的一种抚育间伐方法。透光伐主要解决树种间、林木个体之间、林木与其他植物之间的矛盾，保证目的树种不受非目的树种或其他植物的压抑。在天然林中主要清除高大草本植物、灌木、藤蔓，影响目的树种幼树生长的萌芽条、霸王树，上层残留木及目的树种中生长不良的林木等，以调节树种组成和林分密度，但要注意保持生物多样性。在人工纯林中主要伐除过密的和质量低劣、无培育前途的林木。根据林地形状和大小，透光伐有3种实施方法。

(1) 全面抚育

按一定的强度伐除抑制主要树种生长的非目的树种，或密度过大的人工纯林中的不良林木。在幼龄林中应用较多。在交通便利、劳力充足，而且林分中主要树种占优势，分布均匀的情况下适合这种方法。郁闭度大于0.8，林木分布均匀，林下植被稀疏的公益林，特别是天然次生林中龄林林分，采用全面透光伐，可增加林下光照，诱导天然更新，也可进行人工补植，增加下层植被覆盖度，提高林分的生态功能。伐后郁闭度不小于0.6。

(2) 团状抚育

多用于天然林抚育。主要树种在林地上的分布不均匀且数量不多时，只在主要树种的群团内砍除影响主要树种生长的次要树种。如群团状更新的天然幼龄林，在稠密的树丛中进行抚育采伐。

(3) 带状抚育

在天然更新的针阔叶混交林中应用较多。将林地分成若干带，在带内进行抚育，保留主要树种，伐去次要树种。一般带宽1~2 m，带间距3~4 m，带间不抚育(称为保留带)。带的方向应考虑气候和地形条件，例如，带的方向与主风方向垂直，以防止风害；带的方向与等高线平行，以防止水土流失等。

12.4.2.2 疏伐

疏伐，是指在中壮龄林阶段进行的伐除林分中生长过密和生长不良的林木，进一步调整树种组成及林分密度，促进保留木的生长和培育良好干形的一种抚育间伐方法。林木从速生期开始后，树种之间或林木之间的矛盾焦点集中在对土壤养分和光照的竞争上，为使不同年龄阶段的林木占有适宜的营养面积，在此阶段进行抚育，对林分的生长具有良好的效果。根据树种特性、林分结构、经营目的等因素，疏伐方法又分为5种。

(1) 下层疏伐法

下层疏伐是砍除林冠下层的濒死木、被压木，以及个别处于林冠上层的弯曲、分叉等不良木(图12-3、图12-4)的一种疏伐方法。实施下层疏伐时，利用克拉夫特的生长分级最为适宜。利用此分级法，可以明确确定采伐木。

此方法在同龄针叶纯林，如北方的油松防护林，分化比较严重，应用该方法较方便。下层疏伐获得的材种以小径材为主，上层林冠很少受到破坏，因而有利于保护林地和抵抗风倒危害。

(2) 上层疏伐法

上层疏伐法是以砍除上层林木为主，疏伐后形成上层稀疏的复层林(图12-5)的疏伐方法。它适用于阔叶混交林、针阔混交林，尤其是复层混交林。由于天然林这些特点比较明

图 12-3　下层抚育伐前林分

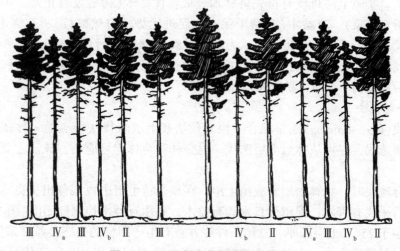

图 12-4　下层抚育伐弱度伐后林分

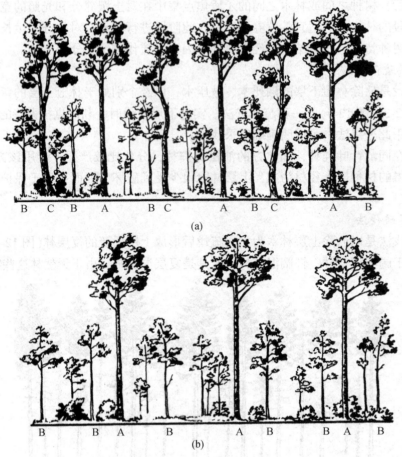

图 12-5　上层抚育法
(a)抚育前林分　(b)抚育后林分

显,因此,上层疏伐法更适合天然林的抚育。在上层林木价值低、次要树种压抑主要树种时,应用此法。实施上层疏伐时首先将林木分成:优良木(树冠发育正常、干形优良、生长旺盛,为培育对象)、有益木(有利于保土和促进优势木自然整枝)、有害木(妨碍优良木生长的分叉木、折顶木、老狼木等,为砍伐对象)3 级,然后伐除有害木。

上层疏伐法技术比较复杂,抚育后能明显促进保留木的生长。由于林冠疏开程度高,特别在疏伐后的最初 1~2 a,易受风害和雪害。

(3)综合疏伐法

综合疏伐(free-thinning)法是综合下层疏伐法和上层疏伐法特点的一种疏伐方法,既可从林冠上层选伐,亦可从林冠下层选伐。混交林和纯林均可应用,该法主要应用于天然次生林。

进行综合疏伐时,将林木划分成植生组,在每个植生组中再划分出优良木、有益木和有害木,然后采伐有害木,保留优良木和有益木,并用有益木控制郁闭度(图 12-6)。

对坡度小于 25°、土层深厚、立地条件好并兼有生产用材的生态公益林采用综合疏伐。伐除有害木,保留优良木、有益木和适量的草本、灌木与藤蔓。一次疏伐强度不能过大,

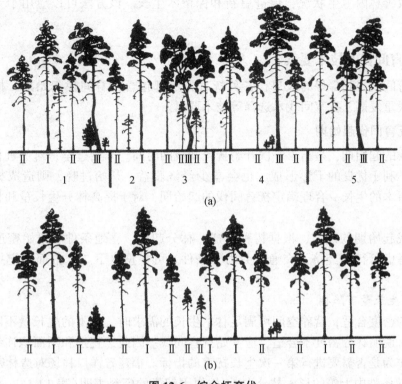

图 12-6 综合抚育伐
(a) 综合抚育前林分　(b) 综合抚育后林分

株数不超过 20%，蓄积量不超过 15%，伐后郁闭度应保留在 0.6~0.7 之间。立地条件好的保留株数应小些。

(4) 机械疏伐法

又称隔行隔株抚育法、几何抚育法。机械地隔行采伐或隔株采伐，或隔行又隔株采伐的疏伐方法。该方法主要应用于人工林。例如，华北地区侧柏人工林，种内竞争比较弱，可采用该法。

(5) 景观疏伐法

景观疏伐法是风景林（有时包括护路林）按美学原理进行的疏伐法。其目的在于改造或塑造新的景观，创造自然景观的异质性，维护生物多样性，提高游憩和观赏价值

12.4.2.3 生长伐

生长伐是为培育大径材，在近熟林阶段实施的一种抚育间伐方法。在疏伐之后继续疏开林分，促进保留木直径生长，加速工艺成熟，缩短主伐年龄。生长伐的方法与疏伐相似，因此，生长伐有时也可同疏伐合成同一范畴来探讨。该法可应用于天然次生林和人工林。

12.4.2.4 卫生伐

卫生伐是在遭受病虫害、风折、风倒、雪压、森林火灾的林分中，伐除已被危害、丧失培育前途林木的一种抚育间伐方法。病腐木不少于 10% 的公益林林分进行卫生伐，伐除

受害林木，改善林内卫生状况，促进更新和保留木生长。该方法可以应用于天然林和人工林。

12.4.3 抚育间伐的技术要素

为使抚育间伐得到最好的效果，各种抚育方法都包含抚育间伐起始期、抚育间伐强度、抚育间伐重复期、抚育间伐木选择等技术要素。

12.4.3.1 抚育间伐起始期

抚育间伐的起始期，是指第一次开始抚育间伐的时间。开始过早，对促进林木生长的作用不大，不利于优良的干形形成，也会减少经济收益；开始过晚，则造成林分密度过大，影响保留木的生长。合理确定抚育间伐的起始期，对于提高林分生长量和林分质量具有重要意义。

抚育间伐起始期的确定，根据树种组成、林分起源、立地条件、原始密度不同而不同。还必须考虑可行的经济、交通、劳力等条件。可根据以下7个方面确定抚育间伐起始期。

(1) 林分生长量下降期

当林分的密度合适，营养空间可满足林木生长的需求时，林木的生长量不断上升。生长量降低时，说明林分密度不合适，应开始抚育间伐。因此，直径和断面积连年生长量的变化，可以作为是否需要进行第一次生长抚育的指标。福建省洋口林场对造林密度为4500株/hm^2、立地条件中上等的杉木林分中16株树干解析的资料表明（表12-1），杉木幼树在4年生时为胸径连年生长量最旺盛期，5年生时开始下降，6~7年生时明显下降；断面积生长量在5年生时达到最高，6~7年生时开始下降。因此，可以将6~7 a作为该立地条件和造林密度下，杉木林进行首次抚育间伐的时间。

表12-1 杉木胸径和胸高断面积生长进程

项目	年 龄(a)						
	3	4	5	6	7	8	9
胸径(cm)	2.29	4.42	5.81	6.57	7.15	7.58	7.83
胸径连年生长量(cm)		2.13	1.39	0.76	0.58	0.43	0.25
断面积(cm^2)	4.02	15.20	26.40	35.30	40.70	45.40	47.80
断面积连年生长量(cm^2)		11.0	11.20	8.90	5.40	4.70	2.40

(2) 林木分化程度

在同龄林中林木径阶有明显的分化，小于平均直径的林木株数达到40%以上，或Ⅳ、Ⅴ级木占到林分林木株数30%以上时，应该进行第一次抚育间伐。吉林省净月潭林场利用株数与胸径关系的偏态分布，发现有40%以上的林木的胸径小于林分平均直径时，应进行首次抚育间伐。

(3) 林分直径的离散度

不同的树种，开始抚育间伐时的离散度不同。离散度越大，林木分化越明显。据研究，刺槐林直径离散度超过0.9~1.0，赤松林超过1.0，麻栎林超过0.8~1.0时，应进行第一次抚育间伐。

（4）树冠大小

在林分内，树冠的大小直接影响林木的直径，而树冠大小又受林分密度制约。林分在充分郁闭后，树冠已无扩张的空间，从而会发生自然整枝，出现树冠负生长现象。根据福建洋口林场的研究，每公顷4500株的杉木林中，6~7年生时出现大量的自然整枝，产生树冠负生长（表12-2），同时直径和断面积生长量下降，此时应该开展抚育间伐。

高密度的林分内光照不足，当林冠下层的光照强度低于该树种的光合补偿点时，林木下部枝条开始枯死掉落，从而使活枝下高增高。一般当幼林平均枝下高达到林分平均高1/3时，应进行初次疏伐。

还可用树冠长和树高的比值（冠高比）来确定抚育间伐起始期。一般冠高比达到1∶3时，应考虑进行初次抚育间伐。使用这种方式，必须区别喜光树种和耐阴树种，并且要有实际经验或以其他指标加以校正。

表 12-2　杉木树冠冠幅、体积、表面积变化

项　目	年　龄(a)					
	2	3	4	5	6	7
最宽处冠幅 b(m)	0.70	1.45	2.40	2.50	2.30	2.0
树冠长 L(m)	0.90	2.10	3.60	4.45	3.80	3.40
树冠表面积 S(m^2)	1.06	4.78	14.31	17.06	14.34	11.13
树冠表面积年增长量(m^2)	3.72	9.53	2.75	-2.72	-3.21	
树冠体积 V(m^3)	0.12	1.16	5.43	7.28	5.26	3.56
树冠体积年增长量(m^3)	1.04	4.27	1.85	-2.02	-1.70	

注：杉木幼树树冠形态近似圆锥体。

（5）林分密度管理图表

在系统经营的林区，可用林分密度管理图中最适密度与实际密度对照，实际密度高于图表中密度时，表明该林分应进行抚育间伐。

（6）林分的外貌特征

林分的外貌是林分生长状况的反映，可以根据外貌特征作为判断首次抚育间伐的依据。

（7）经济条件

在交通不便、劳力缺少、小径材销路不畅、不能充分利用的地区，抚育间伐可适当推迟；相反，应尽量早进行抚育。

12.4.3.2　抚育间伐强度

（1）概念和表示方法

抚育间伐强度指抚育间伐时采伐及保留林木的多少，使林分稀疏的程度。常用采伐木的胸高断面积（或株数）占林分总胸高断面积（或总株数）的百分率表示。不同采伐强度对林内环境条件产生的影响不同，对林木生长的影响也不同。确定适宜的采伐强度，直接影响抚育间伐的效果，是抚育间伐技术中的关键问题。

①以株数表示：

$$P_n = \frac{n}{N} \times 100\% \tag{12-1}$$

式中　n——间伐株数；
　　　N——伐前林分株数。

②以胸高断面积表示：

$$P_g = \frac{g}{G} \times 100\% \tag{12-2}$$

式中　g——间伐木断面积总和；
　　　G——伐前林分断面积总和。

（2）确定原则

合理的抚育间伐强度应满足以下要求：

①能提高林分的稳定性，不致因林分稀疏而招致风害、雪害和滋生杂草。
②不降低林木的干形质量，还能改善林木的生长条件，增加营养空间。
③利于单株材积和林木利用量的提高，并兼顾抚育间伐木材利用率和利用价值。
④形成培育林分的理想结构，能实现林分的培育目的。
⑤紧密结合当地条件，充分利用间伐产物，在有利于培育森林的前提下增加经济收入。
⑥在生产上，抚育采伐强度要求可参考国家标准《森林抚育规程》的规定范围。

（3）确定方法

抚育间伐的确定方法分为定性和定量法。

①定性抚育间伐

ⅰ. 按林木分级确定抚育间伐强度。利用克拉夫特分级法，确定抚育间伐强度。

弱度抚育间伐：只砍伐Ⅴ级木；
中度抚育间伐：砍伐Ⅴ级和Ⅳ$_Z$级木；
强度抚育间伐：砍伐全部Ⅴ级和Ⅳ级木。

ⅱ. 根据林分郁闭度确定抚育间伐强度。用林分郁闭度和疏密度计算与控制抚育间伐强度。当林分郁闭度或疏密度达到 0.9 左右时，应该间伐，一般强度控制在保留郁闭度 0.6 和疏密度 0.7 以上。在生产实践中，可参照《森林抚育规程》的规定进行抚育间伐。

②定量抚育间伐

ⅰ. 根据树冠确定抚育间伐强度，又称营养面积法。即把一株树的树冠垂直投影面积看成其营养面积，用林分平均每株树的树冠面积，求得单位面积上应保留的株数，从而决定采伐强度。表 12-3 为北京地区油松林采用树冠投影面积计算得到的不同郁闭度下的林分经营密度表（马履一等，2010），据此表，可以得到相应的保留株数。

ⅱ. 用林分密度管理图表。根据树种、立地、年龄和培育目的编制的密度管理图，先测出现实林分的优势木平均高，而后依其年龄在表中查出欲知项，确定抚育间伐的强度。

表 12-3 北京低山阴坡厚土油松林不同树冠投影方式下密度对比   株/hm²

林龄(a)	胸径(cm)	树冠圆面积投影							树冠椭圆面积投影						
		营养面积(m²)	郁闭度						营养面积(m²)	郁闭度				
			0.5	0.6	0.7	0.8	0.9	1.0		0.5	0.6	0.7	0.8	0.9	1.0
5	1.31	2.32	2151	2581	3011	3441	3871	4301	2.01	2493	2992	3490	3989	4488	4986
10	5.29	4.32	1157	1388	1619	1851	2082	2313	3.74	1336	1603	1870	2137	2404	2671
15	7.61	5.56	899	1079	1258	1438	1618	1798	4.84	1034	1241	1448	1655	1861	2068
20	9.26	6.48	772	927	1081	1235	1390	1544	5.64	886	1063	1240	1418	1595	1772
25	10.54	7.20	694	833	972	1111	1250	1389	6.29	795	954	1113	1272	1431	1590
30	11.58	7.81	641	769	897	1025	1153	1281	6.83	732	879	1025	1172	1318	1464
35	12.46	8.33	601	721	841	961	1081	1201	7.29	686	823	960	1097	1234	1371
40	13.23	8.78	569	683	797	911	1025	1139	7.70	649	779	909	1039	1168	1298
45	13.90	9.19	544	653	762	871	979	1088	8.07	620	744	868	991	1115	1239
50	14.51	9.56	523	628	732	837	942	1046	8.40	595	714	833	952	1071	1190
55	15.05	9.89	505	606	707	809	910	1011	8.70	574	689	804	919	1034	1149
60	15.55	10.20	490	588	686	784	882	980	8.98	557	668	779	891	1002	1113
65	16.01	10.49	477	572	667	763	858	953	9.24	541	649	757	866	974	1082
70	16.44	10.76	465	558	651	744	837	930	9.48	527	633	738	844	949	1054
75	16.83	11.01	454	545	636	727	818	908	9.71	515	618	721	824	927	1030
80	17.20	11.24	445	534	623	711	800	889	9.92	504	605	705	806	907	1008

注：林分密度不同，树冠受到挤压，可能会形成不同的树冠投影。

黑龙江省林业科学研究院根据胸高直径和冠幅的相关关系编制了《人工落叶松林经营密度指标表》(表 12-4)，只要知道现实林分的平均胸径，即可查出林分应该保留的最大密度，现实林分密度如果大于应该保留的最大密度，就可间伐，同时可算出间伐强度。如某落叶松人工林分，平均胸径为 12cm，密度为 2170 株/hm²，若确定郁闭度为 0.8，此时的保留密度为 1558~1677 株/hm²，所以，采伐株数为 493~612 株，采伐强度为 23%~28%。间伐后林分生长量加大，当林分平均胸径生长更大时，再按照其直径确定相应的经营密度，若当时的密度大于经营密度需要再次间伐。

表 12-4 落叶松人工林经营密度指标

胸径(cm)	密度指标(株/hm²)			
	最大密度(1.0)	经营密度(0.6)	经营密度(0.7)	经营密度(0.8)
6	4019	2367~2456	2762~2865	3156~3274
7	3449	2025~2114	2363~2466	2700~2818
8	3021	1768~1857	2063~2167	2358~2476
9	2688	1568~1657	1830~1933	2091~2210
10	2422	1409~1498	1644~1747	1878~1997

(续)

胸径(cm)	密度指标(株/hm²)			
	最大密度(1.0)	经营密度(0.6)	经营密度(0.7)	经营密度(0.8)
11	2204	1278~1367	1491~1595	1704~1822
12	2022	1169~1258	1364~1467	1558~1677
13	1869	1077~1166	1257~1360	1436~1554
14	1737	998~1087	1164~1268	1330~1449
15	1623	929~1018	1084~1187	1239~1358
16	1524	870~959	1015~1119	1160~1278
17	1435	816~905	935~1056	1089~1207
18	1357	770~859	898~1002	1026~1145

③定性与定量相结合　在很多情况下，仅依靠定性或仅依靠定量都不能较好地解决实际问题，应该不拘泥于某种单一方法，综合采用定性与定量相结合的方法，解决实际问题。

另外，抚育间伐技术在不断发展变化，实际生产中要注意采用经过实践证明行之有效的良好新方法。

12.4.3.3　抚育间伐的间隔期

相邻两次抚育间伐所间隔的年限称为抚育采伐间隔期。间隔期的长短主要取决于林分郁闭度增长的快慢。因此，喜光、速生、立地条件好的林分，间隔期短。抚育间伐的强度直接影响着间隔期，大强度的抚育间伐后，林木需要较长时间才能恢复郁闭度，所以需要较长的间隔期；小强度的抚育间伐，间隔期较短。透光伐，间隔期短，疏伐、生长伐间隔期较长。森林生长速率和树种特性也影响间隔期，速生树种容易恢复郁闭，间隔期短；慢生树种不易恢复郁闭，间隔期应长。经济条件不良时，要求强度大而间隔期长的抚育间伐。

12.4.3.4　抚育间伐木的选择原则

(1)砍坏留好

淘汰低价值的或影响目的树种生长发育的树种和林木，保留目的树种和干形良好、生长健壮的立木。在风景、绿化林中，以观赏价值评定好坏；在防护林中，以防护性能的大小评定好坏。

(2)砍小留大

这一原则仅应用于用材林纯林中，并根据立木品质的优劣确定采伐木。

(3)砍密留稀

在任何林种或任何抚育种类和方法中，为调节营养面积，应遵循这一原则。

(4)维持森林生态平衡

应保留那些对维护生态平衡有益的树木和其他森林成分，使抚育间伐后森林生态系统的功能以及稳定性得以提高。

此外，马履一等(2010)从胸径、树高、冠长、树冠体积、冠面积、冠幅、生长空间指数等 18 个林木竞争因子中筛选出相对树高、相对胸径、相对冠幅、相对冠长和相对冠面积等主导竞争因子，根据这些主导因子的平均值和标准差，量化确定间伐木。

12.4.4 森林抚育间伐效果评价

林分经过抚育间伐后，应对其效果进行系统评价，根据评价结果，进一步提出抚育经营优化方案。一般是对人工林抚育间伐前后的土壤质量(土壤物理性质、化学性质、土壤酶活性和微生物数量)、林分生长(胸径、树高和蓄积量变化)、碳储量变化(乔木层和灌草层碳储量变化)、林下植物多样性(灌木和草本多样性)等类指标进行样地调查，采用主成分分析方法，分析各种抚育技术措施对指标的影响，并得出综合效果最佳的抚育技术模式。

12.5 近自然林经营

近自然林经营是一种顺应自然的计划和管理森林的模式，它基于森林从自然更新到稳定的顶极群落这样一个完整的森林发育演替过程来计划和设计各项经营活动，优化森林的结构和功能，持续利用与森林相关的各种自然力，不断优化森林经营过程，从而使受到人为干扰的森林逐步形成近自然状态的一种森林经营模式。

12.5.1 经营原则

(1) 目标树乡土性

在选择目标树时，应以乡土树种为主，也可以引进适应当地条件的外来树种，但从近自然育林的角度看，最好选择乡土树种。

(2) 林分结构稳定性

经过经营的林分结构应该是稳定、健康、混交，能够实现持续的演替。

(3) 经营措施自然性

结合经营目标，尽可能地运用自然力经营森林，如更多地考虑天然更新的应用。

12.5.2 经营目标

近自然经营的目标实质上是追求经济效益最大化，在考虑经济目标的同时可兼顾生态目标，充分发挥森林的多功能性。近自然林经营并不排斥木材生产。与传统森林经营理论相比，近自然经营理论认为只有实现最合理的近自然状态的森林才能实现经济效益最大化，经济效益与生态效益之间是一种良性互促的关系。

12.5.3 经营技术

近自然林经营的技术措施，主要包括林分的确定、目标树的确定、目标树密度的制定、干扰树的确定，目标树周围的除草、割灌、疏伐和对目标树的自然整枝或修枝等抚育技术环节。

(1) 抚育林分的确定

近自然林经营技术多应用于培育大径级、珍贵用材的森林，或定位为长期发挥生态效益的林分，适用于天然林或人工林。

（2）目标树的确定

目标树可以单株，也可以2~3株群团状保留。目标树的产生，第一阶段可通过修枝，即在幼林时期，通过自然整枝或人工修枝适当去除枝桠调节林分郁闭度，为目标树的产生创造条件；第二阶段，选出目标树定期疏伐，伐去干扰树，调节密度，为目标树生长创造良好空间，以扩展树冠空间和加速直径生长。目标树选择时间必须介于该两个阶段之间。目标树的确定必须明确，选好后应该做标记，然后以目标树为核心进行培育。

（3）目标树密度确定

对于阔叶树，目标树与同层冠幅及高度类似的相邻树木的最佳距离=实际胸径×25倍，在这个距离范围内的同冠层竞争性林木都应伐除，下层林木则不伐除。如以目标胸径至少40 cm计算，目标树的间距至少应为10 m。

针叶树，达到成熟时，主干与树冠比例应该是各占一半。

（4）干扰树确定

干扰树是指直接对目标树生长产生不利影响的、需要在近期利用的林木。应在树干处做出明显标记，采取择伐方式采伐利用。距目标树很近，树冠却处于目标树下方并没有影响目标树的正常生长、且采伐后不能用材的林木不宜作为干扰树。

（5）施工作业过程

施工作业应以小班为单位，并按下列工作顺序进行：

作业调查设计：制订抚育过程计划、确定目标树密度等；

林木分类标记：标记目标树和干扰树；

抚育间伐施工：按照标记进行间伐抚育，不错砍、不漏砍，正确掌握倒向，尽量避免碰伤目标树，尽量降低伐桩高度。

其他作业要求参照《森林抚育规程》相关规定。

德国森林经营实践表明，近自然经营理念，其根本目标是为了获取经济收益，而非生态目标。但通过持续、科学地开展近自然的多目标森林经营，能够同时获得良好的经济与生态效果。在我国对木材与生态需求的大背景下，德国近自然经营体系，为我国森林经营提供了可行的途径。

复习思考题

1. 森林抚育采伐的概念及目的？
2. 论述抚育采伐的理论基础。
3. 论述几种林木分级方法的特点及其主要区别。
4. 简述抚育采伐的种类和方法。
5. 简述抚育采伐的技术要素。
6. 简述近自然林经营技术要点。

推荐阅读书目

1. 国家林业局，2015. 森林抚育规程（GB/T 15781—2015）. 北京：中国标准出版社.

2. 孙时轩, 1992. 造林学(第 2 版). 北京: 中国林业出版社.
3. 翟明普, 沈国舫, 2016. 森林培育学(第 3 版). 北京: 中国林业出版社.
4. 韩璐, 2015. 美国森林资源管理探究与启示. 林业资源管理(5): 172-179.

(马履一)

第13章 林分改造

【本章提要】 林分改造是将组成、林相、郁闭度与起源等方面不符合经营要求的产量低、质量次的林分转变为可生产优质木材和其他产品,并能发挥多种生态效能的优良林分的综合营林措施。我国存在着大面积的低质、低效的人工林和次生林,科学合理的林分改造对于提高低质低效森林的经济、生态和社会价值有着重要的意义。本章针对人工林和天然林,分析了低效人工林和低效次生林的形成原因,针对不同成因的低效林提出了相应的经营改造方法。

13.1 林分改造的基本概念和目的

13.1.1 基本概念

(1) 林分改造

将组成、林相、郁闭度与起源等方面不符合经营要求,产量低、质量次的林分转变为可生产优质木材和其他产品,并能发挥多种生态效能的林分的综合营林措施。

(2) 次生林(secondary forest)

原始森林经过多次不合理采伐和严重破坏以后自然形成的森林。人工林采伐迹地上栽培树种的萌生林、入侵树种形成的混交林也属次生林范畴。大量的次生林生长较好,生产力也较高,但也有一些次生林生长差,甚至完全没有培育前途。

(3) 低效林(low-function forest)

受人为因素的直接作用或自然因素的影响,林分结构和稳定性失调,林木生长发育衰竭,系统功能退化或丧失,导致森林生态功能、林产品产量或生物量显著低于同类立地条件下相同林分平均水平的林分总称。根据起源的不同,低效林可分为低效次生林和低效人工林。而根据经营目标的不同,低效林又可分为低效防护林和低质低产林。

《低效林改造技术规程》中指出,低效林一般指林相残败、功能低下且具有自然繁育能力的优良林木个体数量低于30株/hm^2的林分;生长量或生物量较同类立地条件平均水平低30%以上的林分;郁闭度小于0.3的中龄以上的林分以及遭受严重自然灾害,受害死亡木比重占单位面积株数20%以上的林分等。

任何森林的存在都具有一定的价值。随着森林生态系统组成和结构的不同,这种价值的功能上有很大的差异,人们习惯用生态、经济和社会森林的功能进行评价。森林的低效和高效是相对的,是森林生态经济系统中的对立统一体。

(4) 低质低效林

低质低效林是指由于林分密度低下、树种组成不合理、蓄积量低下和生长能力退化而难以达到培育目标的林分。

(5) 低效人工林 (low-function plantation)

人工造林及人工更新等方法营造的森林，因造林或经营技术措施不当而导致的低效林。

(6) 低效次生林 (low-function secondary forest)

原始林或天然次生林因长期遭受人为破坏而退化形成的低效林。其具有生长过早衰退（生长量很低）、干形不良、材质次、郁闭度小、林木分布不均、以非目的树种占优势以及患有严重病虫害等特点。

(7) 低效防护林 (low-function protection forest)

以发挥森林防护功能为主要经营目的且功能显著低下的林分。

(8) 低质低产林 (low quality and yield forest)

以林产品生产为主要经营目的且产量、质量显著低下的林分。

(9) 低效林改造 (reconstruction of low-function forest)

是为改善林分结构，开发林地生产潜力，提高林分质量和效益水平而针对特定低效林对象开展的包括林分抚育补植和保护等措施的森林经营活动。

针对自然地理因素和非自然因素导致的低效林形成原因，改造的主要特征也是在"尊重生物合理性、利用自然自动力、促进自然反应力"等3个近自然改造原则的指导下开展的各类抚育性经营措施，来缓解不利于森林生长发育的因素。这类抚育性经营措施包括对低效林采取的结构调整、树种更替、补植补播、封山育林、平茬修枝、嫁接复壮等。

13.1.2 林分改造的目的

根据第九次全国森林资源清查结果，我国有森林面积 $2.2×10^8$ hm², 其中天然林面积 $12\,184×10^4$ hm², 人工林保存面积为 $6933×10^4$ hm², 森林覆盖率达到了22.96%, 森林蓄积量 $175.6×10^8$ m³, 但是，我国天然林和人工林中均存在大量退化的低质低效林，即低效次生林和低效人工林，这类林分的稳定性差、质量次、价值低，导致林地空间利用率低下，生产力低，生态服务功能脆弱，是我国当前林业面临亟待解决的问题。

低效次生林，涉及的树种主要有山杨、白桦、黑桦、栎类、落叶松、马尾松、云南松等。杨、桦、栎在北方次生林区占有很大的比重，但因多次砍伐而萌生成林后，山杨的病虫害越来越严重，生长衰退；白桦则密度过低；黑桦占有较好的立地却不能生产较好的用材；栎林在严重破坏后形成一些灌丛林或干形不良。

低效人工林涉及的树种主要有杉木、马尾松、油松、杨树、榆树、刺槐、黄波罗、水曲柳等，且多表现出未老先衰的特征，所以形象地把它们称作"小老头"林或"小老树"。例如，在杉木产区的边缘地带，杉木"小老头"林约占基地总面积的30%。杨树在北方平原与沙区是主要造林树种之一，也是形成"小老头"林最多的树种。

通过对上述低效林的改造，可达到改善林分结构、促进森林快速增长，提高林木蓄积量，恢复森林防护功能、增强森林防灾减灾能力，提高物种多样性、提升森林固碳增汇能力和森林系统稳定性的目标。同时，在实现保障生态防护效益的基础上兼顾经济效益，充分利用经济杠杆带动农牧民参与森林经营的积极性。

13.2 低效人工林的形成与改造

13.2.1 低效人工林的形成及改造策略

低效人工林形成的原因可以分为以下4种：

(1)违背适地适树原则，造林树种选择不当

由于造林时立地条件类型选择不当，难以满足造林树种的生物学和生态学特性的要求，林木生长不良，难以成林成材，不能满足造林目的，形成了低效林。对这类低价值人工林，一般应根据"适地适树"原则，更换树种，重新造林。还可用当地适宜的速生型树种进行嫁接，采用复合农林的方式进行改造。

(2)培育环节过于粗放，经营技术应用不当

首先，不用合格苗木造林、整地质量差、栽植过浅，培土不实，缺少中幼林期间的抚育管理，此外，负向经营，即"砍大留小""伐优留劣"和"拔大毛"等，使林分呈现出"正常林→疏林→低产林(低效林)→皆伐更新"的负向经营格局。因此，这些技术环节的薄弱和缺乏科学而有效的管理手段会造成林分密度不合理，形成低效林。由此形成的低效林在改造时应着眼于林地管理，清除杂草，松土，培土，深翻施肥，使林木恢复生长势。可以去掉生长极差的幼树，栽植大苗，或者更换树种，如在杉木林中更换一部分檫木，形成杉檫混交林。

(3)初植密度偏大或造林保存率过低，导致林木和林分状况不良

初植密度过大，营养空间不能满足幼树需要，必然导致林木生长不良，且易遭病虫害与其他自然灾害的危害。造林后保存率低则林木长期不能郁闭，难以抵抗不良环境条件与杂灌木的欺压，形成低效林。对于密度过大的林分，应尽快进行抚育采伐，并且结合松土，使生长衰退的幼林得以复壮。间伐时最好清除萌芽力强的树种的根，以免萌生条与林木竞争水分和养分；保存率小的人工林应加以补植，在大块空地上补栽原有树种，小块空地补栽耐阴树种，如落叶松林下补植红松。补植后要做好幼树抚育措施。

(4)林分抗逆性差，难敌自然灾害

自然条件恶劣，林分结构、树种选择存在问题，遇极端的飓风、暴雪、火灾等自然灾害和病虫害等容易导致森林的破坏，形成低效林。此时，应根据森林的受损状态制定合理的抚育措施。如清理风倒木、林窗下补植、喷施农药和伐除病虫害严重的林木等，保证人工林朝高效、高价值的方向发展。

13.2.2 低效人工林的改造技术措施

(1)留优去劣，间伐补植

采用近自然林经营方法，首先选择和保护林分主林层和林下幼树层中的优良林木作为目标树，然后伐除质量低劣且影响目标树生长的林木(干扰树)来调整林分质量，并在林下按群团状原则补植其他混交树种来改善树种组成和林分结构，从而实现林分改造目标。

(2)深翻土壤，促根生长

在生产上广泛应用。松土时间，北方雨季前最好；南方最好在秋、冬季。松土的适宜深度，在北方一般为 20~25 cm，南方为 30~40 cm。松土的间隔期一般为 3~4 a，但在间隔期内还应每年进行 1~2 次一般性土壤管理。

(3)开沟埋青，施肥改土

开沟本身就是一种深翻改土的措施，而埋青又是一种以肥促林的改造手段，或辅以施肥，可有效增加杉木根量，尤其在表层 40 cm 处细根量明显增加。这可促进地上部分的生长，使"小老树"返老还青。开沟埋青的做法，是在行间挖开宽 50~60 cm 的壕沟，先将表层堆放 30 cm 的土壤挖出堆放一旁，再用锄在沟底松土 20~30 cm，然后在其上撒放青草、杂肥，再将表土填回沟内。此方法在杉木林区常用。

(4)平茬复壮

由于缺乏管护，遭受人、畜破坏而形成的低价值人工林，如果树种具有较强的萌芽能力，常采用平茬的办法去除顶芽受伤的老枝干（并伐除上方遮蔽）来促进新枝快速生长。树木平茬后，可大大加速林木生长。哈尔滨市林业局丹清河林场对生长不良、干形不佳的水曲柳幼苗平茬后，生长量比平茬前提高 1.5 倍以上。

(5)封禁林地，修枝除蘖

离居民点近的中幼龄林，由于过度放牧、过度整枝、过度搂取枯枝落叶与任意砍柴等活动，而形成低价值次生林，应尽快封禁，制止破坏活动，如能辅以其他育林措施，则能较好地恢复地力，提高林分生产力。此外，还有适度修枝，及时除蘖，实行林粮间作等多种措施，可在一定程度上将低产、劣质的林分改造为优质、高产的林分。

13.3 低效次生林的形成与改造

13.3.1 低效次生林的形成及改造策略

13.3.1.1 低效次生林的形成因素

(1)自然因素

地理变迁、森林火灾、地质灾害、病虫危害和风雪危害等极端自然灾害会导致天然林的破坏，形成退化天然低效次生林。如在漫长的地质年代里，由于构造运动的作用，岩石种类和岩性很不相同，这就使一些地段容易受到侵蚀，土壤瘠薄，植被难以良好地生长。四川三江流域（涪江、沱江和嘉陵江）出露的岩石多为中生代侏罗纪和白垩纪的紫色砂页岩，其上发育的紫色土结构松散，可溶性物质含量高，易被水解溶蚀，其上生长的林木极易被破坏成为低效林（胡庭兴，1993）。

(2)人为因素

没有人为的干扰，现实森林中只有部分演变成了低效林，这说明自然因素只是形成低效林的潜在因素。而人类使森林系统结构发生逆向演替，并沿着逆向继续发展，才是形成低效林的决定性因素。

发展农业和刀耕火种，热带森林面积正在以 $1350×10^4$ hm^2/a 的速率减少，而且每年有

$510×10^4$ hm²/a 的热带林变成次生林(刘世荣, 2011)。由于人口剧增, 森林遭到严重破坏。过度的或破坏性的木材利用砍伐超出了森林系统的承受能力(张健等, 1996), 形成低密度林分, 反复砍伐则形成低灌林。不仅如此, 人为的砍伐活动总是根据自己的需要伐优留劣, 过度采伐优良林木, 剩余的低劣林木最终形成残次林。

13.3.1.2 低效次生林的改造策略

根据次生林的来源和所包含物种的丰富程度的不同, 管理方法也不同。一种可行的方法是简单地将次生林保护起来, 并对林内动植物的利用进行有效的管理。采用这种方法必须非常谨慎, 一方面, 如果不对林内动植物资源的利用加以严格控制, 就可能导致森林的进一步退化; 另一方面, 对次生林进行精心管理也可以用最小的投入, 使资源、生物多样性和其他生态功能逐步改善和提高。另一种方法是, 通过除去或者间伐竞争的树木, 促进林内某种有商业价值的树木的生长。随着时间的推移, 这些树种的相对数量将逐渐增加, 森林的整体生物多样性也有可能得到维持。

低效次生林的改造一般采用采伐和造林综合营林措施。但是次生林改造的采伐不同于一般的抚育采伐和主伐, 区别在于: 采伐强度较大, 不受限制。强度的大小取决于林分的状况和进行改造的要求。并且只有当主要树种被压抑, 目的在于恢复主要树种的优势地位的抚育采伐, 才属于改造措施之一。次生林改造的采伐与一般主伐的不同点在于, 常规的主伐任务在于利用成熟林和更新成新林, 但是, 属于改造范畴的次生林采伐的目的, 旨在改变林分组成及其他特征, 并且常常不在成熟林中进行。次生林改造的造林方法, 虽与一般造林相似, 但是, 在选择造林树种时, 除应考虑引入树种是否适合于次生林的立地条件外, 还须考虑引入树种与原生树种可能发生的种间关系。在林冠下造林时, 须考虑造林树种的耐阴性。在林中空地补植时, 要考虑造林树种耐温差的能力。

13.3.2 低效次生林的改造技术措施

对低效次生林的改造, 应根据具体林分的情况采取针对性的技术措施。

(1) 全部伐除, 全面造林

应用对象: 非目的材种占优势、无培育前途的残破林分, 绝大多数林木为弯曲、多杈、受病虫危害, 难以培育成材的林分。一般适用于地势平坦或植被恢复快, 不易引起水土流失的地方。目的在于改变主要组成树种与整个林分状况。

技术措施: 首先伐除全部树木, 但应保留目的树种的幼树, 然后在采伐迹地上尽量利用自然力, 进行天然更新。引进树种造林要选用适宜的树种。可根据改造面积的大小, 分为全面改造与块状改造。全面改造的最大面积不超过 10 hm²。块状改造的面积则更小, 每块控制在 5 hm² 以下, 呈"品"字形排列。块间要保持一定的距离, 待改造新植幼林开始郁闭时, 再改造保留区。在次生林区, 次生林多分布在山地, 不同坡向、不同坡位往往分布着不同类型的次生林, 对某一片低价值次生林进行改造时, 采用块状改造更为适用。

注意事项: 要按照立地条件正确地选择造林树种, 特别要避免形成针叶纯林, 这样才能提高林分对自然灾害的抵抗能力与森林的防护效能。

(2) 清理活地被物, 林冠下造林

应用对象: 一般适用于郁闭稀疏的低价值林分。首先清除稀疏林冠下的灌木、杂草,然后进行小块整地、造林。

技术措施：在林冠下进行人工造林，一般用植苗或直播造林。用植苗或直播造林，可大幅缩短自然恢复演替的过程，使森林尽快回到地带性植被。哈尔滨市丹清河林场，在稀疏的蒙古栎林下栽植或直播红松。栽植红松时，将上层林冠郁闭度控制在 0.3~0.4。试验证明，红松在郁闭度大和全光下的生长状况，均不如在稀植林冠下好，这完全符合红松幼年期耐阴的特性。随着红松年龄增加和上层林冠郁闭度的增加，对红松生长不利。所以在植苗或直播后的 10 a 内，要进行上层疏伐。采伐的次数及强度应以红松的生长和林地条件而异，以避免红松因条件变化过于剧烈而发生叶黄或死亡。一般稀疏蒙古栎林的整个改造过程，只需疏伐上层林冠 1 次即可（个别的 2 次），第二次（最后 1 次）可把剩余的蒙古栎全部伐除，形成红松针叶纯林。栽植密度一般为 2000~2500 株$/hm^2$。在阴坡或阴冷湿度大的地方也可以栽植云杉等耐阴树种。经验证明，在林冠下不适合栽植喜光树种。

注意事项：林冠下用补植补播造林具有森林环境变化小、苗木易成活、杂草与萌条受抑制、可减少幼林抚育次数的优点。但必须注意适时疏开上层林冠，以利于幼树的生长。在砍伐上层林木时，必须严格控制树倒方向，以免砸伤幼树。采伐时间最好在春、夏两季，此时幼树枝干比较软，不易折断。东北林业大学帽儿山实验林场的试验表明，幼树砸伤率不过 1.5%，说明对新植幼树的损害并不大。

(3) 抚育采伐，林窗造林

应用对象：郁闭度大，但组成树种有一半以上经济价值低劣、目的树种不占优势或处于被压状态的中、幼龄林；屡遭人为或自然灾害破坏，造成林相残破、树种多样、疏密不均但尚有一定优良目的树种的劣质低产林分。

技术措施：将抚育采伐与空隙地造林结合。实施时，首先对林分进行抚育伐，伐去压制目的树种的次要树种和弯扭多杈的、受病虫危害的、生长衰退的、无培育前途的林木。然后在树木间隙与林窗内栽植适宜的目的树种。有的林分呈群团状分布，其中有的群团系多代萌生，生长过早衰退，则在抚育时可进行群团采伐，然后造林。有的林分分布不均匀，有很多林中空地，则应对群团抚育采伐，在林中空地补植目的树种。在选择造林树种时，除了要考虑与立地条件相适应，还应根据树间空隙、林中空地的大小，考虑造林树种的耐阴性。林间空地小的用中性或耐阴树种，空地大的（大于 3 倍树高以上），可选用喜光树种。在阔叶次生林中，宜选用针叶树，使其形成复层异龄针阔混交林。在立地条件较差的低价值次生林中，应特别注意引进能改良土壤的树种，使其提高地力。

注意事项：林窗下要尽量保留目的树种的天然更新幼苗。

(4) 带状采伐，引入珍贵树种

应用对象：立地条件好、但由非目的树种形成的低价值次生林或价值低的低效人工林。

技术措施：这种改造方式是在被改造的林地上，间隔一定距离，呈带状地伐除带上的全部乔灌木，然后秋整地春造林，待幼苗在林墙（保留带）的庇护下长大后，根据幼树对环境的需要，逐次将保留带上的林木全都伐除，最终形成针阔混交林或针叶纯林。

这种改造方式在生产上运用普遍，能保持一定的森林环境，减轻平流霜冻危害；侧方庇荫有利于幼苗、幼树的生长发育；并发挥边行优势作用。在施工上比较容易掌握，也便于机械化作业。例如，在日本北海道，次生林采取树高幅的带状采伐，采伐带中央栽柳杉，林缘栽冷杉，取得良好效果。

下面列举采伐带和保留带均为 2 m 的具体做法。一是间隔 2 m 带进行改造，在采伐带上栽植红松。二是栽植红松 5 a 后，每间隔一保留带采伐一保留带，为红松透光，然后在新的采伐带上栽植红松。三是在第二次采伐保留带 3~5 a 后，将剩余的保留带全部伐除，然后栽植红松。至此，改造施工过程全部结束。哈尔滨市转山林场经过 10 多年改造低价值次生蒙古栎林的试验，认为以宽造窄留（砍伐 4.0 m，带上栽植红松或落叶松；保留带 2.0 m）为宜。在针叶幼树抚育结束后 3 a，再对蒙古栎实行"选择除伐"，是保障改造成功的重要措施。此法与上述典型做法可获得同样效果。

（5）局部造林，提高密度

应用对象：主要树种符合要求，但密度较小（郁闭度在 0.5 以下），甚至为疏林或疏密不均的次生林。

技术措施：在稀疏处或林中空地通过补播、补植提高林分的密度。通常用块状法进行局部造林。块状法是在林中空地上清除灌木，进行大块整地（每块整地面积 1 m×1 m，或 1 m×2 m），在块状地上进行密集造林，即种植点密集成群，每块播种 5~9 穴或栽植苗木 5~9 株，使幼树在块内尽早郁闭，增强了对外界不良条件和原有林木的竞争能力，从而提高保存率，并可减轻幼林抚育工作量。另外，选用树种比较灵活，未来的林分可以成为团状混交林。采用的树种一般是比较耐阴、生长速率中等或稍慢的种类，还要考虑立地条件，如果采用的树种与立地不相适应，生长很慢，以后被原有林木所压，达不到补植的目的。

（6）封山育林，育改结合

应用对象：疏林或林中空地，暂不能进行林分改造的地段。详细内容参见本书第 9 章。

低价值次生林的类型较多，改造的措施也各不相同，但必须遵循一定原则，改造 3~5 a 后进行效果评价。

13.4 低效林改造的原则、模式和作业方法

低效林产生的原因不同，改造的方法也不一样。但不管是低效人工林还是低效天然次生林的改造遵循的原则、模式和作业方法基本相同。

13.4.1 低效林改造的基本原则

①立足森林资源培育，实现森林健康和可持续经营；
②满足最佳经营目标，生态与经济效益兼顾，长期与中、短期效益结合；
③因林施法，因地制宜，适地适树适种源；
④尊重森林演替规律，利用自然力，促进自然反应力的近自然抚育经营；
⑤改造为主，培育与保护相结合；
⑥以优良乡土树种为主、保护生物多样性；

⑦统筹规划,循序渐进。

这些原则各有侧重地提出了低效林改造的基本思路和方法,需要针对具体对象结合应用。

13.4.2 低效林改造的模式

(1)带(块)状改造(strip reconstruction)模式

划出保留带(块)与改造带(块),伐除改造带(块),于改造带(块)内整地造林。保留带(块)与改造带(块)的尺度根据林分状况和立地条件而定。

(2)群团状改造(lumpish reconstruction)模式

被改造的林分内,有培育前途的目的树种成群团状或块状分布时,采取抚育措施,培育有前途的目标树,并对劣质和非目的树种林木生长的地块及林中空隙地,采取林冠下更新、空隙地造林。

(3)林冠下更新改造(regeneration under crown cover)模式

以在林冠下植苗、直播或天然下种等方法进行森林更新,待更新层形成后再伐去上层非培育对象的林木。耐阴或中性树种林冠下更新效果较好,郁闭度较低的林分也可采用一些喜光树种更新。

(4)抽针补阔(selective cutting conifer and replanting broad-leaf trees)模式

在改造的林分中,伐除部分针叶树木,并于空隙处补植阔叶树苗,达到改善林分树种结构、培育针阔混交林的目的。此种措施主要适用于针叶纯林。

(5)间针育阔(selective cutting conifer to cultivate broad-leaf trees)模式

间伐部分针叶树木,采取森林抚育措施,培育林下已有的阔叶幼树,使之形成针阔混交林。此种措施主要适用于针叶林下有阔叶幼树(苗)更新的林分。

13.4.3 作业方法

13.4.3.1 补植

① 改造对象 适用于残次林、劣质林及低效灌木林。

② 补植树种 防护林宜考虑通过补植形成混交林,商品林根据经营目标确定补植树种。根据近自然经营的原则,满足经营作业需要的补植树种,应按"典型先锋树种、长寿命先锋树种、机会树种或伴生树种、亚顶极群落树种、顶极群落树种"这5类树种自然竞争演替序列的类型来划分和选择,使得处于序列后期的树种可以补植或保留在序列前期的树种组成的林分中,而不能反过来进行补植改造的设计和操作。

③ 补植方法 根据林地目的树种林木分布现状,确定补植方法,通常有均匀补植(现有林木分布比较均匀的林地)、块状补植(现有林木呈群团状分布、林中空地及林窗较多的林地)、林冠下补植(耐阴树种)和竹节沟补植等方法。

④ 补植密度 根据经营方向、现有株数和该类林分所处年龄阶段合理密度而定,补植后密度应达到该类林分合理密度的85%以上。

13.4.3.2 封育

① 改造对象 适用有目标树种天然更新幼树、幼苗的林分,或具备天然更新能力的

阔叶树母树分布，通过封育可望改造目的低效林分。改造对象主要为残次林和低效灌木林。

② 封育方法　对天然更新条件及现状较好的林分采取封禁育林，对自然更新有障碍的林地可辅以人工促进更新措施。

13.4.3.3　更替

① 改造对象　适用于残次林、劣质林、树种不适林、病虫危害林、衰退过熟林及经营不当林。

② 更新树种　根据经营方向，本着"适地适树适种源"的原则确定。

③ 改造方法　将改造小班所有林木一次全部伐完或采用带状、块状逐步伐完并及时更新。视林分情况，可对改造小班进行全面改造，也可采用带状改造、块状改造等方法，通过 2 a 以上的时间，逐步更替。

④ 限制条件　位于下列区域或地带的低效林不宜采取更替改造方式：
——生态重要等级为 1 级及生态脆弱性等级为 1、2 级区域（地段）内的低效林；
——海拔 1800 m 以上中、高山地区的低效林；
——荒漠化、干热干旱河谷等自然条件恶劣地区及困难造林地的低效林；
——其他因素可能导致林地逆向演替而不宜进行更替改造的低效林。

13.4.3.4　抚育

① 改造对象　适用于低效纯林、经营不当林及病虫危害林。

② 抚育方法　遵循近自然林经营的原则，对需要调整组成、密度或结构的林分，间密留稀，留优去劣，可采取透光伐抚育；需要调整林木生长空间，扩大单株营养面积，促进林木生长的林分，可采用生长伐抚育或育林择伐；对病虫危害林通过彻底清除受害木和病源木，改善林分卫生状况可望恢复林分健康发育的低效林，可采取卫生抚育或育林择伐。

13.4.3.5　调整

① 改造对象　适用于需要调整林分树种（品种）的低效纯林、树种不适林。

② 调整树种　根据经营方向、目标和立地条件确定调整的树种或品种。生产非木质林产品的商品林侧重于市场需求的调研分析确定，生产木质林产品的商品林应充分考虑立地质量和树种生长特性。此外，防护林宜通过调整改造培育为混交林。

③ 改造方法　可采取抽针补阔、间针育阔、栽针保阔等方法调整林分树种（品种）。

④ 改造强度　一次性间伐强度不宜超过林分蓄积量的 25%。

13.4.3.6　复壮

① 改造对象　适用于通过采取培育措施可望恢复正常生长的中幼龄林。

② 改造方法　主要有施肥（土壤诊断缺肥为主要原因导致的低效林）、林木嫁接（品种或市场等其他原因导致的低效林）、平茬促萌（萌生能力较强的树种，受过度砍伐形成的低效林）、防旱排涝（因干旱、湿涝为主要原因导致的低效林）、松土除杂（因抚育管理不善，杂灌丛生，林地荒芜的低效幼龄林）等方法。

13.4.3.7 综合改造

① 改造对象　适用于残次林、劣质林、低效灌木林、低效纯林、树种不适林、病虫危害林及经营不当林。

② 改造方法　通过采取补植、封育、抚育、调整等多种方式和带状改造、育林择伐、林冠下更新、群团状改造等措施，提高林分质量

我国南北方低效天然次生林与人工林的综合改造与恢复技术案例可参阅刘世荣等《天然林生态恢复的原理与技术》一书(刘世荣，2011)。

复习思考题

1. 掌握林分改造的基本概念和目的。
2. 简述低效人工林和次生林形成的原因？
3. 论述低效人工林和次生林改造的技术要点。
4. 低效林改造的基本原则是什么？

推荐阅读书目

1. 刘世荣，等，2011. 天然林生态恢复的原理与技术. 北京：中国林业出版社.
2. 胡庭兴，2002. 低效林恢复与重建. 北京：华文出版社.
3. 国家林业局，2018. 低效林改造技术规程(LY/T 1690—2017). 北京：中国标准出版社.
4. 陆元昌，2006. 近自然森林经营的理论与实践. 北京：科学出版社.

(马履一)

第14章 森林收获与更新

【本章提要】 森林主伐的主要目标是获取木材及其他木质产品，所以也叫森林收获。森林更新是在森林和/或林木在采伐或衰老死亡后通过人工或自然手段重新恢复森林和/或林木的过程。森林收获之后必须采取适宜的更新方式，使森林得以更新。本章针对森林收获与更新的方法和作业体系进行系统阐述，重点是掌握主伐方式的选择一定要满足更新的要求、更新一定要跟上采伐的基本原则及其实现方法。

森林具有生态效益、经济效益和社会效益，森林的效益会因森林的生长发育变化而变化。森林和林木产品在成熟后需要收获，其中木质产品收获后的森林需要重建，林木需要更新；火灾等自然灾害后以及衰老死亡后的林木或森林也需要更新。因此，收获与更新是森林或林木生长发育过程中的一个重要环节，也是森林培育中的一个重要环节。

14.1 森林收获与更新概论

14.1.1 森林主伐与更新

森林主伐（harvest cutting）是对成熟林分或林分中部分成熟的林木进行的采伐。森林主伐的目的是收获木材为主的木质产品。森林更新（forest regeneration）是在森林和/或林木在采伐或衰老死亡后通过人工或自然手段重新恢复森林和/或林木的过程，或者说森林更新是在天然林或人工林经过采伐、火烧或因其他自然灾害破坏而消失后，在这些采伐迹地、火烧迹地或灾害迹地上以自然力或人力的方法重新恢复森林。森林更新不只是整个林分的更新，很大程度上是林分中部分林木的更新。

14.1.1.1 合理主伐的标准

主伐与更新是两个相互关联的森林培育过程。森林采伐后必须更新，才能保证森林资源及其各项功能的可持续发展。所以，森林主伐的主要目标虽然是获取木材及其他木质产品，但是森林主伐的方式方法必须首先满足森林更新的要求，也就是森林主伐之后必须采取适宜的更新方式，使采伐迹地得以更新。

合理森林主伐的标准是：越采越多，越采越好，青山常在，永续利用，实现森林可持续经营。所以，森林采伐是否合理的一个重要标志是森林能否实现可持续经营。森林可持续经营是森林资源可持续利用的基础，不仅指木材生产的可持续，还应确保森林多种功能的可持续。只有科学地制订中长期森林经营规划和年度实施计划，并严格执行，合理选择作业方式，科学确定采伐量，采伐迹地及时更新，才能确保森林可持续利用。

14.1.1.2 森林主伐方式

森林主伐主要分为择伐、渐伐和皆伐3种方式。

①皆伐(clear cutting) 对成熟林分，在一次采伐中伐除林分中全部林木的主伐方式称为皆伐。皆伐方法主要用于同龄林，特别是短伐期同龄纯林，如纸浆林。

②渐伐(shelter-wood cutting) 对成熟林分，在一定时期内(通常一个龄级期内)，分若干次(通常2~4次)采伐掉伐区内林木的主伐方式称为渐伐。渐伐法适合于同龄林，特别是长伐期同龄林。

③择伐(selection cutting) 以单株或以小的树木群为单位，相隔一定期限，反复伐除林分中达到主伐要求的成熟林木的主伐方式称为择伐。择伐法适合于异龄林。

由于树种、地区和经营目标的不同，同一种采伐方式的具体实施办法有很大变化。既要针对不同林分采用不同的主伐方式，更要根据更新的要求选用有利于森林更新的主伐方式。选择主伐方式还必须有利于保持水土、涵养水源、保护生物多样性、发挥森林的多种功能，有利于降低木材生产成本，提高劳动生产率。

14.1.1.3 森林更新方式

依据更新时间、更新起源和更新途径的不同，可划分为多种更新方式。

依据森林更新途径的不同，可分为天然更新、人工更新和人工促进天然更新3种类型。天然更新是利用天然下种、萌芽、萌蘖、地下根茎等自然力进行更新的方式；人工更新是通过人工植苗或播种方式进行更新的方式；人工促进天然更新是采用促进天然下种、提高种子萌发能力、促进萌芽萌蘖等人工辅助措施来提高更新数量和促进更新种群生长发育的方式。我国林地数量有限，特别强调更新一定要跟上采伐，即主伐后要及时更新。因此，为确保采伐迹地及时有效地更新，我国采取以人工更新为主、人工和天然更新结合的森林更新方针。

依据更新时间的不同，分为伐前更新、伐后更新和伐中更新。伐前更新(前更)是主伐前伐区内发生的更新；伐后更新(后更)是指森林主伐以后在采伐迹地上发生的更新；伐中更新是指在一个主伐期内发生的更新。

依据树种起源的不同，可分为有性更新和无性更新。有性更新指以种子为基本繁殖材料而实现的更新；无性更新指通过萌芽、萌蘖或扦插、嫁接等营养繁殖方式实现的更新。

森林更新方式与主伐方式有关，也与森林抚育间伐、森林遭受破坏的方式、衰老死亡的方式以及森林作业法有关，还与树种特点和森林培育目的有关，生产中要充分考虑森林的主要功能、林分结构特点、树种更新特点以及经济合理性等，选用合适的更新方式。

14.1.2 森林收获作业法

森林收获作业法，简称森林作业法(silvicultural system)，是把主伐与更新结合起来，根据更新要求的不同选用不同的更新方法，使采伐迹地得以更新，维持与改善森林生态环境的一整套技术措施。在选择森林作业法时，需要综合考虑生物学要求、社会需求与经济利益，保障树木在一定的环境条件下正常更新。

14.1.2.1 森林收获作业法的目的与要求

森林收获作业的目的与要求可归纳为：在伐去应伐木的同时，保证在预定时期内恢复或建立新的林分；创造良好的环境条件，促进保留木的生长；提供一种办法，实现选择性地只利于某些树种，而不利于其他树种；为了满足景观、游憩、生物多样性、碳汇、水源涵养和土壤保持等多种功能的要求，提供各种可能的林分经营管理办法；为保持或调整林分结构创造机会；为适应经营上的需要，调整产品结构而采取不同的采伐方式；针对可能存在的病虫害或火灾采取相应的更新方法；为了有效地采用新采伐工艺、新的利用方式和新形式的产品，选用相应的作业方法。

14.1.2.2 森林收获作业法分类

森林收获作业法可分为乔林作业法、矮林作业法和中林作业法。通常讲述的主伐更新体系主要是针对乔林作业法而言的，矮林作业法和中林作业法只在某个生长发育阶段或针对某种特殊森林类型而采取的作业法。

（1）乔林作业法

以种子为基本繁殖材料进行有性更新形成的森林称为乔林。以乔林为对象的主伐更新作业体系为乔林作业法。乔林作业法主要分为皆伐作业法、渐伐作业法和择伐作业法3类。

①皆伐作业法　即采用皆伐为主伐方式，主伐后采用实生苗人工更新方式进行森林更新的作业体系。针对天然更新良好的树种，若采伐迹地附近有充足的种源，可以满足短时间内大量更新的要求，也可以采用天然下种更新，或天然下种与人工植苗或播种相结合的方式进行更新。皆伐作业法形成的林分为同龄林。

②渐伐作业法　即采用渐伐为主伐方式，主伐后实生苗人工更新、保留木天然下种更新，或两种方式相结合进行更新的作业方式。渐伐法分数次采伐成熟林木，前次采伐后的保留木即是天然下种更新的母树，更新幼苗、幼树处于同一个龄级内，形成的林分为相对同龄林。

③择伐作业法　即采用择伐为主伐方式，主伐后实生苗人工更新、保留木天然下种更新，或两种方式相结合进行更新的作业体系。择伐作业体系适合于异龄林，作业后林分仍保持异龄林状态。

乔林作业法还有更新作业法和拯救作业法之分。更新作业法指针对林内有少量枯死木、病虫危害木或成熟木，不足以进行主伐，而是这些林木采伐后以促进天然下种更新的一种作业法。拯救作业法则主要是针对火灾或风灾对森林造成较大程度破坏后，采伐掉受害木同时促进天然下种更新或实生苗人工更新的作业方式。拯救作业法的对象可能是各种年龄（龄级）的森林，采伐可能不属于主伐。

（2）矮林作业法

以无性繁殖更新形成的森林称为矮林。以矮林为对象的主伐更新作业体系，为矮林作业法。矮林与乔林的区别是更新材料的差异，而不是森林高矮的差异。

森林无性更新方法有萌芽更新、根蘖更新、压条更新、地下茎更新或人工埋条、埋干更新等，生产上的矮林主要指通过萌芽更新或萌蘖更新形成的矮林。

矮林作业法适用于无性繁殖能力强的树种。例如，栎树、刺槐、白蜡、桉树、榆树等萌芽能力强，适合进行萌芽更新的矮林作业；杨树根蘖能力强，适合于根蘖更新的矮林作业。

矮林的主伐主要采用皆伐方式进行，个别也可以采用择伐方式进行。

(3) 中林作业法

林分中既有以种子为基本繁殖材料更新而来的林木，也有以无性繁殖方式更新而来的林木，即同一林分内同时培育着起源不同、年龄不同的林木的森林称为中林。以中林为对象的主伐更新作业体系，为中林作业法。

目前，绝大多数天然次生林都属于中林，例如，东北温带湿润地区的次生林，人工或天然更新引入的红松、云杉、冷杉等针叶树种成分均为实生起源；而天然更新的水曲柳、核桃楸、黄波罗、椴树、蒙古栎、桦树、槭树、杨树等阔叶树种，既有实生起源，也有萌生起源。所以该地区的次生林或人天混交林都属于中林。

14.2 森林主伐方法

14.2.1 森林择伐

择伐是森林主伐方式之一，是在预定的森林面积上定期、重复、有选择性地采伐成熟的林木和树群。其特点是林地上始终保持着多龄级林木，森林更新是连续进行的，择伐后更新的林分仍是异龄复层林。因此，"择伐作业"是用于形成或保持复层异龄林的育林过程。择伐林的林相如图 14-1 所示。

图 14-1　择伐林的林相(引自陈大珂，1993)

通过择伐作业，伐去了一部分林木，改善了林内光照条件，提高了土壤温度，同时保留有较多的林木与下木，森林环境条件较好，有助于种子的发芽与幼苗、幼树的生长。因此，择伐能够促进天然更新，符合森林的演替规律，接近原始林的更新过程，其不同仅在于择伐是通过采伐成熟林木使林冠疏开，而原始林是通过老龄过熟木的自然枯死和腐朽使林冠稀疏。择伐通常与天然更新相配合进行，但在天然更新不能保证的情况下，需采用人工植苗或播种的方法保证更新。

14.2.1.1 择伐作业的分类

择伐可分为集约择伐和粗放择伐，粗放择伐实践中主要采用径级择伐法，即超过规定径级的林木一律采伐，目前生产中原则上已不允许使用。目前主要的择伐作业法是属于集约择伐中的单株择伐和群状择伐，近年来采育择伐也取得了良好效果。

(1) 单株择伐

单株择伐是只伐去个别树木或小树群，在被伐木的原地更新。这种方法只适用于能在很小的林隙下更新成活的极耐阴的树种。要求在一片森林内频繁地进行局部采伐，前后两次采伐的间隔期称为采伐周期。

①单株择伐的优点　能保持异龄林的结构；便于耐阴树种的更新；对更新幼苗幼树有较好的庇护作用；可以调整采伐量，以适应市场条件的变化；保持森林景观和功能的稳定。

②单株择伐的缺点　需要较高技术水平；木材采运成本较高；采伐易伤害保留木；容易忽视林分的抚育；森林调查和生长量及产量的估算比较困难；不利于喜光树种的更新和生长。

(2) 群状择伐

群状择伐是小团块状采伐成熟林木的择伐方式。群状择伐能在异龄林内疏开较大的林冠空隙，但林隙也不能太大，以免更新的幼苗失去周围树林的庇护。一般林隙的直径以不超过树高的1~2倍为度，但实际上林隙的大小还要受方位和坡度的影响。

①群状择伐的优点　更新起来的一些小群树木是在同龄条件下生长的，干形较好；伐开的空隙较大，可以允许喜光树种的更新成长；采伐量比较集中，采运成本较低；成群采伐，对保留林木的损伤较轻；采伐的次数少，但不影响正常的径级分布，只是对树种组成的控制略差；森林调查略为容易。

②群状择伐的缺点　幼苗受到的庇护和景观美学方面不如单株择伐。

(3) 采育择伐

采育择伐也称采育兼顾伐，是一种把主伐和抚育间伐结合在一起的择伐方式，即把木材生产和培育森林紧密结合起来，既进行成熟林木的采伐利用，又对林分内生长不良的病腐木、干形不良林木、枯立木、过密林木等进行间伐，促进天然更新，并对更新不良地段进行人工更新，促进整个林分的良好发育、提升森林生产力和各种功能的一种作业法。

采育择伐于1950年代由黑龙江省伊春林区的乌敏河林业局提出，在径级择伐的同时，对病腐木、弯曲木、枯立木以及无培育前途的立木，不受径级限制一律伐除的一种改进的作业法。该作业法比以前更加明确地提出了主伐兼顾抚育间伐的做法，在东北林区推广应用中取得了良好效果。其中吉林省汪清林业局与北京林业大学合作，对采育择伐进行了长期试验研究，使该作业法走向了成熟。用采育择伐方式培育的林分，被王战先生命名为"采育林"。

14.2.1.2　择伐作业的应用条件与评价

(1) 择伐作业的应用条件

择伐作业应用很广，除了强喜光树种构成的纯林与速生人工林外，其他林分都可采用。有些条件下必须采用择伐，有些条件下择伐可与其他作业法相结合。

择伐最适用于由耐阴树种形成的异龄林。择伐是异龄林唯一可采用的采伐方式。择伐所采用的更新方式往往为天然更新，天然更新的幼苗、幼树达不到更新标准，或者需要调整树种组成而缺乏所增加树种的天然种源时，应进行人工促进天然更新或补植。

由耐阴性不同的树种构成的复层林、针阔混交的复层林以及有一定数量珍贵树种(如水曲柳、黄波罗等)的阔叶混交林,都只能采用择伐。对成熟的次生林较好的采伐方式是择伐。可进行团状择伐,创造林隙,在林隙中引入针叶树种或其他珍贵树种形成针阔混交林,既可提高林分质量,又可保持森林环境。

所有陡坡、土薄、岩石裸露、高山角、森林与草原的交错区、河流两岸、铁路与公路两侧的森林,无论是商品林或兼用材,只进行低强度单株择伐,维持较好的森林环境。

自然保护区的试验区、森林公园及森林旅游区的大面积森林,为了维持其生物多样性与生态功能以及景观价值,只适宜采用小强度的择伐。

雪害与风倒严重的地区,采用采伐强度小、间隔期短的单株择伐,可以减轻自然灾害的发生;采伐后引起沼泽化或草原化的林分,采用择伐则可防止林地环境恶化。

(2)择伐作业的技术要求

①择伐可采用径级作业法,单株择伐或群状择伐,或采育择伐　凡胸径达到培育目的林木,蓄积量超过全林蓄积量70%的异龄林,或林分平均年龄达到成熟龄的成、过熟同龄林或单层林,可以采伐达到起伐胸径指标的林木。起伐胸径因树种不同、培育材种不同等而有所不同,实施采伐作业时要充分考虑。

②其他技术要求　择伐后林中空地直径不应大于林分平均高,蓄积量择伐强度不超过40%,伐后林分郁闭度应当保留在0.5以上,以0.6~0.7为宜。应满足采伐量不超过生长量的基本要求。首先确定保留木,将能达到下次采伐的优良林木保留下来,再确定采伐木。具体实施时,按照有效的相关技术规程的要求进行。

(3)择伐作业的评价

①择伐作业的优点　形成复层异龄混交林,提高生物量;可同时对保留的中小径木进行抚育,促进其更好地生长;有利于维护和增加生物多样性,保护环境稳定性,减少生物灾害可能性;可充分利用天然更新,保持和发展森林资源;可有效提高森林美景度;有利于实现森林可持续经营。

②择伐作业的缺点　作业成本较高、难度较大,技术条件要求高;森林调查和林分生长量、产量的估算较困难且费时。

14.2.2　森林渐伐

渐伐是指为了在老林的(上方或侧方)庇护下形成新林,在近乎单层的成熟林中进行的主伐。一般在成熟林伐区内经2~4次采伐而逐渐地伐除全部林木。渐伐可以防止林地突然裸露,通过采伐的渐进使伐区保持一定的森林环境,以便于林木的结实、下种和保护幼树,达到更新的目的。

渐伐主要在天然更新能力强的成、过熟单层林或接近单层林的林分,皆伐后易发生自然灾害的成、过熟同龄林或单层林中应用。

渐伐的根本意义是在主伐木的庇护下得到更新。在同龄林作业法中,皆伐法造成的更新条件比较固定,没有太大的灵活性;而渐伐则相反,可以在林地上造成不同程度的庇荫条件。由于渐伐法具有调整林木密度的能力,可以在各种林地上为一个或几个树种创造出更新所需的环境条件,所以渐伐是同龄林作业法中最为灵活的一种。

渐伐作业属于前更作业性质,即更新是在林木采伐前完成的。采伐的过程也即更新的过程，一般相当于1~2个龄级期，形成同龄林。渐伐法的另一个特点是在一个轮伐期(即更新周期)内进行多次采伐。每一个步骤都是为了保证更新，渐伐更新的种子来源丰富，下种比较均匀。

14.2.2.1 典型的渐伐作业

典型的渐伐为四次渐伐法，即预备伐、下种伐、受光伐和终伐(图14-2)。

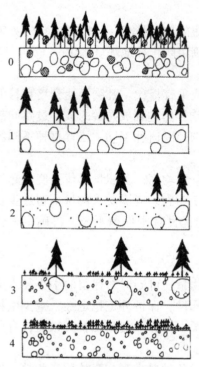

图14-2 典型森林渐伐
(引自孙时轩，1992)
0. 采伐前林分 1. 预备伐后的林分
2. 下种伐后的林分 3. 受光伐后的林分
4. 终伐后的林分

(1)预备伐(preparatory cutting)

预备伐是在接近轮伐期末所进行的采伐作业，其目的是使林冠永远疏开和使母树的树冠扩展，改善林木树冠发育状况，促进枯落物分解，以期改进结实条件和天然更新条件，为种子发芽创造条件。预备伐操作一般在种子年的前几年进行。

预备伐是一种轻度的局部采伐，目的在于补救发育不良的林分状况(树冠不发达的树木不能很好地结实，所以不能依靠它们下种更新)、改善林木的抗风性能或不良的下种地条件(如枯枝落叶层过厚)。在林冠已经开始疏开的老龄林内，一般不需要进行预备伐，但是林冠完全郁闭的林分、未经人工管理过的林分以及壮龄林内，需要进行预备伐。

(2)下种伐(seed cutting)

在成熟林分中伐除若干树木，使林冠永远疏开(如果不为此进行预备时，则下种伐为若干次渐伐的第一次采伐)，从而为更新保留母树的下种创造条件。

下种伐只进行1次。具体而言，下种伐是在预备伐3~5 a后，结合种子年进行，将林冠疏开到一定程度，以利于目的树种的更新(促进种子的发芽和幼苗早期生长)，并除去非目的树种。

(3)受光伐(light cutting)

在下种伐创造了适宜的更新条件并且更新苗长到足够高时，要进行一次或几次受光伐。受光伐是指在渐伐作业法中，下种伐和终伐之间的采伐。目的是帮助更新幼树逐步减少遮阴和增加光照，保证林分正常生长。受光伐一般在下种伐后3~5 a进行。受光伐的次数，要根据幼苗对突然失去荫蔽的"敏感"程度而定。除了避免让幼苗受到过分急剧的环境刺激外，当幼苗有被地被植被压抑的危险时，也要放慢清除上层林木的进程，因为上木能控制地被植物竞争。保留的上木可继续生长，增加木材产量，同时对头几次受光伐中伤苗的地段还可起补播作用。

(4)终伐(removal cutting)

终伐也称后伐，一般指对林分中最后保留的林木的采伐。较严格说，终伐是在渐伐作业中，认为幼林生长达到更新标准后，即在最后一次受光伐之后，对最后母树或庇护树的采伐。后伐(清理伐)操作，多在受光伐后3~5 a进行，目的是给幼树充分的光照。采伐强度为一次伐除全部成熟林木。

在实际工作中，如果树种特性、生境条件和经济条件都许可，也可将渐伐简化为一次下种伐和一次受光伐或终伐，即二次渐伐法。如果一片林地在采伐前已有合格的更新幼苗，等于完成了下种伐的过程，则可将渐伐进一步简化为最终一次的受光伐，只要在采伐时注意保护幼苗，保证成活即可。

14.2.2.2 渐伐类型

(1) 全面渐伐法

全面渐伐的特点是每次采伐都均匀地在全林内进行，可保证得到最一致的同龄林。

①全面渐伐的优点　可控制生境条件，保证更新的是同龄林；对于种子质量大的树种，这是最好的作业方法；能最有效控制幼林的树种组成、株数和分布；既适用于耐阴树种，也适用于喜光树种；能很好地保护土壤；产生良好的景观作用；在大面积应用时不受生物学上的任何限制。

②全面渐伐的缺点　采伐时由于要注意同样面积上的出材量，同时不损伤保留的树木，采运成本较高；需要有熟练的技术；只适用于能抗风倒的树种；会对剩余林木造成损伤，也会伤及正在更新的幼苗；强喜光树种需要在更新幼苗出现以后迅速除去上层林木。

(2) 带状渐伐法

带状渐伐法是将全部采伐的林分划分为若干带，按一定方向分带采伐。采伐由一端开始，在第1带内首先进行预备伐，其他带保留不动。经几年后，在第1带进行下种伐的同时，在第2带进行预备伐。再经几年，在第1带进行受光伐的同时，第2带进行下种伐，第3带进行预备伐。依此类推。

带状渐伐的要点在于把大面积林地上的木材蓄积量分配在一个较长的时期内采伐；迎着主风方向向前渐伐，可以减少风倒的危险；在进行下种伐的伐带上创造良好的下种地条件；在进行受光伐的伐带上为了避免损伤幼苗，可以通过下种伐的伐带进行集材；在进行终伐以后，可以从邻近的林带中得到一部分种子来源；在采伐过程中要注意景观影响。

(3) 渐伐的变型

①群状渐伐　即以一些小的更新群为中心，围绕中心进行同心圆带状渐伐，直至全林更新完成为止。

②瓦格纳氏渐伐　即在一片森林的北缘按由强到弱的梯度向南疏开上层林木，创造适合天然更新的条件，等更新苗出现以后，再用同样方式向南进行渐伐。

③带状皆伐式渐伐　即皆伐带的宽度应不超过北侧林缘木的荫蔽范围，当皆伐带得到更新以后，再向下一个伐带推进。

14.2.2.3 渐伐的选用条件与评价

(1) 选用条件

①天然更新能力强的成过熟单层林。全部采伐更新过程应在1个龄级期内。

②在山区，坡度陡、土层薄、容易发生水土流失的地方或具有其他特殊价值的森林，以及容易获得天然更新但土层浅薄的林分。

③皆伐天然更新有困难的树种，尤其是幼年需要遮阴的树种。

④林内有前更幼树情况下，根据林下更新的数量采取不同采伐强度的渐伐。

(2) 渐伐的优点和缺点

①优点　种源有保障；上层林冠对幼苗有保护作用；更新幼苗分布均匀；既适用于耐阴树种，又适用于喜光树种；对森林水源涵养等生态功能影响小，美化作用好；采伐作业比较集中，且能加速保留木生长，提高木材利用价值；与择伐相比作业较简单；采伐剩余物较皆伐少，易于清理。

②缺点　采伐和集材时对保留木和幼树的损伤率较大；采伐、集材费用均高于皆伐；作业设计技术要求高；采伐强度过大时易造成保留木的风倒、风折和枯梢等现象。

14.2.3　森林皆伐

皆伐是一次性把伐区全部林木伐去的主伐。皆伐是更新老龄林分的最简单的方法，常常导致同龄纯林的形成(图14-3)。对于森林来说，皆伐模拟了某种相当大的灾难性事件，能够导致某类树种，尤其是非耐阴树种和喜光树种的更新。实行皆伐育林作业，其生产水平可能是最粗放的，也可能是最集约和最昂贵的。

图14-3　皆伐后人工更新(沈海龙摄)

皆伐作业法的基本目的是伐去成熟林木以后重新长成同龄林。皆伐的原因也可能是为了改善各种不利的情况，如虫害病害火灾或林相衰残；也可能是其他原因，如改变树种、引进较好的基因型或者增加木材产量。

用材林皆伐一般适用于人工成、过熟同龄林或单层林，中小径林木株数占总株数的比例小于30%的人工成、过熟异龄林。

14.2.3.1　不同更新方式的皆伐作业

根据皆伐后的更新方式，将皆伐作业分为天然更新的皆伐作业、植苗造林的皆伐作业和直播造林的皆伐作业3种类型。

(1) 天然更新的皆伐作业

针对适合于天然下种更新且在短时间内可以高密度更新的树种，而且该树种适合或者要求空旷地的条件才能更新成林，就值得考虑进行皆伐，利用天然更新重建森林。

利用天然更新的皆伐作业，合理确定伐区宽度最为关键，要根据边缘树木的下种性能确定合适的伐区宽度。采伐作业最好选在种子年之前，整地工作应该在下种前进行。

天然更新的皆伐作业有3种常用的变型，选用时要视总采伐面积的大小、林缘的最佳下种距离、保留的林带有无风倒危险、保留林带最后的更新成本以及需要的木材材积而定。

①简单带状皆伐 其伐区大小取决于多种因素,包括种子的飘散距离;经济方面,如木材采伐量与工厂的加工能力之间是否适合等。要将某个特定龄级的树木均匀分配到整个采伐周期,不要集中到某一年;伐区面积尽量小一些,以免造成景观破碎化和对环境的不良影响。

②交互带状皆伐 交互带状皆伐即实行隔带采伐,所有间隔的伐带在1 a内伐完,皆伐作业法中以这种方式的采伐量最大。如果一片同龄林需要在短时间内得到大量木材,采用简单带状皆伐的采伐周期过长,在这种情况下可选择交互带状皆伐或渐进带状皆伐。当采伐后的带状迹地得到更新以后,再将保留的林带伐去。交互带状皆伐的保留林带存在容易发生风倒、保留林带砍伐以后更新困难,需要人工造林或采取渐伐更新和在景观上不雅致等诸多问题。保留林带的最小宽度依风倒的危险程度、对砍伐带的下种能力,以及保留林带自身的采伐成本和更新费用而定。

③渐进带状皆伐 将一片森林分成几组连续的带状地,然后分组进行渐伐。一组内的带数,要根据一个伐带达到满意的天然更新目标所需的时间而定,也要考虑维持同龄林所能容许的各带之间的最大龄差。渐进带状皆伐可以减少风倒的损失,因为最后一批保留林带才能避免这种危险。最后一批保留林带的面积较小,伐后的更新问题也较小。与交互带状皆伐相比,渐进带状皆伐的采伐速率较慢,对景观的影响也较小。

(2) 植苗造林的皆伐作业

伐后植苗的皆伐作业(见图14-3)应用广泛,因为这种方法可以使森林迅速更新,而且能保证株行距适当。

①植苗造林皆伐作业的优点 伐后植苗可使迹地得到及时更新;缩短了轮伐期;便于控制植被竞争、更换树种或引进优良的基因型;株行距均匀一致,可以不进行非商品材间伐;伐区面积可以不受限制;可以简化施业方案;从长远看,植苗更新较有利,特别是在天然更新较困难或缓慢的情况下。

②植苗造林皆伐作业的缺点 栽植成本较高;单位面积株数不如天然更新多,易造成更新不足;需要大量季节性劳动力;需要及时进行抚育间伐,否则可能生长停滞;形成单一树种的纯林,因此有纯林的优点和缺点。

(3) 直播造林的皆伐作业

直播造林要有良好的整地和种子保护措施。直播造林已在美国的南部、西北部太平洋沿岸和加拿大等地成功应用。直播造林的成本比植苗造林低得多,但失败的风险也较大。直播造林一般只适用于特殊情况,如刚遭到火灾的、不便通行的林地或大面积的新火烧迹地等。

14.2.3.2 皆伐作业技术要求

一般用材林主伐年龄以数量成熟龄和工艺成熟龄为主要依据,参考经济成熟龄确定;工业原料林主伐年龄以工艺成熟龄和经济成熟龄为主要确定依据。皆伐面积最大限度是根据坡度确定,对于土壤肥沃的地方,在皆伐面积限度内,皆伐面积可大些,否则应小些。同时需要按照所在区域不同生态条件向下调整需要天然更新或人工促进天然更新的伐区,采伐时保留一定数量的母树、伐前更新的幼苗、幼树以及目的树种的中小径林木。

伐区周围要保留相当于采伐面积的保留林地(带)。保留林地(带)的采伐要在伐区更新幼苗生长郁闭成林后进行，一般北方和西北、西南高山地区在更新后 5 a 采伐，南方在更新后 3 年采伐；采伐带或块的区划，应依山形地势进行设计。

因严重自然灾害(如严重火烧、病虫害等)、征占用林地等引起的必要皆伐，可以依实际情况，作为例外。

14.2.3.3 皆伐作业的应用

皆伐仅适用于需要全光条件更新的树种，如强喜光先锋树种等。目的树种在生态特性上能适应皆伐后形成的林地条件时，应实行皆伐。

①皆伐作业的优点　采伐成本较低，对立木没有损伤；技术要求简单；可更新替换目的树种，尤其更新不能天然下种更新或天然下种更新困难的树种；适合生长衰退的过熟林收获更新。

②皆伐作业的缺点　只适用于能在空旷地上成活的树种；土壤侵蚀和林地退化的危险较大；更新不及时可能会导致林地条件迅速恶化；可能造成一些尚未成熟的林木也被伐掉的现象；景观变化大，生态环境和生态功能受影响大。

14.3　森林更新技术

14.3.1　森林的人工更新技术

人工更新(artificial reforestation)是指用人工植苗、直播、插条或移植地下茎等方式恢复森林的过程。

14.3.1.1　人工更新的适用情况

下列情况可采用人工更新：①改变树种组成；②皆伐迹地；③皆伐改造的低产(效)林地；④原集材道、楞场、装车场、临时性生活区、采石场等清理后用于恢复森林的空地；⑤工业原料林、经济林更新迹地；⑥非正常采伐(盗伐)破坏严重的迹地；⑦采用天然更新较困难或在规定时间内不能达到更新要求的迹地。

飞机播种造林也属于人工更新的范畴。在雨量充沛、人力不足的地方，如中国的长江上游、西南高山、亚热带山地的某些地区，可用飞机播种更新。

在天然林择伐迹地上有足够数量的幼苗幼树时，不宜进行全面人工更新，但可利用人工更新的方法对幼苗、幼树不足的地段进行补充更新。

14.3.1.2　人工更新的技术要求

人工更新技术要求，符合人工造林的一般要求，即要使用良种壮苗，要做到适地适树，要做到合理密度和林分结构，要进行细致整地和精细栽植(播种)，还要进行抚育保护。在做到以上人工造林的几个基本要求的基础上，人工更新还要满足如下一些特殊方面的要求：

(1) 充分利用迹地已有的更新幼苗和幼树，加快更新进程，节省更新成本

无论是皆伐迹地、渐伐迹地还是择伐迹地，抑或火烧、病虫灾害、风害雪害之后的迹

地，都存在着或多或少的前更幼苗幼树。在进行人工更新调查设计和实施过程中，都要充分考虑迹地上现存林木和前更幼苗幼树。过去很长一段时间，更新相关的技术规程与林业行政法规都忽略这一方面，甚至择伐迹地的人工更新的合格标准都是只考虑人工栽植的苗木，有前更幼树存在的位置也会要求人工植苗，无人工苗算不合格。现在这种状况已经得到纠正，目前的《造林技术规程》和《抚育间伐技术规程》基本上都已经做到了这一点，规定目的树种的前更幼苗、幼树纳入已更新范畴。

(2) 针对不同迹地类型，采取不同的人工更新方法，做到生物学和经济学合理

针对皆伐、渐伐和择伐迹地以及火灾等灾害迹地，根据树种特性、地区森林特点和迹地实际情况，采取适当的人工更新策略和方法。例如，针对樟子松、油松、云南松等天然更新良好的树种的皆伐迹地，也不一定非得强调人工更新，在有保留种源或附近有效距离内有种源的情况下，可以充分利用天然更新。而在东北温带林区，无论人工林还是天然次生林的采伐迹地，红松种源都是不足或者没有的，红松必须通过人工更新进行补充或添加。在这方面，东北林区已经建立了一些有效的机制，如落叶松的小面积带状皆伐红松人工更新、落叶松林冠下红松人工更新并通过2次渐伐形成红松林等；同时很多有效的人工更新机制尚在实践和研究总结中。

(3) 注重森林质量和效益的提升，合理调整树种组成和林分结构

注重利用前更幼苗、幼树及现存林木的同时，也要充分考虑森林质量和多种功能的充分发挥，利用人工更新调整和增加珍贵树种和目的树种的比例、优良林木的比例，适当降低非目的树种和生长状态不良林木的比例；并通过合理抚育调整林分密度和结构。不能停留在"有毛不算秃"的状态，充分利用林地生产力，提升森林质量和各种效益。

14.3.2 森林天然更新技术

天然更新(natural regeneration)，是没有人力参与或通过一定的主伐方式，利用天然下种、伐根萌芽、地下茎萌芽、根系萌蘖等方式形成新林的过程。

14.3.2.1 天然更新的种类

(1) 天然下种更新

天然下种更新，俗称飞子成林，是有性更新。目前大多数针叶树种依靠这种方式更新。其成功与否与树种更新能力、环境条件和主伐方法有密切关系。通常喜光树种(如白桦、山杨等)结实较丰富，种子飞散力强，幼苗生长较快，并能抗日灼、霜冻等灾害，因而在皆伐迹地或火烧迹地上可实现天然更新；耐阴树种(如红松、云杉等)的幼苗需要适度庇荫，采用择伐或渐伐方式才能实现天然更新。成功保证有性更新的措施是选好母树，做好迹地清理和整地工作。母树应具有较强的抗风能力和结实能力，干形、冠形优良，发育良好。

(2) 萌芽或萌蘖更新

萌芽或萌蘖更新是指利用林木营养器官的再生能力恢复幼林的更新方式，属于无性更新。大多数阔叶树种用此方式更新。其中杉、栎、柳、杨等的伐根上有较强的萌芽能力；山杨、刺槐、臭椿、毛泡桐等树种的近地表根部能生出大量的根蘖；竹林通常采用单株择伐由地下茎发笋成林。影响萌芽更新的因素有树种、年龄、采伐季节、伐根高低和环境条

件。喜光、速生树种萌芽力最旺盛期出现早，消失也早；慢生树种则相反。

一般秋末或冬季采伐有利于更新，伐根应距地面 4~5 cm。根的粗度和分布深度对萌蘖更新也有影响。表土疏松、湿润时根蘖数量多；土壤干燥则常抑制根蘖更新。杂草、灌木过多也对天然更新有限制作用。

14.3.2.2 天然更新的特点与选用

（1）天然更新特点

①优点 充分利用原有林木的种子和幼苗幼树，节约人力和物力；更新树种均为乡土树种，适应力强，一般多形成混交或多层的林分，不易遭受病虫害；天然更新幼苗、幼树生长慢，年轮密实，林木不容易出现心腐，有利于培育优质大径材。

②缺点 林木结实有大、小年，不能保证年年有足够的种源，更新苗木稀密不匀，通常需要 5~10 a 或更长时间，才能使迹地的幼苗、幼树数量达到要求。

（2）选用

下列情况下，可采用天然更新：①择伐、渐伐迹地；②择伐改造的低产(效)林地；③采伐后保留目的树种的幼苗、幼树较多，分布均匀，规定时间内可以达到更新标准的迹地；④采伐后保留天然下种母树较多，或具有萌蘖能力强的树桩(根)较多，分布均匀，规定时间内可以达到更新标准的迹地；⑤自然生长状态保持良好，立地条件好，降水量充足，适于天然下种、萌芽更新的迹地。

14.3.2.3 天然下种更新技术

天然下种更新就是利用天然种源这个自然力进行森林更新，这是森林长期发展演化的基本途径，同时国内外很早就开始重视天然更新的利用，在欧美和俄罗斯甚至现在仍然是主要的森林更新途径。我国也很重视天然更新的利用，但是由于我国近代森林资源破坏严重，恢复和重建森林生态系统的任务繁重，而天然更新与人工更新相比，一个是进程不理想，一个是更新的树种组成不理想，还有一个是很多地段原来没有森林，也就是没有更新的种源。所以很长时间以来我国都特别强调人工造林和更新。近年来，随着我国森林资源状况的改善，实施天然更新的条件(种源丰富)已经大大改善，近自然的经营和生物多样性保护以及更新成本降低等方面也要求重视天然更新。

（1）天然下种更新的基本条件

① 充足而有效的种源

首先，天然下种更新的种源来自迹地内或迹地附近的林分。对于皆伐作业法，原则上迹地内是不存在下种母树的，种源主要来自迹地相邻的林分；而渐伐和择伐作业法，迹地内存在着丰富的母树。对于火烧迹地、风害雪害迹地、病虫害迹地等，除了部分严重的需要皆伐的迹地，大部分采取部分采伐的迹地，与上述皆伐或择伐的情况相同。

其次，天然下种更新的种源可能来源于土壤(枯落物)中的种子库。土壤种子库指存在于土壤表面和土壤中全部存活种子的总和。森林土壤种子库储量丰富，有的树种的种子存活期很长，因此，土壤种子库的种子也是森林天然下种更新的重要种源。

此外，对于采伐季节种子宿存的树种来说，采伐木也可能成为种子来源之一。采伐时，采伐木上的种子脱落，成为天然下种更新的种源。

② 合适的种子传播途径与条件　林木种子成熟后，需要有合适的种子传播途径和满足大量种子传播的条件，才能传播到更新地点，成为天然下种更新的种源。种子的传播途径有风播、自身(重力)传播、动物传播等途径，其中最适合于林木天然下种更新也最有实际利用意义的方式是风播。皆伐作业或者因灾害而皆伐形成的大面积迹地的天然更新，一般主要针对具有风播能力的树种。但是，风播也是有条件限制的，其中主要是受种源所在方向的限制。例如，水曲柳种子顺主风方向的传播距离可达 70 m 范围，但只有 30 m 以内的种子量才能满足大量更新的需要；而樟子松天然更新在离林缘顺风一侧 50 m 以内，迎风一侧 10 m 以内的更新密度、水平分布状态、年龄结构和生长状况，能够满足营林要求。美国在花旗松皆伐作业时要求每英亩保留 6 株下种母树，即每公顷保留 15 株下种母树，其覆盖范围为直径 26 m 的区域，可以满足天然下种更新的要求。渐伐和择伐作业由于迹地内有大量的下种母树，对于风播树种来说，不存在传播问题。

依靠自身重力传播的种子，如栎树的橡实、核桃楸的核桃等，其传播距离仅限于下种母树的周边近距离范围(树冠覆盖范围及其邻近数米范围)内。因此，这种传播方式的树种，仅限于迹地内有足够数量下种母树的渐伐和择伐作业。依靠动物传播的种类，其种子传播距离因动物传播方式的不同而差异很大。例如，红松种子的传播动物主要为松鼠和星鸦，松鼠的传播的距离在 500 m 以内，松鸦的传播距离可达 4 km。以这种方式进行种子传播的树种，适用于择伐作业的长期保持异龄复层状态的混交林，或者临近林分，如红松种源充足林分附近的次生林和人工林等。

③ 适宜种子萌发和幼苗生长发育的生境条件　有了充足的种源，则只要有适宜的生境条件，种子就能顺利萌发，幼苗能够顺利生长发育。一般来说，能够自然传播的立地，适地适树的问题不存在，所以只要满足种子萌发的土壤和水分条件、满足幼苗生长的光照条件，就能正常更新和生长。

(2) 天然下种更新的人工促进技术

天然下种更新的人工促进，就要从天然下种更新的 3 个基本条件的保障和改进入手。

① 种源保障和种子传播促进技术　对于种子来源，无论是成熟健康林分的渐伐、异龄林的择伐还是火灾等自然灾害迹地有部分林木存活的情况，一般不会缺乏种源。但是对于不合理的皆伐，可能会出现种源缺乏或下种数量不足的情况，因此皆伐作业天然更新的情况，要采取合理措施保障有足够的种源和合理的传播，以保障更新的成功。这些措施包括采取合适的伐区排列方式，如带状间隔皆伐、带状连续皆伐、块状皆伐；保留一定数量的母树；根据主风方向确定保留带等。

② 种子萌发和幼苗生长发育微生境改善技术　在保障种源的前提下，给种子萌发和幼苗、幼树生长发育创造良好的微生境条件，是非常必要的天然更新促进措施。这些措施主要包括采伐剩余物清理(运出利用、块状堆腐、带状堆腐、散铺、火烧等)、活地被物清理(割灌、割草等)、死地被物清理(枯落物带状或块状清理)、整地(带状、块状整地)、生长空间(光照条件)调整(幼苗更新后生长发育过程中及时对幼树生长微生境进行调整)等。

③ 人工补植(补播)技术　人工补植(补播)主要针对以下 2 种情况进行：一是珍贵树种或者目的树种种源不足或缺乏，天然下种更新满足不了森林培育要求情况下，人工补充

该树种或该类树种。例如，东北温带次生林中人工引进红松，南方次生林或人工针叶纯林内引进珍贵阔叶树种等。二是当天然下种更新的幼苗、幼树数量不足或分布不均时，人工补充不足的数量。主要采用见缝插针的方式补植珍贵树种或目的树种。

14.4 不同林分结构森林的采伐更新

14.4.1 异龄林和复层林的采伐更新

14.4.1.1 异龄林的收获更新

林分中的林木年龄相差一个龄级以上时，称为异龄林。很多的树种常常形成异龄林。它们都是耐阴种或中性种，如云杉、冷杉、红松等，能在林冠下天然更新，长成幼苗、幼树，直到长成大树，因此林分中的林木往往是"四世同堂"，而且是上层株数少，下层小径木与幼苗、幼树多，这符合森林群落的发展方向，群落趋向稳定，生产力也较高。

异龄林适宜进行择伐，从主林冠层伐去部分大径级的个体与干形不良的个体。

异龄林采伐和更新可一直重复地进行，始终保持所采伐的林分为异龄林。采伐的过程与森林的更新紧密结合，每次采伐后都给森林更新创造良好的空间条件，使之有利于幼苗的生长。每次短间隔的采伐之后，都不断有新龄级林木出现。

由于异龄林内不同年龄的树木混生在一起，因此在进行择伐作业时，要随时考虑哪些林木应该采伐更新，哪些林木应该保留和抚育。另外，除了考虑育林更新与抚育的效应外，还要考虑森林的经济效益。如面对已达采伐年龄的树木，是伐去以促进更新、为周围的幼树提供光照以加速其生长，还是保留下来以免生产资本的亏损。为了使异龄林提供持续的收益，必须使林内不同径级(年龄)的树木既要在数量上保持一定的比例，又要有均匀的分布，这也是该作业方法的难点。为此，在进行伐区调查设计时，要针对林分特点(树种、年龄分布、立地条件)和经营目标(林种与材种)的不同，确定能促进年龄结构合理的采伐对象。

保持林分始终有一些大树(即异龄林)可能有许多原因：①从景观美学的角度考虑是很重要的，如森林公园、保护区、旅游区等；②在野生动物管理中或者要求生境及其内植物和动物多样性高的林分，老林、幼林的相互交替重叠常常是重要的；③如果天然更新困难，如在不利的立地上，要保持永久的种源；④异龄林对于地质不稳定或易发生雪崩的陡坡是必要的；⑤需要培育大径材的经营单位。

异龄林中在伐除老的和较大的林木的同时，也要注意抚育年幼的和较小的林木，使更新阶段和抚育间伐可以贯穿整个森林生长发育过程。

14.4.1.2 复层林的收获与更新

具有两个或两个以上的树冠层形成的林分，称为复层林。复层林也包括上下树冠不整齐、难以区分树冠层次的连层林的林分。

林分建立复层结构，无论对于培育商品林还是生态公益林都有很多益处。主要表现出以下优点：

①提高林木生长量、林木蓄积量与生物量　复层林的林木生长量大于单层林，这是因

为复层林能有效利用太阳能和立体空间，在时间上可以重复利用，提高了土地和光能利用率，增加了林分蓄积量。复层林不但地上有多个层次的林木生长，有更多的叶量，而且地下有多层次分布的根生物量，因此林分的生物量也较高。

②提高木材质量，增加木材产值　东北林区天然阔叶红松林是较典型的复层林，红松在大量阔叶树伴生之中，下层的伴生树种大大促进了红松的天然整枝。幼树是在上层木庇荫下生长的，心材的年轮窄，幼树长得慢，成材后不易出现心腐，有利于培育大径材；同时心材未成熟部分所占比重少，使用后木材很少变形，因此价值较高。

复层林适宜采用择伐或渐伐作业法采伐，人工更新、天然更新和人工促进天然更新方式进行更新。采用择伐形成林隙，还需要依据林隙中更新树种对光的要求来确定林隙的大小。当需要对林隙人工更新或补栽时，还应选择林隙中的位置来确定栽植点，以取得较好的更新效果。

14.4.2　同龄林和单层林的采伐更新

林木的年龄相同或相近、未超过一个龄级的林分，称为同龄林。林木的高度大体相同，由整齐一致的树冠层所形成的林分，称为单层林。二者一般是统一的，即同龄林也是单层林，单层林也是同龄林。这类森林可以采用皆伐作业或渐伐作业，天然更新或人工更新。

14.4.2.1　皆伐后天然更新

皆伐后天然更新目前只适合于樟子松、油松、云南松等天然下种密度大、天然更新状况良好的树种上应用。皆伐天然更新作业方法有如下3种：

①带状间隔皆伐迹地更新　第一次采伐的伐区，两侧保留的林墙可下种，保护更新的幼苗和幼树。一般第一次采伐的伐区应配置在下风方向，有利于天然更新下种。第二次采伐的伐区已无周围林墙，可以人工更新、保留母树、于种子年采伐和改用渐伐等。

②带状连续皆伐迹地更新　带状连续皆伐是每个新伐区紧靠前一个伐区设置。在林地面积很大时，为了采伐及利用侧方林墙下种的较大面积，且易遭风害。

③块状皆伐迹地更新　块状皆伐伐区面积不得超过 5 hm^2，而坡陡与立地条件很差的地段，皆伐面积应缩小到 1~3 hm^2，全伐区采伐之后，有可能全部天然更新，并形成同龄林。

14.4.2.2　皆伐后人工更新

皆伐后人工更新的作业方法适合于各类树种。人工更新通常采用的方法是植苗更新和直播更新，但最常用的是植苗更新。

采用人工更新必须根据立地条件类型、树种特性，做到"适地适树"。人工更新树种的选择，应根据当地经营目标的需要、立地条件及树种特性确定。由于各类树种的适生土壤条件不同，所以更新时一定要因地制宜地选择更新树种。

皆伐迹地的更新应充分利用新迹地杂草、灌丛较少和土壤疏松的条件，及时采用人工更新，最好当年采伐当年更新。

14.4.2.3　渐伐天然更新

幼年耐庇荫或需要庇荫且具有良好天然下种能力的树种的同龄单层林，可以采用渐伐

图 14-4　落叶松(左)和核桃楸(右)人工林内天然更新的水曲柳(沈海龙摄)

和天然更新的作业方式。云杉、冷杉、水曲柳等树种可在林冠下发生良好的天然更新，可以采用该种作业方式。云杉和冷杉适合于本树种林下更新，水曲柳等适合于其他树种林冠下更新，如落叶松(图 14-4)、红松、樟子松、核桃楸等树种的人工林内等。

14.4.2.4　渐伐人工更新

对于幼年耐庇荫或需要庇荫但天然下种能力差的树种形成的同龄单层林，或需要更替树种而又缺乏所更替树种的天然下种种源时，可以采用渐伐和人工更新的作业方式。例如，东北林区大面积的落叶松人工林，连载连种会发生地力衰退而导致生产力降低，而东北林区正在大面积推广栽培的红松的造林地又严重不足，采用落叶松人工林二次渐伐作业，在第一次渐伐前后在林下人工更新红松，效果非常好(图 14-5)。

图 14-5　落叶松人工林首次渐伐前人工更新的红松(左)和终伐后解放出来的红松(右)(沈海龙摄)

14.4.3　城市森林、"四旁"植树与农田防护林的收获与更新

城市森林的概念不仅限于建成区的片林和行道树，还包括城市郊区和风景区的森林。"四旁"植树指村旁、水旁、路旁、宅旁栽植的单株树、团状树和片林。这些地段的生长空间比较充足，光合面积大，生产力水平高，特别适合于结合珍贵树种大径级良材的兼顾培育，林木成熟后也是应该采伐利用和更新的。农田防护林多用速生树种营造，成熟衰老后防护功能下降，也是需要更新的。

这些林分和林木的收获和更新方式多种多样，可以结合实际情况采取合适的方式进行收获与更新，通过更新维持和提升其多种效能。对这类林分不能进行采伐利用是错误的观念。

14.5 矮林与中林的收获与更新

14.5.1 矮林的收获与更新

以无性更新方法（营养繁殖法）形成的森林，称为矮林（coppice）。矮林在无性更新盛期和一定年龄以前，林木高度不一定低于同树种、同立地条件下的乔林。

14.5.1.1 矮林作业法

矮林可采用的无性更新方法很多，如萌芽更新、萌蘖更新、压条更新、人工插条和埋干造林等。但常用的是萌芽更新和萌蘖更新，通常采用直播造林形成第一代乔林苗木，到一定阶段将其砍伐，而后实施矮林作业法。

（1）萌芽更新

依靠伐根上的休眠芽或不定芽生长出萌芽条，发育成植株，实现林分更新。大多数阔叶树种均有这种萌芽力。林木萌芽力的强弱既取决于树种，又取决于林木年龄。有萌芽能力的树种，其萌芽力总是在一定年龄时达到最强，往往在第四、五代开始减弱。绝大多数针叶树萌芽能力很弱，只有少数例外，如杉木与落羽杉也有较强的萌芽力。

（2）根蘖更新

由根部不定芽发育成植株，实现林分更新。具有根蘖能力的树种在采伐后受损后，都可生出根蘖苗。刺槐、山杨、泡桐等具有根蘖能力。由根蘖形成的林木要比从伐桩上萌生形成的好得多，这些根蘖条几乎没有心腐病，间隔均匀，树干较通直。

14.5.1.2 矮林作业的特点

矮林作业一般要求林地肥沃，水分供应好，以便频繁砍伐而不致引起地力衰退。但在造林难度大，需要防沙、固土、保水的地区，也常采用矮林作业法，以达到既可发挥防护效益，又可获得经济收益的目的。另外，因为萌芽条易遭霜害，选择矮林作业法的林地应尽量避开易遭霜害的地区。

矮林作业具有以下特点：较快地获得薪材、纸浆材和提取物用材（如单宁、樟脑）等；矮林的枝叶是养殖业很好的饲料，可养蚕和其他动物，为食草动物提供食物；可生产农用材、编织用材，作为农村生产、生活的重要原材料；枝繁叶茂，覆盖度大，在每次采伐作业后，能很快通过更新而覆盖地面，有效防止水土流失。

矮林在幼龄期生长迅速，林分达到最大平均生长量的时期比乔林早，但矮林中的树木成熟时容易树心腐朽，所以经营矮林往往用较短的伐期龄，培育小径材，以获得较高的产量和材质较好的木材。

矮林作业往往前几代的产量高于同年龄的乔林，但萌芽更新的代数影响萌条的生长和成活率。如美洲黑杨无性系在不同密度的林分，8年生4次轮伐（每2年1次），成活率逐年下降，其产量从第1次轮伐至第3次轮伐逐渐增加，而后降低。这种随着代数增加萌芽林生长衰退的情况是必然的，因为在每代萌芽林地上部分收获时会带走大量营养物质，收获的生物量越多,所带走的营养物质也越多。因此,在作业时只收获去叶、枝、皮的干材,将伐根和剩余的枝叶归还给林地,可以减轻肥力损失程度,萌芽林随代数增加而生长减弱的速度变缓。

长期以来矮林生产的木材大多数是作为薪炭材,但近年来有人将矮林木材用作纸浆材、人造板原料、生物质原料等,取得了良好的效果。随着工业用材林的快速发展,纸浆林、生物质产业原料林等宜采用矮林作业,因为萌芽更新和萌蘖更新形成的矮林,前几代的生物产量往往比同树种和同年龄的乔林高。

14.5.1.3 矮林作业的技术体系

矮林经营的成败除与树种有关外,还取决于经营技术措施,主要包括采伐方式、采伐季节、采伐年龄、伐根高度和伐根断面5项关键技术。

(1) 采伐方式

皆伐是矮林经营的主要采伐方式。因为皆伐后迹地上光照条件比其他采伐方式好,充足的光照可促使休眠芽和不定芽萌发,从而形成量多质优的萌芽条。矮林作业采用皆伐时,其皆伐的各个技术指标的确定与乔林作业类似,只是由于不借助天然下种更新,伐区不一定成带状。确定伐区方向和采伐方向,主要考虑保持水土、克服风害和维持森林环境的作用。

矮林采伐有时也用择伐方式。矮林择伐常用于立地贫瘠、水土流失较重的山地,或由中性、耐阴树种形成的林分。喜光树种不适于采用择伐方式。因为择伐会使林内萌芽条得不到生长发育所需的条件而衰亡。柳、杨、桦木、刺槐、青檀、麻栎、杉木、蓝桉等萌芽力较强的树种形成的林分,适于皆伐;千金榆、椴、桤木、水青冈等树种组成的林分可考虑择伐(要与立地、气候等条件综合考虑决定);在护堤、护路、护岸林中,为维持防护作用和观赏价值,也可采用择伐。

矮林采伐可根据具体情况选用不同的方式。平原地区可采用割灌机作业,以提高采伐效率。山地、堤岸等多采用手工作业。

(2) 采伐季节

采伐季节的确定要遵循两个原则:一是采伐后产生的萌芽条数量多、质量好,能顺利实现更新;二是采伐有利于定向培育目标的实现。

矮林的采伐季节一般应选在树木休眠期,原因之一是此时树木储藏物质多、早春能很快产生萌芽条,新条的生长经过了整个生长季,到冬季来临时木质化程度高,能有效抵御冬季的严寒,减少冻害损伤,确保更新质量;原因之二是由于采伐在非生长季进行,病菌的活动受到抑制,感染病害的可能性大大减少。

对于特定经营目的的矮林,如果为了获取单宁等次生代谢物质,则生长季采伐为好,因为生长季树皮易于剥落,树皮中的单宁含量也较高。南方杉木林区的矮林,可采用夏季采伐,杉木夏季采伐不会降低其萌芽力。另外,要注意不同树种、不同年龄采伐后萌芽条出现的时间和速度,以便采取措施确保更新质量。幼树伐后出现萌芽条快,成年树木采伐后出现萌芽条较慢;林木采伐后一般2~4个月出现萌芽条,但成年栎树有时采后数年才萌发新条;柳树在采伐或平茬后,萌芽条几天后就可长出。

(3) 采伐年龄

矮林的伐期龄往往根据定向培育目标或矮林的生长发育规律确定。为获得编织条类的矮林，采伐年龄 1~2 a；生产农具柄或燃料用材，1~3 a 内采伐；生产小规格材的矮林，采伐年龄 3~8 a；立地条件好，培育较大径级用材的林分，可以其工艺成熟龄确定采伐年龄；经营薪炭林的矮林采伐年龄，应根据其数量成熟龄采伐。矮林的数量，成熟龄比同树种乔林小。从生长发育规律来看，矮林的伐期龄应选在萌芽力减弱前的时间。如采伐过晚，不仅林木生长慢，而且病腐率增大。

(4) 伐根高度

确定伐根高度，要考虑多种因素。一般伐根高度为伐根直径的 1/3，以后可逐次略微提高，以便从新桩上再产生萌芽条。在一定高度范围内，伐根越高，萌芽条数目越多。但高伐根上的萌芽条不健壮，容易遭受风折、雪压等灾害，而且不能形成自己的新根。低伐根上发生的萌芽条较少，但可塑性大，生活力强，而且有自己的新根系。从发育阶段看，越靠近伐根下部的萌芽条，年龄越小。

确定伐根高度时，要慎重考虑气候条件。在暖湿气候地区，伐根应稍高，使伐根保持合理的温湿条件；在干燥、风大、寒冷地区，伐根应稍低，并用土覆盖伐根断面，避免伐根顶端干枯和冻伤。

(5) 伐根断面

伐根断面状况影响林分更新质量，不可小视。伐根断面要平滑微斜，以防雨水停留引起腐烂。伐根断面倾斜的方向，应避风、避光。直径大的伐根，其断面可向多个方向倾斜。伐根断面不能劈裂和脱皮，否则不仅易干枯而且会造成休眠芽死亡或不能正常萌发，劈裂处的萌芽条也容易风折。另外，要获得较多的萌芽条，可采用斧伐。据研究，斧伐伐桩萌条多于锯伐。

14.5.1.4 矮林作业的特殊形式

头木作业、截枝作业以及中国南方的鹿角桩作业，都是矮林作业的特殊形式。定期将距地面一定高度的树冠完全砍去利用，使之在砍伐断面周围萌发新枝条、形成新树冠，经过几次砍伐和伤口愈合，砍伐断面的愈伤组织逐渐增大成瘤状，形似人头，这种作业方法称为头木作业法(pollard system)。头木作业的采伐不是自地面附近伐去树干，而是从树冠以下一定部位砍去树冠，留下部分或全部树干。一般所留树干高度为 1~4 m。截枝作业是在分枝上截断枝条利用。鹿角桩作业因多次砍伐分杈上的萌枝，使枝桩逐年增高，状似鹿角而得名。

头木作业和截枝作业，主要生产编织原料、檀皮、栅栏杆、橡材、农具柄、薪炭材或用作饲料、肥料。紫胶的寄主树和提取樟脑的樟树林也采用头木作业。采伐间隔期较长的头木林也可以生产径级较大的木材。头木作业和截枝作业的采伐年龄一般为 1~10 a，截枝作业短些，头木作业长些。培育较大径级的用材，一般要采取疏枝抚育措施。头木作业和截枝作业的林分，在母株生长势衰退时应及时进行母株更新。母株更新时期的长短，因树种和立地条件而异，但最晚不要到母株空心或腐朽时，以便利用母株的干材。

大面积经营头木林和截枝作业林的不多，但在农村的四旁经常有零散经营的林分或林木。这两种作业适宜河岸、渠边的防护林，长期被水淹没的低洼地、河滩地，易被牲畜啃伤的村旁、路旁和牧场林地。行道树采用头木作业，不仅有方便交通、美观的作用，还可放慢树木生长速率，减少更新次数，抑制树木根系生长，减少对路况的破坏。我国常见的头木作业和截枝作业树种有：柳、杨、榆、桑、青檀、悬铃木、铁刀木、菩提树、钝叶黄檀和云南樟等。

14.5.1.5 矮林作业的评价与应用

(1) 矮林作业的优缺点

矮林作业的优点主要有：①生长快，伐期龄短。可以得到比乔林更多的薪材和小径材，适于需要小径材和燃料的农村经营。②更新容易，木材成本低，技术简单，可充分利用空地，便于四旁栽植。③矮林早期生长快，前几代生产力高，经营年限适当，可提高林地生产力。④土壤瘠薄的地段不宜培育大径材，但可经营矮林。⑤采伐面积不受限制。

矮林作业的缺点主要有：①不适于培育大径材，后期生产力低。②木材质量较差，材种价值低，容易出现弯曲、病腐现象。③因生长迅速消耗营养多，长期经营矮林会导致土壤肥力下降。④选用树种受到限制，只适于具有无性更新能力的树种（一般多为阔叶树）。⑤新品种应用相对较困难，因为旧有的根桩会继续萌发。

(2) 矮林作业的应用

依矮林作业主要用途有以下4个方面：

①编织材料林　目的是生产编织条，用来编制箱、笼、篓、筐、笆。各地生产柳条的矮林较多。如沿淮低湿地面积广阔，适宜发展杞柳种植。柳编业是该地区的支柱产业之一。

编织条林可以当年扦插，当年采条；也可以5~10 a后截去主干或分枝，利用根株萌芽产生新枝条，以后每年采条1~2次。如为了生产细长富有弹性的柳条，一般杞柳扦插造林时采用行距40~50 cm，株距10~20 cm。在长期受水淹的低洼地和河滩地，常利用成年母树进行头木作业或截枝作业。可采用矮林经营生产编织条的树种，除杨柳科柳属树种外，还有柽柳科柽柳、豆科紫穗槐、木犀科雪柳及白蜡、马鞭草科的荆条等。

②柞蚕和桑蚕林　柞蚕是靠食栎树叶子而生的一种昆虫，柞蚕蚕茧可以缫丝织丝绸。柞蚕林是饲养柞蚕而经营的栎树矮林，因麻栎叶子硬化迟且营养丰富，所以麻栎是主要树种。柞蚕林常兼作薪炭林，因为栎树的萌条是很好的燃料，也是烧炭的上等材料。我国劳动人民饲育柞蚕历史悠久、经验丰富，且从东北到云南许多省份都有饲养柞蚕的栎树矮林。

柞蚕林常培养成不同的树型。有的采用伐根萌芽更新，当萌出若干枝条后，根据地区不同，到2~6 a时进行轮伐更新。采伐时应于休眠期以树干基部距地面3~7 cm处，将蒙古栎树枝条全部伐去，使其萌发出丛生枝条，用于饲蚕。有的培养成放拐树形，利于放蚕。有的培养成头木作业，通常待柞树2~5 a时，保留干高40~80 cm，砍去上梢使其萌发新枝，以后每隔数年将桩干上的枝条砍去更新。

桑蚕林是为采摘桑叶喂蚕而培育的桑树林。常采用矮林作业，包括头木作业、截枝作业、鹿角桩作业等。

③薪炭林　以生产薪炭材为主要目的的矮林称为薪炭林。薪炭林生产木材作燃料具有可再生性、产量高、CO_2 零排放的特点。许多阔叶树种都适宜经营薪炭林，但以麻栎、青

冈栎、蒙古栎、铁刀木、刺槐等较常见。

经营薪炭林多采用一般矮林形式，即自根际附近截干，便于每年砍伐。薪炭林栽植密度较大，培育方法相对简单，如麻栎薪炭林密度接近 10 000 株/hm², 3~4 a 时进行平茬，每墩留条 1~2 株，每隔 10~15 a 采伐更新，如此循环往复。薪炭林生长衰弱后应及时进行母株更新。

薪炭林采伐年龄不严格，如兼获其他材种，应以工艺成熟龄为采伐年龄。如麻栎、青冈栎、蒙古栎不仅萌芽力强，而且木材致密、耐烧，多用来烧炭，炭的质量也较高，采伐年龄应以烧炭要求确定。铁刀木矮林可以采薪，也可培育修房舍用的中小径材，经营用材林和防护林，采伐年龄应根据不同材种要求确定。

④小规格材用材林　小规格材指椽材、矿柱、农具用材、纤维材等。培育小规格材的林分，常经营为矮林。萌芽力强的阔叶树种宜培育为小规格材的矮林。小规格材林的采伐年龄，主要以目的材种的工艺成熟龄为准。培育方法以铁刀木为例：植苗后 3~5 a，树高 5 m、胸径 6~7 cm 时进行定干，定干高度为 40~60 cm。砍伐后，每个树桩可萌发几个至十几个枝条，以后可根据需要每隔若干年采伐更新。

14.5.2　中林的收获与更新

中林作业结合了乔林和矮林作业的特点，使同一林分中同时培育着起源不同、年龄不同的林木。一般有几个龄级和不同树种（也可以是同一树种）所组成。乔林为种子更新的异龄林，实行择伐，培育大径材，轮伐期长（一般为矮林轮伐期的数倍）。矮林无性更新的同龄林，实行皆伐，培育小径材或薪炭材，轮伐期短。

根据乔林和矮林层的数量及分配状态，可把中林分为以下 4 种类型：

①乔林状中林　实生起源林木个体很多，均匀分布，无性起源林木数量较少，分布不一定均匀。

②矮林状中林　实生起源林木数量很少，无性起源林木数量较多。

③块状中林　实生起源和无性起源的林木呈小块状镶嵌分布，同时经营。

④截枝中林　上层林木为实生起源，主要为下层林庇荫；下层林木无性起源，用于截取枝条。

由于中林能提供不同规格的用材，除各种建筑材外，同时生产薪炭材，加之伐期龄短的矮林层获材快，故适于农村单独经营的集体林。另外，异龄、复层结构的中林林相，具有美观和保护土壤的作用，也是它的特点之一。

14.5.2.1　中林的形成

建立中林有各种不同途径。原为乔林的林分，只要主要树种是珍贵、速生、树冠稀疏的喜光树种都可选作上木。如原林分密度小，逐渐营造起不同世代的上木，并补充进矮林树种即可。如原林分密度大，就要逐渐疏伐乔林林木，并补充矮林树种。如中国山地的松林（油松、赤松、华山松、云南松等）、栎林（辽东栎、蒙古栎、栓皮栎、麻栎等）和松栎混交林，都可以以原有的松、栎树种为乔林，改造成为中林。原为矮林的林分，要培育中林，一般必须在每次采伐矮林时，逐渐地营造起各世代的乔林，形成各级乔林层。

在无林地上用人工造林法培育中林时，首先，用植苗或播种造林法营造起实生同龄林。到一定年龄(如20~40 a)，将大部林木砍去，均匀地保留部分优良木作为第一代上木，采伐的同时，还要造林。经过一个矮林的轮伐期(如20 a)，再将上次采伐后营造起来的或原上木砍伐后萌生起来的林木，大部分砍去，而保留其中一部分优良木作为第二代上木。此期同时除掉第一代上木中的不良木。依此继续进行，直至形成第三代、第四代等各代上木(即所谓轮伐木)和既定的矮林层为止。当到达上木伐期龄时，采伐矮林的同时，采伐第一代上木；以后每次采伐矮林时，均同时采伐一代上木，即可在一次采伐中同时获得大、小不同的材种。

14.5.2.2　中林的采伐更新

中林的采伐和更新有其独特的地方，即一个进行系统经营的中林，矮林层和乔林层同时采伐，但乔林层采伐方式和矮林层不同：乔林层实行择伐，有一定抚育间伐的性质；矮林层采取皆伐。采伐乔林时，一般同时进行植苗或播种造林，并将上次采伐时更新起来的实生林木保留，作为后备上木，也可以选留部分优良萌生林木作后备上木。中林的更新需要和采伐同时进行。

中林的乔林层采伐强度取决于上木组成树种和目的不同的中林类型。如为了得到较多的大径材，则采伐强度宜小，保留上木宜多，即经营乔林状中林；如以培育矮林为主，则采伐强度宜大，保留上木宜少，即经营矮林状中林。有时中林的上木为一些特用经济林木(如板栗、核桃、柿树等)，这时采伐应成为培育果树的经营措施，上木要稀疏，伐期龄要长，以收获果实为主兼得木材为辅为宗旨。

经过系统经营的中林，林冠以形成垂直郁闭为主，仅矮林层常构成水平郁闭。当矮林层刚刚采伐后，则呈现一个稀疏的异龄乔林林相。

中林的采伐和上木的保留不一定是均匀的，也可以是群状的或带状的。据此特点，加之上木保留数的变动范围又很大(几十株到数百株)，致使中林林相经常是多样的。

复习思考题

1. 掌握森林主伐、森林更新、森林收获作业法的基本概念和目的。
2. 森林主伐和森林更新的方式有哪些？其作业方法、优缺点和适用条件如何？
3. 矮林作业和中林作业的作业方法、优缺点和适用条件？
4. 熟练掌握森林更新技术和各类型林分的主伐更新特点。

推荐阅读书目

1. 翟明普，沈国舫，2016. 森林培育学(第3版). 北京：中国林业出版社.
2. 沈国舫，2001. 森林培育学(第1版). 北京：中国林业出版社.
3. 孙时轩，1992. 造林学(第2版). 北京：中国林业出版社.
4. 黄枢，沈国舫，1993. 中国造林技术. 北京：中国林业出版社.
5. 汉斯·迈耶尔，1992. 造林学(第三分册). 肖承刚，王礼先，译. 北京：中国林业出版社.

(沈海龙)

第五篇

森林培育规划设计

- 第15章　苗圃规划设计
- 第16章　育林规划设计

第 15 章 苗圃规划设计

【本章提要】 本章概述了苗圃建设目标定位、规模确定和设计程序，重点介绍了苗圃规划设计的准备工作、内容及成果。

在新建苗圃以及为适应生产发展需要而进行的苗圃改扩建过程中，为便于各项育苗生产活动的开展和高效地开发利用土地资源，针对拟建苗圃的土地，进行科学合理的规划和设计是十分必要的。苗圃规划设计事关苗圃的生产经营和长远发展，不仅直接影响未来苗圃的产品——苗木的产量和质量，而且对造林绿化的任务和成效，以及对森林培育目标的实现都有很大影响。

15.1 苗圃规划设计概述

苗圃规划设计的目的在于根据所育苗木的特性，进行科学合理布局，充分利用土地，合理安排基础设施的建设与投资，做到既减少投资成本，又能为培育多品种高质量的苗木提供必要的基础，最大限度地提高苗圃的经济效益和社会效益。

在进行规划设计前，设计者必须根据苗圃建设的可行性研究报告明确和深入地理解苗圃建设的目的与规模。苗圃可分为固定苗圃和临时苗圃，这里所论述的苗圃规划设计仅针对固定苗圃。

15.1.1 苗圃建设定位

在进行苗圃规划设计之前，首先必须明确苗圃建成后的主要经营方向，包括育苗树种、出圃苗木的等级以及苗木市场前景等。

15.1.1.1 苗圃经营方向

苗圃按其培育苗木种类和服务对象大致可以分为农业苗圃、林业苗圃、园林苗圃、教学实习苗圃、实验苗圃及综合性苗圃。其中，林业苗圃一般还可以分为用材树种苗圃、防护树种苗圃、果树苗圃、特用树种苗圃等。由于农业生产本身的精耕细作特点，有时农业苗圃和农业用地并没有严格的界限，因此，以农业苗圃作为独立的建设项目进而开展规划设计的很少。一般苗圃规划设计多针对农业以外的其他类型的苗圃。

在规划建立苗圃之前，建设单位对苗圃的经营对象和产业发展方向有初步的考虑，在经过项目可行性论证之后应更为明确。建设单位需要在签订的设计合同和下达的设计任务书中明示苗圃的建设性质。

15.1.1.2 苗圃建设标准

苗圃建设标准一般指苗圃生产设施、育苗经营技术等级与经营管理的效率。主要取决于苗圃的机械化水平、生产专业化程度、苗圃设施设备的先进性与适用性、苗圃生产经营的组织管理效率、苗木产品质量与生产成本、苗圃产品的市场与技术开发能力、苗圃在区域内的影响或技术示范性等。

15.1.2 苗圃建设规模的确定

苗圃的建设规模主要体现在苗圃面积与投资额度上。

15.1.2.1 苗圃面积的确定

从林业建设的实际需求而言，苗圃面积的确定主要依据以下因素：

(1) 本地区林业建设的发展规划

苗圃的面积取决于苗圃的生产任务，而苗圃生产任务与本地区林业及城镇绿化的任务是密切相关的。区域内植苗造林、植苗更新的年度规模、造林树种组成及年际间可能的变化等都会对苗木需求造成较大影响。一般造林更新任务重，林业发展规划用地面积大的地区，规划苗圃面积也大。但是对于年际造林任务与人工更新任务变化大的地区，在规划建设苗圃时，面积规模既不宜取个别年份需苗量的极端上限，也不宜取平均值，而应按历史各年最大需苗量的 70%~80%，或本地区林业规划年度最大需苗量的 90% 作为确定苗圃面积的依据。

(2) 本地区苗圃分布密度和供苗半径

一般苗圃间平均距离越小，苗圃分布密度越大，供苗半径小，供苗面积也小，则此苗圃面积就小；反之亦然。

(3) 苗圃土地有效利用率

育苗生产用地占苗圃总面积的比例，即苗圃土地有效利用率，决定了苗圃育苗生产的土地潜力。有效利用率越低，苗圃面积应越大。

(4) 育苗技术措施与机械化程度

如果期望苗圃建成后的主要育苗工序实现机械化，且计划装备大型设备，则苗圃面积宜大；反之，如果育苗作业主要靠人工，则苗圃面积宜小。

(5) 苗圃所在地区自然与社会经济条件

苗圃所在地区的自然条件因素(如地形地势、水源等)以及社会经济因素(如劳动力资源、交通条件等)也会限制苗圃规模。

15.1.2.2 苗圃投资规模的确定

反映苗圃建设规模的另外一个常用指标是建设投资。苗圃投资受苗圃面积、苗圃的现代化或机械化程度、苗圃建设单位或投资部门的经济实力、苗圃建设决策依据等因素的影响。一般设计单位应根据实际建设内容科学地测算苗圃建设投资。

15.1.2.3 我国苗圃建设规模划分标准

我国的苗圃建设工程根据生产目标和任务量一般划分为特大型苗圃、大型苗圃、中型苗圃和小型苗圃 4 个类别，划分标准参见本书第 6 章所述。

第 15 章 苗圃规划设计

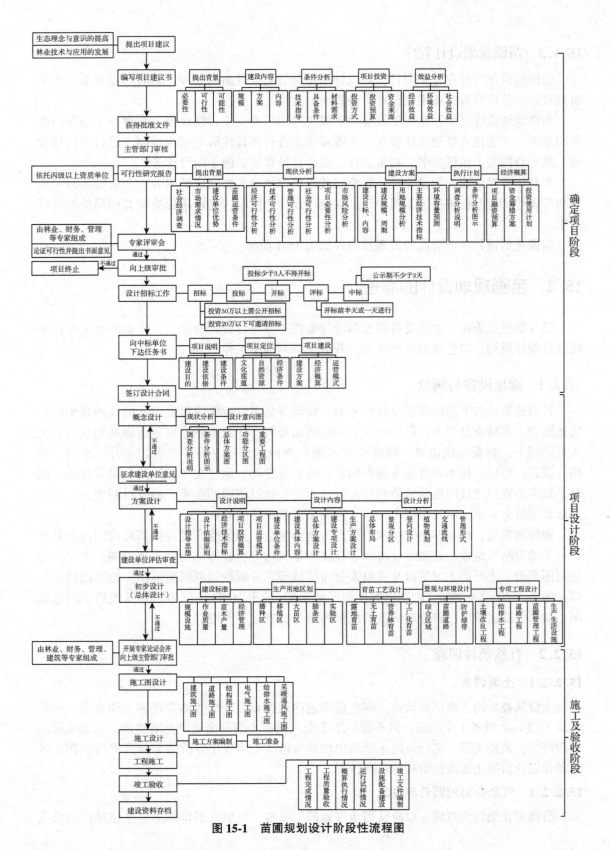

图 15-1 苗圃规划设计阶段性流程图

15.1.3 苗圃规划设计程序

苗圃建设作为林业建设项目，对设计单位和规划设计前后的程序具有严格要求。大型苗圃设计单位应具有林业规划设计甲级资质。

苗圃规划设计之前，建设单位应向上级主管部门提交项目建议书，在得到上级部门批复同意后，才能进入规划设计程序。一般需依次进行可行性研究报告编制、设计单位招投标、签订合同与下达任务书、初步设计、初步设计审定、施工图设计等。

在具体承接苗圃规划设计时，需要与建设单位协商所要完成的内容，一般需要开展的是初步设计，有时也包括施工图设计。在签订设计合同时，建设单位应附有明确的设计任务书。

苗圃规划设计各个阶段的关系及内容如图15-1所示。

15.2 苗圃规划设计的准备

设计单位从委托单位接受苗圃规划设计委托书并签订设计合同后，应会同有关单位组成设计领导机构，组建规划设计队伍，开展一系列准备工作。

15.2.1 圃址勘察与测量

针对建设单位下达的委托设计任务书，设计规划单位应组织项目设计的技术骨干进行实地踏查。在踏查过程中，依据已收集到的图面资料，在当地熟悉拟建苗圃地现状的有关人员陪同下，查看区域边界，明确规划占地范围内的房屋、灌排水渠、水井、水塘、道路、裸石、电桩、树木和林地等现有固定设施和建筑物，通过文字和照片记录其现状。同时，核实苗圃地选址的地形地势和坡向等是否符合建设苗圃的要求。勘察过程中，发现苗圃选址不符合要求，应及时提出，请求协商重选苗圃建设地点。

圃址勘察后，应立即组织技术力量进行地形测量。测量地形应包括圃址范围内及其外部相关的道路等地段。施测时应将固定设施和建筑物等明显标志物标入地形图。土壤、土地利用类型、土丘的土方量以及病虫害分布区域等宜分别绘制现状地形图。地形图测量比例尺为1∶500~1∶2000。绘制出的比例尺地形图（或平面图）是作为区划及最后成图的底图。如果苗圃建设区已有近期测量的此种图面材料宜尽量利用。

15.2.2 自然条件调查

15.2.2.1 土壤调查

土壤调查采用土壤剖面调查，应在苗圃地内选择有代表性的地方设多个调查点，一般可按1~5 hm^{2}设置1个剖面，但不得少于3个。依据土壤剖面确定土壤类型，记载土壤的表面特征；采集土样，进行室内土壤理化性质分析。土壤理化分析结果是开展苗圃作业区区划和设计苗圃土壤改良措施的重要依据。

15.2.2.2 气象资料的调查与收集

苗圃所在地气象资料一般应从当地气象部门收集，收集范围包括历史上该地区的极端气象因子、最近5年的全部气象资料、当年或上年各月气象资料等。具体指标包括气温、降水、风害及霜雪等。

15.2.2.3 水文状况调查

水源是苗圃不可或缺的环境因子，苗圃规划建设必须调查包括水质含盐量、地下水位等因子。苗圃灌溉水源不仅要求水源充足，而且水中盐含量不得超过0.15%。地下水位应在适宜的深度，一般砂土地区1~1.5 m以下，砂壤土地区2.5 m以下，黏壤土4 m以下。

15.2.2.4 病虫害调查

包括当地的森林病虫害发生情况，苗圃地及周边林木病虫害状况。调查指标包括病虫害的种类、数量、危害程度、发病史等。

15.2.2.5 植被状况

采用样方调查法对将来苗木生产可能形成杂草危害的植物进行普查。

15.2.3 社会经济调查

社会经济状况对建成后的苗圃今后的经营与发展有重要影响，是苗圃规划设计必须认真考虑的内容之一，其调查内容包括苗圃地所在的位置、四邻单位和乡村经济状况、社会发展情况、交通条件、电力供应、水资源状况以及劳动力供应等。对苗圃周边地区的苗木生产能力和生产水平也要进行调查，以掌握苗木的市场行情和相应的生产能力。

15.2.4 设备与定额的相关材料收集

苗圃生产中需要许多专业生产设备，尤其是现代化的大型苗圃。在进行苗圃规划设计的过程中，要注意收集苗圃专业设备信息或苗圃所需机械设备的情况，包括种类、型号、厂家、价格等，对于有的苗圃由于一次性投入有限，不可能购置所有设备，则要调查在当地租用的可能性。

收集当地有关基建、用工等建设及生产费用的定额及市场价格变化情况。

15.3 苗圃规划设计的内容

苗圃规划设计最核心的工作是在野外调查和相关资料收集的基础上，对苗圃进行总体规划设计，又称初步设计。其内容主要包括苗圃总平面规划、苗圃工程设计以及苗木培育工艺与技术设计。

15.3.1 苗圃总平面规划

苗圃总平面规划应根据自然地形、生产工艺、功能区划以及与外部衔接等要求，因地制宜地做好苗圃面积的计算和土地利用区划，这是做好生产、减少消耗、美化圃容、提高土地利用率的重要环节之一。

15.3.1.1 苗圃面积的计算

在土地资源紧张的情况下，根据育苗生产任务，合理地安排育苗生产用地是做好土地利用规划、杜绝可耕地资源浪费的先决条件。苗圃地由生产用地和辅助用地构成。

(1) 生产用地面积计算

生产用地是指直接用于育苗的土地，根据育苗任务，可安排播种育苗区、营养繁殖育苗区、移植育苗区、采穗圃、设施育苗区等。

苗圃露地大田育苗生产用地应根据计划培育苗木的种类、数量、规格要求、出圃年限、单位面积产量、育苗方式及轮作制等因素确定。根据市场需求，每年各树种不同苗木类型的育苗占地面积可能会发生变化。在确定苗圃露地生产用地面积时，应考虑育苗生产过程中经过抚育、起苗、贮存等工序的苗木损耗，按比例增加相应面积。

设施育苗区、采穗圃、试验区等在苗圃也属于生产用地，其占地面积一般根据苗木市场和苗圃发展方向的需求，在充分调研基础上合理规划，生产设施一旦建成，其占地面积即已确定。

在分别计算出各树种苗木生产用地和其他生产用地的面积后，将这些面积汇总，即得苗圃生产用地总面积。

(2) 辅助用地面积计算

苗圃辅助用地是指苗圃除生产用地之外，用于间接服务育苗生产需要的用地，包括道路系统、排灌系统、建筑物、场院、防护林带等所占土地。我国《林业苗圃工程设计规范》(LYJ 128—1992)规定：大型苗圃的辅助用地不应超过苗圃总面积的25%；中、小型苗圃的辅助用地面积不应超过苗圃总面积的30%。

生产用地面积加上辅助用地面积，即为苗圃地总面积。但在实际规划设计过程中，由于涉及征地与土地产权等问题，苗圃总面积常常在规划之前已经确定，很少有完全根据育苗生产需要来确定苗圃面积的情况。因此，苗圃面积的计算主要是根据所培育苗木种类的常用育苗方式，苗圃地的区位特点、水源及土壤肥力状况等区划出各生产作业区以及其他辅助用地，然后再测算各种占地面积后汇总。

15.3.1.2 苗圃区划

为了充分利用土地，便于生产和管理，必须对苗圃地进行全面区划。区划时以外业测量的1:500~1:2000比例尺地形图为底图，根据各类苗木的育苗特点、树种特性和苗圃地的自然条件进行合理规划。

(1) 生产用地区划

苗圃育苗生产区根据苗圃经营的目的与面积大小不同，生产区的内容有很大的差异，但林业苗圃按苗木培育的方式，一般都包括有播种育苗区、营养繁殖育苗区、移植苗培育区、设施育苗区等。区划时必须根据各类苗木生产的特点和苗圃地条件(主要是地形、土壤、水源、管理等条件)确定适宜的位置。要尽量使各生产区保持完整，不要分割成互不相邻的几块。

生产作业区宜循南北走向，且有比例适当的长度与宽度。一般要求作业区长度：大型苗圃或机械化程度高的现代化苗圃以200~300 m为宜，中型苗圃或畜耕为主的苗圃以50~100 m为宜；作业区宽度一般以长度的1/2或1/3为宜。在排水良好的地区可宽些，反之则窄些。

各种苗木生产区的面积大小不尽相同。为便于生产和管理，通常以道路为基线，将生产区再细划分为若干个作业区,其大小视苗圃规模、地形和机械化程度而定。每个作业区的面积以 1~3 hm² 为宜,形状采用正方形或长方形,为了计算方便,尽量使面积为整数,如长 200 m、宽 100 m,则每个作业区为 2 hm²。

①播种育苗区　由于播种培育的实生幼苗对外界环境条件的抵抗力弱,要求育苗管理精细,一般应选择苗圃地势平坦、坡度小、土层较厚、肥力好、灌排水方便、背风向阳的地段。

②营养繁殖育苗区　应依据树种生物学特性,以满足扦插、嫁接、埋条、压条、分株等育苗工艺的条件,一般选苗圃土质疏松、肥力较好、灌排水良好的地段。

③移植育苗区　移植苗根系发达,对外界不良环境的抵抗力较强,一般应设置在苗圃土壤条件相对较差的地段。

④试验区　应根据苗圃开展科学实验的要求,选择便于观察和管理的场部附近。

⑤设施育苗区　大型现代化苗圃都有温室大棚等设施,所占地段属于苗圃生产区。温室大棚的建造要求地势平坦,如稍有坡度绝不能大于 1%,要尽量避免在向北面倾斜的斜坡上建造温室群。对于建造玻璃温室,还要求地基必须稳固。对于进行有土栽培的温室,要求土层深厚、肥沃、排水良好。同时,温室还要求有稳定的水源、电力和供热条件,因此,苗圃规划时,一般都将其安排在场部区附近。

⑥采穗圃　在一些营养繁殖育苗较多的苗圃,为提供优质繁殖材料,往往在苗圃边缘地段设置采穗圃。采穗圃一旦设立,往往会在相当长时间内固定下来。由于采穗圃的性质是生产种条,因此在苗圃区划时还是纳入生产区范畴。

(2) 辅助用地区划

①道路网　应根据苗圃地的地形、地势及育苗生产的便捷性确定。一般在纵贯苗圃中央设主干道,主干道连接场院,并与外部交通干线相连。主干道宽度视苗圃规模而定,一般中、小型苗圃 3~4 m,大型苗圃 5~8 m。根据保障生产、方便管理和生活,适应机耕需要,圃内还应布设副道或支道。副道或支道应能通达各生产作业区,宽度 2~5 m。必要时还可在作业区内设临时性的步道,宽 0.5~1.0 m。大型苗圃,机械化程度高,为便于车辆通行,在苗圃周围可设环圃道,一般宽 3~5 m。

②灌溉系统　灌溉系统主要由水源、提水、输水和配水系统组成。对苗圃布局影响最大的是输水系统。明渠灌溉的输水渠道分主渠和支渠,主渠的作用是直接从水源引水供给整个苗圃地的用水,规格较大。支渠是从主渠引水供应苗圃某一耕作区用水的渠道,规格较小。渠道的规划应能保证干旱季节最高速度供应苗圃灌水,又不过多占用土地。为节省土地和减少耗水,现在新建苗圃大多采用管道输水和喷灌。

③排水系统　苗圃排水系统主要由主排水沟、支沟组成。区划应以保证盛水期能很快排除积水及少占土地为原则。一般要与灌水系统和道路网统一协调规划。

④防风林带　有风、沙危害地区,结合苗圃用地设计防护林带,林带宜与道路网配合规划。

⑤综合服务区及配套建筑物　根据苗圃建设的规模,都会设立相应的办公及服务区,并构筑一些建筑物。综合服务区一般设在地势较高、土壤条件差、交通方便的地方。大型苗圃一般设在苗圃地中心位置;中、小型苗圃的一些生活场所也可在圃外适宜的地点

建设。

区划完成后,根据区划的结果绘制苗圃平面图,总平面图的比例尺一般为1∶2000。总平面图要标示各类苗木生产区、作业区,以及道路、水井、灌排水渠、建筑物、场院、防护林等的位置。育苗生产区分区图及辅助用地专项规划图比例尺一般为1∶500。区划图应明确标示标题、比例尺、方位、图例以及图签。

15.3.2 苗圃基本建设工程设计

一个标准化的苗圃应有多个相对独立而又互相联系的工程项目。这些工程包括生产作业区改造与土壤改良、给水、排水、道路、防护林、供电、通信、库房、机具检修、积肥场、气象站、温室、办公与生活设施建筑等。

15.3.2.1 土壤改良工程

为了有效地利用土地,对含水量过多和土地瘠薄或连续育苗地力衰退的圃地应进行土壤改良。土壤改良工程设计包括:确定土壤改良类型;确定土壤改良的方式和改良的措施;确定土壤改良的工艺、机械化作业比重和设备选型,计算工程量等。

15.3.2.2 给水工程

苗圃必须设有给水系统,以保证苗木生产的灌溉和满足生活用水需要。给水系统应充分利用当地水源,合理确定工程项目及其规模和构筑物类型。

给水工程设计主要内容包括水源工程、引水工程、灌溉系统工程。

当利用河川径流等自然水源需要建筑坝(闸)引水工程时,应按国家能源局《水电工程水利动能设计规范》(NB/T 35061—2015)的规定进行设计。

当利用地下水源需要开凿机井时,应按照住房和城乡建设部《供水水文地质钻探与凿井施工操作规程》(CTJ/T 13—2013)和《管井技术规范》(GB 50296—2014)的规定设计机井井型、深度和机井密度。

为了提高灌溉水温和蓄水灌溉的需要,可根据实际需要设计蓄水池或水塔,其类型和规模应根据贮水量确定。

当采用漫流灌溉时,主渠(管)道、支渠(管)道宜为永久性结构;作业区四周为临时性灌溉渠道。各种渠道设置,应根据育苗生产的用水量、流速、地质等因素,确定渠道的宽度和深度,主、支渠道结构类型选择要本着就地取材、简单有效的原则确定,一般可采用片(卵)石铺砌。

当采用喷灌时,设计应根据灌区地形、土壤、气候、水文与水文地质以及经济条件,通过技术经济比较确定,本着因地制宜的原则,做到充分利用现有水利设施,切合实际选择技术先进、经济合理、安全适用的设备。喷灌系统设计应进行灌溉技术参数论证、水源分析、管道水力计算、设备选择及工程施工设计。可参照《喷灌工程技术规范》(GB/T 5055—2007)的规定进行设计。

15.3.2.3 排水工程

为防止苗圃外水入侵和排泄圃内积水,应根据苗圃地形、地势、暴雨径流和地质条件设计排水工程。排水工程包括为防止外水入侵而设置的截水沟和圃内排水沟网组成的排水系统。

排水工程设计要求：主排水沟的出口段直接通入河、湖或公共排水系统或低洼安全地带。主排水沟的截面根据排水量决定，但其底宽及深度不宜小于 0.5 m。支排水沟底宽 0.3~0.5 m，深 0.3~0.6 m。排水沟宜采用片（卵）石铺砌的永久性结构，其边坡可采用 1∶1。圃外截水沟的截面应根据排水量决定，但其底宽与深度不宜小于 0.5 m。

15.3.2.4 道路工程

苗圃道路按使用性质分为主道、副道和支道 3 种。①苗圃主干道的设计要求：大型、特大型苗圃可按林区公路二级标准进行设计，中、小型苗圃可按林区公路三级标准进行设计。②副道的设计要求：路基宽度按 3.5 m，其他技术指标按林区公路四级标准进行设计。环圃道按副道标准设计。③支道的设计要求：作业区内的机耕道路和人行道路，路基宽度宜按 2 m 进行设计。

15.3.2.5 供电通信工程

苗圃供电工程应根据电源条件，用电负荷和供电方式，本着充分利用地方电源、节约能源、经济合理的原则进行设计，在没有电源的地方，可设小型发电机组供电。

苗圃用电负荷较小，当变压器容量在 180 kW 以下，而且环境特征允许时，可架设杆上变压器台；用电负荷较大的苗圃可采用独立变电所。变电所或变压器台的周围应设置安全防护设施。

苗圃通信一般采用架空明线的有线通信，在条件具备时可采用无线通信。

15.3.2.6 苗圃防护林工程

苗圃设置防护林带，应根据苗圃风沙危害程度进行设计。防护林带应本着合理利用土地、因害设防、防护效益好、美化圃容圃貌的原则进行设计。

一般小型苗圃防护林带应与主风方向相垂直；中型苗圃四周应设置防护林带；大型、特大型苗圃除周围设置环圃防护林带外，圃内应结合道路、渠道设置若干辅助林带。林带宽度应根据气候条件、土壤结构和防护树种的防护性能决定，一般规定为主林带宽度 8~10 m，辅助林带 2~4 m。

林带宜选择生长迅速、防护性能好的树种，其结构以乔木、灌木混交的半透风式为宜；要避免选用病虫害严重，与苗圃所育苗木互为中间寄主的树种。为了保护圃地避免兽、禽危害，林带下层可设计种植带刺且萌芽力强的小灌木和绿篱。

15.3.2.7 配套生产设施

苗圃应根据育苗任务、生产经营管理水平和实际需要，本着"有利生产、经济、有效"的原则，配备生产机械设备、交通运输设备和手工操作工器具等。

苗圃生产机械设备包括轮式、履式拖拉机及其配套的各式犁、铧犁、各式耙、镇压机、旋耕机、作垄机、播种机、喷洒机、推土机、切根机、起苗机和容器装播机等；苗圃交通运输设备包括汽车、手扶拖拉机、胶轮车、粪车、板车等交通运输车辆设备；苗圃手工生产工具包括犁、耙、镐、锄等工器具。

苗圃应根据规划生产机械设备，设计配套建筑物，包括：储藏物资、农药、肥料、种子、粮食、油料、工具等生产资料和物资的仓库；停放各种车辆的车库；苗木窖、积肥场

（化粪池）；晒场、围墙、牧畜廊舍、机具修理间、消防及气象站等。

苗圃温室等育苗设施应根据生产任务和科研项目安排的需要，合理地确定建设规模，进行选型和工程设计。

15.3.2.8 苗圃管理与生活设施

苗圃从有利生产、便于经营管理、方便生活出发，统一合理地安排和布局苗圃行政管理与生活设施建筑工程。

在城镇附近的苗圃，管理与生活建筑用地应按国家或地方规定的标准执行；在林区内可参照《林业局(场)民用建筑等级标准》(LYJ 111—1987)中林场标准的有关规定执行。同时，在设计时应考虑苗圃生产用工季节性临时工多的特点。

苗圃各项工程设计应根据苗木生产的规模和技术要求，合理安排工程项目。

15.3.2.9 附属景观工程

现代苗圃十分重视苗圃环境的绿化美化。景观设计通常在苗圃建筑物周边、综合服务区场院空地、集水池、苗圃主干道两侧及苗圃出入口精选植物进行配置造景，一些苗圃甚至还建造或安装一些游憩设施作为社会化服务的基础设施(图15-2)。苗圃景观工程规划应以美观、简洁、节约为原则，与苗圃育苗区布局及苗圃地所育苗木类型相协调，造景材料选择应以本苗圃培育植物品种为主。

图 15-2　北京市大东流苗圃综合服务区景观设计效果

15.3.3 苗木培育工艺与技术设计

苗圃育苗是由一系列连续的生产作业组成的工艺系统，其中任何一个生产环节措施不当，都会对苗木的最终产量、质量造成影响。同时，每一个树种独特的区域性特征也决定了该树种育苗还存在地域性。因此，育苗技术及工艺的设计，必须根据培育树种的生理生态特性，结合苗圃地的自然条件，最大限度地克服不利苗木生长发育的条件，充分发挥有利于苗木生长的资源，实现在最短的时间，以最低的成本，培育出优质、高产的苗木。

现在大多数苗圃培育的树种都有很多，而且每年还都在变化，在苗圃建设阶段，一般很难对每一个树种进行详细的育苗工艺与技术设计，因此，一般都按苗木类型分别进行育苗工艺设计。要求按照技术上先进、经济上合理的原则设计出生产各种类型苗木所需的主要工艺与技术。例如，播种苗培育，就要求阐明土地管理技术、施肥技术、种子处理技术、播种技术和苗期管理技术等；容器苗就要设计有关容器类型、培养基配比与装填、播种、环境控制、苗木包装与运输等技术工艺。

苗圃生产的苗木质量应达到《主要造林树种苗木质量分段》(GB 6000—1999)，育苗工艺应按照《育苗技术规程》(GB 6001—1985)的要求设计。

除上述各项设计内容之外，在苗圃不同的设计阶段以及根据委托设计单位的要求，可能还包括苗圃建设的投资概算、苗木成本估算、效益评估、建设工期、年度建设计划及资金安排、机构设置与苗圃建成后的经营管理模式等。具体各单项的设计可根据相关工程设计的要求进行。

15.4 苗圃规划设计成果

苗圃规划设计成果一般由设计说明书、图件、材料清单、投资概算书等内容组成。

15.4.1 说明书的编写

设计说明书是苗圃规划设计的文字材料，它与设计图是苗圃设计两个不可缺少的组成部分。图纸上表达不出的内容，都必须在说明书中加以阐述。一般分为总论和设计两部分进行编写。总论主要叙述苗圃建设单位、法人代表、该地区的经营条件和自然条件等苗圃现状的分析；提出苗圃规划设计的指导思想、设计依据与设计原则，苗圃建设的主要经济技术参数等。

苗圃施工设计，还需要对苗圃的重点土木工程，如温室工程、道路工程、给排水工程、场区建筑工程、主要树种的育苗工艺等单独进行设计并编制说明书。说明书主要对各单项建设项目的设计依据、设计思路、具体内容、技术参数与经济技术指标、投资概算等进行具体的解释和说明。

15.4.2 设计图绘制

苗圃设计图是苗圃设计最重要的成果，由大量具体设计内容组成，一般包括地形分析图、土地利用现状平面图、土壤分布现状图、水文状况图、灾害影响分析图、植被图、地质状况图等现状图，以及总体设计方案图、道路设计图、灌排水系统设计图、苗圃建筑设计图、苗圃景观设计图等。

所有设计图纸均要注明图头、图例、比例尺、指北方向、标题栏及简要的图纸设计内容的说明。

计算机技术在苗圃规划设计中的应用已经非常普遍，可以利用 AUTOCAD、ARCGIS、PHOTOSHOP、EXCEL 等设计与统计软件绘制设计图、统计和计算设计技术参数等，具体内容可参考第 16 章育林规划设计。

复习思考题

1. 苗圃规划设计的目的是什么？
2. 为什么苗圃规划设计前必须首先明确苗圃建设的定位？
3. 一个完整的苗圃建设规划设计应包括哪些主要环节？
4. 苗圃规划设计的前期准备工作包括哪些内容？
5. 苗圃初步设计的主要内容有哪些？试分别阐述其设计的基本原则？
6. 苗圃规划设计的成果一般应由哪些内容构成？

推荐阅读书目

1. 沈海龙，2009. 苗木培育学. 北京：中国林业出版社.
2. 金铁山，1992. 树木苗圃学. 哈尔滨：黑龙江科学技术出版社.
3. 赵忠，2003. 现代林业育苗技术. 杨凌：西北农林科技大学出版社.
4. 刘勇，2019. 林木种苗培育学. 北京：中国林业出版社.

（彭祚登）

第 16 章 育林规划设计

【本章提要】 育林规划设计是森林培育的基础和先行工作，是科学组织森林资源建设、实施森林可持续经营的重要保障。要求在作业设计调查的基础上，以培育森林为目的，完成造林规划设计或森林经营作业设计。本章重点介绍育林规划设计的基本内容和任务、方法以及规划设计的工作程序等，这是林学及相关专业学生通过实践教学必须掌握的知识和技术。

16.1 育林规划设计概述

育林规划设计必须建立在作业设计调查(简称三类调查)基础之上，以培育森林资源为目的，包括造林规划设计和森林经营作业设计。

16.1.1 育林规划设计的基本内容和任务

育林规划设计的基本内容可分为外业调查和内业规划设计两部分。其主要任务包括查清森林、林地和林木资源的种类、数量、质量与分布，客观反映调查区域自然、社会经济条件，综合分析与评价森林资源与经营管理现状，制定造林和森林经营规划设计。具体任务有：

①核对森林经营单位的境界线，并在经营管理范围内进行或调整(复查)经营区划；
②调查各类林业用地的面积；
③调查各类森林、林木蓄积量；
④调查经营区立地和土地利用状况；
⑤调查森林经营条件、前期主要经营措施与经营成效；
⑥制订育林作业设计方案。

16.1.2 育林规划设计的工作程序

育林规划设计必须通过三个阶段才能完成，即准备工作、外业调查和内业工作。

(1) 准备工作

工作内容包括明确调查目的和任务，制定实施细则，主要是调查的技术标准、规范调查内容、调查方法、工作程序和成果要求等。同时，要制订工作方案，围绕具体的调查任务，重点从调查组织、基础资料收集、物资准备、经费落实等方面，确保调查工作具有可操作性。

(2) 外业调查

主要工作环节有小班调查方法的选择(样地实测、目测、航片估测和遥感图像判读等)、预备调查和正式调查。以遥感图像判读法为例，预备调查需在调查区域内选择3~5条能覆盖区域内所有地类和树种(组)的有代表性的勘察线路，通过线路踏查完成实地调查，并拍摄地面实况照片，建立遥感影像特征与实地情况相对应的判读样片，为建立判读标志和正式判读区划做好准备。

(3) 内业工作

外业调查结束后，需要在室内根据统计分析的要求，做好调查数据的检查、数据库建立、数据分析与制图、编制规划(作业)设计文件等内业工作。

16.2 立地分类

立地是与林木生长发育有关的自然环境因子的总称，立地条件就是生态环境条件。在大的区域内，首先要研究气候、地貌对林木生长发育的影响；在较小的范围内，则在气候、地貌类型已知的情况下，主要对生态环境因子进行调查分析。传统的森林立地调查对人力、物力、财力的要求较高，难以在较短时间内完成大面积范围的立地分类，从数据的可靠性和资料的适时性方面都存在许多问题。采用"3S"技术进行立地分类，可大大减少外业工作量，缩短工作周期，大幅度提高工作效率和立地分类的精度。

16.2.1 立地调查的内容

根据调查区域的面积大小，立地调查的内容也各有侧重。在大的区域内，首先要研究气候、地貌对林木生长发育的影响，而在较小的范围内，则在气候、地貌类型已知的情况下，主要对下列立地因子进行调查分析。

①地形因子　包括海拔、坡向、地形、坡位、坡度和小地形等。

②土壤因子　包括土壤种类、土层厚度、腐殖质层厚度及含量、土壤水分含量及肥力、质地、结构及石砾含量、酸碱度、盐碱含量、土壤侵蚀或沙化程度、基岩和成土母质的种类与性质等。

③水文因子　包括地下水位深度及季节变化、地下水矿化程度及其盐分组成、土地被水淹没的可能性等。

④生物因子　主要包括植物群落名称、组成、盖度、年龄、高度、分布及其生长情况，森林植物的病虫害情况等。

⑤其他　除此之外，还有人为活动等因子。

林地的立地条件是多种多样的，若把这些千差万别的立地条件——考虑，将不仅人为地造成复杂化，使作业设计的工作无从着手，而且实际生产中也没有这种必要。因此，立地调查的目的在于，通过立地调查和综合分析，将复杂的自然条件划分成内部条件相近似，而与外部条件有明显差别的立地类型。然后，按立地类型划分宜林地小班并进行作业设计。

16.2.2　立地分类的方法

(1)定性分析分类法

根据调查区域的具体实际，在深入分析当地林木生长限制性因子的基础上，确定若干个对立地分类有重要影响的主导因子，然后进行分级组合并通过野外样地调查划分立地类型。在生产中，立地分类一般以林场或流域为单位进行。

(2)定量分析分类法

运用数量化的理论，采用多元回归分析、主成分分析、灰色关联分析、聚类分析等多元统计分析技术建立林分上层木高生长与立地诸因子的关系模型，分析不同立地因子对林木生长的贡献，确定主导因子，并通过对野外样地调查结果的分级组合划分立地类型。这类分类的方法克服了方法在确定主导因子时受人为主观影响大的弊端，常常被用于森林立地分类与质量评价的研究。

(3)基于"3S"技术的分类方法

随着"3S"技术的快速发展，使得短时间内获取较大尺度地域立地分类主导因子成为可能。同时，对林业中常用的林相图、森林土壤图，采用多元信息叠置分析的方法，借助GIS软件实现森林立地类型的自动分类。

16.2.3　立地分类及立地类型表的编制

(1)材料的整理与汇总

对野外调查记载的材料应进行全面检查，如有遗漏或误差的项目，应进行补充、修正，必要时应进行野外补充调查。

对野外难以确认的植物和岩石等，应对其标本及时进行鉴定，按鉴定后的名称修改野外记载的代名或代号。

立地类型因子汇总是对立地类型进行综合分析的过程。本着立地类型内部条件趋于一致，而外部又有明显差异的原则，按照野外调查时初步划分的立地类型，或者根据地形、土壤、植被等特征，采取分级归类、逐步组合的方法，先将相近似的立地逐步汇总，在汇总过程中加以调整，最后归纳出不同的立地类型。

立地类型划分的多少(细致程度)，应根据当地的自然条件和生产上的实际需要确定。一般划分不宜过多过细，以免给生产上带来不必要的繁琐。

立地类型因子汇总通常采用表格(表16-1)的形式较为方便，同时便于诸项因子的对照比较以及特征的汇总。

表 16-1　立地类型因子汇总表

调查线段编号	地形						土壤								植物	
	海拔高	坡向	坡度	坡位	地形特点	裸岩比例	侵蚀状况	土层厚度	腐殖质厚度	质地	干湿度	石砾含量	pH值	石灰反应	母质	地下水位	优势种	覆盖度

(2)编制立地类型特征表

立地类型特征表(表16-2)是划分立地类型的主要成果。在立地类型因子汇总表的基础上,经反复分析调整,则可基本确定所需划分的立地类型,并根据因子汇总表概括出每一立地类型的特征的变动范围。特征的描述要力求简练、准确,重点突出。

表16-2 立地类型特征表

立地类型名称	代号	地形	土壤	植被

在外业调查中,若发现立地类型特征表中某立地类型划分不够恰当或因子特征不够准确,则应根据调查材料进行适当的修改或补充。

16.3 造林规划设计

造林规划设计是造林的基础工作,具体地讲就是根据造林地区林业资源状况,在对宜林荒山、荒地及其他绿化用地进行调查的基础上,编制科学、实用的一整套造林规划和造林技术设计方案。其对象主要是宜林地,其次对有林地、疏林、灌木林和未成林造林地也要提出经营措施。

造林规划设计按其细致程度和控制程序,又可分为3个逐级控制而又相对独立的类别:造林规划、造林调查设计和造林施工设计。其中,造林调查设计是核心。造林规划是按照地域单位(县、乡、林场或省、市等)制订的造林计划,造林技术措施不落实到山头地块。造林施工设计是造林调查设计在年度执行中的具体化方案。以下主要介绍造林调查设计工作的主要内容。

16.3.1 造林区划与调查

16.3.1.1 造林地区划

造林地指通过土地利用区划和规划确定为造林使用的土地,包括荒山荒地、采伐迹地、火烧迹地、沙荒地等。造林区划应在正式外业调查前进行,由设计单位与造林部门共同研究区划原则、标准等,并在地形图上将分区界线划定。

针对一些地方出现森林景观类型少、少数森林景观占主导地位,中幼龄林"过密、过纯""低产、低质、低效",林分结构和质量问题严重等现象,造林区划前应进行森林景观稳定性和健康评价,为提高森林景观复杂性、多样性,解决森林景观配置不合理、稳定性差、功能退化等问题,以及森林可持续经营和森林资源管理提供科学依据。

16.3.1.2 小班区划与调查

在一个造林单位内要进行区划。例如,县的区划为乡、村、林班和小班,如果村的造林面积小,可省去林班一级。小班是调查规划的基本单位。不仅要以小班为单位调查、计算和统计面积,按小班规划设计,而且今后还将按小班造林,造林后按小班建立经营档案和实施经营管理。所以,划分小班是最重要、最基础的作业。

(1) 小班区划与调绘

①划分小班的原则　科学性和实用性相结合是划分小班的原则要求，小班的划分既要反映自然条件的地域分异规律，又要便于识别和经营管理。小班界线最好能与自然地物线和地物标志，如山脊线、水系、地类界和道路等相一致。

划分小班的依据主要如下：

i. 地类不同。即按有关规程划分的地类，如农田、牧场、有林地、疏林、宜林地、特用地等划分；

ii. 权属不同。则在同一地类内按权属不同，分别按国有、集体、个体和联营划分；

iii. 现有林(有林地、疏林地、灌木林、未成林造林地)按起源、林种、优势树种等，结合林分经营措施类型划分；

iv. 宜林地主要按立地类型划分，并参考造林技术措施的不同。

②小班面积和编号　为了便于造林和经营，现有林和宜林地小班面积最大不宜超过 20 hm^2，其他地类的小班最大面积一般不应限制。小班也不宜过于零碎，小班的最小面积应根据所使用图面材料比例尺的大小，以在规划设计图上能明显、准确地反映出来为原则。当使用比例尺 1∶10 000 的地形图时，小班区划的最小面积应不小于 1 hm^2(特殊情况除外)；使用比例尺 1∶25 000 的地形图时，小班面积应不小于 2 hm^2。如因类型过于零碎或地类插花，各地块面积过小时，可划分复合小班，按各类型所占比例求算面积。

小班的编号以林班为单位进行。一般按图面(上北下南)从上到下、由左至右依次用阿拉伯数字编号。

③小班界线的调绘　小班界线调绘在野外可在航空像片或地形图上完成，也可在室内利用数字高程模型(digital elevation model，DEM)和遥感影像完成。

具体勾绘小班界线时，在不足以使立地类型有较大出入的前提下，小班界线应尽量通过明显的地形、地物，并尽可能保持小班界线的规整，以便在造林和经营活动中易于识别小班。

(2) 小班调查

造林地根据不同的立地类型划分成若干个小班后，为了进一步核实小班区划并掌握每一个小班的具体立地条件，在小班轮廓勾绘的基础上，应深入小班进行调查。小班调查的内容大致与立地调查内容相同。在已进行过立地调查的地区，小班调查的内容可适当从简。应根据不同地区造林地的具体特点或对不同造林目的的要求，在小班调查内容上有不同的侧重，调查深度上也可有所不同。一般情况下，造林地小班调查记载的内容见表16-3。

16.3.1.3　专题调查

为了提高造林规划设计的质量，使规划设计科学实用，在外业调查中应结合当地林业生产的特点，进行有关专题调查，如调查不同立地上树种的生长状况、"四旁"树生长状况、经济林栽培技术及产量、育苗、造林技术经验总结、林木病虫危害及其防治、林业生产责任制等方面。

专题调查应根据调查的目的和要求，单独制定调查提纲。

表 16-3 造林地小班调查表

县乡村林班：

小班号	面积(hm^2)	地形			土壤				植被							立地类型代号	选用典型设计号	备注
		海拔(m)	坡向	坡度	坡位	土层厚	质地	干湿度	石砾含量(%)	灌木		草本		散生木					
										总盖度(%)	优势种	总盖度(%)	优势种	树种	高度(m)	胸径(cm)	密度			

调查者：　　　　　　　　　　　　　　　　　调查日期：

注：本表不适于有林地和疏林地调查。调查内容可根据实际情况酌情增删。

16.3.2 造林技术设计

造林技术设计是在造林地立地调查及造林地区林业生产经验总结的基础上，根据林种规划和造林树种的选择，制定出的一套完整的造林技术措施，是造林施工和抚育管理的依据。造林技术设计的主要内容包括造林地整地、造林密度、造林树种组成、造林季节、造林方法和幼林抚育等。

造林技术设计前，应全面分析研究本地或临近地区人工造林（最好是不同树种）主要技术环节、技术经济指标和经验教训，以供造林技术设计参考。由国家林业局提出的国家标准《造林技术规程》（GB/T 16776—2016），规定了我国不同地区的造林技术要求，是各地进行造林技术设计的主要依据。

16.3.2.1 整地设计

整地设计要根据林种、树种不同，视造林地立地条件的差异程度，因地制宜地设计整地方式、整地规格等。除南方山地和北方少数农林间作造林用全面整地外，多为局部整地。在水土流失地区，还要结合水土保持工程进行整地。在干旱地区，一般应在造林前一年雨季初期整地。通过整地保持水土，为幼树蓄水保墒，提高造林成活率。

整地规格应根据苗木规格、造林方法、地形条件、植被和土壤等状况，结合水土流失情况等综合决定，以求满足造林需要而又不浪费劳力为原则。

整地时间可以随整随造，也可以提前整地。在土壤深厚肥沃、杂草不多的熟耕地和风沙地区可以随整随造。其他地区应该提前整地，一般是提前1~2个季节，但最多不超过1年。提前过久，整地后久置不造林，经过改善的立地条件又会变坏，杂草重新大量滋生，便失去了提前整地的意义。

16.3.2.2 造林方法设计

设计造林方法是十分重要的一项设计内容，一般应根据确定的林种和设计的造林树种，结合当地的自然经济条件而定。目前，我国已大体取得了各主要造林树种造林的经验。例如，一般针叶树以植苗造林为主，一些小粒种子的针叶树种如油松、侧柏等树种，有时飞播或直播造林。在设计中可充分应用已有的特别是当地取得的成功经验，切不可千篇一律。

在设计中，对北方干旱山地、黄土丘陵区、沙荒地、盐碱地以及平原区造林要根据适用造林树种区别对待。此外，有机械造林或飞机播种造林条件的地方，可设计机械造林或飞机播种造林。

16.3.2.3 造林密度设计

造林密度应依据林种、树种和当地自然经济条件合理设计。一般防护林密度应大于用材林，速生树种密度应小于慢生树种，干旱地区密度可较小一些。密度过大固然会造成林木个体养分、水分不足而降低生长速率，但密度过小又会造成土地浪费，延迟人工林的郁闭时间。

16.3.2.4 造林树种设计

提倡营造混交林。比较小的林班可以设计成纯林，比较大的林班则设计成混交林。设计混交林时，要结合林分的培育目的、经营条件、立地条件、树种的生物学特性和经营目的等因素综合考虑。设计混交林还应该考虑采用适宜的混交方法。株间混交、行间混交、带状混交和块状混交等混交方法的确定要充分考虑主要树种和混交树种的种间关系，保证树种间没有比较大的矛盾。

16.3.2.5 造林季节的确定

根据树种的生物学特性、当地的气候条件和"因地制宜"的原则综合考虑造林季节，主要在春秋两季造林，部分地区在雨季或冬季。

16.3.2.6 幼林抚育管理设计

幼林抚育管理设计主要包括幼林抚育、造林灌溉、防止鸟兽为害、补植补种等，主要是幼林抚育。在设计时可根据造林地区的实际情况，有所侧重和突出。比如灌溉，如无条件可不设计。

(1) 幼林抚育

根据树种特性及气候、土壤肥力等情况拟定具体措施，如除草方法、松土深度、连续抚育年限、每年次数与时间、施肥种类、施肥量等。培育速生丰产林，一般要求种植后连续抚育3~4年，头2年每年2次，以后每年1次；珍贵用材树种和经济林木应根据不同树种要求，增加连续抚育年限及施肥等措施。

(2) 造林灌溉

对营造经济林或经济价值高的树种以及在干旱地区造林，需要采取灌溉措施的，可根据水源条件进行开渠、打井、引水喷灌或当年担水浇苗等，进行造林灌溉设计。

(3) 防止鸟兽为害

造林后，幼苗以及幼树常因鸟兽害而失败。因此，除直播造林应设计管护的方法及时间外，有鼠、兔及其他动物危害地区造林，应设计捕打野兽的措施。

(4) 补植

由于种种原因，造林后往往会造成幼树死亡缺苗，达不到造林成活率要求的标准。为保证成活率，凡成活率41%以上而又不足85%的造林地，均应设计补植。对补植的树种、苗木规格、栽植季节、补植工作量和苗木需要量也要做出安排。

16.3.2.7 造林典型设计

造林技术设计通常有两种方式：一种是以造林地块(小班)为单位进行的造林技术设计；另一种是分别不同立地类型进行的造林技术设计。也就是说，把地块不相连接、立地条件基本相同、经营目的一致的小班作为一个类型，以类型为单位进行造林技术设计。这种设计对某一类型来说，体现了因地制宜，对设计本身来说，能起到典型作用，所以俗称"典型设计"。前一种方式，适用于局部小面积宜林地的造林设计。由于面积不大，小班数量不多，一般可在造林地小班调查的基础上，按小班进行造林技术设计；造林典型设计则多用于造林地面积较大、小班数量较多的造林技术设计。

典型设计的意义在于，某个立地类型的造林典型设计，适用于这个立地类型中经营目的一致的所有小班，因而不必逐个进行小班造林技术设计，可以大大减少内业设计工作量。典型设计具有条理化、标准化、直观、明了、好懂、易推行的特点。因此，在我国各地广为应用。

(1) 典型设计的编制

典型设计一般按立地类型分别进行编制。林种比较复杂的地区，典型设计应分别林种、分别立地类型编制。立地类型、林种及主要造林树种都较简单的地区，可按主要造林树种编制典型设计。不论按哪种方法编制的典型设计，均需依次编号，以利于造林小班应用典型设计时查找方便。

编制的典型设计，一般以表格形式体现。分别项目(造林主要技术环节)提出造林技术措施和规格要求，即典型设计表(表16-4)。有些地区，为便于群众理解、掌握和施工，典型设计除有表格中的文字部分以外，并附以造林图式(图16-1)。

表16-4　造林典型设计表

立地类型	编号	树种	造林时间及方法	混交方式	整地方法	苗木规格	株行距及每亩株数	每亩需苗量	抚育管理

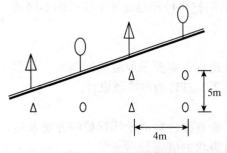

图16-1　造林配置图式

(2) 典型设计的应用

应用典型设计的方法比较简单。通常按立地类型编制典型设计，因为某一立地类型的典型设计适用于该立地类型中经营目的一致的所有小班，所以，只要套用该立地类型的典型设计，每个小班都可以对号"入座"。但是，也往往会出现同一立地类型的小班可选用不同的典型设计，或者一个典型设计适用于几种立地类型的现象。这样，施工中就有选择的余地。在设计过程中，可根据小班所处的位置、林种布局、造林树种的比例以及种苗来源等情况，经过综合分析而具体确定。而后，将小班确定采用的典型设计(编号)准确地填写在"造林地小班调查表"(见表16-3)相应栏内。造林、经营施工时，某林班的各个小班只要按表16-3注记的选用典型设计编号去找相应编号的典型设计，便都可以对号"入座"了。或者还可以另行编制"造林地技术设计一览表"(表16-5)，分别林班进行登记。施工时只要带上与施工小班相应的表16-5就可以了。

至于哪一种形式适用，可结合本地实际情况进行选择。

表 16-5 造林技术设计一览表

小班号	树种	配置方式	混交比例	株行距(m)	每亩株数	每亩需苗量	整地		造林		幼林方式
							方法	规格(cm)	方法	季节	

16.3.2.8 种苗规划设计

必须做好种苗规划,按计划为造林提供足够的良种壮苗,才能保证造林任务的顺利完成。造林所需种苗规格、数量,应根据造林年任务量和所要求的质量进行规划和安排。

(1)种苗规划的内容

种苗规划的内容包括:年育苗面积,其中各主要造林树种育苗面积;苗圃规划;产苗量及苗木质量标准;年造林和育苗需种量,其中各树种需种量;种子来源及种子质量;母树林和种子园规划等。

在造林规划设计中只进行种苗规划,不进行单项设计。通过种苗规划,为育苗、种子经营以及母树林建设等进行单项设计提供依据。因此,在造林规划设计后,应对种苗生产量做出具体安排。如需要,可进行单项设计。

(2)种苗需要量的计算

种苗规划前,必须根据造林规划设计掌握种苗规格质量、分树种造林面积和单位面积所需种苗量。同时,了解当地种子质量如纯度、千粒重、发芽率等。

①计算年需苗量 根据年植苗造林面积、单位需苗量(初植用苗加补植用苗)计算。应计算年总需苗量和各树种年需苗量。

②计算年需种量 需种量包括直播造林、飞播造林和育苗所需种子数量。按规划的年直播造林、飞播造林面积及单位面积需种量计算造林年需种子数量,按年育苗面积及单位面积用种量计算育苗用种量。同时,应计算各种主要造林树种年需种量和总的年需种量。

16.3.3 投资概算

投资概算是指在设计说明书(项目计划书)里对造林项目预算的说明。投资概算作为向国家或地方报批项目文件的主要内容之一,是控制建设项目投资的依据。投资概算必须依据概算定额或概算指标进行编制,编制内容包括工程建设的全部内容,如总概算要考虑从筹建开始到竣工验收交付使用前所需的一切费用。

(1)概算定额

概算定额是编制人工造林投资概算的基础和依据,要严格按照国家林业和草原局即将颁布的"人工造林工程消耗量定额"编制造林概算。"人工造林工程消耗量定额"是以造林立地类型和模式为依托,以造林工序为基础,以造林技术规范为依据,在定额调查的基础上按不同条件进行而完成的技术成果,涉及我国各种立地类型和立地条件,包含了不同气候区下的造林模式。

（2）投资概算案例

以浙闽粤沿海丘陵平原类型区的山地及滩涂营造人工防护林工程为例。该项目规模为 1000 hm^2，其中营造海岸防护林 700 hm^2，水源涵养林和水土保持林 200 hm^2，护路林 100 hm^2。在海岸防护林中，有 100 hm^2 需要施基肥（复合肥）（表 16-6）。

表 16-6　东南沿海和热带区人工造林工程案例

项目名称	数量（hm^2）	单价（元／hm^2）	投资估算（万元）			
			合计	建安	设备	其他
合计			1108.80	963.77		
一、直接工程费用			963.77	963.77		
模型 2（海防林）	200	7969	159.38	159.38		
施肥	100	1632.5	16.33	16.33		
模型 3（海防林）	100	6467	64.67	64.67		
模型 5（海防林）	200	18 568	371.36	371.36		
模型 8（海防林）	200	5432	108.64	108.64		
模型 1（水保林）	100	8163	81.63	81.63		
模型 2（水保林）	100	8513	85.13	85.13		
模型 2（护路林）	100	7663	76.63	76.63		
二、工程建设其他费用			92.23			92.23
建设单位管理费		工程费用的 1.50%	14.47			14.47
勘察设计费		工程费用的 4.07%	39.50			39.50
可研咨询费		工程费用的 0.97%	9.60			9.60
设计费		工程费用的 3.10%	29.90			29.90
工程监理费		工程费用的 2.81%	27.09			27.09
招投标费		工程费用的 0.66%	6.35			6.35
竣工验收费		工程费用的 0.50%	4.82			4.82
三、基本预备费		工程费用与其他费用之和 5%	52.80			52.80

按《防护林造林工程投资估算指标（试行）》提供的造林模型，该造林工程分别采用其中 7 个造林模型（表 16-6）。工程项目的直接工程费用为 963.77 万元。其中，直接造林费用为 947.44 万元，施基肥（复合肥）16.33 万元。包括建设单位管理费、勘察设计费、工程监理费、招投标费和竣工验收费等工程建设其他费用，按国家有关部委制定的规定和办法中给出的标准和计算方法计算。据此计算得到工程建设其他费用为 92.23 万元。按《林业建设项目可行性研究报告编制规定（试行）》文件中规定的标准计算出该案例基本预备费为 52.80 万元。根据以上计算，该案例总投资即为直接工程费用、工程建设其他费用和基本预备费三项之和 1108.80 万元。

16.3.4　调查设计文件编制

造林调查设计成果，主要反映在造林调查设计说明书、专题图（土地利用现状图、立地类型图和造林规划设计图）、各种统计表以及有关专项调查研究报告等方面。

16.3.4.1 编写造林调查设计说明书

造林调查设计说明书是造林规划设计的主要成果之一，是合理安排生产、指导施工等方面的综合性文件。要求论据充分，文字简练，通俗易懂。造林规划设计说明书包括以下主要内容。

（1）前言

简述造林规划设计产生的背景、完成的经过，设计工作所依据的规程、标准、文件和要求等，规划设计人员组织，工作方法以及存在的问题。

（2）基本情况

简述造林规划设计地区的地理位置（范围、面积）；自然条件（地形、地势、海拔高度、主要山脉、河流、水文、气象、地质、土壤、植被分布等特点）；社会经济情况（总人口、劳动力、耕地面积、粮食产量、群众生活、交通、通信，林业生产历史及现状和它在当地国民经济中的地位等）。

（3）区划

简述造林规划设计地区的区划原则、方法、结果。

（4）立地类型划分

阐明划分立地类型的依据及所划分的立地类型。要求用表格和文字的形式加以详细说明。

（5）造林技术设计

从技术层面论证造林技术的科学性、合理性。造林技术设计主要从造林整地、造林密度、造林树种组成、混交比例、造林季节、造林方法、幼林抚育管理、幼林保护等方面进行阐述，表达的方式可以用文字、图表、表格等。一般以立地类型为单位采用造林典型设计进行技术设计。

（6）造林总工作量及年度施工任务量安排

阐明该造林区总造林面积以及任务分解。阐明各宜林地要落实的造林面积，各树种的造林面积，各立地类型的造林面积以及各林班各小班或者各乡、镇、自然村的造林面积。另外，要说明造林预计在未来几年内完成，并说明起止年月。造林任务不能在一年完成的，应说明计划造林的年份以及每年的造林面积。

（7）种苗需要量及年度育苗量

说明完成该项造林任务共需要的苗木种类、数量和规格，并详细说明每个造林年份或每个林班、小班所需要的苗木的种类、数量和规格。如果通过市场采购无法保证造林需要，则要说明具体的育苗计划，阐明提前育苗的时间和每年的育苗面积、育苗树种或种类、育苗数量及规格。

（8）按生产环节说明用工量和总用工量

阐明各年度育苗、整地、造林和幼林抚育4个环节的用工量。

（9）投资概算

阐明完成该项造林任务的总投资。详细说明各年度用于育苗、整地、造林和幼林抚育4个环节的投资额。

(10) 预期效果分析

客观说明实施造林项目所带来的综合效益，最好用数字估量项目带来的经济效益和生态效益，宏观分析其社会效益。

16.3.4.2 编制各种表格

造林规划设计成果中的表格根据调查规划的广度、深度，可以有所变化。在造林规划地区进行全面区划、调查的森林资源方面的调查结果，应按国家林业局制定的《造林技术规程》(GB/T 15776—2016)中的有关要求制表、填写并统计；假如在造林规划设计地区内只进行宜林地的区划、调查，则可按当地有关部门要求的表格形式和内容进行统计。以下是几种常用的表格(表16-7~表16-15)。

表 16-7 造林地面积统计表

单位＼宜林地种类	面积合计	荒山	荒地	退耕地		

表 16-8 造林地立地类型面积统计表

代号＼立地类型＼单位	面积合计	I	II	

表 16-9 宜林地造林规划表

单位	小班号	面积	林种	造林类型设计代号	树种	年需要种苗量		总需种苗量		计划造林年代	备注
						苗木	种子	苗木	种子		

表 16-10 年度造林任务规划表

单位	林种	年度	合计	树种					备注
				油松	侧柏	刺槐			

16.3.4.3 绘制专题图

土地利用现状图、造林地区立地类型图、造林规划设计图等，是造林规划设计成果的图件记载和规划设计文件重要的组成部分。依据专业图件，对宏观了解造林地区的林业自然资源、科学实施造林工程有重要的作用。因此，各种专业图的绘制需在对外业调查资料

表 16-11　苗木需要量核算

单位	年度	年度	树种							备注
			合计	油松	侧柏	刺槐				

表 16-12　年度育苗面积规划表

单位	年度	面积	播种				插条				备注
			合计	油松	侧柏		合计	杨树	柳树		

表 16-13　年度种子种条需要量核算表

单位	面积	播种				插条				备注
		合计	油松	侧柏		合计	杨树	柳树		

表 16-14　年度用工概算表

单位	年度	用工总计	育苗			整地		造林		幼林抚育		其他
			面积	亩用工	用工合计	面积	亩用工	面积	亩用工	面积	亩用工	
								用工合计		用工合计		

表 16-15　年度投资概算表

单位	年度	投资总计	育苗			整地			造林			幼林抚育			其他
			面积	亩投资	投资合计	面积	亩投资	投资合计	面积	亩投资	投资合计	面积	亩投资	投资合计	

统计和内业设计的基础上，根据《林业地图图式》(LY/T 1821—2009)标准，确保质量。

(1)土地利用现状图

土地利用现状图是绘制各种规划图的底图，又是今后造林施工用图的依据。图面内容包括山脊、河流、水库、铁路、公路、大车道，省、地、县、乡、村、林场、林班、小班界限及村镇、村庄位置，地类、林种、造林地立地条件类型等。有时要标出林班、小班面积。

(2) 调查设计图

调查设计图是利用数字、符号、颜色等形式在复制的现状图上标出设计的重点内容，其中主要是行政界限和各级经营区划界线，乡、村名称及林班、小班编号等。小班注记形式可用分子式的方法表示，如：

$$\frac{\text{小班号-立地条件类型号-小班面积}}{\text{典型设计号-造林年度}}$$

16.4 森林抚育作业设计

森林抚育作业设计以作业小班为单位进行，简易作业道等辅助设施按作业区进行设计。在设计时，要在林分健康评价的基础上区别亚健康和不健康林分，采取不同经营作业类型和作业方式，明确各种抚育指标，包括抚育面积、抚育强度、采伐蓄积量、出材量等及相应的工程量、用工量、进度安排、费用概算等。完善辅助设施，包括必要的作业道、集材道、临时楞场、临时工棚等。

16.4.1 森林健康评价

16.4.1.1 健康评价理论

森林健康是森林生态系统能够维持其多样性和稳定性，同时又能持续满足人类对森林的自然、社会和经济需求的一种状态。森林健康评价是对由于人为和自然因素造成的森林生态系统结构紊乱、服务功能和价值丧失的一种评估。因此，可以从"既能维持其可持续发展，又能发挥生态和经济功能"的角度对森林健康状况做出评价。

16.4.1.2 健康评价方法

森林健康与否是一个相对的概念，可采用以下方法进行评价：主成分分析法、层次分析法、综合指数评价法、模糊综合评价法、指示物种评价法、人工神经网络法、健康距离法、灰色关联度分析法、多元线性回归法、指数评价法、聚类分析法等，其中前三种方法应用较为广泛。在评价时，森林自身的复杂性会造成评价方法的不同，其评价结果有时会产生明显的差异，因此，应根据不同的森林类型选取合适的方法，对森林的健康现状做出科学的评价。

16.4.1.3 评价结果应用

森林的健康状况一般被划分为健康、亚健康和不健康三个等级。根据评价结果指导森林健康经营，以维持现有森林生态系统的持续发展、深化生态环境治理并推进林业发展。健康经营作业的对象是处于亚健康和不健康状态的中幼龄林。例如，陕西省渭北黄土高原刺槐林人工林健康评价。

(1) 评价因子的遴选

基于森林的持续发展潜力，采用复合结构功能指标法选择评价指标，并结合 Delphi-

AHP法计算各指标权重(表16-16)。

表16-16 陕西省渭北黄土高原刺槐人工林健康评价体系及权重

目标层A	准则层B	指标层C		幼龄林	中龄林	成熟林	过熟林	显著性检验
健康评价指标体系	活力指标 B1	立地质量	C1	0.03	0.15	0.09	0.07	0.007**
		枯梢比	C2	0.05	0.16	0.02	0.13	0.003**
		天然更新状况	C3	0.13	0.10	0.14	0.14	0.035*
	结构指标 B2	郁闭度	C4	0.15	0.07	0.08	0.05	0.049*
		密度	C5	0.15	0.13	0.10	0.08	0.000**
		平均胸径	C6	0.15	0.05	0.22	0.02	0.019*
		平均树高	C7	0.13	0.06	0.09	0.23	0.003**
	稳定性指标 B3	火险等级	C8	0.06	0.06	0.07	0.04	0.003**
		病虫害程度	C9	0.15	0.22	0.19	0.24	0.002**

注：* 为 $P>0.05$；** 为 $P>0.01$。

(2) 健康等级划分

采用聚类分析方法对林分的健康度值(HI)进行聚类，然后根据聚类结果，将刺槐人工林划分为健康、亚健康和不健康三类林分(图16-2)。

(3) 健康评价结果

健康评价结果表明(图16-2)，渭北黄土高原刺槐人工林的整体状态不容乐观，急需进行健康经营抚育。

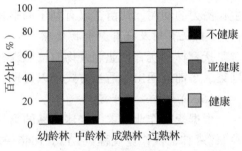

图16-2 渭北黄土高原刺槐人工林健康

16.4.2 抚育作业设计类型和方式

16.4.2.1 抚育作业类型

参照国家林业和草原局《中幼龄林抚育补贴试点作业设计规定》，森林抚育作业包括抚育间伐、定株修枝、除草割灌，以及抚育区内简易道路修建维护、抚育材集运、抚育剩余物处理、林地清理等活动，以形成稳定、健康、丰富多样的森林群落结构，提高森林质量、林地生产力和综合效益为原则，优先抚育密度过大、结构不良、森林质量和生态功能明显下降的林分。

16.4.2.2 抚育作业方式

人工林抚育作业方式主要有抚育间伐、定株修枝、除草割灌，以及抚育区内简易道路修建维护、抚育材集运、抚育剩余物处理、林地清理等。

(1) 抚育间伐

抚育间伐包括透光伐、生态疏伐、生长伐和卫生伐。抚育作业后，人工林郁闭度不得低于0.6，天然林郁闭度不得低于0.5，林分平均胸径不得低于伐前林分平均胸径。

透光伐在幼龄林中进行。按照确定的保留株数，间密留疏，去劣留优，保留珍贵树种和优质树木，调整林分结构。

生态疏伐在特用林和防护林的中龄林中进行。按照有利于林冠形成梯级郁闭、主林层和次林层立木都能受光的要求，将林木分为优良木、有益木和伐除木。保留优良木、有益木和适量的灌木。对风景林的景观疏伐，按《生态公益林建设技术规程》（GB/T 18337.3—2001）中的5.2.1.2.4条规定执行。

生长伐在用材林的中龄林中进行。采用上层抚育、下层抚育、综合抚育等方式，伐除影响保留木生长的树木，具体技术执行《森林抚育规程》（GB/T 15871—2015）的规定。

卫生伐主要对遭受病虫害、风折、风倒、冰冻、雪压、森林火灾等灾害的林分开展，清除生态功能明显降低的被害木。

(2)定株修枝

主要在自然整枝不良、通风透光不畅的林分中进行。一般采取平切法，重点针对枝条、死枝过多的林木。修枝高度，幼龄林不超过树高的1/3，中龄林不超过树高的1/2。

(3)除草割灌

在下木生长旺盛、林木生长争水争肥严重的中幼龄林中进行。采取机割、人割等不同方式，清除妨碍树木生长的灌木、藤条和杂草。作业时，注重保护珍稀濒危树木，以及有生长潜力的幼树、幼苗，以有利于调整林分密度和结构。

(4)抚育材及抚育剩余物处理

抚育材及抚育作业剩余物应按照森林病虫害防治、森林防火、环境保护等要求，采取堆集、平铺或运出等适当方式予以处理。

(5)简易作业道修建

根据抚育作业需求，修建简易的集材道、作业道、临时楞场，密度、布局和技术要求参照《森林采伐作业规程》（LY/T 1646—2005）等规定执行。

16.4.2.3 种苗需求量设计

根据树种配置与结构、株行距及造林作业区面积计算各树种的需苗（种）量，落实种苗来源。

16.4.3 作业设计文件编制

16.4.3.1 用工量测算

根据作业区面积、辅助工程数量及其相关作业的用工定额计算用工量，结合施工安排测算所需人工。其中，用工定额的确定需根据国家林业和草原局和所在地林业部门有关森林抚育规定（表16-17）。

16.4.3.2 工程进度安排

根据季节、种苗、劳力、组织状况做出施工进度安排。

16.4.3.3 经费预算

分苗木、物资、劳力和其他4大类计算。种苗费用按需苗量、苗木市场价、运输费用测算。物资、劳力以当地市场平均价计算（参见16.3.3）。填写"经营作业经费预算表"（表16-18）。

表 16-17　陕西省宁东林业局森林抚育间伐作业用工定额

平均集材距离(m)	用工定额(工日/m³)	平均集材距离(m)	用工定额(工日/m³)
151~200	4.76	601~700	6.67
201~250	5.00	701~800	7.14
251~300	5.26	801~900	7.69
301~400	5.56	901~1000	8.33
401~500	5.88	>1001	9.09
501~600	6.25		

表 16-18　经营作业经费预算表

序号	项目	计算说明	数量	单位	计算指标	指标组成			经费预算			
								种苗	物资	劳力	其他	合计
	合计											

16.4.3.4　编写作业设计文件

(1) 作业设计文件组成

作业设计文件由作业设计说明书、作业设计图和调查设计系列表组成。

(2) 作业设计文件汇总

填写作业设计文件一览表。文件要装订成册。资料装订的顺序为作业设计审批文件、作业设计说明书、作业设计汇总表、作业设计一览表、作业区位置示意图、调查设计表、作业设计图。

16.5　计算机辅助造林(抚育)作业设计

造林(抚育)作业设计是一项涉及面广、工作量大、计算繁杂、技术性强的工作，采用手工的方法费工费时，而且容易出错。随着计算机技术和"3S"技术在林业上普及和应用，计算机辅助造林(抚育)作业设计应运而生。例如，由西北农林科技大学林学院森林培育研究所研制开发的《计算机辅助造林设计系统 XL1.0》，不仅能够满足林业基层单位造林设计工作需要，而且可用于省、市、县等林业生态工程项目施工信息的管理(详见赵忠《造林规划设计教程》，2007)。

16.5.1　系统设计原则与功能

16.5.1.1　系统设计原则

(1) 系统性和结构性原则

从系统整体需求出发，把系统的各个功能分成相对独立的模块，各模块间数据参数相互传递，结合为有机整体。

(2)独立性和扩充性原则

系统各模块相对独立性强时,数据存储和程序运行的独立性就较强,数据存取和程序运行对系统影响就小,便于提高运行速度和扩充完善系统。

(3)通用性和开放性原则

系统适用于不同层次和知识结构的用户,灵活简便,非本专业和计算机专业的人员均能使用操作。同时,系统应易继续开发,增强其专业性。

(4)适用性原则

满足林业基层单位进行造林设计和各级林业管理部门进行项目施工信息管理的需要。

16.5.1.2 系统的结构与功能

系统采用自顶向下扩展、层次化的功能模块结构,顶层由造林设计、信息管理和图表输出三个模块组成,除了每个模块能独立运行外,各模块又紧密地联系在一起;每个模块由上至下又可分解成小的相对简单的模块,实现造林设计和信息管理(图16-3)。

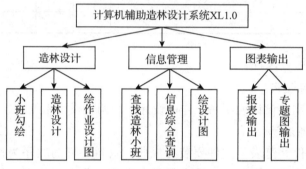

图16-3 系统结构功能框架

(1)造林设计模块

该模块主要完成造林设计图形数据和属性数据的录入、修改、编辑,建立造林设计信息库。在此基础上可完成作业设计图等专题图和各种报表的制作。

(2)信息管理模块

该模块的功能为造林小班信息的综合查询和统计计算,各种信息的直观显示。

(3)图表输出模块

该模块完成造林设计图表和综合查询信息的输出。

16.5.2 系统的工作流程

首先,用户选择造林地点后系统自动打开电子地图,进入造林(经营)设计模块,放大、缩小、移动电子地图并找到造林地块,使用画图工具在电子地图上进行造林小班勾绘(完成图形数据的录入),对所勾绘小班进行造林(经营)设计(完成属性数据录入),建立造林(经营)设计信息库。然后,在此基础上进行造林小班信息的综合查询和统计计算,对需要修改的造林(经营)设计进行编辑修改,当达到最优化设计之后,即可进行制作报表、绘制打印作业设计图等工作(图16-4)。最终建好的造林(经营)设计信息库就可作为项目施工信息库,进行林业生态工程项目施工信息的管理。

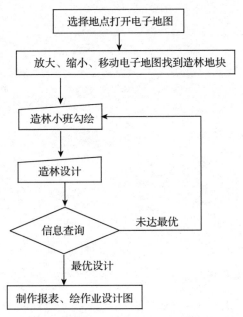

图 16-4 计算机辅助造林(经营)作业设计系统工作流程

复习思考题

1. 育林规划设计的基本内容和主要任务是什么？
2. 造林规划设计包括哪些主要环节？各自的主要任务是什么？
3. 什么是造林典型设计？如何编制？
4. 森林经营作业设计的类型和方式有哪些？
5. 森林抚育间伐的基本要求是什么？包括哪些内容？

推荐阅读书目

1. 国家林业局，2016. 造林技术规程(GB/T 15776—2016). 北京：中国标准出版社.
2. 赵忠，2007. 造林规划设计教程. 北京：中国林业出版社.
3. 赵忠，2015. 林业调查规划设计教程. 北京：中国林业出版社.

（赵　忠）

第六篇

区域森林培育与林业重点工程

- 第 17 章　区域森林培育
- 第 18 章　林业重点生态工程与森林培育

第 17 章　区域森林培育

【本章提要】本章主要针对我国东北地区、华北地区、西北地区、华南亚热带地区、华南热带地区以及西南地区的区域自然社会特点，简要阐述了各区域森林培育技术特点，并总结了各区域主要造林树种的培育模式，为各区域人工造林和天然林经营提供参考。

我国幅员辽阔，各地自然条件、造林树种和技术经济条件差异很大，森林培育具有明显的特殊性。只有在掌握森林培育一般原理和方法的基础上充分考虑各地森林培育的特点，才能够更好地解决森林培育的实际问题。为此，本章介绍我国各大区域森林培育的特点。

17.1　东北地区森林培育特点

东北地区在行政区划上包括黑龙江、吉林、辽宁和内蒙古东部的呼伦贝尔市、兴安盟、通辽市和赤峰市，划分为东北林区、东北平原和呼伦贝尔高平原 3 部分。森林面积和森林蓄积量均占全国 1/4。东北林区包括大兴安岭、小兴安岭和长白山地的林区，是中国最大的天然林区，长期以来一直是我国重要的优质木材生产基地，是我国后备木材战略储备基地。地带性植被为寒温带明亮针叶林和阔叶红松林，在全世界温带、寒温带森林中占有重要的地位。东北森林为东北平原国家重要产粮基地提供生态屏障。东北森林所涵养的水源是生产生活的生命线。东北林区特有的野生中药材、滋补类动植物资源、优良耐寒观赏植物资源，使其成为北药基地建设、绿色森林食品开发和园林绿化植物开发的重要资源基地。东北林区优美的自然风景和凉爽的气候，使其成为森林旅游和避暑疗养的胜地。天然林资源保护、退耕还林、三北防护林、速生丰产林及野生动植物保护等林业重点工程，基本覆盖了东北地区。因此，东北的林业建设在全国林业建设的全局中，占有举足轻重的地位。

17.1.1　区域立地条件特点

17.1.1.1　地形地貌和气候

以东北平原为核心，西、北、东三面环山，成为一个巨大的马蹄形。在马蹄形北部的东西两侧分别为三江低平原和呼伦贝尔高平原；东部为长白山脉，北部为小兴安岭山脉，西部为大兴安岭山脉。东北地区位于东部季风区的最北面和西北干旱区的东端。大兴安岭林区气候寒冷湿润，属于寒温带，有明显的大陆性，≥10 ℃年积温低于 1100~2000 ℃，无霜期90~120 d，年均降水量350~500 mm。长白山南部林区，气候温暖，≥10 ℃年积温超过3200 ℃，属暖温带，无霜期140~160 d，年均降水量700~1200 mm。位于中间的小兴安岭林区和长白山地中、北部林区，属于温带，≥10 ℃年积温低于2000~3000 ℃，无霜期90~140 d，年均降水量500~700 mm。东北地区从东到西分属湿润地区、半湿润地区和半干旱地区。

17.1.1.2 土壤和植被

大兴安岭山地，地带性土壤为棕色针叶林土，镶嵌有暗棕壤、暗灰色森林土、棕色森林土、灰色森林土和淋溶黑钙土，以及黑土和暗栗钙土。地带性植被为兴安落叶松林，混有樟子松、红皮云杉、偃松；镶嵌有白桦林、山杨林、蒙古栎林、黑桦林、甜杨林、钻天柳林。大兴安岭南部山地几乎都是次生林，低海拔处为草甸草原和干草植被。

小兴安岭山地，土壤以暗棕壤为主，坡地为典型暗棕壤，漫岗台地多为白浆化暗棕壤，低洼地带多草甸暗棕壤。森林植被以红松阔叶林为主，北部林中云、冷杉成分居多，兴安落叶松比例大；南部林中黄波罗、水曲柳、核桃楸等阔叶树种成分加大。

长白山中、北部山地，暗棕壤占优势，随地形变化有各亚类的暗棕壤，海拔高处有棕色针叶林土，白浆土和草甸土分布也较广。地带性植被是红松阔叶林，树种为红松、沙松冷杉、臭松冷杉、红皮云杉、鱼鳞云杉，及水曲柳、核桃楸、黄波罗、紫椴等20多种针阔叶乔木树种和众多的灌木树种。长白山主峰一带土壤和植被垂直分布明显。

长白山南部山地东半部土壤以山地暗棕壤为主，植被属于阔叶红松林的延伸，喜暖温种类如沙松、花曲柳等比例增加，可见刺楸、辽东栎、天女木兰等喜暖树种；西半部以山地棕壤为主，地带性植被为松栎林，有赤松、油松、蒙古栎等树种。现大部分为次生林和人工林。

三江平原有暗棕壤、白浆土、沼泽土、黑土、草甸土等；植被为草甸草原与落叶阔叶林，树种有蒙古栎、山杨、白桦等。松嫩平原主要为黑土和黑钙土，西部边缘有暗栗钙土，镶嵌有盐土和碱土；植被从东到西为森林草原、草甸草原和干草原。辽河平原以草甸土和草甸草原。平原农区建有大量农田防护林和少量经济林。呼伦贝尔高平原土壤为暗栗钙土、栗钙土、暗栗钙土性砂土，沿河、沿湖有草甸土和盐渍土；植被为羊草、针茅、杂草类草原和大针茅、禾草草原。

17.1.2 区域森林培育技术特点

东北地区的造林主要可以分为3大类型：一是国有林区的造林，以迹地更新为主；二是地方林区的造林，以荒山荒地人工造林、迹地更新和次生林经营为主，间有退耕还林和农田防护林、经济林营造；三是三江平原、松嫩平原、辽河平原等农区的农田防护林营造和西部草原沙区的治沙造林。随着东北林区经济结构的调整，各类经济林（食用、药用、保健、木本油料等）的营造日益受到重视。

17.1.2.1 人工林营造技术特点

东北林区造林以乡土针叶树种用材林为主，其中大兴安岭山地为兴安落叶松和樟子松，小兴安岭为红松、兴安落叶松、红皮云杉和樟子松，长白山地为红松、长白落叶松、红皮云杉和樟子松，辽东山地和延边盆地还有赤松造林；珍贵阔叶树种水曲柳、核桃楸、黄波罗、紫椴早期只是个别试验性造林，1980年代中期以后开始进行规模化造林试验，但尚未形成生产性造林规模；大青杨、白桦、蒙古栎、色木槭、山槐、花楸等树种尚处于零星的试验性造林阶段。林区经济林主要是红松果林，蓝莓、榛子、黑豆、蓝靛果、沙棘、五味子等有一定规模，核桃楸果林、刺五加采叶林、龙芽楤木采芽林、软枣猕猴桃果林尚处于试验性栽培阶段。红松、落叶松和樟子松种子园有一定规模但产种量尚低，红皮云杉、水曲柳、核桃楸、紫椴、黄波罗种子园已产种但量很少，这些树种现有良种基地还是以母树林为主，大规模造林用种主要来自母树林。其他树种造林用种来自普通林分或优选母树。

林区更新造林(还林)以带状或穴状清林、穴状整地、植苗造林为主，穴的直径和深度多在30~50 cm之间。但在土壤水分充足的坡脚、山麓、沟谷、溪旁及新采伐迹地等易发生冻拔害的地段造林时，应采用保土防冻的窄缝植苗法造林。在排水不良的低洼地带应采用高台(25 cm)整地造林。在沼泽草甸系统排水法结合高台、高垄或高床(高出水面30 cm)造林。易发生水土流失的荒坡可以采用水平沟(水平阶)整地或鱼鳞坑整地。大多数树种为实生苗，杨树扦插苗为主。以裸根苗为多，容器苗比重在增加。主要是春季造林，雨季仅限于个别情况下的容器苗造林。林区更新造林的幼林抚育是造林成功与否的关键措施，主要是排除杂草灌木对幼苗幼树的竞争，一般造林后3~4 a连续抚育，每年3、2、1次或3、2、2、1次(包括除草或割草、割灌等)；林冠下造林需要连续抚育5 a。

东北温带林区由原始阔叶红松林破坏后演化而来的次生林(含过伐林)面积很大，主要组成树种为水曲柳、核桃楸、紫椴、黄波罗、蒙古栎和桦树、榆树、槭树及各种各样的灌木树种，其中次生林内几乎无针叶树种源、过伐林内顶极种红松比例很低。针对这类林分，建立了"栽针保阔"的途径，人工引进红松为主的针叶树，恢复与重建近顶极红松阔叶树混交林。

17.1.2.2 森林抚育间伐技术特点

东北林区的人工林，主要是落叶松、红松、樟子松和红皮云杉的人工林。由于经营历史较短，这类人工林的抚育间伐基本是参照国内外相关经验和研究成果进行的。落叶松生长较快，人工林第一次间伐一般在10~15年生时进行，多采用机械疏伐法，隔行或隔2~3行的带伐除1行；以后的间伐采用下层疏伐法或综合疏伐法进行，采伐强度以30%左右为宜。丁宝永等(1986)针对落叶松研究的小群体间伐法，实际上是一种综合疏伐法：每个小群体是以每株林木为参照、与其相邻的4~6株林木所组成5~7株林木组成的空间格局，首先进行小群体为单元进行林木分级，共分A、B、C、D、E级，按"培育A级木、间伐B级木、解放C级木，清除D、E级木"原则实施间伐。红松、樟子松和红皮云杉等针叶人工林一般进行下层疏伐，也可实施小群体间伐。红松和水曲柳等珍贵树种，生长缓慢、生命周期和培育周期都很长，宜采用分阶段定向培育的方法进行培育，即前期为一个基本材长培育阶段，以促进高生长和培育良好干形为目标，经营密度宜高不宜低，后期为直径生长促进阶段，经营密度宜相对低一些。

对采用"栽针保阔"(含"栽植块状片林""栽针引阔"和"伐针引阔")的方式建立以红松为主要人工树种和各种天然发生阔叶树种构成的人工天然针阔叶混交林，宜以红松等人工栽植的个体为重点，通过生长空间调控改善其微生境条件，促进生长发育；同时在林中选择部分具有优良木材培育价值的阔叶树单株作为目标树，综合采用营养面积控制、修枝、

表 17-1 东北地区主要造林树种培育模式

造林树种	经营目的	立地条件选择	密度与配置	整地与造林	抚育管理	备注
红松	①恢复与重建阔叶红松林	区域：小兴安岭和长白山地造林地：目的①和②，过伐林，次生林的林下或林隙，采伐迹地、火烧迹地和荒山荒地，或者附近有阔叶树种源可及的裸地	目的①及目的①和②双向培育：红松 2000~2500 株/hm²，采用不规则群团状或带状配置（带内株行距 1.5 m×2.0 m 或 1.5 m×1.5 m，带间距 3~5 m）	符合区域一般技术特点	全光纯林培育：抚育间伐以主要采用下层疏伐。冠下造林或造林形成的混交林：抚育间伐遵循"挨着挤着"红松主侧枝"护着别盖着"红松主枝（也称为"脱掉衬衣芽大椎，摘掉帽子露脑瓜"）的经验性原则或个体生长环境量化调控等。另外应探索形成复层异龄混交林连续的培育方案	目的①和②可兼顾，②和③可兼顾，双向培育：①和③不可兼顾
	②大径材用材林	立地：深厚、湿润、疏松、排水良好的暗棕壤，其中腐殖质层厚 10 cm 以上，土层厚不小于 40 cm，质地以壤土最好；单纯目的③时，可以考虑稍差的立地	目的②和③双向培育：3300 株/hm²，全光纯林培育，均匀配置			
	③坚果经济林		3300~4400 株/hm²，全光纯林培育，均匀配置			
兴安落叶松	中小径和纸浆用材林	区域：大、小兴安岭山地及相邻平原地区 立地：适合各种立地，以结构良好、湿润肥沃的黏壤土或河谷冲积土等为好	2000~2500 株/hm²，全光纯林培育，均匀配置	符合区域一般技术特点，造林时间以早春顶浆（土壤化冻 10~15 cm 顶着化冻浆水）造林效果为好	幼林抚育：符合区域一般技术特点。抚育间伐：第一次间伐通常采用带状疏伐，以后采用下层疏伐法或小群体间伐法	
长白落叶松		区域：长白山地及相邻平原地区；立地：同上	3300~6600 株/hm²。与樟子松和木曲柳等阔叶树混交时，以带状混交（常见 3~4 行成带）为主			
日本落叶松		同上				
樟子松	防护林（水土保持林、农田防护林、防风固沙林等）	区域：整个东北地区 立地：各种立地，但土壤可溶性盐度超过 0.1% 的地块不宜；排水不良或有临时积水的立地早期生长不良	1650~2500 株/hm²，均匀配置为主	穴状整地，植苗造林；水土流失坡地：水平阶或水平沟整地；风蚀沙地：带状整地，穴植或小坑靠壁栽植；干旱沙地：深穴整地	注意幼林期鼠害的防除	赤松、油松、黑松、参照樟子松
	用材林		1650~3300 株/hm²，均匀配置为主			

(续)

造林树种	经营目的	立地条件选择	密度与配置	整地与造林	抚育管理	备注
红皮云杉	纸浆林和大径用材林	造林地：林冠下、迹地。立地：湿润肥沃、排水良好，土层深厚	4400~6600 株/hm²，林冠下造林，参照红松配置方式	符合区域一般技术特点	参照红松	鱼鳞云杉、臭冷杉和沙松可参照红皮云杉
杨树	用材林或农田防护林	立地：土层深厚的中壤、轻壤或砂壤土	1666 株/hm² 或 1111 株/hm²；速生丰产林 625 株/hm² 和 400 株/hm²。用材林均匀配置为主；农田防护林带状配置	全面整地（深翻 30~40 cm）为主，植苗造林；大穴整地，植苗造林	初植密度大时，需间伐；密度低，轮伐期短的速生产林不需要间伐	
水曲柳	大径无节优质用材林、平原绿化或护路林	立地：缓坡中下部、山麓沟谷阶地等土层深厚肥沃湿润但排水良好的壤土和砂壤土	初植密度：4400~6600 株/hm²，均匀配置。水曲柳与落叶松混交的效果很好，3~4 行带状混交较好	穴状整地，植苗造林	幼林抚育：造林后 2、2、1、1 或 2、2、1、1、1 或 2、1、1，除草松土为主。抚育间伐：尚未形成体系，建议第一阶段以培育基本材长和径制干形为主，高密度经营；当树高生长超过基本材长要求时，高强度间伐	黄菠萝、核桃楸和紫椴可参照。核桃楸坚果林初植密度可从 2500 株/hm² 开始，保持树冠不相接，形成矮化宽冠树形
沙棘	果用经济林	立地：排水良好的轻砂土或砂壤土	1650~3500 株/hm²，均匀或带状配置	穴状或沟状整地，植苗造林。注意雌雄株配置	略	
黑豆果	果用经济林	立地：土层深厚、湿润肥沃的中性土、壤质土或黏质土	带状密植，行距 2.0 m，株距 0.4~0.5 m，单株穴植或行距 2.0~2.5 m，株距 1.0~1.5 m，多株丛植	穴状整地，植苗造林	略	
文冠果	油料经济林	立地：土层深厚、湿润肥沃、通气良好、中性偏碱	初植密度 1250~2220 株/hm²，均匀或带状配置，行距 2 m 或 4 m，株距 1.5 m	水平沟或穴状整地植苗造林	可进行间作，施肥灌水，整形修剪等抚育管理	
刺老芽	芽菜经济林	立地：阳光充足、肥沃且排水良好的微酸性土壤	约 6600 株/hm²（株行距 1.0 m×1.5 m）	大穴（直径 60 cm，深 50 cm）整地植苗造林	注意修剪	

营养管理等方式，进行以大径无节材培育为中心的抚育间伐和保育。

17.1.2.3 森林收获与更新技术特点

到目前为止，东北林区真正达到收获阶段的只有落叶松人工林，一般采用皆伐，人工更新，近年来采用2次渐伐法，在第一次渐伐前后人工更新红松，终伐后改造成红松人工林的做法也取得了较好的效果。过去的主伐更新，主要针对天然林进行的，由最初的大面积皆伐到后来的择伐、渐伐，目前已经对天然林实施了全面禁止商业性采伐。温带红松阔叶林采伐后，强调优先采用人工更新的方法保障更新及时跟上采伐，但在采伐迹地人工更新红松等针叶树种时，特别强调保留前更幼苗幼树，以培育人天针阔混交林。大兴安岭的落叶松和樟子松林，可依据天然更新或人工促进天然更新的要求，采用带状或群团状小面积皆伐或渐伐的方式进行主伐更新。

17.1.2.4 平原农区、草原、盐碱地与湿地的森林培育特点

农田防护林以各类品种杨为主，榆树、柳树、樟子松、红皮云杉有一定应用。治沙造林有品种杨、白榆、樟子松、柠条等。农区的农田防护林和西部治沙造林要根据立地条件因地制宜整地，如全垦深翻、带状、块状（穴状）整地等；以植苗造林为主，播种等其他方式仅限零星应用。农田防护林和治沙造林的抚育主要是造林后的灌溉保活。

17.1.3 主要造林树种与培育模式

东北地区主要造林树种的培育模式见表17-1。

17.2 华北地区森林培育特点

华北地区东临渤海、黄海，西接山西晋中南盆地，南以淮河干流和苏北灌溉总渠为界，北抵阴山南麓、燕山西北麓和辽河中游；地理坐标为东经102°15′55″~124°18′36″，北纬32°8′16″~42°36′57″；行政区划范围包括北京、天津、山东全部以及辽宁、河北、山西、河南、江苏、安徽等省的大部或局部；区域东西纵深1846km，南北跨距1197km，总面积69.46×10^{4}km^2。华北地区包含燕山太行山水源用材林区、华北平原农田防护林区、鲁中南低山丘陵水源林区和辽南鲁东防护经济林区。对应《造林技术规程》(GB/T 15776—2016)分区的暖温带区全部和半干旱区的一部分。本区在我国生态保护与修复中占据重要地位，涉及三北防护林、太行山绿化、沿海防护林、环京津风沙源、农田防护林等重点林业生态工程；在林业产业发展方面，是北方主要落叶水果和干果经济林主产区，也是我国重要的用材林基地和国家储备林基地。

本区林业建设以区域生态保护与修复为核心，以用材林、经济林、森林旅游产业发展为侧翼。加强生态公益林保护和建设，大力营造水源涵养林、水土保持林、沿海防护林、农田防护林及环境保护林；大力营造优质丰产经济林，加大基地建设力度，促进经济林产业发展；在黄淮海、京津冀等适宜地区适度发展用材林，促进区域制浆造纸、人造板加工、大径原木生产等产业发展；加强森林公园、自然保护区、城市森林等建设和保护，促进生态保护和风景游憩复合功能森林的更新改造，提升森林景观质量和生态文化内涵，有序、合理、适度发展森林旅游产业。

17.2.1 区域立地条件特点

17.2.1.1 气候

由于区域南北和东西跨度大，地形地貌西高东低，气候也由海洋性季风气候向暖温带大陆性季风气候转变，分为暖温带半湿润与暖温带半干旱两个气候区。区域内年平均气温6~14 ℃，1月平均气温-12~3 ℃，7月平均气温在20~25 ℃。极端最高气温超过40 ℃，极端最低气温为-37.3 ℃，≥10 ℃的年积温为2200~4800 ℃，无霜期195~240 d。年均降水量400~900 mm，主要集中在7~9月，占全年降水的50%~60%，降水强度大，易造成水土流失。多春旱和伏旱。

17.2.1.2 地形地貌

地形地貌复杂多样，包含山地、丘陵、平原、滨海及黄土高原地貌。东起辽东半岛、胶东半岛及环渤海湾地区，北接辽西低山丘陵和华北平原向蒙古高原过渡带，南达淮河及苏北平原，中部和西北部有华北平原和黄淮平原。主要包括有恒山、太行山、燕山、伏牛山等山地，鲁中南低山丘陵区。区域内山地中多盆地和谷地，盆地边缘有低山丘陵区。黄淮平原地形平坦、土层深厚、土壤肥沃、水源充足、灌溉方便。

17.2.1.3 土壤

地带性土壤主要是褐土和潮土，特殊气候条件与地质地貌特点，加上长期人为活动和水土流失，造就了本区多样化的土壤类型。主要土壤类型有褐土、潮土、棕壤、草甸土、水稻土、盐土等。具体包括黄棕壤、山地棕壤、淋溶褐土、碳酸盐褐土、褐土性土、黑垆土、栗钙土、灰钙土、草甸土、潮土、砂礓黑土、水稻土、盐碱土等亚类。土壤质地以壤质为主，土体结构较好，但区域内土层厚度和肥力的总体变化很大。

17.2.1.4 植被

地带性植被为暖温带落叶阔叶林，山地替代性植被类型为温性和寒温性针叶林。因区域地形地貌多样，山体高大，加上土壤、水文等诸多因子的综合影响，区内山地呈现垂直地带性分布特点，植被类型丰富多样。山地森林植被由低山丘陵到亚高山森林依次分布着暖温带落叶阔叶林、温带针阔混交林、寒温带针叶林。落叶阔叶林主要有麻栎、栓皮栎、辽东栎、蒙古栎、白桦、山杨、椴树、鹅耳枥等树种；针叶林主要有油松、侧柏、华北落叶松、白杆、青杆、赤松、华山松、白皮松等树种。在低山丘陵区、山间盆地及沟谷生长有杨、柳、榆、桑、刺槐、槐、泡桐、臭椿、花椒、柿子等树种，以及苹果、梨、桃、杏、板栗、核桃、枣、山楂及葡萄等各种干鲜果经济林。华北平原原生植被早被农作物所取代，现在生长着人工栽植的林木，树种以杨、柳、榆、刺槐、槐树、臭椿、香椿、楝树、白蜡及经济林树种为主，还有各种绿化树种。

17.2.2 区域造林技术特点

17.2.2.1 华北山地区

(1) 树种选择

由于华北山地区自然地理条件差异很大，立地类型多样，造林树种选择的原则应是：综合考虑区域经济和林业发展方向；考虑立地条件和林种；以保护和恢复地带性区域植被

表 17-2　华北山地区可选树种

林种	立地条件	可选造林树种
防护林	乔木	油松、侧柏、华北落叶松、华山松、赤松、黑松、樟子松、青杆、白杆、栓皮栎、麻栎、辽东栎、蒙古栎、槲栎、槲树、白榆、白桦、北京杨、山杨、青杨、元宝枫、茶条槭、复叶槭、黄栌、刺槐、盐肤木、黄连木、鹅耳枥、花楸、毛白杨、新疆杨、杜梨、楸树、白蜡、臭椿、旱柳等
	灌木、小乔木	紫穗槐、山皂荚、柠条、荆条、酸枣、枸杞、文冠果、欧李、胡枝子、沙棘、杞柳、柽柳、火炬树、沙地柏、山桃、山杏、桑（地埂桑）等
用材林		华北落叶松、日本落叶松、油松、赤松、黑松、侧柏、华山松、栓皮栎、麻栎、蒙古栎、辽东栎、北京杨、新疆杨、毛白杨、欧美杨、泡桐、楸树、刺槐、白蜡、朴树、榉树、僵子栎等
经济林		核桃、枣、板栗、柿、花椒、（仁用）杏、香椿、山茱萸、翅果油树、漆树、黄连木、文冠果、欧李、杜仲、连翘等
城市森林		银杏、毛白杨、槐树、楸树、栾树、元宝枫、黄山栾、悬铃木、青桐、重阳木、白榆、旱柳、楝树、白蜡、臭椿、香椿、刺槐、女贞、侧柏、圆柏、龙柏、雪松、油松、华山松、白皮松、水杉、玉兰、紫薇、桑树、构树、紫穗槐、连翘、黄杨、月季、核桃、碧桃、紫叶李、柿树、樱桃等

为根本；乡土树种为主，适当引进新品种（表17-2）。

（2）整地

①整地方式　应根据立地条件及水土保持等要求选用适当的整地方式。主要采用水平沟、水平阶、反坡梯田、穴状、鱼鳞坑（含翼式鱼鳞坑）等局部整地方式，一般不采用全面整地；局部低洼盐碱地采用大方格高垄起埂方式。

②整地时间　春季造林和雨季造林宜在造林前一年的雨季前或雨季进行整地，最迟在前一年的秋季整地；秋季造林在当年的雨季前进行整地；在土壤深厚肥沃、杂草不多的熟耕地上，或土壤湿润，杂草、灌木覆盖率不高的新采伐迹地上，也可以随整地随造林。

（3）造林和抚育管理

①造林　一般应结合实际综合采用封山育林、直播造林、植苗造林等多种造林方式。在半干旱地区和水土流失地区，提倡采用保水剂、生根粉或根宝等制剂，采用薄膜微域集水、穴面覆盖等抗旱保墒造林技术。在条件较好地区营造水源涵养林和水土保持林等，以封山育林为主，结合人工辅助造林和抚育措施。采用植苗造林时，应使用优质壮苗，提倡使用容器苗，以提高保存率和成林速度。造林密度应考虑区域水分承载能力，不宜过大。提倡营造混交林，特别是针阔混交林，要充分利用自然植被，提高林分稳定性和抗性。造林季节以早春为主，灌木直播造林多在雨季进行，部分树种可采用秋季造林。立地条件好的地方，可在雨季和秋季采用容器苗造林。

②未成林造林地和林木抚育　本区域造林对未成林造林地和林木抚育的要求较高，其是保证造林成活、成林的关键。造林后及时浇水是保证成活的关键，及时施肥是保证快速生长的前提。造林后一月内进行第一次穴面平整、苗木扶正和补苗工作。从第二年开始，每年松土、除草1~3次，到幼树超过杂草和灌木层时可停止，以后进行其他抚育措施直到林地郁闭。干旱半干旱或石质山地幼林抚育要采取良好的蓄水保墒能力，在通过扩穴提高集水能力的同时，须就地取材采取穴面灌草或砾石覆盖等保墒措施。对于乔灌混交林，可采用修枝、平茬、间伐等措施调节针、阔叶树与灌木间的关系，保证乔木树种的正常生

长。林木抚育主要包括抹芽、修枝、接干、平茬、病虫害防治等，不仅人工幼林要实施，通过封山育林形成的天然次生幼林也应实施。

③抚育采伐　抚育采伐是保障该区域用材林和防护林更好发挥主导功能的重要技术措施。视林分生长速率，抚育采伐应在胸径连年生长量大幅下降或郁闭度达到0.8时开始，用材林可适当提前；油松等林木个体间竞争激烈的针叶树种林分可采取下层疏伐，侧柏的林木个体间竞争不强烈的树种林分可采取综合疏伐；疏伐强度以郁闭度下降0.1~0.2为宜，侧柏林分不能一次疏伐强度过大，易造成雪压；抚育间隔期以林分林木胸径连年生长量再次下降或郁闭度达到0.8时为宜。目前，区域正在积极实践人工林近自然经营方式，采取目标树作业方法使林分形成地带性的针阔叶复层异龄混交恒续林，以更好发挥林分主导功能。防护林抚育采伐目标可以是使林分始终保持乔灌草复层结构，实现防护功能最大化。用材林抚育采伐目标是促进林分速生丰产，生产量大质优木材。抚育采伐中形成的剩余物可就地还林，可若有条件可粉碎后还林，以维持和改善地力。

17.2.2.2　黄淮海平原区

本区域水源丰富，地势平坦，土壤深厚肥沃，是我国重要的粮食核心产区。该区林业生产以为粮食核心区建设提供生态屏障为重点，大力发展农田林网、农林间作、四旁植树等，建立完善的防护林体系，同时依托国家储备林建设工程在黄河故道等适生立地上大力发展各类用材林，兼顾发展林果业，带动区域经济社会可持续发展。

（1）树种选择

黄淮海平原属于暖温带气候和落叶阔叶林带区，决定造林地立地条件的主导因子是土壤的理化性状、地下水位以及盐碱化程度。本区域的树种选择可按土壤特性分为基本农田、沙地和盐碱地三个类型组，在每个类型组中再分为若干立地类型，分别选择适宜树种（表17-3）。

表17-3　黄淮海平原区可选树种

林种	立地条件	可选造林树种
农田防护林带	黏土立地	欧美黑杨、水杉、黄山栾、旱柳、楝树、白蜡、槐树、女贞、侧柏、圆柏、桑树、构树、紫穗槐等
	壤土立地	泡桐、欧美黑杨、毛白杨、楸树、梧桐、水杉、黄山栾、白榆、旱柳、楝树、白蜡、臭椿、香椿、槐树、女贞、侧柏、圆柏等
	砂壤土立地	泡桐、欧美黑杨、毛白杨、楸树、黄山栾、旱柳、楝树、白蜡、臭椿、香椿、刺槐、女贞、侧柏、圆柏、桑树、构树、紫穗槐等
农林间作	黏土立地	欧美黑杨、核桃、桃、梨、杏、柿、樱桃等
	壤土立地	泡桐、欧美黑杨、毛白杨、楸树、白蜡、核桃、枣、桃、苹果、梨、杏、柿、樱桃等
	砂壤土立地	泡桐、欧美黑杨、毛白杨、楸树、白蜡、核桃、枣、桃、柿、樱桃等
沙地防护林	细砂土立地	泡桐、欧美黑杨、毛白杨、刺槐、白蜡、旱柳、杞柳、臭椿、桑树、构树、紫穗槐等
	粗砂地立地	欧美黑杨、旱柳、杞柳、紫穗槐、刺槐等
	沙岗地立地	刺槐、紫穗槐等

(续)

林种	立地条件	可选造林树种
沙地速生丰产用材林	细砂土立地	欧美黑杨、毛白杨等
	粗砂地立地	欧美黑杨、毛白杨、小叶杨等
	沙岗地立地	欧美黑杨、毛白杨等
盐碱地防护林	轻盐碱立地	杨树、侧柏、臭椿、旱柳、白蜡、刺槐、紫穗槐等
	中盐碱立地	柽柳、苦楝、刺槐、白蜡、复叶槭、紫穗槐等
	低洼沼泽立地	柽柳等
围村片林	农田和沙地立地	泡桐、杨树、楸树、水杉、核桃、枣、桃树、苹果、梨、杏、柿、樱桃
城市森林和四旁植树	农田和沙地立地	泡桐、杨树、楸树、银杏、竹、水杉、黄山栾、悬铃木、重阳木、山桐子、白榆、旱柳、楝树、白蜡、臭椿、香椿、刺槐、槐树、女贞、侧柏、圆柏、龙柏、铺地柏、雪松、油松、黑松、白皮松、白玉兰、紫玉兰、广玉兰、木瓜、紫薇、桑树、构树、鸡爪槭、元宝枫、紫穗槐、连翘、杞柳、黄杨、石楠、核桃、桃、苹果、梨、杏、柿、樱桃、蔷薇、月季、火棘等

（2）整地

由于该地区地势平坦，适于机械化整地。但因土壤质地、结构、含盐量以及地下水位的差异，造林整地也有所差异。对于农田来说，一般结合耕作进行全面整地后挖大穴(1 m×1 m×1 m)。对于已固定平坦沙荒地来说，可以全面整地。对于半固定平坦沙地，以带状整地为宜，带向与主风向垂直。在流动性很大的沙地以及固定的沙丘上，不必整地，并保护原生草本植被，随挖穴随植树。对于盐碱地造林，需要加强整地，以起到淋盐、排盐、抑盐的作用。主要措施有排水淋盐、灌水洗盐、引洪漫淤、铺沙压碱、修筑台田、种植绿肥等。对于低洼盐碱地，可采用挖塘起土培堤，形成桑基鱼塘系统，实行农林复合经营，提高自然资源利用率。城市森林营建中，目前采用钩机机械整地，可以大幅提高效率和节约劳力。

（3）造林技术和抚育管理

①造林　以植苗造林为主，有时采用分殖造林，基本不采用播种造林；造林所用苗木以裸根大苗为主，一般要求达到1~2级苗标准。针叶树以及大苗需要带土球。容器苗现在使用率仍较低。造林季节主要以春季、秋季造林为主，冬季不是太寒冷的年份，避开三九天可以适当造林。造林要求按技术标准执行。

②抚育管理　造林后应及时浇定根水和施肥；林木管理包括抹芽接干或平茬接干、修枝抚育、加强病虫害防治等。农林间作情况下实行以耕代抚，不需单独进行松土除草和灌溉施肥等，但需要对林木进行抚育，通过抚育可以提高木材生长量、质量，并减少林冠和根系的胁地作用。该区域发展速生丰产用材林一般在漏水漏肥严重的沙地上，因此提倡采用滴灌等节水灌溉技术，并进行随水施肥和修枝，会更好地发挥良种优势，大幅度提高林地生产力。

17.2.3　主要造林树种与培育模式

表17-4和表17-5分别列出华北山地和黄淮海平原典型造林树种的造林培育模式。

表 17-4 华北山地区主要造林树种培育模式简表

造林树种	经营目的	立地条件特征	造林密度	配置模式	整地技术	造林方法	抚育管理
油松	防护林	海拔 800~1800 m，石质山、土石山，土壤厚 20 cm 以上	1 m×3 m~2 m×3 m	松阔（栎类等）带状或块状混交，混交比例 2:1；乔灌混交；纯林	鱼鳞坑、雨季平阶	2~3 年裸根苗或 3 年生容器苗，春季或雨季造林	封禁为主，辅以除草、松土、整穴等；郁闭度达到 0.8 以上时，开始抚育间伐和修枝。
	用材林	海拔 800~1500 m，阴坡、土壤厚度 50 cm 以上砂壤、壤土	2 m×3 m	纯林或松栎、松桦 7:3、5:5 混交	反坡式水平阶整地或穴状整地	雨季或秋季整地，雨季或秋季造林，2~3 年生裸根苗或容器苗	连续 3 年松土、除草、整穴等；郁闭后，胸径连年生长量有下降趋势时，开始抚育间伐，采取综合抚育和修枝。
侧柏	防护林	石质山、土石山，海拔 1200 m 以下，粗骨性褐土，粗骨厚 20 cm 阳坡半阴坡，土层厚 20 cm 以上	1 m×1.5 m~2 m×3 m	纯林或油松侧柏 1:1 带状混交	穴状整地	雨季或秋季整地，春季、雨季或春季造林，裸根苗或容器苗，苗高 30 cm 以上	封禁为主，辅以除草、松土、整穴等；郁闭度达到 0.8 以上时，开始抚育间伐和修枝。
华北落叶松	防护林	海拔 1500 m 以上，土壤厚度 50 m 以上 20 cm 以上	1.5 m×2 m~2 m×3 m	纯林；落叶松（桦、栎等）块状或带状混交	鱼鳞坑、穴状、水平阶整地	雨季或秋季整地，落叶松 2~3 年生裸根苗或 3 年生容器苗，桦 1~2 年生裸根苗或 1 年生容器苗	封禁为主，辅以除草、松土、整穴等；郁闭度达到 0.8 以上时，开始抚育间伐和修枝。
	用材林	石质山地，阴坡半阴坡，土壤厚度 50 m 以上	1 m×2 m~1.5 m×2 m	落纯林或落杉 7:3 混交	穴状整地	雨季或秋季整地，2~3 年裸根苗或 3 年生容器苗，落叶松；云杉 3~4 年裸根苗或 4 年容器苗	连续 3 年松土、除草、整穴等；郁闭后，胸径连年生长量有下降趋势时，开始抚育间伐和修枝。
青杆、白杆	防护林	海拔 1800 mm 左右，阴坡半阴坡，土厚 30 cm 以上	1 m×3 m~1.5 m×3 m	纯林或杉落 1:3 混交或杉桦 3:1 混交	小鱼鳞坑整地	春季整地，秋季造林，落叶松 2~3 年裸根苗 3 年容器苗，云杉 3~4 年裸根苗，白桦 1~2 年容器苗	封禁为主，辅以除草、松土、整穴等；郁闭度达到 0.8 以上时，开始抚育间伐和修枝。

(续)

造林树种	经营目的	立地条件特征	造林密度	配置模式	整地技术	造林方法	抚育管理
樟子松	防护林	土石山区，低山丘陵区	1.5 m×3 m 2 m×3 m	纯林品字形配置或柠条、沙棘等带状混交	穴状、鱼鳞坑或条带整地、大坑或大穴整地	随造随整，带土坨容器苗，苗高50 cm以上，阔叶树胸径3 cm以上	封禁为主，辅以除草、松土、整穴等，滩涂地注意排水；适时抚育间伐
华山松	防护林	石质山，海拔1700 m(1800 m)以上，地形、坡向不限，草甸土壤厚度30 cm以上	1.5 m×2 m	纯林	穴状整地	雨季或秋季整地，雨季或秋季造林，2~3年裸根苗或容器苗	封禁，注意防冻、秋踏实；适时抚育间伐
	用材林	海拔1600 m以上，阴坡半阴坡，棕壤厚度50 cm以上，阴坡半阴坡	2 m×2 m	纯林或华山松元宝枫7:3带状混交	穴状整地	春季、雨季或秋季造林，2~3年裸根高或容器苗，苗高30 cm以上	封禁，松土，除草，3年松土、整穴等；胸径连年生长量有下降趋势时，开始抚育间伐和修枝
杨树：新疆杨、青杨等	防护林带 防护林网 用材林	低石山区、丘陵区、塬面、阴坡半阴坡、山地褐土、黄土、红土、风沙土及各种坡积物，土壤厚80 cm以上	2 m×3 m 3 m×4 m	纯林	穴状整地或大坑	雨季整地或随造随整，秋造林，胸径超过3 cm以上，栽植深度超过原有5 cm以上，半冠或截干造林	造林3年内松土、扩穴，修枝，有条件的可施肥、灌溉
刺槐	水保林 防护林带	低山丘陵阶地、沟谷、通道等	2 m×3 m 3 m×4 m	纯林	反坡式水平阶或穴状整地	雨季或秋季预整地，雨季或秋季栽植，截干1 m以下，地径0.8 cm以上	造林3年内松土、除草，扩穴，第3年修枝定干或平茬后定干
沙棘	防护林 生态经济林 经济林	海拔1400 m以下和丘陵沟谷整地、黄土、山地褐土，土层厚80 cm以上	1 m×1 m 1 m×1.5 m	纯林或与落叶松、白桦及柠条、荆条等形成乔灌、灌灌混交	穴状整地或鱼鳞坑整地，局部可水平阶整地	雨季预整地或雨季直播或条播，春秋造林，种后1~2年生为宜，适宜深栽	封禁，播种3 a内松土除草，1~2次，视长势考虑

（续）

造林树种	经营目的	立地条件特征	造林密度	配置模式	整地技术	造林方法	抚育管理
栎类、桦等	水源涵养及水土保持林用材林	海拔1800 m以下,土石山山坡中上部,石质山,对土壤要求不严,厚度在50 cm以上	1.5 m×2 m, 2 m×3 m	纯林或与油松、华北落叶松及沙棘等灌木混交	穴状整地或鱼鳞坑整地,局部可水平阶整地	春秋均可播种造林,秋季较好,随采随播,也可用1~2年生裸根苗或容器苗	造林后3 a内封禁,除草、松土、扩穴,播种造林的3~4 a间定株;后可采取目标树经营作业方式
山桃、山杏	水源涵养水土保持林风景游憩林	石质山、土石山,海拔1600 m以下,阳坡半阴坡、中上坡,山地碳酸盐褐土、褐土、粗骨性淡褐土,厚度20 cm以上	1.5 m×2 m, 2 m×3 m	纯林或其他乔木(1:2)、灌木(1:1)混交	穴状整地或鱼鳞坑整地,局部可水平阶整地	雨季秋季整地,春秋直播造林或1~2年生苗春秋季植苗造林,可大规格苗(3~5 cm)造林	植苗造林3 a内封禁、草、松土、扩穴,林前2 a雨季扒窟穴,第3年定株
仁用杏	生态经济林经济林	海拔1400 m以下,河谷阶地,垣面、平川等,阳坡半阴坡中上部,黄土丘壤土及砂壤土,土厚80 cm以上	1 m×2 m, 2 m×3 m, 3 m×4 m	纯林	雨季或秋季预整地,穴状或大鱼鳞坑	春季或秋季栽植,2~3年生嫁接苗	栽植后注意土壤肥水管理及整形修剪等

表17-5 黄淮海平原区主要造林树种培育模式简表

树种	经营目的	立地条件	密度（m）	种植点配置	整地技术	造林方法	抚育管理
泡桐	用材林、农田防护林带、农桐间作、四旁植树	砂土、砂壤土、壤土、黏壤土,地下水位>1.5 m	4 m×5 m, 5 m×5 m, 5 m×6 m, 5 m×10 m, 5 m×30 m, 5 m×50 m	长方形、正方形、品字形	穴状 1 m×1 m×1 m	植苗造林	松土除草、灌溉施肥、排水防涝、芽接干、修枝抚育、防治丛袋蛾等
杨树	用材林、农田防护林带、农桐间作、四旁植树	黏土、黏壤土、砂壤土、蒙金地、有壤质间层的砂土、轻壤	3 m×4 m, 4 m×4 m, 4 m×5 m, 4 m×6 m	长方形、正方形、品字形	穴状 0.6 m×0.6 m×0.6 m	植苗造林	松土除草、灌溉施肥、枝抚育、漏水漏肥严重的砂土地提倡采用滴灌等水灌溉和随水灌施肥措施、排水防涝、修枝
楸树	用材林、农田防护林带、农桐间作、四旁植树	砂土、砂壤土、壤土、黏壤土,地下水位>1.5 m	2 m×2 m, 2 m×3 m, 3 m×4 m	长方形、正方形、品字形	穴状 0.6 m×0.6 m×0.6 m	植苗造林	松土除草、灌溉施肥、排水防涝、芽接干、修枝抚育

17.3 西北地区森林培育特点

西北地区指我国西北内陆的一个区域,包括黄土高原西部、渭河平原、河西走廊、青藏高原北部、内蒙古高原西部、柴达木盆地和新疆大部的广大区域,通常简称为"大西北"或"西北"。本区行政区域范围涉及新疆维吾尔自治区全部和内蒙古自治区、宁夏回族自治区、陕西省、甘肃省、青海省大部分地区。在《中国林业发展区划》中,该地区属于蒙新防护林地区和黄土高原防护林地区西部,对应《全国森林经营规划2016—2050》中北方草原荒漠温带针叶林和落叶阔叶林经营区。

本区西起中国与吉尔吉斯斯坦、哈萨克斯坦的国境线,东以大兴安岭和吕梁山西麓为界,南到昆仑山、秦岭北麓,北与俄罗斯、蒙古接壤。地理坐标东经73°35′16″~119°57′36″,北纬34°4′48″~49°10′42″。东西长约3320 km,南北宽约1800 km,总面积约338.8×10^4 km^2,占我国国土面积的35.29%。

17.3.1 西北地区自然社会特点

17.3.1.1 气候

西北地区地处欧亚大陆的腹地,气候干旱少雨,具有典型的温带大陆性气候特征,为我国的内陆干旱地区。冷热差异悬殊,气温年较差大。最热月与最冷月平均气温差高达30 ℃以上。气温日变化也大,平均气温日振幅高于11 ℃。大部分地区年均降水量200~400 mm,蒸发量一般达1500~3000 mm。光热资源丰富,在我国仅次于青藏高原。年日照时数2500~3500 h,年均日照百分率达60%~80%,可利用的太阳能资源丰富。春季多大风,且日数多。

17.3.1.2 地形地貌

地形、地貌类型复杂多样,以盆地、高原为主,山地相间分布。总地势为东高西低。东部地区以高原为主,包括内蒙古高原和黄土高原。内蒙古高原地面平坦,起伏和缓,以戈壁、沙漠、沙地为主。黄土高原主要由"垣""梁""峁"和黄土沟壑组成。西北地区多盆地,主要有准噶尔、塔里木、柴达木及吐鲁番盆地。该区域沙漠、戈壁占比较大,山地、盆地相间分布。沙漠面积约5110×10^4 hm^2,占本区土地总面积的28.63%,约占全国沙漠总面积的2/3。全国戈壁总面积约5695×10^4 hm^2,约95%左右分布在本区,主要集中在新疆东部、内蒙古西部阿尔善高平原和甘肃河西走廊西北部。准噶尔盆地和塔里木盆地内部戈壁主要呈环状分布于盆地四周的山前洪积扇上。

17.3.1.3 土壤和植被

土壤的地域和垂直地带分布明显,种类比较多。地带性土壤主要有棕钙土、黑钙土、灰漠土、灰棕漠土、棕漠土、灰褐土、黄绵土等。非地带性土壤主要有风沙土、盐碱土、灌淤土、草甸土、沼泽土等。垂直地带分布的土壤主要有灰钙土、黑钙土、灰褐土、亚高山草甸土、高山草甸土、寒漠土等,主要分布在天山、阿尔泰山等地。土壤贫瘠,土壤剖面厚度很薄,通常50~70 cm。土壤有机质含量通常在0.3%~0.5%以下,一般不超过1%,

土壤肥力低。地表水开发利用过度，导致次生盐渍化严重。

植物种类贫乏，植被结构简单。植物区系地理成分以东亚、中亚及北温带成分为主。主要建群植物以针叶林、阔叶林、荒漠、灌丛、草原和草甸为主。盆地绝大部分地区为荒漠植被，平地及山前地带为超旱生、强旱生灌木、半灌木或盐生、旱生的肉质半灌木，东西两侧边缘地带为荒漠草原。山地有新疆五针松、西伯利亚落叶松、新疆云杉、天山云杉、青海云杉、祁连圆柏等寒温性针叶林分布，山区和河谷地带有少量杨、桦、沙枣和野果林等落叶阔叶林分布。黄土高原植被类型主要为暖温带阔叶林和寒温带针叶林，主要建群树种为云杉、华北落叶松、油松、山杨、辽东栎、刺槐、侧柏等。

17.3.1.4 社会经济特点

西北地区为我国少数民族主要聚居区之一，经济落后和生态脆弱对区域发展造成双重压力。发展林业除肩负着恢复区域生态、改善人居环境、促进地方经济发展和生态文明建设等重任外，还在乡村振兴中发挥着极其重要的作用，尤其是在山区和荒漠化地区。

17.3.2 西北地区森林培育特点

17.3.2.1 树种选择

树种选择是造林的关键环节。在丘陵山区影响林木的主要环境因子是地貌部位和地下水位。梁峁因处在最高处，风蚀严重，土层薄（<50 cm），土质坚硬，植被稀少，土壤吸收地表径流能力差，土壤含水率极低，地下水位深，造林应选择耐干旱、耐瘠薄和适应性强的树种。在梁峁硬质地适宜栽植的树种主要有油松、杜松、侧柏、沙棘，且以营造防护林为主。

梁峁凹地是集水区，土壤以风积土和淤积土为主，结构较疏松，土层厚（50~70 cm），地下水位较浅（3~5 m），树木生长较好，适宜的树种有油松、侧柏、杜松、刺槐、白榆、北京杨、沙棘、柠条等。在较低凹的向阳背风处还可栽植苹果、文冠果等经济林。

在丘陵山区的河谷、河岸、河滩、坡脚多为淤积土和冲积土，土层深厚（>70 cm），结构疏松，地下水位1.5~2 m，可选择对土壤水分要求高的树种，如各种杨树、白榆、柳树、刺槐等，以沙柳、乌柳、沙棘为伴生树种营造用材林；盐碱地段选择胡杨、怪柳造林。

17.3.2.2 整地技术

整地时间以造林前一年雨季前为宜，利于蓄水保墒。整地方法有全面整地和局部整地。

（1）全面整地

适于丘陵山区梁峁较平坦地段。全面翻耕，翻耕方向应与主风方向垂直，以免风蚀。全面整地的优点是把地表杂草和肥土集中在栽植沟内，起到疏松土壤和间接施肥的双重作用，同时便于机械作业，省时、省工、节约开支。

（2）局部整地

在坡度大于5°的地段，全面整地容易引起水土流失，多采用局部整地。主要有以下3种方法：

①水平沟整地　在坡度 5°~15° 的地段，挖深 0.5 m、上口宽 0.7 m、下口宽 0.4 m、长 6 m 的沟。水平间距 1 m，上下间距 2.5 m，在沟底靠外处栽植。

②反坡梯田整地　坡度在 15°~25° 的地段，修成外高内低的反坡梯田，田面宽 1.5 m，长 5 m 左右，间距 0.5 m，上下间距 1.5~2 m。栽植于外缘 1/3 处。

③鱼鳞坑整地　在坡度大于 25° 的地段适用。坑呈反坡形，长 0.8~1.5 m，宽 0.5 m，深 0.4 m，间距 1.5 m，上下间距 2 m，挖出的土置于坑的下边。

为不引起新的冲刷，上述整地的走向应与等高线平行，排列成"品"字形。在不得不顺坡开挖时，应根据坡度大小，在沟中修筑一定数量的槽梗。

17.3.2.3　造林技术

(1) 选苗

为保证造林质量，苗木最好在当地培育，以减少在运输过程中的水分损失。苗木在出圃前人为给予干旱胁迫条件，可增强苗木对造林地不良环境的适应性。在丘陵山区常用的造林树种有油松、杨树、沙棘等。油松选 2 年生、高 20 cm、地径 0.4 cm 的苗木；沙棘选 1 年生、高 25 cm、地径 0.4 cm，根系完整，顶芽饱满，无病虫害和机械损伤的苗木；杨树选 1 根 1 杆或 2 根 1 杆，苗高 1.7 m 以上、地径 2 cm 以上的苗木。应禁止选用有病虫害的苗木。

(2) 苗木起运和假植

苗木在造林前是否失水，是造林能否成活的关键。为此，在起苗和运苗过程中采取"三不离水、三保湿"措施。"三不离水"是起苗前 2~3 d 灌足底水，苗木假植浇足水，造林时植苗桶不离水；"三保湿"是起苗时湿土培根保湿，运输过程中用湿土分层压根保湿或苗根蘸浆，运往造林地的苗木如果当时用不完应用湿土深埋根部保湿。

(3) 栽植

在干旱的丘陵山区造林，缺水是影响苗木成活的主要因素。在保证苗木不失水的同时，栽植应尽量减少土壤水分损失和人为增加土壤水分。常采用的栽植方法有带浆栽植、深栽踩实、靠壁栽植、缝植法等。

(4) 抚育管理

造林后 5 a 内，每年 7~8 月除草松土 1 次，可减少杂草与树木争水争肥，减少蒸腾，提高土壤蓄水保水能力。杂草腐烂后，还可增加土壤有机质，促进幼林生长。初植密度大的，应在造林后 7~10 a 间进行乔木间伐、灌木平茬更新，以满足林木生长所需的空间。

17.3.3　主要造林树种和主要森林培育模式

本地区沙漠、戈壁广布，干旱缺水，土壤贫瘠，次生盐渍化严重，植被建设以培育灌木、半灌木的防治林(水土保持和防风固沙)为主(表17-6)。

17.3.4　天然林经营

西北地区天然林主要分布在秦岭南坡汉中、甘肃白龙江流域、天山、阿尔泰山、祁连山、青海东南部等高山地区，陕、甘陇东地区小陇山、子午岭及陕西黄龙山、桥山等地。主要类型可分为天然针叶林、天然栎类阔叶林和天然松栎混交林三大类。天然针叶林分为

表 17-6 西北荒漠地区主要造林树种和主要森林培育模式

造林树种	经营目的	立地条件选择	造林密度与配置	整地与造林	抚育管理	备注
新疆五针松（西伯利亚红松）	①水土保持林 ②一般用材林	区域：阿尔泰山和天山东部哈密地区。立地：海拔450~1000 m，向阴、排水条件良好、土层深厚、肥沃的立地	密度：一般为 2 m×2 m（2500 株/hm²）。配置：可与新疆云杉、新疆红松、疣枝桦、山杨等混交栽植	整地：水平带状整地或穴状整地（50 cm×50 m×15 cm）。造林：4~6年生幼苗，春季造林或雨季造林封育为主	杂草对该树种影响较大，造林初期应及时除草	
新疆云（冷）杉	①防护林 ②用材林	区域：阿尔泰山和天山东部哈密地区。立地：阴坡或半阴坡、土层深厚、肥沃、湿润，且排水良好的微酸性、酸性土壤	密度：一般为 1 m×3 m（3333 株/hm²）。配置：纯林或以行间、带状、块状方式与山杨、桦木、青杨等混交	整地：穴状或块状整地。造林：用 4~6 年生幼苗、春季、雨季或者秋季造林	造林后对冻拔苗木及时复植和扶踩	
天山云杉	①防护林 ②用材林	区域：天山地区。立地：降水较多，空气湿度较大，土壤较湿润的地方造林。可选各种采伐迹地，林中空地和林缘缓坡土层较厚、较肥沃、疏松的酸性和微酸性棕褐土，不宜在土层浅薄、质地黏重和极度干旱又无灌溉条件的地方造林	密度：皆伐迹地、火烧迹地和林中空地造林密度为3330~6660 株/hm²，择伐迹地可适当减少栽植株数。配置：多营造纯林、山杨、桦木、新疆落叶松、山杨、桦木混交	整地：一般山地用穴状整地或水平条整地；林缘缓坡有灌溉条件的地方用水平沟整地。造林：用 4~5 年生苗在春季中后期植苗造林，2~3 株丛植。也可在春末夏初直播经过浸种的种子或夏秋季播种干种子，每穴播种种子 20~30 粒	造林后一般连续进行松土除草 5 a，第 1 年可不进行，第 2 年 2 次，第 3 年以后每年各 1 次；直播造林的幼苗当年越冬前须覆土防寒，第 2、3 年春季解冻时应培土，踏实，以防冻拔者	
杨树	①用材林 ②防护林	区域：准噶尔盆地和南疆盆地。立地：地势平坦，有效土层厚度大于 0.7 m，具有灌溉条件的地块；以轻壤土和砂壤土最好，中壤次之。适宜的地下水位应在 1.5 m 左右，生长期内地下水位大于 1 m 以下。土壤养分含量较高。最低要求：有机质含量大于 0.4%	密度：4 m×6 m（416 株/hm²）。配置：用材林均匀配置为主；农田防护林带状配置	整地：全面整地或带状反坡整地。造林：春季或者秋季造林	幼林阶段及时抹去主干上的侧芽、嫩枝和叶，整型初植密度大时，需间伐，轮伐期短的速生丰产林不需要间伐	杨树是指除了胡杨以外的其他地杨树
胡杨	防护林	区域：南疆盆地和阿拉善高原荒漠。立地：土层深厚的中壤、轻壤或砂壤土	造林密度 1 m×1.5 m（6666 株/hm²）或 1 m×2 m（5000 株/hm²）。配置：纯林为主	整地：全面整地，修渠筑埂高 30 cm。造林：春季造林	栽后及时浇水，保证前 3 次水灌足、灌透。夏季及时灌水中耕除草。灌好冬水，对树干进行缠草绳或涂刷石蜡保水剂	

403

(续)

造林树种	经营目的	立地条件选择	造林密度与配置	整地与造林	抚育管理	备注
梭梭	防护林	立地：干旱荒漠地区海拔800～1500 m，地下水位较高，含盐量不超过0.6%的古湖盆、古老河床边缘、现代湖盆周围沙地、固定半固定沙丘和丘间沙地以及砾石沙质交壁，不宜选地下水位过高或低洼地、盐渍化严重的盐碱地、流动沙丘背风坡和石砾戈壁	密度：1.5 m×2.0 m（3333株/hm²）或2.0 m×2.0 m（2500株/hm²） 配置：纯林为主	整地：一般不整地而直接造林，但土壤质地粘重的造林地可全面整地或带状深耕整地 造林：春季造林和秋季造林。春季造林时间在3月底至4月初，此时土壤已经解冻；秋季造林时间在秋末冬初，一般在10月底至11月初进行	抚育管理比较简单，原则上不需要除草，造林后可自然生长，松土和修剪。但梭梭幼林易受牲畜践踏啃食，造林后应派专人管护，严禁牲畜和人为破坏	梭梭可作为寄主植物接种肉苁蓉并形成产业。但是肉苁蓉的寄生会对梭梭的生长、代谢产生负面影响，所以培育梭梭中要协调好梭梭林资源保护与肉苁蓉产业发展的关系
沙拐枣	防护林	立地：根系要求土壤有良好的透气性，必须排水良好，以砂土、砂壤土最好，不宜选在盐渍化过重的土地上	密度：2 m×3 m（1666株/hm²）或3 m×3 m（1111株/hm²） 配置：一般为纯林	整地：一般为穴状整地。 造林：春季一般在早春平均气温在0～10 ℃，冰雪融化，土壤墒情较好时及时进行造林。秋季造林在10月底或11月初，下雨或初雪后，湿沙层厚30~40 cm，土壤水分状况较好	及时除去杂草，防治病虫鼠害	
柽柳	防护林	立地：一般应选地下水位较高的沙丘或丘间的盐渍化轻、中盐碱土壤，土壤含盐量。植苗造林不宜超过0.7%，扦插造林不超过0.5%	密度：一般为（2~3）m×（3~4）m（833~1666株/hm²）。立地条件较好，有一定植被的地块，造林密度可小一些，而立地条件差的造林密度可大一些 配置：一般为纯林	整地：盐碱地应在造林前1年夏季全面整地，修筑台田或条田；黄土地区的丘陵山地可进行反坡梯田或鱼鳞坑整地 造林：1~2年生扦插苗或秋季野生实生苗，在春季或秋季植苗造林	造林后第1年松土除草2次，第2、3年每年秋季割条1次，第2年后可于秋季割条5~7a后进行平茬	
沙枣	防护林	立地：可选水湿沙荒滩地或丘间低地等湿润地方，也可选地下水位1 m以下的贫瘠土壤，含盐量较高的硫酸盐盐土和氯化物硫酸盐盐土上	密度：1.5 m×2 m左右（3330~3450株/hm²） 配置：一般为纯林	整地：造林前1年夏季全面整地，也可不翻耕整地，直接开荒造林 造林：以春季苗造林为主	在土壤水分充足、杂草多的林地，造林当年的5~8月松土除草2~3次	

注：由于陕北黄土高原和渭河平原的立地与华北地区晋西北和汾河平原类似，西北地区主要造林树种油松、侧柏、刺槐、山桃、山杏、华北落叶松、沙棘的培育模式参照表17-4。

油松林、华山松林和云杉林3种。天然栎类阔叶林主要包括锐齿栎林和栓皮栎林。天然松栎混交林主要有华山松×锐齿栎混交林、油松×锐齿栎混交林、华山松×油松×锐齿栎混交林、油松×麻栎混交林及油松×栓皮栎混交林。总面积为 $8.83×10^4 km^2$，占该地区森林面积的34.9%。西北地区天然林的主要特点如下：

①植被覆盖不均匀，主要分布在秦岭南坡、天山、阿尔泰山、祁连山、青海东南部等高、中山地区，其他区域分布较少；

②林龄主要以中、幼龄林为主；

③林分单位面积蓄积量和生长量较低，林地生产力未能得到全部发挥。

针对该区域天然林的主要特点，为保育健康、稳定、优质、高效的森林生态系统，持续发挥林地生产力，主要采取近自然和森林健康经营等可持续经营技术。这两种技术都遵循"尽量减少对森林干扰"的近自然化原则，采用轻度干扰方式，使蓄积量抚育强度保持在20%以内。天然针叶林和栎类阔叶林均应根据林分内现有林木直径的大小，选择相应强度的抚育间伐措施，调整林分结构，促进幼苗更新。对于直径大于26 cm的林木株数占30%以上的林分，可直接进行幼树开敞度和地力维护。对于直径小于26 cm的林木株数占70%以上的林分，主要是进行拥挤度调整。间隔期为20~25 a。之后进入单株经营阶段。对天然松栎混交林，应根据现有树种混交比例，进行大树均匀性调整，合理调控林分密度。根据林木径阶大小选择采伐木，主要采用单株择伐方式，使径阶结构呈倒"J"形分布。在进行抚育的同时，应进行地力维护，适当降低枯落物厚度，促进天然更新。

17.4 华南亚热带地区森林培育特点

华南亚热带地区自然环境优越，资源丰富，是中国生态环境最好的地区之一，也是经济社会最发达的区域之一。本区域范围广阔，北部以秦岭—淮河为界，南达南岭山系北回归线附近，东濒黄海、东海海岸和台湾省以及所属岛屿。地理坐标为东经114°02′~124°34′，北纬20°45′~32°35′，行政区域包括江苏、安徽、广东和广西的部分地区，以及浙江、江西、福建、湖南、湖北、台湾和上海10省（自治区、直辖市）。按《造林技术规程》（国家标准）的造林区域划分，属亚热带造林区域。

本区森林资源的特征主要表现为：①植物区系起源古老，特有单种属植物多，如水杉、银杏、青檀、青钱柳等；②植被的组成成分丰富，珍稀植物种类较多，如红豆杉、紫檀、花梨木等；③竹类资源丰富，是毛竹的中心产区；④非木材资源丰富，是油茶、油桐、茶叶的中心产区。总体上看，该区域水热条件优越，树种资源丰富多样，发展林业的潜力巨大。本区的发展方向是在保护好天然植被、确保粮食稳产高产和区域生态安全的条件下，优化该区的森林经营水平，将该区建设成为我国重要的用材林和经济林基地。

17.4.1 华南亚热带地区自然社会特点

17.4.1.1 气候

本区由温带大陆性季风气候向热带气候变化，但因面临东海，受海洋强烈影响，具有明显的海洋性暖湿气候特点。在亚热带中东部区域，≥10 ℃的天数>226 d，≥10 ℃年积温 4800~8000 ℃，平均降水量 1000~1700 mm，极端最低气温-10~10 ℃。该区全年四季分明，天气多变。夏季高温多雨，冬季寒冷干燥。总体上热量丰富、降水充沛，年平均气温在 11~22 ℃左右，冬季绝大部分地域比较暖和。年均降水量总的趋势是南多北少，降水的季节分配比全国其他地区要均匀，一般 4~10 月降水量占全年 70% 以上。然而，在南北跨度近 18 个纬度和东西跨度超过 10 个经度的广大地域内，自然环境的地区性变化仍十分明显。另外，本区域有较大一片临近海岸地带，常有遭受台风（强热带风暴）袭击的危险，强烈的台风会吹拔折断树木，给林业生产带来巨大损失。

17.4.1.2 地形地貌

本区地形地貌复杂多样，南岭山地、江南低山丘陵、江淮平原和太湖、鄱阳湖等湖泊交错分布，东南沿海最东缘海岸线曲折、岛屿众多。总体来说，除安徽、江苏、湖南外，本区域山地丘陵多，平原少，大部分地区是"七山一水二分田"或"八山一水一分田"。中部和南部地区多为中等海拔的山地，如桐柏山、天目山、怀玉山、武夷山等，我国东部最高峰为台湾的玉山山脉，海拔 3952 m，森林主要分布在山区。

17.4.1.3 土壤

本区随着南北热量的差异和东西湿度的不同，出现了不同的森林土壤。大部分丘陵山地为红壤及黄壤，红壤腐殖质含量较低，一般在 5% 以下，而黄壤相对较高，一般为 5%~10%。红壤和黄壤的 pH 值通常在 5.0 以下。山区地形的垂直变化，存在不同的土壤类型。如北部山地及其他山地海拔较高处 1000 m 以上为黄棕壤，pH 值 6.5~7.0；海拔 1500m 以上有山地棕壤、暗棕壤，暗棕壤表层腐殖质含量较高，达 8%~15%，土壤 pH 值 5.5~7.5。此外，本区域还大面积的紫色土，主要由白垩纪和第三纪紫色页岩、砂页岩和砂岩发育而成。

17.4.1.4 植被

在华南亚热带地区，有以中亚热常绿阔叶林为地带性森林植被类型，其区系植物多为壳斗科、樟科、山茶科、冬青科、山矾科、金缕梅科、蔷薇科、木兰科、杨梅科、芸香科、竹亚科等。在地势较高的山区具垂直地带性植被，以壳斗科为主的常绿阔叶林、针阔混交林、常绿针叶林（黄山松）、灌丛草地和山地草甸等；在丘陵和中山地带的常绿阔叶林内常混入一些热带针叶树种有杉木、油杉、银杉、福建柏等；在中亚热带北部山地有榧树、黄杉、金钱松、柳杉、刺柏等，混生落叶阔叶树种，主要有蓝果树、珙桐、山合欢、野茉莉，自温带渗入落叶阔叶树种到本区域，如水青冈属、栗属、栎属、桦木属、赤杨属、械属、椴属、杨属的一些种。这些针叶或落叶阔叶树种，少数可在局部林窗中小片生长，多数都零星散生，成为固有的混生成分。海拔较低的常绿阔叶林内，因人类活动影响，出现次生植被，如马尾松林、杉木林、毛竹林、灌丛等。另外，本区在中、南亚热带还存在红树林群落，主要树种有木榄、桐花树、白骨壤、秋茄等。

17.4.1.5 社会经济特点

华南亚热带地区，由于水热条件良好，自然环境优越，自然资源丰富，是中国生态环境最好的地区之一。该区域各省（直辖市）间经济发展存在一定差异，如广东、江苏、浙江、上海等省（直辖市），作为东南部沿海经济大省，经济社会实力强，人民生活富裕，社会保障体系建设良好，是中国最具活力的经济增长区域。不过，本区域内的人口十分稠密，随着人类各种经济活动的日益频繁，对自然界的开发利用，破坏了原有较好的生态环境，带来生态环境问题，为此，发展平原林业、城市森林和山区林业是提升本区域经济社会实力和可持续发展的重要举措。

17.4.2 华南亚热带地区森林培育特点

本区域水热条件良好，对于人工林的成活和生长非常有利，但另外，也造成植被茂密、杂草灌木丛生，从而给幼林生长带来极大威胁；同时本区地形地貌以山地丘陵为主，区域内山峦起伏、坡度较大且气温较高，有机质分解快，降水量大，极易引起水土流失。这些直接影响到造林树种选择、林地清理、整地方式和方法、造林技术、幼林抚育管理等。

17.4.2.1 树种选择

选择造林树种，必须根据立地条件、造林目的和树种特性，做到适地适树适种源适品种。造林树种应以优良乡土树种为主，外来树种为辅。本区域树种资源丰富、种类繁多，可供造林的优良树种很多。杉木是本地区的最主要的造林树种，但它对立地条件要求相对较严格，在其中心产区如闽北宜集中大量发展，而在其他地区则宜于在立地条件相对较好的地方发展，保持一定比例。马尾松、毛竹、杨树也是本区域主要用材造林树种，另外，大面积引种成功的湿地松、火炬松在本区域也占有重要位置。此外，局部海拔较高的山区可选用柳杉、金钱松、华山松、黄山松等；石灰岩山区可选用柏木、南酸枣、白榆、苦楝、麻栎、青檀、淡竹等；一般低山丘陵区应适当增加珍贵阔叶树种的比重，选用樟树、楠木、檫树、木荷、青钱柳、储栲类、毛红椿等；本区域的偏南地区，还可增加木莲、火力楠、米老排、红荷木、桉树及木麻黄等。在土壤瘠薄紧实的丘陵区注意选用能改良土壤的肥料树种，如桤木、相思树、亮叶桦、胡枝子、银合欢等灌木树种，营造纯林或混交林。经济林树种，如银杏、油茶、光皮树、油桐、板栗是该区域的主要发展对象，应按规划建设基地。

17.4.2.2 林地清理与整地

林地清理的主要任务是清除死、活地被物和采伐剩余物，以便造林施工，并消除杂草灌木对幼林生长的竞争。通常可采用带状清理、块状清理两种林地清理方式。带状清理主要适用于山场坡度大，容易引起水土流失或采伐剩余物、杂草、灌木较多的Ⅰ、Ⅱ类造林地。带的宽度可视植被高度而异，一般为2~3 m，大致相当于种植行的宽度。恶性草灌如五节芒、葛藤、杂竹等必须全面清理干净；块状清理主要适用于立地条件较差的Ⅲ类地和植被稀少的造林地，块状清理的宽度为0.5~1 m，以保持天然植被，防止水土流失。

整地方式要因地制宜，并根据立地条件、林种、树种、造林方法等选择整地方式和整地规格通常，有全面、带状、穴状、鱼鳞坑等方式。山地造林，应采用集水、节水、保土、保墒、保肥等整地方式，要保护和利用已有植被，通常采用带状或鱼鳞坑整地，深度一般应大于30 cm；平原、丘陵造林，采用穴状或全面整地，按造林株行距定点挖穴，穴径40~60 cm，深度30~40 cm。大苗造林、竹林、培育大径材的用材林、速生丰产用材林和经济林树种采用大穴整地，穴径和深度不少于 80 cm。整地一般在造林前一年的秋冬季进行。种植点配置有正方形、长方形、三角形三种。山地造林应采用三角形或长方形（上下长、左右短）配置。以生产果实、种子为目的的经济林，采用三角形配置。岩石裸露地造林，不受配置方式及株行距限制，可见缝栽植。平原地区造林以及机械化造林适宜长方形配置。

17.4.2.3 造林技术

以植苗造林为主，一般采用 1 年生实生裸根苗或容器苗，严格按照"三埋两踩一提苗"方法植苗；毛竹、杨树、漆树、楸树等无性繁殖力强的树种，可进行地下茎造林、埋根、插条和插干等分殖造林形式。大多数树种春季造林或早春造林，一般以 2 月中旬至 3 月中旬最为适宜。

17.4.2.4 抚育管理

幼林抚育重点在于除草和松土，原来局部整地的要逐年扩大松土范围，保证幼树有足够的营养面积。在交通便利和经济条件允许的情况下，应提倡林地施肥，并尽可能做到测土配方施肥。造林当年抚育 2 次，第 2 年或第 3 年后每年抚育 1 次，抚育至林分郁闭。一般以 5~6 月抚育效果较好，下半年可在 9~10 月，在低山丘陵，劳动力充裕情况下可在冬季进行深翻抚育，效果更好。

本区域素有林粮间作传统，在可能条件下应尽量推行林粮、林肥、林桐（油）、林药间作，既促进幼林生长，又可取得早期收益，长短结合，以副促林。

17.4.3 主要造林树种与培育模式

本区域水热条件和生态环境优越，森林类型和树种资源丰富，根据其林业发展布局和经济社会发展要求，提出了华南亚热带地区典型造林树种和主要森林培育模式（表 17-7），供参考应用。

17.5 华南热带地区森林培育特点

我国华南热带地区范围的定义颇多，一般来说，广义上的热带地区指的是南北回归线之间，本书系指广东南部、台湾南部、海南省和云南省西双版纳等北热带区域，陆地范围较小。该区域居我国南部，气候条件优越，热量丰富，雨量充沛，雨热同季，森林植物种类繁多，林木生长迅速，林业生产条件极为优越，发展热带林业极具潜力，是我国甚至世界生物多样性的关键地区。

17.5.1 区域立地条件特点

17.5.1.1 气候

本地区为热带季风气候特征：夏半年高温多雨，冬半年温暖干燥，有明显的干湿季之分；年均降水量一般为 1000~2600 mm，降水分配不均，雨季在 5~10 月，干季在 11~4 月；干季最短 3~4 个月，最长 7~8 个月，雨季降水量占全年的 70%~80%。年平均气温

表 17-7 华南亚热地区主要造林树种和主要森林培育模式

树种	林(材)种	造林地条件	株行距	整地技术	造林方法	抚育管理
杉木	用材林	海拔 800 m 以下，土层厚度 50 cm 以上，A 层厚度 10 cm 以上，pH 值 4.5～5.5，坡度 <25°，避风山坳、山腰	(1.7～2.0) m× (1.7～2.0) m	秋季劈山，全垦整地，穴规格 60 cm×60 cm× 50 cm	1年生裸根苗，冬季或春季造林，适当深栽	造林前三年每年抚育 2 次，第一次在 5 月，第二次在 8 月，每次松土除草，除萌条。也可套种农作物，以耕代抚
马尾松	用材林	海拔 800 m 以下，土层厚度 40 cm 以上的山顶或山体上坡	(1.3～1.7) m× (1.5～2.0) m	秋冬季劈山，坡度 <20° 时可采用全面整地，坡度 >20° 一般采用穴状整地，穴的大小一般为 50～60 cm	早春采用 1 年生苗造林，干阴天或雨后晴天栽植，随起随栽时做到"分级栽植，黄毛不入土，不能窝根、切忌吊空，根系舒展，踩实锤紧"	造林后三年每年松土除草 1～2 次，由近及远，由浅入深，逐年扩穴，最后达到全林垦复。郁闭后要做好修枝间伐工作
马尾松+麻栎	防护林	海拔 800 m 以下阳坡中上部，土层厚度 30～70 cm	行间混交 (1.3～1.5) m×(1.3～2.0) m	秋冬季劈山，块状整地或带状整地，整地深度为 30 cm	春季植苗造林，干阴天或雨后晴天栽植，栽植时做到根舒，敲实	造林前三年每年松土除草 1～2 次
马尾松+木荷	用材林	海拔 800 m 以下向阳山地，土层厚度 40 cm 以上	行间混交 1.7 m× (1.7～2.0) m	秋冬季劈山，挖定植穴，规格 50 cm×50 cm×40 cm，表土回填	春季植苗造林，木荷适当剪枝叶，晴天栽植要打浆蘸根，刮干燥风天不宜造林。马尾松可用一锄法造林，踩紧，敲实	造林后三年每年松土除草 1～2 次，秋两季进行，并结合木荷修枝，培土和修枝
湿地松	用材林	海拔 500 m 以下山坡阳坡，坡度 <30°，土壤疏松，土层厚度 50 cm 以上	2 m×(2～3) m	11～12 月全垦整地，带宽 1 m 以上，整地深度 30 cm 以上	春季植苗造林，选阴天无风天穴植，分层踩实	造林后连续四年，也可结合套种豆科作物，每年停止套种，中耕除草 1 次，在 6～7 月进行，直到郁闭为止
火炬松	用材林	海拔 500 m 以下山坡坡度 <30°，土层厚度 40 cm 以上，通气透水性良好	2 m×(2～3) m	10～11 月劈山后全垦整地或带状整地带宽 1 m 以上，整地深度 30 cm 以上	2～3 月用 1 年生苗造林，起苗时稍带宿土，选择阴天栽植，分层踩实	造林后前 2 年每年复垦 2 次，同在 5～6 月和 8～9 月进行，第 3～4 年每年 6～7 月铲山 1 次，可适当间作作物，以后每年 1 次铲山，直至秋闭为止
相木	用材林	海拔 500 m 以下坡地、丘岗，坡度 <35°，土层厚度 35 cm 以上，微酸性、中性、微碱性的石灰性土、紫色土等	(1.5～2) m× (1.7～2.0) m	初全垦整地，深 30 cm，坡度大的地方，采用块状、穴状整地，宽 1.7～2 m，深 30 cm 挖定植穴，规格 50 cm×50 cm×20 cm	春季采用 1 年生苗木植苗造林，随起随栽，遇晴天栽植要打泥浆，栽植时做到根系舒展	造林后前 2 年每年除草松土各 2 次，分别在夏秋进行，以后每年 1 次铲山，直到郁闭为止

(续)

树种	林(材)种	造林地条件	株行距	整地技术	造林方法	抚育管理
美洲黑杨、欧美杨无性系	纤维板材	地势平坦，土壤容重在1.4 g/cm³以下，在丘陵、岗地造林，坡度10°以下；土壤有效层厚度在60 cm以上，立地指数（标准年龄在6年时的优势木平均高）在16 m以上	2 m×3 m，3 m×3 m，3 m×4 m和4 m×4 m	先机械全垦后，再人工或机械挖大穴，穴规格要求达到0.6 m×0.6 m×0.6 m以上	一般采用1根1干苗植苗造林，栽植深度在50~60 cm；在土壤质地较疏松的沿河滩地和阶地宜用埋干造林。在栽植前，应在水中浸泡1~2 d，使苗木充分吸水，提高造林成活率	林分郁闭前，松土除草每年1~3次，松土除草深度5~10 cm，呈浅外深；在衣林同作的情况下，行间的松土除草结合农作物的松土除草进行。造林后第二年开始施追肥（N、K或N肥），N素用量一般为250~500 g/株。加强食叶性害虫（如杨尺蠖、杨舟履蛾等）、吸汁性害虫（如草履蚧、日本龟蜡蚧、蚜虫、螨类等）的防治。水泡病、水泡溃疡病的防治
美洲黑杨、欧美杨无性系	胶合板材	地势平坦，土壤容重在1.4 g/cm³以下，在丘陵、岗地造林，坡度10°以下；土壤有效层厚度在80 cm以上，立地指数在18 m以上	5 m×5 m，4 m×8 m，6 m×6 m和4 m×10 m	用机械或人工穴状整地，穴规格要求达到0.8 m×0.8 m×0.8 m以上	采用2根1干苗植苗造林，栽植深度在50~60 cm；在土壤质地较疏松的沿河滩地和阶地宜用大苗埋干造林。做到随起随栽，经长途运输的苗木，在栽植前，应在水中浸泡1~2 d，使苗木充分吸水，提高造林成活率	为了培育无节良材，修剪强度：1~3年，修剪至树高1/3处；4~6年修枝到1/2；7年以后，可修枝以后，下部主干上还可能再长出萌条，这些早春剪去。在秋冬或早春进行。修剪应贴近树干，不应留茬。其他抚育管理措施参考纤维板材培育
桉树优良无性系（如尾叶桉、巨尾桉等）	用材林（主要为纤维材）	海拔600 m以下，山谷、沟谷，土层厚度50 cm以上，年平均气温15℃以上，最冷月气温不低于7~8℃，年均降水量>1000 mm	3 m×2 m或4.0 m×1.5 m或4 m×2 m	带状整地，应提前3~6个月进行，整地深度30 cm以上，种植穴规格为40 cm×40 cm×40 cm	一般采用3月以上组培苗造林，做到苗正根舒，踏实。最佳造林时间为2~5月，宜选择连续雨天的间歇期或雨后2~4 d造林	基肥用钙镁磷肥或钙镁磷肥+复合肥，有条件的地方可施有机肥，以提高土壤有机质含量；造林当年和第2年进行人工除草，同时，进行扩坎抚育和追肥；做好病虫害防治工作，保护生物多样性，做好山顶的原有天然植被，维护生态沟和山顶的原有天然植被，维护生态多样性。在林地较稀少的地方可间种绿肥或豆科植物
樟树	用材林	海拔500 m以下山麓、坡向阴，坡度<20°的红壤及平原冲积土，土层70 cm以上，湿润肥沃	(2.0~2.5) m×3.0 m	秋冬季全垦整地，按株行距挖大穴，规格为80 cm×80 cm×50 cm，穴内施厩肥，回填表土	春季芽萌动以前造林，起苗时根部蘸浆，并修剪部分枝叶以及离地面30 cm以下的侧枝，栽植时分层踏实	造林后注意中耕除草，深翻扩穴，修枝抹芽等工作

（续）

树种	林(材)种	造林地条件	株行距	整地技术	造林方法	抚育管理
木麻黄	防护林	海岸滩涂及陆地1~2 km范围，滨海砂土，盐基饱和度高，钙镁含量较高，土壤呈碱性，pH值7.5~9；或具有一定土层的石质海岸	带宽50~100 m，株间混交，株行距1.5 m×2.0 m	滩涂造林，一般不需提前整地，边整地边造林，栽后踩实	春季阴雨天造林，也可以5~6月雨季造林。采用容器苗造林苗高80 cm左右。在苗木出圃前1个月左右要对苗木进行移苗断根1次	大风或台风过后要及时扒开埋沙，扶正苗木，培土和及时补植正苗木，幼林郁闭后可适当整枝间伐，林带郁闭度控制在0.6~0.8
毛竹	经济林（笋用林）	海拔800 m以下，交通运输方便，地势平缓，土层50 cm以上，土质疏松，pH5~6，有机质含量丰富，排水良好，四周无高大乔木，避风的阳坡或半阴坡	(4~5) m×(5~6) m	秋季全面开垦，挖穴种植，规格150 cm×100 cm×50 cm，每穴施菌腐熟肥50 kg，填表土混合，踩实至穴深1/2处	春季选择生长健壮的1~2年生新竹作母竹，挖取时留来鞭30~40 cm，去鞭50~60 cm，母竹挖出后，根部泥块用草包好，留5~8盘枝条，砍去竹梢，竹秆刻朝向记号。栽植时，母竹放入穴内，按原来林地朝向，竹鞭根舒展后再填土，分层踏实，将土培成馒头型，风大的地方用防风架支撑	竹农间作，以耕代抚，夏秋除草施肥，每公顷施厩肥2000 kg，饼肥50 kg，冬播紫云英等绿肥，遇早要浇水或为母竹周围盖草，常年注意护笋养竹，培土，清园等工作，力求三年成林
毛竹	用材林	海拔800 m以下，坡度<30°，土层厚度50 cm以上的山麓、谷地，山腰、中下坡及平地	(5~6) m×(5~6) m	秋冬季劈山，全垦或带状整地，整地深度30 cm以上，并挖定植穴，规格(130~170) cm×(70~100) cm×50 cm，坡穴长边与等高线平行，并将表土回填，适施基肥，踩实	冬季竹梢留5~8盘，削去竹梢母竹鞭留枝5~8盘，尽量随挖随起随运随栽，宜适当浅栽，长鞭与等高线平行，竹鞭与土壤密接，使根系与土壤密接，最后在坑面培土，高于地面15~20 cm，呈馒头状	封山，禁止牛羊进入，在有风的地段设立支架，早季要适当浇水，造林后前3 a每年5月、7月松土除草2次，也可结合套种农作物，冬季结合垦复，适当施有机肥，促使发笋，提早成林
油茶	经济林	海拔800 m以下低山丘陵，坡度<20°，阳坡、半阴坡，土层厚度50 cm以上，通透性强的红壤，避开孤山顶峰、风口及低洼积水地带	(2~3) m×(2.5~3.0) m	冬前全面整地，筑宽1~1.5 m以上山水平防地，穴规格70 cm×70 cm×70 cm。每穴施2~10 kg有机肥作基肥	春季用25 cm高，基径粗0.4 cm，根系完整，无病虫害的2年生嫁接苗，带土栽植，表土填底，分层踩实	间作花生、豆类作物，以耕代抚，对油茶幼林松土除草施肥，施有机肥，修枝整形，培养良好的树体结构

22 ℃以上，最冷月平均气温在16 ℃以上，最热月平均气温29 ℃；终年无霜，日平均气温≥10 ℃的有300天以上，年积温8000~9000 ℃；由于本区处在热带北缘，受强寒潮影响，本地区可能出现短期低温。

17.5.1.2 地形地貌

本区地形总的看来，是以山地、丘陵、台地、平原为主，其中，海南岛地势则是中南部高，四周低平，中间高耸，以五指山、鹦哥岭为隆起核心，最高峰五指山海拔也只有1867m，向外围逐级下降，由山地、丘陵、台地、平原构成环形层状地貌，梯级结构明显。海南岛的地形特征是：多级层状地形、台地地形发育、火山地形明显、珊瑚岸礁在本岛充分发育。

17.5.1.3 土壤与植被

土壤主要为湿润热带的砖红壤，在沿海平原有冲积土、滨海砂土和盐土等；一般酸性岩发育的土壤，风化壳较厚，土壤有机质含量较低(1%~3%)，多呈酸性，pH值4.0~5.5，缺乏盐基物质，且富铝化作用明显，土质较黏重，保水保肥能力较差。

本区天然植被主要是热带常绿季雨林、热带落叶季雨林，兼有热带雨林、热带草原、海岸红树林、滨海沙生植被、珊瑚岛植被等。其中，海南岛有维管束植物4000多种，其中600多种为海南所特有，列为国家重点保护的珍稀植物有20多种，主要分布在热带森林的植物群落类型中。海南岛的热带森林主要分布于五指山、尖峰岭、霸王岭、吊罗山、黎母山等林区，热带森林以盛产珍贵的热带木材而闻名全国，在1400多种针阔叶乔木树种中，有458种被列为国家商品材，属于特类木材的有花梨、坡垒、子京、荔枝、母生等，其中最为名贵的当属海南黄花梨(降香黄檀)。

17.5.2 区域造林技术特点

本地区气候温暖湿润，生长季长，为人工造林提供了优越条件。华南热带地区属于东亚季风气候区的南部，有明显的干湿季之分。同时，必须看到冬季仍有偶尔的低温，还有明显的季节性干旱或威力巨大的台风暴雨，这些都在一定程度上妨碍着人工林的顺利形成和发展。因此，必须因地制宜，选择适宜的林种、树种、无性系，采取相应措施，集约经营，才能建立稳定高效的热带森林生态系统。

17.5.2.1 树种选择

地形地貌对造林立地条件影响很大。除了海拔对气候条件的影响外，地形部位的影响亦很显著。山顶部及山坡上部的生境干旱瘠薄多风，而山腹以下，尤其是沟谷附近的土壤深厚湿润肥沃。坡向的影响一般在山腹中部较明显，山脚以及山顶部的坡向差异不大。除地形条件外，土壤本身的发育状况（或流失程度）及其理化性质是决定造林地立地条件的主要因素。平原地区则应根据土壤性质和地下水位情况确定树种。现初步提出不同立地条件下可供选择的主要造林树种如下：

华南沿海的滨海和淤泥浅滩主要是滨海砂土和滨海盐土。在滨海砂土上，可栽种木麻黄、南亚松、黄槿、红鳞蒲桃、见血封喉、格木、笔管榕、假苹婆、乌榄、柄果木、鹊肾树、竹节树、沙罗、亮叶猴耳环、香叶树等，营造滨海防护林、用材林。在滨海淤泥浅滩，大陆沿岸与海南岛、内滩与外滩有所区别：大陆沿岸，气温较低或偶有寒流影响，可选择木榄、红海榄、海漆、秋茄、桐花树等；而在海南岛，热量高，雨量充沛，可选择红树、海莲、红榄李、角果木、木榄等，营造海滩防浪、护堤林。

在海拔50 m以下的平原台地，主要是沙地和冲积土，可选用桉树类（尾叶桉、细叶桉、巨桉、柳桉、邓恩桉、杂交桉，如尾巨桉、巨尾桉、巨赤桉、尾赤桉）、木麻黄、黄槿、红鳞蒲桃、相思、柚木、高山榕、天料木等，营造速生丰产用材林、防护林、薪炭林。

在海拔50~500 m的丘陵台地，在较深厚湿润肥沃的红壤与砖红壤上可选用桉类、天料木、柚木、降香黄檀、麻楝、海南石梓、红锥、麻栎、台湾相思等，营造热带速生珍贵用材林、薪炭林、防护林以及包括橡胶、紫胶、油料、香料、饮料等在内的热带经济林。在较干旱贫瘠土壤或侵蚀地上，则可选用南亚松、加勒比松、湿地松、桉类、相思类等，营造用材林、薪炭林、水土保持林等。

在海拔500~1200 m的山地，其山坡中下部及山谷，阴坡或半阴坡，较深厚肥沃的红壤、黄壤上可选用狭叶坡垒、母生、柚木、海南石梓等，以营造热带珍贵树种用材林和水源涵养林为主；其山坡上部、山顶、山脊，较干燥瘠薄的红壤、黄壤上可选用南亚松、格木、铁力木等，营造用材林、水源涵养林。

在石山区，岩石裸露，土层浅薄，除山脚土壤较多外，山坡上的土壤覆盖率不到20%，零星间杂在石块间或石缝中，山顶上几为岩石所占。在土壤较多的山脚，可选择擎天树、任豆、香椿、人面子、黄连木、蚬木、海南大风子、金丝李、楸枫、中国无忧花、海红豆、石栗、蝴蝶果等，营造用材林、防护林、油料林或薪炭林。

17.5.2.2 整地技术

本区地形和土壤类型多样，自然条件差异较大，造林的树种繁多，培育目的各异，因此，需要因地制宜采取相应的整地技术。

①滨海淤泥砂土造林整地技术 滨海地区，地势低平，地下水位和矿化度高，盐分的淋洗作用差，土壤含盐量较高，一般在1%~1.9%，植被稀少，多为光板滩涂，一般无需整地，亦可采用全面整地、开沟整地、大穴整地、小畦整地。

②平原台地造林整地技术 平原台地在本地区占较大面积，是速生丰产林建设的重要基地。造林以机械整地为主，兼人工整地。坡度<6°的缓坡地可进行机耕全垦，挖种植坎；坡度在7°~10°之间的丘陵地可进行机耕带状整地，挖种植坎；坡度在10°~15°之间的丘陵地可用挖沟机或人工沿等高线方向挖撩壕整地或挖大坑整地。

③丘陵山地造林整地技术 本区气温高，雨量大且集中，有机质分解快，极易引起水土流失，加之林木轮伐期短，土地的利用率高或干扰频率大，因此，如何保持和维护地力是本区造林整地技术的一个十分重要的环节。为了保持水土，维护林地的生物多样性，在整地时应尽量按水平阶梯要求实施带状整地，或采取沿等高线方向挖大坑方式整地，在以后土壤管理过程中逐步扩大形成水平梯台，杜绝顺坡机耕整地。

④石山区造林整地技术 石山区造林地土壤分布不均，光照强烈，不宜全面整地，应保留种植穴周围的杂灌木，这样可提供侧方蔽荫，提高造林成活率，促进幼树生长。

17.5.2.3 造林方法与季节

①造林方法　直播造林、植苗造林和分殖造林方法均有应用，但以植苗造林最为普遍。石山地区容器苗造林效果较好，裸根苗尤其是大苗，应采取截干造林。红树植物如红海榄、木榄、秋茄、海莲、角果木、红树等，可利用胚轴苗直接插植造林，胚轴插植深度为胚轴长度的 2/3 为宜。在海岸粗沙地和地下水位较低的固定沙地，采用客土造林，适当深栽。

②造林季节　华南热带地区一年四季均可造林，但因冬温较高，气候干旱，造林季节多以春季为主，且因树种和造林地条件而异。桉树、红锥、蚬木、柚木、降香黄檀、铁力木等以春季造林为佳，2~5 月栽植，成活率高、生长好。望天树、南洋楹等可在春季或雨季造林。湿地松等宜在冬季造林。红树植物果实和幼苗的成熟期不一致，人工移栽的时间也不同，可春秋两季造林，在退潮时插穴栽植，栽后压紧，以防潮水淹没和退潮时漂起或海浪冲走。

17.5.3　抚育管理

①桉树速生丰产林或短周期工业用材林的抚育管理　桉树属强喜光树种，要求较充足的光照。控制杂草应根据不同的立地，采取不同的抚育方式。如立地较差，或杂草很少的迹地，杂草生长速率不及桉树，一般在造林的当年进行 1 次人工除草；立地条件较好的林地，杂草生长很快，一般造林的当年和第 2 年、第 3 年都应进行人工除草。结合除草、施肥，在造林的当年和第 2 年进行人工扩坎松土，并坎坎相连形成带状。

②乡土珍贵树种人工林的抚育管理　乡土珍贵树种一般生长较慢，搞好幼林抚育，对促进幼树生长和林分提早郁闭尤其重要。幼林抚育重点在于彻底清除杂草，同时进行松土、施肥，有些种类如红锥需抹除过多萌芽，直到幼林郁闭；降香黄檀幼龄植株柔软，侧枝粗，分枝矮，主干弯曲，第 3 年应结合抚育进行整枝、抹芽。每年抚育 1~2 次，一般 3~5 年幼林可郁闭。

③红树林的抚育管理　海岸潮滩杂草极少，幼林抚育的重点是进行全封育林，不准在新造林区内捕捉鱼、虾、蟹和圈养鱼虾及放鸭，一般全封期为 3 年。

④石山区人工林的抚育管理　造林初期，幼树根系浅，对不良环境的抵抗力差，必须加强抚育管理。抚育以铲草松土为主，铲除植株周围的杂草，并覆盖于穴地面。铲草松土宜在 5~6 月进行，造林头两年，每年 1 次。牛羊喜食任豆、印度紫檀等植物的嫩枝叶，幼林期要加强护林，禁止放牧。

17.5.4　主要造林树种与培育模式

主要造林树种及其培育模式见表 17-8。

17.6　西南地区森林培育特点

西南地区西面和南面以国界为限，北面以昆仑山脉与新疆维吾尔自治区为界，由此向

第17章 区域森林培育

表17-8 华南热带地区主要造林树种培育模式

造林树种	经营目的	立地条件选择	密度与配置	整地与造林	抚育管理	备注
降香黄檀、坡垒、蚬木、红花天料木、樟树、麻栎、铁力木、柚木、加勒比松、南亚松、相思类	用材林	中低海拔的山区、丘陵或平原	3 m×2 m 或 3 m×3 m	秋冬季劈山、全垦整地，穴规格 60 cm×40 cm×40 cm，1 年生苗，春季造林，适当深栽	造林前施基肥，头两年施追肥，造林后前三年每年抚育 2 次，第一次在 5 月，第二次在 8 月，每次松土除草。也可套种农作物，以耕代抚	
桉树优良无性系或杂交种（如细叶桉、巨尾桉等）	短周期工业原料林	海拔 600 m 以下，土层厚度 50 cm 以上	行株距 3 m×2 m 或 4 m×2 m，以后者为宜	种植穴规格 60 cm×40 cm×40 cm，应提前 3～6 个月整地，宜细不宜粗	基肥用钙镁磷肥或氮磷钾复合肥，有条件的地方可施有机肥；造林当年和第 2 年进行人工除草，同时，进行扩坎追育和追肥，做好病虫害防治；保护冲沟和山顶的原有天然植被，维护生物多样性	可间种绿肥或豆科植物
木麻黄、格木、黄槿、隆缘桉、木棉、美丽异木棉、蒲葵、槭仁、凤凰木、水黄皮、假苹婆、银叶树、海南蒲桃、湿加松、割舌罗、桐花树等	华南沿海防护林（海岸基干防护林）	热带海岸陆地 1～2 km 范围，滨海砂土深厚或具有一定土层的石质海岸	带宽 50～100 m，株间或带状混交，株行距 1.5 m×2.0 m	春季阴雨天造林，边整地边造林，栽后宜紧实	大风或台风过后要及时挖开埋沙、扶正苗木、培土、清除死株并及时补植。林带郁闭度控制在 0.6～0.8	
①低潮泥滩带：白骨壤、花桑、海桑等；②中潮海滩带：老鼠簕、秋茄、红海榄等；③高潮滩带：海漆、黄槿、榄李等	潮间带防护林	河口及海岸滩涂地带	灌木型树种，宜 1.0 m×1.0 m；乔木型树种，造林密度为 3.0 m×3.0 m。营造纯林或混交林均可	采集大胎苗，滩涂进行育苗，苗木培育到 30 cm 以上时出圃造林。滩涂造林，一般不需整地，春秋两季造林，可在退潮时插穴栽植，栽后压紧，以防潮水淹没时漂起	应避免受台风、海浪、潮汐冲蚀、淘蚀等影响	
龙眼、荔枝、柚子、黄皮、椰子、槟榔、菠萝蜜、杜果、柠檬、阳桃、红毛榴、番石榴、神秘果、油茶、白木香、咖啡、可可、橡胶	经济林	中低山区中下坡，土层较厚	密度 500～1500 株/hm² 左右	果树类为 100 cm×100 cm×80 cm，药材类 60 cm×40 cm×40 cm	采用经济林的一般管理措施，并采取一定措施注意防止水土流失，如间隔 20～30 m 配置一带等高生草带或灌木带，以减少水土流失	

东则以唐古拉山沿巴颜喀拉山南端和大雪山、邛崃山系大巴山系北段与青海、甘肃、陕西等省交界，东南方则与广西、湖南交界，行政区域包括四川、云南、贵州、重庆、西藏5省（自治区、直辖市），占国土面积的近1/4。该区地域辽阔，人口众多，资源丰富，但存在地形地貌和气候复杂，交通不便等特点。按《造林技术规程》的造林区域划分，西南地区包含亚热带和热带2个造林区域；按《全国森林经营规划（2016—2050）》中划分主要对应云贵高原亚热带针叶林经营区、青藏高原暗针叶林经营区。

本区包括我国地形中的第一台阶和部分第二台阶，生物多样性资源丰富，是全国植物区系最丰富和关键地区之一。本区的发展方向是在坚持生态优先的前提下，严管生态公益林，治理局部生态脆弱区；进一步优化林种结构，提高用材林和经济林比重，加快特色经济林、森林旅游、林药、生物质能源等林业产业发展。

17.6.1 区域立地条件特点

17.6.1.1 气候

西南地区位于亚热带季风气候区。由于青藏高原、云贵高原强烈隆升，打乱了热量地带性分布规律，气候垂直变化明显，从低到高、从南到北依次出现高原亚热带、温带、寒带等气候类型。其气候特征表现为：

(1) 青藏高原

主要受西风环流控制，除西藏东南峡谷及喜马拉雅山系南坡小部地区具有明显的海洋性气候外，其余大部分地区具有干燥寒冷、昼夜温差大、干湿季节分明、无霜期短，降水量少，蒸发量大，相对湿度小的特点。太阳总辐射达 5400~7900 MJ/($m^2 \cdot a$)，比同纬度低海拔地区高 50%~100%；高原面最冷月平均气温低达 -15~-10 ℃，7月平均气温 10~18 ℃，比同纬度地区低 15~20 ℃；年均日照时间 1600~3400 h；透明度高；冰缘冻融作用及寒冻风化作用强烈；各季节降水分配不均，干湿季分界非常明显，年均降水量自藏东南谷地的 5000 mm，向西逐渐递减到 50 mm，90%的降水量集中在 5~9 月，全区年均蒸发量达 2000 mm 以上，相对湿度 50%以下；多8级以上大风，并常伴沙尘暴，主要发生在西部阿里地区，日数在 150 d/a 以上，表现为山地多，谷地少，高原面上多，盆地少，冬、春季多，夏、秋季少。

(2) 云贵高原

北邻青藏高原，南近辽阔海洋，冬季盛行干燥大陆季风，夏季盛行湿润海洋季风，而错综复杂的高原地形和海拔悬殊的地势导致气候垂直变化明显和气候类型多样，其特点是：年温差小，日温差大，东干夏湿，干湿季明显，降水丰沛，雨量分布不均。本区水热资源丰富，大部分地区年平均气温为 12~18 ℃，最冷月平均气温 5~7 ℃，最热月平均气温 19~22 ℃，年均降水 1100 mm 左右，雨季降水占全年 85%左右，但本区水热资源分布不均，年平均气温、年积温和降水量由西北部向东、南、西三面递增，以哀牢山为界，东、西部山地垂直变化明显，形成森林植被类型多样。

(3) 四川盆地

由于地形闭塞，盆地气温高于同纬度其他地区，最冷月平均气温 5~8 ℃，极端最低气温-6~-2 ℃,最热月平均气温 26~29 ℃,河谷近 30 ℃,东南部极端最高气温可超过 40 ℃,年平均气温 16~18 ℃,10 ℃以上活动积温 4500~6000 ℃,持续期 8~9 个月,霜雪少见,年无霜期长 280~350 d,夏季长(4~5 个月),盛夏连晴高温天气容易造成盆地东南部严重夏伏旱;盆地年均降水量 1000~1300 mm,盆地边缘山地降水十分充沛,为中国突出的多雨区,有"华西雨屏"之称,但冬干、春旱、夏涝、秋绵雨,年内分配不均,70%~75%的雨量集中于 6~10 月,最大日降水量可达 300~500 mm。

17.6.1.2 地形地貌

西南地区西北高,东南低。主要由青藏高原、云贵高原和四川盆地组成。

(1) 青藏高原

青藏高原区(不包括青海部分)位于本区西北部,海拔 2200 m 左右至 8844.43 m,区内高山峻岭和河流切割,形成多种高原地貌:一是山地为主的高原地貌,海拔多在 4000~4500 m 以上,多数山峰常年积雪。高原夷平面完整,相对高差仅 100~500 m,主要为浑圆而坡度平缓的山地丘陵和中山—低山,其间夹有规模不等的山间盆地,低处常储水成湖;二是河谷平地和湖盆谷地地貌,冈底斯山与喜马拉雅山之间为雅鲁藏布江及其支流(如拉萨河、年楚河、尼洋曲)的河谷平地和湖盆谷地地貌,海拔多在 4000 m 以下,地势西高东低,地形平坦;三是高山峡谷地貌,即青藏高原东南隅的横断山山脉向北东至大雪山山脉,为一系列东西走向逐渐转为南北走向的高山深谷,怒江、澜沧江和金沙江等穿行其间,地势北高南低,北部海拔 5200 m 左右,山顶平缓;南部海拔 4000 m 左右,山势陡峻。

(2) 云贵高原

位于本区东南部,属典型山原地貌:一是高原区,包括云南高原和贵州高原,夷平面从滇南 1200~1300 m 逐渐上升至 2400 m(巧家、丽江),高原面地形起伏缓和,边缘强烈切割,广布中山宽谷、丘陵和盆地,老第三纪沉积物。二是高山峡谷区,即滇西北、川西南和黔东区域属于深切峡谷地貌,海拔 760~6740m,高黎贡山、怒江、碧落雪山、澜沧江、云岭、金沙江相间排列,平行南下,形成雄伟壮观的高山峡谷。三是中山宽谷区,属横断山脉南延部分,由云岭山脉的余脉,哀牢山、无量山南延扩展成中山宽谷、盆地相间的地貌类型。地势从北向南倾斜,越向南山地起伏愈趋平缓,山川间距开阔,形成山间盆地及高原面。四是盆地。山间盆地,俗称"坝子"。云南省 1 km² 以上的盆地 1440 个,20~49 km² 的有 107 个,50~99 km² 的有 40 个,100 km² 以上的有 49 个。

(3) 四川盆地

位于本区的东部,面积约 17×10⁴ km²,盆底海拔 300~700 m,盆周山地海拔 1000~4000 m,是中国形态最典型、纬度最南、海拔最低的盆地,基岩由紫红色砂岩和页岩组成,分化后形成富含钙、磷、钾等元素的紫色土,俗称紫色盆地。

17.6.1.3 土壤

受地质变迁和复杂气候等影响,西南地区土壤类型多样、地带性明显,垂直分布显著。

(1) 青藏高原

由低到高南部为燥红土、红壤、山地黄棕壤、山地棕壤、漂灰土和高山草甸土,北部河谷为褐土、棕壤、山地暗棕壤、漂灰土和高山草甸土;3000~3600 m 以下的干热河谷狭窄的阶地和洪积扇上以褐土为主;寒冷性针叶林下以棕色森林土为主;林线以上则发育高山灌丛草甸土或高山草甸土;各流域向源上溯,土壤类型趋向一致,由山地棕壤、暗棕壤和山地棕色森林土组成,而河谷地带则包含有红黄壤、黄壤等土壤类型。

(2) 云贵高原

地带性土壤为红壤,约占区域土地面积的50%。南部北纬22°~24°地带为砖红壤、赤红壤,东部湿度较大地区为黄壤,中南部海拔 2500 m 地带为黄棕壤,北部海拔 3000 m 以上为棕壤和暗棕壤,中西部分布有较大面积紫色土,滇东石灰岩地区分布有黑色石灰土,成土过程中砖红壤性作用明显,呈酸性反应,缺乏盐基物质,富铝化作用比较充分。

(3) 四川盆地

本区是全国紫色土分布最集中的地方,分布于盆地海拔 800 m 以下的低山和丘陵,系侏罗纪、白垩纪紫色砂岩、泥岩风化而成,富含钾、磷、钙、镁、铁、锰等元素,土质风化度低,土壤发育浅,肥力高;盆周的山地、盆地内沿江两岸及川西平原的阶地和丘陵上则分布着黄壤,海拔 1000~1200 m,系石灰岩、砂岩、页岩、变质岩和第四纪砾石,在中亚热带四季分明的湿热条件下风化发育而成,有明显的富铝化和黄化过程,胶体硅铝率2.1~3.1,自然肥力较高,但黏性重,酸性强。

17.6.1.4 植被

根据《中国植被》区划,西南地区广布着不同的森林植被。

(1) 青藏高原

包括2个植被带、4个植被区。即高原山地寒温性针叶林带(横断山北部云杉、冷杉林区;川西山地云杉、冷杉、常绿阔叶林区),高原山地寒温带、温性针叶林、硬叶常绿阔叶林带(东西马拉雅山北麓云杉、冷云杉、高山松林区;横断山南部云杉、冷杉林,硬叶常绿栎林区)。森林植被垂直带谱及地域性非常明显,以亚高山针叶林为主,尤以云冷杉暗针叶林最为著名。

(2) 云贵高原

属泛北极植物区的中国—喜马拉雅森林植物亚区,植物种类丰富。由于自然条件复杂,具备各种类型的生态环境,相应发育了多种类型的森林植被,包括3个植被带,7个植被区,即北热带季节雨林、半常绿季雨林带(滇西南河谷山地半常绿季雨林区)、南亚热带季风常绿阔叶林带(滇黔桂石灰岩峰、润楠、青冈、云南松林区;滇南中山峡谷栲类、红木荷、思茅松林区)、中亚热带常绿阔叶林带(滇中高原盆谷滇青冈、栲类、云南松林区;川滇金沙江峡谷云南松、干热河谷植被区;滇西高山纵谷铁杉、冷杉垂直分林区;川滇黔山丘栲类、木荷林区)。

(3) 四川盆地

地带性植被为亚热带常绿阔叶林,包括多种珍贵阔叶树种,其代表树种有栲树、峨眉栲、刺果米槠、青冈、曼青冈、包石栎、华木荷、大包木荷、四川大头茶、桢楠、润楠等，海拔一般在 1600~1800 m 以下；其次有马尾松、杉木、柏木组成的亚热带针叶林及竹林；边缘山地从下而上是常绿阔叶林、常绿阔叶与落叶阔叶混交林、寒温带山地针叶林，局部分布亚高山灌丛草甸。盆地内珍稀孑遗植物与特有种众多。

17.6.1.5 社会经济特点

从全国看，该区少数民族众多，为我国低人口密度区，经济发展比较落后。但该区是我国连接东南亚、南亚的国际大通道，已成为面向东盟自由贸易区的前沿。同时，西南地区还是我国旅游业发展的重要区域，其经济发展的动力和潜力会越来越大。另外，国家和地方政府先后出台了一系列加速林业改革和发展的政策，确立了林业在社会经济发展中的战略地位，为优化森林资源、调整产业结构、明晰产权制度等重大问题提供了强有力的政策支持和战略性政策机遇，发展林业的潜力很大。

17.6.2 地区森林培育特点

17.6.2.1 树种选择

根据适地适树原则，主要造林树种选择如下：

(1) 青藏高原

阔叶树种可选择杨树、高山栎、川滇高山栎、黄背栎、桤木、糙皮桦、旱柳、沙棘等，针叶树则以西藏红杉、大果红杉、喜马拉雅山红杉、青海云杉、林芝云杉、川西云杉、雪岭云杉、云南松、高山松、西藏柏木、巨柏、铁杉、冷杉、西藏冷杉、云南红豆杉等为主，灌丛植物为砂生槐、高山柏、沙棘、锦鸡儿、霸王鞭、白刺花、怪柳、白刺等。其中阔叶树种和灌丛植物多见于防护林，以发挥生态效益为主，针叶树种则兼顾生产效益和生态效益。

(2) 云贵高原

以针叶树种为主。云南松、云南油杉、华山松、翠柏、黄杉等适宜于海拔 1000 m 以上；杉木适宜云南东南部、中部及四川西南种植；三江干热河谷区(金沙江、怒江、澜沧江)与西藏南部林区联系紧密，适宜种植西藏冷杉、喜马拉雅红杉、糙皮桦、垂枝柏；大巴山区和巫山山区从地缘上和这一地区比较接近，适生树种有杉木、枫香、毛竹，大巴山区海拔 1000 m 以下，可种植马尾松、杉木、麻栎、栓皮栎、柏木、枫香、水杉，1000~2000 m 地带可种植华山松、柳杉、铁坚杉，2000 m 以上可种植巴山松、麦吊云杉、黄果冷杉、秦岭冷杉、铁杉；阔叶树种可选择檫木、鹅掌楸、青冈栎、水青冈、黑壳楠、米心树等；此外可发展刚竹、慈竹、红豆杉、秃杉、黄杉等。云南松、杉木、马尾松、水杉及杨树等可选作主要用材树种造林。

(3) 四川盆地

盆中以用材林为主，可选择树种包括：杉木、松类(马尾松、华山松、油松)、柏木、杨树类(白杨组、青杨组)、桤木(桤木、蒙自桤木)、桉树(赤桉、巨桉、直干桉)、秃杉、柳杉、云杉、檫木、水青冈、朴树、栲树、青皮树、鹅掌楸及竹类等；而盆周山地则适宜发展防护林，可选择桤木、栎类、桦木、马桑、黄荆、榛子、马尾松、柏木、油松、华山松、杉木、落叶松、云杉、高山松、青杨、峨眉冷杉、合欢、刺槐、竹类等树种，并可采用悬钩子属、桐子属、胡枝子属、木姜子属、吴茱萸属、蔷薇属等灌木树种进行混交；核桃、板栗、杜仲、银杏、茶叶、花椒、冬枣、园枣、梨枣、毛叶枣、调元枣、油橄榄、大果沙棘、中国沙棘、西藏沙棘、软籽石榴、开心果、小桐子等经济能源林树种可根据立地条件和地方习惯适当发展。

17.6.2.2　林地清理与整地

交通不便或高山峡谷地带一般先不进行林地清理，直接采取穴状等局部整地方式，避免引起水土流失和增加造林成本，一般采用等高线三角形配置，造林前整地；干旱河谷地带则采用反坡鱼鳞坑或反坡穴状整地，等高线"品"字形配置，一般在雨季来临前整好地；山地以及丘陵地区则采用穴状等局部整地或带状整地，横坡或南北向行状配置，一般提前1~6个月整地；盆地低海拔地带多栽植经济林木或速生树种，一般采用大穴整地，造林前进行。

17.6.2.3　造林方法

一般采用植苗造林。高山峡谷地带常采用裸根苗植苗造林，一般4~10月造林，注意避免低温危害，部分交通不便地区可采用播种造林或封山育林以促进自然更新；干旱河谷地带一般采用植苗造林，雨季造林，栽后加强水分管理以提高成活率；云贵高原的山地和丘陵、四川盆地及周边低海拔地区培育用材林常采用无性系容器苗植苗造林，春夏秋冬四季均可造林，但以春季、夏季(雨季)、秋季较多，培育经济林则采用大苗植苗造林，一般春季造林，部分地区注意避免季节性干旱和霜害；分殖造林应用较少，可在水肥优越立地采用，适用于萌蘖性较好的桉、杨等树种。

17.6.2.4　抚育管理

本区高海拔地带以造林成活检查为主，适时进行补植补播，部分为保证保存率加大造林密度的林分应在林分郁闭后及时进行疏伐，主要以施肥为主，一般进行1~2 a幼林抚育，较少进行成林抚育间伐，注意防止风害；干旱地带一般进行2~3 a幼林抚育，以水分管理为主，由于造林成活率低应及时进行补植补播，干旱季节及时松土灌溉，合理调控林分密度，既保证一定的保存率，又避免个体间的强烈竞争，成林抚育按林种要求进行；云贵高原和四川盆地用材林以松土除草、施肥等幼林抚育措施为主，以营造良好的生长环境，提高生产力，一般林分郁闭前每年应进行1~3次松土除草，在施足基肥的基础上，应根据林木需肥特性和林地肥力适时适量进行追肥，每年可进行1~2次，时间为生长季节前和生长高峰期，成林抚育则以密度调控为主，及时进行修枝抹芽除萌，可视林分生长情况适当施肥，而经济林主要以水肥和树形管理为主，特别是高产年之后应及时采取措施恢复树势，营养生长期后应及时进行修剪。此外，病虫害防治是所有林分特别是经济林的抚育管理重点。

17.6.3　主要造林树种和培育模式

本区域水热条件优越，森林类型和树种资源丰富，根据其林业发展布局和经济社会发展要求，提出了西南地区典型造林树种和主要培育模式(表17-9)，供参考应用。

表 17-9 西南地区主要造林树种和主要森林培育模式

树种	经营目的	立地条件选择	整地方式	造林方法	造林密度及配置	抚育管理
云南松	建筑和家具用材、纤维工业原料和松香、松节油生产	光照充足,年平均气温12.5~17 ℃,绝对最低气温>-7 ℃,年均降水量900~1300 mm,冬无严寒,夏秋多雨,无酷热,干湿季分明,海拔1600 m以上山地,排水良好,酸性(pH5.0~6.0)山地红壤、黄壤、紫色土、棕色森林土壤、石灰岩风化土壤	荒山采用块状整地,规格40 cm×40 cm×(15~20)cm;山地沿等高线带状整地,规格(50~60)cm×15 cm;局部缓坡土层深厚地段可雨季前全面整地	以播种造林为主,多为穴播,每穴10粒,播幅10 cm,覆土1 cm,部分具备条件的地段可在雨季人工撒播造林(用种量7.5 kg/hm²)或飞机播种(播种量4~7.5 kg/hm²)	3000~6750 株/hm²,浅山丘陵一般为每公顷10 000个播种点(1 m×1 m);深山区一般为每公顷6667个播种点(1 m×1.5 m)	1月后检查出苗率,造林后2年死亡率10%以上进行补播,70%以上重造,第2年雨季或冬季进行松土除草,抚育3~4株,保留1株,5月下旬至7月上旬同苗,第4年第二次同苗。树龄20龄前抚育3~5 a一次,之后每5年一次
柏木	建筑和家具用材	适于温暖湿润,年平均气温13~19 ℃,绝对低温>-5 ℃,年均降水量1000~1500 mm,无明显干旱季,海拔400~2000 m的山地、丘陵,石灰岩、紫色砂岩、页岩等母质发育的中性、微碱性的各种紫色土和石灰岩山地钙质土最适宜生长	穴状整地,规格50 cm×50 cm×20 cm(1年)或80 cm×80 cm×30 cm(2年),一般冬春整地挖鱼鳞坑,夏天大雨天人坑代替客土	植苗造林为好,"立春"到"清明",最迟到"清明",最好植立地1 m×1.5 m,其他立地1 m×1 m,667~10 000株/hm²,可与枫香、青栲等混交	好的立地1.3 m×1.3 m或1.3 m×1.6 m,4350~6000 株/hm²;其他立地1 m×1.5 m或1 m×1 m,667~10 000株/hm²,可与枫香、青栲等混交	造林后1~2 a,每年夏秋两季应除草松土2次,3~4 a减为1次,修去树干下部干枯枝条,严重被压的同伐
杉木	建筑和家具用材	适宜于年平均气温15~20 ℃,绝对最低气温>-10 ℃,年均降水量1000~2000 mm,海拔800~1000 m的中低山或丘陵、背风向、湿雾大、土厚70 cm以上、疏松、排水良好的酸性(pH4.5~6.5)红壤、黄壤、红黄壤,黄壤生长好	秋冬季劈山,采用全垦、带垦、块垦及撩壕等整地方式,翻土深度20~30 cm至50 cm不等	实生苗造林以春季为主,穴植造林(30~40)cm×30 cm;播条造林宜在初春形成活动时进行,以满1年苗或带2年生部分(二春火苗)为好,条径1 cm,条长30~50 cm,随采随埋	1650~4500 株/hm²,山连山胸1400~1850 株/hm²,山腰山坡1850~2500株/hm²	头2年3~4月、5~6月、6~9月进行中耕除草,第3年4~6月、7~9月进行中耕除草,时及时除萌蘖,7~9年生进行第一次间伐,间伐间隔期4~6 a,多小面积皆伐,伐区16~40 a,主伐年龄16~40 a
云杉	建筑和家具用材、造纸材料和栲胶、纤维树脂和芳香油生产	适宜海拔1600~3800 m,年平均气温6~9 ℃,年均降水量800~900 mm,相对湿度70%的四川盆地西缘山地和高山峡谷区北部阴阳坡和半阳坡以及高山峡谷区云南部河谷阶地	一般穴状整地,规格50 cm×50 cm×30 cm或40 cm×40 cm×30 cm	以植苗造林为主,萌动前栽植最好,干旱期长则雨季造植,杂灌茂密或过于裸露地段可从植(2~5株)。冻拔害地段或严重地区带植。干旱严重地带可斜植,大的阴坡或高海拔地面成20°~30°的倾斜(苗木与地面呈扇形与土壤贴紧),根系呈扇形与土壤贴紧	单株栽植造林密度4350~6000 株/hm²,丛植4500 丛/hm²	幼树高度未超过杂灌层之前,每年6~7月进行松土扶苗抚育,至少用1次。一般采用1~5 hm²小面积状密伐,阳坡或高原丘陵地区采用二次渐伐,高原丘陵地区采用窄带状采伐

(续)

树种	经营目的	立地条件选择	整地方式	造林方法	造林密度及配置	抚育管理
冷杉	建筑和家具用材、造纸纤维材料、冷杉树脂和芳香油生产	适于年平均气温3~8℃，≥10℃的积温在500℃以上，年相对湿度85%以上，日照1000 h的黄壤、黄棕壤立地下生长	采取宽带清林(2~3 m，保留带1.2~1.5 m)，大穴整地(50 cm×50 cm×30 cm或40 cm×40 cm×30 cm)，如土壤黏重，应适当深挖	以植苗造林为主，雨季造林，9月下旬造林，壮苗栽植(3~5株/穴)	造林密度4350~6000株/hm²	前3年每年抚育2次，以后每年1次，生长旺盛前进行，强度抚育
小桐子	能源林	海拔1200 m以下，南亚热带半湿润地区，年平均气温20℃以上。最适宜区：海拔1200~1600 m，干暖及南亚热带的半干旱地区，年平均气温17~20℃。适宜在各种类型的土壤上生长，但在土层中厚(>40 cm)、排水良好的砂质土壤上种植，pH值4.0~8.2	林地清理，宜采用沿等高线带状清除，带宽80 cm范围内清除杂草和灌木。台面宽80 cm，并按株行距挖穴，穴规格40 cm×40 cm×40 cm；陡坡和地形破碎的地段采用穴状(鱼鳞坑)整地，穴规格60 cm×60 cm×50 cm	植苗造林，四旁及星散种植目的的，可用扦插。水源条件好的地方：5~8月雨季前可植苗造林，2年生壮苗，可采用冬季截秆造林	1650~2500株/hm²，株行距2 m×3 m或2 m×2 m；配置方式"品"字形	造林后前3年要做好松土除草，施肥，每年2次，5~6月和8~9月，并适时灌溉和修剪，坡度小于15°造林地，可以试种实行林粮间种，以耕代抚
檫木	珍贵家具用材	喜温暖湿润，雨量充沛，年平均气温为12~20℃，一般在海拔800 m以下，适宜土层深厚、通气、排水良好的酸性土壤上生长	大穴或水平梯等整地式，穴大50 cm×50 cm×30 cm或40 cm×40 cm水平环山壕沟。有条件的地方，每穴放入先施放基肥，可施入0.25 kg的过磷酸钙和钾肥，与土壤拌匀	一般以发生苗造林为主。但有些地方，在不利气候条件下(干旱、冰冻)利用檫树萌芽能力强的特点，采用截干造林效果也好。檫树芽饱萌动期早，在冬季无严重冻害的地区，尽可能在檫树落叶之后，采用冬季造林	纯林，一般750~900株/hm²。但适宜混交种植，采用一行檫树与一行杉木的混交，造林时，每苗檫48株，也可采用星状混交	幼林生长迅速，郁闭成林后1~2 a内，可同种农作物套种以耕代抚或青蒿草，坚持松土除草2~3 a。不宜作檫木林的全垦林分，务必坚持3~5 a的全垦深翻压青，郁闭成青，进行间伐，间伐强度为保存株数的15%~20%，一般同伐1~2次即可
栲木	建筑和家具用材、生产绿肥，改良土壤，水源效益	适生于年平均气温15~18℃，绝对最低气温>-10℃，年均降水量900~1400 mm的丘陵山地。对土壤酸碱度要求不严，酸性、黄壤、弱碱性、中性和微碱性紫色土壤均能适应	一般采用穴状整地，穴大40~60 cm，深30~40 cm	12月至翌年1月(最迟2月中旬)造林或秋季造林(秋季气温高，湿度大，雨量充沛，根系发育快)	造林密度1650~3750株/hm²，可与柏木、楠木与杉木、柳杉等大密度混交	连续抚育两年，5年后修枝作、浇肥、浇灌，水保林可采取压条以增大密度
沙棘	荒山造林保土固沙薪炭、防护经济林树种	适合于年平均气温3~12℃，年均降水量360~800 mm，海拔1400 m以下，风沙、高温、水湿、盐碱等恶劣立地。荒坡、湿润沙黄地、薪薄干旱、荒地草甸、弱中度盐碱地上均能生长，耐过于黏重土壤	土壤水分条件较好，降水量以多、砂质壤土的沟谷、塔窿地或提前整修的反坡梯田适宜播种造林，一般播种4~5月，干旱荒雨季适宜秋播种均可，春季，秋季坡则，适时早栽，一般土壤解冻20~30 cm时就可进行	植苗造林时，播种量2.5~37.5 kg/hm²，植苗行距1.5 m×2 m或株行距2 m×3 m，1650~3300株/hm²	播种当年松土除草1~2次，造林后5~7 a平茬，间隔周期4~6 a

复习思考题

1. 试述我国不同地区的林业发展方向及在我国林业建设中的地位。
2. 我国不同地区的主要造林树种有哪些？
3. 我国不同地区的造林技术和造林模式有何特点？

推荐阅读书目

1. 北京林学院，1981. 造林学. 北京：中国林业出版社.
2. 中国树木志编委会，1981. 中国主要树种造林技术. 北京：中国林业出版社.
3. 沈国舫，2020. 中国主要树种造林技术（第2版）. 北京：中国林业出版社.
4. 黄枢，沈国舫，1993. 中国造林技术. 北京：中国林业出版社.
5. 盛炜彤，2013. 中国人工林及其育林体系. 北京：中国林业出版社.
6. 邹年根，罗伟祥，1997. 黄土高原造林学. 北京：中国林业出版社.
7. 翟明普，沈国舫，2016. 森林培育学（第3版）. 北京：中国林业出版社.

（沈海龙　贾黎明　赵　忠　方升佐　董建文）

第18章 林业重点生态工程与森林培育

【本章提要】 本章在概述林业重点生态工程基本理论与实践的基础上，论述了天然林资源保护、退耕还林还草、防护林体系建设、用材林基地建设等工程的启动背景、工程概况以及工程建设中的森林培育问题等内容。

18.1 林业重点生态工程概述

生态工程是在全球生态危机爆发和人们寻求解决对策的宏观背景下应运而生的，它是应用生态学中一门多学科渗透的新分支学科。19世纪后期，不少国家由于过度放牧和开垦等原因，造成风沙肆虐、水土流失等各种自然灾害频繁发生。20世纪以来，很多国家都开始关注生态建设，先后实施了一批规模和投入巨大的生态工程。

18.1.1 林业重点生态工程的基本概念

18.1.1.1 林业重点生态工程的内涵

生态工程是根据整体、协调、循环、再生生态控制论原理，系统设计、规划、调控人工生态系统的结构要素、工艺流程、信息反馈、控制机构，在系统范围内获取高的经济和生态效益，着眼于生态系统持续发展能力的整合工程和技术。

就生态工程的实际应用来说，我国已有数千年的历史。我国是世界上最大的农业国，有数千年精耕细作的农业传统和经验，其中"轮套种制度""垄稻沟鱼""桑基鱼塘"等，就是相当成熟的生态工程模式。然而，作为一个独特的研究领域，生态工程的研究仅有几十年的历史。我国著名科学家马世骏先生早在1954年研究防治蝗虫灾害时，即提出调整生态系统结构、控制水位及苇子等改变蝗虫滋生地，改善生态系统结构和功能的生态工程设想、规划与措施。

1962年，美国生态学家奥德姆（H. T. Odum）首先使用了生态工程（ecological engineering）一词，并定义为"人类运用少量的辅助能而对那些以自然能为主的系统进行的环境控制"。1971年，他又指出"人对自然的管理即生态工程"。1983年，他又修改为"为了激励生态系统的自我设计而进行的干预即生态工程，这些干预的原则可以是为了人类社会适应环境的普遍机制"。

1987年，由马世骏等主编的《中国的农业生态工程》认为："生态工程是应用生态系统中物种共生与物质循环再生的原理，结合系统工程的最优化方法，设计的分层多级利用物质的生产工艺系统。生态工程的目标就是在促进自然界良性循环的前提下，充分发挥物质的生产潜力，防止环境污染，达到经济效益与生态效益同步发展。它可以是纵向的层次结构，也可以发展为由几个纵向工艺链索横连而成的网状工程系统"。

1989 年，美国生态学家 William J. Mitsch 和丹麦生态学家 Sven Erik Jorgensen 主编，马世骏先生等多国学者参编的世界上第一部生态工程专著 Ecological Engineering，成为生态工程学作为一门新兴学科诞生的起点，他们将生态工程定义为：为了人类社会及其自然环境二者的利益而对人类社会及其自然环境进行设计，它提供了保护自然环境，同时又解决难以处理的环境污染问题的途径，这种设计包括应用定量方法和基础学科成就的途径。2004 年，William J. Mitsch 和 Sven Erik Jorgensen 又联合出版了 Ecological Engineering and Ecosystem Restoration，对生态工程理论进行了更全面深入的研究。

从各行各业的生态工程建设实践中，其主要类型为：农业生态工程、林业生态工程、渔业生态工程、牧业生态工程等。

林业重点生态工程就是为了保护、改善和持续利用自然资源和生态环境，提高人们的生产、生活和生存质量，促进国民经济发展和社会全面进步，根据生态学、林学及生态控制理论，设计、建造与调控以森林植被为主体的复合生态系统。

18.1.1.2 林业重点生态工程的外延

规范的林业重点生态工程应有全面的工程规划，有明确的工程建设规模、工程区域范围、投入资金和建设期限等内容，在施工过程中或竣工以后有相应的检查验收和监督体系来确保工程的数量和质量。其他的一些项目计划，如人与生物圈计划（MAB）、国际地圈—生物圈计划（IFBP）、热带林行动计划等，虽然也具有林业重点生态工程的某些特征，但严格来讲，它们不属于本章讨论的林业重点生态工程的范畴。

我国的林业重点工程基本上都是林业重点生态工程。目前，我国正在实施的与森林培育密切相关的重点林业重点生态工程有天然林资源保护工程、退耕还林还草工程、三北防护林体系、长江流域防护林体系、珠江流域防护林体系、沿海防护林体系、平原绿化工程、太行山绿化工程、京津风沙源治理工程等。

按建设目的的不同，林业重点生态工程主要分为以下几种类型：山丘区林业重点生态工程，主要是保护、改善山丘区水土资源；平原区林业重点生态工程，主要是减轻冷热风对农作物的伤害，改善平原景观；风沙区林业重点生态工程，主要是防治风沙对农作物、人们生命财产的破坏；沿海区林业重点生态工程，主要是减少台风、暴雨、海啸对人们生产生活的破坏；城市林业重点生态工程，主要是改善城市环境质量，为人们提供良好的环境；水源区林业重点生态工程，主要是涵养水源，减轻洪涝灾害；复合农林业重点生态工程，主要是实现自然界水分、养分、阳光等物质、能量的时间空间最佳利用；自然保护林业重点生态工程，主要是保护物种资源，提高生物多样性。

18.1.2 国内外林业重点生态工程发展概况

18.1.2.1 国外林业重点生态工程建设概况

国外大型林业重点生态工程的实践始于 1934 年的美国"罗斯福工程"，此后实施了一批规模和投入巨大的林业重点生态工程，其中影响较大的有美国的"罗斯福工程"；苏联的

"斯大林改造大自然计划";加拿大的"绿色计划";日本的"治山计划",北非五国的"绿色坝工程",法国的"林业生态工程",菲律宾的"全国植树造林计划",印度的"社会林业计划",韩国的"治山绿化计划",尼泊尔的"喜马拉雅山南麓高原生态恢复工程"等。这些大型工程都为各国的生态建设起到了重要的作用。

(1) 美国"罗斯福工程"

美国建国初期,人口主要集中在东部的 13 个州,其后不断地向西进入大陆腹地,到 19 世纪中叶,中西部大草原 6 个州人口显著增长,由于过度放牧和开垦,19 世纪后期就经常风沙弥漫,各种自然灾害日益频繁。特别是 1934 年 5 月发生的一场特大黑风暴,风沙弥漫,绵延 2800 km,席卷全国 2/3 的大陆,大面积农田和牧场毁于一旦,使大草原地区损失肥沃表土 3×10^8 t,6000×10^4 hm^2 耕地受到危害,小麦减产 102×10^8 kg,当时的美国总统罗斯福于 7 月发布命令,宣布实施"大草原各州林业工程",因此这项工程又被称为"罗斯福工程"。该工程纵贯美国中部,跨 6 个州,南北长约 1850 km,东西宽 160 km,建设范围约 1851.5×10^4 hm^2,规划用 8 年时间(1935—1942 年)造林 30×10^4 hm^2,平均每 65 hm^2 土地上营造约 1 hm^2 林带,实行网、片、点相结合:在适宜林木生长的地方,营造长 1600 m,宽 54 m 的防护林带。

经过 8 年建设,美国国会为此拨款 7500 万美元,到 1942 年,共植树 2.18 亿株,营造林带总长 28 962 km,面积逾 10×10^4 hm^2,保护着 3 万个农场的 162×10^4 hm^2 农田。1942 年以后,由于经费紧张等原因,大规模工程造林暂时中止,但仍保持着每年造林 1×10^4 ~ 1.3×10^4 hm^2 的速度。到 20 世纪 80 年代中期,人工营造的防护林带总长度 16×10^4 km,面积 65×10^4 hm^2。

(2) 苏联"斯大林改造大自然计划"

苏联时期国土总面积 2227×10^4 km^2。20 世纪初,由于森林植被较少和特殊高纬度地理条件,农业生产经常遭到恶劣的气候条件等因素的影响,产量低而不稳,为了保证农业稳产高产,大规模营造农田防护林提上了议事日程。1948 年,苏共中央公布了"苏联欧洲部分草原和森林草原地区营造农田防护林,实行草田轮作,修建池塘和水库,以确保农业稳产高产计划",这就是通常所称的"斯大林改造大自然计划"。计划用 18 年时间(1949—1965 年),营造各种防护林 570×10^4 hm^2,营造 8 条总长 5320 km 的大型国家防护林带(面积 7×10^4 hm^2),在欧洲部分的东南部,营造 40×10^4 hm^2 的橡树用材林。

1949 年,"斯大林改造大自然计划"开始实施,由于准备工作不足,技术和管理上都出现了一些问题,影响了造林质量。1953 年林业部又被撤销,使该计划随之搁浅。据统计,1949—1953 年共营造各种防护林 287×10^4 hm^2,保存 184×10^4 hm^2。1966 年,苏联重新设立了国家林业委员会。1967 年,苏共中央发布了"关于防止土壤侵蚀紧急措施"的决议,决议将营造各种防护林作为防止土壤侵蚀的主要措施,再次把防护林建设列入国家计划,使防护林建设进入新的发展阶段。到 1985 年,全苏联已营造防护林 550×10^4 hm^2,防护林比重已从 1956 年的 3% 提高到 1985 年的 20%。据统计,由于防护林的保护,牧场提高牲畜产量 12% ~ 15%,农牧业年增产价值达 23 亿卢布。20 世纪 80 年代末期,东欧急剧动荡,紧接着苏联解体,防护林大规模营造活动再次中止。

(3) 北非 5 国"绿色坝工程"

世界上最大的沙漠——撒哈拉沙漠的飞沙移动现象十分严重,威胁着周围国家的生产、生活和生命安全,为了防止沙漠北移,控制水土流失,发展农牧业和满足人们对木材的需要,1970 年,北非的摩洛哥、阿尔及利亚、突尼斯、利比亚和埃及等 5 国政府,决定在撒哈拉沙漠北部边缘联合建设一条跨国生态工程,用 20 年的时间(1970—1990 年),在东西长 1500 km,南北宽 20~40 km 的范围内营造各种防护林 300×10^4 hm^2。其基本内容是通过造林种草,建设一条横贯北非国家的绿色植物带,以阻止撒哈拉沙漠的进一步扩展或土地沙漠化,恢复这一地区的生态平衡,最终目的是建成农林牧相结合,比例协调发展的绿色综合体,使该地区绿化面积翻一番。

北非 5 国"绿色坝工程"从 1970 年开始,经过 10 多年的建设,到 20 世纪 80 年代中期,已植树 70 多亿株,面积达 35×10^4 hm^2,初步形成一条绿色防护林带,防止了撒哈拉沙漠进一步扩展。后来,北非 5 国加快造林速度,到 1990 年,已营造人工林 60×10^4 hm^2,使该地区森林总面积达到 1034×10^4 hm^2,森林覆盖率达到 1.72%。

(4) 加拿大"绿色计划"

20 世纪 70 年代初,加拿大对国家公园的建设进行了系统规划,将全国划分为 39 个国家公园自然区域,计划在每个自然区域内都建立国家公园。1990 年,加拿大联邦政府和省级部长会议,提出了持续经营森林的主要目标、原则和规定,同时,联邦政府宣布一项耗资 30 亿加元的"为健康环境奋斗的加拿大绿色计划",开展大规模的植树造林和国家公园建设。1992 年,加拿大国家林业战略确定在 2000 年前,建成一个具有代表性的保护区网络,把国土面积的 12% 留作永久保留地。经过约 10 年的努力,加拿大建成国家公园 39 个,正在建设的国家公园 12 个,总面积 5000×10^4 hm^2;受法律保护禁伐的保护区面积已增加到 8300×10^4 hm^2,以上各类保护区的面积合计已达 1.33×10^8 hm^2,占加拿大国土总面积的 13%,基本实现了规划目标。工程建设取得了巨大的综合效益,据加拿大测算,国家公园土地产生的经济价值高达 208.2 加元/hm^2,是小麦价值 73.5 加元/hm^2 的近 3 倍。

(5) 日本"治山计划"

第二次世界大战后,日本针对本国多次发生大水灾,提出治水必须治山、治山必须造林,特别是营造各种防护林,1954 年日本制定了《治山事业十年计划》,但这一时期由于强制推行战时体制,受经济计划调整的影响,《治山事业十年计划》只实施了 5 年,完成了计划的 18%。1960 年颁布《治山治水紧急措施法》,同时将 10 年计划改为 5 年计划,加上已有的《森林法》《滑坡防止法》等,使治山事业纳入了法制轨道。防护林的比例由 1953 年占国土面积的 10% 提高到 90 年代中期的 32%,其中水源涵养林占 69.4%,并在 3300 hm^2 的沙岸宜林地上营造 150~250 m 宽的海岸防护林。从 1960 年制定第一期《治山事业五年计划》至今,已连续实施了 10 多期《治山事业五年计划》。

18.1.2.2 中国林业重点生态工程建设概况

我国已有数千年生态工程实际应用的历史,"垄稻沟鱼""桑基鱼塘"等就是相当成熟的生态工程模式。然而,中华人民共和国成立后,特别是改革开放以来,我国林业重点生态工程才进入真正的发展阶段。

(1)"启蒙阶段"(1949年以前)

我国曾是一个森林茂密、山川秀美的国家。随着人口的增加，战争的破坏，导致森林植被锐减。一些地方甚至失去了人类生存的基本条件，成为世界上水土流失最严重、自然灾害最频繁的国家之一。中国具有悠久的植树造林历史。东北西部、河北西部和北部、陕西北部、新疆北部、河南东部等地沙区群众为了保护农田，历史上曾自发地在沙地上营造以杞柳、沙柳、旱柳、杨树、白榆、白蜡条等为主的小型防护林带，由于小农经济的限制，林带布局零乱、规模窄小、生长低矮、防护作用较差。

(2)起步阶段(20世纪50年代至60年代中期)

新中国成立后，在"普遍护林、重点造林"的方针指导下，我国由北向南相继开始营造各种防护林。但是，这时营造的林分树种单一、目标单一，缺乏全国统一规划，范围较小，难以形成整体效果。

(3)停滞阶段(20世纪60年代中期至70年代后期)

"文化大革命"期间，林业建设与各行各业一样，建设速度放慢甚至完全停滞，有些先期已经营造的林分遭到破坏，一些地方已经固定的沙丘重新移动，已经治理的盐碱地重新盐碱化。

(4)体系建设阶段(20世纪70年代末以来)

改革开放以来，我国林业重点生态工程建设出现了新的形势，步入了"体系建设"的新阶段，采取生态、经济并重的战略方针，在加快林业产业体系建设的同时，狠抓林业生态体系建设，先后确立了以遏制水土流失、改善生态状况、扩大森林资源为主要目标的十大林业重点生态工程，即"三北"、长江中上游、沿海、平原、太行山、防沙治沙、淮河太湖、珠江、辽河、黄河中游防护林体系建设工程。世纪之交，全国林业重点生态工程达到16个。21世纪初，我国从经济社会发展对林业的客观需求出发，围绕新时期林业建设的总目标，对林业重点工程进行了整合，相继实施了天然林资源保护工程、退耕还林还草工程、三北和长江中下游地区等防护林体系建设工程、京津风沙源治理工程、野生动植物保护和自然保护区建设工程、重点地区速生丰产用材林基地建设工程六大林业重点生态工程。后来又启动了湿地保护工程、石漠化治理工程、国家储备林基地建设工程等。这些工程覆盖了我国的主要水土流失区、风沙侵蚀区和台风盐碱危害区等生态环境最为脆弱的地区，构成了我国生态建设的基本框架，其实施对中国生态建设起到巨大的推动作用，也对世界生态状况作出了重要贡献。

18.1.3 林业重点生态工程的工程管理

18.1.3.1 工程项目管理程序

(1)项目建议书阶段

项目建议书是要求建设某一项目的建议文件，由政府林业主管部门、林业企事业单位向国家计划部门、林业主管等部门提出。项目建议书一般由申报单位(建设单位)负责编制，或委托有资质的林业勘察设计(调查规划)和工程咨询单位协助共同编制。其主要内容包括：总论，项目背景及建设的必要性，项目区基本情况，项目总体布局、建设内容及规模，投资估算与资金筹措，效益分析与评价，项目组织管理与保障措施，结论与建议。

(2) 可行性研究阶段

项目建议书被上级主管部门批准后，进行可行性研究文件的编制，供上级主管部门决策、审批。可行性研究文件由建设单位委托给有相应资质等级的林业勘察设计(调查规划)或工程咨询单位编制。可行性研究报告的主要内容包括：总论，项目背景及建设必要性，建设条件分析，建设方案，项目组织与经营管理，项目建设进度，投资估算与资金筹措，效益分析与评价，项目建设保障措施。

(3) 总体设计阶段(相当于初步设计)

可行性研究报告批复后，按批文要求进行总体设计。通过对设计对象作出基本技术规定，编制项目的总概算。总体设计文件必须由建设单位委托给具有相应资质的林业勘察设计(调查规划)单位负责编制。总体设计说明书的主要内容包括：基本情况，经营区划，项目布局与规模，营造林设计，森林保护设计，基础设施建设工程设计，项目经营管理，投资概算与资金筹措，效益分析与评价。

(4) 作业设计阶段(相当于施工设计)

建设单位根据批复的总体设计文件，组织编制作业设计文件，以指导建设项目施工作业。作业设计的范围必须明确，符合总体设计确定的经营管理单位。小班区划转绘、面积核实测算符合精度要求，小班套入的立地类型、造林类型和森林经营类型准确。各项技术设计、施工作业顺序时间、劳动安排科学合理。重点突出小班营造林设计图，设计图图例规范，标注的内容清楚，比例尺适当，方便施工。

(5) 施工阶段

依据施工图计算的工程量与投资额，通过招标或委托的方式选择有相应资质等级的施工单位，组织项目的施工活动。项目法人或者委托监理公司对投标单位进行相关的资质审查，对所提交的施工组织方案、质量保障措施体系、人员上岗资质、安全措施等进行审核并提出意见和建议，规划设计单位对施工单位进行技术交底。

(6) 竣工验收阶段

工程验收的过程一般要在施工单位自检、监理公司检查和甲方及设计单位对造林工程的实施状况进行检查后，由各方做出施工质量评估意见，才能最后向主管部门提交验收申请报告。工程竣工验收应当具备下列条件：完成工程设计和合同约定的各项内容；有完整的技术档案和施工管理资料；有工程使用的主要材料的进场验收报告；有规划、设计、施工、工程监理等单位分别签署的质量合格文件；有施工单位签署的工程保修书。

(7) 后评价阶段

在工程项目运营若干年后，还要对实际产生的结果进行事后评价，以确定工程项目目标是否真正达到，从中汲取经验教训，供将来实施类似项目时借鉴。后评价一般按3个层次组织实施，即项目法人的自我评价、项目行业的评价、计划部门(或主要投资方)的评价。重点是生态环境影响评价；经济效益评价，对项目投资、国民经济效益、财务效益、技术进步和规模效益等进行评价；过程评价，对项目立项、设计、施工管理、竣工投产、生产运营等全过程进行评价。

18.1.3.2 工程项目管理内容

(1) 程序管理

工程造林按国家基本建设程序进行管理,同时必须与当前林业机构、人员技术素质和生产水平相适应。考虑到以下几方面:第一,工程造林要求人、财、物、技术力量相对集中,造林面积相对集中连片,并有一定的规模限制。第二,要把组成造林的各个工序,如育苗、预整地、栽植、幼林抚育管理等作为一个整体进行统一安排、统一规划、统一管理。第三,规划、设计、施工、检查验收、相关文件等按隶属关系建立技术档案。

(2) 质量管理

质量管理主要是规划设计和施工两个环节。规划设计的审批是一般省级林业厅(局)对各县(市、区)的计划执行情况的宏观控制,要求作业面积落实到具体林场和具体地块,一经批复,一般不准更改,如果工程变更超过了一定的范围,就要重新进行项目论证。施工的质量管理主要由项目法人实施,林业主管单位监督、检查。

(3) 技术管理

主要是严格的技术规范、规划设计水平、施工技术水平3个方面。内容包括:实行责任合同制,项目主持人、技术负责人和施工质量负责人要分别承担合同中规定的经济和技术责任;开展工程造林的各种培训,提高基层的规划设计水平和施工技术指导水平;建立技术档案,要以小班为单位,及时、准确、客观地填写和记载。

(4) 验收管理

一般在造林后第三年进行造林工程验收。核实造林面积、平均成活率,施工质量合格率。但是,在每年要对当年的施工质量按照验收管理办法逐地块检查验收,如有质量问题要及时传达到施工单位进行整改,对需补栽的,在当年或第二年一次性完成。

(5) 资金管理

资金管理实行报账制,确保资金使用效益。通过资金这条线,把工程实施、财务管理、质量监督等环节有机地结合起来,防止资金损失。

(6) 档案管理

从工程造林项目的确定开始,一直到总体规划设计,作业施工设计,造林施工,幼林抚育,造林检查验收及工程的竣工,整个工程过程均应建立健全档案管理制度和管理办法。

(7) 引入监理制度

由监理工程师针对具体的工程项目,依据有关法规和林业技术标准,综合运用法律、经济和行政手段,对林业工程项目参与者的行为及其责权利进行必要的监督管理和组织协调。

18.2 天然林资源保护工程

18.2.1 工程启动背景

天然林资源是中国森林资源的主体,加强天然林资源的保护,对保护生物多样性、维护国土生态安全、促进经济社会可持续发展具有十分重要的作用。长期以来，东北、内蒙古国有林区和长江上游、黄河上中游地区，在为国家建设和人民生活提供大量木材的同时，造成天然林资源锐减，生态环境不断恶化。仅长江上游、黄河上中游地区，每年因水土流失进入长江、黄河的泥沙量达 20×10^8 t，导致下游江河湖库日益淤积抬高，水患不断加重，严重影响广大人民群众的生产和生活。1998年特大洪涝灾害后，针对我国天然林资源过度消耗而引起的生态环境恶化的实际，党中央、国务院从我国社会经济可持续发展的战略高度，做出了实施天然林资源保护工程的重大决策，在全世界产生了深远影响。我国自1998年开始试点实施天然林资源保护工程以来，已经完成了一期工程（2000—2010年）和二期工程（2011—2020年）。

18.2.2 工程概况

18.2.2.1 工程规划范围

天然林资源保护工程一期涉及我国长江上游地区（以三峡库区为界），包括云南、四川、贵州、重庆、湖北、西藏6省；黄河上中游地区（以小浪底库区为界），包括陕西、甘肃、青海、宁夏、内蒙古、河南、山西7省；东北、内蒙古等重点国有林区，包括内蒙古、吉林、黑龙江、海南、新疆，共18个省，涉及753个县（旗、市）、145个国有林业企事业单位、16个地方重点森工、3个副地级国有林管理局、27个县级林业局（场）。二期工程实施范围增加了丹江口库区的11个县（市、区）。2016年，经国务院批准，"十三五"期间全面取消了天然林商业性采伐。目前，我国涉及26个省（自治区、直辖市）和新疆生产建设兵团的国有天然林及江西、福建等16个省（自治区）的集体和个人所有天然商品林全部纳入保护范围，"把所有的天然林都保护起来"的目标已基本实现。

18.2.2.2 工程建设目标任务

工程建设的目标主要是解决天然林的休养生息和恢复发展问题，最终实现林区资源、经济、社会的协调发展。

一期工程建设的任务：一是控制天然林资源消耗，加大森林管护力度。实行木材停伐减产，全面停止长江上游、黄河上中游地区天然林的商品性采伐，东北、内蒙古等重点国有林区的木材产量由1997年的 1853.6×10^4 m^3 调减到2003年的 1102.1×10^4 m^3。停伐减产到位后，整个工程区年度商品材产量比工程实施前减少 1990.5×10^4 m^3，减幅62.1%。二是加快长江上游、黄河上中游工程区宜林荒山荒地的造林绿化。到2010年规划新增森林面积 867×10^4 hm^2，森林覆盖率由原来的18.5%提高到21.2%，增加3.7个百分点。三是妥善分流安置国有林业企业富余职工。工程区在职职工144.6万人，由于木材停伐减产，需要分流安置的富余职工76.5万人，其中：东北、内蒙古等重点国有林区50.9万人，长江上游、黄河上中游地区25.6万人。

二期工程在投入标准上不仅取消了一期实行的地方财政配套工程投入20%的做法，而且大幅度提高了森林管护、社会保险和政社性支出等投入的补助标准。一是增加公益林建设 770×10^4 hm^2，其中：人工造林 203.3×10^4 hm^2，封山育林 473.3×10^4 hm^2，飞播造林 93.3×10^4 hm^2。二是按照轻重缓急的原则，规划了新增中幼林抚育任务 1853.3×10^4 hm^2，占需要抚育面积的36%。三是在东北、内蒙古林区安排后备资源培育任务 326×10^4 hm^2。四是安排森林管护任务 1.15×10^8 hm^2。五是根据社会平均工资水平的提高和物价变化，适当调整各项工程建设的补助标准。

18.2.2.3 工程建设成效

天然林资源保护工程1998年开始试点，2000年在全国全面启动，经过20年的保护培育，工程建设取得显著成效。

一是天然林资源保护工程区的森林资源得到恢复性增长。通过停伐减产和有效保护，工程区长期过量消耗森林资源的势头得到有效遏制，森林资源总量不断增加，天然林质量显著提升。20年来，天然林资源保护工程累计完成公益林建设任务 1833.3×10^4 hm^2，中幼龄林抚育任务 666.7×10^4 hm^2，使 $12\,880\times10^4$ hm^2 天然林得以休养生息。工程区天然林面积增加 660×10^4 hm^2，天然林蓄积量增加 12×10^8 m^3，增加总量分别占全国的88%和61%。

二是局部地区生态环境明显改善，生态效益显著提高。通过有效保护现有森林和实施植树造林，使局部地区生态环境得到了明显改善，一些地方过去干涸的水源和泉眼开始出现水流，降水量和空气湿度明显增加。据对长江上游、黄河上中游22个县的抽样调查，水土流失面积与工程实施前相比下降5.99%，长江泥沙含量出现全线下降的趋势。西南林区大熊猫、朱鹮、金丝猴等国家级重点保护野生动物的种群数量增加，在一些地方已消失多年的狼、狐狸、金钱豹、鹰、梅花鹿、锦鸡等飞禽走兽重新出现。珙桐、苏铁、红豆杉等国家重点保护野生植物数量明显增加。东北林区绝迹多年的野生东北虎、东北豹时常出现。

三是林区经济结构得到调整，富余职工得到安置，社会和谐稳定。工程区通过打破以木材生产为主的经营格局，积极发展非林非木产业，大力培育新的经济增长点，加快了木材精深加工项目建设，大力发展绿色食品、畜牧业和中药材开发为主的多种经营产业和以森林旅游、风电水电绿色能源、冶金建材等非林脱木产业为主的其他产业，初步实现了由"独木支撑"向"多业并举""林业经济"向"林区经济"的转变。

四是推动了工程区森工企业向现代企业制度转变。随着天然林资源保护工程的深入实施，各地都在积极探索适合本地区经济发展特点的天然林保护与林区经济发展的路子，森工企业逐步转变了以木材为中心的传统管理体制，加快了建立现代企业制度的步伐。林业企业管理经营理念转变，深入推进市场化经营的发展；森林经营理念转变明显，科学培育森林取代了单纯取材的经营思想。

五是工程促进了林区体制机制的变革。通过工程实施，逐步建立起天然林保护的长效机制。不少条件成熟的地方，将以经营和管护森林为主业的森工企业转制为全额财政拨款的事业单位，进一步强化了森林经营和管护主体的职责，也为保护和发展好当地天然林资源理顺了经营管理体制。

六是工程推动了全民生态意识的明显提高。围绕林业发展战略的转变，各级工程实施单位充分利用广播电视、报刊、互联网络、固定标语等多种方式，大力宣传实施天然林资源保护工程的重大意义和建设成效，在全国范围内都营造出了关注、支持、参与天然林资源保护的良好氛围，提高了工程区乃至全国人民对保护森林、关爱自然重要性的认识，促进了生态意识和生态文明理念的形成。

18.2.3 天然林资源保护工程中的森林培育问题

18.2.3.1 保护与采伐的关系

森林资源具有珍贵性、脆弱性和多样性特点，所以天然林保护的政策应坚持坚定性和灵活性相结合。然而，目前一些地方坚定性不足，乱砍滥伐、乱征滥占时有发生；而一些地方的灵活性则差之更远，许多地方不管对什么森林都是一律禁伐。灵活性的不足反过来又冲击坚定性，造成许多纠纷。禁伐先行，提供休养生息的机会，在一个时期内是完全必要的。但是森林是可更新资源，中国对木材及林产品需求很大，要把占全国森林资源三分之二的天然林资源排除在可利用范围之外，是不必要的。森林采伐利用不一定与其发挥生态功能相矛盾，关键在于利用的数量、方法和技术是否适当。如果采伐利用的数量上是节制的，伐后保证及时和有效更新，那么森林保护和利用是可以协调和兼顾的。

以西天山天然云杉林保护区为例，当地严格执行了天然林禁伐，雪岭云杉长得高大挺拔，但细看林下，风倒木没有及时清理，林中空地没有及时更新；只有牛粪没有幼树，林牧矛盾没有得到合理解决。这样单纯地保护的后果只能是老林木按自然规律逐渐死去，没有幼树可以接替上去，前景堪忧，不可持续。地处陕北的黄龙林区是黄土高原上的一块绿宝石，在中华人民共和国成立后几十年经营得还可以，但实施天然林资源保护工程后，反而把本来很有效的林分改造工作停了下来，这也是单纯禁伐思想的后遗症。为了发挥森林的功能需要对其培育，主要是更新造林、病虫害防治和林分结构改造等，包括抚育伐、卫生伐、次生林改造中的部分树木砍伐等活动。

同时，要建立人工商品林抚育采伐管理体系。根据林分生长状况、林木分化程度及林分外貌特征，合理确定抚育方式、抚育间隔期及抚育采伐强度。坚持"伐劣留优"的原则，杜绝单纯取材的现象发生。通过对森林的适时抚育，才能使幼林郁闭至采伐前一个龄级的各类林分的树种组成、干材质量、疏密程度和生长状况等因子，朝着可持续经营的方向发展。

18.2.3.2 天然林的可持续经营

天然林保护的目的是为了增加更多更好的森林资源，更好地发挥森林的多种功能，产生更好的综合效益，这就要求对森林进行科学的可持续经营。开展森林的科学经营，使森林越来越多，越来越好，其核心是生产力和生物多样性。应把营林工作的重点转移到以提高森林生产力为中心的基础上来，要以提高森林质量和生产力水平为中心。要提倡良种化，自然力的利用与人为措施要相互配合，纯林和混交林、同龄林和异龄林的经营要各得其所，要确定多种效益相协调的经营目标，要树立全周期多目标森林培育的思想。要按照森林的主导功能进行全面综合规划，调整树种、林种和生态系统结构，逐步实施分类经营。通过森林生态系统管理的手段，发展、培育和利用森林资源，逐步实现森林的可持续经营。

积极探索与构建的森林分类经营管理政策，主要有：完善森林分类经营政策法规，建立相应的管理办法；分类控制采伐限额，应对工程区大面积中幼龄人工林的抚育间伐；森林资源经营管理突破以往林分水平的局限，从生态系统和景观尺度进行规划设计和经营。

18.2.3.3 天然林资源保护工程的三大效益协调

森林的效益是多方面的,生态效益固然重要,但只强调生态效益不注重经济效益和社会效益也是片面的。生态效益与经济效益可以兼顾,还能相互促进。过去我们因为采用了不科学的森林经营方式,为了发展经济而损害了森林的生态功能,需要纠正。被破坏了的森林需要休养生息,充分利用森林生态系统的自然恢复能力,这是必要的。但恢复的目的是为了使其更好地发挥作用。森林是可再生的自然资源,是可以利用的资源财富。

我国的东北、内蒙古林区是自然条件相当优越的林区,从自然禀赋上来看,并不比北欧林区差。我国的东北、内蒙古林区从大兴安岭与芬兰比,小兴安岭—长白山林区与瑞典比,自然条件还更有优势。北欧是森林资源经营得比较好的地区,我们的森林经营水平与他们差得太远,林区对国民经济的贡献也比他们差得远。他们每年能够从每公顷森林中拿出 $3\sim5\ m^3$ 木材,然后进行深加工,而且还不影响森林生态功能的正常发挥。我们为什么做不到?差距就在于长期的、科学的经营。现在东北、内蒙古林区正在通过实施天然林资源保护工程进行休养生息,但10年、20年以后怎么办?我们从现在开始就应该认清目标,创造条件,开展试验,勇于实践,认真处理好天然林资源保护工程建设中的生态效益与经济效益、社会效益的关系,为全面振兴东北、内蒙古林区做好准备。

18.3 退耕还林还草工程

退耕还林还草就是从保护和改善生态状况出发,将水土流失严重的耕地,沙化、盐碱化、石漠化严重的耕地以及粮食产量低而不稳的耕地,有计划、有步骤地停止耕种,因地制宜地造林种草,恢复植被。退耕还林还草是减少水土流失、减轻风沙灾害、改善生态状况的有效措施,是增加农民收入、调整农村产业结构、促进地方经济发展的有效途径,是西部大开发的根本和切入点。

18.3.1 工程启动背景

1997年8月,江泽民同志"再造一个山川秀美的西北地区"的重要批示,向全国发出了加强生态建设的号召,为开展退耕还林还草奠定了坚实的思想基础。1998年10月,基于对长江、松花江特大洪水的反思和我国生态环境建设的需要,中共中央、国务院制定的《关于灾后重建、整治江湖、兴修水利的若干意见》,把"封山植树、退耕还林"放在灾后重建"三十二字"综合措施的首位,并指出:"积极推行封山育林,对过度开垦的土地,有步骤地退耕还林,加快林草植被的恢复建设,是改善生态环境、防治江河水患的重大措施。"1999年,我国粮食产量继1996年、1998年之后第三次跨过 $5000\times10^8\ kg$ 大关,全国粮食库存 $2750\times10^8\ kg$,加上农民手里的存粮 $2000\times10^8\ kg$,全社会存粮近 $5000\times10^8\ kg$,相当于全国一年的粮食产量,粮食出现了阶段性、结构性、区域性供大于求。特别是随着改革开放的不断深入,我国综合国力显著增强,财政收入大幅增长,为大规模开展退耕还林奠定了坚实的经济和物质基础。1999年,四川、陕西、甘肃3省率先开展了退耕还林试点工作,从此拉开了退耕还林还草工程的序幕。

18.3.2 工程概况

18.3.2.1 工程规划范围

包括北京、天津、河北、山西、内蒙古、辽宁、吉林、黑龙江、安徽、江西、河南、湖北、湖南、广西、海南、重庆、四川、贵州、云南、西藏、陕西、甘肃、青海、宁夏、新疆25个省(自治区、直辖市)和新疆生产建设兵团，共1897个县(市、区、旗)。同时，根据"突出重点、先急后缓、注重实效"的原则，将长江上游地区、黄河上中游地区、京津风沙源区以及重要湖库集水区、红水河流域、黑河流域、塔里木河流域等地区的856个县作为工程建设重点县。

18.3.2.2 工程建设目标任务

到2010年，完成退耕地造林$1467×10^4 hm^2$，宜林荒山荒地造林$1833×10^4 hm^2$，陡坡耕地基本退耕还林，严重沙化耕地基本得到治理，工程区林草覆盖率增加4.5个百分点，工程治理地区的生态状况得到较大改善。

新一轮退耕还林重点考虑25°以上陡坡耕地、重点地区的严重沙化耕地、重要水源地坡耕地以及西部地区实施生态移民腾退出来的耕地等，2014—2020年完成退耕还林任务$533.3×10^4 hm^2$，配套完成宜林荒山荒地造林$466.7×10^4 hm^2$、封山育林$200×10^4 hm^2$。新增林草植被$1200×10^4 hm^2$，工程区森林覆盖率再增加2.7个百分点，使脆弱的生态环境得到明显改善，农村产业结构得到有效调整，特色优势产业得到较快发展，退耕还林改善生态和改善民生的功能初步显现。

18.3.2.3 工程建设成效

20年来，全国累计实施退耕还林还草$3386.7×10^4 hm^2$，其中退耕地还林还草$1326.7×10^4 hm^2$、荒山荒地造林$1853.3×10^4 hm^2$、封山育林$306.7×10^4 hm^2$，中央累计投入5112亿元，退耕还林还草工程已成为我国资金投入最多、建设规模最大、政策性最强、群众参与程度最高的重大生态工程，取得了巨大的综合效益。

一是生态环境明显改善，加快了美丽中国建设步伐。退耕还林还草工程区森林覆盖率平均提高4个多百分点，一些地区提高十几个甚至几十个百分点，风沙危害和水土流失得到有效遏制，生态面貌大为改观，生态状况显著改善。每年在保水固土、防风固沙、固碳释氧等方面产生的生态效益总价值达1.38万亿元。增加了野生动植物资源，生物多样性得到保护和恢复。

二是改善生态与关注民生并重，有效提高退耕农户生产生活水平。退耕还林20年，全国累计有4100万农户参与实施退耕还林，1.58亿农民直接受益，经济收入明显增加。截至2018年，退耕农户户均累计获得国家补助资金近9000元。调整了农村产业结构，促进了地方经济发展。转移了劳动力，增加了劳务收入，提高了自我发展能力。促进了绿色富民产业的发展，拓宽了增收渠道。

三是提高了农业综合效益，促进了粮食的稳产高产。很多工程区退耕还林后"粮下川、树上山"，保障和提高了粮食综合生产能力，同时提高了复种指数和粮食单产，实现了减地不减收。国家统计局的统计数据显示，实施退耕还林的25个工程省(自治区、直辖市)

粮食总产量2010年比1998年增产5213×10⁴ t，退耕还林并未造成粮食减产，而没有实施退耕还林的6个省(直辖市)却减产1895×10⁴ t；2010年与2003年相比，退耕还林还草工程区粮食作物播种面积、粮食产量增幅比非退耕还林省(直辖市)分别高7.7个百分点和12.8个百分点。

四是促进了社会和谐稳定。退耕还林还草工程的实施，改善了工程区生态环境，加快了农村产业结构调整，美化了农村环境，改善了农业生产条件，为农业增产增收构筑了生态屏障，退耕农户从退耕还林还草及其后续产业的发展中获得了长期稳定的经济收益，逐步摆脱了落后贫困的状况，切身感受到了退耕还林还草带来的实惠，广大退耕农户将退耕还林还草工程誉为"德政工程""民生工程""致富工程"。通过退耕还林，生态改善，民生发展，不仅密切了党群干群关系，也有效促进了地方的和谐稳定。

五是提高了全民特别是工程区农民的生态环境保护意识，为生态文明建设创造了良好的社会环境和发展空间。退耕还林还草工程的实施，改变了农民祖祖辈辈垦荒种粮的传统耕作习惯，实现了由毁林开垦向退耕还林的历史性转变，有效地改善了生态状况，促进了中西部"三农"问题的解决。对我国的生态建设以及国民经济和社会发展产生了深远的影响。

18.3.3 退耕还林还草工程建设中的森林培育问题

18.3.3.1 还林还草的目标定向

退耕还林还草工程在"还"的环节上最突出的问题是退耕后如何进行植被建设：还林还是还草，还什么林，还什么草，采用什么手段还林还草，这些都是科技和政策导向上的大问题。不少地方全部还林不可能成功，退耕地大面积种草存在复垦的隐患。人工种植的牧草一般难以形成稳定的生态系统，同时，草的生长周期较短，寿命最高仅有7~8年，粮款补助停止后，如果没有适当的行政、经济和法律保障措施，一个生长周期以后，草场面临复垦的危险，无法达到退耕还林还草工程的目的。

退耕还林还草的国家目标就是"以粮食换生态"，因此退耕后还林还是还草，首先要用生态标准来衡量。森林与草地都是主要的植被类型，从生态功能的角度看，它们各有其优缺点。森林的体量大、寿命长、结构复杂，一般来说它的生态功能较强，但它对气候和土壤条件要求较高。草地则体量较小，层次结构较单一，一般来说它的生态功能不如森林，但生长密集繁茂的草地也有较好的保土护土功能。旱生草原的耗水量较森林少，比较适应较干旱的地理环境。因此，退耕后还林还是还草，需要根据当地的自然条件、社会需求及适应的植被类型作具体的分析。退耕还林还草要因地制宜，这是一条基本原则。同时，退耕还林还草也与地区的社会经济状况，如人口密度、城镇化水平、产业发展基础、种苗准备状况等有关(沈国舫，2001)。

18.3.3.2 林种配置

如何进行林种布局，实现生态与经济效益"双赢"？从国家宏观要求上讲，退耕还林应以营造生态林为主，但群众则偏重于营造经济林，因为它能直接给人们带来经济收益，作为贫困地区农民更关心的是退耕还林能给眼前带来多大的经济收入。国家实施退耕还林的根本目的在于控制水土流失、减少风沙危害，同时兼顾群众增收。从现实情况看，营造生态林比例过大，难以解决农民退耕后的增加收入和后续发展问题。稳得住、能致富、不反弹的目标难以实现。发展经济林比例过大容易进入盲目发展、果贱伤农的误区。

要根据实际立地条件，充分考虑生态效益与经济效益的结合，进行科学的林种布局。海拔 400 m 以下地区，一般人口密度大，是粮食主产区，但也是水土流失严重区，宜选择"基础型"的退耕还林模式，主要营造护坡护岸林和水果经济林；海拔 400~1000 m 的中低山区，一般土、肥、光、水、气条件较好，可选择"生态经济型"退耕还林模式，山顶营造生态林或用材林，半山发展干果为主的经济林，山脚营造生态防护林。海拔 1000 m 以上的地区，一般人少地多，退耕还林还草宜选择"综合型"退耕还林还草模式，大面积营造用材林、薪炭林和水源涵养林，并可规划一定的面积用于种植优质牧草或药材，以林为主，种养结合。

18.3.3.3 树种选择

如何做到既有良好的生态效果，也能带来一定经济收入，这是退耕还林还草树种配置要解决的首要问题。要因地制宜，按乔木、灌木、草本的优先顺序，提倡宜乔则乔，宜灌则灌，宜草则草，乔灌草结合，最大限度地发挥生态效益，兼顾退耕户的经济收益。干旱地区大力发展耐旱灌木树种，提高造林成活率，加快绿化步伐，确保工程建设目标的实现。

要以恢复原生植被为主，发展乡土树种。采用乡土种具有更大的优势，乡土种更适于当地的生境，其繁殖和传播潜力更大，也更易于与当地残存的天然群落结合成更大的景观单元，从而实现各类生物的协调发展。当然，外来种也具有一定的作用，外来种可能在一定时间内为当地带来好的生态和经济效益，但也有可能对当地生态系统产生巨大的不利影响，这主要是由于外来种与当地的物种缺乏协同进化，若大量发展，很容易造成当地生态系统的崩溃，很难再恢复或接近到历史状态。理想的恢复应全部引进乡土种，而且应在恢复、管理、评估和监测中注意外来种入侵问题，甚至有时也应关注从外地再引入原来在当地生存的乡土种对当地群落的潜在影响。

18.4 重点地区防护林体系建设工程

18.4.1 工程启动背景

防护林是指为了改善生态环境和人们生产、生活条件以保持水土，防风固沙，涵养水源，调节气候，减少污染等为目的所经营的天然林和人工林。防护林是五大林种之一，其次级林种划分为农田防护林、水土保持林、沿海防护林、草原护牧林、水源涵养林等。

防护林体系是指根据区域自然环境条件，以防风固沙、水土保持、水源涵养等防护林的林种为主体，因害设防、因地制宜，片、带、网相结合所形成的综合森林防护体系。防护林体系同单一的防护林林种不同，是根据区域自然历史条件和防灾、生态建设的需要，将多种用途的各个林种结合在一起，形成一个区域性多林种、多树种、高效益的有机结合的防护整体，这种防护林体系的营造与形成往往构成区域生态建设的主体和骨架，发挥着主导的生态功能与作用。

不同地区生态环境条件的恶化因素是多种多样的，例如，有暴雨引起的水土流失，有干旱、强风引起的沙尘暴，有干热风引起的农作物减产等，显然需要针对不同的自然灾害因素采取不同的防护措施，有不同的林分结构与配置方式；同时自然生态环境具有明显的地带性，不同地区的生态环境有其自己的特征，例如，从干旱、半干旱到半湿润地区植被结构的变化规律，人工建设的林草植被必须符合地带性环境变异的基本规律。即使是同一土地利用方式，在不同地带所受到的灾害因子也是不同的，例如，西北风沙区、华北平原同样是农田，其防护林防护的主要灾害因子是不同的，前者主要是风沙，后者主要是干热风，因此林带的结构与配置形式显然不同。更重要的是，各区域、各类型的生态环境是相互影响、相互制约的，生态环境的影响没有国界，例如，江河上游的森林毁坏，通过河流淤积进一步加大水灾可以影响到下游的生态环境与生命安全，沙尘暴甚至可以影响半个地球等，因此在治理上要针对各区域不同灾害因子，建设相应的防护林。因此，需要根据全国生态环境建设的区域规划，因地制宜，统筹安排，分轻重缓急，由小到大逐步形成区域防护林体系。

从1950年起，中国在东北西部、内蒙古东部开展防护林建设，同时，在河北西部一些河流的两岸，河南东部的黄河故道，陕西北部榆林沙荒和辽宁、山东、福建、广东等沿海沙地以及新疆等地进行了大规模的防护林建设。已建成的防护林对改善当地生产、生活条件起了巨大的作用。20世纪70年代末，中国开始兴建东北、华北、西北的"三北"防护林体系工程，对改善生态环境和农牧业生产条件发挥了明显作用，成为世界著名的生态工程。进入20世纪80年代以来，又陆续立项开展长江中上游、沿海、太行山、平原绿化、黄河中游、淮河太湖流域、珠江流域等防护林体系建设工程。

18.4.2 工程概况

18.4.2.1 三北防护林体系建设工程

三北防护林体系建设工程是针对我国西北、华北北部、东北西部三大区域风沙危害和水土流失严重状况，于1978年由国务院批准启动的大型防护林体系建设工程。工程区地跨东北西部、华北北部和西北大部分地区，包括我国北方13个省（自治区、直辖市）的551个县（旗、市、区），建设范围东起黑龙江省的宾县，西至新疆维吾尔自治区乌孜别里山口，东西长4480 km，南北宽560~1460 km，总面积406.9×10^4 km^2，占国土面积的42.4%。工程建设期限：从1978年开始到2050年结束，历时73年，分三个阶段、八期工程进行建设。第一阶段：第一期1978—1985年，第二期1986—1995年，第三期：1996—2000年。第二阶段：第四期2001—2010年，第五期2011—2020年。第三阶段：第六期2021—2030年，第七期2031—2040年，第八期2041—2050年。规划造林3508.3×10^4 hm^2，森林覆盖率由工程建设前的5.05%提高到14.95%。40年来，完成造林保存面积3014.3×10^4 hm^2，工程区森林覆盖率由5.05%提高到13.57%；森林资源净增加2156×10^4 hm^2，营造用材林经济效益达9130亿元；森林生态系统服务功能价值达2.34万亿元；营造经济林463×10^4 hm^2，年产干鲜果品4800×10^4 t，年产值达1200亿元；1500万人依靠特色林果业实现稳定脱贫。

18.4.2.2 长江流域防护林体系建设工程

我国1989年启动了长江流域防护林体系建设工程，工程涉及18个省、自治区、直辖市的1026个县(市、区)，总面积220.6×10^4 km^2，工程计划在保护现有植被的基础上开展植树造林，增加森林面积2000×10^4 hm^2。其中1989—2000年为一期工程，涉及200个县，其中有22个县营造林面积在6.6×10^4 hm^{2}以上。二期工程(2001—2010年)建设范围包括长江、淮河、钱塘江流域的汇水区域，涉及18个省(直辖市)的1035个县(市、区)，规划造林任务687.6×10^4 hm^2。三期工程(2011—2020年)规划：在长江中上游地区重点进行水源涵养林、水土保持林、护库护岸林、道路防护林等建设；在长江中下游地区重点进行水土保持林、农田防护林、道路(河岸)防护林及村镇景观林建设。工程实施30年来，累计完成造林逾1200×10^4 hm^2，其中人工造林630×10^4 hm^2，封山育林585×10^4 hm^2，低效林改造30×10^4 hm^2。

18.4.2.3 珠江流域防护林体系建设工程

1996年启动珠江流域防护林体系建设一期工程，2001年开始实施珠江流域防护林体系二期工程建设。珠江流域防护林体系建设主要目的是防止水土流失、减少自然灾害、改善生态环境。珠江流域防护林体系一期工程启动实施了47个县，完成营造林67.5×10^4 hm^2，其中人工造林23.45×10^4 hm^2，飞播造林2.76×10^4 hm^2，封山育林28.19×10^4 hm^2。完成低效防护林改造任务12.88×10^4 hm^2，四旁植树1.7亿株。珠江流域防护林体系二期工程建设范围包括6省(自治区)的187个县(市、区)，规划区面积4049.18×10^4 hm^2，占珠江流域面积的91.59%。2011年开始实施三期工程。三期工程(2011—2020年)规划八个重点建设区域，分别为：南盘江水源涵养林；北盘江水源涵养林；左江流域水源涵养林；右江流域水源涵养林；红水河流域阶梯电站库区水源涵养林；珠江中游水土保持林；东江水土保持、水源涵养林；北江水土保持、水源涵养林建设。

18.4.2.4 全国沿海防护林体系建设工程

1987年，林业部组织编制了《全国沿海防护林体系建设工程总体规划》，规划北起辽宁的鸭绿江口，南至广西北仑河口，全长1.8×10^4 km，涉及沿海11个省(自治区、直辖市)的195个县(市、区)。规划到2010年新造林356×10^4 hm^2，使森林覆盖率由24.9%增加到39.1%，使771×10^4 hm^{2}农田得到林网保护，水土流失量减少50%。其中2000年前为一期工程，2001—2010年为二期工程。印度洋海啸发生后，国家高度重视沿海防护林体系建设，于2007又实施了《全国沿海防护林体系建设工程规划(2006—2015年)》，规划范围包括沿海11省(自治区、直辖市)和5个计划单列市中的直接受海洋性灾害危害严重的261个县(市、区)，土地总面积为44.71×10^4 km^2，占国土总面积的4.7%。新一期《全国沿海防护林体系建设工程规划(2016—2025年)》正在实施过程中，范围包括11个沿海省(自治区、直辖市)和5个计划单列市的344个县(市、区)。工程实施30年来，累计完成人工造林238×10^4 hm^2，封山育林157×10^4 hm^2，低效林改造25×10^4 hm^2。

18.4.2.5 平原绿化工程

我国平原地区植被稀少，东北西部、华北永定河下游、冀西沙荒、豫东黄河故道等地，风沙侵蚀危害农田严重，粮食产量低而不稳，为改善农业生产的生态环境条件进行平原绿化工程。平原绿化工程一期工程建设时间为 1988—2000 年，涉及 26 个省、自治区、直辖市的 920 个平原、半平原和部分平原县(市、旗)，规划造林 933×10^4 hm^2，以保护全国 40% 以上耕地的生态环境。平原绿化二期工程涉及原 26 个省、自治区、直辖市的 944 个县(市、旗、区)，规划建设总任务 552.1×10^4 hm^2。2011 年开始实施三期工程。三期工程(2011—2020 年)规划：建立起比较完善的平原农田防护林体系，已建成的等级以上公路、铁路等沿线实现全面绿化。

18.4.2.6　太行山绿化工程

太行山绿化工程是在太行山石质山区营造水源涵养林、水土保持林，发展果木经济林，通过恢复和扩大森林植被，以提高山区的水土保持能力，并兼有较好的经济效益。工程建设范围包括 4 省市的 110 个县，总面积 1200×10^4 hm^2。建设期限为 1986—2020 年，分三个阶段完成：1986—2000 年为第一阶段，营造林 136×10^4 hm^2；2001—2010 年为第二阶段，营造林 188×10^4 hm^2；2011—2020 年为第三阶段，营造林 42×10^4 hm^2。工程完成后，森林覆盖率可由 15% 提高到 35% 左右。到 2018 年，累计完成人工造林 292×10^4 hm^2，封山育林 336×10^4 hm^2，低效林改造 2×10^4 hm^2。

18.4.2.7　京津风沙源治理工程

该工程是为改善和优化京津及周边地区生态环境状况，减轻风沙危害，于 2000 年紧急启动实施的一项具有战略意义的生态工程。工程建设区西起内蒙古的达茂旗，东至河北的平泉县，南起山西的代县，北至内蒙古的东乌珠穆沁旗，范围涉及北京、天津、河北、山西及内蒙古等 5 省(自治区、直辖市)的 75 个县(旗、市、区)，总国土面积为 45.8×10^4 km^2。一期工程建设期 10 年，即 2001—2010 年，建设内容分为造林营林、草地治理、水利配套设施建设和小流域综合治理 3 个方面。《京津风沙源治理二期工程规划(2013—2022 年)》扩大至包括陕西在内 6 个省(自治区、直辖市)的 138 个县(旗、市、区)，包括加强林草植被保护和建设，提高现有植被质量和覆盖率，加强重点区域沙化土地治理，遏制局部区域流沙侵蚀，稳步推进易地搬迁 37.04 万人，降低区域生态压力等 7 大任务。

18.4.3　防护林体系建设中的森林培育问题

防护林建设中的立地分析和类型划分、树种选择和林分结构设计与调整、抚育直到主伐更新等各个阶段，均涉及众多的森林培育问题。

18.4.3.1　水土保持林

以小流域为基本单元，全面规划，长短结合，考虑树种的生态与经济特性、地形条件、水土流失特点，通过合理的水平与立体配置形成完整的水土保护体系与可持续的产业体系。水平配置是指水土保持林体系内的各个林种在流域范围内的平面的布局和规划，在流域的整体上，兼顾流域水系上、中、下游，流域山系的坡、沟、川，左岸、右岸之间的相互关系，林业用地的总体布局应考虑在流域范围内的均匀分布和达到一定林地覆盖率，在流域平面总体上形成有机结合的水土流失防护措施体系。林种的立体配置是指某一种林种内组成的植物种的选择，立体结构的配置与形成，以加强林分的生物学稳定性和开发其短、中、长期经济效益；林种的立体配置的另一层含义是指，水土保持林林种的配置要与流域的地形条件与水土流失特点紧密结合，考虑到不同地形地貌部位、地质条件下的水土流失形式、强度，从分水岭到流域口随着地形的变化，由上而下形成层层设防、层层拦截的水土保持生物措施体系，使得径流得到过滤，泥沙就地沉积，控制流域坡面、沟道的水土流失。

典型水土流失地区水土保持林配置模式因地制宜。黄土高原沟壑区：塬面防护林，塬边防护林，侵蚀沟防护林；黄土高原丘陵区：梁峁顶防护林，梁峁坡防护林，梯田地埂防护林，侵蚀沟防护林；长江上中游防护林：山丘顶部防护林，梯田地坎防护林，荒坡水土保持林，泥石流治理区水土保持林，薪炭林、用材林、经济林；东北黑土丘陵区：分水岭防护林，水流调节林带，地埂林，沟壑防蚀林，片状防护林，农田防护林。

18.4.3.2 水源保护林

水源保护林是指在江河源区及湖泊、水库、河流岸边发挥水源涵养与水土保持作用的森林。水源保护林的主要功能应当包括水源涵养、水土保持、水质改善 3 部分内容，水源保护林体系应该是一种以水源涵养、水土保持为核心的，兼顾经济林、薪炭林、用材林的综合防护林体系。

生长在集水区、河流两岸的森林都具有水源保护作用。根据原林业部《森林资源调查主要技术规定》，将符合下列几种情况的森林划分为水源涵养林：流程在 500 km 以上的江河发源地集水区，主流道、一级与二级支流两岸山地，自然地形中的第一层山脊以内的森林；流程在 500 km 以下的河流，但所处自然地形雨水集中，对下游工农业生产有重要影响，其主流道、一级与二级支流两岸山地，自然地形中的第一层山脊以内的森林；大中型水库、湖泊周围山地自然地形的第一层山脊以内的森林，或其周围平地 250 m 以内的森林和林木。对于一条河流，一般要求水源保护林的范围占河流总长的 1/4；一级支流的上游和二级支流的源头，沿河直接坡面，都应区划一定面积的水源涵养林，集水区森林覆盖率要达到 50%以上。

水源保护林的类型包括天然林、天然次生林、人工林，天然或人工灌木林。在大江大河的源区，一般都分布原始林或天然次生林；在沿河中下游一般都分布有天然次生林和人工林。

18.4.3.3 农田防护林

农田防护林是指在有农田的地方，为防止自然灾害，改善农田小气候，保证农牧业稳产高产而营造的防护林。农田防护林的形式大致有 3 种：林带形式，即在农田四周的带状林分，林带往往在农田之中交织成网，称为农田防护林网；林农间作形式，即在农田内部间种树木，其株行距均较大，近似于散生状态；林岛形式，即在农田的间隙地带营造的丛状林和小片林。

农田防护林带结构划分为紧密结构、疏透结构和通风结构 3 种基本类型，与降低风速的效果、有效防风距离有关。林带走向原则上与主害风的风向垂直，允许有 30°的风向偏角。林带宽度主要与透风系数大小有关。实践证明小网格、窄林带具有较好的防护效果。

18.4.3.4 防风固沙林

防风固沙林是指以降低风速，防止或减缓风蚀，固定沙地，以及保护耕地、果园、经济作物、牧场免受风沙侵袭为主要目的森林、林木和灌木林。

在荒漠化地区通过植物播种、扦插、植苗造林种草固定流沙是最基本的措施。流沙治理的重点在沙丘迎风坡，迎风坡固定，整个沙丘就基本固定。在草原地区的流动沙丘迎风坡可通过不设沙障的直接植物固沙方法来解决。

①沙障固沙　在防沙林带营造初期的数年内，必须在造林之前设置沙障，保护造林苗木免受风蚀沙埋，能正常生长。沙障主要有草方格沙障和直立式沙障两种。

②沙湾造林　沙湾即是流动沙丘的丘间地，通常其水土条件比沙丘优越，风蚀也轻，不设沙障即可造林。当沙丘不太高大，丘间地相对较开阔时，多用沙湾造林方法。

③撵沙腾地　做法是在一排排沙丘中把前后两排沙丘固定，中间沙丘用清除植被、大风时人工扬沙等方法促进沙丘移动，使沙粒堆积在前面固定沙丘上，中间的沙丘则逐渐变成宽阔而较平坦的沙地，以作农田、果园之用。

18.4.3.5　海岸防护林

我国的大陆海岸线，北从鸭绿江口起，南到北仑河口止，总长达 18 400 km，沿海岛屿 6500 多个，岛屿岸线长 14 250 km。我国的海岸类型可分为沙质、泥质、石质及由红树林和珊珊组成的生物海岸 4 种类型，人工海岸除外，从动态上可分为堆积型、侵蚀型和基本稳定型 3 种类型。

海岸防护林由海岸基干林带与其后方的农田林网、水土保持林组成。基干林带一般由防浪林、防风林组成。其中东南沿海的红树林对于灾害性风暴潮或海啸引起的巨浪具有关键的防护作用。防浪林是指在潮间带的盐渍滩涂上造林种草，以达到防浪护堤和促淤为主要目的的一个特殊的林种，同时兼有防风、防飞盐、防雾、护鱼、避灾等功能。我国暖温带至亚热带沿海地区主要是在潮间带种植大米草，在热带和南亚热带沿海的潮间带，则以营造红树林为主，在广东、海南沿海也有水松林。防浪林的宽度一般均在数百米至千余米以上，应根据海岸线以下适宜造林种草的宽度和防浪护堤的需要而定。

岩质海岸绝大部分坡度较陡，土壤冲刷严重，土层浅薄干燥，悬崖裸露，风力大，一般植被稀少，生态环境比较恶劣。为了有利于保持水土，在离海岸 30 m 左右的范围内，应规划营造水土保持林，造林树种应选择当地沿海丘陵山地比较耐干旱瘠薄又有较强抗风能力的树种，如黑松、枫香、罗汉松、夹竹桃、珊瑚树、紫穗槐等。

沙质海岸防护林带建设的目的是为了防风固沙，防止海风长驱流沙入侵扩展。海岸沙滩因质地较粗，比较干燥。为了防御风沙的危害，沙质海岸防护林带宽度一般要求在 50 m 以上。也可营造 2 条以上林带，其防护效果更佳。第一条林带宽度要求在 30 m 以上，第二、三条林带宽 10~20 m 左右，带间距离 100~150 m 较为适宜。

淤泥质海岸在其淡水资源条件较好的地区，通过人工围堤及淋盐养淡，大多已垦殖利用，成为农耕区。海岸林带建设可以同农田防护林建设结合起来规划。海岸林带一般均沿海堤规划，带宽一般 10m 以上。在海堤内侧坡面，宜种植根系盘结的草本植物或灌木丛，如芦竹、苦槛兰等，以起护堤作用。在未围堤的岸段，一般可沿最高潮位线规划营造防护林带，并选择极耐盐碱的树种。

18.5 用材林基地建设工程

目前，我国实施的用材林基地建设工程主要包括重点地区速生丰产用材林基地建设工程和国家储备林基地建设工程。速生丰产用材林是指采取科学的集约栽培措施，并取得立地和树种生产潜力高水平发挥的人工用材林，其以定向、速生、丰产、优质、稳定和高效为基本特征。定向是指用材林有明确的培育目标，如培育建筑结构材、纸浆材、胶合板材等；速生主要指能较快地使培育的林木达到可利用的标准，须与定向的培育目标相联系；丰产指在培育期内单位面积的木材产量或生产力水平达到最高；优质指定向生产的木材质量较高；稳定指人工林地力可持续维持、病虫害得到有效控制等，也可以理解为森林健康经营；高效指的是培育林分的经济、社会、生态等综合效益达到最高。同时，一些用于制作高档家具、高档乐器、高档工艺品等实木制品及高档装饰、装修材料的珍贵用材树种，其资源培育则以形成高质量木材（如心材等）为基本原则。

18.5.1 工程的发展背景及历程

作为当今世界四大材料（钢材、水泥、木材、塑料）中唯一可再生的绿色原材料，木材需求量随人口和经济的增长逐年增加。据统计，我国木材消费总量由 2000 年的 1.09×10^8 m^3 猛增到 2014 年的 5.39×10^8 m^3，对外依存度高达 50% 以上，成为全球第二大木材消费国和第一大木材进口国，木材安全问题严重。2016 年我国对天然林实施全面保护，同时随着国际木材贸易保护意识的增强与国际生态保护压力的增加，主要木材生产国纷纷严格限制木材出口或实施木材禁伐政策，我国木材国内外来源趋紧。据估计，2020 年我国木材需求量将超过 7×10^8 m^3，总需求缺口将达 2.5×10^8 m^3。因此，我国木材供应必须立足于自力更生，充分利用国内土地资源、气候资源和人力资源优势，大力营造和建设人工用材林基地，通过"良种良法"充分提高用材林的产量和质量，唯有此，才能从根本上缓解我国木材供需矛盾。

我国用材林基地建设起步于 20 世纪中期，20 世纪 50 年代后期提出营造速生丰产用材林的发展目标，研究制定了速生丰产用材林基地规划。1985 年国家发布《发展速生丰产用材林技术政策》，1988 年国家计划委员会批准了林业部制定的《关于抓紧一亿亩速生丰产用材林基地建设报告》，将速生丰产用材林基地建设推向一个新的高潮。进入 21 世纪，我国速生丰产用材林建设也跨入了新的历史时期。2002 年 7 月，国家计划委员会批复了《重点地区速生丰产用材林基地建设工程规划》，同年 8 月基地建设工程正式开始实施，建设期到 2015 年，建设总规模为 1333×10^4 hm^2。2011 年 9 月，国家发展和改革委员会、财政部会同国家林业局向国务院上报了《关于构建我国木材安全保障体系的报告》，得到国家高度重视，2013 年、2015 年中央一号文件提出加强国家木材战略储备基地建设和建立国家用材林储备制度，由此国家林业局组织编制了《全国木材战略储备生产基地建设规划（2013—2020 年）》，在此基础上又编制了《国家储备林建设规划（2016—2020 年）》，我国用材林基地建设进入了新的阶段。

18.5.2 工程概况

18.5.2.1 重点地区速生丰产用材林基地建设工程

该工程主要选择在 400 mm 等雨量线以东，优先安排 600 mm 等雨量线以东范围内自然条件优越，立地条件好(原则上立地指数在 14 以上)，地势较平缓，不易造成水土流失和对生态环境构成影响的热带与南亚热带的粤桂琼闽地区、北亚热带的长江中下游地区、温带的黄河中下游地区(含淮河、海河流域)和寒温带的东北、内蒙古地区。工程区涉及 18 个省(自治区)的 1000 个县(市、区)，建设总规模为 1333×10^4 hm^2。其中，浆纸原料林基地 586×10^4 hm^2，人造板原料林基地 497×10^4 hm^2，大径级用材林基地 250×10^4 hm^2。工程涉及桉树、杨树(毛白杨、欧美杨、美洲黑杨等)、杉木、马尾松、落叶松(兴安落叶松、长白落叶松、日本落叶松等)、国外松(加勒比松、湿地松、火炬松等)和竹类等速生丰产树种，也涉及红松、楠木、柚木、桃花心木、西南桦、水曲柳、黄波罗、椴木、核桃楸、蒙古栎等珍贵用材树种。工程总投资为 718 亿元。工程建设期为 2001—2015 年，按 5 年一期共分三期实施。

工程实施以来，累计完成速丰林基地建设 1100×10^4 hm^2。通过新品种选育、育种壮苗造林、推广应用新技术、实行集约经营和定向培育，速丰林科学培育和持续经营水平显著提高，松、杉、桉、杨、竹等速生树种制种、育苗、定向培育和可持续经营模式趋于成熟。速生丰产用材林质量和林木培育效率有了一定提高，推进了科学培育和持续经营。

18.5.2.2 国家储备林基地建设工程

该工程以 600 mm 等雨量线以上区域为重点，将布局东南沿海地区、长江中下游地区、黄淮海地区、东北、内蒙古地区、西南适宜地区、其他适宜地区六大区域 18 个基地，涉及 25 个省(自治区、直辖市)、698 个县(市、区)和国有林场(局)。通过集约人工林栽培、现有林改培和中幼林抚育等措施，规模化培育中短周期速丰林、珍稀树种及大径级用材林。建设期从 2016—2020 年，将完成营造用材林 1400×10^4 hm^2，其中集约人工林栽培 451.46×10^4 hm^2，现有林改培 497.18×10^4 hm^2，中幼林抚育 451.37×10^4 hm^2。

基地建成后，每年平均蓄积量净增加量约为 1.42×10^8 m^3，折合木材生产能力约 9500×10^4 m^3。通过较长一段时间，采取科学措施，着力培育和保护国内珍稀树种种质资源，大力营造和发展速生丰产用材林、珍稀大径级用材林，形成树种搭配基本合理、结构相对优化的木材后备资源体系，初步缓解国内木材供需矛盾。

18.5.3 用材林基地建设森林培育技术特点

用材林基地建设的基本原则为充分体现适地适树和良种良法。

18.5.3.1 基本布局和立地选择

用材林基地应该设置在自然条件较优越，林地生产力较高而且宜林地集中连片的地方。目前重点地区速生丰产用材林基地建设主要选择在 400 mm 等雨量线以东，优先安排 600 mm 等雨量线以东的 4 个区域。国家储备林基地则以 600 mm 等雨量线以上区域为重点，布局了 6 大区域 18 个基地。在规划的速生丰产用材林基地范围内，培育速生丰产用材林仍要求立地条件好，原则上立地指数在 14 以上；地势较平缓，不易造成水土流失和对生态环境构成影响。

18.5.3.2 树种选择和良种壮苗

基地建设目标在布局短周期、中短周期等速生丰产用材林的同时，也充分考虑各个区域需较长周期培育的乡土珍稀或大径级用材树种。

在树种选择适宜的情况下，用材林基地建设必须充分应用成熟的种质创新成果，包括优良的种源、品种和无性系，以充分发挥林木的遗传增益，大幅度提高林地生产力和木材产量。当前，我国在桉树和杨树种质创新方面成果显著，如杨树中的三倍体毛白杨、欧美 107 杨等，桉树中的尾叶桉 U6、尾细桉 LHI、尾细桉东海 1 号、尾赤桉 9224、尾巨桉的 DH32-29、DH32-27、DH32-13、巨尾桉广 9、巨赤桉 201-2 等优良无性系。我国种子园建设也取得了很大的成果，如福建省杉木三代种子园、马尾松二代种子园等高世代种子园生产种子也能取得很高的遗传增益。优良种源、品种和无性系等种质资源应实行国家控制，严格按照种子区划和适生区调种用种。建立良种繁育基地，利用先进的工厂化、规模化育苗技术保障用材林基地优质苗木培育。

18.5.3.3 培育模式和培育制度

(1) 集约人工林栽培模式

选择水热条件好、立地指数高的荒山荒地、采伐迹地和火烧迹地等宜林地，采用优良种源、家系或无性系培育的壮苗，采取最新林业科技成果组装配套的集约培育措施，以达到定向、速生、丰产、优质、高效的目的。培育制度关键是密度控制。要根据培育目的 (如纸浆林、胶合板林、大径材等) 及培育周期确定栽培密度，短周期纸浆林和胶合板林栽培密度既是经营密度，而以培育大径材为目标的用材林则一般应通过抚育间伐来调整林分密度。轮伐期为 27~30 年的新西兰辐射松用材林早期强度抚育实现高产的技术值得借鉴。

(2) 现有林改培模式

重点对现有林中立地条件好生产潜力没有得到充分发挥的林分，结构简单且生长已呈现下降的林分，目的树种不明确、林分结构简单、错过抚育经营时机的人工林或利用价值较高的林分，通过采取补植、套种、间伐、施肥、皆伐重造等经营措施，借鉴近自然目标树作业体系，培育珍稀、大径级用材林，改变林分结构，提高林分质量，培育优质、高效的珍稀树种用材和大径材。中国林业科学研究院热带林业中心在广西凭祥利用近自然目标树培育技术体系，将杉木、马尾松低效林改培为乡土阔叶树种与针叶树的复层异龄混交林的实践已经取得阶段性成果。

(3) 中幼林抚育模式

对有培育前途、木材增产潜力较大的中、幼龄林，采取间伐、修枝、除草割灌、施肥等抚育活动，砍劣留优，降低林分密度，目的是调整树种结构和林分密度，平衡土壤养分与水分循环，改善林木生长发育的生态条件，大力提高木材蓄积量，加快林木生长速度，缩短森林培育周期，提高林分质量。

18.5.3.4 集约化培育技术

速生丰产用材林集约化培育就是要从立地选择、良种壮苗、密度控制、造林整地、基肥施用、松土除草、灌溉施肥、抚育修枝、轮伐收获、病虫害防治、地力可持续维持等方面，每个环节都应围绕速生丰产用材林的培育目标，实现速生丰产用材林培育的集约化和精细化。一是合理水肥管理技术，最大程度提高树木的水分及养分利用效率；二是地力的可持续维持技术；三是病虫害综合防治技术。珍贵用材和大径材树种培育要在技术允许的情况下尽可能采取近自然培育技术体系，形成复层异龄混交林。在培育技术上，要利用多目标培育、适当加大初植密度、目标树作业、科学的抚育间伐及修枝、与短周期培育树种混交、林下经济等以短养长和提高林木质量的方法。红木类树种还需通过相关技术促进心材的有效形成和比例提高。

　　针对速生丰产用材林和珍贵用材树种培育还需强调几点：一是集约程度必须适度，超过一定的度（如整地规格、苗木规格、灌溉量、施肥量等）不仅不能按等比获得效益，有时还可能取得适得其反的后果；二是在考虑经济效益的同时，必须兼顾生态等多功能发挥；三是在积极应用高新技术成果的同时，也要发挥实用常规技术的价值；四是注意与四旁植树、其他林种（农田防护林、经济林）等的结合。

复习思考题

1. 什么是林业重点生态工程？国内外林业重点生态工程有哪些？
2. 工程项目管理的基本程序和主要内容包括哪些？
3. 天然林保护工程的特点及工程建设中的技术要点有哪些？
4. 退耕还林还草工程建设中应注意哪些森林培育问题？
5. 简述我国主要防护林体系建设工程概况，不同防护林林种的结构、空间配置特征。
6. 以你所熟悉地区为例，简述用材林基地建设中的基本森林培育技术特点。

推荐阅读书目

1. 李世东, 2007. 世界重点生态工程研究. 北京：科学出版社.
2. 王百田, 2010. 林业重点生态工程学. 北京：中国林业出版社.

（李世东　贾黎明）

参考文献

Chen L, Swenson N G, Ji N N, et al., 2019. Differential soil fungus accumulation and density dependence of trees in a subtropical forest[J]. Science, 366: 124-128.

Chen C, Taejin P, Wang X H, et al., 2019. China and India lead in greening of the world through land-use management[J]. Nature Sustainability, 2(2): 122-129.

Dumroese R K, Luna T, Landis TD., 2009. Nursery manual for native plants[M]. Washington (DC): USDA Forest Service, Agricultural Handbook 730.

Hans P, David I F, Jürgen B, 2017. Mixed-Species Forests: Ecology and Management[M]. Berlin: Springer-Verlag GmbH Germany

Huang Y, Chen Y, Castro-Izaguirre N, et al., 2018. Impacts of species richness on productivity in a large-scale subtropical forest experiment[J]. Science, 362: 80-83.

Kimmins J P, 2005. 森林生态学[M]. 曹福亮, 编译. 北京: 中国林业出版社.

Landis T D, Tinus R W, Barnett J P, 1998. The container tree nursery manual[M]. Volume 6, Seedling propagation. Washington (DC): USDA Forest Service, Agricultural Handbook.

Landis T D, Tinus R W, McDonald S E, et al., 1989. The container tree nursery manual[M]. Volume 4, Seedling nutrition and irrigation. Washington (DC): USDA Forest Service, Agricultural Handbook.

Peter Savill, Julian Evans, Daniel Auclair and Jan Falck, 1997. Plantation Silviculture in Europe[M]. New York: Oxford University Press.

West B, 2006. Growing Plantation Forests[M]. Springer Berlin Heidelberg.

Г. И. Редько, М. Д. Мерзленнко, Н. А. Бабич, и т. д, 2008. Лесные Культуры и защитное леоазведение. С. -ПБ. ГЛТА, С. -ПБ.

Г. И. Редько, М. Д. Мерзленнко, Н. А. Бабич, 2005. Лесные Культуры. Учебное пособие. С. -ПБ. ГЛТА, С. -ПБ.

北京林学院, 1981. 造林学[M]. 北京: 中国林业出版社.

陈幸良, 段碧华, 冯彩云, 2016. 华北平原林下经济[M]. 北京: 中国农业科学技术出版社.

翟明普, 2011. 现代森林培育理论与技术[M]. 北京: 中国环境科学出版社.

翟明普, 沈国舫, 2016. 森林培育学[M]. 3版. 北京: 中国林业出版社.

方升佐, 2018. 人工林培育: 进展与方法[M]. 北京: 中国林业出版社.

方升佐, 徐锡增, 吕士行, 2004. 杨树定向培育[M]. 合肥: 安徽科学技术出版社.

国家林业局, 2003. 全国林业生态建设与治理模式[M]. 北京: 中国林业出版社.

国家林业局, 2018. 低效林改造技术规程: LY/T 1690—2017[S]. 北京: 中国标准出版社.

国家林业局, 2018. 封山(沙)育林技术规程: GB/T 15163—2018[S]. 北京: 中国标准出版社.

黄枢, 沈国舫, 1993. 中国造林技术[M]. 北京: 中国林业出版社.

惠刚盈, 赵中华, 胡艳波, 2010. 结构化森林经营技术指南[M]. 北京: 中国林业出版社.

李俊清, 2010. 森林生态学[M]. 2版. 北京: 高等教育出版社.

李世东, 2004. 中国退耕还林研究[M]. 北京: 科学出版社.
李世东, 2007. 世界重点生态工程研究[M]. 北京: 科学出版社.
李文华, 赖世登, 2001. 中国农林复合经营[M]. 北京: 科学出版社.
国家技术监督局, 1997. 林木采种技术: GB/T 16619—1996[S]. 北京: 中国标准出版社.
刘世荣, 等, 2011. 天然林生态恢复的原理与技术[M]. 北京: 中国林业出版社.
刘勇, 2019. 林木种苗培育学[M]. 北京: 中国林业出版社.
陆元昌, 2006. 近自然森林经营的理论与实践[M]. 北京: 科学出版社.
孟平, 张劲松, 攀巍, 等, 2004. 农林复合生态系统研究[M]. 北京: 科学出版社.
孟平, 张劲松, 攀巍, 2003. 中国复合农林业研究[M]. 北京: 中国林业出版社.
彭镇华, 2004. 中国城市森林的建设理论与实践[M]. 北京: 中国林业出版社.
沈国舫, 翟明普, 1998. 混交林研究//全国混交林及树种间关系学术研讨会文集[M]. 北京: 中国林业出版社.
沈国舫, 2020. 中国主要树种造林技术[M]. 2版. 北京: 中国林业出版社.
沈国舫, 翟明普, 2011. 森林培育学[M]. 2版. 北京: 中国林业出版社.
沈国舫, 吴斌, 张守攻, 等, 2017. 新时期国家生态保护与建设研究[M]. 北京: 科学出版社.
沈国舫, 2001. 森林培育学[M]. 北京: 中国林业出版社.
沈海龙, 2009. 苗木培育学[M]. 北京: 中国林业出版社.
盛炜彤, 2014. 中国人工林及其育林体系[M]. 北京: 中国林业出版社.
宋松泉, 程红焱, 姜孝成, 等, 2008. 种子生物学[M]. 北京: 科学出版社.
孙时轩, 1992. 造林学[M]. 2版. 北京: 中国林业出版社.
王百田, 2010. 林业生态工程学[M]. 3版. 北京: 中国林业出版社.
吴增志, 杨瑞国, 王文全, 1996. 植物种群合理密度[M]. 北京: 中国农业大学出版社.
吴中伦, 1997. 中国森林[M]. 北京: 中国林业出版社.
徐化成, 郑钧宝, 1994. 封山育林研究[M]. 北京: 中国林业出版社.
詹昭宁, 周政贤, 王国祥, 等, 1995. 中国森林立地类型[M]. 北京: 中国林业出版社.
张建国, 李吉跃, 彭祚登, 2007. 人工造林技术概论[M]. 北京: 科学出版社.
张建国, 2013. 森林培育理论与技术进展[M]. 北京: 科学出版社.
张万儒, 1997. 中国森林立地[M]. 北京: 科学出版社.
兆赖之, 2005. 育林学[M]. 北京: 中国环境科学出版社.
赵方莹, 孙保平, 等, 2009. 矿山生态植被恢复技术[M]. 北京: 中国林业出版社.
赵忠, 2003. 现代林业育苗技术[M]. 杨凌: 西北农林科技大学出版社.
赵忠, 2007. 造林规划设计教程[M]. 北京: 中国林业出版社.
赵忠, 2015. 林业调查规划设计教程[M]. 北京: 中国林业出版社.
郑光华, 2004. 种子生理研究[M]. 北京: 科学出版社.
中国林业工作手册编纂委员会, 2018. 中国林业工作手册[M]. 2版. 北京: 中国林业出版社.
中国树木志编委会, 1979. 中国主要树种造林技术[M]. 北京: 农业出版社.
国家林业局, 2015. 森林抚育技术规程: GB/T 15781—2015[S]. 北京: 中国标准出版社.
国家林业局, 2016. 造林技术规程: GB/T 15776—2016[S]. 北京: 中国标准出版社.
邹年根, 罗伟祥, 1997. 黄土高原造林学[M]. 北京: 中国林业出版社.